本图鉴的编著，得到了中国科学院战略性先导科技专项（A类，编号：XDA19050201）资金的资助。

中国两栖动物图鉴

（野外版）

Atlas of Amphibians in China

（Field Edition）

费 梁 主编

河南科学技术出版社

·郑州·

内 容 简 介

本图鉴共记载中国两栖动物 3 目 13 科 86 属 454 种和亚种（包括 4 个引进种）。本图鉴内容共分为基础知识、蚓螈目、有尾目、无尾目、引进蛙类五部分。基础知识包括两栖动物概述、分类学术语和量度等。各目的介绍包括各物种的中文名称、拉丁学名、英文名称、形态特征（包括雌雄成体、幼体、卵群的形态和量度数据）、生物学资料、种群状态、濒危等级、保护级别、地理分布等；每种均有成体（包括背面和腹面）生态照片或标本整体彩色照片、地理分布图等共计 1 540 余幅，部分种还有幼体特征图、卵群图等。本图鉴是两栖动物研究工作者野外工作的重要参考书。

图书在版编目（CIP）数据

中国两栖动物图鉴：野外版 / 费梁主编 . — 郑州：河南科学技术出版社，2020.10（2023.5重印）
ISBN 978-7-5349-9994-9

Ⅰ . ①中… Ⅱ . ①费… Ⅲ . ①两栖动物—中国—图集
Ⅳ . ① Q959.508-64

中国版本图书馆 CIP 数据核字 (2020) 第 109169 号

出版发行：河南科学技术出版社
 地址：郑州市郑东新区祥盛街 27 号 邮编：450016
 电话：（0371）65737028 65788618
总 策 划：周本庆
策划编辑：陈淑芹
责任编辑：李义坤 田 伟
责任校对：司丽艳
封面设计：张 伟
版式设计：周小国
责任印制：张 巍
地图编制：湖南地图出版社
地图审图号：GS（2018）5196 号
印 刷：河南瑞之光印刷股份有限公司
经 销：河南省新华书店
幅面尺寸：787 mm×1 092 mm 1/32 印张：27.25 字数：853 千字
版 次：2020 年 10 月第 1 版 2023 年 5 月第 2 次印刷
定 价：398.00 元

如发现印、装质量问题，影响阅读，请与出版社联系并调换。

前 言
Foreword

中国两栖动物的研究至今约有 140 年的历史。在 20 世纪 30 年代以前多为国外学者来华搜集标本，并将标本运往国外保存在各国博物馆进行研究。我国学者从事两栖动物研究大约始于 20 世纪 30 年代，迄今有 80 多年。在这一历程中他们开展了大面积的野外考察，积累了大量标本、地理分布和生态学等第一手资料，除发表大量论文外，还出版两栖类专著 40 多部，其中有关图鉴类的专著有 10 余部，如刘承钊等《中国动物图谱：两栖动物》（1959）、吕光洋等《台湾的两栖类》（1982）、卡逊等《香港的两栖类和爬行类》（1988）、费梁主编《中国两栖动物图鉴》（1999）、吕光洋等《台湾两栖爬行动物》（1999）、费梁等《四川两栖动物原色图鉴》（2001）、陈坚峰等《蛙蛙世界 —— 香港两栖动物图鉴》（2005）、向高世等《台湾两栖爬行动物图鉴》（2009）、费梁等《中国两栖动物彩色图鉴》（2010）、费梁等《中国两栖动物及其分布彩色图鉴》（2012）、莫运明等《广西两栖动物彩色图鉴》（2014）等。以上图鉴多数版本较大，不便携带到野外。其中，1999 年出版的《中国两栖动物图鉴》一书，共载有中国物种 302 种（亚种），分隶于 3 目 11 科 53 属。该图鉴记述了中国当时的所有物种，出版后广受读者青睐，很快便销售一空并再次印刷，曾在野外考察和室内鉴定工作中发挥了较大作用，但该图鉴已出版 20 余年。由于学科的快速发展，大量新阶元和新种被发现，在该图鉴出版后我国新增物种达 152 种，仅最近 4 年来中国学者先后发表两栖动物新物种即有 30 余种，不少属、种的分类地位和系统发育关系又有新的订正。因此，该图鉴内容已不能满足现阶段野外考察、物种监测和分类鉴定工作的需要。为了及时总结所取得的科研成果，并满足野外考察之急需，河南科学技术出版社和作者应广大读者的需求，在该图鉴的基础上重新组织并编著了《中国两栖动物图鉴（野外版）》一书。

本图鉴对已出版著作的分类系统作了进一步研究和订正，载入了近期发表的 30 余个新物种，并按新分类系统进行了重新编排，同时还增补或调整了各物种的地理分布点。到目前为止，本图鉴共记

1

载中国两栖动物 454 种和亚种（包括 4 个引进种）。其中，中国物种分隶于 3 目 13 科 86 属。因此，本图鉴比《中国两栖动物图鉴》（1999）一书新增 2 科 33 属 152 种和亚种。因此，本图鉴是现阶段对中国两栖动物最全面系统的总结，更能反映该学科最新研究进展；另一特点是便于携带，适用于野外考察。

　　本图鉴内容共分为基础知识、蚓螈目、有尾目、无尾目、引进蛙类等五部分。基础知识包括概述、分类学术语和量度、濒危等级划分标准等。各目的介绍包括各物种的中文名称、拉丁学名、英文名称、形态特征（包括雌雄成体、蝌蚪、卵群的形态和量度数据）、生物学资料、种群状态、濒危等级、保护级别、地理分布等；保护级别依据《国家重点保护野生动物名录》（国函〔1988〕144 号），受胁等级依据 Threatened Amphibians of the World（2008），《中国物种红色名录：第一卷》（2004），《中国物种红色名录：第二卷脊椎动物　上册》（2009），以及《中国两栖动物彩色图鉴》（2010），《中国两栖动物及其分布彩色图鉴》（2012），《中国脊椎动物红色名录》（2016）等；图片以彩色图片为主，包括成体的背面和腹面，幼体，卵群，以及物种的地理分布图（地理分布一般列到县名，少数为市、保护区或山名等。国内和国外共有种，其分布地为绿色；中国特有种，其分布地为红色）。本图鉴共有各类图片 1 540 余幅，这些图片主要由本书作者拍摄或绘制，部分图片由其他学者提供或引用于文献和资料。地理分布后有"?"者属可疑分布地点。书后附有主要参考文献、中文名称索引、拉丁学名索引、英文名称索引。本图鉴展示了中国千姿百态、色彩艳丽的两栖动物，它是我国两栖动物研究现阶段的系统总结，既可帮助读者识别中国两栖动物物种，又有助于野外考察两栖动物资源，促进分类区系和系统发育学研究，还在确定珍稀濒危物种、制定保护措施、发展经济物种的养殖和合理利用等方面有重要意义。

　　本图鉴的编著得到中国科学院成都生物研究所和众多同仁的帮助和支持，他们提供了近期拍摄的彩色照片或赠送文献和著作，并对本图鉴提出了修改建议，为提高本图鉴的质量做出了重要贡献。在此谨向全体参与者和支持本项工作的学者、摄影者和绘图者以及有关文献的作者和出版机构致以衷心的感谢。

　　本图鉴涉及面很广，虽然我们尽了努力，但书中可能还存在错误、疏漏以及不足之处，诚盼广大读者提出宝贵意见。

本图鉴编写分工：

费梁　主编。

费梁　前言，目录，概述，分类学术语和量度，鱼螈科（1种），小鲵科（26种），蝾螈科（45种），铃蟾科（4种），角蟾科（73种），蟾蜍科（16种），蛙科（90种及亚种），地理分布，文献，全书统审和统校，文内附图和地理分布图的征集编排，中文名称、拉丁学名和英文名称索引。

叶昌媛　角蟾科（24种及亚种），雨蛙科（10种及亚种），叉舌蛙科（34种及亚种），浮蛙科（7种），树蛙科（60种），姬蛙科（12种及亚种），引进种（4种），地理分布和文献。

江建平　小鲵科（3种），隐鳃鲵科（1种），铃蟾科（1种），蟾蜍科（7种及亚种），雨蛙科（3种），蛙科（13种），姬蛙科（3种）。

黄永昭　两栖动物的分类学术语和量度，蝾螈科（1种），蛙科（6种），树蛙科（8幅），姬蛙科（2种），地理分布。

绘图和摄影（幅）： 费梁（295），王宜生（188），李健（107），侯勉（64），江建平（36），莫运明（27），蒋珂（19），田应洲（13），陈晓虹（12），向高世（12），王剀（13），刘炯宇（9），蔡明章（6），吕顺清（8），车静（7），李丕鹏（7），李成（4），叶昌媛（4），王斌（3），沈猷慧（6），赵文阁（2），蔡春抹（2），黄松（2），李家堂（1），刘运清（2），刘惠宁（3），廖春林（2），饶定齐（2），史静耸（2），崔建国（2），魏刚（2），王英永（2），王吉申（2），王聿凡（2），杨懿如（2），王秀玲（1），周永恒（1），赵俊军（2），耿宝荣（1），谷晓明（1），胡健生（1），舒国成（1），刘绪生（1），李成（1），徐键（1），王剑（1），王维佳（2），杨剑焕（1），杨卓（1），朱弼成（1）。

地理分布图： 费梁，王燕。

中国科学院成都生物研究所　费梁

2019 年 3 月 8 日于成都

3

▲▲▲ 目　录 ▲▲▲
Contents

3

第四部分　无尾目
Part Ⅳ　Anura

中国两栖动物图鉴（野外版）　Atlas of Amphibians in China（Field Edition）

第五部分　引进蛙类
Part V　Introduction of Frogs

第一部分 基础知识
Part I Basic Knowledge

一、概　述

　　两栖动物隶属于脊索动物门，脊椎动物亚门，两栖纲。它们是最早由水中登上陆地生活的脊椎动物，其形态和机能既保留着适应水生生活的特征，又具有开始适应陆地生活的特征，在脊椎动物演化过程中属于从水生到陆生的过渡型动物。

　　两栖动物可能起源于泥盆纪（距今3亿多年），是由古总鳍鱼目 Crossopterygii 之真掌鳍鱼 *Eusthenopteron* 进化而来的。真掌鳍鱼的主要结构可与泥盆纪的两栖类鱼石螈 *Ichthyostega* 相类比，基本结构极为相似，而且前者的偶鳍已孕育着演变为五趾型四肢的雏形；后者保留着鱼类的一些特征，如头骨窄而高，牙齿为迷齿型，体形侧扁，体表被鳞，更主要的是还保留了鱼类特有的鳃盖骨和尾部的鳍条。这些特征说明这两类动物之间有着密切的渊源关系。但是鱼石螈的头部可活动，眼着生在头的中部，椎骨有关节突，肩带不与头骨相连，腰带发达与荐椎相接，并与附肢近端相接，能够爬行，用肺呼吸等，这些特征表明其与鱼类又有显著区别。水域与陆地是两个迥然不同的生态环境，鱼类要从水栖演变成为能够在陆地上生活的两栖动物，它们的形态、生理机能和运动方式等，必然要适应赖以生存的陆地生活环境条件。在漫长的演变过程中，鱼类从水域到陆地逐渐自我完善达到了质变并适应陆地新环境，因而形成了两栖动物。两栖动物是最早登陆的四足动物，中生代末期古两栖动物绝灭。

　　两栖动物与完全陆栖的爬行动物相比，其形态和机能尚不完善，但它们毕竟具备由水生到陆生过渡的关键性性状。虽然它们在生活史周期中卵外没有保护装置，幼体在水中用鳃呼吸，但它们经过变态能在短期内成为营陆地生活、以肺呼吸为主（其幼体器官经过萎缩、消失或改组），形成具有五趾型四肢的成体，这相比鱼类无疑是一个大的进步。两栖动物由于还不具备典型陆栖动物必备的特征，它们虽有多种多样的辐射适应，但仍不能摆脱对潮湿和水环境的依

2

赖性。

两栖动物的生物学特征从鱼类继承下来的保守性性状主要是：卵小而数量多，外有卵胶膜，需在水中或潮湿环境里发育，与鱼类一样属于无羊膜卵，称为无羊膜动物；雄性无交接器，体外受精等。与陆栖习性有关的衍生进步性状是：有内鼻孔及连接内、外鼻孔的鼻道，除司嗅觉外，还是肺呼吸必要的结构；用肺呼吸；有支重的骨骼肌肉系统；有可活动的眼睑保护眼睛；有肌肉的舌摄取食物；有中耳发生，包括鼓膜、鼓室、咽鼓管和特有的耳盖骨及所连接的耳肌；有耳柱骨（镫骨）；感觉器的结构机能增大了活力，大脑进一步完善分为两个半球，而脑神经仍为 10 对；肺循环的出现，心脏为二心耳、一心室，出现不完全双循环，动静脉血混合，仍属于变温（或冷血）动物，新陈代谢率低，深受环境条件（特别是温度）的制约；骨骼系统骨化程度弱，硬骨骨片少，脑颅扁平；枕部短，双枕髁；脊椎已分化为颈椎、躯椎、荐（或骶）椎及尾椎四部分，椎骨有前后关节突；无肋骨或肋骨不与胸骨相连而无胸廓；肩带悬挂于肌肉间，不与头骨相连；骨肌系统结构增强了骨与骨之间的坚韧性和灵活性等。两栖动物还有一些独特的性状：呼吸机制主要由鼻瓣和口咽腔底部的上下运动来完成；皮肤裸露，布满多细胞黏液腺（有的类群有毒腺）和微血管，可调控水分，交换气体，是肺呼吸的辅助器官，弥补肺功能之不足；除耳盖骨外，在内耳有两栖乳突（amphibian papilla），视网膜上有绿柱细胞（greenrod），齿为茎齿型（pedicellate teeth），眼眶与颞窝二者相通，脂肪体位于生殖腺附近等。

现代生存的两栖动物可分为 3 个目：一是蚓螈目 Gymnophiona，体细长，没有四肢，尾短或无，形似蚯蚓，如鱼螈 *Ichthyophis* sp.；二是有尾目 Urodela，体圆筒形，有四肢，较短，终生有长尾而侧扁，形似蜥蜴，如大鲵 *Andrias davidianus*、蝾螈 *Cynops* sp.；三是无尾目 Anura，体短宽，有四肢，较长，幼体有尾，成体无尾，如蛙 Ranidae 和蟾蜍 *Bufo* sp.。

现生两栖动物 3 个目的体形迥然不同，这与它们的生活习性及活动方式有一定关系。它们的防御、扩散、迁徙能力均弱，对环境的依赖性大，虽有各种生态保护适应（包括繁殖习性），但与其他纲的脊椎动物相比，种类数量仍然较少，几乎没有防御敌害的能力，鱼、蛇、鸟、兽类都能成为它们的天敌。其分布除海洋和大沙漠以外，平原、丘陵、高山和高原等各种生境中都有它们的踪迹，垂直分布可达海拔 5 000 m 左右。个别种能耐受半咸水。以中美洲、南美洲、非洲（除大沙漠以外）、亚洲东南部的热带、亚热带地区种类最多，南、北温带种类递减，个别种可达北极圈南缘；有水栖、陆栖、树栖和穴居等多种栖息方式。白天多隐蔽，黄昏至黎明时活动频繁，酷热或严寒时以夏蛰或冬眠方式度过，摄取动物性食物（蛙类蝌蚪以植物性食物为主）。

　　现生两栖动物的 3 个目全世界共有 7 579 种，分隶为 44 科 446 属。蚓螈目 Gymnophiona 现有 205 种，分隶 10 科 32 属；有尾目 Urodela 现有 703 种，分隶 9 科 72 属；无尾目 Anura 现有 6 671 种，分隶 53 科 458 属（Frost，2016）。本图鉴共记载中国现有物种 3 目 14 科 86 属 454 种和亚种（包括 4 个引进种），我国的两栖动物的分类系统见目录。其分布主要见于秦岭以南，华南和西南山区属、种丰富，东北、华北、西北、内蒙古及新疆地区种类很少。

二、分类学术语和量度

两栖动物成体和幼体的形态特征，即外部、内部形态结构（如骨骼特征）等，是鉴别科、属、种的主要依据。据此，以下分别对蚓螈目 Gymnophiona、有尾目 Urodela 和无尾目 Anura 的主要形态结构、野外所能识别的外部形态特征加以说明，从而掌握分类学上常用的术语和量度，以便检索、识别和确定两栖动物的分类地位。

（一）蚓螈目 Gymnophiona

蚓螈目 Gymnophiona 成体的头部及身体腹面形态如图 I–1 所

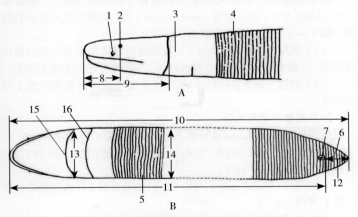

图 I –1 版纳鱼螈 *Ichthyophis bannanicus*

A、头部侧面观（王宜生仿杨大同，1984）

B、身体腹面观（费梁绘）

1. 触突 2. 眼 3. 领褶 4. 背环褶 5. 腹环褶 6. 尾环褶 7. 肛
8. 吻长 9. 头长 10. 全长 11. 头体长 12. 尾长 13. 头宽 14. 体
宽 15. 第 1 环沟 16. 第 2 环沟

5

示，对其分类检索常用术语及量度简要说明如下。

1. 外部形态特征常用术语

（1）触突（tentacle）：指着生在头侧鼻眼之间近颌缘处的1对可伸缩的且具有一定嗅觉和触觉功能的小突起（图Ⅰ-1-A：1）。

（2）环褶及环沟（annular fold or annuli；annular groove）：系指完全或部分环绕于身体（包括尾）的许多皮肤皱褶；其凸出部分常称为环褶（图Ⅰ-1-A：4），凹陷部分即环褶之间的凹沟称为环沟（图Ⅰ-1-B：5，6）。按所在部位，环褶可分为以下几种。

①领褶或颈领（collar fold or nuchal collar）：即指位于枕后腹面第1至第3条环沟或颈沟（nuchal groove）之间，较宽而形状似领的肤褶（图Ⅰ-1-A：3）。

②背环褶（dorsal annuli）：系指位于躯干背面的环褶（图Ⅰ-1-A：4）。

③腹环褶（ventral annuli）：位于躯干腹面的环褶（图Ⅰ-1-B：5）。

④尾环褶（tail annuli）：即指位于尾部的环褶（图Ⅰ-1-B：6）。

按着生情况，环褶又可分为初级褶（primary fold）、次级褶（secondary fold）和三级褶（tertiary fold）等。环褶之间有腺体和角质小鳞4～8行，周身小鳞多达千行以上。

（3）尾鳍褶（tail fin fold）：靠近体后端或尾后部背面的鳍状皮肤褶。一般见于鳃裂封闭之前的幼体，它随着变态的完成而消失。

（4）肛腺（anal gland）：系指位于雄性成体肛孔两侧的1对小腺体。

2. 外形量度常用术语

蚓螈目Gymnophiona在分类上常用的量度有以下各项。

（1）全长（total length，TOL）：自吻端至尾末端（或头体后端）的长度（图Ⅰ-1-B：10）。

（2）头长（head length，HL）：自吻端至第1环沟两侧的长度（图Ⅰ-1-A：9）。

（3）头体长（snout-vent length，SVL）：自吻端至肛孔后缘的长度（图Ⅰ-1-B：11）。

（4）尾长（tail length，TL）：自肛孔后缘至尾末端的长度（图Ⅰ-1-B：12）。

（5）吻长（snout length，SL）：自吻端至眼前缘之间的距离（图Ⅰ-1-A：8）。

（6）头宽（head width，HW）：头左右两侧之间的最大距离（图Ⅰ-1-B：13）。

（7）体宽（body width，BW）：躯干左右两侧之间的最大距离（图Ⅰ-1-B：14）。

（8）吻端至第1环沟（snout tip to first groove，STFG）：自吻端至第1环沟之间的距离。

（9）吻端至第2环沟（snout tip to second groove，STSG）：自吻端至第2环沟之间的距离。

（10）触突至眼（tentacle to eye，TE）：自触突基部至眼前缘之间的距离。

（11）触突至鼻孔（tentacle to nostril，TN）：自触突基部至鼻孔之间的距离。

（12）鼻间距（internasal space，INS）：左右鼻孔内侧缘之间的距离。

（13）眼间距（interorbital space，IOS）：左右眼内侧缘之间的最小距离。

（二）有尾目 Urodela

1. 成体的外形常用量度

有尾目 Urodela 成体的外部形态如图Ⅰ-2 所示。在分类上常用的量度有下列各项。

（1）全长（total length，TOL）：自吻端至尾末端的长度（图Ⅰ-2-A：1）。

（2）头体长（snout-vent length，SVL）：自吻端至肛孔后缘的长度（图Ⅰ-2-A：3）。

（3）头长（head length，HL）：自吻端至颈褶或口角（无颈褶者）的长度（图Ⅰ-2-A：2）。

（4）头宽（head width，HW）：头或颈褶左右两侧之间的最大距离（图Ⅰ-2-A：4）。

（5）吻长（snout length，SL）：自吻端至眼前角之间的距离（图Ⅰ-2-A：5）。

（6）躯干长（trunk length，TRL）：自颈褶至肛孔后缘的长度（图Ⅰ-2-B：16）。

（7）眼间距（interorbital space，IOS）：左右上眼睑内侧缘之间的最窄距离。

（8）眼径（diameter of eye，ED）：与体轴平行的眼的直径（图Ⅰ–2–A：6）。

（9）尾长（tail length，TL）：自肛孔后缘至尾末端的长度（图Ⅰ–2–A：7）。

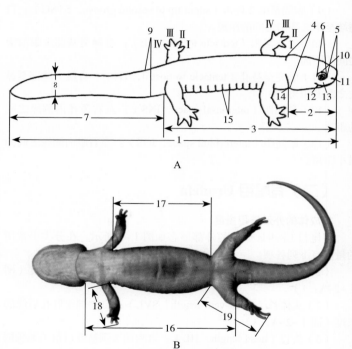

图Ⅰ–2　有尾目 Urodela 成体外部形态

A、山溪鲵属 *Batrachuperus* sp.（王宜生）　B、新疆北鲵
Ranodon（*Ranodon*）*sibiricus* 成体腹面观（费梁）

1. 全长　2. 头长　3. 头体长　4. 头宽　5. 吻长　6. 眼径　7. 尾长　8. 尾高　9. 尾宽　10. 上眼睑　11. 鼻孔　12. 口裂　13. 唇褶　14. 颈褶　15. 肋沟　16. 躯干长　17. 腋至胯距　18. 前肢长　19. 后肢长　Ⅰ、Ⅱ、Ⅲ、Ⅳ分别表示指和趾的顺序

（10）尾高（tail height，TH）：尾上、下缘之间的最大宽度（图Ⅰ-2-A：8）。

（11）尾宽（tail width，TW）：尾基部即肛孔两侧之间的最大宽度（图Ⅰ-2-A：9）。

（12）前肢长（length of foreleg，FLL）：自前肢基部至最长指末端的长度（图Ⅰ-2-B：18）。

（13）后肢长（length of hind leg，HLL）：自后肢基部至最长趾末端的长度（图Ⅰ-2-B：19）。

（14）腋至胯距（space between axilla and groin，AGS）：自前肢基部后缘至后肢基部前缘之间的距离（图Ⅰ-2-B：17）。

2. 外部形态特征常用术语

（1）犁骨齿（vomerine teeth）：着生在犁腭骨上的细齿，其齿列的位置、形状和长短均具有分类学意义（图Ⅰ-3-A：c-2）。

（2）囟门（fontanelle）：系指颅骨背壁未完全骨化所留下的孔隙。位于前颌骨与鼻骨之间者称前颌囟（图Ⅰ-3-B：a）；位于左右额骨与顶骨之中缝者称额顶囟（图Ⅰ-3-B：b）。

（3）唇褶（labial fold）：颌缘皮肤肌肉组织的帘状褶。通常在上唇侧缘后半部，掩盖着对应的下唇缘，如山溪鲵 *Batrachuperus pinchonii*、新疆北鲵 *Ranodon (Ranodon) sibiricus* 等（图Ⅰ-2-A：13，图Ⅰ-4-1）。

（4）颈褶（jugular fold）：存在于颈部两侧及其腹面的皮肤皱褶；通常作为头部与躯干部的分界线（图Ⅰ-2-A：14，图Ⅰ-4-2）。

（5）肋沟（costal groove）：系指躯干部两侧、位于两肋骨之间形成的体表凹沟（图Ⅰ-2-A：15）。

（6）尾鳍褶（tail fin fold）：位于尾上（背）、下（腹）方的皮肤肌肉褶襞称为尾鳍褶；在尾上方者称为尾背鳍褶，反之为尾腹鳍褶。不同于无尾目 Anura 蝌蚪的膜状尾鳍。

（7）角质鞘（horny cover）：一般指四肢掌、趾及指、趾底面皮肤的角质化表层，呈棕黑色，如山溪鲵 *Batrachuperus pinchonii*（图Ⅰ-5）。

（8）卵胶袋或卵鞘袋（egg sack or egg sac）：成熟卵在输卵管内向后移动时，管壁分泌的蛋白质将卵粒包裹后产出，蛋白层吸水膨胀形成袋状物，卵粒在袋内成单行或多行交错排列（图Ⅰ-6，图Ⅰ-7）。

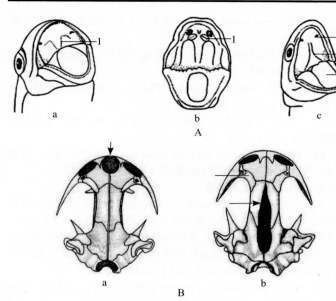

图 I-3 有尾目 Urodela 头部

A、有尾目 Urodela 头部（示口腔）（王宜生）：a. 小鲵属 *Hynobius* sp. 口腔　b. 山溪鲵属 *Batrachuperus* sp. 口腔　c. 蝾螈科 Salamandridae 口腔　1. 内鼻孔　2. 犁骨齿　3. 舌

B、有尾目 Urodela 头骨背面观（费梁）：a.↓示前颌囟（吉林爪鲵 *Onychodactylus zhangyapingi*）b.→示额顶囟（极北鲵 *Salamandrella tridactyla*）

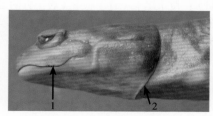

图 I-4 新疆北鲵 *Ranodon (Ranodon) sibiricus* 头部侧面观（费梁）

1. 唇褶　2. 颈褶

图 I-5 山溪鲵 *Batrachuperus pinchonii* 手部腹面观（费梁）

↖ 示角质鞘

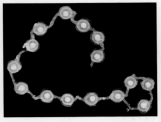

图 I –6 大鲵 *Andrias davidianus*   图 I –7 极北鲵 *Salamandrella tridactyla*
        卵胶袋（刘运清）   卵胶袋（费梁）

（9）童体型或幼态性熟（neoteny）：指性腺成熟，该个体可能进行繁殖，但又保留有幼体形态特征（如具外鳃或鳃孔）的现象。

（三）无尾目 Anura

无尾目 Anura 成体的外部形态（图 I –8）。该目分类检索常用结构特征及其术语和量度简要说明如下。

1. 成体的外形量度

通常在分类学上所采用的量度有下列各项：

（1）体长（snout-vent length, SVL）：自吻端至体后端的长度（图 I –8–1）。

（2）头长（head length, HL）：自吻端至上、下颌关节后缘的长度（图 I –8–2）。

（3）头宽（head width, HW）：头两侧之间的最大距离（图 I –8–3）。

（4）吻长（snout length, SL）：自吻端至眼前角的长度（图 I –8–4）。

（5）鼻间距（internasal space, INS）：左、右鼻孔内缘之间的距离（图 I –8–5）。

（6）眼间距（interorbital space, IOS）：左、右上眼睑内侧缘之间的最窄距离（图 I –8–6）。

（7）上眼睑宽（width of upper eyelid, UEW）：上眼睑的最大宽度（图 I –8–7）。

（8）眼径（diameter of eye, ED）：与体轴平行的眼的直径（图

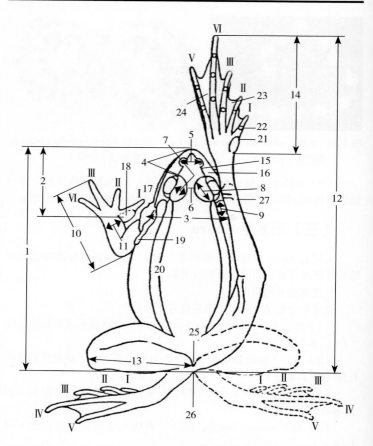

图Ⅰ-8　无尾目 Anura 成体外部形态及量度图（黑斑侧褶蛙 *Pelophylax nigromaculatus*）（王宜生）

1.体长　2.头长　3.头宽　4.吻长　5.鼻间距　6.眼间距　7.上眼睑宽　8.眼径　9.鼓膜径　10.前臂及手长　11.前臂宽　12.后肢全长　13.胫长　14.足长　15.吻棱　16.颊部　17.头侧外声囊　18.婚垫　19.颞褶　20.背侧褶　21.内趾突　22.关节下瘤　23.蹼　24.外侧跖间之蹼　25.肛　26.示左、右跟部相遇　27.示胫跗关节前达眼部：手上的Ⅰ、Ⅱ、Ⅲ、Ⅳ表示指的顺序，足上的Ⅰ、Ⅱ、Ⅲ、Ⅳ、Ⅴ表示趾的顺序

Ⅰ–8–8）。

（9）鼓膜径（diameter of tympanum, TD）：鼓膜最大的直径（图Ⅰ–8–9）。

（10）前臂及手长（length of lower arm and hand, LAHL）：自肘关节至第3指末端的长度（图Ⅰ–8–10）。

（11）前臂宽（diameter of lower arm, LAD）：前臂最粗的直径（图Ⅰ–8–11）。

（12）后肢或腿全长（hindlimb length or leg length, HLL）：自体后端正中部位至第4趾末端的长度（图Ⅰ–8–12）。

（13）胫长（tibia length, TL）：胫部两端之间的长度（图Ⅰ–8–13）。

（14）胫宽（tibia width, TW）：胫部最粗的直径。

（15）跗足长（length of foot and tarsus, LFT）：自胫跗关节至第4趾末端的长度。

（16）足长（foot length, FL）：自内趾突的近端至第4趾末端的长度（图Ⅰ–8–14）。

2. 成体外部形态特征常用术语

（1）吻及吻棱（snout and canthus rostralis）：自眼前角至上颌前端称为吻或吻部；吻背面两侧的线状棱称为吻棱（图Ⅰ–8–15）。吻部的形状及吻棱的明显与否随属、种的不同而异。

（2）颊部（loreal region）：指鼻眼之间的吻棱下方至上颌上方部位（图Ⅰ–8–16）。其垂直或倾斜程度随属、种不同而异。

（3）鼓膜（tympanum）：位于颊部中央，覆盖在中耳室外的一层皮肤薄膜，多为圆形。

（4）内鼻孔（internal naris or choanae）：位于口腔顶壁前端1对与外鼻孔相通的小孔（图Ⅰ–9–A：1）。

（5）咽鼓管孔（pores of eustachian tube）：位于口腔顶壁近两口角的1对小孔，与内耳相通，又称欧氏管孔（图Ⅰ–9–A：4）。

（6）上颌齿（maxillary teeth）：着生于上颌骨和前颌骨上的细齿（图Ⅰ–9–A：3）。

（7）犁骨棱与犁骨齿（vomerine ridge and vomerine teeth）：犁骨向腹面凸起而隐于口腔上皮内的嵴棱，称犁骨棱；犁骨齿着生在犁骨或犁骨棱上的1排或1团细齿，位于内鼻孔内侧或后缘（图Ⅰ–9–A：2）。犁骨齿的有或无及其位置、形状、大小可作为分类

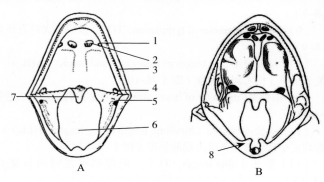

图Ⅰ-9　无尾目 Anura 蛙类的口腔（王宜生）

A、黑斑侧褶蛙 *Pelophylax nigromaculatus*

B、版纳大头蛙 *Limnonectes bannaensis*

1. 内鼻孔　2. 犁骨齿　3. 上颌齿　4. 咽鼓管孔　5. 声囊孔　6. 舌

7. 舌后端缺刻　8. ↗示齿状骨突

特征之一。

（8）齿状骨突（tooth-like projection）：在下颌前方近中线的 1 对明显高出颌缘的齿状骨质突起（图Ⅰ-9-B：8）。

（9）声囊（vocal sac）：大多数种类的雄性，在咽喉部由咽部皮肤或肌肉扩展形成的囊状突起，称为声囊。在外表能观察到者为外声囊（external vocal sac），反之为内声囊（internal vocal sac）。

（10）外声囊（external vocal sac）：外声囊又可分为以下几种。

①单咽下外声囊（external single subgular vocal sac）：位于咽喉部腹面的皮肤皱褶形成 1 个松弛的泡状突囊，表面颜色一般较深，如中国雨蛙 Hyla chinensis 等（图Ⅰ-10-A）。

②咽侧下外声囊（external subgular vocal sac）：指位于两口角腹面的皮肤皱褶形成的 1 对袋状突囊，如滇蛙 Dianrana pleuraden 等（图Ⅰ-10-B）。

③头侧外声囊（external head-lateral vocal sac）：在紧靠两口角下缘后侧之皮肤皱褶所形成的 1 对袋状突囊，亦称颈侧外声囊，如黑斑侧褶蛙 *Pelophylax nigromaculatus* 等（图Ⅰ-10-C）。

（11）内声囊是由肌肉褶襞形成的且被皮肤所掩盖的突囊，可分为以下几种。

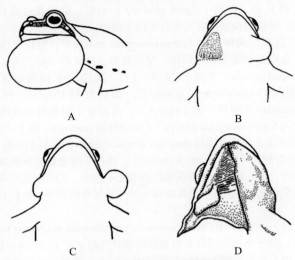

图 I -10　无尾目 Anura 蛙类的声囊

A、单咽下外声囊（费梁）　　B、咽侧下外声囊（李健）

C、颈侧外声囊（李健）　　D、咽侧下内声囊（王宜生）

① 单咽下内声囊（internal single subgular vocal sac）：指位于咽喉部腹面的肌肉褶襞形成的一弧状突囊，如峨眉角蟾 *Megophrys omeimontis*、花背蟾蜍 *Strauchbufo raddei*、水树蛙属 *Aquixalus* sp. 等。

② 咽侧下内声囊（internal subgular vocal sac）：指由位于两口角腹面之肌肉褶襞形成的 1 对袋状突囊，如中国林蛙 *Rana chensinensis* 等（图 I -10-D）。

（12）声囊孔（opening of vocal sac）：在舌两侧或近口角处各有 1 个圆形或裂隙状的孔，称为声囊孔（图 I -9-5），声囊与口腔之间以此孔相通。

（13）指、趾长顺序（digital formula）：用阿拉伯数字表示指、趾长短的顺序，如 3、4、2、1，即表示第 3 指最长，依次递减，第 1 指最短（图 I -8-27：I 、II 、III 、IV）。

（14）指、趾吸盘（digital disc，disk or pads）：指、趾末端扩大呈圆盘状，其底部增厚成半月形肉垫，可吸附于物体上。

（15）指、趾沟（digital groove）：沿指、趾吸盘边缘和腹侧的凹沟。根据凹沟的位置又可分为以下两种。

① 边缘沟或环缘沟（circummarginal groove）：指位于吸盘边缘，且在吸盘顶端贯通的凹沟，呈马蹄形，故又称马蹄形沟（horse shoe shaped groove）（图Ⅰ–12–A：1）。其沟位于腹面边缘者又称腹缘沟（ventromarginal groove），如雨蛙科 Hylidae、树蛙科 Rhacophoridae 等物种（图Ⅰ–11–A）；其沟位于吸盘背面边缘者又称背缘沟（dorsomarginal groove）（如湍蛙属 Amolops，图Ⅰ–11–B：2）或横凹痕（如香港湍蛙 Amolops hongkongensis，图Ⅰ–11–B：3）。

② 腹侧沟（lateroventral groove）：指位于吸盘腹面两侧接近边缘的凹沟，或长或短，两沟在吸盘顶端互不相通，其间距或窄或宽，有的几乎相连，如蛙科中的臭蛙属和趾沟蛙属等的物种（图Ⅰ–12–B：3）。

（16）指基下瘤（supernumerary tubercles below the base of finger）：位于掌部远端即在指基部的瘤状突起（图Ⅰ–13–A：1）。

（17）关节下瘤（subarticular tubercles）：为指、趾底面的活动关节之间的褥垫状突起（图Ⅰ–13–A：2，图Ⅰ–18–1）。

（18）掌突与趾突（metacarpal and metatarsal tubercles）：系掌

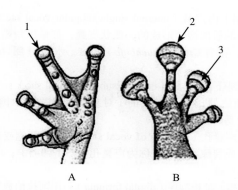

A　　　　　　　　　　B

图Ⅰ–11　无尾目 Anura 蛙类的手部：示吸盘上有边缘沟（王宜生）

A、手部腹面观　B、手部背面观

1.示吸盘腹面的腹缘沟（宝兴树蛙 Rhacophorus dugritei）　2.示吸盘背面的背缘沟　3.示吸盘背面的横凹痕（香港湍蛙 Amolops hongkongensis）

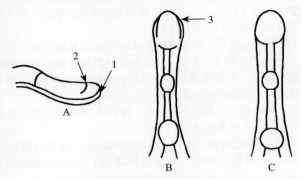

图 I –12 指、趾端有沟或无沟（王宜生）

A、指部侧面观   B、指部腹面观   C、指部腹面观

1. 指端边缘沟   2. 指背面横沟   3. 指端腹侧沟

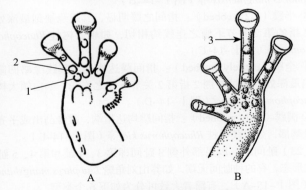

图 I –13 无尾目 Anura 蛙类手部腹面观

A、武夷湍蛙 *Amolops wuyiensis*

B、抚华费树蛙 *Feihyla fuhua* 指间无蹼（王宜生）

1. 指基下瘤   2. 关节下瘤（王宜生）   3. 示指侧缘膜

和趾底面基部的明显隆起，内侧者称为内掌突与内趾突（图 I –8-21），外侧者则称为外掌突与外趾突（图 I –15-D: 2）。它们的形状、大小、存在与否及内外二者的间距，因种类而异。

（19）跗瘤（tarsal tubercle）：着生在胫跗关节后端的 1 个瘤状突起。

（20）缘膜（fringe）：为指、趾两侧的膜状皮肤褶（图Ⅰ-13-B：3，图Ⅰ-15-B：1）。

（21）蹼（web）：连接指与指或趾与趾的皮膜，称为蹼。多数种类指间无蹼（图Ⅰ-13-B），仅少数种类如树栖的某些物种其指间有蹼；趾间一般都有蹼。蹼的发达程度则因种类而异，同一物种内两性之间亦可能存在差异。

（22）指间蹼：主要以外侧2指，即第3、4指之间蹼的形态，大致可分为如下5个类型。

① 范区微蹼或蹼迹（rudimentary webbed）：指侧缘膜在指间基部相连而成为很弱的蹼，如侧条跳树蛙 *Chirixalus vittatus*（图Ⅰ-14-A）。

② 1/3蹼（1/3 webbed）：指间蹼较明显，其蹼缘缺刻深，最深处未达到外侧2指的第2关节或关节下瘤中央之连线，如洪佛树蛙 *Rhacophorus hungfuensis* 等（图Ⅰ-14-B）。

③ 半蹼（1/2 webbed）：指间之蹼明显，其蹼缘缺刻最深处与外侧2指的第2关节下瘤之连线约相切，如峨眉树蛙 *Rhacophorus omeimontis* 等（图Ⅰ-14-C）。

④ 全蹼（entirely webbed）：指间蹼达指端，其蹼缘略凹陷，其凹陷最深处远超过外侧2指第2关节下瘤之连线，如白颌大树蛙等 *Rhacophorus maximus*（图Ⅰ-14-D）。

⑤ 满蹼（fully webbed）：指间蹼均达指端，蹼缘凸出或平齐于指吸盘基部，如黑蹼树蛙 *Rhacophorus kio* 等（图Ⅰ-14-E）。

（23）趾间蹼：以足部外侧3趾间即第3、4趾和第4、5趾之间蹼的形态，有的种趾间无蹼，如莽山刘角蟾 *Liuophrys mangshanensis* 等（图Ⅰ-15-A），有蹼者大致可分为如下6个类型。

① 微蹼或蹼迹（rudimentary webbed）：趾侧缘膜在趾间基部相连接处有很弱的皮膜，如高山掌突蟾 *Paramegophrys alpinus* 等（图Ⅰ-15-B）。

② 1/3蹼（1/3 webbed）：趾间之蹼均不达趾端，蹼缘缺刻很深，其最深处未达到第3、4趾及第4、5趾间的第2关节或关节下瘤中央之连线，如抚华费树蛙 *Feihyla fuhua* 等（图Ⅰ-15-C）。

③ 半蹼（1/2 webbed）：指趾间之蹼均不达趾端，蹼缘缺刻较深，其最深处与两趾的第2关节下瘤连线约相切，如中国林蛙 *Rana chensinensis* 等（图Ⅰ-15-D）。

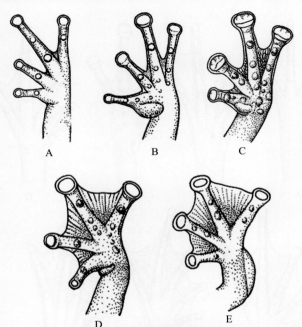

图 I–14　无尾目 Anura 蛙类手部指间蹼（王宜生）

A、侧条跳树蛙 *Chirixalus vittatus* 指间有微蹼或蹼迹　　B、洪佛树蛙
Rhacophorus hungfuensis 指间为 1/3 蹼　　C、峨眉树蛙 *Rhacophorus omeimontis*
指间半蹼　　D、白颌大树蛙 *Rhacophorus maximus* 指间全蹼
E、黑蹼树蛙 *Rhacophorus kio* 指间满蹼

④ 2/3 蹼（2/3 webbed）：趾间蹼较发达，除第 4 趾侧的蹼不达
趾端而仅达第 3 关节下瘤及其附近外，其余各趾之蹼均达趾端，但
蹼缘缺刻最深处超过两趾第 2 关节下瘤之连线，如花臭蛙 *Odorrana
schmackeri* 等（图 I–15–E）。

⑤ 全蹼（entirely webbed）：各趾之蹼均达趾端，其蹼缘凹陷呈
弧形，凹陷最深处远超过两趾第 2 关节下瘤之连线，如无指盘臭蛙
Odorrana grahami 等（图 I–15–F）。

⑥ 满蹼（fully webbed）：趾间之蹼达趾端，其蹼缘凸出或平
齐于趾端之连线，如隆肛蛙 *Feirana quadranus* 和尖舌浮蛙 *Occidozyga*

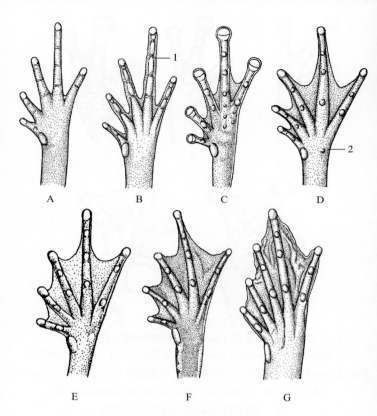

图Ⅰ–15　无尾目 Anura 蛙类足部趾间蹼（A、B、费梁
C、E、F、G、王宜生　D、李健）

A、莽山刘角蟾 *Liuophrys mangshanensis* 足趾间无蹼　B、高山掌突蟾
Paramegophrys alpinus 足趾间微蹼或蹼迹　C、抚华费树蛙 *Feihyla fuhua*
足趾间 1/3 蹼　D、中国林蛙 *Rana chensinensis* 足趾间 1/2 蹼　E、花臭蛙
Odorrana schmackeri 足趾间 2/3 蹼　F、无指盘臭蛙 *Odorrana grahami* 足趾
间全蹼　G、隆肛蛙 *Feirana quadranus* 足趾间满蹼
1. 示趾侧缘膜　2. 示外趾突

lima（图Ⅰ–15–G）。

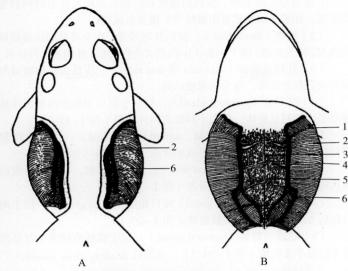

图 I-16 黑斑侧褶蛙 *Pelophylax nigromaculatus* 雄蛙的雄性线

（引自 Liu, 1935）

A、背面观，示背侧雄性线   B、腹面观，示腹侧雄性线

1. 腹内斜肌 2. 腹外斜肌 3. 白线 4. 腱划 5. 腹直肌 6. 雄性线

（24）雄性线（lineae masculina）：雄蛙的腹斜肌（腹内斜肌和腹外斜肌）与腹直肌之间的带状结缔组织，呈白色、粉红色或红色（图 I-16-A：6）；部分种类在背侧亦有此线。大多存在于高等类群的种类中，低等类群少有此线。

3. 成体皮肤表面结构

仅根据皮肤表面的隆起状态，以肉眼所能观察到的加以说明。

（1）头棱或头侧棱（cephalic ridges）：有的种类在头部两侧，即从吻端经眼部内侧至鼓膜上方由皮肤形成的非角质化、角质化或骨质化的嵴棱，统称为头棱或头侧棱（图 I-17）。按其所在部位可分为吻上棱（canthal ridge）、眶上棱（supraorbital ridge）、眶前棱（preorbital ridge）、眶后棱（postorbital ridge）、鼓上棱（supratympanic ridge）等。

　　上述头部棱的形状、发达的程度和存在与否均可作为物种的鉴别依据，如黑眶蟾蜍和喜山蟾蜍的头棱互有区别。

　　（2）跗褶（tarsal fold）：在后肢跗部背、腹交界处的纵走皮肤腺隆起，称为跗褶（图Ⅰ–18–3）；内侧者为内跗褶，外侧者为外跗褶。

　　（3）肤褶或肤棱（skin fold or skin ridge）：皮肤表面略微增厚而形成分散的细褶，称为肤褶或肤棱。

　　（4）耳后腺（parotoid gland）：指位于眼后至枕部两侧由皮肤增厚形成的明显腺体。其大小和形态因种而异（图Ⅰ–17–7）。

　　（5）颞褶（temporal fold, supratympanic fold）：自眼后经颞部背侧达肩部的皮肤增厚所形成的隆起（图Ⅰ–19–1）。

　　（6）背侧褶（dorsolateral fold）：在背部两侧，一般起自眼后伸达胯部的1条纵走皮肤腺隆起（图Ⅰ–19–2）。

　　（7）颌腺（maxillary gland）或口角腺（rictal gland）：位于两口角后方的成团或窄长皮肤腺体（图Ⅰ–20–1）。

　　（8）肱腺或臂腺（humeral gland）：位于雄蛙前肢或上臂基部前方的扁平皮肤腺（图Ⅰ–20–2），如沼蛙 *Boulengerana guentheri*、

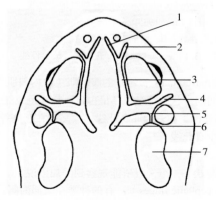

图Ⅰ–17　蟾蜍属 *Bufo* sp. 头部背面观（示头
棱和耳后腺）

1. 吻上棱　2. 眶前棱　3. 眶上棱

4. 眶后棱　5. 鼓上棱　6. 顶棱

7. 耳后腺　（引自 Peters, 1964）

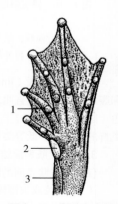

图Ⅰ–18　版纳大头蛙
Limnonectes bannaensis
足部腹面观（王宜生）

1. 关节下瘤　2. 内跖突

3. 跗褶

版纳肱腺蛙 *Sylvirana bannanica*。

（9）肩腺（shoulder gland，suprabrachial gland）：位于雄蛙体侧肩部后上方的扁平皮肤腺体（图Ⅰ-21），如弹琴蛙、滇侧褶蛙。

（10）股腺（femoral gland）：位于股部后下方的疣状皮肤腺体（图Ⅰ-22），如金顶齿突蟾 *Scutiger (Scutiger) chintingensis*。

（11）胸腺（chest gland，pectoral gland）：位于雄蛙胸部的1对扁平皮肤腺体；一般在繁殖季节明显，而且上面多被着生的棕褐或黑色角质刺团所掩盖（图Ⅰ-23-1）。

（12）腋腺或胁腺（axillary gland）：位于腋部（胁部）内侧的1对扁平腺体；雌、雄蛙均有之，一般色较浅，雄蛙的腋腺在胸腺外侧，有的种类在繁殖季节其上还着生有深色角质刺（图Ⅰ-23-2）。

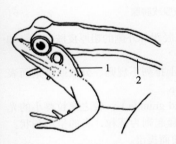

图Ⅰ-19　林蛙 *Rana* sp.（♂）侧
面观（费梁）

1. 颞褶　2. 背侧褶

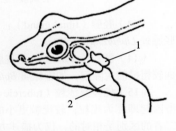

图Ⅰ-20　沼蛙 *Boulengerana
guentheri* 侧面观（王宜生）

1. 颌腺　2. 肱腺

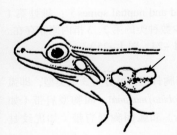

图Ⅰ-21　滇蛙 *Dianrana pleuraden*
侧面观（↙示肩腺）（王宜生）

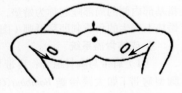

图Ⅰ-22　金顶齿突蟾 *Scutiger
(Scutiger) chintingensis* 股后部
（↘示股腺）（王宜生）

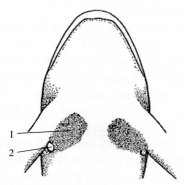

图 I-23　疣刺齿蟾 Oreolalax（Atympanolalax）rugosus 腹面观（王宜生）

1. 胸腺　2.腋腺或胁腺

（13）胫腺（tibial gland）：在胫跗部外侧的粗厚皮肤腺体，如胫腺蛙 Liuhurana shuchinae。

（14）瘰粒（warts）：指皮肤上排列不规则、分散或密集而表面较粗糙的大隆起，如蟾蜍属 Bufo sp.。

（15）疣粒及痣粒（tubercle and granule）：较之瘰粒要小的光滑隆起即称为疣粒；较疣粒更小的隆起则为痣粒，有的呈小刺状。二者的区别是相对的，仅为描述方便而提出。

（16）角质刺（keratinized spines，horny spines）：是皮肤局部角质化的衍生物，呈刺状或锥状，多为黑褐色；其大小、强弱、疏密和着生的部位因种而异。

（17）婚垫与婚刺（nuptial pad and nuptial spines）：雄蛙第 1 指基部内侧的局部隆起称为婚垫，少数种类的第 2、3 指内侧亦存在。婚垫上着生的角质刺即称婚刺（图 I-24，图 I-25）。

4. 成体骨骼系统

（1）肩带与胸骨组合：肩带与胸骨组合可分为 3 大类型，即弧胸型肩带 [如大蹼铃蟾 Bombina（Grobina）maxima]、固胸型肩带（如黑斑侧褶蛙 Pelophylax nigromaculatus）和弧固胸型肩带（如虎纹蛙 Hoplobatrachus chinensis）（图 I-26）。

①弧胸型肩带（arciferal pectoral girdle）：主要特征是上喙软骨颇大且呈弧状，其外侧与前喙软骨和喙骨相连，一般是右上喙软骨

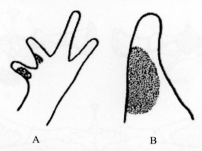

图 I –24　峨眉异角蟾 *Xenophrys*（*Xenophrys*）*omeimontis*（王宜生）
A、手部背面观：示婚刺群所在部位　B、第 1 指背面观：示婚刺细密

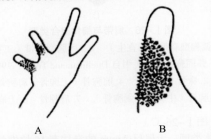

图 I –25　棘指异角蟾 *Xenophrys*（*Xenophrys*）*spinata*（王宜生）
A、手部背面观：示婚刺群所在部位　B、第 1 指背面观：示婚刺粗大

重叠在左上喙软骨的腹面，肩带可通过上喙软骨在腹面左右交错活动；前胸骨与中胸骨仅部分发达或不发达（图 I –26-A），如铃蟾科 Bombinatoridae、角蟾科 Megophryidae、蟾蜍科 Bufonidae 和雨蛙科 Hylidae 均属弧胸型。

②固胸型肩带（firmisternal pectoral girdle）：主要特征是上喙软骨极小，其外侧与前喙软骨和喙骨相连，左、右上喙软骨在腹中线紧密连接而不重叠，有的种类甚至合并成 1 条窄小的上喙骨；肩带不能通过上喙软骨左右交错活动。蛙科 Ranidae、树蛙科 Rhacophoridae 和姬蛙科 Microhylidae 属于固胸型（图 I –26-B）。

③弧固胸型肩带（arcifero-firmisternal pectoral girdle）：上喙软骨小，略呈弧状，其右上喙软骨下部略重叠在左上喙软骨的腹面，其前部与前喙软骨和喙骨相连，肩带可通过上喙软骨后部在腹面左

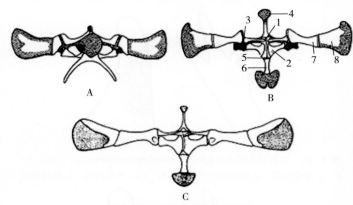

图 I –26　肩带与胸骨组合类型

A、弧胸型肩带（王宜生）　B、固胸型肩带（王宜生）

C、弧固胸型肩带（引自 Duellman and Trued，1994）

1. 前喙软骨　2. 喙骨　3. 锁骨　4. 前胸骨（上胸骨、肩胸骨）　5. 上喙骨

6. 后胸骨（中胸骨和剑胸骨）　7. 肩胛骨　8. 上肩胛骨

右交错活动（图 I –26–C）。

（2）椎体类型：无尾目 Anura 的脊柱有 10 枚椎骨，即颈椎（寰椎）1 枚、躯椎 7 枚、荐椎（或骶椎）和尾杆骨（或尾椎）各 1 枚。椎骨的椎体均不发达，按照前后接触面的凹凸差异，组成如下 5 种类型（图 I –27）。

①双凹型（amphicoelous）：各个椎骨的椎体前后都是凹的，如尾蟾 Ascaphus truei（图 I –27–A）。

②后凹型（opisthocoelous）：各个椎骨的椎体都是前凸后凹的，如铃蟾科 Bombinatoridae 即属此型。其前 3 枚躯椎各具 1 对短肋，荐椎横突宽大，尾杆骨髁 1 个或 2 个；尾杆骨近端常有 1 对或 2 对退化的横突，如大蹼铃蟾 Bombina (Grobina) maxima（图 I –27–B）。

③变凹型（anomocoelous）：大部分或全部椎体都是前凹后凸的，间或也有若干个椎体前后是凹的（即为双凹）；荐椎横突宽大；荐椎与尾杆骨完全愈合而无关节，或者具关节而仅有 1 个尾杆骨髁，角蟾科 Megophryidae 属此类型，如无蹼齿蟾 Oreolalax (Oreolalax) schmidti（图 I –27–C）。

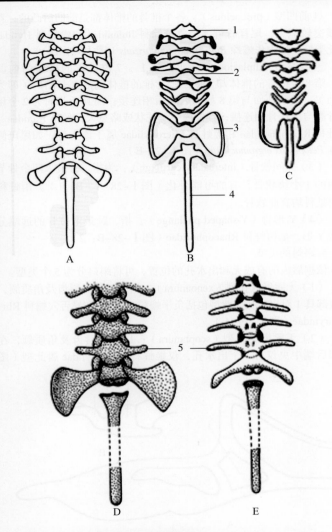

图 I -27 无尾目 Anura 蛙类椎体类型（引自 Fei and Ye，2016）
A、双凹型 B、后凹型 C、变凹型 D、前凹型 E、参差型
1. 颈椎 2. 躯椎 3. 荐椎 4. 尾椎（尾杆骨） 5. 第 8 枚椎骨

④前凹型（procoelous）：各个椎骨的椎体都是前凹后凸的；荐椎横突较宽大，尾杆骨髁2个，蟾蜍科Bufonidae和雨蛙科Hylidae属此类型，如中华蟾蜍*Bufo（Bufo）gargarizans*（图Ⅰ–27–D）。

⑤参差型（diplasiocoelous）：第1～7枚椎骨的椎体为前凹型；第8枚椎骨的椎体却为双凹；荐椎的椎体前后都是凸的（即为双凸），其前凸面与第8枚的后凹面相连接，而其后凸面为2个尾杆骨髁与尾杆骨相连接；荐椎横突呈柱状或略宽大，蛙科Ranidae、树蛙科Rhacophoridae和姬蛙科Microhylidae属于该类型，如黑斑侧褶蛙*Pelophylax nigromaculatus*（图Ⅰ–27–E）。

（3）介间软骨（intercalary cartilage）：为指、趾最末两个骨节之间的1小块软骨，有的可能骨化（图Ⅰ–28–A、B：1）。雨蛙科和树蛙科均有此软骨。

（4）Y形骨（Y-shaped phalange）：指、趾最末节骨的远端分叉呈Y形，如树蛙科Rhacophoridae（图Ⅰ–28–B：2）。

5. 蝌蚪的类型

依据唇齿的有或无和出水孔的位置，可将蝌蚪分为5个类型。

（1）无唇齿双孔型（xenoanura）：蝌蚪口部无唇齿及角质颌，在腹部具1对出水孔，此型包括负子蟾科Pipidae和异舌穴蟾科Rhinophrynidae（图Ⅰ–29–A）。

（2）无唇齿腹孔型（scoptanura）：口部无唇齿及角质颌，在腹部后端中央仅有1个出水孔，仅姬蛙科Microhylidae属此型（图

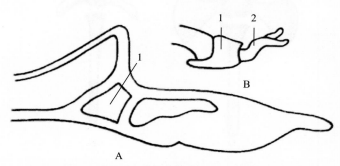

图Ⅰ–28　树蛙属*Rhacophorus*指、趾的末段骨节（王宜生）

A、指　B、趾

1. 介间软骨　2. Y形骨

Ⅰ-29-B）。

（3）有唇齿腹孔型（lemmanura）：口部具唇齿及角质颌，在腹部中央有 1 个出水孔，此型包括盘舌蟾科 Discoglossidae、铃蟾科 Bombinatoridae 和尾蟾科 Ascaphidae（图Ⅰ-29-C）。

（4）有唇齿左孔型 (Acosmanura)：口部具唇齿及角质颌；出水孔位于体左侧（图Ⅰ-29-D）。除上述 3 型和浮蛙科 Occidozygidae 之外，其余各科的蝌蚪均属此型。

（5）无唇齿左孔型（Oxyglossanura）：口部无唇齿和唇乳突，而出水孔位于体左侧，如浮蛙科 Occidozygidae（图Ⅰ-30）。

6. 蝌蚪的外形和量度

在分类上常用的量度（图 1-31）有下列各项。

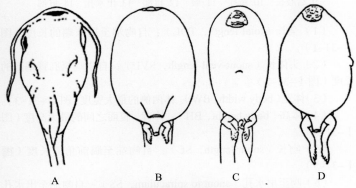

图Ⅰ-29　蝌蚪的类型（王宜生）

A、无唇齿双孔型　B、无唇齿腹孔型　C、有唇齿腹孔型　D、有唇齿左孔型

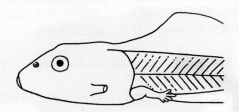

图Ⅰ-30　尖舌浮蛙 *Occidozyga lima* 蝌蚪身体前部侧面观（示无唇齿和 1 个出水孔位于体左侧）（费梁）

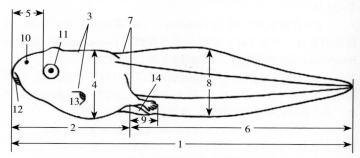

图 I –31　无尾目 Anura 蝌蚪外部形态（王宜生）

1. 全长　2. 头体长　3. 体宽　4. 体高　5. 吻长　6. 尾长　7. 尾肌宽　8. 尾高
9. 后肢长　10. 鼻孔　11. 眼　12. 口部　13. 出水孔　14. 肛部

　　（1）全长（total length，TOL）：自吻端至尾末端的长度（图 I –31–1）。

　　（2）头体长（snout-vent length，SVL）：自吻端至肛管基部的长度（图 I –31–2）。

　　（3）体宽（body width，BW）：体两侧的最大宽度（图 I –31–3）。

　　（4）体高（body height，BH）：体背、腹面之间的最大高度（图 I –31–4）。

　　（5）吻长（snout length，SL）：自吻端至眼前角的长度（图 I –31–5）。

　　（6）吻至出水孔（snout to spiraculum，SS）：自吻端至出水孔（图 I –31–13）的长度。

　　（7）口宽（mouth width，MW）：上、下唇左右会合处的最大宽度。

　　（8）眼间距（interocular space，IOS）：两眼之间的最窄距离。

　　（9）尾长（tail length，TL）：自肛管基部至尾末端的长度（图 I –31–6）。

　　（10）尾肌宽（diameter of tail muscle，TMD）：尾基部的最大直径（图 I –31–7）。

　　（11）尾高（tail height，TH）：尾上、下缘之间的最大高度（图 I –31–8）。

　　（12）后肢长 或后肢芽长（length of hind limb or hind limb bud，HLL）：自后肢（或后肢芽）基部至第 4 趾末端的长度（图 I –31–9）。

当后肢发育较为完全时，或仅量蹠足长。

7. 蝌蚪的外部形态特征常用术语

（1）唇乳突（labial papillae）：口部周围具宽的薄唇，上方者称为上唇，下方者为下唇，上、下唇两侧的会合处即为口角。唇游离缘上的乳头状小突起称为唇乳突，有的亦称为唇缘乳突（labial marginal papillae）（图 I –32–1，2）。唇乳突的多少及分布因类群不同而异。

（2）出水孔（spiraculum，spiracle）：指小蝌蚪的外鳃被鳃盖褶包盖后在体表保留的出水小孔，其位置在腹部两侧各 1 个（图 I –29–1），如负子蟾科；在腹部中央有 1 个出水孔（图 I –29–3），如铃蟾科 Bombinatoridae 铃蟾；在体左侧有 1 个出水孔（图 I –29–4），如角蟾科和蛙科；在腹部后端中央有 1 个出水孔（图 I –29–2），如姬蛙科 Microhylidae。

（3）尾鳍（caudal fin）：位于尾部分节的肌肉上、下方的薄膜状结构，称为尾鳍；上方者称为上尾鳍，反之则为下尾鳍。尾鳍的末端形态可分为以下 5 个类型。

①尾鳍尾部末段细尖，如斑腿泛树蛙 *Polypedates megacephalus*（图 I –33）。

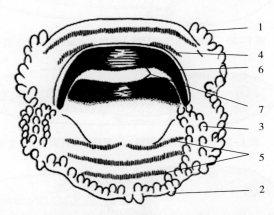

图 I –32　蝌蚪口部（黑斑侧褶蛙 *Pelophylax nigromaculatus*）（王宜生）
1. 上唇乳突　2. 下唇乳突　3. 副突　4. 上唇齿式（I：1+1）
5. 下唇齿式（1+1：II）　6. 角质颌　7. 锯齿状突

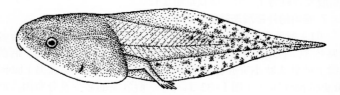

图Ⅰ-33　斑腿泛树蛙蝌蚪（示尾部末段细尖）（王宜生）

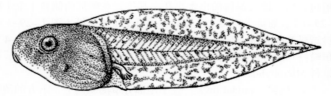

图Ⅰ-34　华西雨蛙景东亚种蝌蚪尾鳍（示尾部末段尖）（王宜生）

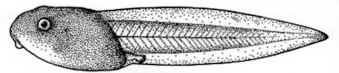

图Ⅰ-35　宝兴树蛙蝌蚪尾鳍（示尾部末段钝尖）（王宜生）

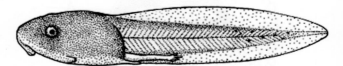

图Ⅰ-36　隆肛蛙蝌蚪尾鳍（示尾部末段钝圆）（王宜生）

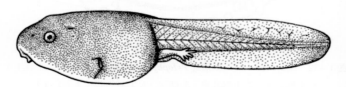

图Ⅰ-37　西藏蟾蜍蝌蚪尾鳍（示尾部末段圆）（王宜生）

②尾鳍尾部末段尖，如华西雨蛙景东亚种 *Hyla gongshanensis jingdongensis*（图Ⅰ–34）。

③尾鳍尾部末段钝尖，如宝兴树蛙 *Rhacophorus dugritei*（图Ⅰ–35）。

④尾鳍尾部末段钝圆，如隆肛蛙 *Feirana quadranus*（图Ⅰ–36）。

⑤尾鳍尾部末段圆，如西藏蟾蜍 *Bufo (Bufo) tibetanus*（图Ⅰ–37）。

8. 蝌蚪口内部形态特征常用术语

（1）副突（additional papillae）：位于两口角内侧的若干小突起，称为副突（图Ⅰ–32–3）。

（2）唇齿及唇齿式（labial teeth and labial teeth formula）：上、下唇内侧一般具横行的棱状突起即唇齿棱，其上生长着密集的角质齿称为唇齿。唇齿的行数和排列方式随种类的不同而有差异，可用唇齿式表示，如Ⅰ：1+1/1+1：Ⅱ（图Ⅰ–32–4，5）。斜线"/"左侧为上唇齿，第1排（外排）是完整的，用"Ⅰ"表示，第2排左右对称排列，各为1短行，即用"1+1"表示。斜线右侧为下唇齿，由内向外，第1排（内排）中央间断成左、右两短行，即用"1+1"表示；第2和3排是完整的，在中央不间断，即用"Ⅱ"表示。

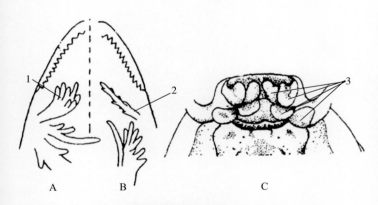

图Ⅰ–38 蝌蚪口腔内舌前乳突（王宜生）

A、齿蟾属 *Oreolalax* 蛙类第1对舌前乳突：1. 呈多指掌状   B、齿突蟾属 *Scutiger* 蛙类第1对舌前乳突：2. 呈单指状   C、异角蟾属 *Xenophrys* 蛙类舌前乳突：3. 呈匙状，共4对

　　（3）角质颌（keratinized beak，horny beak）：指口部中央的上、下两片黑褐色角质结构，其游离缘有锯齿状突起（图Ⅰ-32-6，7）。上、下颌片中央即是口；口的内部即为口咽腔（buccopharyngeal cavity）。

　　（4）舌前乳突（prelingual papillae）：曾称为"味觉器"(taste organs)。位于口咽腔前部，即下颌片后方至舌原基(tongue anlage) 前方之间的若干成对的小突起，称为舌前乳突（图Ⅰ-38）。它们的形态（包括分支）、数量及排列方式等均有分类学意义。

三、濒危等级划分标准

世界自然保护联盟（IUCN，International Union for Conservation of Nature 的简称）又称国际自然与自然资源保护联盟，是世界上规模最大、历史最悠久的全球性环境保护组织，也是自然环境保护与可持续发展领域唯一作为联合国大会永久观察员的国际组织。IUCN将生物物种的濒危程度分为如下等级和标准。

1. 绝灭

绝灭英文为 Extinct，代号为 EX。在适当时间（日、季、年，必须根据该分类单元的生活史和生活形式来选择适当的调查时间），对已知和可能的栖息地进行彻底调查，如果没有发现任何一个个体，即认为该分类单元属于绝灭。

2. 野外绝灭

野外绝灭英文为 Extinct in the Wild，代号为 EW。如果已知一分类单元只生活在栽培、圈养条件下，在适当时间（日、季、年，必须根据该分类单元的生活史和生活形式来选择适当的调查时间），对已知和可能的栖息地进行彻底调查，没有发现任何一个个体，即认为该分类单元属于野外绝灭。

3. 地区绝灭

地区绝灭英文为 Regionally Extinct，代号为 RE。如果可以肯定地区内一分类单元最后的有潜在繁殖能力的个体已经死亡或消失，或一先前造访的分类单元的最后的个体已经死亡或消失时，即认为该分类单元属于地区绝灭。被列入 RE 的任何时间限制设定均应由地区红色名录权威决定，但通常不应该是公元 1500 年之前。

4. 极危

极危英文为 Critically Endangered，代号为 CR。当一分类单元的野生种群面临即将绝灭的概率非常高，该分类单元即列为极危。

5. 濒危

濒危的英文为 Endangered，代号为 EN。 当一分类单元未达到极危标准，但是其野生种群在不久的将来面临绝灭的概率很高，该单元即列为濒危。

6. 易危

易危英文为 Vulnerable，代号为 VU。当一分类单元未达到极危或濒危标准，但是在未来一段时间后，其野生种群面临绝灭的概率较高，该分类单元即列为易危。

7. 近危

近危的英文为 Near Threatened，代号为 NT。

8. 无危

无危的英文为 Least Concern，代号为 LC。

9. 数据缺乏

数据缺乏的英文为 Data Deficient，代号为 DD。

10. 未予评估

未予评估的英文为 Not Evaluated，代号为 NE。

第二部分 蚓螈目
Part II Gymnophiona

一、鱼螈科 Ichthyophiidae Taylor, 1968

（一）鱼螈属 *Ichthyophis* Fitzinger, 1826

1. 版纳鱼螈 *Ichthyophis bannanicus* Yang, 1984

【英文名称】　Banna Caecilian.

【形态特征】　雄螈头体长 309.0 ～ 317.0 mm，尾长约 3.0 mm；雌螈头体长 345.0 ～ 411.0 mm，尾长 5.5 ～ 6.0 mm。体形似蚯蚓，呈近圆柱形，无四肢；尾短，略呈圆锥状。头小而扁平，头长大于头宽，鼻孔位于吻端两侧；有触突，位于上唇缘中部；眼甚小，隐蔽在胶膜下；上颌齿与犁腭齿各 1 列，二者均排列成∩形。第 1 颈沟距口角远，为吻端至口角间距的 2/5，从背面看不见第 2 颈沟的两端；躯干部环褶 328 ～ 408 个，尾部环褶仅 4 个，在环褶间有小鳞 2 ～ 5 行。通身皮肤光滑，富有黏液。无四肢。体背面深棕色、灰

图 1-1　版纳鱼螈 *Ichthyophis bannanicus* 成螈（云南景洪，费梁）

棕色或棕黑色，显紫色蜡光；眼呈蓝黑色，触突为乳黄色；从口角向体两侧至肛孔各有 1 条黄色或橘黄色纵带；腹面浅棕色或深棕色，肛孔周围为淡黄色。卵近圆形，乳黄色，卵径 6.3 ～ 6.4 mm 至 7.4 ～ 7.8 mm。幼体全长 180.0 mm 左右时开始变态。

【生物学资料】 该螈生活于海拔 100 ～ 900 m 植物茂密的热带

图 1-2 版纳鱼螈 *Ichthyophis bannanicus* 卵群

（引自莫运明等，2014）

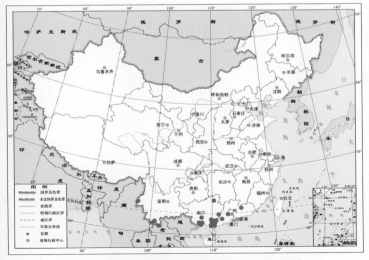

图 1-3 版纳鱼螈 *Ichthyophis bannanicus* 地理分布

和亚热带潮湿地区。成蟾常栖息于溪河及其附近的水坑、池塘、沼泽和田边。白天多伏于石缝、土洞内或树根下，夜间外出觅食蚯蚓等。4～5月在溪旁近水边的岸上筑巢，雌蟾产卵30～62粒。

【种群状态】　该蟾随着栖息地的生态环境质量下降，其种群数量减少。

【濒危等级】　近危（NT）。

【地理分布】　云南（景洪、勐腊、勐海、盈江？）、广东（化州、罗定、罗浮山、德庆、阳春、鼎湖山等）、广西（南宁、上思、东兴、防城港、桂平、玉林、桂林、上林、博白、北流、容县、岑溪、梧州等）；越南（北部）。

第三部分　有尾目
Part Ⅲ　Urodela

二、小鲵科 Hynobiidae Cope, 1859 (1856)

（二）小鲵属 *Hynobius* Tschudi, 1838

小鲵亚属 *Hynobius* (*Hynobius*) Tschudi，1838

2. 安吉小鲵 *Hynobius* (*Hynobius*) *amjiensis* Gu, 1991
【英文名称】　Anji Hynobiid.
【形态特征】　雄鲵全长 153.0 ～ 166.0 mm，雌鲵全长 166.0 mm

A

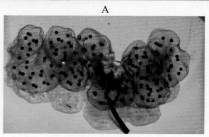

B

图 2-1　安吉小鲵 *Hynobius* (*Hynobius*) *amjiensis*（浙江安吉，费梁）
A、成鲵　B、卵袋

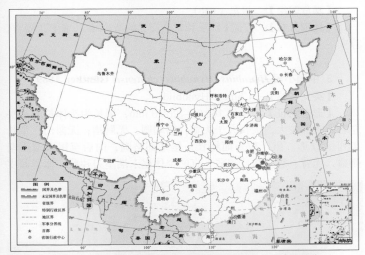

图 2-2   安吉小鲵 *Hynobius (Hynobius) amjiensis* 地理分布

左右。头部卵圆形而扁平，头长略大于头宽；无唇褶；无囟门，犁骨齿列呈 ⋁ 形。躯干粗壮而略扁。尾基部近圆形，向后逐渐侧扁，尾背鳍褶低而明显，尾末端钝圆。体背面皮肤光滑，眼后至颈褶有 1 条纵肤沟；背部中央有 1 条脊沟，体侧肋沟 13 条；头体腹面光滑，颈褶明显。四肢较细长，前、后肢贴体相对时指、趾端重叠或互达掌、跖部；掌、跖部均黑色，无角质层，掌突和跖突明显；前足 4 个指，后足 5 个趾。体背面暗褐色或棕黑色，腹部灰褐色，均无斑纹。雄鲵肛孔纵裂，前缘中央有 1 个小乳突。卵呈圆形，动物极黑色，植物极灰白色；卵径 3.5 mm 左右，连同卵外透明胶囊直径为12.0 ～ 14.0 mm。

【生物学资料】   该鲵生活于海拔 1 300 m 左右的山区。成鲵多栖息在山顶沟谷处沼泽地内，周围植被繁茂，地面有大小水坑，水深 50 ～ 100 cm；以多种昆虫及蚯蚓等小动物为食。于每年 12 月至翌年 3 月在水坑内繁殖产卵，产卵袋 1 对，一端相连成柄，黏附在水草上，其长 46.0 ～ 58.0 cm；卵粒排列不规则，每一雌鲵可产卵96 ～ 151 粒。

【种群状态】   中国特有种。因生态环境质量下降，其种群数量极少。

【濒危等级】　极危（CR）。

【地理分布】　安徽（绩溪和歙县交界的清凉峰）、浙江（安吉、淳安）。

3. 中国小鲵 *Hynobius (Hynobius) chinensis* Günther, 1889

【英文名称】　Chinese Hynobiid.

【形态特征】　全长 165.0 ～ 205.0 mm，尾长为头体长的 85% 左右。头部较大，头长大于头宽；吻端圆，无唇褶；无囟门，犁骨齿列呈 ∨ 形。躯干较短而粗壮，尾基部略圆，向后至尾末端逐渐侧扁，无背、腹鳍褶或很弱，有的个体尾末端呈刀片状。体背面皮

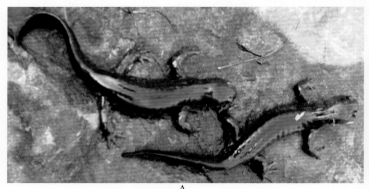

A

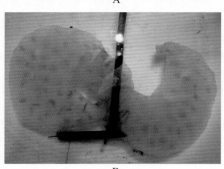

B

图 3-1　中国小鲵 *Hynobius (Hynobius) chinensis*（湖北长阳，王维佳）

A、成鲵　B、卵袋

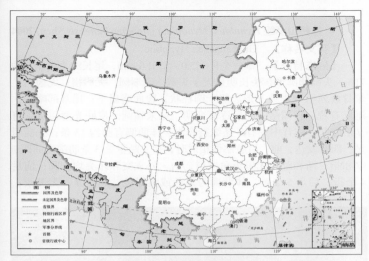

图 3-2　中国小鲵 *Hynobius (Hynobius) chinensis* 地理分布

肤光滑，眼后至颈褶有 1 条纵肤沟，头顶部有 1 条长 ∨ 形脊，肋沟 11 ～ 12 条；头腹面光滑，颈褶不明显或略显。四肢较粗壮，前、后肢贴体相对时，指、趾重叠 2 ～ 3 条肋沟之间距；掌、跖部无黑色角质层，无掌突和跖突；前足 4 个指，后足 5 个趾，第 5 趾短小。体尾背面几乎为一致的黑色或褐黑色，少数个体有 1 ～ 2 个黄色斑点；腹面浅褐色，有大理石黑褐色斑。

　　【生物学资料】　　该鲵生活于海拔 1 400 ～ 1 500 m 的山区。成鲵多栖于山间凹地水塘附近植被繁茂的次生林、杂草和灌丛内，营陆栖生活。每年的 11 月和 12 月到水塘内交配产卵，卵袋成对沉于水底，呈 C 形，卵袋长 250.0 mm 左右，直径 100.0 mm 左右，每对卵袋内含卵 60 ～ 80 粒。繁殖水域水质清澈，pH 值 7，水塘水深 5.0 ～ 30.0 cm，卵袋多产在水深 10.0 cm 左右处。卵群在室内孵化和饲养 4 个月，亚成体全长约 55.0 mm。

　　【种群状态】　　中国特有种。因生态环境质量下降，其种群数量很少。

　　【濒危等级】　　濒危（EN）。

　　【地理分布】　　湖北（长阳）。

4. 挂榜山小鲵 *Hynobius (Hynobius) guabangshanensis* Shen, 2004

【英文名称】　Guabangshan Hynobiid.

【形态特征】　雄鲵全长 125.0 ～ 151.0 mm，尾长约为头体长的 71%。头部卵圆形，头长明显大于头宽，吻端圆，无唇褶；无囟门，犁骨齿列呈 ∪ 形或 ∨ 形。躯干圆柱状，腹面略扁平；尾基部略圆，尾部有背、腹鳍褶，向后逐渐变薄，尾末端圆。皮肤光滑，头顶有 ∨ 形隆起；体背中央有 1 条纵行脊沟，体两侧有肋沟 13 条；颈褶明显。四肢发达，前、后肢贴体相对时，指、趾重叠 3 条肋沟之间距；掌和指、跖和趾均无黑色角质层，内、外掌突和跖突均较圆；前足 4 个指，后足 5 个趾。体背面为黑色或黄绿色、具蜡光，无斑纹；

A

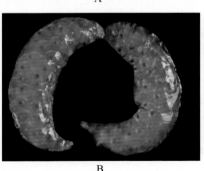

B

图 4-1　挂榜山小鲵 *Hynobius (Hynobius) guabangshanensis*
A、成鲵（湖南祁阳，费梁）　　B、卵袋（湖南祁阳，沈猷慧）

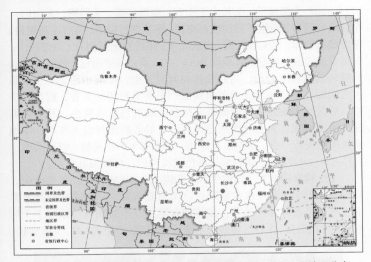

图 4-2 挂榜山小鲵 *Hynobius (Hynobius) guabangshanensis* 地理分布

腹面灰色略显紫红色，有许多白色小斑点。雄鲵肛部隆起明显，肛孔前缘有 1 个小乳突。卵呈圆形，直径 2.6 ～ 2.8 mm，动物极浅灰色，植物极乳白色，连同卵外胶囊其直径为 9.0 ～ 12.0 mm。

【生物学资料】   该鲵生活于海拔 720 m 左右着生有树林及灌丛等的山区。成鲵多栖息在山间小水塘、沼泽地，营陆栖生活，多栖息在落叶下和土洞内。11 月中旬至下旬繁殖，卵袋产在水质清澈的静水池塘内。卵袋成对，呈香蕉状。卵袋长 120.0 ～ 180.0 mm，直径 30.0 ～ 35.0 mm。卵交错排列在卵袋内，共含卵 130 ～ 165 粒。

【种群状态】   中国特有种。因生态环境质量下降，其种群数量很少。

【濒危等级】   费梁等（2010）建议列为濒危（EN）；蒋志刚等（2016）列为极危（CR）。

【地理分布】   湖南（祁阳挂榜山）。

5. 东北小鲵 *Hynobius (Hynobius) leechii* Boulenger, 1887

【英文名称】   Northeast China Hynobiid.

【形态特征】   雄鲵全长 85.0 ～ 141.0 mm，雌鲵全长 86.0 ～

47

142.0 mm。头部扁平，头长大于头宽；吻端钝圆，无唇褶；无囟门，犁骨齿列呈ᗐ形。躯干圆柱状而略扁；尾基部近圆形，向后逐渐侧扁，尾背鳍褶明显，尾末端钝圆。皮肤光滑，眼后角至颈侧有 1 条细纵沟；头顶 Ⅴ 形隆起不明显，体侧肋沟 11 ～ 13 条；颈褶明显。四肢较短，后肢较前肢粗壮，前、后肢贴体相对时，指、趾端相距 2 ～ 3 条肋沟之间距；掌、跖部无黑色角质层；内掌突和跖突显著，前足 4 个指，后足 5 个趾。头体背面呈黄褐色、绿褐色或暗灰色，其颜色可随环境而变化，其上有黑灰色斑点，有的居群体背面无斑点；体腹面灰褐色或污白色。雄鲵肛孔短小，前端有 1 个小突起。卵呈圆形，直径 3.0 ～ 4.0 mm，动物极黑褐色或浅褐色，植物极乳白色。

　　【生物学资料】　该鲵生活于海拔 200 ～ 850 m 的山区密林中。成鲵常栖于小溪或浸水水塘附近。10 月初入蛰；一般在向阳处土壤中、乱石堆及草垛下越冬；成体捕食昆虫及小型动物。该鲵于 3 月末至 4 月初出蛰，在静水塘或泉水缓流中繁殖；产卵袋 1 对，呈螺旋状，

A

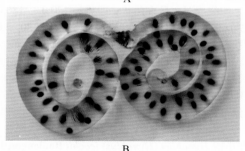

B

图 5-1　东北小鲵 *Hynobius (Hynobius) leechii*（辽宁桓仁，费梁）

A、成鲵　B、卵袋

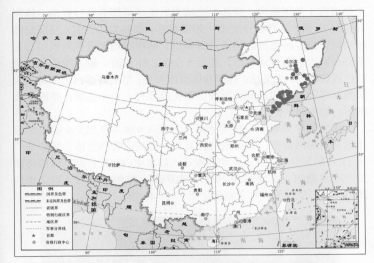

图 5-2　东北小鲵 *Hynobius (Hynobius) leechii* 地理分布

黏附在水内枯枝或石头上；卵袋长 110.0 ～ 240.0 mm，每对卵袋有卵 56 ～ 106 粒。

【种群状态】　中国为主要分布区，其种群数量较多。

【濒危等级】　无危（LC）；蒋志刚等（2016）列为易危（VU）。

【地理分布】　黑龙江（宾县、尚志、五常、镜泊湖、松花江流域等）、吉林（白河、汪清、和龙、吉林市郊区）、辽宁（岫岩、新宾、盖州市熊岳城镇、庄河、千山、桓仁、鞍山市郊区、宽甸、清原、本溪、大连市郊区、丹东市郊区、凤城、普兰店市城子坦镇、瓦房店等）、朝鲜、韩国。

6. 猫儿山小鲵 *Hynobius (Hynobius) maoershanensis* Zhou, Jiang and Jiang, 2006

【英文名称】　Maoershan Hynobiid.

【形态特征】　雄鲵全长 152.0 ～ 160.0 mm，雌鲵 136.0 ～ 155.0 mm。头部较大、略扁，头长大于头宽；吻端圆，无唇褶；无囟门，犁骨齿列呈 ∨ 形。躯干圆柱状，腹面扁平；尾基部呈圆柱形，向后逐渐侧扁，尾鳍褶不明显，尾末端钝圆。体背面皮肤光滑，眼后角

49

至颈褶有 1 条细纵沟；背部中央从头后至尾基部有纵行脊沟，体侧有肋沟 12 条；头体腹面光滑，颈褶明显。四肢发达，前、后肢贴体相对时，指、趾重叠或相遇；掌和指、跖和趾均无黑色角质层，无掌突和跖突；前足 4 个指，后足 5 个趾。体背面一般为黑色、浅紫棕色或黄绿色，无斑纹；体侧和体腹面灰色，散有许多白色小斑点。雄鲵肛部明显隆起，肛孔纵裂，肛孔前缘有 1 个小乳突；雌鲵肛孔圆形。幼体有平衡支。

【生物学资料】　该鲵生活于海拔 1 978 ～ 2 015 m 的山区沼泽地及其周围地带，栖息地植被繁茂。成鲵营陆栖生活，繁殖季节从 11 月初至翌年 2 月，此期成鲵进入静水塘内交配产卵，雌鲵将卵袋产在水塘内，水塘水深 20.0 ～ 50.0 cm。雌鲵产卵袋 1 对，长约 200.0 mm，呈弧形；每条卵袋含卵 37 ～ 45 粒。

A

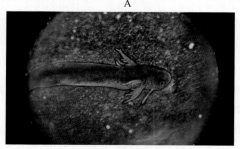

B

图 6-1　猫儿山小鲵 *Hynobius (Hynobius) maoershanensis*

（广西猫儿山，江建平）

A、成鲵　B、胚胎

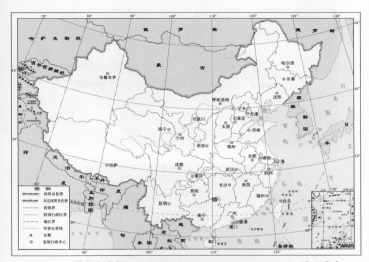

图 6-2   猫儿山小鲵 *Hynobius (Hynobius) maoershanensis* 地理分布

【种群状态】　中国特有种。因生态环境质量下降，其种群数量很少。

【濒危等级】　费梁等（2010）建议列为濒危（EN）；蒋志刚等（2016）列为濒危（EN）。

【地理分布】　广西（龙胜、兴安）。

7. 义乌小鲵 *Hynobius (Hynobius) yiwuensis* Cai, 1985

【英文名称】　Yiwu Hynobiid.

【形态特征】　雄鲵长 83.0～136.0 mm；雌鲵长 87.0～117.0 mm。头部卵圆形，头长大于头宽；吻端钝圆，无唇褶；无囟门，犁骨齿列呈 Ｖ 形。躯干圆柱状，背腹略扁；尾基部近圆形，向后逐渐侧扁，尾背鳍褶起于尾后段 1/3 处，尾末端钝圆。体背面皮肤光滑，眼后角至颈褶有 1 条细纵沟，头顶有 Ｖ 形隆起；背部中央有纵行脊沟，肋沟有 10～11 条；头体腹面光滑，颈褶明显。后肢较前肢发达，前、后肢贴体相对时，指、趾端多不相遇；掌、跖部无黑色角质层，掌突和跖突小；前足 4 个指，后足 5 个趾。体背面一般为黑褐色，在草丛中可变为浅草绿色，体侧通常有灰白色细点；体腹面灰白色，

A

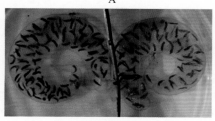

B

图 7-1　义乌小鲵 *Hynobius (Hynobius) yiwuensis*

A、成鲵（浙江舟山，费梁）　　B、卵袋（浙江舟山，蔡春抹）

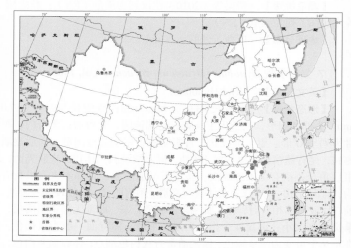

图 7-2　义乌小鲵 *Hynobius (Hynobius) yiwuensis* 地理分布

无斑纹，肛孔前缘有 1 个小乳突。卵呈圆形，直径 2.5 ～ 3.0 mm，动物极浅灰色，植物极乳白色。

【生物学资料】 该鲵生活于海拔 100 ～ 200 m 植被较繁茂的丘陵山区。成鲵营陆栖生活，常见于潮湿的泥土、石块或腐叶下，以小型动物为食。12 月中旬至翌年 2 月繁殖，卵产在水坑。雌鲵产卵袋 1 对，固着在枯枝或石块上。卵袋长 150.0 ～ 170.0 mm；卵粒交错排列在圆筒状卵袋内，每条卵袋含卵 85 ～ 96 粒。

【种群状态】 中国特有种。因栖息地的生态环境质量下降，种群数量较少。

【濒危等级】 易危（VU）。

【地理分布】 浙江（舟山、镇海、萧山、义乌、温岭、江山）。

台岛亚属 Hynobius (*Makihynobius*) Fei, Ye and Jiang, 2012

8. 阿里山小鲵 Hynobius (*Makihynobius*) *arisanensis* Maki, 1922

【英文名称】 Arisan Hynobiid.

【形态特征】 雄鲵全长 86.0 ～ 115.0 mm，雌鲵全长 80.0 ～ 92.0 mm。头扁平，头长大于头宽；吻端圆，鼻孔靠近吻端，无唇褶；无囟门；犁骨齿列呈Y形，内支甚长，后段呈弧形，左右不相连。躯干圆柱形，略扁平，躯干长（颈褶至肛前缘）约为头长的 3 倍；尾末端钝尖。头体背面皮肤光滑，耳后腺椭圆形；背脊中央有 1 条纵沟，肋沟 12 ～ 13 条；头体腹面光滑，颈褶明显。四肢纤细，前、后肢贴体相对时，指与趾不相遇，其间距约为 2 条肋沟之间距；掌、跖部无黑色角质层，掌突和跖突不明显或无；前足 4 个指，后足 5 个趾，第 5 趾多退化呈小突状。背面深褐色、茶褐色或浅褐色，个体小者偏黑褐色，多数个体无斑纹，有的密布黄褐色小圆点；有的个体背面散布白色小斑点；腹面色浅，略带乳黄色。雄鲵肛孔前有 1 个乳突；雌鲵该处无乳突。

【生物学资料】 该鲵生活于海拔 1 800 ～ 3 650 m 植被繁茂的中、高山区。成鲵常栖于林下溪流缓流处、沼泽和苔藓丰富的地方。3 ～ 4 月可在溪流内发现成鲵，7 月中旬可见到幼体，可能在溪流内

图 8-1　阿里山小鲵 *Hynobius (Makihynobius) arisanensis* 成鲵和幼鲵
（台湾，向高世等，2009）

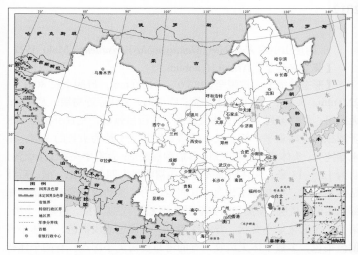

图 8-2　阿里山小鲵 *Hynobius (Makihynobius) arisanensis* 地理分布

繁殖。

　　【种群状态】　中国特有种。因生态环境质量下降，其种群数量减少。

【濒危等级】　易危（VU）；蒋志刚等（2016）列为濒危（EN）。
【地理分布】　台湾（阿里山、玉山至大武山）。

9. 台湾小鲵 *Hynobius (Makihynobius) formosanus* Maki, 1922

【英文名称】　Formosan Hynobiid.

【形态特征】　全长 58.0 ～ 98.0 mm，尾长为头体长的 72% 左右；头圆而扁平，头长大于头宽；吻端圆，鼻孔位于吻端至眼之间，无唇褶；无囟门，犁骨齿列呈Ⅴ形，内支甚长，后段向外弯曲成弧形，左右相连。躯干圆柱形，其长约为头长的 3 倍；尾基部较粗，向后逐渐变细而侧扁。头体背面皮肤光滑，眼后至颈褶有 1 条纵肤沟；体背部中央有 1 条脊沟，体侧有肋沟 12 ～ 13 条；头体腹面光滑，

A

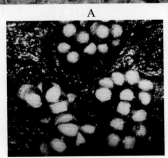

B

图 9-1　台湾小鲵 *Hynobius (Makihynobius) formosanus*

A、成鲵（台湾，向高世）　B、卵群（台湾，Kakegawa, et al., 1989）

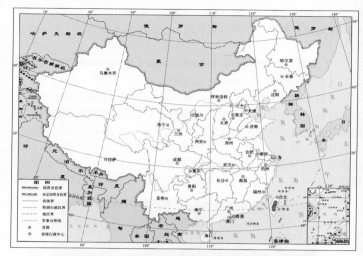

图 9-2　台湾小鲵 *Hynobius (Makihynobius) formosanus* 地理分布

颈褶明显。四肢纤细，前肢略短于后肢，前、后肢贴体相对时，指、趾不相遇；掌、跖部无黑色角质层，掌突和跖突不显；前足 4 个指，后足 5 个趾，第 5 趾短于第 1 趾或完全退化。活体背面茶褐色或黑色，其上无斑纹或具黄褐色、金黄色斑；体腹面色略浅，具灰色小斑点。卵袋圆筒形，卵径约 4.3 mm，乳黄色微带棕色。

【生物学资料】　成鲵生活于海拔 2 100 ～ 3 000 m 的山区。室内经过人工饲养，1 月中旬产出卵袋。1 ～ 3 月在野外发现胚胎，繁殖季节可能在 11 月至翌年 1 月。雌鲵产卵袋 1 对，长约 145.0 mm，每条卵袋含卵约 13 粒。

【种群状态】　中国特有种。因生态环境质量下降，其种群数量减少。

【濒危等级】　濒危（EN）。

【地理分布】　台湾（雪山南段、南投合欢山及能高山附近）。

10. 观雾小鲵 *Hynobius (Makihynobius) fuca* Lai and Lue, 2008

【英文名称】　Taiwan Lesser Hynobiid.

【形态特征】　雄鲵全长 74.1 ～ 85.6 mm，体长 53.5 ～ 67.4 mm；

雌鲵全长 88.4 ～ 116.5 mm，体长 53.5 ～ 67.4 mm。头圆而扁平，头长大于头宽；吻端圆，鼻孔位于吻端至眼之间，无唇褶；无囟门，犁骨齿列呈Ｖ形，内支甚长，后段向外弯曲成弧形，左右相连。躯干圆柱形，其长约为头长的 3 倍；尾基部较粗，向后逐渐变细而侧扁。头体背面皮肤光滑，眼后至颈褶有 1 条纵肤沟；体背部中央有 1 条脊沟，体侧有肋沟 11 ～ 12 条；头体腹面光滑，颈褶明显。四肢短而肥壮，前肢略短于后肢，前、后肢贴体相对时，指、趾不相遇，相距约 2 个肋沟；掌、跖部无黑色角质层，指、趾无关节下瘤；前足 4 个指，后足 5 个趾，第 5 趾短于第 1 趾。活体背面黑褐色，其上有显著的白斑点；体侧和腹面褐色，具浅黄色斑块。卵粒圆，乳白色。

【生物学资料】　　成鲵生活在海拔 1 200 ～ 2 100 m 的山区，该

A

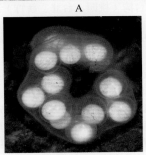

B

图 10-1　观雾小鲵 *Hynobius (Makihynobius) fuca*（台湾，向高世）

A、成鲵　B、卵群

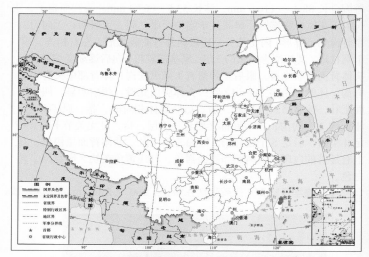

图 10-2　观雾小鲵 *Hynobius (Makihynobius) fuca* 地理分布

山区植被为红树和针叶树混交林。成鲵栖息在阴暗潮湿的石块下或腐烂的树叶下。冬末春初繁殖，在流水域产卵 4 ～ 15 粒，有护卵行为。

【种群状态】　中国特有种。在栖息地内所见种群数量很少。

【濒危等级】　蒋志刚等（2016）列为濒危（EN）。

【地理分布】　台湾（桃园、台北、新竹）。

11. 南湖小鲵 *Hynobius (Makihynobius) glacialis* Lai and Lue, 2008

【英文名称】　Glacial Hynobiid.

【形态特征】　雄鲵全长 93.1 ～ 123.9 mm，雌鲵全长 53.5 ～ 67.4 mm；雌鲵全长 88.4 ～ 116.5 mm，体长 53.5 ～ 67.4 mm。头圆而扁平，头长大于头宽；吻端圆，鼻孔位于吻端至眼之间，无唇褶；无囟门，犁骨齿列呈Ⅴ形，内支甚长，后段向外弯曲成弧形，左右相连。躯干圆柱形，其长约为头长的 3 倍；尾基部较粗，向后逐渐变细而侧扁。头体背面皮肤光滑，眼后至颈褶有 1 条纵肤沟；体背部中央有 1 条脊沟，体侧有肋沟 11 ～ 13 条；头体腹面光滑，颈褶明显。

图 11-1 南湖小鲵 _Hynobius (Makihynobius) glacialis_ 成鲵（台湾，向高世）

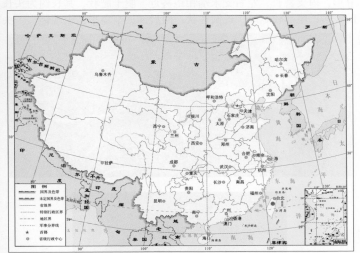

图 11-2 南湖小鲵 _Hynobius (Makihynobius) glacialis_ 地理分布

四肢纤细，前肢略短于后肢，前、后肢贴体相对时，指、趾相遇；掌、跖部无黑色角质层，指、趾无关节下瘤；前足 4 个指，后足 5 个趾，第 5 趾短于第 1 趾。活体背面浅黄褐色，其上有不规则而均匀分布的黑褐色短的条形斑纹；体腹面有浅黄色斑块。

【生物学资料】 成鲵生活于海拔 3 000 ～ 3 536 m 的山区，接

59

近冻土地带，通常栖息在小河支流附近的泉水或浸水处，白天隐蔽在砾石的下面（Lai and Lue，2008）。

　　【种群状态】　　中国特有种。该鲵栖息于高寒山区，环境严酷，所见种群数量很少。

　　【濒危等级】　　费梁等（2012）建议列为易危（VU）；蒋志刚等（2016）列为濒危（EN）。

　　【地理分布】　　台湾（中央山脉北部的南湖大山）。

12. 楚南小鲵 *Hynobius (Makihynobius) sonani* (Maki, 1922)

　　【英文名称】　　Sonan's Hynobiid.

　　【形态特征】　　雄鲵全长 98.0 ～ 129.0 mm，雌鲵全长 90.0 ～ 105.0 mm。头部卵圆形；吻端钝圆，无唇褶；无囟门，犁骨齿列呈Ⅴ形，内支甚长，左右支末端相距甚近。躯干肥壮，其长约为头长的 3 倍；尾部较肥厚，近圆柱状，向后部逐渐扁平，末端钝尖。头

A

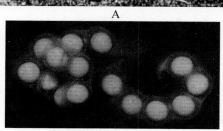

B

图 12-1　楚南小鲵 *Hynobius (Makihynobius) sonani*

A、成鲵（台湾大禹岭，向高世）　B、卵袋

（台湾大禹岭，Kakegawa, et al., 1989）

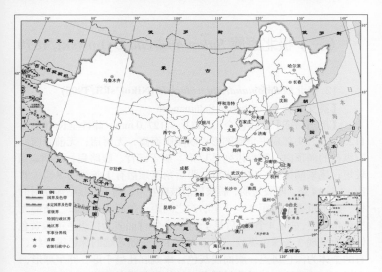

图 12–2 楚南小鲵 *Hynobius (Makihynobius) sonani* 地理分布

体背面皮肤光滑，眼后至颈褶有 1 条细的纵沟；背中央有 1 条纵沟，
体两侧有肋沟 12 ～ 13 条；头体腹面光滑，颈褶明显。四肢短而粗壮，
前、后肢贴体相对时，指、趾端不相遇，相距约 3 条肋沟之间距；掌、
跖部无黑色角质层，有内掌突，前足 4 个指，后足 5 个趾，个别只
有 4 个趾。背面为浅褐色、黄褐色或红褐色，其上有不规则深褐色
花斑；腹部色较浅，咽喉部黄褐色，杂有暗褐色斑纹；体腹面和尾
腹侧有黑褐色小斑点；掌、跖部色浅。卵径 5.0 mm；卵粒黄白色，
略显绿色。

【生物学资料】　成鲵生活于海拔 2 600 ～ 3 300 m 的山区。成
鲵多栖于森林茂密、杂草丛生的石缝中或山溪边石下及环境阴湿的
地方。人工催产后雌鲵于 1 月 17 日在室内产卵袋 1 对，卵袋具细
沟纹，卵袋长约 160.0 mm，每条卵袋有卵 16 粒。推测该鲵的繁殖
期在 11 月至翌年 1 月中旬。

【种群状态】　中国特有种。因生态环境质量下降，其种群数
量减少。

【濒危等级】　濒危（EN）。

【地理分布】　台湾 [南投（能高山、合欢山、玉山）]。

（三）极北鲵属 *Salamandrella* Dybowski, 1870

13. 极北鲵 *Salamandrella tridactyla* (Nikol'skii, 1905)

【英文名称】 Siberian Salamander.

【形态特征】 雄性全长 117.0 ～ 127.0 mm，雌性全长 100.0 ～ 112.0 mm。头部扁平呈椭圆形；吻端圆而高，无唇褶；无前颌囟，有纵长的额顶囟，犁骨齿列呈∨形。躯干部背、腹略扁；尾侧扁而较短；尾末端钝尖。皮肤光滑；眼后角至颈褶有 1 条浅的纵沟；肋沟 13 ～ 14 条。四肢短弱，后肢较前肢略粗壮；前、后肢贴体相对时，指、趾不重叠，相距 2 ～ 3 个肋沟之间距；颈褶明显；掌、跖部无黑色角质层，前足 4 个指，后足 4 个趾。头体背面多为棕黑色或棕黄色，体背面呈现 3 条深色纵纹，背正中有 1 条若断若续的深色纵脊纹，有的个体为深色斑点；腹面浅灰色。雄鲵肛孔呈↑形。卵呈球形，直径 1.5 ～ 2.0 mm，动物极黑色，植物极灰褐色。

A

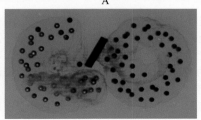

B

图 13-1 极北鲵 *Salamandrella tridactyla*（吉林白河，费梁）

A、成鲵 B、卵袋

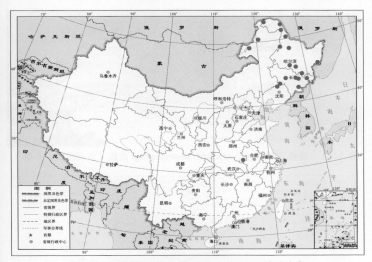

图 13-2　极北鲵 *Salamandrella tridactyla* 地理分布

　　【生物学资料】　　该鲵生活于海拔 200 ～ 1 800 m 的丘陵山地。成体营陆栖生活，多在植被较好的静水塘及山沟附近，觅食昆虫、软体动物等。4 月上旬至 5 月繁殖，产卵袋 1 对，并黏附在水内的枯枝上。卵交错排列在卵袋内，卵袋长 90 ～ 140 mm，直径 14 ～ 20 mm，1 只雌鲵产卵 72 ～ 144 粒。

　　【种群状态】　　我国东北地区种群数量较多。

　　【濒危等级】　　无危（LC）。

　　【地理分布】　　黑龙江（漠河、哈尔滨、北安等）、吉林（安图、敦化、汪清等）、辽宁（康平、昌图）、内蒙古（满洲里、额尔古纳）、河南（商城）；俄罗斯、蒙古、朝鲜、日本（北海道）。

（四）爪鲵属 *Onychodactylus* Tschudi, 1838

14. 吉林爪鲵 *Onychodactylus zhangyapingi* Che, Poyarkov, Li and Yan, 2012

　　【英文名称】　　Jilin Clawed Salamander.

图 14-1　吉林爪鲵 *Onychodactylus zhangyapingi* 成鲵（吉林临江，车静）

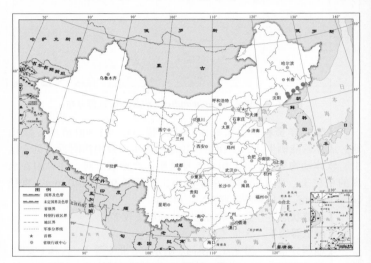

图 14-2　吉林爪鲵 *Onychodactylus zhangyapingi* 地理分布

【形态特征】　成鲵体形细长。雄鲵全长 138.3 ～ 164.0 mm，雌鲵全长 130.1 ～ 179.4 mm。头较扁平，吻端钝圆，无唇褶；前颌囟大而圆，犁骨齿列呈⌒形，左右彼此相遇。躯干圆柱状；尾长明显大于头体长，前段呈圆柱形，向后逐渐侧扁，无尾鳍褶或后 1/3 ～ 1/5 背鳍褶弱，尾末端钝圆或钝尖。皮肤光滑，眼后角至颈褶有 1 条浅的纵沟；肋沟 14 条左右；颈褶清晰。后肢长大于前肢长，且后肢粗壮，前、后肢贴体相对时，指、趾末端相遇或相距

2～3条肋沟之间距；掌突、跖突不明显，掌、跖部无黑色角质层；前足4个指，后足5个趾，内侧指、趾较短，末端均具黑色爪。体尾背面浅紫黄色或紫褐色等，有网状黑褐色斑；腹面污白色。繁殖期雄性后肢甚宽大，跖腹面及第5趾扩展成皮膜状，跖底面有黑色刺；肛部隆起，肛孔呈Y形。卵呈淡黄色，椭圆形（5.0 mm×3.5 mm）。幼体全长25.0～30.0 mm时，无平衡支，3对外鳃很短；四肢外侧肤褶明显；指、趾末端已具黑色爪。

【生物学资料】　　该鲵生活于海拔250～1 000 m的针阔叶混交林地区。常栖于杂草丛生、水质清凉、水底及岸边石块较多的溪流或泉水沟内及其附近。4月上旬出蛰，多营陆栖生活，但不远离水域。白天隐伏于潮湿环境中；黄昏或雨后活动频繁，捕食小型虫类等。5月初至6月初为繁殖期，产卵袋1对，呈纺锤形，其基部呈柄状黏附于水中的草茎、枯枝或岩石上，长18.0～40.0 mm，直径6.0～10.0 mm，每只雌鲵产卵15～21粒。幼体3～4年达性成熟。

【种群状态】　　中国特有种。栖息地生态环境质量下降，各地种群数量很少。

【濒危等级】　　费梁等（2012）建议列为濒危（EN）；蒋志刚等（2016）列为易危（VU）。

【地理分布】　　吉林（浑江、临江、集安、安图、延吉）。

15. 辽宁爪鲵 *Onychodactylus zhaoermii* Che, Poyarkov and Yan, 2012

【英文名称】　　Liaoning Clawed Salamander.

【形态特征】　　成鲵体形细长。雄鲵全长145.0～164.4 mm，雌鲵全长143.3～176.1 mm。头较扁平，吻端钝圆，无唇褶；前颌囟大而圆，犁骨齿列呈~~形，左右彼此不相遇。躯干圆柱状，头后至尾基部脊沟较显著；尾长明显大于头体长，尾前段呈圆柱形，向后逐渐侧扁，尾后1/3背鳍褶弱，尾末端钝尖。皮肤光滑，眼后角至颈褶有1条浅的纵沟；肋沟13条左右；颈褶清晰。后肢较前肢长而粗壮，前、后肢贴体相对时，指、趾末端仅相遇；掌、跖部无黑色角质层；前足4个指，后足5个趾，内侧指、趾较短，末端均具黑色爪。背面黄褐色、橘黄色和浅橘红色，头背面有细密褐色小斑点，体尾背面有不规则粗的黑褐色网状斑；腹面浅橘黄色。雄鲵在繁殖期间后肢甚宽大，跖腹面及第5趾扩展成皮膜状；肛部隆起显著，

图 15-1　辽宁爪鲵 *Onychodactylus zhaoermii* **成鲵**（辽宁岫岩，车静）

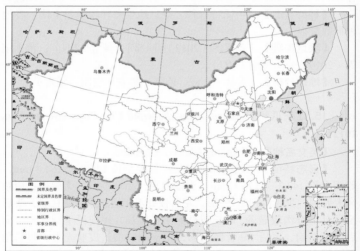

图 15-2　辽宁爪鲵 *Onychodactylus zhaoermii* **地理分布**

肛孔呈 Y 形。卵椭圆形，大小 3.5 mm × 5.0 mm，呈淡黄色（李建立，2004）。幼体全长 25.0 ～ 30.0 mm 时，具 3 对外鳃，无平衡支。

【生物学资料】　该鲵生活于海拔 600 m 左右的植被茂密山区水质清凉、石块较多的溪流或泉水沟近源处及其附近。营陆栖生活，但不远离水域。捕食小虾、蝌蚪、昆虫及其他小动物。5 月初至 6 月初繁殖，产卵袋 1 对。卵袋呈纺锤形，基端黏附于石上；卵袋长 21.0 ～ 28.0 mm，直径 6.0 ～ 10.0 mm，共有卵 12 ～ 17 粒。

【种群状态】 中国特有种。仅发现 1 个分布点，因其生态环境质量下降，种群数量很少。

【濒危等级】 费梁等（2012）建议列为濒危（EN）；蒋志刚等（2016）列为极危（CR）。

【地理分布】 辽宁（岫岩）。

（五）肥鲵属 *Pachyhynobius* Fei, Qu and Wu, 1983

16. 商城肥鲵 *Pachyhynobius shangchengensis* Fei, Qu and Wu, 1983

【英文名称】 Shangcheng Stout Salamander.

【形态特征】 雄鲵全长 150.0 ～ 184.0 mm，雌鲵全长 157.0 ～ 176.0 mm。头长大于头宽，从吻端至头顶明显逐渐隆起；吻钝圆，唇褶较弱；无囟门，上颌骨与翼骨相连接，鳞骨内侧隆起，犁骨齿列呈⌒⌒形。躯干粗壮；尾基部略呈方形；尾鳍褶发达，尾背鳍褶约起于尾的前 1/3 部位，腹鳍褶位于尾的后部 1/2 处，尾末端钝圆。皮肤光滑，头顶有不明显的 V 形脊；眼后有 1 条细纵沟伸达颈褶；

图 16-1 商城肥鲵 *Pachyhynobius shangchengensis*

A、成鲵（河南商城，费梁） B、卵袋（河南商城，Pasmans, et al., 2012）

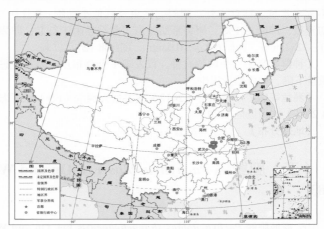

图 16-2　商城肥鲵 *Pachyhynobius shangchengensis* 地理分布

头后有 1 条浅的脊沟，肋沟 13 条；颈褶明显。四肢短弱，前、后肢贴体相对时，指、趾端重叠，相距 3～5 条肋沟之间距，掌、跖部无黑色角质层；前足 4 个指，后足 5 个趾。体背面深褐色，体侧色稍浅，腹面灰褐色或灰白色；背部和四肢布满白色星状斑，尾部较少。雄鲵肛孔前端有 1 个乳突。卵囊成熟时呈梭形，长 38.0～58.0 mm，每个囊内有卵 18～32 粒，卵粒交错排列，卵乳白色，直径 3.3 mm。孵化后 42 d 的幼体全长约 21.0 mm，没有平衡器；441～454 d 者长约 95.0 mm；吻端钝圆，唇褶较明显，外鳃 3 对；尾末端钝尖。

　　【生物学资料】　该鲵生活于海拔 380～1 100 m 的山区溪流内，所在溪流底部多为沙石。5～8 月该鲵栖于水清凉、流速缓慢的水凼内；成鲵以水栖为主，常在凼内石块上活动，主要以水生昆虫及其幼虫、虾、小鱼及其他小动物为食。成鲵受惊后迅速钻入石下或石缝中。

　　【种群状态】　中国特有种。因栖息地的生态环境质量下降，种群数量较少。

　　【濒危等级】　易危（VU）。

　　【地理分布】　河南（商城）、安徽（金寨、霍山和岳西）、湖北（英山、麻城、罗田）。

68

（六）原鲵属 *Protohynobius* Fei and Ye, 2000

17. 普雄原鲵 *Protohynobius puxiongensis* Fei and Ye, 2000

【英文名称】 Puxiong Protohynobiid.

【形态特征】 雄鲵全长 108.5 ～ 137.5 mm，头体长 62.7 ～ 71.4 mm。头扁平，呈卵圆形，头长大于头宽；吻端宽圆，鼻孔靠近吻端，无唇褶；头骨无囟门，鼻骨大；犁骨齿呈⌐⌐状，位于鼻孔后缘，在中线处几乎相遇。躯干圆柱形，略扁。尾鳍褶弱，末端钝圆。皮肤光滑，头侧从眼后至颈褶有 1 条细的纵沟，纵沟下方较隆起；背脊平，无沟，亦无脊棱，体两侧有肋沟 13 条；颈褶明显，腹部中央有 1 条浅的纵沟。四肢发达，前肢较细，后肢较粗壮；前、后肢贴体相对时，趾、指相遇；掌、跖部无角质层，掌突 2 个，内跖突明显，外跖突不明显；前足 4 个指，后足 5 个趾，其末端均无爪和角质层。背面为一致的暗棕色，腹面深灰色，尾部背面略显棕黄色斑。卵胶囊成对，每条袋内有卵 13 ～ 21 粒，卵的直径 3.2 ～ 3.3 mm。

【生物学资料】 该鲵生活于海拔 2 700 ～ 2 900 m 的山区，该

A B

图 17-1 普雄原鲵 *Protohynobius puxiongensis*（四川普雄，引自 Xiong J L, et al., 2011）
A、成鲵 B、卵袋

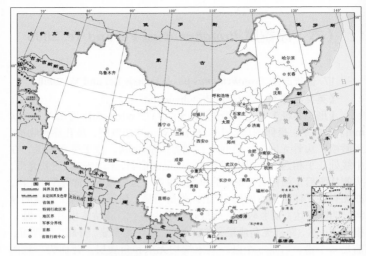

图 17-2　普雄原鲵 *Protohynobius puxiongensis* 地理分布

地区原系一片原始森林，夏季雨水甚多，环境潮湿，大小溪流较多。
1965 年 5 月仅见到 1 尾成体在储存马铃薯的地窖内；2007—2009 年
在小溪近源头有竹丛和灌丛的泉水凼内（50 ～ 100 cm）发现 3 个成
体和 6 个幼体以及 7 对卵囊。繁殖季节可能在 4 月或略后。

　　【种群状态】　中国特有种。因栖息地的生态环境质量下降，
其种群数量极少。

　　【濒危等级】　费梁等（2010）建议列为极危（CR）；蒋志刚
等（2016）列为极危（CR）。

　　【地理分布】　四川（越西县普雄镇）。

（七）拟小鲵属 *Pseudohynobius* Fei and Ye, 1983

18. 黄斑拟小鲵 *Pseudohynobius flavomaculatus* (Hu and Fei, 1978)

　　【英文名称】　Yellow spotted Salamander.

　　【形态特征】　雄鲵全长 158.0 ～ 189.0 mm，雌鲵全长 138.0 ～
180.0 mm。头较扁平，呈卵圆形，头长大于头宽；吻端钝圆，无唇褶；

A

B

图 18-1 黄斑拟小鲵 *Pseudohynobius flavomaculatus*（湖北利川，费梁）

A、成鲵 B、卵袋

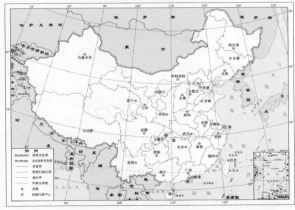

图 18-2 黄斑拟小鲵 *Pseudohynobius flavomaculatu* 地理分布

有前颌囟，犁骨齿列呈✓形。躯干近圆柱状；尾鳍褶低平，末端多钝圆。皮肤光滑，眼后至颈褶有 1 条细的纵沟，头顶中部有 V 形隆起；背中央脊沟较显著；肋沟 11 ～ 12 条；头体腹面光滑，颈褶明显。前肢较后肢略细，前、后肢贴体相对时，指、趾端相遇或略重叠；掌、跖部无黑色角质层，前足 4 个指，后足 5 个趾。背面紫褐色，有不规则的黄色斑或棕黄色斑，斑块形状变异大；体腹面为浅紫褐色。繁殖季节雄鲵头体及四肢背面有白色刺，肛孔呈↑形，其前缘有 1 个浅色乳突。卵径 5.5 mm，动物极浅灰色，植物极浅黄色。幼鲵背面浅棕黄色，上唇具唇褶；有 3 对羽状外鳃；尾背鳍褶起于体背中部。

【生物学资料】　　该鲵生活于海拔 1 158 ～ 2 165 m 的山区，山上灌丛和杂草繁茂，水源丰富。成鲵营陆地生活，白天常栖于箭竹和灌丛根部的苔藓下或土洞中。觅食虾类和昆虫等小动物。4 月中旬繁殖，卵产在泉水洞内或小溪边有树根的泥窝内。产卵袋 1 对，长 140.0 ～ 270.0 mm，直径 10.0 ～ 14.0 mm，呈螺旋状；卵粒交错排列，1 尾雌鲵产卵 33 ～ 49 粒。幼体需 1.5 ～ 2.0 年才能完成变态。

【种群状态】　　中国特有种。因栖息地的生态环境质量下降，种群数量较少。

【濒危等级】　　易危（VU）。

【地理分布】　　湖北（利川）、湖南（桑植）。

19. 贵州拟小鲵 *Pseudohynobius guizhouensis* Li, Tian and Gu, 2010

【英文名称】　　Guiding Salamander.

【形态特征】　　雄鲵全长 176.0 ～ 184.0 mm，雌鲵全长 157.1 ～ 203.4 mm。头部扁平，呈卵圆形，吻端钝圆，无唇褶。上、下颌有细齿；前颌囟大；犁骨齿列呈✓形。躯干圆柱状，背腹略扁。头后至尾基部脊沟明显，肋沟 12 ～ 13 条；尾背鳍褶起始于尾基部上方，末端多钝尖。皮肤较光滑，头部、体背及四肢背面无小白点。前肢明显较后肢细，前后肢贴体相对时，指、趾端重叠；掌、跖部无黑色角质层，前足 4 个指，后足 5 个趾，指、趾略宽扁，无蹼。活体整个背面紫褐色，有不规则的、橘红色或土黄色、近圆形斑，斑块形状变异较大。雄鲵背尾鳍褶发达，前后肢及尾基部较粗壮；肛门隆起，肛裂前缘有 1 个乳白色突起；雌鲵肛孔呈椭圆形隆起。幼体全长 66.6 ～ 74.4 mm 时，体背和尾部灰色，杂以深褐色斑，身体腹

A

B

图 19-1   贵州拟小鲵 *Pseudohynobius guizhouensis*（贵州贵定，田应洲）
A、成鲵背面观   B、成鲵腹面观

图 19-2   贵州拟小鲵 *Pseudohynobius guizhouensis* 地理分布

面色浅；唇褶明显；躯干部脊沟和肋沟明显；尾背鳍褶起始于肛裂
后约 3.0 mm 处；指、趾末端有爪状黑色角质物。

【生物学资料】   该鲵生活于海拔 1 400 ～ 1 700 m 的较高山区

的溪沟及其附近。溪沟宽 2.0 m 左右，沟边箭竹和灌木茂密，将溪沟上空遮盖。成体非繁殖期远离水域，营陆栖生活，隐蔽在阴凉潮湿的环境中。幼体栖息在小溪内回水处。

【种群状态】　中国特有种。目前已知仅有 1 个分布点，其种群数量较少。

【濒危等级】　Fei and Ye（2016）建议列为易危（VU）。

【地理分布】　贵州（贵定）。

20. 金佛拟小鲵 *Pseudohynobius jinfo* Wei, Xiong, Hou and Zeng, 2009

【英文名称】　Jinfo Salamander.

【形态特征】　雄鲵全长 198.7 mm，头体长 86.1 mm，雌鲵全长 163.3 mm，头体长 76.1 mm。头部扁平，呈卵圆形，头长大于头宽，吻端钝圆，无唇褶。上、下颌有细齿；犁骨齿列呈✓形。躯干圆柱状，

A

B

图 20-1　金佛拟小鲵 *Pseudohynobius jinfo*（重庆南川，魏刚）

A、成鲵背面观　B、成鲵腹面观

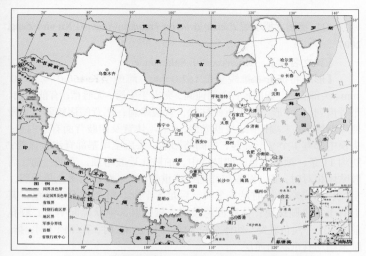

图 20-2 金佛拟小鲵 *Pseudohynobius jinfo* 地理分布

背腹略扁。头后至尾基部脊沟明显，肋沟 12 条；尾明显长于头体长，尾背鳍褶起始于尾基部上方，末端钝尖。皮肤较光滑，头部、体背及四肢背面未见白色小刺。前肢明显较后肢细，前后肢贴体相对时，指、趾端略重叠；掌、跖部无黑色角质层，无掌跖突；前足 4 个指，后足 5 个趾，指、趾间无蹼。活体整个背面紫褐色，有不规则的土黄色小斑点或斑块，斑块形状变异较大。雄鲵肛部隆起明显，肛裂前缘有 1 个乳白色突起。早期幼体具平衡支；2 个幼体全长 53.6 ～ 60.9 mm 时，体背和尾部灰黄色，杂以深褐色斑；身体腹面色浅；唇褶明显；躯干部至尾部逐渐侧扁，尾短于头体长，尾鳍褶明显。

【生物学资料】   该鲵生活于海拔 1 980 ～ 2 150 m 植被繁茂的较高山区。白天成鲵隐蔽在溪边草丛，晚上在水内活动。非繁殖期成鲵远离水域，生活在潮湿的环境中。幼体栖息在泉水形成的水凼内。

【种群状态】   中国特有种。目前仅发现 1 个分布点，种群数量很少。

【濒危等级】   费梁等（2012）建议列为濒危（EN）；蒋志刚等（2016）列为极危（CR）。

【地理分布】   重庆（南川）。

21. 宽阔水拟小鲵 *Pseudohynobius kuankuoshuiensis* **Xu and Zeng, 2007**

【英文名称】　Kuankuoshui Salamander.

【形态特征】　雄鲵全长 162.0 mm，雌鲵全长 150.0 ～ 155.0 mm。头部扁平，卵圆形；吻端钝圆，突出于下唇，无唇褶；有前颌囟，犁骨齿列呈✓形。躯干近圆柱状，背腹略扁；尾背鳍褶较弱，末段侧扁渐细窄，末端钝圆。皮肤光滑，头部、体背及四肢背面有小白点；头顶中部有 1 个 V 形隆起，中间略凹陷；头后至尾基部脊沟较显著；肋沟 11 条；颈褶明显。四肢适中，前肢比后肢略细，无蹼；前、后肢贴体相对时，指、趾端仅相遇或略重叠；掌、跖部无黑色角质层，掌突、跖突略显；前足 4 个指，后足 5 个趾。整个背面紫褐色，其上有土黄色圆斑块；体腹面色较浅。雄鲵肛部泡状隆起明显，肛孔前缘有 1 个浅色乳突。幼体全长 52.0 ～ 56.0 mm 时，有外鳃 3 对；指、趾末端均有爪状角质层。

【生物学资料】　该鲵生活于海拔 1 350 ～ 1 500 m 的山区，主要植被有灌木、阔叶乔木、茶树和草丛。该鲵在非繁殖期间营陆栖生活，多栖息于阴凉潮湿处。幼体生活于小山溪水凼回水处。

【种群状态】　中国特有种。仅发现 1 个分布点，种群数量稀少。

【濒危等级】　费梁等（2010）建议列为濒危（EN）。

图 21-1　宽阔水拟小鲵 *Pseudohynobius kuankuoshuiensis* **成鲵**
（贵州绥阳，谷晓明）

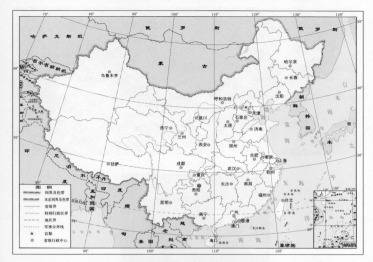

图 21-2   宽阔水拟小鲵 *Pseudohynobius kuankuoshuiensis* 地理分布

【地理分布】   贵州（绥阳）。

22. 水城拟小鲵 *Pseudohynobius shuichengensis* Tian, Gu, Sun and Li, 1998

【英文名称】   Shuicheng Salamander.

【形态特征】   体形较大，雄鲵全长 178.0 ～ 210.0 mm，雌鲵全长 186.0 ～ 213.0 mm。头部扁平，卵圆形；吻端钝圆，无唇褶；前颌囟大，泪骨入外鼻孔和眼眶，犁骨齿列呈 ⌄ 形。躯干圆柱状，背腹略扁；尾后段很侧扁，尾末端多呈剑状。皮肤光滑有光泽，头后至尾基部脊沟较显著；一般肋沟 12 条；颈褶明显。四肢较长，前后肢贴体相对时，掌、跖部重叠 1/2；掌、跖部无黑色角质层，一般有内外掌突和跖突，有的个体外掌突和外跖突不明显；前足 4 个指，后足 5 个趾。整个背面紫褐色，无异色斑纹；体腹面色较浅。雄鲵尾鳍褶发达；肛部隆起明显，肛孔呈 ↑ 形，前部有 1 个小乳突。卵圆形，卵径 5.0 ～ 5.4 mm，动物极 、植物极均为浅黄色。刚孵出的幼体有平衡支；有 3 对羽状外鳃。

【生物学资料】   该鲵生活于海拔 1 910 ～ 1 970 m 的石灰岩山

A

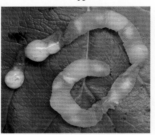

B

图 22-1　水城拟小鲵 *Pseudohynobius shuichengensis*

A、成鲵（贵州水城，费梁）　　B、卵袋（贵州水城，田应洲）

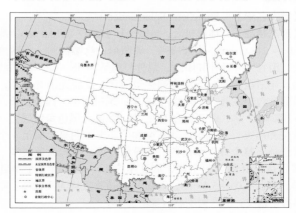

图 22-2　水城拟小鲵 *Pseudohynobius shuichengensis* 地理分布

区，山上长有常绿乔木和灌木丛以及杂草，植被繁茂。成鲵非繁殖期间营陆栖生活，夜间觅食昆虫、螺类等小动物。繁殖季节在 5 月上旬至 6 月下旬，成鲵进入泉水洞内交配产卵，雌鲵产卵胶袋 1 对，黏附在洞内壁上。卵袋呈长圆柱形，卵袋长 163.0 ～ 392.0 mm，弯曲成螺旋状。卵单行或交错排列在袋内，雌鲵可产卵 45 ～ 89 粒。幼体越冬至翌年 5 ～ 7 月完成变态，并上岸营陆栖生活。

【种群状态】　中国特有种。仅发现 1 个分布点，其种群数量很少。

【濒危等级】　费梁等（2010）建议列为濒危（EN）；蒋志刚等（2016）列为濒危（EN）。

【地理分布】　贵州（水城）。

23. 秦巴拟小鲵 *Pseudohynobius tsinpaensis* (Liu and Hu, 1966)

【英文名称】　Tsinpa Salamander.

【形态特征】　雄鲵全长 119.0 ～ 142.0 mm，头体长 62.0 ～ 71.0 mm。头部扁平，呈卵圆形，头长大于头宽；吻端钝圆，无唇褶；有前颌囟，犁骨齿列较短，呈 ∨ 形。躯干略呈圆柱状，背腹略扁；尾略短于头体长；尾基部较圆，向后逐渐侧扁，尾末端多钝圆。皮肤光滑，眼后有 1 条细纵沟；体背中央脊沟略显；肋沟 13 条；颈褶明显。前、后肢贴体相对时，指、趾末端仅相遇；掌、跖部无黑色角质层，前足 4 个指，后足 5 个趾。体尾背面金黄色与棕黑色交织成云斑状；腹面藕褐色，杂以细白点。雄鲵头体及四肢上无白色刺，肛孔前缘有 1 个浅色乳突。卵呈圆形，卵径 5.0 mm 左右，动物极浅灰色，植物极浅黄色。幼鲵体和四肢背面为浅藕褐色或棕褐色，背脊两侧有黑褐色斑或点斑，体侧为银白色，尾鳍褶上有大小黑点；腹面乳白色；外鳃 3 对；指、趾末端有黑色角质层，似爪状。

【生物学资料】　该鲵生活于海拔 1 770 ～ 1 860 m 的小山溪及其附近。成鲵营陆栖生活，白天多隐蔽在小溪边或附近的石块下。成鲵捕食昆虫和虾类。5 ～ 6 月为繁殖期，雌鲵产卵袋 1 对，黏附在石块底面。卵袋长 39.0 ～ 79.0 mm，中段直径 10.0 ～ 11.0 mm，弯曲似香蕉状形；卵粒单行排列在卵袋内，每只雌鲵产卵 13 ～ 20 粒。幼体全长达 60.0 mm 以上时，外鳃逐渐萎缩至变态成幼鲵。

【种群状态】　中国特有种。因生态环境质量下降，种群数量较少。

A

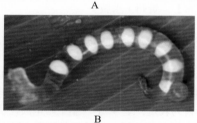

B

图 23-1　秦巴拟小鲵 *Pseudohynobius tsinpaensis*（陕西周至，费梁）

A、成鲵　B、卵袋

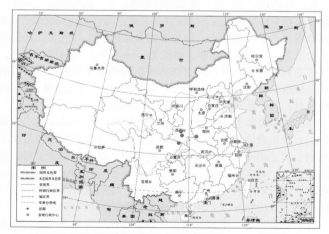

图 23-2　秦巴拟小鲵 *Pseudohynobius tsinpaensis* 地理分布

【濒危等级】 易危（VU）；蒋志刚等（2016）列为濒危（EN）。

【地理分布】 陕西（周至、宁陕）、河南（内乡）、四川（万源）。

（八）北鲵属 *Ranodon* Kessler, 1866

巴鲵亚属 *Ranodon (Liua)* Zhao and Hu, 1983

24. 巫山北鲵 *Ranodon (Liua) shihi* (Liu, 1950)

【英文名称】 Wushan Salamander.

【形态特征】 成鲵体形肥壮，雄鲵全长 151.0 ～ 200.0 mm，雌鲵全长 133.0 ～ 162.0 mm（最长可达 200.0 mm）。头部扁平，头长略大于宽；唇褶发达；前颌囟较大，犁骨齿 2 短列，间距宽，呈 ⌒ 形。躯干略呈圆柱形；尾肌发达，尾基部圆，向后逐渐侧扁；背鳍褶起自尾基部，尾末端钝圆。皮肤光滑，眼后角至颞部有 1 条纵沟；体侧有肋沟 10 余条；有颈褶。前、后肢较长而粗壮，贴体相对时指、趾互达对方的掌、跖部；掌、跖部腹面有棕黑色角质层；前足 4 个指，后足 5 个趾，指、趾末端角质物似爪状。体尾黄褐色、灰褐色或绿褐色，有黑褐色或浅黄色大斑；腹面乳黄色，或有黑褐色细斑点。卵袋外壁较硬，中段直径 9.0 ～ 14.0 mm；卵乳黄色呈圆形，卵径 7.0 mm。幼鲵体尾灰藕褐色，散布黑色小点，腹面乳黄色，尾后段 1/4 为黑色；外鳃 3 对；末端角质物似爪状。

【生物学资料】 该鲵生活于海拔 900 ～ 2 350 m 的山区。成鲵多栖于小山溪内石下或溪边土穴内。溪流水面宽 1.0 ～ 2.0 m，水深 10.0 ～ 25.0 cm，其两岸植被丰富。成鲵以水生昆虫和虾类、藻类为食。每年 3 月下旬至 4 月为繁殖季节，雌鲵产卵袋 1 对，黏附在水内石块底面。刚孵化的幼体全长 24.0 ～ 28.0 mm，多栖于水流平缓的石下或岸边石间。

【种群状态】 中国特有种。因生态环境质量下降和捕捉过度，其种群数量日趋减少。

【濒危等级】 近危（NT）。

【地理分布】 河南（商城）、陕西（平利）、四川（万源）、

A

B

图 24-1　巫山北鲵 *Ranodon (Liua) shihi*（重庆巫山，费梁）

A、成鲵　B、卵袋

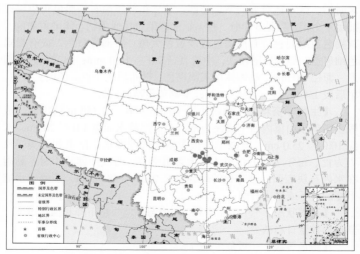

图 24-2　巫山北鲵 *Ranodon (Liua) shihi* 地理分布

重庆（城口、巫溪、巫山）、湖北（神农架、巴东、宜昌）。

北鲵亚属 *Ranodon (Ranodon)* Kessler, 1866

25. 新疆北鲵 *Ranodon (Ranodon) sibiricus* Kessler, 1866

【英文名称】　Central Asian Salamander.

【形态特征】　雄鲵全长 163.0 mm 左右，雌鲵全长 150.0 ～ 180.0 mm。头扁平，头长大于头宽；吻端宽圆，有唇褶；有前颌囟，犁骨齿 2 短列，间距宽，呈 ﹀ 形。躯干圆柱状，背腹部扁。尾基部圆，向后渐侧扁；尾背鳍褶平直，末端略尖。皮肤光滑，肋沟 11 ～ 13 条；有颈褶。四肢适中，前、后肢贴体相对时，指、趾重叠；掌、跖部无黑色角质层；前足 4 个指，后足 5 个趾，第 1 指、趾最短。体背面黄褐色、灰绿色或深橄榄色，有的个体背面有深色斑点；腹面较背面的色浅。雄鲵肛孔长裂形，前端有 1 条短的横沟，其中央有 1 个小乳突。卵径 4.0 ～ 5.0 mm，动物极浅黑色，植物极白色。刚孵化的幼体全长 17.5 mm，第 3 年完成变态，第 5 年达性成熟时其体长 78.0 ～ 81.0 mm。

【生物学资料】　该鲵生活于海拔 1 800 ～ 3 200 m 的山地草原地带，多栖息于涌泉形成的小溪或沼泽内。以水栖生活为主，不远离水域。成鲵主要捕食水生小动物等。6 月初至 7 月初繁殖，雌鲵产出卵袋 1 对，附着在石块底面，卵袋致密呈纺锤形，长

A   B

图 25-1　新疆北鲵 *Ranodon (Ranodon) sibiricus*

A、成鲵（新疆温泉，周永恒）　B、卵袋（新疆温泉，王秀玲）

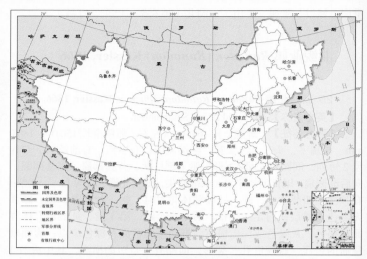

图 25-2　新疆北鲵 *Ranodon (Ranodon) sibiricus* 地理分布

100.0 ～ 150.0 mm，共产卵 50 粒左右。

　　【种群状态】　因生态环境质量下降，种群数量减少。

　　【濒危等级】　极危（CR）。

　　【地理分布】　新疆（温泉、伊宁、霍城、塔城）；哈萨克斯坦（阿拉套山脉）。

（九）山溪鲵属 *Batrachuperus* Boulenger, 1878

山溪鲵种组 *Batrachuperus pinchonii* group

26. 龙洞山溪鲵 *Batrachuperus londongensis* Liu and Tian, 1978

　　【英文名称】　Longdong Stream Salamander.

　　【形态特征】　成鲵体形肥大，雄鲵全长 155.0 ～ 265.0 mm，雌鲵全长 163.0 ～ 232.0 mm。头较扁平，头长大于头宽，吻短，吻端圆；唇褶发达，上唇褶包盖下唇后部；多数个体颈侧有鳃孔或外鳃残迹；前颌囟较大，犁骨齿 2 短列，呈 ﹏ 形。躯干背腹略扁；

A

B

图 26-1 龙洞山溪鲵 *Batrachuperus londongensis*

A、成鲵（四川峨眉山，费梁） B、成鲵，示外鳃（四川峨眉山，史静耸）

图 26-2 龙洞山溪鲵 *Batrachuperus londongensis* 地理分布

尾基部圆柱状，向后逐渐侧扁；尾末端钝圆。皮肤光滑，头后部至尾基部有 1 条浅脊沟，肋沟 12 条；头腹面有多条纵褶，颈褶呈弧形。前、后肢贴体相对时，指、趾端相距 2 ～ 3 条肋沟之间距；掌、跖部腹面有棕黑色角质层，前足 4 个指，后足 4 个趾，指、趾末端黑色角质层呈爪状。体背面黑褐色、黄褐色或橙黄色，有的个体有黄褐色或橙黄色斑；体腹面浅紫灰色。雄鲵肛部微隆起，肛孔呈↑形，其前端中央有 1 个小乳突。卵袋长 200.0 mm 以上，其直径 15.0 mm 左右；解剖 2 尾雌鲵，卵巢内卵径 3.5 ～ 4.0 mm，乳黄色。

【生物学资料】　　该鲵生活于海拔 1 200 m 左右的泉水洞以及下游河内，河内石块甚多，水清凉。成鲵主要营水栖生活，在水中捕食虾类和水生昆虫及其幼虫等。

【种群状态】　　中国特有种。种群数量很少。

【濒危等级】　　濒危（EN）；蒋志刚等（2016）列为易危（VU）。

【地理分布】　　四川（峨眉山）。

27. 山溪鲵 *Batrachuperus pinchonii* (David, 1871)

【英文名称】　　Stream Salamander.

【形态特征】　　雄鲵全长 181.0 ～ 204.0 mm，雌鲵全长 150.0 ～ 186.0 mm。头部略扁平，头长大于头宽，吻端圆，唇褶发达；成体颈侧无鳃孔或鳃的残迹；头后部较宽扁；前颌囟较大，犁骨齿 2 短列，左右间距宽，呈 ⌒ 形。躯干圆，略扁平；尾鳍低厚而平直，起自尾基部后 2 ～ 5 个肌节处，尾末端钝圆。皮肤光滑，眼后至颈褶外侧有 1 条浅沟；肋沟 12 条左右；头腹面有多条纵褶，颈褶弧形。前、后肢贴体相对时，指、趾端相距 2 ～ 3 个肋沟之间距；掌、跖部腹面有棕色角质层；前足 4 个指，后足 4 个趾。体背面青褐色、橄榄绿色或棕黄色等，其上有黑褐色斑纹或斑点；腹面灰黄色，麻斑少。雄鲵肛部微隆起，肛孔呈↑形，其前端中央有 1 个小乳突。卵圆形，卵径 3.7 mm 左右，乳黄色。刚孵化的幼体全长 25.0 ～ 30.0 mm，外鳃 3 对，完成变态时全长 80.0 mm 左右，此时外鳃消失。

【生物学资料】　　该鲵生活于海拔 1 500 ～ 3 950 m 的山区溪流内；成鲵以水栖为主，不远离水域，多栖于大石下或倒木下，当地药农称为"杉木鱼"；成鲵捕食虾类、水生昆虫等。5 ～ 7 月繁殖，雌鲵产卵袋 1 对，黏附在石块底面，卵袋长 65.0 ～ 96.0 mm，直径 12.0 ～ 19.0 mm，呈螺旋形或 C 形，雌鲵产卵 15 ～ 52 粒。

A

B

图 27–1 山溪鲵 *Batrachuperus pinchonii*

A、成鲵（四川宝兴，李健）　B、卵袋（四川洪雅，费梁）

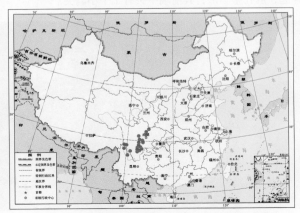

图 27–2 山溪鲵 *Batrachuperus pinchonii* 地理分布

【种群状态】　中国特有种。因过度利用，其种群数量日趋减少。

【濒危等级】　易危（VU）。

【地理分布】　四川（安州、汶川、彭州、宝兴、天全、荥经、洪雅、峨眉山、石棉、冕宁、越西、昭觉、西昌、美姑、德昌、木里、乡城、稻城）、云南（香格里拉、丽江）。

西藏山溪鲵种组 *Batrachuperus tibetanus* group

28. 弱唇褶山溪鲵 *Batrachuperus cochranae* Liu, 1950

【英文名称】　Cochran's Stream Salamander.

【形态特征】　雄鲵全长 106.0 ～ 126.5 mm，雌鲵全长约 155.0 mm。头顶平，吻部高，吻端宽圆，唇褶弱，不明显，亦不包盖下唇；头长大于头宽，头后部较宽扁；前颌囟较大，犁骨齿 2 短列，左右间距宽，呈 ⌒ 形。躯干浑圆；尾基部圆柱状，向后逐渐侧扁，尾鳍褶平直而低厚，仅后部较薄。皮肤光滑，眼后至颈褶有 1 条浅沟；颈侧部位较隆起，成体无鳃孔，无外鳃残迹；头腹面无纵褶，颈褶呈弧形。前、后肢贴体相对时，指、趾端仅相遇；掌、跖部无黑色角质层；前足 4 个指，后足 4 个趾。体尾背面黄褐色，除吻部外，散布有深棕色斑点，体小者，斑点更清晰；体腹面灰黄色。雄鲵肛部略隆起，肛孔呈 ↑ 形，其前端中央有 1 个小乳突。

图 28-1　弱唇褶山溪鲵 *Batrachuperus cochranae* 成鲵（四川小金，侯勉）

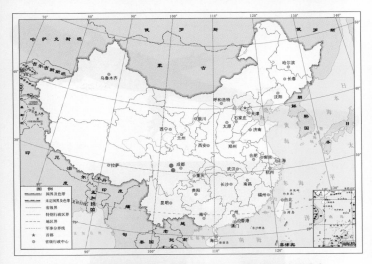

图 28-2 弱唇褶山溪鲵 *Batrachuperus cochranae* 地理分布

【生物学资料】　　该鲵生活于海拔 3 500 ～ 3 900 m 的高山区，多栖息于植被繁茂、地面极为阴湿的环境中。常见于药用植物羌活根部的潮湿土壤上，当地药农称为"羌活鱼"。

【种群状态】　　中国特有种。因过度利用，其种群数量很少。

【濒危等级】　　濒危 （EN）。

【地理分布】　　四川（宝兴、小金）。

29. 西藏山溪鲵 *Batrachuperus tibetanus* Schmidt, 1925

【英文名称】　　Alpine Stream Salamander.

【形态特征】　　雄鲵全长 175.0 ～ 211.0 mm，雌鲵全长 170.0 ～ 197.0 mm。头部较扁平，头长略大于头宽，吻端宽圆，唇褶发达；成体颈侧无鳃孔，无鳃的残迹；前颌囟大，犁骨齿 2 短列，左右间距宽，呈 ⌒⌒ 形。躯干圆柱状或略扁；尾基部粗圆，向后逐渐侧扁；尾鳍褶低厚而平直，末端钝圆。皮肤光滑，眼后至颈褶外侧有 1 条浅沟；肋沟 12 条左右；头腹面有多条纵褶，颈褶弧形。前、后肢贴体相对时，指、趾端相距 2 ～ 3 个肋沟之间距；掌、跖部无黑色角质层；前足 4 个指，后足 4 个趾，有的个体指、趾末端黑色。体尾背面暗棕黄色、

89

A

B

图 29-1　西藏山溪鲵 *Batrachuperus tibetanus*

A、成鲵（四川理县河坝寨，王宜生）　　B、卵袋（四川甘孜，费梁）

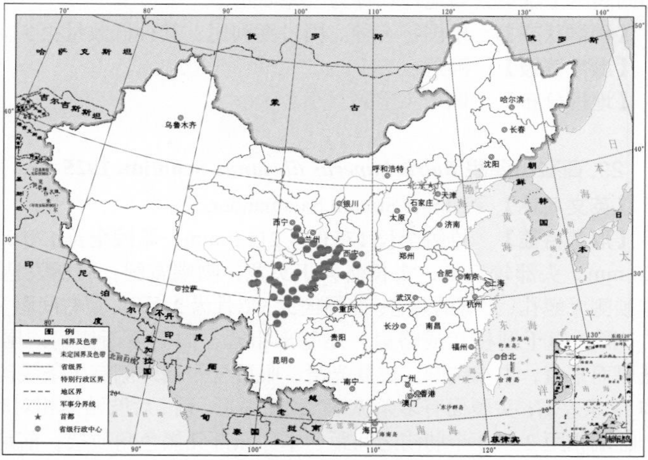

图 29-2　西藏山溪鲵 *Batrachuperus tibetanus* 地理分布

深灰色或橄榄灰色等，其上有酱黑色细小斑点或无斑；腹面较背面颜色略浅。雄鲵肛部隆起，肛孔呈↑形，其前端中央有1个小乳突。卵袋长102.0～140.0 mm，直径10.0～12.0 mm，呈螺旋状弯曲，表面有细纵纹；卵径3.7 mm，浅黄色。幼体全长为41.0 mm时背鳍褶起于尾基部，具3对外鳃，全长64.0 mm左右时外鳃消失，即完成变态。

【生物学资料】　该鲵生活于海拔1 500～4 250 m的山区或高原溪流内，多栖息于溪内石下。成鲵水栖，白天隐于溪底石下或倒木下，药农称为"杉木鱼"。捕食虾类和水生昆虫。5～7月繁殖，雌鲵产卵袋1对，黏附在水内石块或倒木底面，每条雌鲵可产卵36～50粒。

【种群状态】　中国特有种。因过度利用，其种群数量日趋减少。

【濒危等级】　易危（VU）。

【地理分布】　青海（循化、班玛、化隆）、甘肃（文县、天水市郊区、武山等）、陕西（留坝、宁陕、周至、陇县、凤县）、四川（南江、甘孜、阿坝等）、重庆（城口）、西藏（江达）。

30. 盐源山溪鲵 *Batrachuperus yenyuanensis* Liu, 1950

【英文名称】　Yenyuan Stream Salamander.

【形态特征】　体形细长，雄鲵全长163.0～211.0 mm，雌鲵全长135.0～175.0 mm。头甚扁平，头长大于头宽；吻端圆，唇褶发达，上唇褶包盖下唇后部；成体无鳃孔，无外鳃残迹；前颌囟大，犁骨齿2短列，左右相距宽，呈↙↘形。躯干背腹扁平；尾鳍褶高而薄，

图30-1　盐源山溪鲵 *Batrachuperus yenyuanensis* 成鲵（四川盐源，李健）

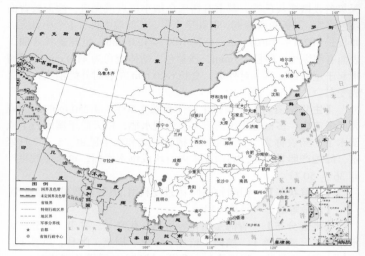

图 30-2　盐源山溪鲵 *Batrachuperus yenyuanensis* 地理分布

末端圆。皮肤光滑，眼后至颈褶有 1 条浅沟，肋沟 11 ～ 12 条；头腹面有多条纵褶，颈褶弧形。前、后肢贴体相对时，指、趾端略重叠或相距 2 条肋沟之间距；掌、跖部无黑色角质层，掌突、跖突各 2 个，前足 4 个指，后足 4 个趾。体背面黑褐色、黄褐色或蓝灰色，其上有云斑；腹面为灰黄色，褐色云斑少。卵粒白色。雄鲵肛部微隆起，肛孔呈↑形，其前端中央有 1 个小乳突。

【生物学资料】　该鲵生活于海拔 2 900 ～ 4 400 m 植被较为丰茂的高山区山溪内，成鲵以水栖为主，多栖于溪内石块下。捕食虾类、水生昆虫和藻类等。3 月下旬至 4 月下旬繁殖，卵袋成对黏附在水内石块底面；卵袋长 70.0 ～ 125.0 mm，直径 8.0 ～ 15.0 mm，呈圆筒状，或弯曲呈 C 形；每条雌鲵可产卵 12 ～ 25 粒。

【种群状态】　中国特有种。因过度利用，其种群数量日趋减少。

【濒危等级】　易危（VU）。

【地理分布】　四川（盐源、西昌、冕宁）。

三、隐鳃鲵科 Cryptobranchidae Fitzinger, 1826

（一〇）大鲵属 *Andrias* Tschudi, 1837

31. 大鲵 *Andrias davidianus* (Blanchard, 1871)

【英文名称】　Chinese Giant Salamander.

【形态特征】　该鲵体形大，一般全长 1.0 m 左右，大者可达 2.0 m

A

B

图 31-1　大鲵 *Andrias davidianus*

A、成鲵（四川洪雅，费梁）　B、卵带（湖南桑植，刘运清）

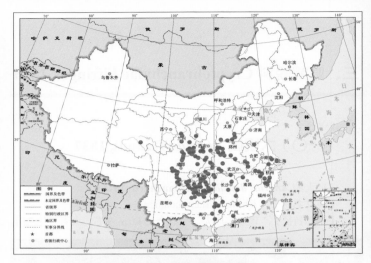

图 31-2　大鲵 *Andrias davidianus* 地理分布

以上；体重可达数十千克。头体扁平，头长略大于头宽；外鼻孔小，近吻端；眼很小，无眼睑；眼间距宽；口大，唇褶清晰；无囟门，犁骨齿列长，与上颌齿平行排列，左右两列几乎相连。躯干粗壮扁平。尾高基部宽厚，向后逐渐侧扁，尾鳍褶高而厚实，尾末端钝圆或钝尖。皮肤较光滑，头部背、腹面均有成对的疣粒；体侧有厚的皮肤褶和疣粒，肋沟 12 ～ 15 条或不明显。四肢粗短，其后缘均有皮肤褶；前、后肢贴体相对时，指、趾端相距约 6 条肋沟之间距；掌、跖部无黑色角质层；前足 4 个指，后足 5 个趾，指、趾有缘膜，其基部具蹼迹。体背面浅褐色、棕黑色等，有黑色或褐黑色花斑；腹面灰棕色。雄鲵肛部隆起，肛孔纵长，内壁有小乳突。卵粒圆，卵径 5.0 ～ 8.0 mm，乳黄色。刚孵出的幼体全长 28.0 ～ 32.0 mm，全长 170.0 ～ 220.0 mm 时外鳃消失。

　　【生物学资料】　该鲵一般生活于海拔 100 ～ 1 200 m（最高达 4 200 m）的山区水流较为平缓的河流、大型溪流的岩洞或深潭中。成鲵营水栖生活。白天偶尔上岸晒太阳，夜间活动频繁。主要以蟹、鱼、虾、水生昆虫为食。7 ～ 9 月繁殖，雌鲵产卵袋 1 对，呈念珠状，长达数十米；产卵 300 ～ 1 500 粒。饲养条件下可存活 55 年。

【种群状态】   中国特有种。因过度利用，野外种群数量很少。

【保护级别】   国际 CITES 附录Ⅰ，中国Ⅱ级。

【濒危等级】   极危（CR）。国内 已建立多个养殖场，人工饲养种群数量很多。

【地理分布】   河北（？）、河南（济源、辉县、卢氏等）、山西（垣曲、阳城）、陕西、甘肃、青海（曲麻莱）、四川、重庆、云南（彝良、永善）、贵州、安徽（金寨、霍山、岳西、休宁、祁门）湖北、湖南、江西（井冈山、靖安）、江苏（苏州等）、上海（？）、浙江、福建（厦门？）、广东（广州、南岭）、广西。

四、蝾螈科 Salamandridae Goldfuss, 1820

（一一）疣螈属 *Tylototriton* Anderson, 1871

疣螈亚属 *Tylototriton* (*Tylototriton*) Anderson, 1871

32. 川南疣螈 *Tylototriton* (*Tylototriton*) *pseudoverrucosus* Hou, Gu, Zhang, Zeng, Li and Lu, 2012

【英文名称】　Chuannan Knobby Newt or Crocodile Newt.

【形态特征】　身体修长，雄螈全长 156.2 ～ 173.0 mm，雌螈全长 178.2mm 左右，最大超过 200.0 mm。头部扁平，顶部略有凹陷，头长大于头宽；吻短，吻端钝或略平截；头顶及两侧有显著的骨质棱脊；鼻孔位于近吻端的外侧；口角位于眼后角下方；犁骨齿列呈

图 32-1　川南疣螈 *Tylototriton* (*Tylototriton*) *pseudoverrucosus* 雌螈背面观
（四川宁南，侯勉）

图 32-2　川南疣螈 *Tylototriton (Tylototriton) pseudoverrucosus* 雌螈腹面观
（四川宁南，侯勉）

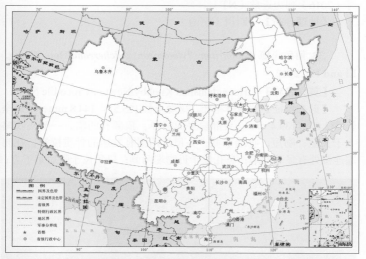

图 32-3　川南疣螈 *Tylototriton (Tylototriton) pseudoverrucosus* 地理分布

∧形。雄螈躯干宽度均匀，雌螈躯干后段较宽；尾侧扁，其长大于头体长，尾鳍褶发达。皮肤粗糙，体侧至尾基部各有 1 纵列圆形大瘰粒，15 ～ 16 枚，彼此不相连，瘰粒上、下方有红色疣粒。腹面较光滑，布满横缢纹。四肢细长，后肢长于前肢；前后肢贴体相对时，掌、跖部重叠；指、趾扁且细长，末端钝圆；前足 4 个指，后足 5

个趾；基部均无蹼；无掌突、跖突。头侧棱脊、体侧大瘰粒、背脊、四肢、肛部及尾部均为棕红色，其余部位黑色或棕黑色；体侧腋至胯部、头体和四肢腹面为棕红色（或棕黑色）或其上有棕黑色（或棕红色）斑纹。雄螈肛部呈丘状隆起，尾鳍褶显著高；雌螈肛部扁平，尾鳍褶较窄低。

【生物学资料】　该螈生活于海拔 2 300 ~ 2 800 m 山区的次生林带。成螈常活动于静水区域和湿地中，捕食小型水生昆虫和软体动物。6 ~ 7 月繁殖，此期成螈昼夜外出活动，常聚集于沼泽地水坑和静水塘中交配或产卵。

【种群状态】　中国特有种。分布区狭窄，因环境质量下降（如泥石流等），其种群数量较少。

【濒危等级】　费梁等（2012）建议列为易危（VU）；蒋志刚等（2016）列为近危（NT）。

【地理分布】　四川（宁南）。

33. 丽色疣螈 *Tylototriton (Tylototriton) pulcherrima* Hou, Zhang, Li and Lu, 2012

【英文名称】　Huanglianshan Knobby Newt or Crocodile Newt.

【形态特征】　身体粗壮。雄螈全长 125.5 ~ 144.8 mm，雌螈全长 133.6 ~ 139.4 mm。头部扁平而略厚，顶部有凹陷，一般头长略大于头宽；吻短，吻端平截；头顶及两侧有发达的骨质棱脊，在吻端连接处有显著凹陷；鼻孔位于近吻端两侧；口角位于眼后角下方；

图 33-1　丽色疣螈 *Tylototriton（Tylototriton）pulcherrima* 雄螈
（云南绿春，侯勉）

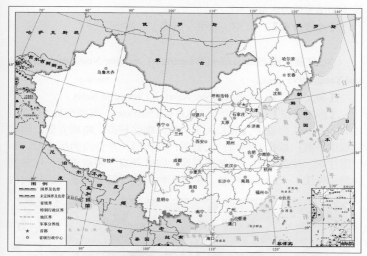

图 33-2　丽色疣螈 *Tylototriton（Tylototriton）pulcherrima* 地理分布

犁骨齿列呈 Λ 形；耳后腺大，与头侧棱脊末端相连。躯干粗壮，尾侧扁，雄螈尾长大于头体长，雌螈尾长小于头体长，尾鳍褶不发达，末端钝尖或尖。皮肤粗糙，体侧各有 1 列大瘰粒，约 16 枚，彼此不相连；腹面布满横缢纹，体腹侧有疣粒或形成团状。四肢粗短，后肢略长于前肢；前后肢贴体相对时，指、趾重叠；指、趾扁，末端钝圆；前足 4 个指，后足 5 个趾，基部均无蹼，无掌突、跖突。活体身体及尾部为棕红色或暗红色，头部骨棱、耳后腺、背脊棱、体侧瘰疣和四肢为鲜黄色或橘黄色。雄螈肛部相对扁平，肛裂纵长，内壁有小乳突；雌螈肛部略呈丘状隆起，肛裂短，内壁无乳突，尾鳍褶相对较低。

　　【生物学资料】　该螈生活于海拔 1 450 ～ 1 550 m 的山间沟谷雨林中，生态环境中植被茂密，成螈白天隐蔽在林中静水坑（塘）或灌丛下的小沟中。该螈多在夜间和下雨时活动频繁，捕食小昆虫、软体动物等。5 ～ 6 月成螈聚集在林间沼泽缓流、静水坑（塘）中交配产卵。

　　【种群状态】　因药用和宠物利用，其种群数量下降很快。

　　【濒危等级】　费梁等（2012）建议列为易危（VU）；蒋志刚

等（2016）列为近危（NT）。

【地理分布】　云南（金平、绿春）；越南。

34. 红瘰疣螈 *Tylototriton (Tylototriton) shanjing* Nussbaum, Brodie and Yang, 1995

【英文名称】　Red Knobby Newt or Crocodile Newt.

【形态特征】　雄螈全长 136.0 ～ 150.0 mm，雌螈全长 147.0 ～ 170.0 mm。头部扁平，头长大于头宽，吻部较高，略成方形，吻端钝圆或平截；鼻孔近吻端；无唇褶；无囟门，犁骨齿列呈∧形。躯干圆柱状。尾部较弱，尾基部宽厚、向后侧扁，鳍褶较低，尾末端钝圆或钝尖。全身布满疣粒，头背面两侧棱脊显著隆起，后端向内

图 34-1　红瘰疣螈 *Tylototriton (Tylototriton) shanjing* 雄螈（云南景东，费梁）

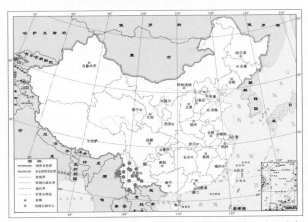

图 34-2　红瘰疣螈 *Tylototriton (Tylototriton) shanjing* 地理分布

弯曲，头顶略凹入，中央有细棱脊；体背部脊棱宽平，两侧无肋沟，有圆形瘰粒 14 ～ 16 枚，排成纵列；颈褶明显，体腹面有横缢纹。四肢发达，后肢较长，前、后肢贴体相对时，指、趾端相遇或略重叠；前足 4 个指，后足 5 个趾。背部及体侧棕黑色；头部、背部脊棱、体侧瘰粒、尾部、四肢、肛周围均为棕红色或棕黄色；腹面以棕黑色为主。雄螈肛孔纵长，内壁有小乳突；雌螈肛部呈丘状，肛孔短，近圆形，内壁无乳突。卵呈圆形，动物极浅棕灰色，植物极色浅，卵径 2.5 ～ 3.0 mm，卵外胶囊直径 6.5 mm 左右。幼体孵出时全长 11.0 mm 左右，具外鳃和平衡支；尾背鳍褶发达，始自背中部。

【生物学资料】　该螈生活于海拔 1 000 ～ 2 000 m 山区林间及稻田附近。成螈营陆栖生活，5 ～ 6 月进入静水塘或稻田、水塘或水井边交配产卵，卵产出为单粒状，分散黏附在水塘岸边草间或石上或湿土上，有的连成串或成片状，1 只雌螈产卵 75 ～ 119 粒。幼体在静水内发育生长，一般当年完成变态。

【种群状态】　该螈有药用价值，因过度捕捉和环境质量下降，种群数量日趋减少。

【濒危等级】　近危（NT）。

【保护级别】　中国Ⅱ级。

【地理分布】　云南（泸水、腾冲、龙陵、陇川、盈江、保山市郊区、大理、大姚、景谷、景东、双柏、漾濞、新平、丽江、景洪、绿春、建水、永德、巧家）、广西（桂林？）；泰国、缅甸。

35. 棕黑疣螈 Tylototriton (Tylototriton) verrucosus Anderson, 1871

【英文名称】　Brown-black knobby Newt or Crocodile Newt.

【形态特征】　头体长 92.0 ～ 122.0 mm，尾长 92.0 ～ 114.0 mm。头部扁平，头宽大于头长，吻端圆，鼻孔靠近吻端，无唇褶；无囟门，犁骨齿列呈∧形。躯干圆柱状。尾部较弱，尾基部宽厚，向后逐渐侧扁，背鳍褶起于尾基部、较低，尾末端钝圆或钝尖。皮肤粗糙，头两侧棱脊明显，后端向内弯曲；背部中央脊棱明显，体背面和尾前部布满疣粒，体两侧无肋沟，各有圆形瘰粒 15 枚左右，排列成纵行；颈褶不明显，体腹面有横缢纹。四肢发达，后肢较长，前、后肢贴体相对时，指、趾端略重叠或掌、跖部重叠。整个身体黑褐色或褐色，有的个体头侧、背部脊棱和瘰粒、四肢和尾部均为浅褐色。卵呈单粒，圆形，直径 2.0 mm 左右，动物极棕色，植物极白色。幼体后肢具 5

趾时，头体为橘黄色，外鳃 3 对呈红色；尾肌较弱，背鳍褶起于头后方，尾末端钝圆；尾部褐色云斑密集。

【生物学资料】　该螈在中国生活于海拔 1 500 m 左右的亚热带山区。据 Sparreboom（1999）观察记载，该螈交配时常摆动尾部，无抱握行为；卵产在水中，也可产在陆地上；雌螈产卵 150 粒左右；在水温 10 ～ 12℃的条件下，幼体孵化需 10 ～ 20 d，孵化时全长 12.0 mm。

【种群状态】　中国境内属于次要分布区，其种群数量稀少。

【濒危等级】　汪松等（2004）建议列为近危（NT）；蒋志刚等（2016）列为近危（NT）。

【保护级别】　中国Ⅱ级。

A

B

图 35-1　棕黑疣螈 *Tylototriton (Tylototriton) verrucosus* 雄螈

（云南陇川，叶昌媛）

A、背面观　B、腹面观

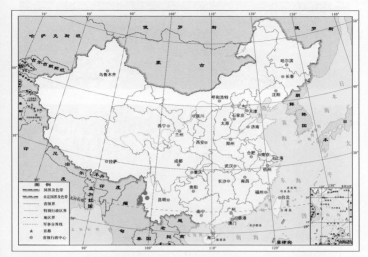

图 35-2　棕黑疣螈 *Tylototriton (Tylototriton) verrucosus* 地理分布

【地理分布】　　云南（芒市郊区、陇川、盈江、保山、泸水）；印度、尼泊尔（东北部）、不丹、缅甸（北部）和泰国（北部）。

36. 滇南疣螈 *Tylototriton (Tylototriton) yangi* Hou, Zhang, Zhou, Li and Lu, 2012

【英文名称】　　Diannan Knobby Newt or Crocodile Newt.

【形态特征】　　身体粗壮。雄螈全长 126.5 ～ 158.0 mm，雌螈全长 145.0 ～ 171.5 mm。头部扁平而宽厚，头长略大于头宽，吻短；头顶及两侧有发达的骨质棱脊；鼻孔位于近吻端的外侧；犁骨齿列呈 Λ 形。雄螈躯干宽度均匀，雌螈躯干后段较宽；尾侧扁，其长小于头体长，尾鳍褶不发达。皮肤粗糙，有大小疣粒；耳后腺大，不与头侧棱脊末端相连；体背两侧至尾基部各有大瘰粒 16 ～ 17 枚，彼此间不相连。腹面布满横缢纹。四肢粗短，后肢长于前肢，前后肢贴体相对时，掌、跖部相重叠或仅第 3、4 指、趾重叠；指、趾扁，末端钝圆；前足 4 个指，后足 5 个趾，基部均无蹼；无掌突、跖突。活体头后部两侧耳后腺、体侧瘰粒、背脊、指趾前段、肛部及尾部为鲜橘红色，头部及其他部位为黑色或棕黑色，体侧腋部至胯部、

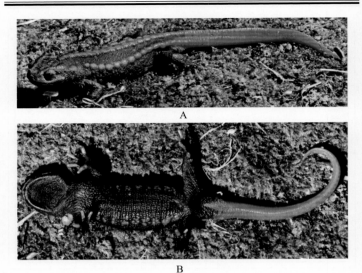

A

B

图 36-1　滇南疣螈 *Tylototriton (Tylototriton) yangi* 雄螈（云南个旧，侯勉）

A、背面观　B、腹面观

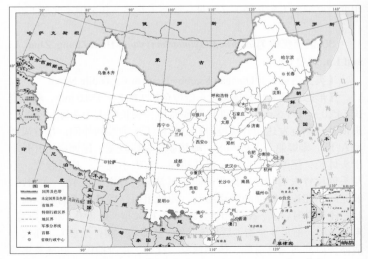

图 36-2　滇南疣螈 *Tylototriton (Tylototriton) yangi* 地理分布

胸前或腹后部有橘黄（红）色斑纹。雄螈肛部隆起，肛孔长，内壁有小乳突，尾鳍褶相对较高；雌螈肛裂短或略呈圆形，内壁无乳突，尾鳍褶相对较低。幼体头扁平，唇褶略显，肋沟不明显。

【生物学资料】　该螈生活于海拔 1 200 m 左右植被茂密的丘陵地区，栖息地多在农耕地附近。成螈白天隐蔽于静水坑（塘）或土壁、灌丛下的泥洞（沟）中；多夜间出外活动。捕食小型昆虫和软体动物等。繁殖期在 5 ～ 6 月，成体多聚集在林间浸水沟、田间蓄水坑或沼泽地沟渠内交配或产卵；幼体生活在静水坑（塘）内。人工饲养下从卵至变态成幼体需时约 60 d。

【种群状态】　中国特有种，因宠物利用及环境质量下降，其种群数量减少很快。

【濒危等级】　费梁等（2012）建议列为易危（VU）；蒋志刚等（2016）列为近危（NT）。

【地理分布】　云南（个旧、蒙自、屏边、河口、西畴）。

黔疣螈亚属 *Tylototriton* (*Qiantriton*) Fei and Ye, 2012

37. 贵州疣螈 *Tylototriton* (*Qiantriton*) *kweichowensis* Fang and Chang, 1932

【英文名称】　Red-tailed Qian Newt or Crocodile Newt.

【形态特征】　雄螈全长 155.0 ～ 195.0 mm，雌螈全长 177.0 ～ 210.0 mm。头部宽略大于长，扁平、顶部有凹陷；吻部短，吻端钝圆，头两侧棱脊明显；鼻孔位于吻前端，无唇褶；无囟门，犁骨齿列呈∧形。躯干粗壮略扁。尾基部近于圆形，向后逐渐侧扁，尾中段较高。皮肤粗糙，头背面、躯干及尾部有大小疣粒；体两侧瘰疣连续排列成纵行，无肋沟；颈褶明显或略显，体腹面有横缢纹和小疣。四肢粗短，前、后肢贴体相对时，指、趾末端相遇；无掌突、跖突；前足 4 个指，后足 5 个趾。头体基色为黑褐色，背脊和体两侧形成 3 条橘红色宽纵纹；有的个体腹部两侧有橘红色纵斑；指、趾橘红色；整个尾部为橘红色。雄螈肛部隆起宽大，肛孔纵长，内壁有乳突；雌螈肛部隆起小，肛孔短，内壁无乳突。卵呈圆形，卵径 2.0 ～ 3.4 mm，动物极棕黑色，植物极灰白色或棕黄色。

【生物学资料】　该螈生活于海拔 1 400 ～ 2 400 m，长有杂

A

B　　　　　　　C　　　　　　　D

图 37-1　贵州疣螈 *Tylototriton (Qiantriton) kweichowensis* 成螈

（贵州水城，费梁）

A、雄螈背面观　B、雌螈腹面观　C、雄螈腹面观（1）　D、雌螈腹面观（2）

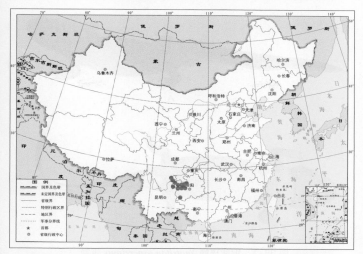

图 37-2 贵州疣螈 *Tylototriton (Qiantriton) kweichowensis* 地理分布

草、灌丛和稀疏乔木的山区。成螈以陆栖为主。觅食昆虫、蛞蝓等小动物。4 月下旬至 7 月上旬在水塘、水井和稻田内繁殖；雌螈产卵 49 ～ 227 粒。

【种群状态】 中国特有种。因栖息地环境质量下降，种群数量日趋减少。

【濒危等级】 易危（VU）。

【保护级别】 中国 II 级。

【地理分布】 云南（大关、彝良、永善）、贵州（威宁、赫章、毕节市郊区、金沙、水城、织金、大方、纳雍、安龙等）。

（一二）瑶螈属 *Yaotriton* Dubois and Raffaelli, 2009

38. 细痣瑶螈 *Yaotriton asperrimus* (Unterstein, 1930)

【英文名称】 Black Knobby Newt.

【形态特征】 雄螈全长 118.0 ～ 138.0 mm，雌螈略大。头部

图 38-1　细痣瑶螈 *Yaotriton asperrimus* 雄螈

A、背面观（广西金秀境内的大瑶山，王宜生）　B、腹面观（广西金秀境内的大瑶山，费梁）

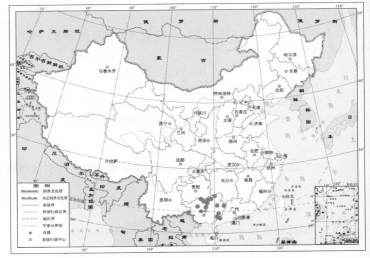

图 38-2　细痣瑶螈 *Yaotriton asperrimus* 地理分布

扁平，吻端平截，鼻孔接近吻端；无唇褶；鳞骨后突与枕髁后缘几乎在同一水平线上；无囟门，犁骨齿列呈 ∧ 形。躯干圆柱状，略扁。尾很侧扁，背鳍褶较高而薄，起始于尾基部，腹鳍褶较厚，尾末端钝尖。皮肤粗糙，布满瘰粒和疣粒，头侧棱脊甚显著，耳后腺后部向内弯曲，头顶 ∨ 形棱脊与背部中央脊棱相连；体两侧各有圆形瘰粒 13 ～ 16 枚，排成纵行，瘰粒间界限明显；颈褶明显，胸、腹部有细密横缢纹。四肢较细，前、后肢贴体相对时，指、趾末端相遇或略重叠；掌突、跖突扁平或不明显；前足 4 个指，后足 5 个趾。体尾背面黑褐色，仅指、趾、肛部和尾部下缘为橘红色；体腹面黑灰色。雄螈肛孔纵长，内壁有小乳突；雌螈肛部呈丘状隆起，肛孔略呈圆形。卵呈圆形，动物极浅棕色，植物极乳白色；卵径 3.0 ～ 4.0 mm，卵外胶囊直径 6.0 mm 左右。幼体孵出时全长 18.0 mm 左右，平衡支已消失。

【生物学资料】 该螈生活于海拔 1 320 ～ 1 400 m 的山间凹地及其附近。成螈营陆栖生活，非繁殖期多栖息于静水塘附近潮湿的腐叶中或树根下的土洞内，捕食昆虫、蚯蚓、蛞蝓等小动物。5 月繁殖，成鲵到水塘的岸上落叶层下产卵，卵群呈堆状，有卵 30 ～ 52 粒，卵粒贴于潮湿的泥土上或叶片间。幼体在静水塘内生活，当年完成变态。

【种群状态】 因栖息环境质量下降，种群数量减少。

【濒危等级】 近危（NT）。

【保护级别】 中国 II 级。

【地理分布】 广西（金秀、龙胜、环江、忻城、玉林、大容山、那坡、马山、融水、贺州市郊区、富川、罗城、巴马）、广东（信宜）、贵州（荔波）；越南（北部）。

39. 宽脊瑶螈 *Yaotriton broadoridgus* (Shen, Jiang and Mo, 2012)

【英文名称】 Sangzhi Knobby Newt.

【形态特征】 雄螈全长 110.0 ～ 140.0 mm，雌螈全长 138.0 ～ 163.0 mm。头部扁平，吻端平截，鼻孔近吻端；无唇褶；鳞骨后突与枕髁后缘不在同一水平线上；无囟门，犁骨齿列呈 ∧ 形。躯干圆柱状或略扁，背鳍褶较高而薄，起始于尾基部；腹鳍褶窄而厚；尾末端钝尖。皮肤粗糙，周身布满大小较为一致的疣粒；头侧棱脊甚显著，耳后腺后部向内弯曲，头顶有 ∨ 形棱脊，背正中脊棱较宽；体两侧无肋沟，瘰粒彼此分界不清，几乎形成纵带；颈褶清楚，体腹面疣粒显著，不成横缢纹状。四肢较细，前、后肢贴体相对时，指、趾端相遇或略重叠；内掌突比外掌突突出；前足 4 个指，后足 5 个趾。体尾背面为黑褐色，体腹面及肛部周围浅黑褐色，仅指、趾和掌突、跖突以及尾部下缘为橘红色或橘黄色。雄螈肛孔纵长，内壁有小乳突或无；雌螈肛部呈丘状隆起，肛孔较短，略呈圆形。

【生物学资料】　该螈生活在海拔 1 000 ～ 1 600 m 林木较为繁茂的山区，成螈以陆栖为主。5 月初繁殖，卵群产在静水塘边枯叶下。一般雄螈先进入繁殖场，雌性略后。11 月进入冬眠。

【种群状态】　中国特有种。因栖息环境质量下降，种群数量

A

B

图 39-1　宽脊瑶螈 *Yaotriton broadoridgus* 雌螈（湖南桑植，费梁）

A、背面观　B、腹面观

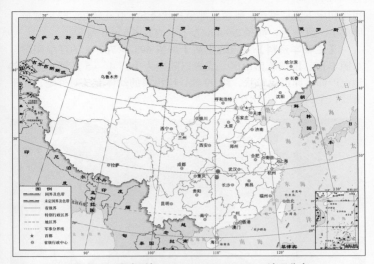

图 39-2 宽脊瑶螈 *Yaotriton broadoridgus* 地理分布

减少。

【濒危等级】　费梁等（2012）建议列为易危（VU）；蒋志刚等（2016）列为近危（NT）。

【地理分布】　湖北（五峰）、湖南（桑植）。

40. 大别瑶螈 *Yaotriton dabienicus* (Chen, Wang and Tao, 2010)

【英文名称】　Dabie Knobby Newt.

【形态特征】　雌螈全长 134.9 ～ 155.5 mm，头体长 72.6 ～ 82.4 mm。头长远大于头宽，头扁平，吻端平截，鼻孔近吻端；无唇褶；无囟门，犁骨齿列呈 ∧ 形。躯干圆柱状或略扁。尾肌弱而侧扁，背鳍褶较高而薄；尾末端钝尖。皮肤极粗糙，周身布满大小较为一致的疣粒；头侧棱脊甚显著，耳后腺后部略向内弯曲，头顶部有 1 条 V 形棱脊与背正中脊棱连续至尾基部；体两侧无肋沟，疣粒群彼此分界不清，几乎形成纵带；颈褶清楚，体腹面疣粒显著，形成横缢纹状。四肢较短，前、后肢贴体相对时，指、趾端仅相遇或不相遇；内掌突比外掌突突出；前足 4 个指，后足 5 个趾。体尾背面为黑褐色，体腹面及肛部浅黑褐色，仅指、趾和掌突、跖突以及泄殖腔孔边缘和尾下缘橘红色。雌螈肛部呈丘状隆起，肛孔较短，略呈圆形。卵单生，乳黄色，卵径 2.9 mm 左右，直径 6.5 mm 左右。

　　【生物学资料】　该螈生活于海拔 698 ～ 767 m 的环境阴湿、水源丰富、植被茂盛山区。成螈以陆栖为主，4 ～ 5 月到水塘边陆地上产卵。卵群单粒状，约 99 粒；刚出膜的幼体有 3 对外鳃，无平衡肢，全长 16.5 ～ 18.0 mm。

A

B

图 40-1　大别瑶螈 *Yaotriton dabienicus* 雌螈（河南商城，陈晓虹）

A、背面观　B、腹面观

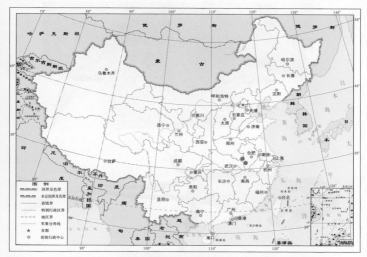

图 40-2 大别瑶螈 *Yaotriton dabienicus* 地理分布

【种群状态】 中国特有种。该螈因栖息环境狭窄、质量下降，种群数量少。

【濒危等级】 费梁等（2012）建议列为易危（VU）；蒋志刚等（2016））列为近危（NT）。

【地理分布】 河南（商城）、安徽（岳西）。

41. 海南瑶螈 *Yaotriton hainanensis* (Fei, Ye and Yang, 1984)

【英文名称】 Hainan Knobby Newt.

【形态特征】 雄螈全长 137.0 ～ 148.0 mm，雌螈全长 125.0 ～ 140.0 mm。头部宽大而扁平，吻端平截，鼻孔近吻端，无唇褶，耳后腺宽大向内弯；鳞骨后突与枕髁后缘不在同一水平位置；无囟门，犁骨齿列呈∧形。躯干圆柱状，略扁。尾基部较宽，其后侧扁，尾背鳍褶较高而平直，尾腹鳍褶低而厚，尾末端钝圆。皮肤粗糙，布满密集疣粒；头侧棱脊显著，其后部向内弯曲；头顶∨形棱脊与背部脊棱相连；体两侧无肋沟，各有圆形瘰粒 14 ～ 16 枚，彼此分界明显，排成纵行；颈褶明显，胸、腹部有细横缢纹。四肢较细，前、后肢贴体相对时，指、趾端相遇或略重叠；前足 4 个指，后足 5 个

A

B

图 41-1　海南瑶螈 *Yaotriton hainanensis* 雄螈

A、背面观（海南五指山，刘惠宁）　B、腹面观（海南五指山，费梁）

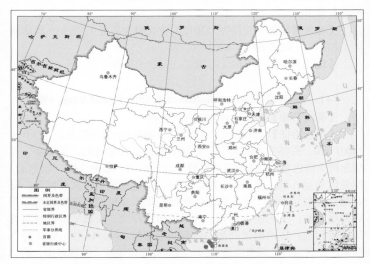

图 41-2　海南瑶螈 *Yaotriton hainanensis* 地理分布

趾，掌突和跖突扁平或不明显。体尾浅褐色或黑褐色；仅指、趾、肛周缘及尾下缘为橘红色；体腹面灰褐色。雄螈肛孔纵长，内壁有小乳突；雌螈肛部呈丘状隆起，肛孔较短，略呈圆形。卵呈圆形，直径3.0 mm左右，动物极深棕色，植物极色较浅。胚胎长8.0～15.0 mm时，头侧平衡支呈短棒状；全长16.0～20.0 mm时，平衡支已消失。

【生物学资料】　该螈生活于海拔770～950 m热带雨林的山区中。5月左右繁殖，卵产在山间凹地水塘岸边的潮湿叶片下，卵粒成堆，每堆有卵58～90粒。幼体孵化后被雨水冲刷或弹跳到水塘中生活。

【种群状态】　中国特有种。该螈因栖息地的生态环境质量下降，种群数量很少。

【濒危等级】　濒危（EN）；蒋志刚等（2016）列为近危（NT）。

【地理分布】　海南（琼中、陵水、白沙、乐东）。

42. 浏阳瑶螈 *Yaotriton liuyangensis* (Yang, Jiang, Shen and Fei, 2014)

【英文名称】　Liuyang Knobby Newt.

【形态特征】　雄螈全长110.1～146.5 mm，雌螈全长138.6～154.2mm。头部扁平，吻端平截，鼻孔近吻端；无唇褶；犁骨齿列呈∧形。躯干圆柱状或略扁；尾高小于尾基的宽度，背鳍褶较高而薄，起始于尾基部；腹鳍褶窄而厚；尾末端钝尖或钝圆。皮肤粗糙，周身布满大小较为一致的疣粒；头侧棱脊甚显著，耳后腺后部向内弯曲，头顶∨形棱脊略显，背正中脊棱适中；体两侧无肋沟，瘰粒彼此分界不清，几乎形成纵带；颈褶清楚，体腹面有横缢纹。四肢较细，前、后肢贴体相对时指、趾端不相遇；掌突、跖突不清楚；前足4个指，后足5个趾。体尾背面为黑褐色，体腹面浅黑褐色，仅指、趾和掌突、跖突、肛孔内壁以及尾部下缘为橘红色或橘黄色，肛孔外周黑色。雄螈肛部略隆起，肛孔纵长，内壁有疣粒，无绒毛状乳突；雌螈呈丘状隆起，肛内壁无绒毛状乳突，略呈圆形。卵黄色，卵径3.2～3.8 mm，卵胶囊直径7.8～8.0 mm。幼体黑褐色有浅黄斑，有3对外鳃。

【生物学资料】　该螈生活在海拔1 386 m灌丛杂草繁茂的山区，成螈以陆栖为主。5～6月在静水塘边繁殖，产卵47粒左右，平铺在草丛内。

【种群状态】　中国特有种。种群数量不详。

A

B

图 42-1　浏阳瑶螈 *Yaotriton liuyangensis* 雄螈

（湖南浏阳，Yang D D, et al., 2014）

A、背面观　B、腹面观

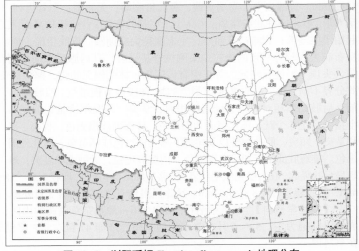

图 42-2　浏阳瑶螈 *Yaotriton liuyangensis* 地理分布

【濒危等级】　未予评估（NE）。

【地理分布】　湖南（浏阳）。

43. 莽山瑶螈 *Yaotriton lizhenchangi* (Hou, Zhang, Jiang, Li and Lu, 2012)

【英文名称】　Mangshan Crocodile Newt.

【形态特征】　雄螈全长 145.6 ～ 173.0 mm，雌螈 150.0 ～ 156.5 mm。头部扁平，顶部有凹陷，头长大于头宽；吻端钝或略平截；头两侧有明显的骨质棱脊；鼻孔位于近吻端两侧；犁骨齿列呈 ∧ 形。雄螈躯干宽度均匀，雌螈后段比雄螈略宽；尾长大于头体长，尾基部较厚，向后逐渐侧扁，尾鳍褶不发达，末端钝尖。皮肤较粗糙，布满细小瘰疣；两体侧各有 1 列瘰粒，12 ～ 15 枚，外展上翘，彼此相间或相连；腹面布满横缢纹。雄性的耳后腺、指趾前段、肛部及尾下缘呈橘红色，掌、跖部有橘红色斑点，其余部位黑色。四肢粗短，后肢略长于前肢；前、后肢贴体相对时，掌和跖部相互重叠或第 3、

A

B

图 43-1　莽山瑶螈 *Yaotriton lizhenchangi* 雌螈（湖南宜章莽山，侯勉）

A、背面观　B、腹面观

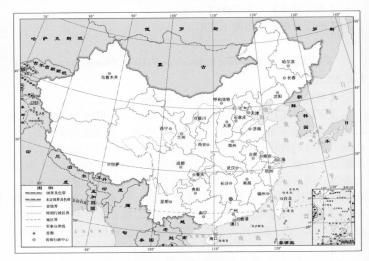

图 43-2　莽山瑶螈 *Yaotriton lizhenchangi* 地理分布

4 指和趾相互重叠；指、趾长而扁，末端钝圆；前足 4 个指，后足 5 个趾，基部均无蹼；无掌突和跖突。雄螈肛部隆起宽，肛孔纵裂较长，内壁有小乳突；雌螈肛裂短，内壁无乳突。幼体头宽厚，唇褶略明显，肋沟隐约有 8 条左右。

　　【生物学资料】　该螈生活于海拔 952 ～ 1 200 m 的山区，栖息于喀斯特地区植被茂密的森林中。成螈白天隐于洞穴内，夜间见于水坑、水井或溪流缓流处。捕食昆虫和软体动物。繁殖期在 5 ～ 6 月，成体常聚集在路边或沼泽地浸水坑岸边交配产卵。

　　【种群状态】　中国特有种。因大肆捕捉、贩运，其种群数量下降很快。

　　【濒危等级】　费梁等（2012）建议列为易危（VU）；蒋志刚等（2016）列为易危（VU）。

　　【地理分布】　湖南（宜章莽山）。

44. 文县瑶螈 *Yaotriton wenxianensis* (Fei, Ye and Yang, 1984)

　　【英文名称】　Wenxian Knobby Newt.

　　【形态特征】　雄螈全长 126.0 ～ 133.0 mm，雌螈全长 105.0 ～

A

B

图 44-1 文县瑶螈 *Yaotriton wenxianensis* 雄螈

A、背面观（四川平武，江建平）   B、腹面观（甘肃文县，费梁）

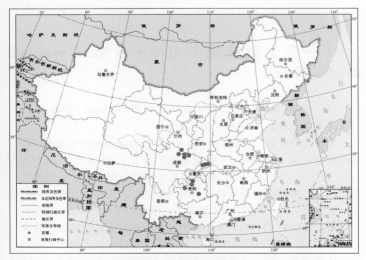

图 44-2 文县瑶螈 *Yaotriton wenxianensis* 地理分布

140.0 mm。头部扁平，吻端平截，鼻孔近吻端；无唇褶；鳞骨后突与枕髁后缘几乎在同一水平线上；无囟门，犁骨齿列呈∧形。躯干圆柱状或略扁。背鳍褶较高而薄，起始于尾基部，腹鳍褶窄而厚，尾末端钝尖。皮肤粗糙，周身布满大小较为一致的疣粒；头侧棱脊甚显著，耳后腺后部向内弯曲，头顶部有 1 条∨形棱脊与背正中脊棱相连；体两侧无肋沟，瘰粒彼此分界不清，几乎形成纵带；颈褶清楚，体腹面疣粒显著，不成横缢纹状。四肢较细，前、后肢贴体相对时，指、趾端相遇或略重叠；内掌突比外掌突突出；前足 4 个指，后足 5 个趾。体尾背面为黑褐色，体腹面及肛部周围浅黑褐色，仅指、趾和掌突、跖突以及尾部下缘为橘红色或橘黄色。雄螈肛孔纵长，内壁有小乳突，有的为黑色；雌螈肛部呈丘状隆起，肛孔较短，略呈圆形。

【生物学资料】　该螈生活于海拔约 940 m 林木繁茂的山区，以陆栖为主，并在陆地上冬眠。每年 5 月左右成螈到静水塘附近活动和繁殖。

【种群状态】　中国特有种。种群数量较少。

【濒危等级】　易危（VU）。

【地理分布】　甘肃（文县）、四川（青川、旺苍、剑阁、平武）、重庆（云阳、万州、奉节）、贵州（大方、遵义市郊区、绥阳、雷山）。

（一三）棘螈属 *Echinotriton* Nussbaum and Brodie, 1982

45. 琉球棘螈 *Echinotriton andersoni* (Boulenger, 1892)

【英文名称】　Ryukyu Spiny Newt.

【形态特征】　成螈全长 130.0～190.0 mm，尾长短于头体长。头体宽扁；头大而扁平，头的长宽几乎相等，无唇褶，口角后方有 1 个三角形突起；无囟门，犁骨齿列呈∧形。躯干扁平。尾侧扁，末端钝尖。体背面皮肤粗糙，布满大小疣粒；头侧棱脊不发达，枕部∨形棱脊明显；背部中央脊棱显著；体两侧各有瘰粒 2～3 纵行，外侧 1 行有瘰粒 13～17 枚，肋骨末端可穿过瘰粒到体外，有瘰粒 8 枚左右，位于每一肋骨部位；无颈褶。后肢略长于前肢，前、后肢贴体相对时，指、趾重叠；无掌突、跖突；前足 4 个指，后足 5

A

B

图 45-1   琉球棘螈 *Echinotriton andersoni* 成螈

A、雄螈背面观（琉球群岛，李健）

B、雌螈背面观（琉球群岛，Raffaelli, 2007）

个趾或第 5 趾缺失，趾基部具蹼迹。体尾背面黑褐色，仅口角处突起、背部脊棱和瘰疣为橘黄色，掌、跖、指、趾腹面和肛孔周围以及尾下缘均为橘黄色；体腹面较背面色略浅。卵粒白色，直径 3.0 ~ 3.2 mm。

【生物学资料】   该螈生活于 100 ~ 200 m 山区森林内的阴湿地带，多隐匿在落叶层中或石块下。2 月初至 6 月底繁殖。卵产在邻近水塘的腐殖质土壤或腐叶上。卵单粒，卵群呈堆状，常被落叶所遮盖。孵化后进入水塘内生活。

【种群状态】   该螈主产于琉球群岛。数十年来，中国学者在

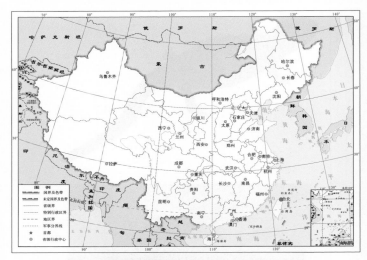

图 45-2 琉球棘螈 *Echinotriton andersoni* 地理分布

台湾未见其踪迹。

　　【濒危等级】　濒危（EN）；蒋志刚等（2016）列为地区绝灭（RE）。

　　【地理分布】　台湾（台北）；日本（琉球群岛）。

46. 镇海棘螈 *Echinotriton chinhaiensis* (Chang, 1932)

　　【英文名称】　Chinhai Spiny Newt.

　　【形态特征】　雄螈全长 109.0 ～ 139.0 mm，雌螈全长 124.0 ～ 151.0 mm。头宽扁，头宽大于头长；无唇褶，口角后方有三角形突起；无囟门，犁骨齿列呈∧形。躯干扁平，体背面布满疣粒；头两侧棱脊不发达，头顶后方有∨形棱脊；背部中央脊棱突出，肋骨棱脊明显；体侧有许多疣粒堆集排列成瘰疣，约有 12 枚排成纵行，肋骨末端可穿过瘰粒到体外；颈褶不明显，体腹面缢纹不明显。尾短弱，向后渐侧扁，鳍褶低，末端钝尖。四肢适中，后肢略粗壮，前、后肢贴体相对时，指、趾重叠；掌突、跖突明显或不明显；前肢前伸最长指达鼻孔，前足 4 个指，后足 5 个趾。全身棕黑色，仅口角处突起，指和趾端、尾腹鳍褶为橘黄色。雄螈肛孔较长，内壁前部有乳突；雌螈肛

图 46-1   镇海棘螈 *Echinotriton chinhaiensis* 雄螈（浙江宁波镇海，费梁）
A、背面观   B、腹面观

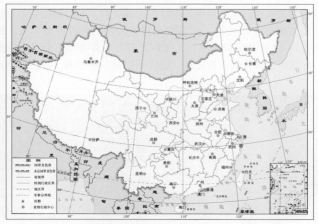

图 46-2   镇海棘螈 *Echinotriton chinhaiensis* 地理分布

孔较短，内壁无乳突，多皱褶。卵浅黄色，直径 3.2～3.4 mm，卵外胶囊直径 7.0～11.0 mm。刚孵出的幼体全长 20.0 mm 左右，刚变态的幼螈全长 34.0～36.0 mm。

【生物学资料】　　该螈生活于海拔 100～200 m 的丘陵山区。成螈营陆栖生活，白昼栖息在土穴内、石块下或石缝间；夜间觅食螺类等小动物。4 月繁殖，卵群产在水塘边潮湿的泥土上，多粒卵聚集呈堆状，并被落叶覆盖。雌螈产卵 72～92 粒，卵单粒。胚胎有平衡支，孵化后以弹跳或雨水冲击方式进入水塘内生活。从卵产出至完成变态需 110 d 左右。

【种群状态】　　中国特有种。因栖息环境质量下降，种群数量极少。

【濒危等级】　　极危（CR）。

【保护级别】　　中国 II 级。

【地理分布】　　浙江（宁波镇海）。

47. 高山棘螈 *Echinotriton maxiquadratus* Hou, Wu, Yang, Zheng, Yuan and Li, 2014

【英文名称】　　Mountain Spiny Newt, Mountain Newts.

【形态特征】　　雌螈全长 129.5 mm，头体长 85.7 mm，尾长 43.8 mm。头宽扁，头宽大于头长；无唇褶，口角后方三角形突起甚大；犁骨齿列呈 ∧ 形。躯干扁平，体背面布满疣粒；头两侧棱脊不发达，头顶后方略显 ∨ 形棱脊；背部中央脊棱扁平，肋骨棱脊明显；体两侧各有约 12 枚瘰疣排成纵行，瘰粒处的肋骨末端可穿过皮肤到体外；有颈褶，体腹面密布疣粒，缢纹不明显。尾短弱，向后渐侧扁，

图 47-1　高山棘螈 *Echinotriton maxiquadratus* 雌螈背面观（中国南部，侯勉）

图 47–2 高山棘螈 *Echinotriton maxiquadratus* 雌螈腹面观

（中国南部，侯勉）

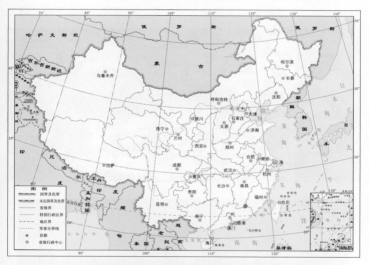

图 47–3 高山棘螈 *Echinotriton maxiquadratus* 地理分布

鳍褶低，末端钝尖。前肢和后肢较粗壮，前、后肢贴体相对时指、趾重叠；掌突、跖突明显；前肢前伸最长指超过吻端，前足 4 个指，后足 5 个趾。全身棕黑色，仅口角处突起、指、趾端和尾腹鳍褶为橘黄色。雌螈肛孔纵列，内壁橘黄色。

【**生物学资料**】 该螈生活在山顶凹地内，其生存环境内有沼泽、静水坑、杜鹃树、茂密的草丛和较多石块。该螈栖息在石块下。

【**种群状态**】 中国特有种。目前仅见一尾雌螈，种群数量不明。

125

【濒危等级】　Hou M, et al.,（2014）建议列为极危（CR）。
【地理分布】　广东、江西和福建三省交界地区。

（一四）凉螈属 *Liangshantriton* Fei, Ye and Jiang, 2012

48. 大凉螈 *Liangshantriton taliangensis* (Liu,1950)

【英文名称】　Taliang shan Newt.

【形态特征】　雄螈全长 186.0 ～ 220.0 mm，雌螈全长 194.0 ～ 230.0 mm。头部扁平，头长略大于头宽；吻部高，吻端平截，近方

A

B

图 48-1　大凉螈 *Liangshantriton taliangensis* 雄螈（四川石棉，费梁）
A、背面观　B、腹面观

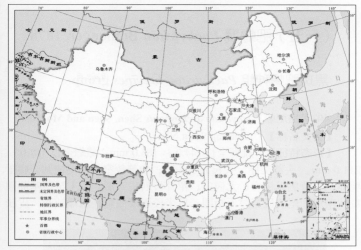

图 48-2   大凉螈 *Liangshantriton taliangensis* 地理分布

形，鼻孔近吻端，无唇褶；无囟门，犁骨齿列呈Λ形。躯干粗壮，略扁。尾窄长，尾基部较宽，尾后段甚侧扁，尾末端钝尖。皮肤很粗糙；头背面两侧棱脊不甚显著，后端向内侧弯曲成弧形；头顶部下凹，体背部布满疣粒，无肋沟，两侧无圆形瘰粒；颈褶明显，体腹面有横缢纹；尾部疣小而少。四肢长，前、后肢贴体相对时，指、趾重叠或互达掌、跖部；前足4个指，后足5个趾，指、趾略扁，其间无蹼，末端钝圆。体、尾均为褐黑色或黑色；耳后腺部位，指、趾、肛孔周缘至尾下缘为橘红色；体腹面颜色较体背面略浅。卵径2.0～2.2mm，动物极棕黑色，植物极乳黄色。

【生物学资料】   该螈生活于海拔1 390～3 000 m植被茂密、环境潮湿的山间凹地。成螈以陆栖为主，隐蔽在石穴、土洞或草丛下觅食昆虫及其他小动物。5～6月进入静水塘繁殖。产卵250～274粒，单粒分散黏附在水生植物上；幼体当年完成变态。

【种群状态】   中国特有种。种群数量日趋减少。

【濒危等级】   近危（NT）；蒋志刚等（2016）列为易危（VU）。

【保护级别】   中国Ⅱ级。

【地理分布】   四川（汉源、冕宁、石棉、美姑、昭觉、峨边、马边）。

（一五）肥螈属 *Pachytriton* Boulenger, 1878

黑斑肥螈种组 *Pachytriton brevipes* group

49. 弓斑肥螈 *Pachytriton archospotus* Shen, Shen and Mo, 2008

【英文名称】　Guidong Stout Newt.

【形态特征】　雄螈全长 144.0 ～ 185.0 mm，雌螈全长 161.0 ～ 211.0 mm。头部肥厚，头长大于头宽；吻部较窄，吻端钝圆，唇褶明显，头背侧无棱脊；无囟门，犁骨齿列呈 ∧ 形。躯干至尾基部圆柱状略扁。尾前段宽厚而粗圆，后半段逐渐侧扁，末端钝圆。皮肤

A

B

图 49-1　弓斑肥螈 *Pachytriton archospotus* 成螈（湖南桂东，江建平）

A、背面观　B、腹面观

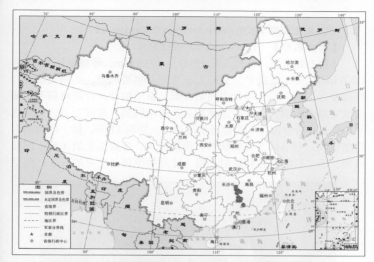

图 49-2　弓斑肥螈 *Pachytriton archospotus* 地理分布

光滑，无瘰疣；背脊宽平、略凹，体侧肋沟微凹或不明显；颈褶明显，腹面光滑无疣。四肢较长，前、后肢贴体相对时，指、趾端间距较近；前足4个指，后足5个趾，指、趾侧缘膜宽窄不一。体背面颜色有变异，通常为棕黑色或淡灰棕色，体尾布满黑色小圆斑；腹面橘黄色、橘红色或棕黄色等，有不规则灰棕色斑块，斑的边缘常镶有浅紫蓝色边。雄螈肛部呈显著隆起，肛孔纵长，内壁有绒毛状乳突；雌螈肛部略隆起，肛孔较短，内壁无乳突。

【生物学资料】　该螈生活于海拔800～1 600 m的大小山溪内，周围环境多为常绿阔叶林或针阔叶混交林。成螈以水栖为主，白天常隐于溪内石块下或石隙间。该螈活体体表可分泌大量黏液，发出似硫黄气味。解剖雌螈，其卵已进入输卵管内待产，由此推测繁殖期为5月。在成体栖息的溪流内还可见到1龄或2龄幼体。

【种群状态】　中国特有种。种群数量较多。

【濒危等级】　费梁等（2010）建议列为无危（LC）；蒋志刚等（2016）列为无危（LC）。

【地理分布】　江西（井冈山、崇义、上犹、龙南）、湖南（攸县、炎陵、桂东、汝城、茶陵、罗霄山西坡）。

50. 黑斑肥螈 *Pachytriton brevipes* (Sauvage, 1876)

【英文名称】　Black-spotted Stout Newt.

【形态特征】　雄螈全长 155.0 ～ 193.0 mm，雌螈全长 160.0 ～ 185.0 mm。头部略扁平，头长大于头宽；吻端钝圆，头侧无棱脊；唇褶发达；无囟门，犁骨齿列呈∧形。躯干粗壮，背腹略扁平。尾前段宽厚而粗圆，后半段逐渐侧扁，末端钝圆。皮肤光滑，枕部有∨形隆起，背脊部位不隆起而呈浅纵沟，肋沟 11 条，体、尾两侧有横纹皱纹；咽喉部常有纵肤褶，颈褶显著，体腹面光滑无疣。四肢较短，前、后肢贴体相对时，指、趾端间距超过后足的长度；前足

A

B

图 50-1　黑斑肥螈 *Pachytriton brevipes*

A、雄螈背面观（浙江江山，江建平）　B、腹面观（上雌下雄；福建建阳，费梁）

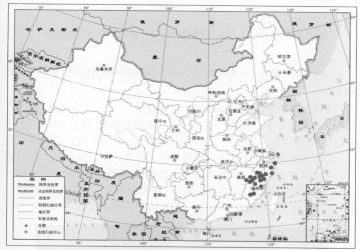

图 50-2 黑斑肥螈 *Pachytriton brevipes* 地理分布

4 个指，后足 5 个趾，第 5 趾明显短小，趾侧缘膜较宽。体背面及两侧浅褐色或灰黑色，腹面橘黄色或橘红色，周身布满褐黑色或褐色圆点。雄螈肛部显著肥肿，肛孔纵长，内壁有乳突；雌螈肛部略隆起，肛孔短，无乳突。卵粒乳白色，圆球形，直径 4.5 mm；胶囊外径 7.5 mm 左右。幼体全长 50.0 mm 时，尾鳍褶始自尾基部、平直；全长 70.0 mm 时，已完成变态，皮肤光滑或粗糙。

【生物学资料】 该螈生活于海拔 800～1 700 m 的大小山溪内。成螈以水栖为主，白天常隐于溪内石块下或石隙间，主要捕食蜉蝣目、双翅目等昆虫及其他小动物。该螈活体皮肤可分泌大量黏液，发出似硫黄气味。繁殖季节在 5～8 月，雌螈产卵 30～60 粒，黏附在流速缓慢的山溪内石块下；卵群呈片状，长 × 宽为 40.0 cm × 25.0 cm。

【种群状态】 中国特有种。种群数量较多。

【濒危等级】 无危（LC）。

【地理分布】 浙江（遂昌、云和、江山、龙泉、庆元、泰顺、温岭、舟山市郊区、定海、缙云）、福建（德化、建阳、武夷山、光泽、龙岩、福州市郊区等）、江西（贵溪、东部地区）。

瑶山肥螈种组 *Pachytriton inexpectatus* group

51. 张氏肥螈 *Pachytriton changi* Nishikawa, Matsui and Jiang, 2012

【英文名称】　Changi's Stout Newt.

【形态特征】　雄螈全长 164.5 ～ 172.7 mm，体长 81.8 ～ 84.2 mm。头扁卵圆形，头长大于头宽；吻部长，吻端平截；鼻孔极近吻端，头侧无棱脊，唇褶发达；额鳞弓粗而完全，犁骨齿列呈∧形。躯干至尾基部近圆柱状，背腹略扁，背部中央无脊棱，有纵沟；尾短于体长，尾基部宽厚，后半段逐渐侧扁，尾鳍褶明显，末端钝圆或钝尖。皮肤光滑，枕部∨形隆起不明显，肋沟 10 条；颈褶较弱。四肢细，前、

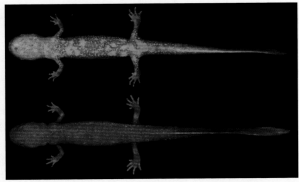

A

B

图 51-1　张氏肥螈 *Pachytriton changi*

A、雄螈（中国，Nishikawa, 2013）　上：腹面观　下：背面观

B、雌螈背面观（广东龙门，侯勉）

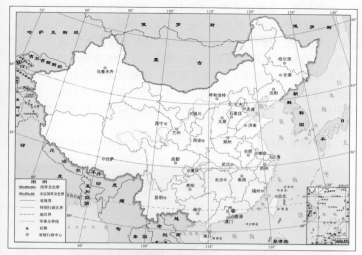

图 51–2 张氏肥螈 *Pachytriton changi* 地理分布

后肢贴体相对时指、趾端相距远，约相距 1.5 个肋沟；前足 4 个指、后足 5 个趾均扁平，具缘膜，且略显蹼迹。体背面为红褐色，背两侧各有 1 列不清楚的橘黄色斑点略形成纵带，背面和腹面有许多白色小点；腹面橘黄色，有红褐色细小斑纹；肛部和尾下缘橘黄色。雄螈肛部较隆起，泄殖孔纵长；雌螈肛部略隆起，泄殖孔较短。

【生物学资料】   无资料。

【种群状态】   中国特有种。种群数量不详。

【濒危等级】   未予评估（NE）。

【地理分布】   广东（龙门南昆山）。

52. 费氏肥螈 *Pachytriton feii* Nishikawa, Jiang and Matsui, 2011

【英文名称】   Fei's Stout Newt.

【形态特征】   雄螈全长 167.2 ～ 198.4 mm，雌螈全长 147.0 ～ 189.8 mm。头部略扁平，头长大于头宽；吻端钝圆，头侧无棱脊；唇褶发达；额鳞弓完全；犁骨齿列呈 ∧ 形。躯干粗壮，背腹略扁平。尾前段宽厚，向后逐渐侧扁，末端钝圆。背面皮肤光滑，枕部多有 ∨ 形隆起，背脊部位不隆起而呈浅纵沟，肋沟 11 条；咽喉部有纵肤褶，颈褶显著，体腹面光滑。四肢较短，前、后肢贴体相对时，指、趾端相距 1.5 个肋沟；前足 4 个指，后足 5 个趾，第 5 趾明显短小，趾侧缘膜较宽。体背面、体侧和尾部均为深褐色；腹面颜色较背面浅，具浅橘红色斑或橘黄色斑；尾下缘前 3/4 为橘红色。雄螈肛部显著隆起，肛孔纵长，内壁有乳突；雌螈肛部略隆起，肛孔短，内壁无乳突。卵径 4.5 mm，动物极乳黄色，植物极灰白色。幼体全长 50.0 mm 时，尾鳍褶平直，始自尾基部；幼体全长 70.0 mm 时，已完成变态。

【生物学资料】　该螈生活于海拔 400 ～ 930 m 的大小山溪内。

A

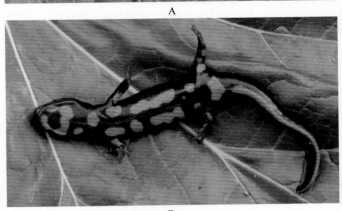

B

图 52-1　费氏肥螈 *Pachytriton feii* 雌螈（安徽黄山，费梁）

A、背面观　B、腹面观

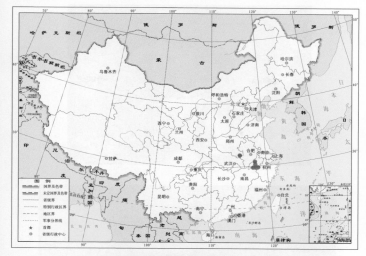

图 52-2   费氏肥螈 *Pachytriton feii* 地理分布

成螈以水栖为主，白天常隐于溪内石块下或落叶间，捕食毛翅目、蜉蝣目等昆虫及其他小动物。该螈活体皮肤可分泌大量黏液，发出似硫黄气味。繁殖季节在 5 ～ 8 月；雌螈分批产卵，每年 2 ～ 3 批，每批产卵 20 ～ 40 粒，1 只雌螈年产卵 108 粒左右；卵群黏附在流速缓慢的溪流中石块下，单粒或相连成片。孵化期 30 ～ 35 d。幼螈可能栖息在陆地上，性成熟后回到溪内生活。

　　【种群状态】　　中国特有种。种群数量较少。

　　【濒危等级】　　费梁（2012）建议列为易危（VU）；蒋志刚等（2016）列为近危（NT）。

　　【地理分布】　　安徽（青阳、祁门、歙县、黄山、休宁、黟县）、河南（商城）。

53. 瑶山肥螈 *Pachytriton inexpectatus* Nishikawa, Jiang, Matusi and Mo, 2010

　　【英文名称】　　Yaoshan Stout Newt.

　　【形态特征】　　雄螈全长 128.2 ～ 196.9 mm，雌螈全长 144.1 ～ 206.6 mm。头部扁平，头长大于头宽；吻部较长，吻端圆；鼻孔极

A

B

图 53-1　瑶山肥螈 *Pachytriton inexpectatus*
A、雄螈背面观（广西金秀，Nishikawa, et al., 2011）
B、雌螈腹面观（广西环江，莫运明）

近吻端，头侧无棱脊，唇褶发达；犁骨齿列呈∧形。躯干至尾基部
圆柱状，背腹略扁平。尾基部宽厚，后半段逐渐侧扁，末端钝圆。
皮肤光滑，枕部有∨形隆起或不明显，背脊部位不隆起且略成纵沟；
有肋沟 11 条左右；咽喉部有纵肤褶，颈褶明显。四肢粗短，前、后
肢贴体相对时，指、趾端相距甚远，约相距 3.5 个肋沟；前足 4 个指，
后足 5 个趾，均具缘膜。体背面棕褐色或黄褐色，无深黑色圆斑；
腹面色浅有橘红色或橘黄色大斑块，或相连成 2 纵列；咽部和四肢
腹面有小红斑；尾下缘橘红色，连续或间断。雄螈肛部显著隆起，
肛孔纵长，内壁有乳突；雌螈肛部略隆起，肛孔较短，内壁无乳
突。卵呈乳白色；胚胎期有平衡支；刚孵出的幼体全长 17.0 ～ 20.0

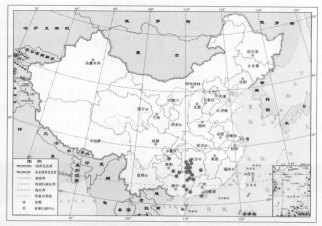

图 53-2   瑶山肥螈 *Pachytriton inexpectatus* 地理分布

mm，有羽状外鳃 3 对。

【生物学资料】   该螈生活于海拔 1 140 ～ 1 800 m 较为平缓的山溪内，溪内石块甚多。成螈以水栖为主，白天多栖于石块下，夜晚出外多在水底石上爬行，主要捕食水生小动物。4 ～ 7 月繁殖，雌螈产卵 30 ～ 50 粒，多以 10 余粒成群黏附在水中石上。刚变态的幼螈全长 70.0 ～ 80.0 mm，幼体 2 ～ 3 年达性成熟。

【种群状态】   中国特有种。因宠物贸易，其种群数量减少。

【濒危等级】   费梁等（2012）建议列为易危（VU）；蒋志刚等（2016）列为易危（VU）。

【地理分布】   贵州（从江、雷山、绥阳）、广东（信宜）、广西（龙胜、桂平、兴安、资源、环江、金秀、贺州、蒙山、玉林）、湖南（武冈、城步、新宁、江永、新邵、洞口、新化、郴州）。

54. 莫氏肥螈 *Pachytriton moi* Nishikawa, Jiang and Matsui, 2011

【英文名称】   Mo's Stout Newt.

【形态特征】   雄螈全长 190.9 mm，头体长 100.2mm。头大略平扁，头长大于头宽；吻长，吻端钝圆，头侧无棱脊；唇褶发达；额鳞弓完全而粗壮，犁骨齿列呈∧形。躯干粗壮，背腹略扁平。尾前段宽厚而粗圆，后半段逐渐侧扁，末端钝圆。背面皮肤光滑，枕部略显Ｖ形隆起，背脊部位不隆起略显浅纵沟，肋沟10条；咽喉部常有纵肤褶，颈褶显著，体腹面光滑。四肢纤细，前、后肢贴体相对时，指、趾端间距近；前足4个指，后足5个趾，第5趾明显短小，趾侧缘膜较宽。活体头体背面及尾两侧深褐色；腹面浅褐色；成体有几个橘红色小斑点，尾下缘部分橘红色；有的幼体背侧或腹面有橘红色小斑点。雄螈肛部显著肥肿，肛孔纵长，内壁有乳突。

　　【生物学资料】　该螈生活于海拔2 200 m的山涧内。成螈以水栖为主，主要在溪底捕食小动物。该螈的种群数量与同域生活的瑶山肥螈 *Pachytriton inexpectatus* 相比，较为稀少。

A　　　　　　　　　　　　B

图54-1　莫氏肥螈 *Pachytriton moi* 雄螈（广西龙胜，Nishikawa, et al., 2011）

A、背面观　B、腹面观

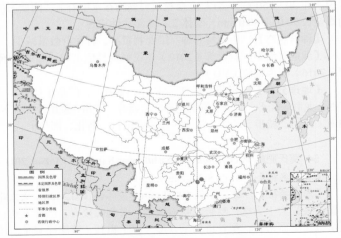

图54-2　莫氏肥螈 *Pachytriton moi* 地理分布

【种群状态】　中国特有种。本种因分布区狭窄，种群数量很少。
【濒危等级】　费梁等（2012）建议列为濒危（EN）。
【地理分布】　广西（龙胜和资源）。

55. 黄带肥螈 *Pachytriton xanthospilos* Wu, Wang and Hanken, 2012

【英文名称】　Mangshan Stout Newt.

【形态特征】　体形肥壮。雄螈全长 145.5 ～ 178.0 mm，雌螈全长 144.9 ～ 196.2 mm。头部扁平，头长大于头宽；吻部较长；鼻孔极近吻端，头侧无棱脊，唇褶发达；犁骨齿列呈 ∧ 形。躯干至尾基部圆柱状，背腹略扁平。尾基部宽厚，后半段逐渐侧扁，背尾鳍褶突出，末端钝圆或圆。皮肤很光滑，背脊部位不隆起，纵沟明显；肋沟不清楚，体侧和腹面有许多横缢纹；咽喉部有纵肤褶，颈褶不明显。四肢很短，前、后肢贴体相对时指、趾端相距甚远；前足 4 个指，

A

B

图 55-2　黄带肥螈 *Pachytriton xanthospilos* 雄螈（湖南莽山，侯勉）
A、背面观　B、腹面观

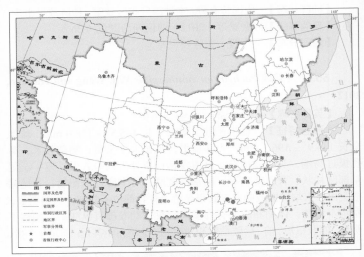

图 55-2　黄带肥螈 *Pachytriton xanthospilos* 地理分布

后足 5 个趾，均具缘膜。体背面褐色或浅褐色，无黑褐色圆斑点，体侧有橘红色或橘黄色斑点组成的纵带；腹面有橘红色或橘黄色大斑块；咽部和四肢腹面及尾下缘橘红色。雄螈肛部隆起，肛孔纵长，内壁有乳突；雌螈肛部略隆起，肛孔较短，内壁无乳突。

【生物学资料】　该螈生活于海拔 800 ~ 1 400 m 植被茂密山区。成螈以水栖为主，多在平缓山溪石块甚多的水凼内。主要捕食水生小动物。

【种群状态】　中国特有种。因宠物贸易，其种群数量减少。

【濒危等级】　Wu Y K, et al.,（2012）建议列为近危（NT）。

【地理分布】　湖南（宜章）、广东（韶关）。

秉志肥螈种组 *Pachytriton granulosus* group

56. 秉志肥螈 *Pachytriton granulosus* Chang, 1933

【英文名称】　Bingzhi's Stout Newt.

【形态特征】　雄螈全长 120.8 ~ 159.1 mm，雌螈全长 116.1 ~ 165.8 mm。头部扁平，头长大于头宽；吻部较长，吻端圆；鼻孔极

A

B

图 56-1 秉志肥螈 *Pachytriton granulosus* 雄螈（浙江天台，费梁）

A、背面观 B、腹面观

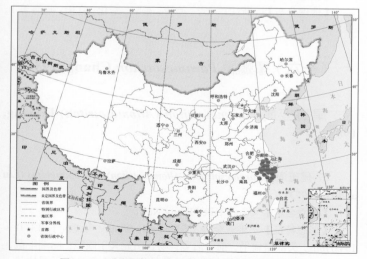

图 56-2 秉志肥螈 *Pachytriton granulosus* 地理分布

近吻端，头侧无棱脊，唇褶发达；犁骨齿列呈∧形。躯干至尾基部圆柱状，背腹略扁平。尾基部宽厚，后半段逐渐侧扁，末端钝圆。皮肤光滑，枕部有∨形隆起或不明显，背脊部位不隆起且略成纵沟；有肋沟 11 条左右；咽喉部有纵肤褶，颈褶明显。四肢粗短，前、后肢贴体相对时，指、趾端相距 1.5 ～ 2.5 个肋沟；前足 4 个指，后足 5 个趾，均具缘膜。体背面褐色或黄褐色，无黑色斑点，背侧常有橘红色斑点；头体腹面橘红色，有少数褐色短纹或呈蠕虫状斑；四肢、肛孔和尾下缘橘红色。雄螈肛部显著隆起，肛孔纵长，内壁有乳突；雌螈肛部略隆起，肛孔较短，内壁无乳突。卵径 4.0 mm 左右，动物极浅灰棕色，植物呈乳黄色；早期幼体有平衡支，全长 53.0 mm 时有羽状外鳃 3 对，尾背鳍褶达体背前方。

　　【生物学资料】　该螈生活于海拔 50 ～ 700 m 较为平缓的山溪内，溪内水凼和石块甚多。成螈以水栖为主，白天常隐于水底石块下，夜晚捕食水生小动物。4 ～ 7 月繁殖，雌螈产卵 30 ～ 50 粒，多以 10 余粒成群黏附在水中石上。常温下受精卵经 20 ～ 30 d 孵化，全长 70.0 ～ 80.0 mm 时完成变态，幼螈经过 2 ～ 3 年达性成熟。

　　【种群状态】　中国特有种。因宠物贸易，其种群数量减少。
　　【濒危等级】　费梁等（2012）建议列为易危（VU）。
　　【地理分布】　浙江（安吉、德清、东阳、奉化、富阳、临海等）。

（一六）瘰螈属 *Paramesotriton* Chang, 1935

尾斑亚属 *Paramesotriton (Allomesotriton)* Freytag, 1983

57. 尾斑瘰螈 *Paramesotriton (Allomesotriton) caudopunctatus* (Liu and Hu, 1973)

　　【英文名称】　Spot-tailed Warty Newt.
　　【形态特征】　雄螈全长 122.0 ～ 146.0 mm，雌螈全长 131.0 ～ 154.0 mm。头部略扁平，前窄后宽，吻长明显大于眼径；吻端平截，鼻孔位于吻两侧端，唇褶很发达；犁骨齿列呈∧形。躯干圆柱状。

尾基部粗壮，向后逐渐侧扁，尾鳍褶薄而平直，末端钝圆。皮肤较粗糙，头侧有腺质棱脊；额鳞弓的鳞骨部分与额骨部分粗细相同；背中央及两侧有 3 纵行密集瘰疣，无肋沟；颈褶明显。四肢适中，前、后肢贴体相对时，指、趾末端互达对方掌、跖部；掌突和跖突不明显；前足 4 个指，后足 5 个趾，宽扁均具缘膜。体、尾橄榄绿色，体背面有 3 条橘黄色或黄褐色非常明显的纵带纹；体腹面橘红色，其上褐色斑较少，在腹中部多不形成橘红色纵带；尾下部色浅，散有黑色斑点。雄螈尾中段和后段有紫红斑，肛部略隆起，肛孔纵长，内侧有指状乳突。卵呈椭圆形，纵径 3.0 mm，横径 2.0 mm，动物极棕黑色，植物极乳黄色。

【生物学资料】 该螈生活于海拔 800 ～ 1 800 m 的山溪及小河边回水凼。营水栖生活，常栖于溪底石上或岸边，多以水生昆虫、虾和蝌蚪等为食。皮肤黏液有浓硫酸气味。每年 4 ～ 6 月繁殖，雌

A

B

图 57–1 尾斑瘰螈 *Paramesotriton (Allomesotriton) caudopunctatus* 雄螈
（贵州雷山，费梁）
A、背面观 B、腹面观

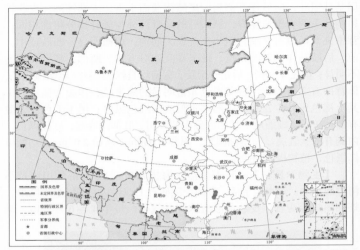

图 57-2　尾斑瘰螈 *Paramesotriton (Allomesotriton) caudopunctatus* 地理分布

螈产卵 63 ~ 72 粒，卵单粒状，卵群呈片黏附在石缝内。

　　【种群状态】　中国特有种。因过度捕捉，其种群数量日趋减少。

　　【濒危等级】　近危（NT）；蒋志刚等（2016）列为易危（VU）。

　　【地理分布】　贵州（雷山）、湖南（道县、江永）、广西（富川）。

58. 武陵瘰螈 *Paramesotriton (Allomesotriton) wulingensis* Wang, Tian and Gu, 2013

　　【英文名称】　Wuling Warty Newt.

　　【形态特征】　雄螈全长 124.4 ~ 138.7 mm，雌螈全长 113.1 ~ 137.3 mm。头部略扁平，前窄后宽；吻长明显大于眼径；吻端平截，鼻孔位于吻端两侧，唇褶很发达；犁骨齿列呈∧形。躯干圆柱状；尾基部粗壮，向后逐渐侧扁，尾鳍褶薄而平直，末端钝圆或圆。皮肤较粗糙，头背有低的∧形棱脊；头侧有腺质棱脊；额鳞弓的鳞骨部分比额骨部分细；背中央及两侧有 3 纵行密集瘰疣，无肋沟；颈褶较明显。四肢适中，前、后肢贴体相对时指、趾末端互达对方掌、跖部；掌突和跖突不明显；前足 4 个指，后足 5 个趾，宽扁，均具缘膜。

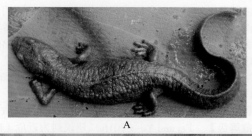

A

B

图 58-1 武陵瘰螈 *Paramesotriton* (*Allomesotriton*) *wulingensis* 雌螈

（重庆酉阳，田应洲）

A、背面观 B、腹面观

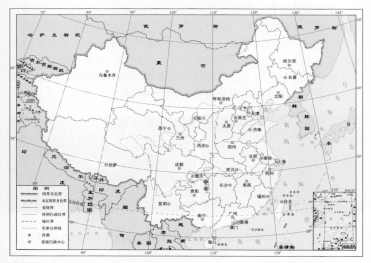

图 58-2 武陵瘰螈 *Paramesotriton* (*Allomesotriton*) *wulingensis* 地理分布

体、尾橄榄绿色，体背面3条橘黄色或黄褐色纵带纹不明显或较明显；体腹面橘红色，其上褐色斑较多，多在腹中部形成橘红色纵带；尾下缘橘黄色。雄螈尾部中段和后段有紫红色斑，肛部略隆起，肛孔纵长，内侧有指状乳突。

【生物学资料】　该螈生活于海拔800～1 200 m阔叶林间山溪回水凼内。营水栖生活，多以水生昆虫等为食。

【种群状态】　中国特有种。因过度捕捉，其种群数量稀少。

【濒危等级】　Fei and Ye（2016）建议列为近危（NT）。

【地理分布】　贵州（江口）、重庆（酉阳）。

喀斯特亚属 *Paramesotriton* (*Karstotriton*)　Fei and Ye, 2016

59. 龙里瘰螈 *Paramesotriton* (*Karstotriton*) *longliensis* Li, Tian, Gu and Xiong, 2008

【英文名称】　Longli Warty Newt.

【形态特征】　雄螈全长102.0～131.0 mm，雌螈全长105.0～140.0 mm。头部略扁平，前窄后宽，头长明显大于头宽；吻端平截，突出于下唇；唇褶甚明显；无囟门，犁骨齿列呈∧形；成体头部后端两侧各有1个大的突起。躯干圆柱状或略扁；尾基部圆柱状，向后逐渐侧扁，尾的背、腹鳍褶较薄而平直，尾末端钝尖。皮肤布满疣粒和痣粒；体背脊棱隆起很高，体两侧疣粒较大而密，无肋沟；

A　　　　　　　　　　　　B

图59–1　龙里瘰螈 *Paramesotriton* (*Karstotriton*) *longliensis* 雄螈

（贵州龙里，田应洲）

A、背面观　B、腹面观

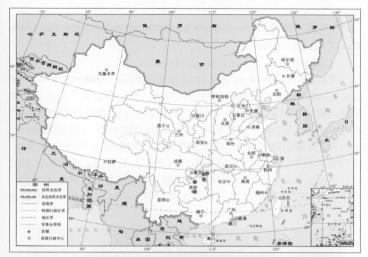

图 59-2 龙里瘰螈 *Paramesotriton (Karstotriton) longliensis* 地理分布

无颈褶。前、后肢几乎等长，后肢相对较粗壮；前、后肢贴体相对时，指、趾彼此重叠；前足 4 个指，后足 5 个趾，两侧无缘膜，基部无蹼，末端有黑色角质层。体尾淡黑褐色，体背两侧疣粒上有黄色纵带纹或无；头体腹面有不规则的橘红色斑；尾下的橘红色斑约在尾后部逐渐消失。雄螈尾后部有浅紫色纵带，肛部隆起大，肛孔内壁有指状乳突；雌螈肛部隆起小而高，无指状乳突。卵胶囊呈椭圆形，卵大小为 4.4 mm×5.1 mm，动物极棕褐色，植物极灰白色，卵外胶囊呈椭圆形。

【生物学资料】 该螈生活于海拔 1 100 ～ 1 200 m 山区的水流平缓的水凼或泉水凼内。塘底有水草，成螈常隐伏其中，偶尔浮游到水面呼吸空气。夜间外出觅食螺类等小动物。繁殖期在 4 月中旬至 6 月中旬，卵呈单粒状。

【种群状态】 中国特有种。种群数量甚少。

【濒危等级】 费梁等（2010）建议列为濒危（EN）；蒋志刚等（2016）列为濒危（EN）。

【地理分布】 湖北（咸丰）、重庆（酉阳、黔江）、贵州（龙里、绥阳）。

60. 茂兰瘰螈 *Paramesotriton (Karstotriton) maolanensis* Gu, Chen, Tian, Li and Ran, 2012

【英文名称】　Maolan Warty Newt.

【形态特征】　雄螈全长 177.4 ～ 192.0 mm，雌螈 197.4 ～ 207.8 mm。头部略扁平，前窄后宽略呈三角形，头长明显大于头宽；吻端平截，眼小；唇褶甚明显；犁骨齿列呈 ∧ 形；成体头部后端两侧各有 1 个大的突起。躯干圆柱状或略扁；尾基部圆柱形，向后逐渐侧扁，尾的背、腹鳍褶较薄而低，尾末端钝尖。皮肤较光滑；头和体无瘰疣，体背脊棱很窄，体两侧无瘰疣组成的脊棱，无肋沟；无颈褶。后肢略长于前肢；前、后肢贴体相对时，指、趾彼此重叠；前足 4 个指，后足 5 个趾，两侧无缘膜，基部无蹼，第 1 指趾很短小。体尾褐色

A

B

图 60-1　茂兰瘰螈 *Paramesotriton (Karstotriton) maolanensis* 雄螈

（贵州荔波，Gu X M, et al., 2012）

A、背面观　B、腹面观

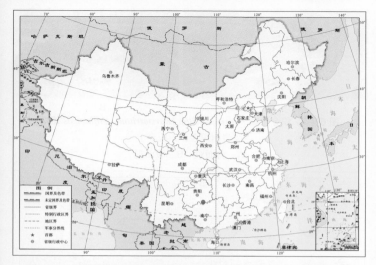

图 60-2   茂兰瘰螈 *Paramesotriton (Karstotriton) maolanensis* 地理分布

或黑褐色，背脊棱有不连续的黄色斑；头体腹面灰褐色，有不规则的橘红色斑；尾下缘橘红色。雄螈肛部隆起，肛孔长。

【生物学资料】　该螈生活在海拔 817 m 左右喀斯特山区森林茂密地带。成螈终年栖息在地下水形成的深水塘（约 60.0 m²）内，水温 17℃左右。该螈一般在水塘底部，只在雨后涨洪水时才能偶见。觅食水生昆虫、虾类等小动物。

【种群状态】　中国特有种。种群数量甚少。

【濒危等级】　费梁等（2012）建议列为濒危（EN）。

【地理分布】　贵州（荔波）。

61. 织金瘰螈 *Paramesotriton (Karstotriton) zhijinensis* Li, Tian and Gu, 2008

【英文名称】　Zhijin Warty Newt.

【形态特征】　雄螈全长 103.0～127.0 mm，雌螈全长 102.0～125.0 mm。头部略扁平，头长明显大于头宽；吻端平截；鼻孔位于吻端两外侧；唇褶很明显；无囟门，犁骨齿列呈∧形；头部后端两侧各有 3 条鳃迹。躯干圆柱状或略扁。尾基部圆柱状，向后逐渐侧

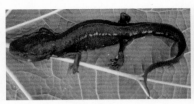 

A　　　　　　　　　　B

图 61-1　织金瘰螈 *Paramesotriton (Karstotriton) zhijinensis* 雄螈

（贵州织金，田应洲）

A、背面观　B、腹面观

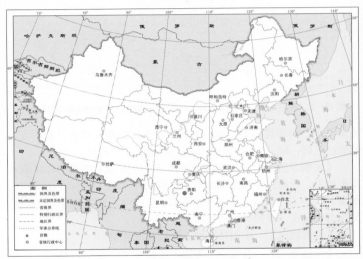

图 61-2　织金瘰螈 *Paramesotriton (Karstotriton) zhijinensis* 地理分布

扁，尾的背、腹鳍褶薄而几乎平直，尾末端钝圆。皮肤布满疣粒和痣粒，背中央脊棱明显，无肋沟，躯干和尾部多有横沟纹；无颈褶。前、后肢几乎等长；前、后肢贴体相对时，指、趾彼此重叠；无掌突、跖突；前足 4 个指，后足 5 个趾，无缘膜、无蹼。全身为黑褐色或浅褐色，体背侧至尾的两侧各有 1 条明显的棕黄色纵纹；体腹面有橘红色或橘黄色斑点，多呈圆形、椭圆形或条形；前、后肢基部各有 1 个橘红色小圆斑；尾下部橘红色，在后段逐渐消失。雄螈肛部低矮，肛孔纵长，内壁有指状乳突；雌螈肛部呈圆锥状，肛内壁无指状乳突。

卵呈椭圆形，卵大小为 2.7 mm×3.0 mm，动物极棕黑色，植物极灰白色；卵外胶囊呈椭圆形。

　　【生物学资料】　该螈生活于海拔 1 300 ～ 1 400 m 的山区。成螈多栖于平缓的山溪里或泉水凼内，水底有水草，白天常隐伏其中，夜间外出觅食虾类和螺类等。繁殖期在每年 4 月中旬至 6 月中旬，卵单生。幼体全长 63.0 mm，有 3 对羽状外鳃。

　　【种群状态】　中国特有种。种群数量甚少。

　　【濒危等级】　费梁等（2010）建议列为濒危（EN）；蒋志刚等（2016）列为濒危（EN）。

　　【地理分布】　贵州（织金）。

瘰螈亚属 *Paramesotriton (Paramesotriton)* Chang, 1935

62. 中国瘰螈 *Paramesotriton (Paramesotriton) chinensis* (Gray, 1859)

　　【英文名称】　Chinese Warty Newt.

　　【形态特征】　雄螈全长 126.0 ～ 141.0 mm，雌螈全长 133.0 ～ 151.0 mm。头部扁平，其长大于宽，吻长与眼径几乎等长；吻端平截，鼻孔位于吻端两侧；唇褶较明显；无囟门，犁骨齿列呈 ∧ 形。躯干圆柱状。尾基较粗且向后侧扁，末端钝圆。头体背面布满大小瘰疣，头侧有腺质棱脊，枕部有 ∨ 形棱脊与体背正中脊棱相连，体背侧无

图 62-1　中国瘰螈 *Paramesotriton (Paramesotriton) chinensis* 雌螈背面观
（浙江天台，费梁）

图 62-2　中国瘰螈 *Paramesotriton (Paramesotriton) chinensis* 雌螈腹面观
（浙江天台，费梁）

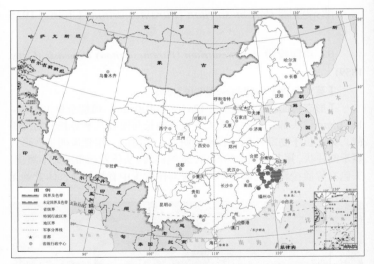

图 62-3　中国瘰螈 *Paramesotriton (Paramesotriton) chinensis* 地理分布

肋沟，疣大而密，排成纵行；无颈褶，体腹面有横缢纹；尾后部无
疣。前、后肢贴体相对时，指、趾或掌、跖部相互重叠；掌突略显，
跖突小；前足 4 个指，后足 5 个趾，均无缘膜，略平扁、无蹼。全
身褐黑色或黄褐色；其色斑有变异，有的有黄色圆斑；体腹面橘黄
色斑的深浅和形状不一；尾肌部位为浅紫色。雄螈肛部隆起，肛孔长，
内壁有绒毛状乳突；雌螈肛部微隆起，肛孔短，无乳突。卵呈圆形，

卵径 2.2～2.5 mm，动物极棕黑色，植物极浅棕色；卵外胶囊呈椭圆形。

【生物学资料】 该螈生活于海拔 200～1 200 m 丘陵山区的溪流中，溪内多有小石和泥沙。白天成螈隐蔽在水底石间或腐叶下，有时游到水面呼吸空气，阴雨天气常登陆在草丛中捕食昆虫、蚯蚓、螺类以及其他小动物。冬眠期成体潜伏在深水石下。5～6 月繁殖，卵单粒黏附在水生植物茎叶上。幼体当年变态，全长48.0 mm 左右。

【种群状态】 中国特有种。因过度捕捉，其种群数量稀少。

【濒危等级】 汪松等（2004）建议列为近危（NT）；蒋志刚等（2016）列为近危（NT）。

【地理分布】 安徽（歙县、黄山、休宁、九华山）、浙江（宁波、天台、缙云、龙泉、遂昌等）、福建（武夷山）。

63. 富钟瘰螈 *Paramesotriton (Paramesotriton) fuzhongensis* Wen, 1989

【英文名称】 Fuzhong Warty Newt.

【形态特征】 体形肥壮，雄螈全长 133.0～166.0 mm，雌螈全长134.0～159.0 mm。头部平扁，头长大于头宽，鼻孔位于吻端外侧；头侧有腺质棱脊；唇褶甚发达；有前颌囟，犁骨齿列呈∧形。躯干浑圆而粗壮；尾基部粗壮，向后渐侧扁而薄，末端钝圆。整个背面布满密集瘰疣，背部中央脊棱很明显；体背面两侧疣粒大，排列成纵行且延至尾的前半部，咽喉部有颗粒疣，体腹面光滑。前肢略短于后肢，后肢相对较粗壮；前、后肢贴体相对时，掌、跖部彼此重叠；

A   B

图 63-1 富钟瘰螈 *Paramesotriton (Paramesotriton) fuzhongensis* 雌螈

（广西富钟，费梁）

A、背面观 B、腹面观

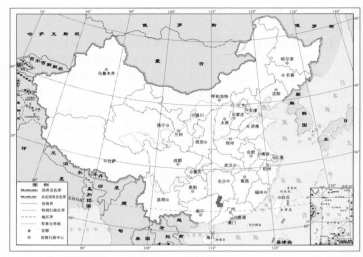

图63-2　富钟瘰螈 *Paramesotriton (Paramesotriton) fuzhongensis* 地理分布

前足4个指，后足5个趾，较宽扁而无蹼，末端钝圆，第1指、趾甚短小。体背面橄榄褐色或褐色，腹面黑色有不规则橘红色小斑点，咽喉部橘红色斑较密集；尾部褐色，腹缘为橘红色。雄性肛部隆起，肛孔纵长，内壁指状乳突多；雌性肛部不隆起，肛孔短，内壁无乳突。

【生物学特性】　　该螈生活于海拔400～500 m的阔叶林山区溪流内。成螈多栖于水流平缓处，常见于溪底石块下，有时在岸上活动。

【种群状态】　　中国特有种。种群数量较少。

【濒危等级】　　易危（VU）。

【地理分布】　　湖南（道县、江永）、广西（富川、钟山、贺州市八步区）。

64. 广西瘰螈 *Paramesotriton (Paramesotriton) guangxiensis* (Huang, Tang and Tang, 1983)

【英文名称】　　Guangxi Warty Newt.

【形态特征】　　雄螈全长125.0～140.0 mm，雌螈全长134.0 mm左右。头部扁平，头长大于头宽；吻长明显大于眼径，吻端平截；鼻孔位于吻端外侧；头侧有腺质棱脊，唇褶甚发达；无囟门，犁骨

A

B

图 64-1 广西瘰螈 *Paramesotriton (Paramesotriton) guangxiensis* 雌螈
A、背面观（广西宁明，费梁） B、腹面观（广西防城，莫运明）

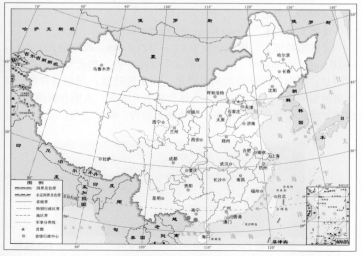

图 64-2 广西瘰螈 *Paramesotriton (Paramesotriton) guangxiensis* 地理分布

齿列呈∧形。躯干浑圆粗壮。尾基部粗，向后渐侧扁而薄，尾末端钝圆或钝尖。皮肤较粗糙，布满疣粒或痣粒，背部中央脊棱很明显，与枕部∨形隆起相连接；无肋沟，体背面两侧疣粒大，排列成纵行延至尾的前半部；躯干和尾上有横沟纹；无颈褶，咽胸部和腹部有扁平疣。前、后肢几乎等长，后肢相对较粗壮；前、后肢贴体相对时，指、趾端彼此相触；前足4个指，后足5个趾，均无缘膜，无蹼，第1指、趾甚短小。背面黑褐色，腹面有不规则橘红色或棕黄色大斑块，有的个体散有黑色小斑；尾部黑褐色，腹缘为橘红色，约在尾后1/4处消失。雄性肛部甚隆起，肛孔纵长，内壁有指状乳突；雌性肛部不隆起，肛孔短，内壁无乳突。

【生物学资料】　　该螈生活于海拔470～500 m的山区。成螈多栖于水流平缓、两岸灌木和杂草茂密的溪流内，白天常伏于溪底石下，水流湍急的溪段则少见。夜间外出觅食水生昆虫等小动物。

【种群状态】　　因过度捕捉，其种群数量减少。

【濒危等级】　　濒危（EN）。

【地理分布】　　广西（宁明、防城港市郊区）；越南。

65. 香港瘰螈 *Paramesotriton* (*Paramesotriton*) *hongkongensis* (Myers and Leviton, 1962)

【英文名称】　　Hong Kong Warty Newt.

【形态特征】　　雄螈全长104.0～127.0 mm，雌螈全长118.0～150.0 mm。头部扁平，头长大于宽，吻端平截，鼻孔几近吻端；唇褶明显；无囟门，犁骨齿列呈∧形。躯干圆柱状；尾相对较短，尾鳍褶薄而明显，尾末端钝圆。头体背腹面有小疣，头侧有腺质棱脊；枕部∨隆起与背部脊棱相连；体两侧无肋沟，疣粒较大，形成纵棱；

图65-1　香港瘰螈 *Paramesotriton* (*Paramesotriton*) *hongkongensis* 雄螈
背面观（香港，费梁）

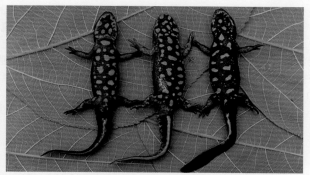

图 65-2　香港瘰螈 *Paramesotriton (Paramesotriton) hongkongensis*
雄螈腹面观（示不同斑纹）（香港，费梁）

咽喉部有扁平疣，唇褶明显，体腹面有细沟纹。前、后肢贴体相对
时，指、趾或掌、跖部相重叠；内、外掌突和内、外跖突不明显，
前足 4 个指，后足 5 个趾，指、趾细长略扁，无缘膜、无蹼。全身
浅褐色或褐黑色；体腹面有橘红色圆斑块，大小较为一致且分布均
匀；尾下缘前 2/3 左右橘红色，或间有深色横斑。雄螈肛部显著隆起，
肛孔纵长，后部有绒毛状乳突；雌螈肛部微隆起，肛孔短，无乳突。

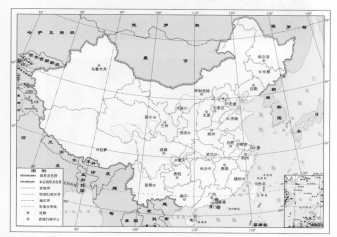

图 65-3　香港瘰螈 *Paramesotriton (Paramesotriton) hongkongensis* 地理分布

卵径 2.9 mm 左右；动物极黑色，植物极色浅；卵外的胶囊呈椭圆形。

　　【生物学资料】　该螈生活于海拔 270 ～ 940 m 的山区溪流中。白天成螈多隐蔽在溪内深潭石下，常游到水面呼吸空气，有时上岸，行动缓慢；夜间出外捕食昆虫、虾和螺类等小动物。9 月至翌年 2 月繁殖，产卵约 120 粒，多黏附在水生植物茎叶上；受精卵至孵化需 21 ～ 42 d，幼体约两个月可完成变态，3 年可达性成熟。

　　【种群状态】　中国特有种。因过度捕捉，其种群数量减少。

　　【濒危等级】　近危（NT）。

　　【地理分布】　广东（深圳）、香港。

66. 无斑瘰螈 *Paramesotriton (Paramesotriton) labiatus* (Unterstein, 1930)

　　【英文名称】　Spotless Smooth Warty Newt.

　　【形态特征】　雄螈全长 92.2 ～ 153.0 mm，雌螈全长 94.0 ～

A

B

图 66-1 无斑瘰螈 *Paramesotriton (Paramesotriton) labiatus* 雌螈

（广西金秀，Wu Y K, et al., 2009）

A、背面观　B、腹面观

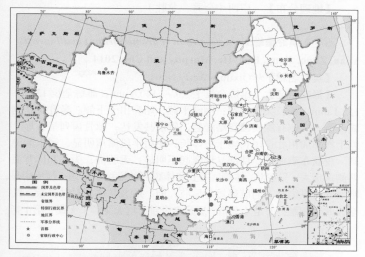

图 66-2 无斑瘰螈 *Paramesotriton (Paramesotriton) labiatus* 地理分布

169.4 mm。头部扁平，长大于宽；吻端平截，鼻孔位于吻端两侧；唇褶较明显；无囟门，犁骨齿列呈∧形。躯干圆柱状；尾基较粗向后侧扁，末端钝圆。头体背面皮肤较光滑，无瘰疣，有细缢纹；头侧无腺质棱脊，枕部有∨形脊，背部脊棱细，略隆起，与头部∨形脊相连；体背侧无肋沟；无颈褶，体腹面有横缢纹；尾后部的背鳍褶明显。四肢短，前、后肢贴体相对时，指、趾多不相遇；无掌突，无跖突；前足4个指，后足5个趾，略扁平，均无缘膜；指、趾间无蹼。体背面橄榄褐色；体腹面浅褐色，有不规则橘红色斑；肛孔前部有黑色边，尾下缘呈橘红色。雄螈肛部隆起，肛孔长，内壁有绒毛状乳突；雌螈肛部微隆起，肛孔短，无乳突。

【生物学资料】 该螈生活于海拔 880～1 300 m 山区的溪流内，山溪两岸植被繁茂，由阔叶树、草本和藤本植物等组成。溪流水面宽度 3～4 m，水凼甚多，溪内多有砾石、泥沙和大小石头。白天成螈隐蔽在水底石下。

【种群状态】 中国特有种。因过度捕捉，其种群数量稀少。

【濒危等级】 费梁等（2012）建议列为近危（NT）；蒋志刚等（2016）列为易危（VU）。

159

【地理分布】　广西（金秀、龙胜）。

67. 七溪岭瘰螈 *Paramesotriton (Paramesotriton) qixilingensis* Yuan, Zhao, Jiang, Hou, He, Murphy and Che, 2014

【英文名称】　Qixiling Warty Newt.

【形态特征】　雄螈全长 139.9 ～ 140.8 mm，雌螈全长 138.9 ～ 155.1 mm。头长大于头宽；吻端平截，略突出于下颌；鼻孔位于吻端外侧；头侧有腺质棱脊略隆起，唇褶甚发达；犁骨齿列呈 ∧ 形。躯干浑圆而粗壮；尾长短于头体长，尾后半段鳍褶明显，尾末端钝圆。皮肤布满瘰疣，枕部 V 形隆起不明显；无肋沟，头部和体背面两侧瘰疣大，呈簇状，体侧、尾上和体腹部的缀纹不清楚；颈褶略显，咽喉部有纵缀纹。前肢略短于后肢；前、后肢贴体相对时，指、趾端彼此仅相触；前足 4 个指，后足 5 个趾，均无缘膜，无蹼，第 1 指、

A

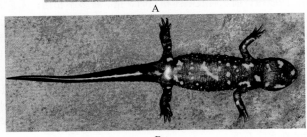

B

图 67-1　七溪岭瘰螈 *Paramesotriton (Paramesotriton) qixilingensis* 雌螈

（江西永新，Yuan Z Y, et al., 2014）

A、背面观　　B、腹面观

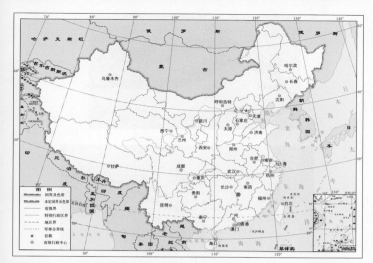

图 67-2   七溪岭瘰螈 *Paramesotriton (Paramesotriton) qixilingensis* 地理分布

趾较短小。背面红褐色或橄榄褐色，腹面不规则的橘红色或棕黄色
斑块较小；尾部颜色与体色相同，其腹缘为橘红色。雄性尾后半段
有浅蓝色纵带纹，肛部隆起，肛孔纵长，内壁有少数乳突；雌性肛
部较平。

【生物学特性】   该螈生活于海拔 194 m 左右山区阔叶林下的
溪流内，两岸灌丛、藤本植物和杂草茂密。成螈栖息于缓溪流段的
近岸边边水底石下，溪内有鱼、虾和小型水生动物。

【种群状态】   中国特有种。仅有 1 个分布点，种群数量不详。

【濒危等级】   Yuan Z Y, et al.，（2014）建议列为濒危（EN）。

【地理分布】   江西（永新七溪岭）。

68. 云雾瘰螈 *Paramesotriton (Paramesotriton) yunwuensis* Wu, Jiang and Hanken, 2010

【英文名称】   Yunwu Warty Newt.

【形态特征】   雄螈全长 165.1 ～ 186.0 mm，雌螈全长 145.0 ～
161.0 mm。头长大于头宽；吻端平截，略突出于下颌；鼻孔位于吻
端外侧；头侧有腺质棱脊略隆起，唇褶甚发达；犁骨齿列呈∧形。

A

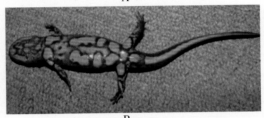

B

图 68-1　云雾瘰螈 *Paramesotriton (Paramesotriton) yunwuensis* 雌螈

（广东罗定，Wu Y K, et al., 2012）

A、背面观　B、腹面观

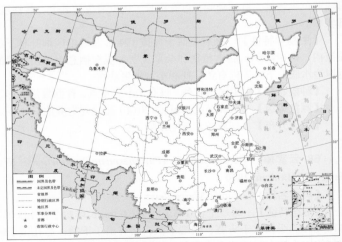

图 68-2　云雾瘰螈 *Paramesotriton (Paramesotriton) yunwuensis* 地理分布

躯干浑圆而粗壮；尾长短于头体长，尾后半段鳍褶明显，尾末端钝圆。皮肤布满瘰疣，枕部 V 形隆起不明显；无肋沟，头部和体背面两侧有瘰疣，体侧的瘰疣较大且排列成纵行延至尾的前部；体侧、尾上和体腹部有横缢纹；有颈褶，咽喉部有纵缢纹。前肢略短于后肢；前、后肢贴体相对时，指、趾端彼此仅相触；前足 4 个指，后足 5 个趾，均无缘膜，无蹼，第 1 指、趾较短小。背面红褐色或橄榄褐色，腹面有不规则的橘红色或棕黄色大斑块，其边缘具褐黑色边；尾部颜色与体色相同，其腹缘为橘红色。繁殖期雄性尾后半段有浅蓝色纵带纹，肛部隆起，肛孔纵长，内壁有少数乳突；雌性尾后半段无浅蓝色纵带纹。

【生物学特性】　该螈生活于海拔 525 m 左右的山区。该地区阔叶树茂密，但溪流上方未被树冠覆盖。成螈栖息在山溪的大小水凼内。

【种群状态】　中国特有种。种群数量稀少。

【濒危等级】　Wu Y K, et al.，（2010）建议列为近危（NT）。

【地理分布】　广东（罗定）。

（一七）蝾螈属 *Cynops* Tschudi, 1838

蓝尾蝾螈种组 *Cynops chenggongensis* group

69. 呈贡蝾螈 *Cynops chenggongensis* Kou and Xing, 1983

【英文名称】　Chenggong Fire-bellied Newt.

【形态特征】　雄螈全长 78.0 ～ 96.0 mm，雌螈 90.0 ～ 106.0 mm。头部略扁平，头长与头宽几乎相等；吻端钝圆，鼻孔极近吻端，唇褶显著；头背面两侧无棱脊；无囟门，犁骨齿列呈 ∧ 形。躯干圆柱状。尾向后逐渐侧扁，末端钝尖。皮肤较光滑，略显痣粒，枕部 V 形隆起或有或无，背部中央脊棱不显著，无肋沟；咽喉部有痣粒，有颈褶。四肢适中，前、后肢贴体相对时，指、趾端不相遇或仅相遇；内跖突不明显，外跖突呈锥状或无；前足 4 个指，后足 5 个趾，均无缘膜。体色淡黄绿色，有暗绿色云状斑或呈豹状斑；背脊为黄褐色，从枕部达尾末端，体侧有 1 纵行黄色斑点；体腹面有橘红色

图 69-1　呈贡蝾螈 *Cynops chenggongensis* 背面观（云南呈贡，费梁）

上雄下雌

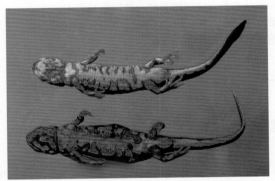

图 69-2　呈贡蝾螈 *Cynops chenggongensis* 背面观（云南呈贡，费梁）

上雄下雌

或橘黄色与黑色相间呈不规则花斑；尾腹鳍褶橘红色。雄螈肛部隆起，肛孔纵长，内壁有乳突；尾末段蓝黑色。卵粒圆形，卵径 1.7～2.0 mm，动物极黄褐色，植物极黄白色；卵外胶囊为椭圆形，其纵径 4.3 mm，横径 3.2 mm。

【生物学资料】　该螈生活于海拔 2 000 m 左右的水塘内或稻田内及其附近。3 月末或 4 月初开始繁殖，雌螈平均年产卵 200 多粒，卵单粒黏附在水草叶片上。10 月下旬蛰伏在田埂缝隙内或田边潮湿松软的泥洞内，深度一般不超过 10.0 cm。

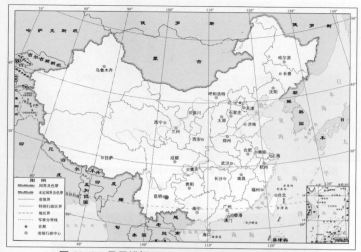

图 69-3 呈贡蝾螈 *Cynops chenggongensis* 地理分布

【种群状态】　中国特有种。种群数量较少。

【濒危等级】　费梁等（2010）建议列为近危（NT）；蒋志刚等（2016）列为极危（RC）。

【地理分布】　云南（呈贡）。

70. 蓝尾蝾螈指名亚种 *Cynops cyanurus cyanurus* Liu, Hu and Yang, 1963

【英文名称】　Blue-tailed Newt, Fire-bellied Newt.

【形态特征】　雄螈全长 72.0～85.0 mm，雌螈 74.0～100.0 mm。头部扁平，头长略大于头宽；吻端钝圆，鼻孔极近吻端，唇褶明显，头背面两侧无棱脊；无囟门，犁骨齿列呈 ∧ 形。躯干圆柱状；尾向后渐侧扁，末端钝尖。全身布满小疣和痣粒；枕部 V 形隆起与背部脊棱相连，直达尾基上方，无肋沟；咽喉部有痣粒，颈褶明显；胸、腹部有细横皱纹。前、后肢贴体相对时，指、趾端重叠或达对方掌、跖部，掌突、跖突圆锥状；前足 4 个指，后足 5 个趾，均无缘膜。体尾黑色，有的个体眼后角下方有橘红色圆斑；体腹面橘红色，有黑色斑纹，肛前半部橘红色；尾下缘橘红色，无波纹状黑色斑。

165

图 70-1 蓝尾蝾螈指名亚种 *Cynops cyanurus cyanurus* 成螈背面观
（贵州水城，费梁）
左雄右雌

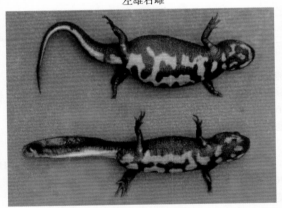

图 70-2 蓝尾蝾螈指名亚种 *Cynops cyanurus cyanurus* 成螈腹面观
（贵州水城，费梁）
上雌下雄

雄螈肛部明显隆起，肛孔纵长，内壁有绒毛状乳突，尾部显蓝色；雌螈肛孔短圆，尾部不明显蓝色。卵呈圆形，直径 1.8 mm 左右，动物极褐色，植物极乳黄色；卵外胶囊呈椭圆形。

【生物学资料】　该螈生活于海拔 1 790 m 左右的水塘内。塘内长有水草，水深 40.0 cm 左右，该水塘周围植被稀疏。繁殖季节可能在 5～6 月，6 月曾见到该螈在塘内游动。

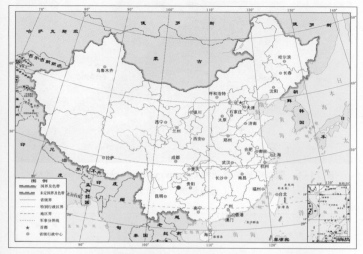

图 70-3　蓝尾蝾螈指名亚种 *Cynops cyanurus cyanurus* 地理分布

【种群状态】　中国特有种。种群数量稀少。

【濒危等级】　汪松等（2004）建议列为近危（NT）；蒋志刚等（2016）列为近危（NT）。

【地理分布】　贵州（水城）。

71. 蓝尾蝾螈楚雄亚种 *Cynops cyanurus chuxiongensis* Fei and Ye,1983

【英文名称】　Chuxiong Fire-bellied Newt.

【形态特征】　雄螈全长 82.0 ～ 97.0 mm，雌螈全长 97.0 ～ 115.0 mm。头部扁平，头长略大于头宽；吻端钝圆，鼻孔近吻端，唇褶较显著，头背面两侧无脊棱；无囟门，犁骨齿列呈 ∧ 形。躯干圆柱状；尾向后逐渐侧扁，末端钝尖。体尾背面布满痣粒，枕部 V 形隆起与背部脊棱相连达尾基上方，无肋沟；咽喉部有痣粒，颈褶较明显，胸、腹部光滑。四肢细弱，前、后肢贴体相对时，指、趾端相遇或不遇；外掌突明显，内跖突不明显或略微明显，有外跖突；前肢 4 个指，后肢 5 个趾，指、趾均无缘膜。体色变异大，背面蓝绿色、黑色、黑褐色、黄褐色等；眼后角下方和嘴角后方有 2 个橘红斑；

图 71-1　蓝尾蝾螈楚雄亚种 *Cynops cyanurus chuxiongensis* 雌螈
（云南楚雄，费梁）

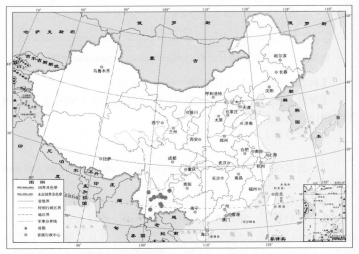

图 71-2　蓝尾蝾螈楚雄亚种 *Cynops cyanurus chuxiongensis* 地理分布

头体腹面橘红色有黑色斑；肛部前半部橘红色，后半部黑色；尾下缘橘红色上有波纹状黑色斑。雄性肛部隆起，内壁有乳突，繁殖期尾部显蓝色。卵呈圆形，直径 2.1 mm 左右，动物极棕黑色，植物极乳白色；卵外胶囊呈椭圆形。幼体有 1 对平衡支，刚变态的幼螈全长 47.0 mm 左右。

【生物学资料】　　该螈生活于海拔 2 100 ～ 2 400 m 的针阔叶混交林带，多栖于静水塘或稻田及其附近，水域内着生有水生草本植物。成螈在 10 月至翌年 3 月蛰伏冬眠，多见于水域附近潮湿的土洞或石穴内；捕食水生昆虫、蚯蚓、水蚤等小动物。5 ～ 10 月成螈进入水域内繁殖，5 ～ 6 月为高峰期。雌螈多次产卵，日产卵 1 ～ 24 粒，年产卵 225 粒左右。卵外胶囊呈椭圆形，黏附在水草茎叶上，多被叶片卷盖。幼体当年完成变态，1.5 ～ 2 年达性成熟。

【种群状态】　　中国特有种。因过度捕捉，其种群数量减少。

【濒危等级】　　费梁等（2010）建议列为易危（VU）。

【地理分布】　　云南（曲靖、武定、大理、楚雄、昆明市郊区、普洱市郊区、宜良、景东、新平、石屏等）。

东方蝾螈种组 *Cynops orientalis* group

72. 福鼎蝾螈 *Cynops fudingensis* Wu, Wang, Jiang and Hanken, 2010

【英文名称】　　Fuding Fire-bellied Newt.

【形态特征】　　雄螈全长 71.8 ～ 76.9 mm，雌螈全长 79.7 ～ 94.9 mm。头部卵圆形，头长大于头宽；吻端平截，鼻孔近吻端，唇褶显著，头背面两侧无棱脊，耳后腺略显；犁骨齿列呈 ∧ 形。躯干圆柱状；尾侧扁，尾末端钝尖（雌）或圆（雄）。头、体和四肢背面及尾布满痣粒；枕部 ∨ 形隆起清晰，体背中央脊棱明显，无肋沟；咽喉部纵缢纹少，无颈褶，胸腹部和四肢腹面光滑。前、后肢贴体相对时，指、趾端相互重叠；前足 4 个指，后足 5 个趾，均无缘膜，基部无蹼。体背面浅褐色至深褐色，有不清楚的黑褐色斑点，背脊棱暗橘红色；眼后无橘红色斑点；咽喉和体腹面橘红色；肩部和腋部各有 1 个黑点；尾两侧有不规则的黑点；肛部和尾下缘橘红色，有的个体肛孔后缘为黑色。雄螈肛部肥肿状，肛孔纵长，内壁后部有乳突；雌螈肛部略隆起，肛内无乳突。

【生物学资料】　　该螈生活于海拔 718 m 左右山区荒芜的农田及其附近，其环境杂草丛生，并有一些小水塘。成螈分散在水塘底部爬行和寻找食物。

【种群状态】　　中国特有种。原来种群数量较多，但被大量用

A

B

图 72-1　福鼎蝾螈 *Cynops fudingensis* 雌螈

（福建福鼎，Wu Y K, et al., 2010）

A、背面观　B、腹面观

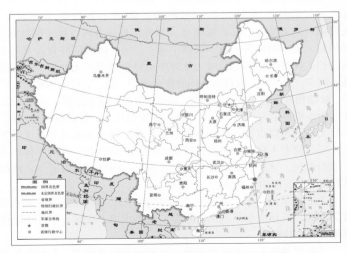

图 72-2　福鼎蝾螈 *Cynops fudingensis* 地理分布

于观赏，其数量逐渐减少。

【濒危等级】　费梁等（2012）建议列为易危（VU）；蒋志刚等（2016）列为易危（VU）。

【地理分布】　福建（福鼎）。

73. 灰蓝蝾螈 *Cynops glaucus* Yuan, Jiang, Ding, Zhang and Che, 2013

【英文名称】　Blue-gray Newt, Fire-bellied Newt.

【形态特征】　雄螈全长 65.2～74.5 mm，雌螈 83.4～95.9 mm。头扁平，呈卵圆形，吻端圆；唇褶明显；犁骨齿列呈∧形。躯干圆柱状；尾短，后段渐窄，尾鳍褶明显，尾末端钝尖。枕部∨形隆起不明显，背脊棱不明显。体背面有痣粒，无肋沟；无颈褶；腹面较光滑，咽喉部有纵缢纹；前、后肢贴体相对时，指、趾端重叠；掌突、跖突

A

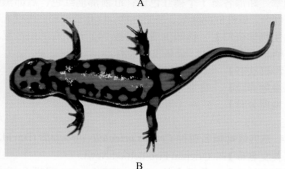

B

图 73-1　灰蓝蝾螈 *Cynops glaucus* 雌螈

（广东五华，Yuan Z Y, et al., 2013）

A、背面观　B、腹面观

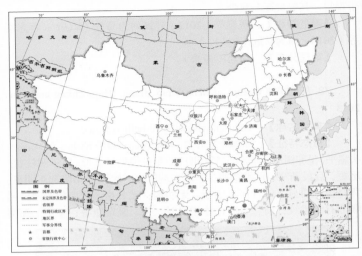

图 73-2　灰蓝蝾螈 *Cynops glaucus* 地理分布

略微显著或显著；前足 4 个指，后足 5 个趾，均无缘膜和蹼。体背面、体侧面和尾部灰蓝色，其上有褐色斑纹；咽喉部和体腹面橘红色或橘黄色，均有黑斑，有的在腹中部形成橘红色纵带纹；前、后肢基部腹面和掌、跖部各有 1 个橘红色斑；肛前部橘红色，后部黑色；尾腹面橘红色。雄性肛部隆起，呈肥肿状，肛孔长裂形，内壁无乳突。

　　【生物学资料】　该螈生活于海拔 742 m 左右的山区湿地及其附近。栖息地有灌木丛、杂草和浅水凼。

　　【种群状态】　中国特有种。种群数量较少。

　　【濒危等级】　费梁等（2012）建议列为易危（VU）。

　　【地理分布】　广东（五华）。

74. 东方蝾螈指名亚种 *Cynops orientalis orientalis* (David, 1875)

　　【英文名称】　Oriental Fire-bellied Newt.

　　【形态特征】　雄螈全长 61.0 ～ 77.0 mm，雌螈全长 64.0 ～ 94.0 mm。头部扁平，头长明显大于头宽；吻端钝圆，鼻孔近吻端，唇褶显著，头背面两侧无棱脊；无囟门，犁骨齿列呈 ∧ 形。躯干圆柱状。尾侧扁，尾末端钝圆。体背面布满痣粒及细沟纹；背脊扁平，

A

B

图74-1 东方蝾螈指名亚种 *Cynops orientalis orientalis* 雄螈（浙江，费梁）

A、背面观 B、腹面观

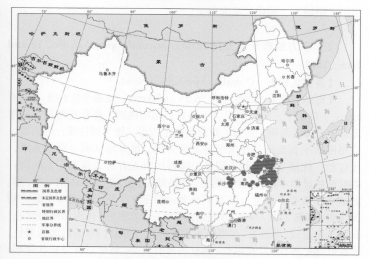

图74-2 东方蝾螈指名亚种 *Cynops orientalis orientalis* 地理分布

枕部 V 形隆起不清晰，体背中央脊棱弱，无肋沟；颈褶明显，腹面光滑。前、后肢贴体相对时，指、趾端相互重叠，掌突、跖突略微显著；前足 4 个指，后足 5 个趾，均无缘膜，基部无蹼。体背面黑色显蜡样光泽，一般无斑纹；腹面橘红色或朱红色，其上有黑斑；肛前半部和尾下缘橘红色。肛后半部黑色或边缘黑色。雄螈肛部肥肿状，肛孔纵长，内壁后部有突起；雌螈肛部呈丘状隆起，具颗粒疣，肛孔短圆，肛内无突起。卵呈圆形，直径 2.0 mm，动物极棕红色，植物极米黄色；卵外胶囊呈椭圆形。刚孵出幼体，有 3 对羽状外鳃和 1 对平衡支。

【生物学资料】 该螈生活于海拔 30 ～ 1 000 m 的山区，多栖于有水草的静水塘、泉水凼、稻田及其附近，捕食蚊蝇幼虫、蚯蚓及其他水生小动物。每年 3 ～ 7 月繁殖，5 月为繁殖高峰期。雌螈每次产卵 1 粒，每天产 1 ～ 5 粒，产卵 100 粒左右；卵单粒黏附在水草叶片间。幼体当年完成变态。

【种群状态】 中国特有种。种群数量多。

【濒危等级】 无危（LC）；蒋志刚等（2016）列为近危（NT）。

【地理分布】 安徽（长江以南地区）、江苏、浙江、江西（贵溪、庐山、九江、南城）、湖南（长沙、平江、浏阳、汨罗、株洲、岳阳、望城）、福建（武夷山）。

75. 东方蝾螈潜山亚种 *Cynops orientalis qianshan* Fei, Ye and Jiang, 2012

【英文名称】 Qianshan Fire-bellied Newt.

【形态特征】 雄螈全长 56.0 ～ 69.0 mm，雌螈全长 69.5 ～ 79.0 mm。头部扁平，头长明显大于头宽；吻端钝圆，鼻孔近吻端，唇褶显著，头背面两侧无棱脊；犁骨齿列呈 ∧ 形。躯干圆柱状；尾侧扁，背尾鳍褶平直而薄，腹鳍褶很薄呈刃状，尾末端钝圆。背面光滑，无痣粒；枕部 V 形隆起不明显，体背中央无脊棱或很弱，无肋沟；咽喉部略显细小痣粒，颈褶明显。四肢细长，前、后肢贴体相对时，指、趾端相互重叠，掌突、跖突不显著；前足 4 个指，后足 5 个趾，均无缘膜，基部无蹼。身体和四肢背面为一致的黑色；体腹面鲜橙红色，有黑色斑点；肛部前 2/3 和腹鳍褶鲜橙红色，肛部后 1/3 或后缘为黑色。雄螈肛部肥肿状，肛孔纵长，内壁后部有乳突；雌螈肛部呈丘状隆起，肛孔短圆，肛内无乳突。卵圆形，直径 1.8 mm 左右，动物极浅褐色，

A

B

图 75-1　东方蝾螈潜山亚种 *Cynops orientalis qianshan*（安徽潜山，费梁）
A、背面观：上雌下雄　B、腹面观：上雌下雄

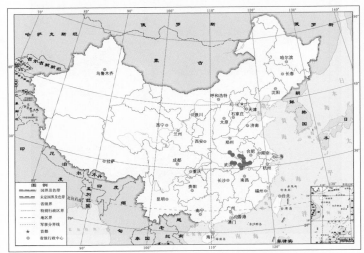

图 75-2　东方蝾螈潜山亚种 *Cynops orientalis qianshan* 地理分布

植物极米黄色。

【生物学资料】　该螈生活在海拔 210 ～ 600 m 的山区稻田或水坑及其附近，水内长有水生草本植物。成螈捕食小型水生动物。

【种群状态】　中国特有种。种群数量多。

【濒危等级】　费梁（2012）建议列为无危（LC）。

【地理分布】　安徽（霍山、金寨、太湖、潜山、岳西、枞阳）、河南（商城、桐柏、信阳）、湖北（黄陂、蕲春、武穴、孝感）。

76. 潮汕蝾螈 *Cynops orphicus* Risch, 1983

【英文名称】　Dayang Newt.

【形态特征】　成螈全长 74.0 mm，头体长 46.0 mm 左右。头扁平，吻端钝圆；唇褶明显；犁骨齿列呈 ∧ 形。躯干圆柱状；尾部向后逐渐侧扁，尾后段渐窄，尾末端钝尖。枕部有 ∨ 形隆起，与体背中央脊棱相连，少数个体背脊棱不明显。体背、腹面较光滑，有疣粒，肋沟约 14 条或不明显；颈褶明显或不明显。前、后肢贴体相对时，指、趾重叠或互达对方掌、跖部；掌突、跖突略微显著或显著；前足 4 个指，后足 5 个趾，第 5 趾基部具蹼。体背面黑褐色或黄褐色，

A

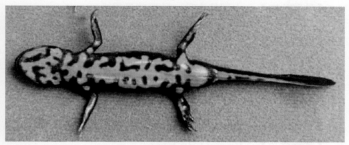

B

图 76-1 潮汕蝾螈 *Cynops orphicus* 雄螈（广东潮州，费梁）

A、背面观 B、腹面观

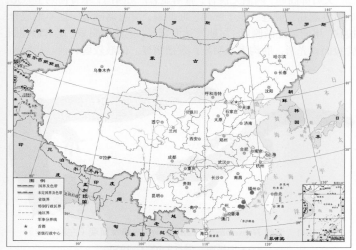

图 76-2 潮汕蝾螈 *Cynops orphicus* 地理分布

色浅者体尾有黑褐色斑点；咽喉部和体腹面橘红色或橘黄色，均有黑色斑，有的在腹中部形成橘红色纵带纹；前、后肢基部腹面和掌、跖部各有 1 个橘红色斑；肛前部橘红色，后部黑色；尾腹面橘红色。雄性肛部隆起呈肥肿状。

【生物学资料】　该螈生活于海拔 640 ～ 1 600 m 的山区。繁殖期成螈多在静水塘和沼泽地内活动，常栖于水深 1.0 m 左右水草较多的水塘内。捕食蚯蚓等小动物；5 月中下旬繁殖。

【种群状态】　中国特有种。种群数量很少。

【濒危等级】　濒危（EN）；蒋志刚等（2016）列为易危（VU）。

【地理分布】　广东（潮州、汕头、揭西）、福建（德化）。

（一八）滇螈属 *Hypselotriton* Wolterstorff, 1934

77. 滇螈 *Hypselotriton wolterstorffi* (Boulenger, 1905)

【英文名称】　Yunnan Lake Newt.

【形态特征】　雄螈全长 107.0 ～ 128.0 mm，雌螈全长 111.0 ～ 152.0 mm。头部扁平，头长大于头宽；吻端钝圆；鼻孔位于吻端两侧；头后部高起，两侧无棱脊；唇褶显著；无囟门，犁骨齿列呈∧形；成体具鳃孔或鳃迹。躯干肥硕、略侧扁，背脊略隆起，但不形成脊棱状；尾向后逐渐侧扁，尾肌发达而宽厚；尾鳍褶明显，尾末端钝圆。背腹面较光滑，肋沟多不明显；颈褶明显。四肢较弱，前、后肢贴

图 77-1　滇螈 *Hypselotriton wolterstorffi* 成螈背面观（左雄右雌）
（云南昆明，引自 Liu C C, 1950）

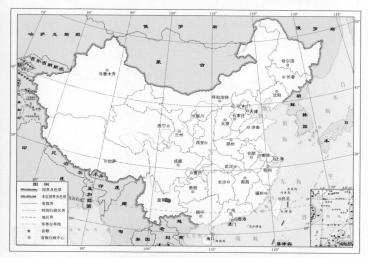

图 77–2 滇螈 *Hypselotriton wolterstorffi* 地理分布

体相对时；指、趾末端相遇或几乎相遇；外掌突、跖突小，比内掌突、跖突明显；前足 4 个指，后足 5 个趾，无缘膜，基部无蹼。体背面棕黑色，背脊至尾后部为橘红色或橘黄色，有的个体体侧有橘红色斑点；眼后下方有 1 枚橘红色圆斑；腹面橘红色斑块变异大，肛部至尾下缘橘红色。雄螈肛部隆起呈肥肿状，肛孔纵长，内壁后缘有乳突；雌螈肛孔短圆，内壁无乳突。卵径 1.5 ～ 2.0 mm，动物极棕黑色，植物极乳黄色。

【生物学资料】　该螈生活于海拔约 1 900 m 的昆明滇池及其周围的池塘、稻田及其附近，常在水草较多的浅水区活动。以水栖为主，卵产在水草上。曾剖检雌螈，其腹内有卵 442 粒。

【种群状态】　中国特有种。因生态环境质量下降，该螈于 20 世纪 70 年代后期已无踪迹。

【濒危等级】　绝灭（EX）。

【地理分布】　云南（昆明市郊区、宜良）。

179

第四部分　无尾目
Part Ⅳ　Anura

五、铃蟾科 Bombinatoridae Gray, 1825

（一九）铃蟾属 *Bombina* Oken, 1816

铃蟾亚属 *Bombina* (*Bombina*) OKen, 1916

78. 东方铃蟾 *Bombina* (*Bombina*) *orientalis* (Boulenger,1890)

【英文名称】 Oriental Bell Toad.

【形态特征】 雄蟾体长 38.0 ～ 45.0 mm，雌蟾体长 38.0 ～ 45.0 mm。头宽略大于头长；瞳孔心形；无鼓膜，无耳柱骨；舌不能伸出口腔以外；具 2 小团犁骨齿。头上、背部及四肢背面布满刺疣；体侧疣粒较大而密，有的排成纵行；咽喉部位及胸部有少数小刺疣。前臂及手长小于体长之半；指基部有微蹼；后肢前伸贴体时胫跗关节达肩部或眼后，左右跟部不相遇；雄蟾趾间近于全蹼，雌蟾蹼略逊。体背面灰棕色，上唇缘有黑斑纹；四肢背面有黑横纹 1 ～ 2 条；腹面橘红色（或橘黄色）醒目。雄蟾胸部有小疣；前臂内侧、内掌

图 78-1 东方铃蟾 *Bombina* (*Bombina*) *orientalis* 雄蟾（北京，费梁）

A、背面观 B、腹面观（示不同斑色和斑纹）

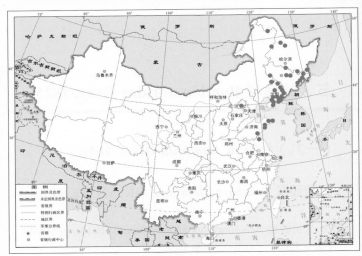

图 78-2　东方铃蟾 *Bombina* (*Bombina*) *orientalis* 地理分布

突及内侧 3 指基部有黑色细刺。卵径 2.0 mm 左右，动物极棕色，植物极色稍浅。蝌蚪全长 30.0 mm 左右，出水孔在腹中部；尾鳍斑纹呈网状；唇齿式为 Ⅱ / 1+1 ：Ⅱ；齿棱上有小齿 2 排；口周围均有唇乳突，口角处无副突。

【生物学资料】　该蟾生活于 900 m 以下的山区小山溪、沼泽地等静水坑或草丛中。冬季在土洞、石穴或地窖内越冬；4 ～ 5 月出蛰，捕食蚯蚓、昆虫及其他小动物。5 ～ 7 月在稻田、水塘产卵 133 ～ 330 粒。

【种群状态】　种群数量较多。

【濒危等级】　无危（LC）。

【地理分布】　黑龙江（尚志、东宁、海林、牡丹江等）、吉林（延吉、汪清、和龙等）、辽宁、北京、山东（威海、青岛市郊区、烟台等）、内蒙古（科尔沁左翼中旗、科尔沁左翼后旗、鄂伦春、莫力达瓦达斡尔族自治旗等）、江苏（连云港云台山）；俄罗斯（远东南部）、朝鲜、日本（对马岛）。

腺铃蟾亚属 *Bombina* (*Grobina*) Dubois, 1986

79. 强婚刺铃蟾 *Bombina* (*Grobina*) *fortinuptialis* Hu and Wu, 1978

【英文名称】 Large-spined Bell Toad.

【形态特征】 雄蟾体长 52.0 ～ 64.0 mm，雌蟾体长 52.0 ～ 61.0 mm。吻部高，吻端圆，头宽大于头长；瞳孔心形；无鼓膜，无耳柱骨；舌不能伸出口腔以外；犁骨齿两小团。头体背面布满瘰疣，但大瘰粒少而稀疏，肩上方有✖形瘰粒；体侧及四肢背面瘰粒稀少而扁平；腹面皮肤光滑。前臂及手长小于体长之半，指基部有蹼迹；后肢前伸贴体时胫跗关节达肩前或肩部；趾侧缘膜不明显，趾间具微蹼。背面灰黑色、灰棕色或紫褐色，上唇缘有黑斑，背部和体侧的黑斑稀疏，四肢背面有 1 ～ 2 条黑横纹；胸腹部有橘红色或橘黄色斑，股基部 1 对大而醒目。雄性前臂内侧、内掌突及内侧 3 指的婚刺粗大呈锥状；胸部疣上刺密集；无声囊。卵径 2.5 ～ 3.0 mm，动物极黑褐色，植物极灰白色。蝌蚪全长 15.0 mm，头体长 5.4 mm 左右；体黑褐色，尾鳍褶色浅；唇齿式为 Ⅱ / 1+1 ∶ Ⅱ，齿棱上有 2 排小齿；口周围均有乳突，口角部无副突。

【生物学资料】 该蟾生活于海拔 1 200 ～ 1 640 m 山区的森林内静水塘及其附近，4 ～ 5 月繁殖，在静水塘内发现卵粒和小蝌蚪。

A   B

图 79–1 强婚刺铃蟾 *Bombina* (*Grobina*) *fortinuptialis* 雄蟾

（广西金秀）

A、背面观（李健）   B、腹面观（费梁）

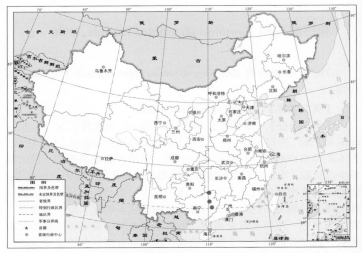

图 79-2　强婚刺铃蟾 *Bombina（Grobina）fortinuptialis* 地理分布

【种群状态】　中国特有种。种群数量较少。

【濒危等级】　易危（VU）。

【地理分布】　广西（金秀境内的大瑶山、龙胜、平南）。

80. 利川铃蟾 *Bombina (Grobina) lichuanensis* Ye and Fei, 1994

【英文名称】　Lichuan Bell Toad.

【形态特征】　雄蟾体长 53.0 ～ 63.0 mm，雌蟾体长 57.0 ～ 70.0 mm。吻部高，吻端圆，鼻孔位于吻背侧，略近吻端；瞳孔心形；无鼓膜和耳柱骨；舌不能伸出口腔以外；犁骨齿两小团。背面瘰疣密集，眼后有 1 个大瘰粒似耳后腺，肩上方有 4 个大瘰粒排列成✖形，体侧瘰疣略小。前臂及手长不到体长之半；指侧缘膜窄，基部具微蹼；后肢前伸贴体时胫跗关节达肩部，左右跟部不相遇；趾间仅基部相连成微蹼；内跖突小，无外跖突。背面灰褐色或灰绿色，肩上方瘰粒上多有绿色斑；腹面有橘黄色或橘红色碎斑；股部腹面基部有 1 对橘黄色斑块，一般不与腹后部的斑块连成大斑块。雄蟾前臂内侧、内掌突和内侧 3 指有细密婚刺；咽、胸部有小黑刺，胸侧疣粒上黑刺密集；无声囊和雄性线。卵径 3.2 ～ 3.6 mm，动物极黑褐色，植

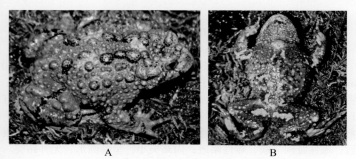

图 80-1　利川铃蟾 *Bombina* (*Grobina*) *lichuanensis* 雄蟾（湖北利川，侯勉）

A、背面观　B、腹面观

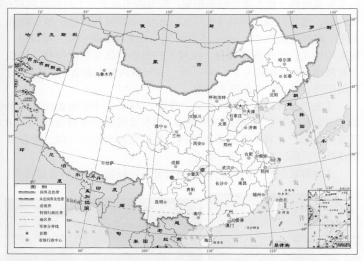

图 80-2　利川铃蟾 *Bombina* (*Grobina*) *lichuanensis* 地理分布

物极浅褐色。

　　【生物学资料】　　该蟾生活于海拔 1 830 m 左右的山区沼泽地泥窝内或草丛中；4～6 月繁殖，雌蟾在沼泽地泥窝内产卵。

　　【种群状态】　　中国特有种。种群数量较少。

　　【濒危等级】　　易危（VU）。

　　【地理分布】　　湖北（利川）、四川（马边）。

81. 大蹼铃蟾 *Bombina (Grobina) maxima* (Boulenger, 1905)

【英文名称】 Large-webbed Bell Toad.

【形态特征】 雄蟾体长 47.0 ～ 51.0 mm，雌蟾体长 44.0 ～ 49.0 mm。吻部高，吻端圆，鼻孔位于吻背侧；瞳孔心形；无鼓膜，无耳柱骨；舌不能伸出口腔以外；犁骨齿两小团。背面布满大小瘰粒，眼后有 1 个大瘰粒似耳后腺，肩上方有 4 个大瘰粒排列成╳形；腹面光滑。前肢指侧有缘膜，基部有蹼迹；后肢前伸贴体时胫跗关节前伸达眼后；雄性趾间满蹼，雌性略逊；内跖突小，呈椭圆形，无外跖突。背面灰褐色或黑灰色，有少许黑斑或草绿色斑；腹面有橘红色或橘黄色醒目大花斑，腹后和股基部的橘红色斑连成一片。雄性前臂内侧、内掌突及内侧 3 指有黑色细小婚刺；胸部两团扁平疣上有棕黑刺粒；无声囊，无雄性线。卵径 3.0 ～ 3.4 mm，动物极灰褐色，植物极乳黄色。蝌蚪全长约 37.0 mm；头体浑圆，出水孔在腹中部；尾较短，尾末端钝尖；头体深橄榄色，尾鳍上的黑色线纹交织成网状，尾肌上有黑斑点；唇齿式为 Ⅱ / 1+1 ：Ⅱ，每行唇齿棱上有 2 ～ 3 排小齿，口周围均有乳突，口角部无副突。

【生物学资料】 该蟾生活于海拔 2 000 ～ 3 600 m 的山区静水塘、沼泽地石块下。成蟾以多种昆虫、螺类及其他小动物为食。5 ～ 6 月繁殖，卵产在有水草的静水坑内，数粒至数十粒为一群，附在水草茎叶上。蝌蚪在静水塘内生活。

【种群状态】 中国特有种。该蟾分布区较宽，其种群数量较多。

A   B

图 81-1 大蹼铃蟾 *Bombina (Grobina) maxima* 雄蟾（四川越西，费梁）

A、背面观 B、腹面观

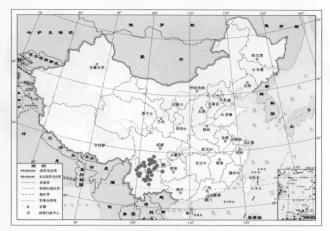

图 81–2   大蹼铃蟾 *Bombina (Grobina) maxima* 地理分布

【濒危等级】   无危（LC）。

【地理分布】   四川（木里、冕宁、越西、盐源、会理等）、云南（宾川、大理、楚雄、昆明市郊区、东川、威信等）、贵州（水城）。

82. 微蹼铃蟾 *Bombina (Grobina) microdeladigitora* Liu, Hu and Yang, 1960

【英文名称】   Small-webbed Bell Toad.

【形态特征】   雄蟾体长 71.0 ～ 78.0 mm，雌性略大。吻部高，吻端圆，鼻孔略靠近吻端；瞳孔心形；无鼓膜，无耳柱骨；舌不能伸出口腔以外；犁骨齿列短椭圆形。背面大瘰粒较为稀疏，眼后有1个大瘰粒似耳后腺，肩上方常有4个大瘰粒排列成✖形；雄蟾咽喉部及胸部有大小刺疣。前肢较短；指侧缘膜窄厚，指基部具蹼；内掌突大而突出，外掌突扁平；后肢前伸贴体时胫跗关节达肩部，左右跟部不相遇，趾侧缘膜厚而不明显，仅基部有微蹼，内跖突小而扁平，无外跖突。背面棕黄色杂以绿色或黑色斑；前、后肢背面各部常有1条宽黑斑；腹面以黑色为主，有朱红色或橘红色斑块，一般在胸部和股基部各有1对，股基部的大而醒目。雄性前臂内侧、内掌突及内侧3指有细密的黑色小刺，咽喉及胸部有刺疣，但不形成团状。

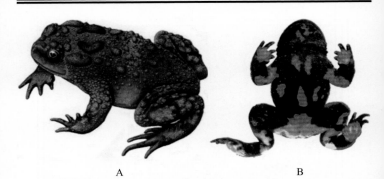

A　　　　　　　　　B

图 82-1　微蹼铃蟾 *Bombina*（*Grobina*）*microdeladigitora* 雄蟾

（云南景东，李健）

A、背面观　B、腹面观

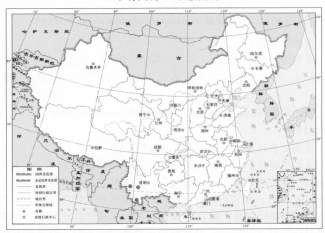

图 82-2　微蹼铃蟾 *Bombina*（*Grobina*）*microdeladigitora* 地理分布

【生物学资料】　该蟾生活于海拔 1 830～2 200 m 的山区沼泽地泥窝内或隐蔽在树洞中，雄蟾行动笨拙，只能缓慢爬行；可发出"咕，咕"的低沉鸣声。

【种群状态】　种群数量较少。

【濒危等级】　易危（VU）。

【地理分布】　云南（景东、永德、西双版纳）；越南。

六、角蟾科 Megophryidae Bonaparte,1850

拟髭蟾亚科 Leptobrachiinae Dubois,1983

（二〇）齿蟾属 *Oreolalax* Myers and Leviton, 1962

齿蟾亚属 *Oreolalax* (*Oreolalax*) Myers and Leviton, 1962

大齿蟾种组 *Oreolalax* (*Oreolalax*) *major* group

83. 川北齿蟾 *Oreolalax* (*Oreolalax*) *chuanbeiensis* Tian, 1983

【英文名称】 Chuanbei Toothed Toad.

【形态特征】 雄蟾体长 48.0 ~ 56.0 mm，雌蟾体长 56.0 ~ 59.0 mm。头的长宽几乎相等，瞳孔纵置；鼓膜隐蔽，有鼓环，耳柱骨细长；无犁骨齿，上颌齿发达。背部布满大小圆形疣，疣上密集许多小黑刺；腹面皮肤光滑，有腋腺和股后腺。前肢前臂及手长约等于体长之半；后肢前伸贴体时胫跗关节达眼部，左右跟部仅相遇；指、趾端圆，第 4 趾约 1/3 蹼。体背棕黄色或灰黄色，有黑色圆斑，眼间无三角斑，四肢背面有 4 ~ 6 条横纹，腹侧及四肢腹面有稀疏麻斑。雄性第 1、2 指婚刺细密；胸部有 1 对细刺团；无声囊及雄性线。卵径 3.0 ~ 4.0 mm，动物极、植物极均为乳黄色。蝌蚪全长 65.0 mm，头体长 25.9 mm 左右；体棕褐色，尾部有细小深棕色网纹；唇齿式为 Ⅰ : 4+4/4+4 : Ⅰ；唇周围均有乳突，仅上唇中央缺 2 ~ 3 个，口角部位副突少。

图 83-1　川北齿蟾 *Oreolalax (Oreolalax)chuanbeiensis* 成蟾

A、雌雄抱对背面观（四川平武，费梁）　B、雄蟾腹面观（四川平武，李健）

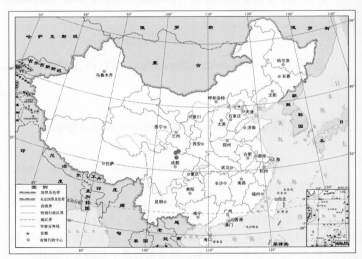

图 83-2　川北齿蟾 *Oreolalax (Oreolalax) chuanbeiensis* 地理分布

　　【生物学资料】　该蟾生活于海拔 2 000 ～ 2 200 m 的山区溪流及其附近的林区内，营陆栖生活。5月中旬至6月中旬进入小溪石下产卵。产卵 109 ～ 227 粒，卵群环状黏附在水内石底面。蝌蚪栖于溪流边石缝内。

　　【种群状态】　中国特有种。种群数量很少。

　　【濒危等级】　濒危（EN）。

【地理分布】 甘肃（文县）、四川（北川、平武）。

84. 凉北齿蟾 *Oreolalax (Oreolalax) liangbeiensis* Liu and Fei, 1979

【英文名称】 Liangbei Toothed Toad.

【形态特征】 雄性体长 47.0 ～ 56.0 mm，雌性体长 56.0 ～ 66.0 mm。头宽略大于头长，瞳孔纵置；鼓膜隐蔽，有鼓环，耳柱骨长；无犁骨齿，上颌齿发达。背部疣粒较大而密集，疣粒上布满黑刺，体侧疣粒稀疏无大黑刺；腹面皮肤光滑，有腋腺和股后腺。后肢前伸贴体时胫跗关节达眼后角，左右跟部仅相遇；第 4 趾约 1/3 蹼，趾侧缘膜甚宽，指、趾端圆。体背面浅褐色或深黄色，疣粒部位有褐色斑点，眼间无三角斑；四肢背面有 3 ～ 5 条褐横纹；整个腹面乳白色或灰黄色，无斑纹。雄性第 1、2 指婚刺细密；胸部细刺团 1 对，较大。卵径 3.5 mm 左右，动物极浅灰色，植物极乳白色。蝌蚪全长 62.0 mm，头体长 21.0 mm 左右；体背面和尾肌为灰绿色，有少许黑褐色斑；唇齿式为Ⅰ：3+3（或 4+4）/ 4+4：Ⅰ；唇乳突仅在上唇中央缺 3 个左右；口角部副突少。幼体体长 26.0 mm。

【生物学资料】 该蟾生活于海拔 2 850 ～ 3 000 m 的针阔叶混交林带山区。5 月繁殖，产卵 160 ～ 197 粒，黏附在溪内石块底面，呈环状。蝌蚪栖于中型溪流缓流处石缝内。

【种群状态】 中国特有种。仅 1 个分布点，种群数量极少。

【濒危等级】 极危（CR）。

【地理分布】 四川（越西县普雄镇）。

A   B

图 84-1 凉北齿蟾 *Oreolalax (Oreolalax) liangbeiensis* 成蟾

A、雌雄抱对背面观（四川越西，费梁） B、雄蟾腹面观（四川越西，李健）

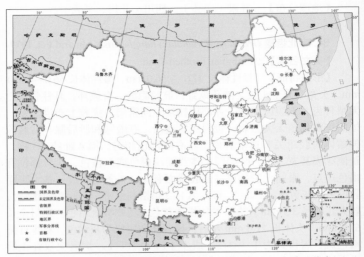

图 84-2　凉北齿蟾 *Oreolalax (Oreolalax) liangbeiensis* 地理分布

85. 大齿蟾 *Oreolalax (Oreolalax) major*（Liu and Hu, 1960）

【英文名称】　Large Toothed Toad.

【形态特征】　雄蟾体长 59.0 ～ 69.0 mm，雌蟾体长 65.0 ～ 70.0 mm。头部扁平，头宽大于头长，瞳孔纵置；鼓膜隐蔽，有鼓环，耳柱骨长；无犁骨齿，上颌齿发达。背面布满圆刺疣；体侧及四肢背面的小疣粒稀少；腹面光滑，有腋腺和股后腺。前臂及手长超过体长之半；后肢前伸贴体时胫跗关节达眼部；指、趾端圆，趾侧缘膜较宽，第 4 趾具 1/3 蹼。背面橙黄色、棕黄色或橄榄绿色，具醒目黑圆斑，眼间无三角斑，四肢有宽横纹；体腹面有深棕色麻斑，咽喉部及四肢腹面更显。雄性第 1、2 指婚刺细密；前臂外侧、体腹侧和腹后部均有刺团；胸部细刺团 1 对，甚大，左右相距窄或相连。卵径 3.8 mm，全乳白色。蝌蚪全长 65.0 mm，头体长 24.0 mm 左右；体背棕黄色，尾肌上有细黑色斑点；唇齿式为 Ⅰ：4+4/4+4：Ⅰ，少以 Ⅰ：5+5/5+5：Ⅰ；唇乳突仅在上唇中央缺 2 个，口角部副突上有小齿；上尾鳍起于尾基部。

【生物学资料】　该蟾生活于海拔 1 600 ～ 2 000 m 山区林木茂

图 85-1   大齿蟾 *Oreolalax (Oreolalax) major* 雄蟾（四川峨眉山，费梁）
A、背面观   B、腹面观

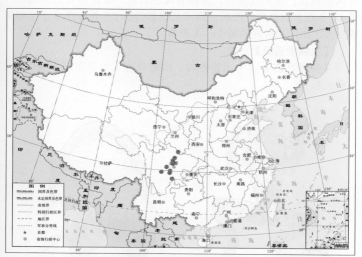

图 85-2   大齿蟾 *Oreolalax (Oreolalax) major* 地理分布

盛的小溪流附近。成蟾营陆栖生活，5～6 月繁殖，卵群呈环状黏
附在溪流石块底面；蝌蚪栖于溪边石间或水凼底部落叶层下。

　　【种群状态】　中国特有种。种群数量稀少。
　　【濒危等级】　易危（VU）。

【地理分布】　甘肃（文县）、四川（北川、宝兴、峨眉山、洪雅、都江堰、汶川、泸定、屏山）。

86. 魏氏齿蟾 Oreolalax (Oreolalax) weigoldi (Vogt, 1924)

【英文名称】　Weigold's Toothed Toad.

【形态特征】　雄蟾体长 65.0 mm。头扁平，其长与宽相等，瞳孔纵置；鼓膜隐蔽，有鼓环；无犁骨齿，上颌齿发达。体背面皮肤较粗糙，具圆形疣粒，疣上有几颗刺粒；后肢背面有角质刺，股后腺明显。前肢较长，前臂及手长超过体长之半；后肢较长，胫跗关节前伸达眼与鼻孔之间，胫长约为宽的 5 倍，亦大于股长，略超过体长之半；指、趾端圆，趾侧缘膜宽，趾间蹼发达；内跖突长，无外跖突，亦无跗褶。背面浅棕色，疣粒周围有深色斑点；后肢背面有深色横纹；腹面浅棕色，外侧有深色云斑。雄性前臂基部粗壮，第 1、2 指上面有黑色婚刺；胸部及腹部的前 2/3 处有许多小黑刺集成一片，由前向后逐渐稀少；无声囊。

【生物学资料】　缺。

【种群状态】　中国特有种。该蟾只有 1 个分布点，现仅有 1 只模式标本。

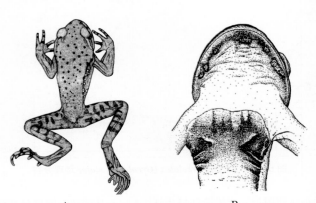

A　　　　　　　　　B

图 86-1　魏氏齿蟾 Oreolalax (Oreolalax) weigoldi 雄蟾

（四川瓦山，Ohler, et al., 1992）

A、背面观　B、头部和胸部腹面观

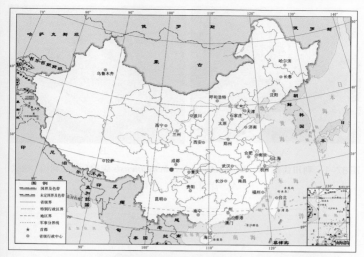

图 86–2　魏氏齿蟾 Oreolalax (Oreolalax) weigoldi 地理分布

【濒危等级】　未予评估（NE）。

【地理分布】　四川（瓦山）。

峨眉齿蟾种组 Oreolalax (Oreolalax) omeimontis group

87. 利川齿蟾 Oreolalax (Oreolalax) lichuanensis Hu and Fei, 1979

【英文名称】　Lichuan Toothed Toad.

【形态特征】　雄蟾体长 53.0 ～ 65.0 mm，雌蟾体长 57.0 ～ 62.0 mm。头宽大于头长，瞳孔纵置；鼓膜隐蔽或略显，有鼓环，耳柱骨长；无犁骨齿，上颌齿发达。背面及体侧有圆形疣粒；腹面光滑，有腋腺和股后腺。前臂及手生为体长的一半；后肢前伸贴体时胫跗关节达眼后角，左右跟部略重叠；指、趾端圆，趾侧缘膜窄，趾间具微蹼。体背面黄棕色或灰褐色，疣粒周围有黑褐色圆斑，眼间无三角斑，四肢具不规则黑褐色横纹；体腹面和四肢腹面有的有深灰色斑。雄性繁殖期皮肤甚松弛；第 1、2 指具粗大婚刺；胸部刺团 1 对，刺粒粗大而稀疏；无声囊，有雄性线。卵径 3.5 ～ 3.8 mm，乳白色。蝌蚪全长 73.0 mm，头体长 27.0 mm 左右；体背面黑褐色，尾部有黑

195

图87-1　利川齿蟾 Oreolalax (Oreolalax) lichuanensis 雄蟾（湖北利川，费梁）

A、背面观　B、腹面观

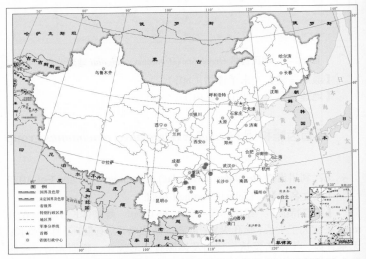

图87-2　利川齿蟾 Oreolalax (Oreolalax) lichuanensis 地理分布

褐色小斑点，体尾交界处有黄棕色斑；尾鳍起于第1肌节，末端钝圆；唇齿式为 Ⅰ：5+5/5+5：Ⅰ；唇乳突仅在上唇中央缺2～3个；口角副突少有小齿。

　　【生物学资料】　该蟾生活于海拔1 790～1 840 m山区灌丛及阔叶乔木林区内的平缓中小型溪流及其附近活动，4月中下旬入溪繁殖，雄性发出"咯——咯——咯——"的连续鸣叫声。产卵 215 粒左右，黏附在水内石块底面，呈环状或片状。蝌蚪在溪流回水凼或缓流处石下。

【种群状态】　中国特有种。种群数量稀少。

【濒危等级】　近危（NT）；蒋志刚等（2016）列为易危（VU）。

【地理分布】　四川（古蔺）、重庆（南川、奉节）、湖北（利川）、贵州（威宁）、湖南（桑植）。

88. 点斑齿蟾 Oreolalax (Oreolalax) multipunctatus Wu, Zhao, Inger and Shaffer, 1993

【英文名称】　Spotted Toothed Toad.

【形态特征】　雄蟾体长 47.0 ～ 50.0 mm。头长略大于头宽，瞳孔纵置；鼓膜隐蔽，有鼓环，耳柱骨长；无犁骨齿，上颌齿发达。背面有圆形小疣粒；腹面皮肤光滑，有腋腺和股后腺。前臂及手长约为体长之半；后肢前伸贴体时胫跗关节达眼后角，左右跟部仅相遇；指、趾端圆，趾侧具缘膜，趾间具蹼迹。背面黄褐色或黄棕色，疣粒部位均有黑褐色斑点，两眼间有褐色三角形斑或不清晰；四肢背面有不规则斑纹；腹面具浅褐色云斑。雄性第 1、2 指婚刺粗大；胸部小刺团 1 对，左右相距很远；无声囊。卵径 35.0 mm，乳白色。蝌蚪全长 65.0 mm，头体长 23.0 mm 左右；体背面棕褐色，尾部浅黄褐色，体尾均有大小不同的黑褐色斑点；头体卵圆形，尾末端钝尖；唇齿式多为 I：5+5/ 5+5 ：I，唇乳突仅在上唇中央缺 2 ～ 3 个，口角部有副突。

A   B

图 88–1　点斑齿蟾 Oreolalax (Oreolalax) multipunctatus 雄蟾

A、背面观（四川峨眉山，江建平）　B、腹面观（四川峨眉山，费梁）

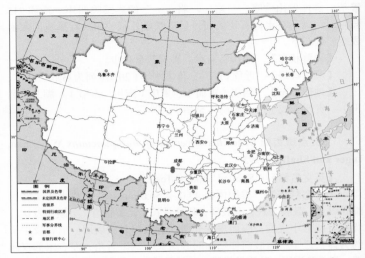

图 88-2　点斑齿蟾 *Oreolalax (Oreolalax) multipunctatus* 地理分布

【生物学资料】　该蟾生活于海拔 1 800 ～ 1 920 m 林木茂密的山区中小型溪流内及其附近，营陆栖生活。5月中、下旬繁殖，雌蟾产卵 70 ～ 85 粒，呈堆状贴附在溪内石块底面。蝌蚪在溪流水凼内石下或在水底落叶间。

【种群状态】　中国特有种。种群数量较少。

【濒危等级】　易危（VU）。

【地理分布】　四川（峨眉山、洪雅）。

89. 南江齿蟾 *Oreolalax (Oreolalax) nanjiangensis* Fei and Ye, 1999

【英文名称】　Nanjiang Toothed Toad.

【形态特征】　雄蟾体长 53.0 ～ 60.0 mm，雌蟾体长 53.0 ～ 58.0 mm。头长略大于头宽，瞳孔纵置；鼓膜隐蔽，有鼓环，耳柱骨片；无犁骨齿，上颌齿发达。背部、体侧及后肢背面疣粒大小一致；腹面皮肤光滑，有腋腺和股后腺。前臂及手长不到体长之半；后肢前伸贴体时胫跗关节达眼部，左右跟部相遇或略重叠；内跖突卵圆形，无外跖突；指、趾侧微具缘膜，末端圆，趾基部仅具蹼迹。背面黄褐色，疣粒部位有黑褐色圆斑；腹面黄褐色或灰白色，无深色斑。雄性第 1、2 指有粗大婚刺；胸部刺团 1 对，较小，刺粒粗大，左右相距较远；无声囊，无雄性线。蝌蚪全长 74.0 mm，头体长 28.0 mm 左右；体背面灰棕色，体尾无斑，尾末端钝圆；唇齿式为 Ⅰ：5+5/5+5：Ⅰ；唇乳突仅在上唇中央缺 1～2 个；口角部副突较多，

图 89-1　南江齿蟾 *Oreolalax (Oreolalax) nanjiangensis* 雄蟾
A、背面观（四川南江，李成）　B、腹面观（四川南江，李健）

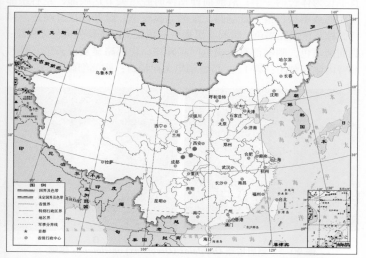

图 89-2　南江齿蟾 *Oreolalax (Oreolalax) nanjiangensis* 地理分布

其上具小齿。

【生物学资料】　该蟾生活于海拔 1 600 ～ 1 856 m 山区较平缓的溪段内。成蟾多栖于溪内沙滩或浅水石下，觅食小动物。蝌蚪栖息于溪流水凼边石下或深水处石间。变态幼体头体长 28.0 ～ 33.0 mm。

【种群状态】　中国特有种。种群数量稀少。

【濒危等级】　费梁等（2010）建议列为近危（NT）；蒋志刚等（2016）列为易危（VU）。

【地理分布】　四川（南江、安州）、甘肃（文县）、陕西（洋县）。

90. 峨眉齿蟾 *Oreolalax (Oreolalax) omeimontis* (Liu and Hu, 1960)

【英文名称】　Omei Toothed Toad.

【形态特征】　雄蟾体长 50.0 ～ 58.0 mm，雌蟾体长 51.0 ～ 56.0 mm。头宽略大于头长，瞳孔纵置；鼓膜隐蔽或隐约可见，有鼓环，耳柱骨长；无犁骨齿，上颌齿发达。体背面有圆形或长形刺疣；四肢背面疣小而稀少；整个腹面光滑，腋腺小，股后腺不明显。前臂及手长为体长的一半；后肢前伸贴体时胫跗关节达眼部，左右跟部仅相遇或不遇；指、趾端圆，趾侧缘膜较窄，趾基部仅有蹼迹。体背面棕灰色或棕褐色，眼间有黑褐色三角斑，四肢具黑褐色细横纹；腹面肉黄色，咽喉部有浅褐色网状碎斑，腹部略显灰色云斑。雄性前臂内侧有刺团；第 1、2 指婚刺粗大而稀疏；胸部细刺团 1 对，较

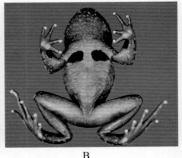

A　　　　　　　　　　　B

图 90-1　峨眉齿蟾 *Oreolalax (Oreolalax) omeimontis* 雄蟾

A、背面观（四川洪雅，侯勉）　　B、腹面观（四川洪雅，费梁）

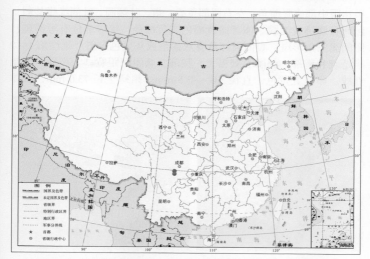

图 90-2 峨眉齿蟾 *Oreolalax (Oreolalax) omeimontis* 地理分布

小；有咽侧下内声囊，有雄性线。卵径 3.2 mm 左右，卵乳白色。蝌蚪全长 85.0 mm，头体长 30.0 mm；头体背面棕黄色，尾色略浅；唇齿式为 I：6+6 ／ 6+6：I；唇乳突仅在上唇中央缺 2 个，口角部位副突较多，有小黑齿。

【生物学资料】　该蟾生活于海拔 1 050 ～ 1 800 m 山区溪流附近，营陆栖生活。6 月繁殖，产卵 183 粒左右，卵群黏附在溪流水内石块底面，呈团状。蝌蚪栖于深水石隙中。

【种群状态】　中国特有种。种群数量很少。

【濒危等级】　濒危（EN）；蒋志刚等（2016）列为易危（VU）。

【地理分布】　四川（峨眉山、洪雅）。

91. 宝兴齿蟾 *Oreolalax (Oreolalax) popei* (Liu, 1947)

【英文名称】　Baoxing Toothed Toad.

【形态特征】　雄蟾体长 60.0 ～ 69.0 mm，雌蟾体长 52.0 ～ 67.0 mm。头长略大于头宽或相等；瞳孔纵置；鼓膜隐蔽，耳柱骨长；无犁骨齿，上颌齿发达。头体及四肢背面布满疣粒；腹面光滑，腋腺和股后腺显著。前臂及手长超过体长之半；后肢前伸贴体时胫跗关节达眼中部或眼前角，左右跟部重叠；指、趾端圆，趾侧缘膜甚弱，趾间具蹼迹或无蹼。体背面黄褐色或黄绿色，疣粒部位有黑圆斑，眼间无三角形斑；腹面肉红色有灰褐色或灰黑色麻斑。雄性第1、2指婚刺和胸部2刺团上刺粗大，胸部2刺团间距宽；无声囊，无雄性线。卵呈乳黄色，直径3.0～3.5 mm。蝌蚪全长73.0 mm，头体

A　　　　　　　　　　　　　B

图91-1　宝兴齿蟾 *Oreolalax (Oreolalax) popei* 雄蟾（四川洪雅，费梁）

A、背面观　B、腹面观

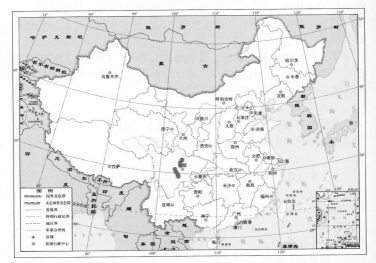

图91-2　宝兴齿蟾 *Oreolalax (Oreolalax) popei* 地理分布

202

长 28.0 mm 左右；体背面棕褐色；尾部浅灰黄色，尾基两侧色深；唇齿式多为Ⅰ：5+5/5+5：Ⅰ或Ⅰ：6+6/6+6：Ⅰ；唇乳突仅在上唇中央缺 2 个；口角部副突较多，其上具小齿。

【生物学资料】　该蟾生活于海拔 1 000 ～ 2 000 m 山区植被丰富的溪流附近。4 月繁殖，产卵 350 粒左右，卵群呈团状黏附在溪流石块底面。蝌蚪多集中在水流较急的回水凼内。

【种群状态】　中国特有种。种群数量较多。

【濒危等级】　汪松等（2004）建议列为无危（LC）；蒋志刚等（2016）列为易危（VU）。

【地理分布】　四川（茂县、汶川、都江堰、宝兴、天全、峨眉山、洪雅）。

92. 红点齿蟾 Oreolalax (Oreolalax) rhodostigmatus Hu and Fei, 1979

【英文名称】　Red-spotted Toothed Toad.

【形态特征】　雄蟾体长 58.0 ～ 74.0 mm，雌蟾体长 62.0 ～ 71.0 mm。头长略大于头宽或几乎相等，瞳孔纵置；鼓膜较明显，有鼓环，耳柱骨长；无犁骨齿，上颌齿发达。体背面布满小刺疣，体侧有 10 ～ 30 个圆疣，四肢背面小疣略呈纵行排列。前臂及手长为体长的 59%；后肢前伸贴体时胫跗关节达眼部，左右跟部相遇；腋腺

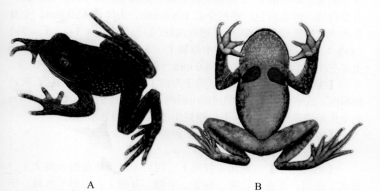

A　　　　　　　　　　　　B

图 92–1　红点齿蟾 Oreolalax (Oreolalax) rhodostigmatus 雄蟾

A、背面观（湖北利川，王宜生）　　B、腹面观（湖北利川，李健）

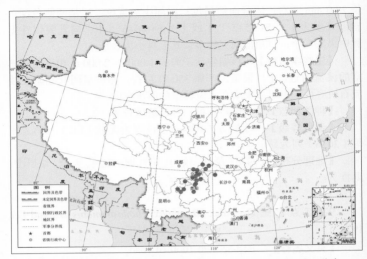

图 92-2　红点齿蟾 *Oreolalax (Oreolalax) rhodostigmatus* 地理分布

及股后腺大而圆；指、趾端圆，趾侧缘膜窄，趾间具微蹼。体背面深紫黑色或深紫褐色，腋腺和体侧疣粒、股后腺和股后部疣粒均为橘红色，咽胸部及四肢腹面具紫灰色或深灰色麻斑，腹部无斑或斑纹不明显。雄性第 1、2 指婚刺较粗大；胸部细刺团 1 对；无声囊，有雄性线。卵乳白色。蝌蚪全长 104.0 mm，头体长 42.0 mm；全身紫色或紫褐色或无色透明，可透视内脏；唇齿式为 Ⅰ：1+1、Ⅰ：7+7 / 8+8：Ⅰ；唇乳突仅在上唇中央缺 1 ~ 3 个；两口角副突甚多，其上多有小齿。变态幼体体长 35.0 mm。

　　【生物学资料】　该蟾生活于海拔 1 000 ~ 1 790 m 山区石灰岩溶洞内。成蟾多栖息于有阴河的山洞内，常见于距洞口 50.0 ~ 100.0 m 处全黑暗的溪流岸边岩石上。蝌蚪生活于溶洞内泉水凼内。

　　【种群状态】　中国特有种。种群数量很少。

　　【濒危等级】　易危（VU）。

　　【地理分布】　湖北（利川）、四川（广安华蓥山、兴文）、重庆（南川、万盛、武隆、奉节、丰都、万州）、贵州（水城、毕节地区郊区、遵义市郊区、务川、清镇、威宁、正安、绥阳）、湖南（桑植）。

秉志齿蟾种组 *Oreolalax (Oreolalax) pingii* group

93. 秉志齿蟾 *Oreolalax (Oreolalax) pingii* (Liu, 1943)

【英文名称】　Ping's Toothed Toad.

【形态特征】　雄蟾体长 43.0 ～ 51.0 mm，雌蟾体长 47.0 ～ 54.0 mm。头较扁平，头宽略大于头长，瞳孔纵置；鼓膜隐蔽，有鼓环，耳柱骨长；无犁骨齿，上颌齿发达。体背面皮肤松厚有小疣，后背至肛上方正中有 1 纵行肤沟；雄蟾背面刺疣较少；雌蟾布满刺疣，尤以体侧刺疣大而多；腹面皮肤较光滑，有腋腺和股后腺。后肢前伸贴体时胫跗关节前伸达口角，左右跟部几乎相遇；指、趾端圆，趾侧有缘膜，趾间具微蹼。体背面浅棕色或绿棕色，疣粒部位黑色，眼间无三角斑；四肢有横纹；胸、腹部肉色或灰白色。雄性第 1、2 指婚刺细密，胸部细刺团 1 对，有的左右不连接；无声囊。卵径 3.0 ～ 3.8 mm，卵呈乳白色。蝌蚪全长 64.0 mm，头体长 25.0 mm；体背面灰棕色，尾部无斑；唇齿式多为 I：4+4/4+4：I；唇乳突仅在上

A　　　　　　　　　　　　**B**

图 93-1　秉志齿蟾 *Oreolalax (Oreolalax) pingii* 雄蟾

A、背面观（四川昭觉，费梁）　B、腹面观（四川昭觉，李健）

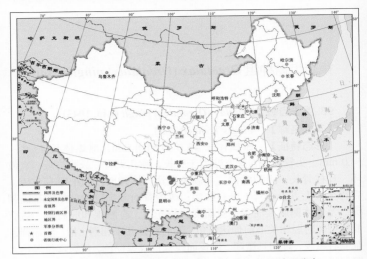

图 93-2　秉志齿蟾 *Oreolalax (Oreolalax) pingii* 地理分布

唇中央缺 3 个；口角部副突上有小齿。刚变态的幼蟾体长 24.0 mm 左右。

　　【生物学资料】　该蟾生活于海拔 2 700 ～ 3 300 m 高山地带的溪流及其附近。成蟾营陆栖生活，5 ～ 6 月初繁殖，雄蟾在夜间发出"咕，咕，咕"的低沉鸣声，在山溪近源处的沼泽地小溪内产卵 150 ～ 200 粒。卵呈团状黏附在水内石块底面或水草茎叶上。蝌蚪栖于小山溪水凼内。

　　【种群状态】　中国特有种。种群数量很少。

　　【濒危等级】　濒危（EN）；蒋志刚等（2016）列为易危（VU）。

　　【地理分布】　四川（昭觉、越西、美姑）。

94. 普雄齿蟾 *Oreolalax (Oreolalax) puxiongensis* Liu and Fei, 1979

　　【英文名称】　Puxiong Toothed Toad.

　　【形态特征】　雄蟾体长 41.0 ～ 45.0 mm，雌蟾体长 43.0 ～ 50.0 mm。头宽大于头长，瞳孔纵置；鼓膜隐蔽，有鼓环，耳柱骨长；无犁骨齿，上颌齿发达。头体及四肢背面极粗糙，刺疣密集形成长短刺棱或排列成 4～6 纵行（雌蟾体背也有黑刺疣）；腹侧及四肢背面均有圆形刺疣，咽喉部及四肢腹面也有黑刺或小刺团，有腋腺和股后腺。前臂及手长不到体长之半；后肢前伸贴体时胫跗关节达肩部，左右跟部仅相遇或不相遇；指、趾端圆，趾间无蹼。背面暗灰棕色，

图 94-1　普雄齿蟾 *Oreolalax (Oreolalax) puxiongensis* 雄蟾
A、背面观（四川越西，费梁）　B、腹面观（四川越西，李健）

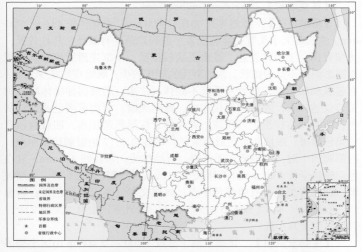

图 94-2　普雄齿蟾 *Oreolalax (Oreolalax) puxiongensis* 地理分布

207

两眼间有棕黑色三角斑，刺棱或刺疣均为黑色；四肢深色横纹不明显；腹面灰黄色。雄性背部刺棱甚多，前臂远端、腕掌内侧及第1、2指上刺较粗；胸部细刺团1对，较小，相距窄；无声囊，雄性线细。卵径3.0 mm左右，动物极紫灰色，植物极白色。蝌蚪全长51.0 mm，头体长19.0 mm；体背面褐色，尾基部有1个浅黄色U形斑；唇齿式多为Ⅰ：5+5/5+5：Ⅰ，少为Ⅰ：6+6/6+6：Ⅰ；唇乳突仅在上唇中央缺2个；口角部副突多有齿。刚变态幼蟾体长19.0 mm左右。

【生物学资料】　该蟾生活于海拔2 600～2 900 m山区森林内的浸水沼泽地和小支流附近。捕食膜翅目、鞘翅目及其他小动物等。曾在一倒木下发现越冬巢穴，约40只集群冬眠。6月中、下旬繁殖，产卵102～151粒，卵群团状或圆环状，黏附在石下或水草上。蝌蚪生活于溪流边石下。

【种群状态】　中国特有种。因生态环境质量下降，其种群数量很少。

【濒危等级】　濒危（EN）。

【地理分布】　四川（越西县普雄镇）。

95. 无蹼齿蟾 *Oreolalax (Oreolalax) schmidti* (Liu, 1947)

【英文名称】　Webless Toothed Toad.

【形态特征】　雄蟾体长40.0～47.0 mm，雌蟾体长48.0～54.0 mm。头长略大于头宽，瞳孔纵置；鼓膜隐蔽，有鼓环，耳柱骨长；无犁骨刺，上颌齿发达。雄蟾皮肤较粗糙，头部光滑无疣粒，体背面圆形刺疣不呈刺棱状，四肢背面的刺疣较少；雌蟾皮肤疣少无刺；有腋腺和股后腺。前臂及手长不到体长之半；后肢前伸贴体时胫跗关节仅达口角，左右跟部仅相遇，趾间无蹼。背面黄褐色或深棕灰色，两眼间有棕黑色三角斑，并与体背棕黑色斑相连；四肢背面有棕黑色横斑；腹面灰黄色或肉紫色。雄性第1、2指婚刺较粗而密；胸部刺团1对，刺细密；无声囊，有雄性线。卵径约4.0 mm，乳白色。蝌蚪全长53.0 mm，头体长20.0 mm；尾鳍起于尾基部，末端钝圆；背面青黑色，有暗绿色小点；体尾交界处多有浅黄色斑；唇齿式一般为Ⅰ：4+4（或5+5）/5+5：Ⅰ；唇乳突仅上唇中央缺2个，口角副突上具小齿。

【生物学资料】　该蟾生活于海拔1 700～2 400 m山区小型溪流两旁的灌丛、土洞内或溪内石下。5～6月繁殖，产卵108～130

图 95-1　无蹼齿蟾 *Oreolalax (Oreolalax) schmidti* 雄蟾（四川洪雅，费梁）
A、背面观　B、腹面观

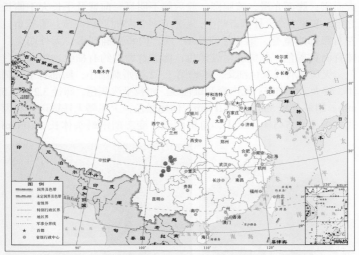

图 95-2　无蹼齿蟾 *Oreolalax (Oreolalax) schmidti* 地理分布

粒。卵群环状黏附在水内石底面或成串悬附于植物根上。蝌蚪多在溪流水凼内。

　　【种群状态】　　中国特有种。种群数量稀少。

　　【濒危等级】　　近危（NT）。

　　【地理分布】　　四川（汶川、都江堰、宝兴、洪雅、峨眉山、石棉、冕宁）。

高原齿蟾亚属 *Oreolalax (Atympanolalax)* Fei and Ye, 2016

96. 棘疣齿蟾 *Oreolalax (Atympanolalax) granulosus* Fei, Ye and Chen, 1990

【英文名称】　Spiny Warty Toothed Toad.

【形态特征】　雄蟾体长 49.0～61.0 mm，雌蟾体长 57.0～60.0 mm。头宽大于头长，吻端圆，瞳孔纵置；无鼓膜和鼓环，耳柱骨为短突起；无犁骨齿，上颌齿发达。背面布满大小刺疣；体后部刺疣大而密；腹面光滑，腋腺圆，股后腺不明显。前臂及手长大于体长之半，掌突 2 个，外侧者略小；后肢前伸贴体时胫跗关节达眼后角，左右跟部略重叠，第 4 趾约具 1/3 蹼，内跖突椭圆形，无外跖突。体背面黄褐色，刺疣着生处黑色；四肢背面隐约有横纹；腹面黄白色，无斑或有浅灰色细斑。雄蟾第 1、2 指婚刺细小；胸部有 1 对刺团，较大，刺细密；无声囊和雄性线。卵粒呈浅灰色，卵径 3.2～3.5 mm。蝌蚪全长 53.0～75.0 mm；体尾黑色，上尾鳍无铁锈斑；唇齿式多为Ⅰ：5+5/4+4：Ⅰ，角质颌强。变态期蝌蚪头体长 22.0 mm

A　　　　　　　　　B

图 96-1　棘疣齿蟾 *Oreolalax (Atympanolalax) granulosus* 雄蟾

（云南景东，费梁）

A、背面观　B、腹面观

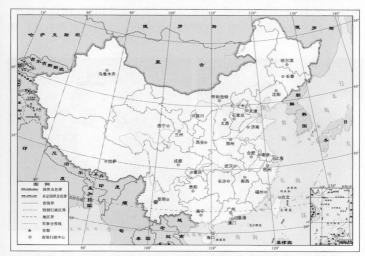

图 96-2 棘疣齿蟾 *Oreolalax (Atympanolalax) granulosus* 地理分布

左右。

【生物学资料】 该蟾生活于海拔 2 300 ～ 2 450 m 森林茂密的较高山区的溪流内及其附近林中。2 月中旬至 3 月中旬繁殖，卵群呈圆团状或环状，黏附在石块底面。大蝌蚪底栖于回水凼石隙间。

【种群状态】 中国特有种。该种群数量较少。

【濒危等级】 易危（VU）。

【地理分布】 云南（景东）。

97. 景东齿蟾 *Oreolalax (Atympanolalax) jingdongensis* Ma, Yang and Li, 1983

【英文名称】 Jingdong Toothed Toad.

【形态特征】 雄蟾体长 49.0 ～ 60.0 mm，雌蟾体长 49.0 ～ 57.0 mm。头体较扁平，头宽略大于头长；吻端圆，瞳孔纵置；无鼓膜和鼓环，耳柱骨为短突起；无犁骨齿，上颌齿发达。背面皮肤甚粗糙，布满大疣粒，体侧和前肢疣少而小；腹面皮肤光滑，腋腺小而圆，有股后腺。四肢较长，前臂及手长略大于体长之半，内、外掌突几乎相等；后肢前伸贴体时胫跗关节达吻端，左右跟部重叠，胫长约为体长之半，趾间约1/3蹼，内跖突呈豆形，无外跖突。体色有变异，背面多为棕褐色或棕黄色，背疣部位黑褐色；上唇缘具深色斑，两

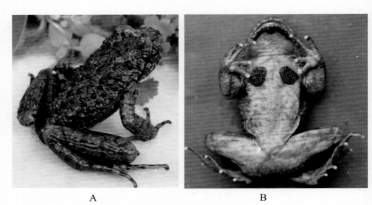

A   B

图 97-1   景东齿蟾 *Oreolalax (Atympanolalax) jingdongensis* 雄蟾

（云南景东，费梁）

A、背面观   B、腹面观

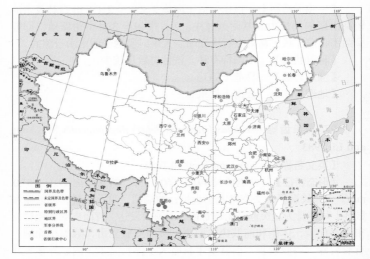

图 97-2   景东齿蟾 *Oreolalax (Atympanolalax) jingdongensis* 地理分布

眼间有黑褐色斑；后肢各部有黑褐色横纹 4 ～ 5 条；体腹面浅棕色有灰色斑点或不明显。雄蟾下颌前缘有黑刺，胸部黑刺团 1 对，刺大而稀疏，左右间距宽；第 1、2 指婚刺粗大。卵径 3.4 ～ 3.8 mm，动、植物极均为乳黄色。蝌蚪体形较大，全长 80.0 mm 左右，头体长 30.0 mm 左右；头体背面灰棕色或暗棕色，尾部有大小斑点；体略扁，尾末端钝圆；唇齿式多为 I ∶ 4+4/4+4 ∶ I，唇乳突仅在上唇中央微缺，角质颌强。

【生物学资料】 该蟾生活于 2 300 ～ 2 450 m 的山区。成蟾营陆地生活，分散于林间。多栖于常绿阔叶林下溪流附近，所在溪流较宽，水流平缓。繁殖期在 2 月中旬至 3 月中旬，此期成蟾常群集于溪内石下；雌蟾产卵 167 粒左右，卵群黏附在石块底面，多为团状或圆环状，一块石下常有多个卵群连成一片。蝌蚪多栖于水流平缓、石块多的溪段内，白天多隐匿于石块或水内腐叶下；夜间外出，游动缓慢。

【种群状态】 中国特有种。种群数量较少。

【濒危等级】 易危（VU）。

【地理分布】 云南（景东、双柏、新平）。

98. 疣刺齿蟾 *Oreolalax* (*Atympanolalax*) *rugosus* (Liu, 1943)

【英文名称】 Warty Toothed Toad.

【形态特征】 雄蟾体长 44.0 ～ 53.0 mm，雌蟾体长 45.0 ～ 54.0 mm。头体扁平，头宽略大于头长，吻端圆，瞳孔纵置；无鼓膜和鼓环，耳柱骨为短突起；无犁骨齿，上颌齿发达。背部布满小圆疣；腹面皮肤平滑，腋腺不明显，股后腺大。后肢前伸贴体时胫跗关节达眼部，左右跟部略重叠；指、趾端圆，趾侧有缘膜，第 4 趾约具 1/3 蹼。体背面黄褐色或深灰棕色，疣粒周围多为黑色；四肢斑纹不规则；整个腹面米黄色或黄色。雄性第 1、2 指婚刺细密；胸部有 1 对细刺团，刺细密。卵动物极灰色，植物极乳白色。蝌蚪全长 67.0 mm，头体长 26.0 mm 左右；体尾色黑，上尾鳍有红棕色云斑；唇齿式多为 I ∶ 4+4/4+4 ∶ I；仅上唇中央缺 3 个乳突，口角副突较多，其上有小齿。刚完成变态的幼蟾体长 26.0 mm。

【生物学资料】 该蟾生活于海拔 2 100 ～ 3 300 m 中高山区的中小型溪流附近。成蟾营陆栖生活，捕食昆虫等多种害虫。4 月中旬至 5 月在溪流内繁殖，卵群团状黏附在石块底面。蝌蚪栖于溪边

图 98-1　疣刺齿蟾 Oreolalax (Atympanolalax) rugosus

A、雌蟾背面观（四川昭觉，费梁）　　B、雄蟾腹面观（四川昭觉，李健）

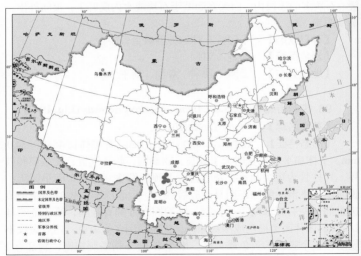

图 98-2　疣刺齿蟾 Oreolalax (Atympanolalax) rugosus 地理分布

石隙间。

　　【种群状态】　中国特有种。种群数量稀少。

　　【濒危等级】　近危（NT）。

　　【地理分布】　四川（昭觉、西昌、喜德、冕宁、石棉、会理）、
云南（宾川、丽江）。

99. 乡城齿蟾 *Oreolalax* (*Atympanolalax*) *xiangchengensis* Fei and Huang, 1983

【英文名称】　Xiangcheng Toothed Toad.

【形态特征】　雄蟾体长 45.0～51.0 mm，雌蟾体长 54.0～61.0 mm。体略扁平，头宽略大于头长，吻圆，瞳孔纵置；无鼓膜和鼓环，耳柱骨为短突起；无犁骨齿，上颌齿发达。体背面布满细小刺疣；腹面皮肤光滑，腋腺圆，股后不明显。前臂及手长约为体长之半；后肢前伸贴体时胫跗关节达口角，左右跟部相遇；趾间多为全蹼。背面棕褐色或深棕色，无深色花斑；腹面黄色。雄性第 1、2 指婚刺细密；胸部有 1 对细刺团，甚大，刺细密。卵径 3.8 mm，动物极棕色，植物极乳白色。蝌蚪全长 60.0 mm，头体长 22.0 mm，体尾灰褐色，体尾交界处有棕红色 U 形斑，有少许黑色斑点；唇齿式多为 Ⅰ：4+4/4+4：Ⅰ；仅上唇中央缺 3 个乳突，口角部位副突少。残留尾长 9.0 mm 的幼体，体长 28.0 mm 左右。

【生物学资料】　该蟾生活于海拔 2 140～3 550 m 的中、高山区溪边大石下或石缝中；成蟾繁殖季节在 4 月下旬至 5 月中旬，卵群产在石块底面，呈环状或团状。蝌蚪多栖于溪边回水凼内。

【种群状态】　中国特有种。种群数量较多。

【濒危等级】　无危（LC）。

【地理分布】　四川（乡城、稻城、木里、盐边）、云南（香

图 99-1　乡城齿蟾 *Oreolalax* (*Atympanolalax*) *xiangchengensis* 雄蟾
A、背面观（四川乡城，费梁）　B、腹面观（四川乡城，李健）

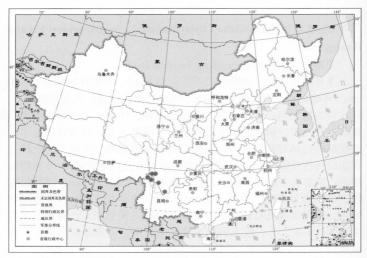

图 99-2　乡城齿蟾 *Oreolalax* (*Atympanolalax*) *xiangchengensis* 地理分布

格里拉、德钦）。

（二一）齿突蟾属 *Scutiger* Theobald, 1868

猫眼蟾亚属 *Scutiger* (*Aelurophryne*) Boulenger

贡山猫眼蟾种组 *Scutiger* (*Aelurophryne*) *gongshanensis* group

100. 贡山猫眼蟾 *Scutiger* (*Aelurophryne*) *gongshanensis* Yang and Su, 1978

【英文名称】　Gongshan Cat-eyed Toad.

【形态特征】　雄蟾体长 47.0 ～ 57.0 mm，雌蟾体长 49.0 ～ 60.0 mm。头宽略大于头长；吻端钝圆，瞳孔纵置；鼓膜、鼓环和耳柱骨均无；上颌齿发达，无犁骨齿。背部有较大的圆疣，疣粒表面无刺；臂部外侧及胫、跗部呈隆肿状；整个腹面光滑，腋腺明显小于胸腺。前臂及手长不到体长之半；后肢前伸贴体时胫跗关节达肩部，后肢长约为体长的115%；跗底面光滑；无股后腺；内跖突长椭圆形，无外跖突；指、趾端圆，趾间无蹼。背面灰色，自眼间沿背脊至肛上

A   B

图 100-1 贡山猫眼蟾 *Scutiger*（*Aelurophryne*）*gongshanensis*

A、雌蟾背面观（云南贡山，饶定齐）　　B、雄蟾腹面观（云南贡山，刘炯宇）

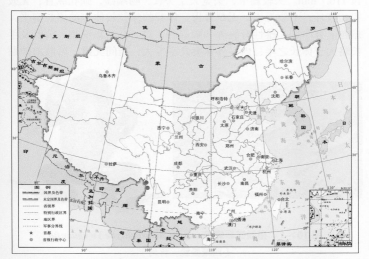

图 100-2 贡山猫眼蟾 *Scutiger*（*Aelurophryne*）*gongshanensis* 地理分布

方有 1 条黑褐色宽纵纹，体两侧各有 1 条窄纵纹与之平行；腹面浅灰色。雄性第 1、2 指婚刺大，呈锥状；胸部有 1 对刺团，刺较细小；有 1 对咽侧下内声囊；有雄性线。卵粒直径 4.0 mm 左右，动物极灰黄色，植物极乳白色。蝌蚪全长 59.0 mm，头体长 22.0 mm 左右；背面黑褐色；尾鳍起于第 1 肌节后；唇齿式多为 Ⅰ：3+3/3+3：Ⅰ；唇缘不宽，上唇中央缺 1 个乳突或不缺，口角部无副突或甚少。

【生物学资料】　该蟾生活在海拔 2 500 ～ 3 850 m 山区泉水沼泽地。7 月中旬繁殖，雄蟾发出"咯——"单一低沉鸣声。卵产于溪内石块下，呈堆状。蝌蚪生活于泉水溪流源头水凼中。

【种群状态】　中国特有种。种群数量稀少。

【濒危等级】　易危（VU）。

【地理分布】　云南（贡山、福贡）。

101. 墨脱猫眼蟾 Scutiger (Aelurophryne) wuguanfui Jiang, Rao, Yuan, Wang, Li, Hou, Che and Che, 2012

【英文名称】　Medog Cat-eyed Toad.

【形态特征】　体形肥硕，雄蟾体长 77.5 ～ 83.8 mm，雌蟾体长 116.7 mm。头较扁平，头宽大于头长，吻端圆，瞳孔纵置；无鼓膜和鼓环；上颌无齿，无犁骨齿。体背的瘰粒较体侧的瘰粒扁平，瘰粒上有小刺；雄性有胸腺和腋腺各 1 对，有密集细刺。前臂及手长略大于体长之半；内、外掌突几乎等大，指间无蹼。后肢前伸贴

A　　　　　　　　　　　　B
图 101-1　墨脱猫眼蟾 Scutiger (Aelurophryne) wuguanfui
（西藏墨脱，蒋珂）
A、雌雄抱对背面观　B、雄蟾腹面观

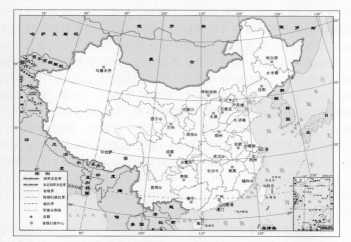

图 101-2 墨脱猫眼蟾 Scutiger (Aelurophryne) wuguanfui 地理分布

体时胫跗关节达口角，左右跟部相距宽；足长远大于胫长，跗底面无疣粒；内跗突椭圆形，无外跗突。趾侧有缘膜，趾基部具蹼迹。背面深褐色；体腹面灰褐色。雄性第 1、2、3 指内侧婚刺大；胸部有刺团 2 对，几乎等大，其上有密集的黑色小刺；有单咽下内声囊。蝌蚪深灰色，体形细长，尾长是头体长的 1.5 倍，尾鳍窄；唇齿式多为 I：3+3/3+3：I，角质颌强。

【生物学资料】   该蟾生活于海拔 2 700 m 左右的山区平缓溪流中，雄蟾发出"嗡——嗡——嗡——"的鸣声。蝌蚪底栖。

【种群状态】   中国特有种。种群数量不详。

【濒危等级】   未予评估（NE）。

【地理分布】   西藏（墨脱）。

胸腺猫眼蟾种组 Scutiger (Aelurophryne) glandulatus group

102. 胸腺猫眼蟾 Scutiger (Aelurophryne) glandulatus (Liu, 1950)

【英文名称】   Gland-chested Cat-eyed Toad.

【形态特征】   体形肥硕，雄蟾体长 68.0 ～ 90.0 mm，雌蟾体长 58.0 ～ 84.0 mm。头较扁平，头宽大于头长，瞳孔纵置；无鼓膜和鼓环，多无耳柱骨或耳柱骨短小；上颌无齿，无犁骨齿。体背部疣粒多而扁平；腹面光滑，腋腺远小于胸腺，无股后腺；变异个体全身布满大小瘰疣。前臂及手长不到体长之半；后肢前伸贴体时胫跗关节达肩部，左右跟部不相遇；跗底面布满大小疣粒；内跗突长椭圆形，无外跗突。趾侧缘膜宽，第 4 趾具 1/4 ～ 1/3 蹼。体背面深橄榄绿色或棕褐色，散布有不规则棕色斑，两眼间多有 1 个深色三角斑；腹面黄灰色。雄性第 1、2 指婚刺大，呈锥状，胸部刺团 2 对，内者大，黑刺极细小而密集，每 10.0 mm^2 内有刺 670 枚左右；无声囊，无雄性线。卵径 3.5 mm，动物极紫灰色，植物极乳白色。蝌蚪全长 64.0 mm，头体长 23.0 mm；背面黑褐色，尾鳍有灰褐色细点；唇齿式多为 I : 4+4/4+4 : I；唇缘窄，仅上唇中央微缺乳突，口角副突少或无。

　　【生物学资料】　该蟾生活于海拔 2 200 ～ 4 000 m 山区的中小型溪流中及其附近，捕食多种昆虫及其他小动物。5 ～ 7 月繁殖，卵群黏附在石块底面。蝌蚪多在小溪水凼内，底栖。

　　【种群状态】　中国特有种。种群数量较多。

　　【濒危等级】　无危（LC）。

　　【地理分布】　甘肃（文县）、四川（甘孜、道孚、炉霍、理塘、雅江、乡城、稻城、康定、丹巴、小金、马尔康、红原县刷经寺镇、松潘、理县、黑水）、云南（香格里拉）。

图 102-1　胸腺猫眼蟾 *Scutiger (Aelurophryne) glandulatus* 雄蟾
A、背面观（四川康定，费梁）　B、腹面观（四川康定，李健）

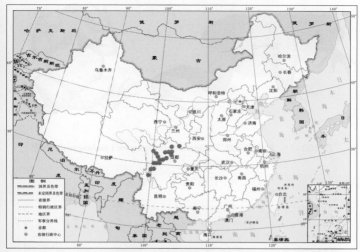

图 102-2 胸腺猫眼蟾 *Scutiger (Aelurophryne) glandulatus* 地理分布

103. 九龙猫眼蟾 *Scutiger (Aelurophryne) jiulongensis* Fei, Ye and Jiang, 1995

【英文名称】 Jiulong Cat-eyed Toad.

【形态特征】 体形肥硕，雄蟾体长 67.0 ～ 82.0 mm。头较扁平，头宽大于头长，吻端圆，瞳孔纵置；无鼓膜和鼓环，耳柱骨短小；上颌无齿，无犁骨齿。背面皮肤松厚，具大而扁平的圆疣；整个腹面皮肤光滑或略显皱纹状，腋腺远小于胸腺。后肢前伸贴体时胫跗关节达肩部与口角之间，左右跟部不相遇，跗底面光滑无疣粒；无股后腺；内跖突卵圆形，无外跖突；趾侧缘膜明显，趾间微蹼或 1/4 蹼。体背面棕褐色或暗橄榄褐色；背部疣粒周围深褐色，形成圆形斑；腹面灰黄色，无斑纹。雄性第 1、2 指具锥状大黑刺，胸部刺团 2 对，内侧 1 对大，刺较大，每 10.0 mm² 内有刺约 63 枚；外侧 1 对小，其上刺粒比内侧刺小；无声囊，无雄性线。卵径 3.0 ～ 3.6 mm，动物极灰色，植物极乳黄色。蝌蚪身体肥硕，尾短，全长 56.0 mm 时，头体长 23.0 mm 左右；体尾灰褐色或灰棕色，无明显斑纹；唇齿式为 I ：3+3/4+4（或 3+3）：I；口周围均有乳突或上唇中央缺乳突；

A   B

图 103-1　九龙猫眼蟾 *Scutiger (Aelurophryne) jiulongensis* 雄蟾
（四川九龙，李健）
A、背面观　B、腹面观

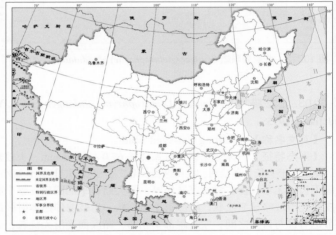

图 103-2　九龙猫眼蟾 *Scutiger (Aelurophryne) jiulongensis* 地理分布

口角部无副突或甚少。

　　【生物学资料】　该蟾生活于海拔 3 120 ～ 3 750 m 高山的泉水
溪流边或浸水沼泽地水凼内石块下或泥窝内。5月下旬至 6 月初繁殖，
卵产在水内石底面或水凼边苔藓或杂草根部，两个卵群共有卵 1 980
粒。蝌蚪生活于泉水凼或溪边石下。

　　【种群状态】　中国特有种。仅 1 个分布点，种群数量较少。

【濒危等级】　易危（VU）。
【地理分布】　四川（九龙）。

104. 圆疣猫眼蟾 *Scutiger (Aelurophryne) tuberculatus* Liu and Fei, 1979

【英文名称】　Round-tubercled Cat-eyed Toad.

【形态特征】　体形肥硕，雄蟾体长 68.0～76.0 mm，雌蟾体长 64.0～79.0 mm。头宽扁，头宽大于头长，吻端圆，瞳孔纵置；无鼓膜和鼓环，无耳柱骨；上颌无齿，无犁骨齿。体背面高大、圆疣多，排列不规则或略成 6～8 行。四肢背面疣较少而小，股后部有疣粒；腋腺远小于胸腺。前肢粗壮，前臂及手长约为体长之半；后肢前伸贴体时胫跗关节仅达肩前，跗底面光滑无疣；无股后腺；内跗突长圆形，无外跗突；趾侧缘膜很窄，趾间具蹼迹。体背面深绿灰色或棕黄色，两眼间有棕褐色三角斑，有的向肩部延伸，与背部色斑相连；整个腹面紫灰肉色。雄性第 1、2 指婚刺大，呈锥状，胸部刺团 2 对，内者大，其上黑刺极细小而密集，每 10.0 mm² 内有刺 421 枚左右；无声囊，无雄性线。卵径 3.0 mm，动物极灰蓝色，植物极乳白色。蝌蚪体小而细长，全长 48.0 mm，头体长 19.0 mm；尾鳍起于第 3 尾肌节，尾末端圆；背面绿灰色，有斑点；唇齿式多为 I : 2+2（或 3+3）/3+3 : I，唇缘宽；唇周围均有乳突，口角部

图 104-1　圆疣猫眼蟾 *Scutiger (Aelurophryne) tuberculatus* 雄蟾
（四川越西，费梁）
A、背面观　B、腹面观

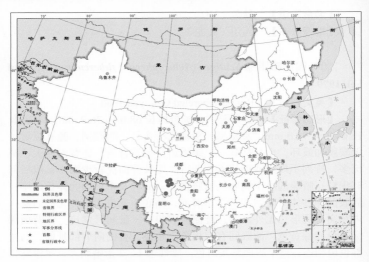

图 104-1　圆疣猫眼蟾 *Scutiger (Aelurophryne) tuberculatus* 地理分布

位无副突。

【生物学资料】　该蟾生活于海拔 2 600 ~ 3 750 m 山区林木繁茂的中小型溪流内或溪岸两侧。捕食昆虫等小型动物。5 ~ 7 月为繁殖期，卵群呈圆形或片状，黏附在石底面。蝌蚪生活于溪流回水凼内石间，小支流内数量较多。

【种群状态】　中国特有种。种群数量较少。

【濒危等级】　易危（VU）。

【地理分布】　四川（冕宁、越西、西昌、盐边、攀枝花）。

刺胸猫眼蟾种组 *Scutiger (Aelurophryne) mammatus* group

105. 刺胸猫眼蟾 *Scutiger (Aelurophryne) mammatus* (Günther, 1896)

【英文名称】　Spiny-chested Cat-eyed Toad.

【形态特征】　体形肥硕，雄蟾体长 62.0 ～ 81.0 mm，雌蟾体长 61.0 ～ 78.0 mm。头较扁平，头宽略大于头长，吻端圆，瞳孔纵置；无鼓膜和鼓环，耳柱骨多短小或无；上颌多无齿或有小齿突，无犁骨齿。背部疣粒扁平；腋腺远小于胸腺；变异个体全身布满大小瘰疣。前臂及手长约为体长之半；后肢前伸贴体时胫跗关节达肩部或口角；跖底面光滑无疣；无股后腺；趾侧缘膜宽，第 4 趾具 1/3 ～ 1/2 蹼。

A   B

图 105-1　刺胸猫眼蟾 *Scutiger (Aelurophryne) mammatus* 雄蟾
A、背面观（四川康定，费梁）　B、腹面观（四川康定，李健）

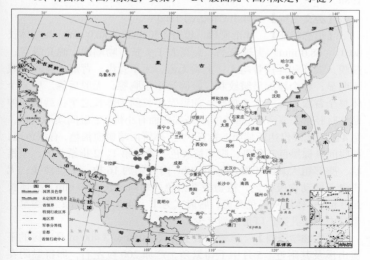

图 105-2　刺胸猫眼蟾 *Scutiger (Aelurophryne) mammatus* 地理分布

体背面暗橄榄褐色，两眼间有酱黑色三角斑；腹面黄灰色。雄性内侧 2 指婚刺大，胸部刺团 1 对，其上黑刺较大而稀疏，每 10.0 mm^2 内有刺 105 枚左右。卵径 2.1 ～ 3.3 mm，动物极浅灰色，植物极乳白色。蝌蚪全长 61.0 mm，头体长 25.0 mm 左右；背面灰棕色，尾部无斑点；尾鳍起于第 2 尾肌节；尾末端钝圆；唇齿式多为 I ： 5+5（或 4+4）/5+5（或 4+4）： I；唇缘窄，仅上唇中央缺乳突 1 ～ 2 个；口角部副突少。

【生物学资料】　该蟾生活于海拔 2 600 ～ 4 200 m 高原高寒山区的中小型山溪或泉水石滩地及其附近。6 ～ 8 月繁殖，产卵485 ～ 718 粒，呈团状或环状。蝌蚪在溪边石下回水凼内。

【种群状态】　中国特有种。种群数量较多。

【濒危等级】　无危（LC）。

【地理分布】　青海（玉树、囊谦、班玛）、四川（康定、炉霍、德格、巴塘）、西藏（八宿、察隅、芒康、江达、昌都市郊区、类乌齐）、云南（德钦）。

106. 木里猫眼蟾 *Scutiger (Aelurophryne) muliensis* Fei and Ye, 1986

【英文名称】　Muli Cat-eyed Toad.

【形态特征】　体形肥硕，雄蟾体长 68.0 ～ 80.0 mm，雌蟾体长60.0 ～ 68.0 mm。头较扁平，头宽大于头长，吻端圆，瞳孔纵置；鼓膜、鼓环和耳柱骨均无；上颌无齿，无犁骨齿。背部疣粒较小或不明显；整个腹面呈皱纹状，腋腺远小于胸腺，无股后腺。变异个体整个背腹面布满大小瘰疣。前臂及手长约为体长之半；后肢前伸贴体时胫跗关节达肩部或口角；跖部底面有小疣粒；趾间蹼不发达，第 4 趾两侧蹼仅达近端第 1 关节下瘤。体背面暗橄榄褐色，有深色斑，两眼间具棕黑色三角斑；腹部黄灰色。雄性第 1、2 指婚刺大，呈锥状，胸部粗大刺团 1 对，每 10 mm^2 内有刺约 16 枚；无雄性线；无声囊。卵动物极棕色，植物极乳白色。蝌蚪全长 49.0 mm，头体长20.0 mm；体尾灰褐色无斑；唇齿式为 I ： 4+4/4+4 ： I；唇缘窄，上唇中央缺乳突；口角部副突少。

【生物学资料】　该蟾生活于海拔 3 050 ～ 3 400 m 高山区的平缓山溪及其附近。5 月中下旬繁殖，产卵 200 粒左右，卵群黏附在石块底面，呈团状或圆环状，卵径 2.6 ～ 2.8 mm。蝌蚪栖于溪流水底。

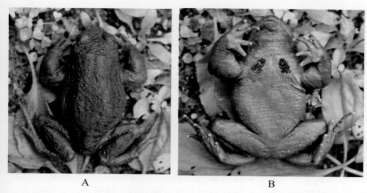

图 106-1　木里猫眼蟾 *Scutiger (Aelurophryne) muliensis* 雄蟾

（四川木里，费梁）

A、背面观　B、腹面观

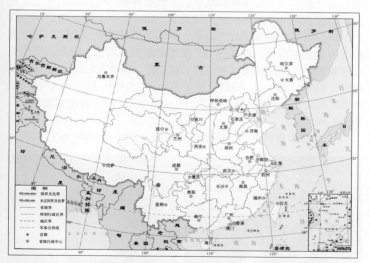

图 106-2　木里猫眼蟾 *Scutiger (Aelurophryne) muliensis* 地理分布

【种群状态】　中国特有种。种群数量很少。

【濒危等级】　濒危（EN）。

【地理分布】　四川（木里）。

齿突蟾亚属 *Scutiger (Scutiger)* Theobald, 1868

金顶齿突蟾种组 *Scutiger (Scutiger) chintingensis* group

107. 金顶齿突蟾 *Scutiger (Scutiger) chintingensis* Liu and Hu, 1960

【英文名称】　Chinting Alpine Toad.

【形态特征】　雄蟾体长 42.0 ～ 50.0 mm，雌蟾体长 48.0 ～ 53.0 mm。头扁平而窄长，头的长宽几乎相等，吻端钝圆，瞳孔纵置；鼓膜、鼓环和耳柱骨均无；无犁骨齿，上颌齿较发达。体背面疣长而显著，肩上方或体背侧中部有 1 对长弧形的腺褶，体背后部有长短不等的腺褶和小刺疣，胫部背面和跗部外缘具腺体；腋腺略小于胸腺，有股后腺。前臂及手长为体长之半；后肢前伸贴体时胫跗关节达鼓膜部位，左右跟部不相遇；趾间缘膜窄，第 4 趾显微蹼。体背面棕红色，杂以金黄色和橄榄棕色细点，两眼间有棕黑色三角斑；整个腹面有灰棕色细麻斑。雄性内侧 3 指婚刺细密，前肢上臂和前臂内侧也有细刺团；胸部刺团 2 对，其上刺细密。卵径 3.5 mm，动物极灰褐色，植物极乳白色。蝌蚪全长 35.0 mm，头体长 14.0 mm；尾末端钝圆；唇齿式多为 I：3+3/2+2：I；唇缘宽，仅上唇正中无乳突，唇齿短而弱。

【生物学资料】　该蟾生活于海拔 2 500 ～ 3 050 m 的山区顶

图 107–1　金顶齿突蟾 *Scutiger (Scutiger) chintingensis* 雄蟾(四川洪雅，费梁)
A、背面观　B、腹面观

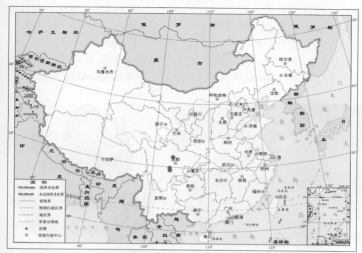

图 107-2　金顶齿突蟾 *Scutiger (Scutiger) chintingensis* 地理分布

部小溪及其附近。成蟾营陆栖生活，5 月底至 6 月繁殖，夜间发出
"咯——咯——"的鸣叫声。产卵 130 ～ 164 粒，黏附在石块底面，
呈团状或环状。蝌蚪栖于小溪水凼或缓流处石下。

【种群状态】　中国特有种。各分布点种群数量很少。

【濒危等级】　濒危（EN）。

【地理分布】　四川（峨眉山、洪雅、汶川）。

108. 平武齿突蟾 *Scutiger (Scutiger) pingwuensis* Liu and Tian, 1978

【英文名称】　Pingwu Alpine Toad.

【形态特征】　雄蟾体长 61.0 ～ 76.0 mm，雌蟾体长 78.0 mm
左右。头部扁平，头宽大于头长，吻端钝圆，瞳孔纵置；鼓膜、鼓
环和耳柱骨均无；无犁骨齿和上颌齿。除枕部光滑外，周身布满瘰
疣（雌蟾腹部光滑），有小黑刺 1 ～ 3 枚，体侧的瘰疣达 10 余枚；
腋腺小于胸腺，无股后腺。前臂及手长超过体长之半；后肢前伸贴
体时胫跗关节达肩部或口角，左右跟部不相遇或仅相遇；趾侧缘膜
显著，基部相连成微蹼。体背面橄榄棕色，其上缀以不规则橘黄色

229

圆斑；腹面浅灰色，无明显斑纹。雄性内侧 3 指婚刺细密，胸部细密刺团 2 对；前肢内侧及体腹部有大小刺团。卵径 4.0 mm 左右，动物极浅灰褐色，植物极乳白色。蝌蚪全长 36.0 mm，头体长 14.0 mm 左右；体扁平，上尾鳍起自第 3 至第 4 尾肌节；唇齿式多为 Ⅰ：2+2/3+3：Ⅰ，唇缘较宽，仅上唇正中无乳突，口角无副突。

图 108-1　平武齿突蟾 *Scutiger (Scutiger) pingwuensis* 雄蟾

A、背面观（四川平武，费梁）　B、腹面观（四川平武，李健）

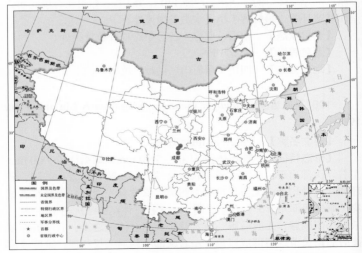

图 108-2　平武齿突蟾 *Scutiger (Scutiger) pingwuensis* 地理分布

【生物学资料】　　该蟾生活于海拔 2 100 ～ 2 200 m 山区的小型山溪及其附近森林中。6 月繁殖，产卵 505 粒左右，卵群呈环状，黏附在水内石底面。蝌蚪在小溪水凼内石块间。

【种群状态】　　中国特有种。各分布点种群数量很少。

【濒危等级】　　濒危（EN）。

【地理分布】　　四川（北川、平武）、甘肃（文县）。

西藏齿突蟾种组 *Scutiger (Scutiger) boulengeri* group

109. 西藏齿突蟾 *Scutiger (Scutiger) boulengeri* (Bedriaga, 1898)

【英文名称】　　Xizang Alpine Toad.

【形态特征】　　雄蟾体长 48.0 ～ 59.0 mm，雌蟾体长 56.0 ～ 68.0 mm。头较扁平，头长略大于头宽，吻端圆，瞳孔纵置；无鼓膜和鼓环，耳柱骨短小或无；无犁骨齿，上颌无齿或有小齿突。体和四肢背面布满刺疣；腋腺略小于胸腺，无股后腺。前臂及手长不到体长之半；后肢前伸贴体时胫跗关节达肩部；内跖突窄长，无外跖突；趾侧缘膜宽，第 4 趾具 1/3 至 1/2 蹼。体背面暗橄榄绿色、灰褐色，两眼间有褐色三角斑；腹面浅米黄色或肉色。雄性内侧 3 指婚刺细密，胸部有细密刺团 2 对；腹部刺疣成群。卵径 3.0 mm，动物极紫灰色，植物极乳白色。蝌蚪全长 60.0 mm，头体长 24.0 mm 左右；上尾鳍起于第 1 肌节后方，尾末端钝圆；体背面灰橄榄色，尾部色浅，有

图 109-1　西藏齿突蟾 *Scutiger (Scutiger) boulengeri* 雄蟾（西藏拉萨，费梁）
A、背面观　B、腹面观

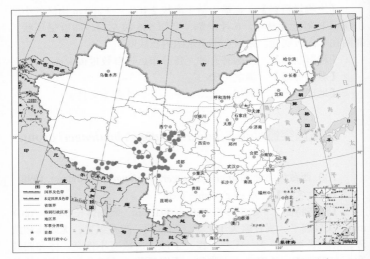

图 109-2　西藏齿突蟾 *Scutiger (Scutiger) boulengeri* 地理分布

深色云斑；唇齿式多为Ⅰ：5+5（或 6+6）/5+5（或 6+6）：Ⅰ；唇缘窄，唇乳突仅在上唇中央缺 1～2 个，副突有角质齿。

　　【生物学资料】　该蟾生活于海拔 3 300～5 100 m 高山或高原的小山溪、泉水石滩地或古冰川湖边。成蟾以陆栖为主，捕食昆虫及小动物。6～8 月繁殖，产卵 380 粒左右。卵产于小溪近源处石底面，呈团状或环状。蝌蚪多在溪流的缓流处石下。

　　【种群状态】　该种分布甚宽，种群数量较多。

　　【濒危等级】　无危（LC）。

　　【地理分布】　青海（东部和南部）、甘肃（卓尼、榆中、碌曲县郎木寺镇）、西藏（东部和南部）、四川（甘孜、阿坝）等地；尼泊尔。

110. 六盘齿突蟾 *Scutiger (Scutiger) liupanensis* Huang, 1985

　　【英文名称】　Liupan Alpine Toad.

　　【形态特征】　雄蟾体长 41.0～48.0 mm，雌蟾体长 52.0～60.0 mm。头扁平，头长略小于头宽；吻端钝圆，瞳孔纵置；无鼓膜和鼓环，耳柱骨较长；上颌有齿突，无犁骨齿。背面布满刺疣；腋腺略小于胸腺，无股后腺。前臂及手长略超过体长之半，雌性相对较短；后肢前伸贴体时胫跗关节达肩部；跗底面无疣，内跖突窄长，无外跖突；趾侧缘膜窄，第4趾具1/5蹼。体背面橄榄棕色，两眼间有深褐色三角斑；四肢背面无横纹；腹面肉黄色。雄性内侧3指婚刺细密；胸部细密刺团2对；腹部刺群窄长，在腹中部呈纵长排列；

图 110-1　六盘齿突蟾 *Scutiger (Scutiger) liupanensis* 雄蟾

A、背面观（宁夏泾源，李健）　B、腹面观（宁夏泾源，费梁）

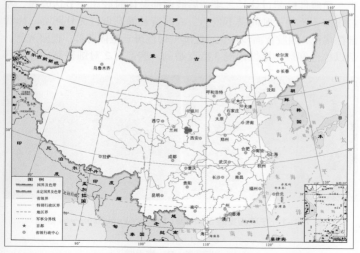

图 110-2　六盘齿突蟾 *Scutiger (Scutiger) liupanensis* 地理分布

233

无声囊及雄性线。卵径 2.8～3.7mm；动物极紫灰色，植物极乳白色。蝌蚪全长 54.0 mm，头体长 22.0 mm；背面棕橄榄色，散以深褐色小点；尾部有深色小点，末端钝圆；唇齿式多为 Ⅰ：6+6/6+6：Ⅰ；唇缘窄，仅上唇中央缺乳突 1～2 个，口角副突有角质齿。

【生物学资料】　该蟾生活于海拔 1 900～2 500 m 植被较繁茂的山区中小型溪流。4 月下旬至 6 月中旬繁殖，产卵 350 粒左右。卵产在溪内石块底面，呈环状。蝌蚪在溪流内石间。

【种群状态】　中国特有种。仅发现 1 个分布点，其种群数量少。

【濒危等级】　易危（VU）。

【地理分布】　宁夏（泾源六盘山）、甘肃（平凉市郊区、庄浪）。

111. 宁陕齿突蟾 Scutiger (Scutiger) ningshanensis Fang, 1985

【英文名称】　Ningshan Alpine Toad.

【形态特征】　体形扁而窄长，雄蟾体长 44.0～51.0 mm，雌蟾体长 41.0～53.0 mm。头扁平，头宽略大于头长；吻端较钝圆，瞳孔纵置；鼓膜不明显，上颌有小齿，无犁骨齿。头部有黑刺；背部大疣粒排列成纵行（雄性）或断续形成 4 条纵肤褶（雌性），有黑刺；腋腺略小于胸腺，无股后腺。前臂及手长，雄性小于体长之半，而雌性略超过体长之半；后肢前伸贴体时跗跖关节达鼓膜，左右跟部不重叠；趾间蹼不发达；内跖突长椭圆形，无外跖突。体背部棕褐色，四肢背面浅褐色，枕部黑褐色斑延至体背部；腹面灰色，杂以棕色麻斑。雄性内侧 3 指有婚刺，胸部有 2 对细密刺团，腹部

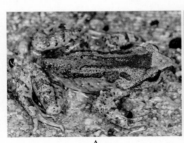 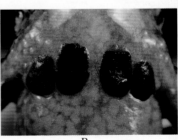

图 111-1　宁陕齿突蟾 Scutiger (Scutiger) ningshanensis 雄蟾

（陕西宁陕，王吉申）

A、背面观　B、腹面观

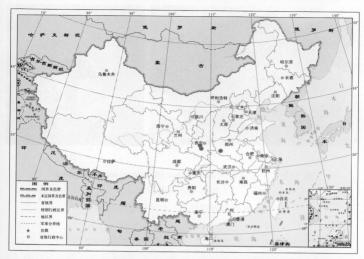

图 111–2　宁陕齿突蟾 *Scutiger (Scutiger) ningshanensis* 地理分布

两侧各有 10 多个刺群。蝌蚪全长 55.0 mm，头体长 21.0 mm 左右；头体和尾部紫褐色，体尾交界处和尾肌上部有浅黄色斑；唇齿式为 Ⅰ：5+5/5+5：Ⅰ，口角处副突较多，其上刺少。

　　【生物学资料】　　该蟾生活于海拔 1 970～2 550 m 植被较稀疏的山区林下草丛中。蝌蚪在小溪内。

　　【种群状态】　　中国特有种。各分布点种群数量很少。

　　【濒危等级】　　濒危（EN）。

　　【地理分布】　　陕西（宁陕、周至）、河南（内乡伏牛山）。

112. 王朗齿突蟾 *Scutiger (Scutiger) wanglangensis* Ye and Fei, 2007

　　【英文名称】　　Wanglang Alpine Toad.

　　【形态特征】　　雄蟾体长 53.0～58.0 mm，雌蟾体长 64.0 mm 左右。头较扁平，头长略小于头宽，吻端圆，无鼓膜和鼓环；上颌有齿突，犁骨齿。背部布满大小刺疣（雌蟾背疣上无刺）；腋腺略小于胸腺，无股后腺。前臂及手长不到体长之半；指端圆；后肢前伸贴体时胫跗关节达肩部（雌蟾达肩部后方），左右跟部不相遇，

A B

图 112-1　王朗齿突蟾 *Scutiger (Scutiger) wanglangensis*

（四川平武，费梁）

A、雌雄抱对背面观　B、雄蟾腹面观

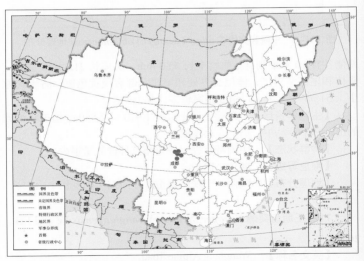

图 112-2　王朗齿突蟾 *Scutiger (Scutiger) wanglangensis* 地理分布

胫长为体长 40% 左右（雌蟾为 35% 左右）；趾间微蹼至 1/3 蹼；内
跖突窄长，无外跖突。体和四肢背面为灰橄榄色或灰褐色，两眼间
常有 1 个褐色三角斑，向后延伸与背部褐色斑相混杂；四肢背面多

无横纹；咽喉部米黄色，雄蛙腹部多无斑；雌蛙咽喉部灰色，胸腹部及四肢腹面有深灰色网状斑。雄蟾内侧 3 指有细密婚刺；胸部刺团 2 对，其上刺细密；腹部刺群纵长呈宽带状；无声囊，无雄性线。卵径 3.0 mm 左右，动物极灰色，植物极乳白色。

【生物学资料】　该蟾生活于海拔 2 200 ～ 2 800 m 林木繁茂山区小溪流的石下或岸边土洞内。5 月中旬至 6 月中旬繁殖，卵群黏附在溪内石块底面，呈环状，含卵 204 ～ 232 粒。

【种群状态】　中国特有种。各分布点种群数量较少。

【濒危等级】　费梁等（2010）建议列为易危（VU）；蒋志刚等（2016）列为易危（VU）。

【地理分布】　四川（北川、九寨沟、平武、青川）、甘肃（文县）。

锡金齿突蟾种组 *Scutiger (Scutiger) sikimmensis* group

113. 花齿突蟾 *Scutiger (Scutiger) maculatus* (Liu, 1950)

【英文名称】　Piebald Alpine Toad.

【形态特征】　雄蟾体长 65.0 mm，雌蟾体长 69.0 mm。头部扁平，头宽略大于头长；鼓膜、鼓环和耳柱骨均无；上颌齿明显，无犁骨齿。体背面布满大圆疣；腹面皮肤光滑，腋腺小于胸腺，无股后腺。前

A　　　　　　　　B

图 113-1　花齿突蟾 *Scutiger (Scutiger) maculatus* 雄蟾（西藏江达，李健）
A、背面观　B、腹面观

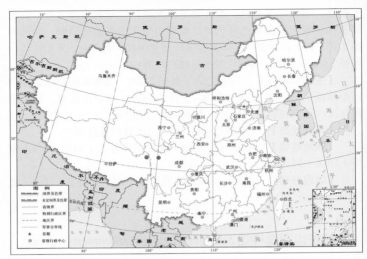

图 113-2 花齿突蟾 *Scutiger（Scutiger）maculatus* 地理分布

臂及手长约为体长之半，掌突 2，内侧者大而扁平，外侧者小而隆起，指端圆球状；后肢前伸贴体时胫跗关节达肩部，左右跟部不相遇，胫长为体长的 38% ～ 39%；趾端钝圆；趾侧缘膜较发达，第 4 趾约 1/3 蹼；内跖突窄长，无外跖突。背面为灰橄榄绿色，两眼间三角斑呈黑褐色；背疣顶端色浅，基部周围黑褐色，背侧圆疣黄白色；腹面灰黄白色或略带肉色。雄蟾内侧 3 指婚刺密集；胸腺刺团 2 对，其上黑刺细密；无声囊，无雄性线。

【生物学资料】　该蟾生活于海拔 3 300 ～ 3 500 m 的高山区。在西藏江达一泉水溪流内发现雌雄成蟾各 1 只，栖于该溪流边的大石下，在同一溪流内未发现蝌蚪及卵群。

【种群状态】　中国特有种。各分布点种群数量极少。

【濒危等级】　极危（CR）。

【地理分布】　四川（炉霍县朱倭乡）、西藏（江达县同普乡）。

114. 林芝齿突蟾 *Scutiger (Scutiger) nyingchiensis* Fei, 1977

【英文名称】　Nyingchi Alpine Toad.

【形态特征】　雄蟾体长 51.0 ～ 64.0 mm，雌蟾体长 70.0 mm 左

图 114-1 林芝齿突蟾 *Scutiger* (*Scutiger*) *nyingchiensis* 雄蟾
A、背面观（西藏林芝，王宜生） B、腹面观（西藏林芝，费梁）

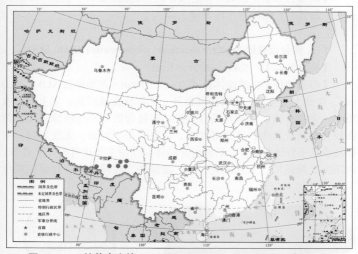

图 114-2 林芝齿突蟾 *Scutiger* (*Scutiger*) *nyingchiensis* 地理分布

右。头宽略大于头长，无鼓膜和鼓环，耳柱骨较长；上颌齿明显，
无犁骨齿。体背部布满长或短的大疣，略排成纵行，其上大黑刺 1～7
枚；四肢背面亦有刺疣；腹面光滑，腋腺略小于胸腺，无股后腺。
前臂及手长约为体长之半；后肢前伸贴体时胫跗关节达肩前部；指、
趾端圆，趾侧具缘膜，第 4 趾具 1/5 蹼。背面深灰橄榄色，两眼
间有三角形黑褐色斑；前臂及胫部横斑不规则；咽喉部及四肢腹面
浅肉紫色，胸腹部灰黄褐色。雄性内侧 3 指婚刺细密，胸部刺团 2 对，

239

刺细密；无声囊，无雄性线。卵径 2.3 ～ 3.3 mm，动物极灰白色，植物极乳白色。蝌蚪全长 58.0 mm，头体长 22.0 mm 左右；体背面褐色带绿，上尾鳍起于第 1 尾肌节后方，具黑点或褐色云斑，尾末端钝圆。唇齿式多为 Ⅰ：4+4/4+4：Ⅰ；仅上唇中央缺乳突 2 ～ 3 个，口角部具副突，有的具角质齿。

【生物学资料】　该蟾生活于海拔 2 700 ～ 3 200 m 林木茂密的山区。成蟾营陆栖生活，5 月下旬至 6 月繁殖，卵群黏附在溪流内石底面或倒木底面，有卵 1 000 粒左右。蝌蚪在溪边石下。

【种群状态】　各分布点种群数量稀少。

【濒危等级】　近危（NT）。

【地理分布】　西藏（林芝市郊区、墨脱、波密、朗县、米林、亚东、洛扎）；尼泊尔（西北部）。

115. 锡金齿突蟾 Scutiger (Scutiger) sikimmensis (Blyth, 1854)

【英文名称】　Sikkim Alpine Toad.

【形态特征】　雄蟾体长 47.0 ～ 55.0 mm，雌蟾体长 54.0 ～ 61.0 mm。头宽大于头长；无鼓膜和鼓环，无耳柱骨或较弱；无上颌齿或短小，无犁骨齿。背面布满有刺疣；四肢背面有肥厚腺体，仅头背面较光滑或疣粒少；体腹部光滑，腋腺略小于胸腺，无股后腺。前臂及手长不到体长之半，后肢前伸贴体时胫跗关节达肩后方或肩部；内跗突长椭圆形，无外跗突；指、趾端圆，趾间无蹼。背面棕灰色

图 115-1　锡金齿突蟾 Scutiger (Scutiger) sikimmensis 雄蟾

A、背面观（西藏亚东，王宜生）　B、腹面观（西藏亚东，李健）

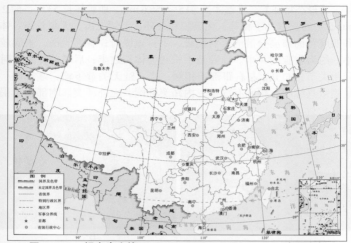

图 115–2　锡金齿突蟾 *Scutiger (Scutiger) sikimmensis* 地理分布

或灰橄榄色，眼间有黑褐色三角斑，且向后延伸与背部疣粒斑纹相连；腹面有灰褐色网状斑。雄性内侧 3 指婚刺大而疏；胸部刺团 2 对，刺细密；无声囊，无雄性线。卵径 3.0 ～ 3.8 mm，动物极紫灰色，植物极乳白色。蝌蚪全长 53.0 mm，头体长 21.0 mm，尾末端钝圆；背面橄榄棕色，尾上有褐色云斑；唇齿式多为Ⅰ：2+2（或 3+3）/3+3：Ⅰ；唇缘宽，仅上唇中央缺 1 ～ 2 个，口角部无副突。

【生物学资料】　该蟾生活于海拔 2 700 ～ 4 200 m 山区溪流和沼泽地内石块或倒木下。成体营陆栖生活，5 ～ 6 月繁殖，卵群呈团状或环状，有卵 480 ～ 794 粒，黏附在石底面。蝌蚪在溪流缓流处或回水凼内。

【种群状态】　中国为次要分布区，其种群数量少。

【濒危等级】　易危（VU）；蒋志刚等（2016）列为近危（NT）。

【地理分布】　西藏（聂拉木、亚东、错那）；尼泊尔、印度（梅加拉亚、锡金）。

116. 刺疣齿突蟾 *Scutiger (Scutiger) spinosus* Jiang, Wang, Li and Che, 2016

【英文名称】　Spiny Alpine Toad；Spiny Lazy Toad.

【形态特征】 雄蟾体长 50.5 ~ 55.6 mm，雌蟾体长 53.8 ~ 57.2 mm。头的长宽几乎相等，无鼓膜和鼓环；上颌无齿，无犁骨齿。体和四肢背面布满分散的锥状刺疣，不排成纵行；腹面光滑，腋腺较小，约为胸腺的一半。前臂及手长约为体长之半；后肢前伸贴体时胫跗关节达口角，左右跟部不相触；指、趾无关节下瘤，端部圆；趾侧微具缘膜，趾间有蹼迹，内跖突椭圆，无外跖突。吻部浅黄褐

A   B

图 116-1 刺疣齿突蟾 *Scutiger (Scutiger) spinosus*

（西藏，Jiang K, et al., 2016）

A、雌雄抱对背面观 B、雄蟾腹面观

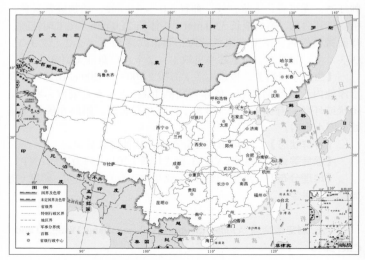

图 116-2 刺疣齿突蟾 *Scutiger (Scutiger) spinosus* 地理分布

色，眼后及背部深灰褐色；体侧和体腹面肉色或浅黄色，前臂及股、胫部横斑略微明显或不明显。雄性内侧 3 指婚刺细密，胸部细密刺团 2 对；无声囊，无雄性线。卵群呈团状。

【生物学资料】　该蟾生活于海拔 2 705 m 左右林木茂密、环境潮湿的山区。成蟾营陆栖生活，6 月繁殖，卵群团状黏附在溪流水塘内石下或倒木底面。蝌蚪在溪边石下，属越冬型。

【种群状态】　中国特有种。仅 1 个分布点，种群数量不详。

【濒危等级】　未予评估（NE）。

【地理分布】　西藏（墨脱）。

（二二）拟髭蟾属 *Leptobrachium* Tschudi, 1838

117. 邦普拟髭蟾 *Leptobrachium bompu* Sondhi and Ohler, 2011

【英文名称】　Bompu Pseudomoustache Toad.

【形态特征】　雄蟾体长 50.0 ～ 53.5 mm。头大而宽扁，头宽大于头长，瞳孔纵置；鼓膜不清楚；上颌齿发达，无犁骨齿。体背面有网状肤棱；四肢背面有长肤棱；颏部、咽喉和胸腹以及股部腹面布满扁平疣粒；有腋腺和股后腺。前臂及手长于体长之半，指间无蹼，指、趾端圆；关节下瘤间有断续肤棱；有内、外掌突，第

A   B

图 117-1　邦普拟髭蟾 *Leptobrachium bompu* 雄蟾

（西藏墨脱 , Liang X X, et al., 2017）

A、背面观　B、腹面观

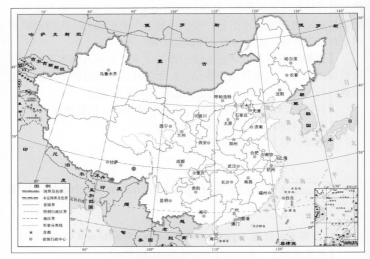

图 117-2　邦普拟髭蟾 *Leptobrachium bompu* 地理分布

1、2 指几乎等长。后肢前伸贴体时胫跗关节达眼后角，胫长为头体长的 40%；内跖突长而清楚，略短于第 1 指，无外跖突；指、趾腹面有肤棱，末端圆；趾间约半蹼。活体背面多为浅灰褐色，有黑褐色斑纹；眼球蓝灰色或黑褐色或黑色；四肢背面有黑色横纹；咽胸部、腹部和四肢腹面为深紫色，均布满乳白色痣粒。雄蟾上唇无锥状角质刺，声囊孔小，有内声囊；指上无婚垫。蝌蚪（35～37 期）全长 69.1～74.8 mm，头体长 23.7～25.5mm，头体黄褐色；体尾均有深色斑点；尾肌甚发达，尾末端钝圆；唇齿式为 I：4+4-5+5/4+4-5+5：I。

　　【生物学资料】　该蟾生活于海拔 1 455～1 940 m 常绿阔叶林区的小溪流（宽度 1.0 m 以下）及其附近。该成蟾栖息在落叶间，4 月中下旬雨后，成蟾在傍晚发出 "kek, kek, kek, kek" 的鸣声，每次连续鸣叫 4 声，鸣声大；晚上鸣声较多。溪流内可见到 35～37 期蝌蚪。

　　【种群状态】　中国特有种。在墨脱地区发现两个分布点，其种群数量稀少。

　　【濒危等级】　建议列为近危（NT）。

【地理分布】 西藏（墨脱和邦普）。

118. 沙巴拟髭蟾 *Leptobrachium chapaense* (Bourret, 1937)

【英文名称】 Chapa Pseudomoustache Toad.

【形态特征】 雄蟾体长 46.0 ～ 52.0 mm。头扁而宽，上唇缘

A B

图 118-1　沙巴拟髭蟾 *Leptobrachium chapaense* 雄蟾（云南金平，王剀）

A、背面观　B、腹面观

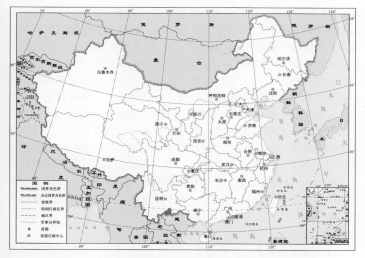

图 118-2　沙巴拟髭蟾 *Leptobrachium chapaense* 地理分布

无角质刺；瞳孔纵置，虹膜颜色很深甚至成为黑色；鼓膜显著或略显；上颌齿发达，无犁骨齿。背部有痣粒组成的网状肤棱；腹面布满痣粒；有腋腺，股后腺不明显。前臂及手长约为体长之半；后肢前伸贴体时胫跗关节达肩后，左右跟部不相遇；内跖突发达，无外跖突；指、趾端圆，趾间具微蹼，趾下有肤棱。背面褐色、黑褐色或紫褐色，并有深色网状纹；颞部多为棕褐色或棕红色；体侧有褐色或黑色斑块；四肢上有黑纹；腹部紫褐色，其上布满白点；胸部两侧略显)(形斑；胯部有月牙形浅色斑；四肢腹面有白色斑。雄性上唇缘没有锥状黑色大刺，有单咽下内声囊，有雄性线。

【生物学资料】　本种生活在山区的溪流附近。

【种群状态】　本种在中国是次要分布区，种群数量稀少。

【濒危等级】　近危（NT）。

【地理分布】　云南（蒙自、金平、屏边）；越南。

119. 广西拟髭蟾 *Leptobrachium guangxiense* Fei, Mo, Ye and Jiang, 2009

【英文名称】　Guangxi Pseudomoustache Toad.

【形态特征】　雄蟾体长 54.0 ～ 58.0 mm，雌蟾体长 63.0 ～ 65.0 mm。头大而宽扁，瞳孔纵置；鼓膜清晰；上颌齿发达，无犁骨齿。体背面有网状肤棱；四肢背面有长肤棱；颞部、咽喉和胸腹以及股部腹面布满扁平疣粒；有腋腺和股后腺。前臂及手长略长于体长之半，指间无蹼，指、趾端圆；关节下瘤间有断续肤棱；内、外掌突近圆形。后肢前伸贴体时胫跗关节达肩前方至鼓膜后方；内跖突椭圆形，无外跖突；指、趾端圆，趾间具微蹼，趾下有肤棱。雄蟾背面多为紫褐色，雌蟾棕褐色或灰棕色有紫黑色斑纹；眼球上部白色或浅蓝色，下部黑棕色；四肢背面有黑色横纹；胯部有浅色月牙形斑；咽胸部浅紫褐色略带棕色，腹部和四肢腹面为深紫褐色,均布满乳白色痣粒。雄蟾有单咽下内声囊；有雄性线；指上无婚垫。5 月雌蟾卵巢内卵径 2.6 mm，动物极黑色，植物极米黄色。蝌蚪全长 76.0 mm，头体长 30.0 mm 左右，尾末端钝圆；头体棕黑色，有少数黑斑；尾部有棕黑色斑点；唇齿式为Ⅰ：8+8/6+6：Ⅰ，上唇中央缺 1 ～ 2 个乳突，口角部位有副突。

【生物学资料】　该蟾生活于海拔 480 ～ 530 m 山区的溪流及其附近杂草丛中。4 ～ 5 月成蟾发出"噢"的单一鸣叫声；溪流内有

          A   B
图 119-1   广西拟髭蟾 *Leptobrachium guangxiense*（广西上思，莫运明）
          A、雌雄抱对背面观 B、雄蟾腹面观

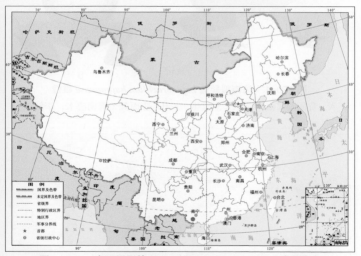

图 119-2   广西拟髭蟾 *Leptobrachium guangxiense* 地理分布

第 36 期蝌蚪及变态期蝌蚪。

　　【种群状态】　中国特有种。各分布点种群数量很少。

　　【濒危等级】　费梁等（2010）建议列为濒危（EN）；蒋志刚等（2016）列为濒危（EN）。

　　【地理分布】　广西（上思县平龙凹）。

120. 海南拟髭蟾 *Leptobrachium hainanense* Ye and Fei, 1993

【英文名称】 Hainan Pseudomoustache Toad.

【形态特征】 雄蟾体长 50.0 ～ 55.0 mm。头大而宽扁，吻部

A   B

图 120-1　海南拟髭蟾 *Leptobrachium hainanense* 雄蟾

A、背面观（海南陵水，王宜生）　B、腹面观（海南陵水，李健）

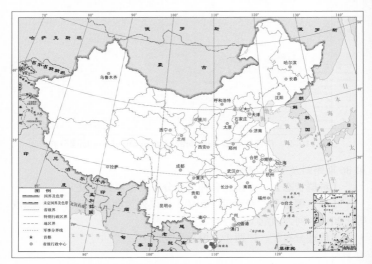

图 120-2　海南拟髭蟾 *Leptobrachium hainanense* 地理分布

宽阔，瞳孔纵置；鼓膜明显；上颌齿发达，无犁骨齿。体背面有小疣粒组成的网状肤棱，腋腺大近圆形，股后腺圆；四肢背面有长肤棱，胯部有浅色月牙形斑。前臂及手长略短于体长之半；后肢前伸贴体时胫跗关节仅达肩部，左右跟部不相遇；趾侧有缘膜，关节下瘤间肤棱明显，第4趾两侧蹼达近端关节下瘤，内跖突椭圆形，无外跖突。背面紫褐色，体背面及体侧有紫黑色小斑点；眼球上半部浅蓝色，下部黑棕色；四肢背面有横纹；腹面正中白色，腹侧及腹后部布满乳白色疣粒。雄性上唇缘没有锥状黑刺，有单咽下内声囊，有雄性线。蝌蚪全长 66.0 mm（大者达 80.0 mm），头体长 25.0 mm；背面褐绿色有黑斑，体尾交界处无 Y 斑，尾部有暗棕色斑点；尾末端钝圆；唇齿式多为 I ∶ 6+6/5+5 ∶ I；上唇中央缺乳突，口角有副突，多有小齿。

【生物学资料】   该蟾生活于海拔 290 ～ 340 m 山间小溪流两侧的坡地草丛中。夜间雄蟾发出"噢"的鸣叫声；捕食多种昆虫及其他小动物。蝌蚪生活于中小型山溪的回水凼内或缓流中。

【种群状态】   中国特有种。各分布点种群数量较少。

【濒危等级】   易危（VU）。

【地理分布】   海南（乐东境内的尖峰岭、琼中境内的五指山、陵水境内的吊罗山）。

121. 华深拟髭蟾 *Leptobrachium huashen* Fei and Ye, 2005

【英文名称】   Huashen Pseudomoustache Toad.

【形态特征】   雄蟾体长 47.0 ～ 51.0 mm，雌蟾体长 60.0 mm 左右。头宽而扁平，其宽大于长，上唇缘无角质刺；鼓膜隐于皮下；瞳孔纵置；上颌齿发达，无犁骨齿。体背面网状肤棱明显或不明显，体侧具疣粒；四肢背面有弱肤棱；腹面布满白色颗粒疣；有腋腺和股后腺。前臂及手长略大于体长之半；后肢前伸贴体时胫跗关节达肩部，左右跟部相距宽；趾侧缘膜窄，趾间具微蹼，关节下瘤间肤棱明显，内跖突与第 1 趾几乎等长，无外跖突。体背面灰褐色或灰棕色，有黑褐色虫纹斑或点状斑；眼的上半部蓝色，下半部褐灰色，体侧有深浅相间斑纹；四肢背面有横斑；体腹面紫罗蓝色，胸部中央色浅，颗粒疣为白色，胸部两侧有)(形斑；胯部有浅色月牙斑。雄蟾上唇缘无锥状角质刺，指上无婚刺；有单咽下内声囊，有粉红色雄性线。蝌蚪全长 84.0 mm，头体长 28.0 mm 左右。体粗壮，尾末端钝尖；

A　　　　　　　　　　　B

图 121-1　华深拟髭蟾 *Leptobrachium huashen* 雄蟾（云南景东，刘炯宇）
A、背面观　B、腹面观

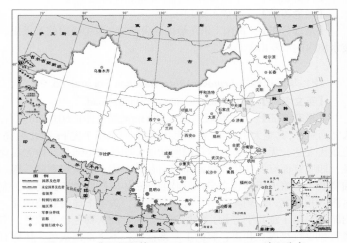

图 121-2　华深拟髭蟾 *Leptobrachium huashen* 地理分布

背部棕色，有黑色花斑，体尾交界处背面有 Y 形斑，尾部斑点小而少；唇齿式多为 Ⅰ：5+5 / 4+4：Ⅰ；唇乳突仅中央部位微缺，口角副突稀疏。

【生物学资料】　成蟾生活于海拔 1 000 ～ 2 400 m 山区的常绿阔叶林小型溪流及其附近草丛或土隙内。2 月繁殖，雄蟾在溪岸边鸣叫。蝌蚪生活于溪流水凼内。

【种群状态】　中国特有种。各分布点种群数量很少。

【濒危等级】　费梁等（2010）建议列为濒危（EN）；蒋志刚等（2016）记载为近危（NT）。

【地理分布】　云南（景东、腾冲大蒿坪、孟连、绿春、景洪市勐养镇、勐腊）。

122. 腾冲拟髭蟾 *Leptobrachium tengchongense* Yang, Wang and Chan, 2016

【英文名称】　Tengchong Pseudomoustache Toad.

【形态特征】　雄蟾体长 41.7 ～ 51.5 mm。头宽略大于头长，上唇缘无角质刺；鼓膜不清楚；瞳孔纵置；上颌齿发达，无犁骨齿。体背面网状肤棱明显，体侧具小疣粒；四肢背面有弱肤棱；腹面布满白色颗粒疣；有腋腺和股后腺。掌突 2 个，内者略大，第 1 指略长第 2 指，指下具肤棱；后肢前伸贴体时胫跗关节达口角后缘，左右跟部不重叠；趾侧缘膜窄，趾间蹼不发达，趾关节下瘤和肤棱

图 122-1　腾冲拟髭蟾 *Leptobrachium tengchongense* 雄蟾

（云南腾冲，Yang J H, et al., 2017）

A、背面观　B、腹面观

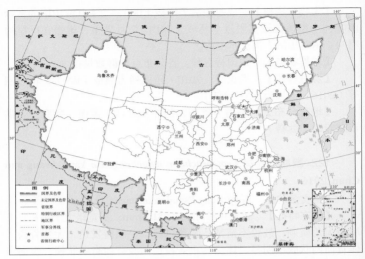

图 122-2　腾冲拟髭蟾 *Leptobrachium tengchongense* 地理分布

不明显，内跖突略短于第 1 趾，无外跖突。体背面粉灰色或灰棕色，有黑褐色虫纹斑或点状斑；眼的上 1/3 浅蓝色，下 2/3 深褐色，眼前下方有 1 个黑色点；体侧上部粉灰色，下部深紫灰色；四肢背面有宽横纹，除胸部色浅外，体腹面为深紫灰色，颗粒疣为白色，胸部两侧有）（形斑。雄蟾上唇缘无锥状角质刺，指上无婚刺。雄蟾上唇无角质刺，口内有大的声囊孔。蝌蚪全长 91.2 mm，头体长 31.6 mm 左右。体椭圆形，尾肌强壮，尾末端钝尖；体尾背面浅褐色，有深褐色斑，体尾交界处背面有浅色 Y 形斑，尾后部斑点小而少；唇齿式多为 I：5+5/4+4：I。

【生物学资料】　成蟾生活于海拔 2 000 ～ 2 900 m 山区的常绿阔叶林小型溪流附近，成蟾常栖于附近的落叶下或土隙内。雄蟾在 3 月常发出鸣叫声。蝌蚪生活于溪流水凼内。

【种群状态】　中国特有种。目前仅发现在云南腾冲大塘地区，种群数量不详。

【濒危等级】　未予评估（NE）。

【地理分布】　云南（腾冲县大塘村）。

（二三）髭蟾属 *Vibrissaphora* Liu, 1945

峨眉髭蟾种组 *Vibrissaphora boringii* group

123. 哀牢髭蟾 *Vibrissaphora ailaonica* Yang, Chen and Ma, 1983

【英文名称】 Ailao Moustache Toad.

【形态特征】 雄蟾体长 69.0 ～ 88.0 mm，雌蟾体长 67.0 ～ 79.0 mm。头宽略大于头长；瞳孔纵置，鼓膜隐蔽；有耳柱骨，无犁骨齿。体背部有痣粒组成的网状肤棱，四肢背面肤棱呈纵行；体腹面布满小疣粒，有腋腺和股后腺。前臂及手长超过体长之半；后肢前伸贴体时胫跗关节达眼后角，左右跟部不相遇；内跖突发达，无外跖突；指、趾端圆，第 4 趾约具 1/3 蹼，趾下关节下瘤间具肤棱。体背面灰紫色或灰褐色，杂有黑色斑；眼部上半部分为浅蓝色，下半部分为黄褐色；前肢横纹少而不明显，后肢横纹显著；腹面乳白色，布满黑色碎云斑。雄性上唇缘有 20 ～ 48 枚锥状大黑刺，排列不规则（雌蟾相应部位为橘红色点）；无声囊。卵粒直径 3.5 mm 左右，呈浅灰白色。蝌蚪全长 94.0 mm，头体长 32.0 mm；背面棕色，体尾交界处有浅色 Y 形斑，尾部有少数棕黑色斑点；唇齿式多为 Ⅰ：5+5/4+4：Ⅰ；上唇中央缺乳突。

【生物学资料】 该蟾生活于海拔 2 200 ～ 2 500 m 的山区溪流及其附近，营陆栖生活。2 月中旬至 3 月入溪繁殖，雌蟾产卵

图 123-1 哀牢髭蟾 *Vibrissaphora ailaonica* 雄蟾背面观（云南景东，费梁）

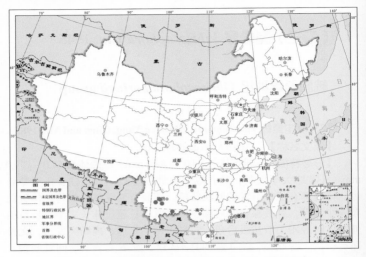

图 123-2　哀牢髭蟾 *Vibrissaphora ailaonica* 地理分布

230 ～ 256 粒，卵群呈环状或片状黏附在石头底面。蝌蚪栖于缓流处或水凼内石下。

　　【种群状态】　　各分布点种群数量稀少。

　　【濒危等级】　　近危（NT）。

　　【地理分布】　　云南（景东、双柏、新平、屏边）；越南（沙巴）。

124. 峨眉髭蟾 *Vibrissaphora boringii* Liu, 1945

　　【英文名称】　　Emei Moustache Toad.

　　【形态特征】　　雄蟾体长 70.0 ～ 89.0 mm，雌蟾体长 59.0 ～ 76.0 mm。头的长宽几乎相等，吻极宽圆而扁，瞳孔纵置；鼓膜隐蔽或略显，有耳柱骨；上颌有齿，无犁骨齿。背部皮肤有网状肤棱，四肢背面细肤棱斜行，体和四肢腹面布满白色小颗粒；有腋腺和股后腺，胯部有 1 个月牙形白色斑。前臂及手长超过体长之半；后肢前伸贴体时胫跗关节达口角；内跖突具游离刃，无外跖突；指、趾端圆，第 4 趾具微蹼，趾下具肤棱。体背面蓝棕色略带紫色；眼睛上半部蓝绿色，下半部深棕色；背面和体侧有深色斑点；四肢背面斑纹不规则；体腹面肉紫色，布满乳白色小点。雄性上唇缘具 10 ～ 16 枚

A   B

图 124-1   峨眉髭蟾 *Vibrissaphora boringii* 雄蟾

A、背面观（四川峨眉山，费梁）   B、腹面观（湖南桑植，费梁）

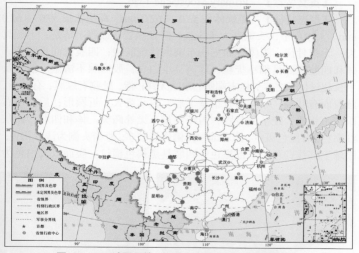

图 124-2   峨眉髭蟾 *Vibrissaphora boringii* 地理分布

锥状大黑刺（雌蟾相应部位为橘红色点），沿上唇缘排列，无声囊、无雄性线。卵径 3.0 mm 左右，灰白色。蝌蚪全长 117.0 mm，头体长 39.0 mm 左右；背面棕灰色，体尾交界处有 1 个浅色 Y 形斑，尾部有灰黑色小云斑，尾末端钝圆；唇齿式多为 Ⅰ：6+6/5+5：Ⅰ；仅上唇中央微缺乳突，口角部副突较多。

【生物学资料】   该蟾生活于海拔 700～1 700 m 植被繁茂的

山溪附近。营陆栖生活。2月下旬至3月中旬繁殖，雄蟾发出"咕——咕——咕"的鸣声。雌蟾产卵250～340粒，卵群贴附在石块底面，呈圆环状。蝌蚪多在溪流回水凼内石间活动。

【种群状态】　中国特有种。各分布点种群数量很少。

【濒危等级】　濒危（EN）。

【地理分布】　重庆（酉阳）、四川（都江堰、峨眉山、筠连）、贵州（印江、江口）、云南（大关）、湖南（桑植）、广西（田林岑王老山）。

125. 原髭蟾 *Vibrissaphora promustache* Rao, Wilkinson and Zhang, 2006

【英文名称】　Primary Moustache Toad.

【形态特征】　雄蟾体长52.0～62.0 mm，雌蟾体长59.0～62.0 mm。头较扁平，头宽略大于头长；瞳孔纵置，鼓膜不清楚；上颌具齿，无犁骨齿。头体背面皮肤布满网状细肤棱；四肢背面具肤棱。体和四肢腹面具细小疣粒；体侧具小白疣，股后腺不清楚。前臂及手长超过体长之半，指末端圆，指间无蹼；指、趾侧有缘膜，有的指、趾腹面有肤棱，第4指有指基下瘤，内掌突大，近圆形；后肢左右跟部不相遇，趾基部具蹼，内跖突长，无外跖突。体和四肢背面灰红褐色，有黑色斑点，体后部和体侧斑点较多；雌蟾头侧为浅红褐色；眼球上部浅蓝色，下部黑色；四肢具黑褐色横纹。腹面以乳白色为

A　　　　　　　　　　　B

图 125-1　原髭蟾 *Vibrissaphora promustache*

（云南屏边，Rao D Q, et al., 2006）

A、雌雄抱对背面观　B、雄蟾腹面观

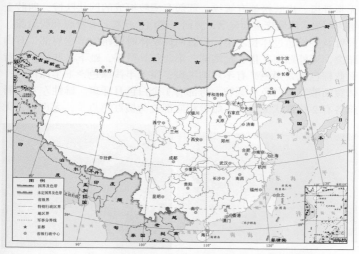

图 125-2   原髭蟾 *Vibrissaphora promustache* 地理分布

主，布满黑色细点和黑褐色碎斑。雄蟾上唇缘有黑刺 165 ~ 194 枚（雌蟾相应部位为小白点）；有单咽下内声囊；无雄性线。

　　【生物学资料】　该蟾生活于海拔 1 300 ~ 2 100 m 的山区溪流内。11 月中旬雄蟾发出单音节鸣声，并发现成蟾正在交配，有的隐蔽在溪流内石块下或岸边泥沙内。

　　【种群状态】　中国特有种。各分布点种群数量很少。

　　【濒危等级】　费梁等（2010）建议列为濒危（EN）；蒋志刚等（2016）列为濒危（EN）。

　　【地理分布】　云南（屏边、河口）。

崇安髭蟾种组 *Vibrissaphora liui* group

126. 雷山髭蟾 *Vibrissaphora leishanensis* Liu and Hu, 1973

　　【英文名称】　Leishan Moustache Toad.

　　【形态特征】　雄蟾体长 69.0 ~ 96.0 mm，雌蟾体长 70.0 mm 左右。头宽大于头长；吻宽圆，瞳孔纵置，鼓膜略显；有耳柱骨，上颌有齿，无犁骨齿。皮肤松弛有皱纹，背部有痣粒组成的网状肤棱，四肢上更为明显，体侧疣多而显著；腹面布满白色痣粒；有腋腺和股后腺。前臂及手长超过体长之半；后肢前伸贴体时胫跗关节达肩部，有内跖突，无外跖突；指、趾端圆，第4趾具微蹼，趾下具肤棱。体背面蓝棕色或紫褐色，有不规则黑斑；眼上半浅绿色，下半深棕色；体腹面散有灰白色小颗粒，胯部有1个白色月牙斑。雄性左右上唇缘各有2枚锥状大黑刺（雌蟾相应部位为橘红色点），无声囊，无

图 126-1　雷山髭蟾 _Vibrissaphora leishanensis_（贵州雷山，费梁）

A、雄蟾背面观　B、雌蟾侧面观

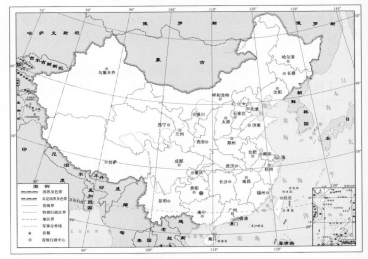

图 126-2　雷山髭蟾 _Vibrissaphora leishanensis_ 地理分布

雄性线。卵径 3.9 mm 左右，动物极灰色，植物极乳白色。蝌蚪全长 95.0 mm，头体长 34.0 mm 左右；背面棕褐色有小黑点，体尾交界处有 1 个浅色 Y 形斑，尾末端钝尖；唇齿式多为 I : 5+5/4+4 : I；仅上唇中央微缺乳突，口角部副突少。幼体体长 38.0～42.0 mm。

【生物学资料】　该蟾生活于海拔 1 100～1 500 m 的阔叶林带山区溪流附近的潮湿环境内。11 月入溪繁殖，产卵 212～341 粒，黏附在石底面，呈环状或堆状。蝌蚪在缓流处水凼内，经过 2～3 年变成幼蟾。

【种群状态】　中国特有种。仅发现 1 个分布点，其种群数量很少。

【濒危等级】　濒危（EN）；蒋志刚等（2016）列为易危（VU）。

【地理分布】　贵州（雷山）。

127. 崇安髭蟾指名亚种 *Vibrissaphora liui liui* Pope, 1947

【英文名称】　Chong'an Moustache Toad.

【形态特征】　雄蟾体长 68.0～91.0 mm，雌蟾体长 57.0～77.0 mm。头扁平，头宽大于头长，吻宽圆，瞳孔纵置；鼓膜隐蔽，有耳柱骨；上颌有齿，无犁骨齿。体背部有痣粒组成的网状肤棱；四肢背面肤棱显著；腹面及体侧布满浅色痣粒；有腋腺和股后腺。前臂及手长超过体长之半；后肢前伸贴体时胫跗关节达肩部；内跖突

图 127-1　崇安髭蟾指名亚种 *Vibrissaphora liui liui* 雄蟾
A、背面观（福建武夷山，李健）　B、腹面观（福建武夷山，费梁）

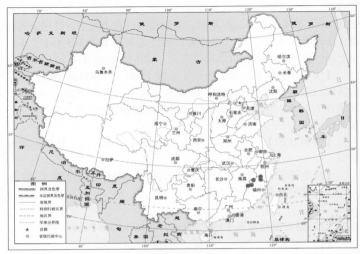

图 127-2　崇安髭蟾指名亚种 *Vibrissaphora liui liui* 地理分布

发达，无外跖突；指、趾端圆，趾间具微蹼。体背面浅褐色，有不规则的黑斑；眼上半浅绿色，下半深棕褐色；胯部有1个白色月牙斑；体腹面布满白色小颗粒。雄蟾上左右上唇缘各有1枚锥状角质刺（雌蟾相应部位为橘红色点），有单咽下内声囊，无雄性线。卵径3.4 mm，动植物极均为灰白色。蝌蚪全长91.0 mm，头体长31.0 mm左右，尾末端钝圆；背面深棕色，尾部有深色斑，体尾交界处有浅色Y形斑；唇齿式为Ⅰ：5+5/4+4：Ⅰ；唇乳突在上唇中央微缺，口角部位副突少。

【生物学资料】　该蟾生活于海拔 800 ～ 1 500 m 林木繁茂的山区常绿阔叶林和竹林内。成蟾营陆栖生活。11 月入溪繁殖，雄蟾发出"啊，啊，啊"的鸣声，雌蟾产卵 268 ～ 402 粒，卵群环状，黏附在石头底部。蝌蚪生活在溪流缓流处或回水凼内，幼蟾体长 36.0 ～ 44.0 mm。

【种群状态】　中国特有种。各分布点种群数量较少。

【濒危等级】　近危（NT）。

【地理分布】　福建（武夷山、建宁、建阳）、浙江（龙泉凤阳山、庆元）。

128. 崇安髭蟾瑶山亚种 *Vibrissaphora liui yaoshanensis* Liu and Hu, 1973

【英文名称】 Yaoshan Moustache Toad.

【形态特征】 雄蟾体长 75.0 ～ 95.0 mm，雌蟾体长 59.0 ～ 81.0 mm。头宽大于头长，瞳孔纵置，鼓膜略显；有耳柱骨，上颌有齿，无犁骨齿。背部有痣粒组成的网状肤棱，四肢背面纵肤棱明显；有腋腺和股后腺。前臂及手长超过体长之半；后肢前伸贴体时胫跗关节达肩部；内跖突具游离刃，无外跖突；指、趾端圆，第 3 趾外侧及第 5 趾内侧蹼为趾长的 1/2。背面褐黑色或深棕色，有碎黑斑；眼球上部浅绿白色，下部深褐色；胯部有白色月牙形斑，四肢背面有深色横纹；腹面及体侧痣粒色浅。雄性上唇缘两侧各有 2 枚锥状大黑刺（雌蟾相应部位为橘红色点），有单咽下内声囊，无雄性线。卵径 3.5 mm，动物极棕色，植物极乳白色。蝌蚪全长 103.0 mm，头体长 37.0 mm 左右；背面棕褐色，体尾交界处有浅色 Y 形斑，尾末端钝圆；唇齿式多为 Ⅰ：5+5/4+4：Ⅰ；上唇中央微缺乳突，口角部位副突少。

【生物学资料】 该蟾生活于海拔 900 ～ 1 600 m 的常绿阔叶林地区，营陆栖生活，常隐伏在阴湿的土洞内，觅食多种昆虫及其他小动物。12 月到溪流中繁殖，雄蟾发出"啊"的单一鸣声；雌蟾产卵 272 ～ 342 粒黏附在石块底面。蝌蚪多栖于溪流回水凼内。

【种群状态】 中国特有种。各分布点种群数量稀少。

A B

图 128-1 崇安髭蟾瑶山亚种 *Vibrissaphora liui yaoshanensis* 雄蟾

A、背面观（广西金秀，费梁） B、腹面观（湖南张家界，费梁）

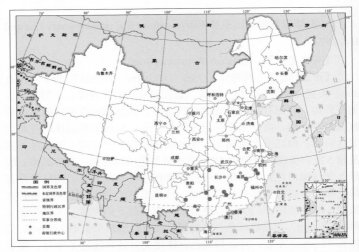

图 128-2　崇安髭蟾瑶山亚种 *Vibrissaphora liui yaoshanensis* 地理分布

【濒危等级】　近危（NT）。

【地理分布】　浙江（江山、遂昌）、江西（井冈山、贵溪）、湖南（宜章、新宁、张家界）、广西（金秀、龙胜、田林）、广东（乐昌）。

掌突蟾亚科 Leptolalaginae Delorme, Dubois, Grosjean and Ohler, 2006

（二四）掌突蟾属 *Paramegophrys* Liu, 1964

129. 高山掌突蟾 *Paramegophrys alpinus* (Fei, Ye and Li, 1990)

【英文名称】　Alpine Metacarpal-tubercled Toad.

【形态特征】　雄性体长 24.0 ～ 26.0 mm，雌性体长 32.0 mm 左右。头的长宽几乎相等；瞳孔纵置，鼓膜大而圆；有耳柱骨，上颌有齿，无犁骨齿。皮肤较光滑，肩基部上方有 1 个圆形腺体，肛部

图 129-1　高山掌突蟾 *Paramegophrys alpinus*（云南景东，费梁）

A、雌蟾背面观　B、蝌蚪　上：口部　下：侧面观

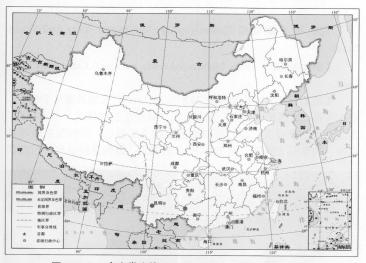

图 129-2　高山掌突蟾 *Paramegophrys alpinus* 地理分布

侧上方有 1 对圆形小腺体；体腹面光滑，腋腺大于指端，股后腺约等于趾端，距膝关节近。前肢较粗，内掌突大而圆，位于第 1、2 指基部；后肢前伸贴体时胫跗关节达眼前角；趾侧缘膜较窄，趾基部相连成蹼迹。体背面灰棕色或灰褐色，两眼间有三角形斑，两肩之间通常有 W 形褐色斑；胸腹部有黑褐色斑点，腹侧有白色腺体排列

成纵行。胸腹部有褐黑色斑点，腹侧有白色腺体排列成纵行。雄蟾具单咽下内声囊；无婚垫和婚刺。蝌蚪体形细长，尾末端钝尖；全长 52.0 mm，头体长 18.0 mm 左右；体侧皮肤鼓胀成气囊状；体背面棕褐色，尾部具浅灰褐色斑纹；唇齿列短弱，唇齿式为 I ：3+3 ／ 2+2（或 3+3）：I；唇缘宽，周缘具乳突，下唇中央向内凹陷，口角处无副突或甚少。

【生物学资料】　该蟾生活于海拔 1 150 ～ 2 400 m 植被繁茂山区的平缓溪流及其附近。3月下旬至4月繁殖，雄蟾发出"吱，吱"的鸣声。蝌蚪在水流平缓处的小石之间。

【种群状态】　中国特有种。种群数量很少。

【濒危等级】　濒危（EN）。

【地理分布】　云南（景东）、广西（田林岑王老山）

130. 香港掌突蟾 *Parameqophrys laui* (Sung, Yang and Wang, 2014)

【英文名称】　Lau's Metacarpal-tubercled Toad; Lau's Leaf Litter Toad.

【形态特征】　雄蟾体长 24.8 ～ 26.7 mm。头的长宽几乎相等，瞳孔纵置；鼓膜圆而清晰；无犁骨齿。背面皮肤棘皮状上有小疣粒；腹面光滑，腋腺大，股后腺卵圆形距膝关节较近。雄性前肢较雌性粗壮，内掌突大而圆，位于第 1、2 指基部，指侧缘膜适度；后肢前

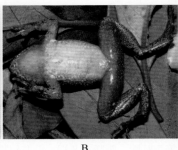

A　　　　　　　　　　　　B

图 130-1　香港掌突蟾 *Parameqophrys laui* 雄蟾

（香港，Sung Y K, et al., 2014）

A、背面观　B、腹面观

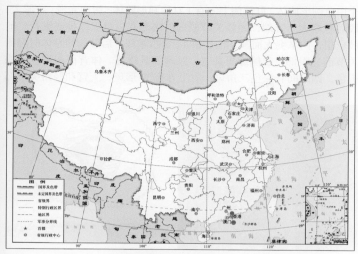

图 130–2 香港掌突蟾 *Paramegophrys laui* 地理分布

伸贴体时胫跗关节前达眼的前缘，胫长不到体长之半，趾侧缘膜宽，趾基部具蹼迹，指、趾腹面肤棱在关节处不中断。体背面褐色，其上深色斑清楚或不清楚，有分散的浅黄色斑点，两眼间略显深色三角斑，有的在肩上方有 W 形斑；四肢背面有细横纹，上臂和胫跗关节部位浅棕色；胸、腹部乳黄色无斑点，腹侧有白色腺体排列成纵行。雄蟾具单咽下内声囊；无婚垫和婚刺。

【生物学资料】 该蟾生活于海拔 100 ～ 800 m 次生林溪流边的阴湿处，2 ～ 9 月可听到雄蟾的鸣叫声。

【种群状态】 中国特有种。分布区狭窄，种群数量不详。

【濒危等级】 未予评估（NE）。

【地理分布】 广东（深圳）、香港。

131. 福建掌突蟾 *Paramegophrys liui* (Fei and Ye, 1990)

【英文名称】 Fujian Metacarpal-tubercled Toad.

【形态特征】 雄蟾体长 23.0 ～ 29.0 mm，雌蟾体长 23.0 ～ 28.0 mm。头的长宽几乎相等，瞳孔纵置；鼓膜圆而清晰；有耳柱骨；上颌齿发达，无犁骨齿。皮肤较光滑或有小疣粒，在肩基部上方有 1

个白色圆形腺体，肛部侧上方有 1 对称圆形腺体；腹面光滑，腋腺大，股后腺略大于趾端，距膝关节较远；腹侧有白色腺体排成纵行。前肢较粗，内掌突大而圆，位于第 1、2 指基部；后肢前伸贴体时胫跗关节前达眼部，趾侧缘膜甚宽，趾基部具蹼迹。体背面灰棕色或棕褐色，两眼间有深色三角斑；肩上方有 W 形斑，上臂和胫跗关节部

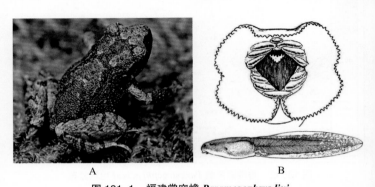

A　　　　　　　　　　　　　B

图 131-1　福建掌突蟾 *Paramegophrys liui*

A、雄蟾背面观（福建武夷山，费梁）

B、蝌蚪（福建武夷山，Pope，1931）　上：口部　下：侧面观

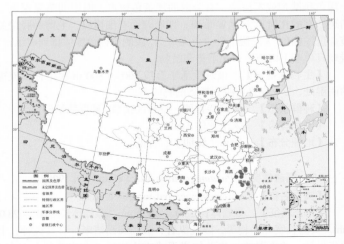

图 131-2　福建掌突蟾 *Paramegophrys liui* 地理分布

位浅棕色；胸腹部一般无斑点，腹侧有白色腺体排列成纵行。雄蟾具单咽下内声囊；无婚垫和婚刺。蝌蚪全长52.0 mm，头体长17.0 mm左右；体两侧皮肤鼓胀成气囊状；体浅棕色，尾部几乎无斑；唇齿式为Ⅰ：3+3/2+2：Ⅰ；唇缘宽，周缘具乳突，仅下唇中央向内凹陷，口角处无副突。

【生物学资料】 该蟾生活于海拔730～1 400 m山溪边的泥窝、石隙或落叶下。夜间雄蟾在溪边石上或叶片上鸣叫。蝌蚪在溪流缓流处或水凼岸边石隙间或水凼内腐叶下。

【种群状态】 中国特有种。种群数量较多。

【濒危等级】 无危（LC）。

【地理分布】 福建（永泰、武夷山、建阳、德化、南平市郊区、福清、诏安）、浙江（龙泉、遂昌）、江西（井冈山）、广西（金秀、龙胜）、湖南（宜章）、贵州（雷山）。

132. 峨山掌突蟾 *Paramegophrys oshanensis* (Liu, 1950)

【英文名称】 Oshan Metacarpal-tubercled Toad.

【形态特征】 雄蟾体长27.0～31.0 mm，雌蟾体长31.0 mm左右。头的长宽几乎相等，瞳孔纵置；鼓膜大而圆，有耳柱骨；上颌齿发达，无犁骨齿。体背部细肤棱有细肤棱和小疣；背两侧断续肤棱可达胯部；体侧有疣粒6～8枚，腋腺大，股后腺略大于趾端，距膝关节较远；

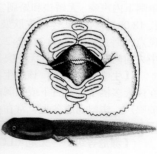

图 132-1 峨山掌突蟾 *Paramegophrys oshanensis*

A、雌蟾背面观（四川洪雅，费梁）

B、蝌蚪（四川峨眉山，王宜生）上：口部 下：侧面观

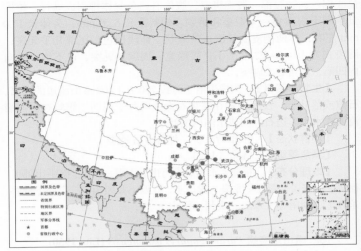

图 132-2　峨山掌突蟾 *Paramegophrys oshanensis* 地理分布

体腹面光滑。前肢细弱，内掌突大而圆，位于第 1、2 指基部；后肢前伸贴体时胫跗关节达眼部；内跖突椭圆形，无外跖突，趾侧无缘膜，趾间无蹼。体背面红棕色或灰棕色，两眼间有黑色三角斑；咽喉部有麻斑，胸、腹部几乎无斑，腹侧有白色腺体排列成纵行。雄蟾具单咽下内声囊；无婚垫和婚刺。蝌蚪体细长，全长约 54.0 mm，头体长 18.0 mm 左右；体侧皮肤鼓胀成气囊状；体背面棕褐色，尾部无斑点；唇齿式为 Ⅰ：3+3/2+2：Ⅰ；唇缘宽，周缘具乳突，仅下唇中央向内凹陷，口角处无副突。

　　【生物学资料】　　该蟾生活于海拔 720 ~ 1 800 m 的山区。成蟾在白天多栖于溪边石下或土洞内。4 ~ 7 月夜间可听到"呷，呷，呷"的鸣声。蝌蚪属越冬型，常在小溪边水内石隙间。

　　【种群状态】　　中国特有种。分布较宽，种群数量较多。

　　【濒危等级】　　无危（LC）。

　　【地理分布】　　甘肃（文县）、四川（峨眉山、洪雅、峨边、屏山、长宁、南江）、重庆（南川、巫山）、贵州（印江、罗甸）、湖北（宜昌、利川）。

133. 螳掌突蟾 *Paramegophrys pelodytoides* (Boulenger, 1893)

【英文名称】 Karin Metacarpal-tubercled Toad.

【形态特征】 雄蟾体长 34.0 ～ 35.0 mm，雌蟾体长 46.0 mm 左右。头长略大于头宽，瞳孔纵置；鼓膜圆，有耳柱骨；上颌齿发达，

图 133-1 螳掌突蟾 *Paramegophrys pelodytoides*

A、雄蟾背面观（云南勐仑，侯勉）

B、蝌蚪（云南景洪，王宜生） 上：口部 下：侧面观

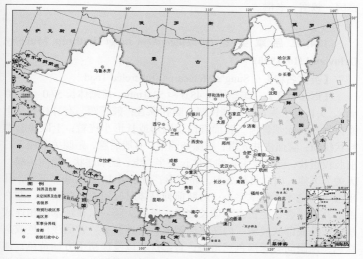

图 133-2 螳掌突蟾 *Paramegophrys pelodytoides* 地理分布

无犁骨齿。体背面和体侧有圆形或长形小疣粒，多排列成行，肛下方有3～5个浅色疣粒；腹面皮肤光滑，腋腺浅色，股后腺大于趾端。前肢细弱，内掌突呈椭圆形，位于第1、2指基部下方，几乎占手掌之半，外掌突甚小；后肢前伸贴体时胫跗关节达眼部；趾侧缘膜较宽，趾间具1/3蹼或略逊。体背部为灰棕色，两眼间有三角形深色斑；体侧及四肢背面色略浅，上臂及胫跗关节部位红棕色，四肢横纹窄；咽、胸、腹部无斑；腹侧有白色腺体排列成纵行，股部腹面有棕色小斑。雄蟾具单咽下内声囊；无婚垫和婚刺。蝌蚪全长48.0 mm，头体长17.0 mm左右；体背面浅棕色，有黑棕色斑点，尾部具细麻斑；唇齿式为Ⅰ：4+4/3+3：Ⅰ〔云南景洪者Ⅰ：3+3/2+2（或3+3）：Ⅰ〕；唇缘宽，周缘具乳突，仅下唇中央向内凹陷，口角处有副突或无。

【生物学资料】　该蟾生活于海拔1 300～1 400 m植被繁茂的山区溪流旁的土洞内或落叶下。蝌蚪在溪流水底落叶间或岸边石缝内。

【种群状态】　中国是次要分布区，其种群数量较少。

【濒危等级】　易危（VU）。

【地理分布】　云南（景洪市勐养镇、勐腊县勐仑镇）；缅甸、泰国、越南、老挝。

134. 三岛掌突蟾 *Paramegophrys sungi* (Lathrop, Murphy, Orlov and Ho, 1998)

【英文名称】　Sung's Metacarpal-tubercled Toad.

【形态特征】　雄蟾体长48.0～53.0 mm，雌蟾体长57.0～59.0 mm。头长大于头宽，吻端钝圆，瞳孔纵置；鼓膜圆，有耳柱骨；上颌齿发达，无犁骨齿。背面有许多圆形或长形小疣粒；上眼睑有颗粒状疣粒；腹面皮肤光滑，腋腺卵圆形，有股后腺，距膝关节较近。前肢较粗壮，前臂及手长约为体长之半，指、趾端球状，指间无蹼，无关节下瘤，内掌突甚高大，卵圆形，位于第1、2指基部下方，几乎占手掌之半，外掌突小；后肢前伸贴体时胫跗关节达眼部，左右跟部几乎重叠，胫长不到体长之半，趾侧缘膜弱，在趾基部相连ência蹼迹；趾底部肤棱弱；内跖突椭圆形；无外跖突。背面浅棕色或灰棕色，两眼间有深褐色三角斑；背部疣粒以及颞褶上方橘黄色；体侧和四肢背面色较浅；眼下方有1个醒目的褐黑色斑，吻棱和颞褶

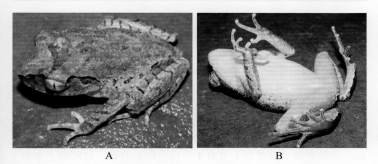

图 134–1   三岛掌突蟾 *Paramegophrys sungi* 雄蟾（广西防城，莫运明）
A、背面观   B、腹面观

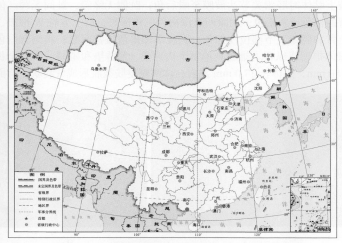

图 134–2   三岛掌突蟾 *Paramegophrys sungi* 地理分布

下方褐黑色；四肢各部有褐色细横。头体腹面无深色斑，腹侧有白色腺体排列成纵行；股部腹面肉红色有灰色小斑点。雄蟾有单咽下内声囊；无婚垫和婚刺。

　　【生物学资料】　　该蟾生活于海拔 410 ～ 925 m 植被繁茂的山区溪流两旁。成蟾栖于距溪边 1.0 m 左右的陆地上或草丛中。

　　【种群状态】　　中国属于次要分布区，其种群数量较少。

　　【濒危等级】　　费梁等（2010）建议列为易危（VU）；蒋志刚

等（2016）列为濒危（EN）。

【地理分布】　广西（防城港）；越南北部。

135. 腹斑掌突蟾 *Paramegophrys ventripunctatus* (Fei, Ye and Li, 1990)

【英文名称】　Speckle-bellied Metacarpal-tubercled Toad.

【形态特征】　雄蟾体长 26.0 ～ 28.0 mm。头长略大于头宽，瞳孔纵置；鼓膜圆而清晰，有耳柱骨；上颌齿发达，无犁骨齿。背面皮肤较光滑，肩基部上方有 1 个白色圆形腺体，肛部侧上方有 1 对不明显的小腺体；腹面光滑，腋腺较小，股后腺约等于趾端，距膝关节近。前肢较粗壮，内掌突大而圆，位于第 1、2 指基部；后肢上贴体时胫跗关节达鼓膜至眼后角；趾侧无缘膜，趾间无蹼。体背面棕色或灰褐色，两眼间有深褐色三角形斑，肩上方有 W 形斑，上臂和胫跗关节部位浅棕色；胸腹部黑褐色斑甚明显；腹侧有白色腺体排列成纵行。雄蟾具单咽下内声囊；无婚垫和婚刺。蝌蚪全长 49.0 mm，头体长 17.0 mm 左右；体两侧皮肤鼓胀形成气囊状；背面

A　　　　　　　　　　B

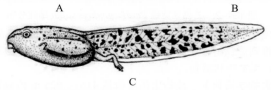

C

图 135-1　腹斑掌突蟾 *Paramegophrys ventripunctatus*

A、雄蟾背面观（云南勐腊，侯勉）　B、雄蟾腹面观（云南勐腊，侯勉）

C、蝌蚪侧面观（云南勐腊，费梁）

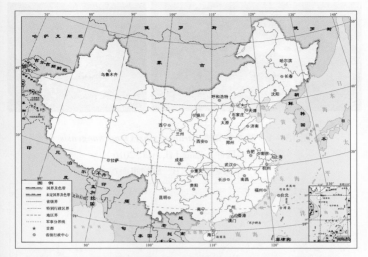

图 135-2　腹斑掌突蟾 *Paramegophrys ventripunctatus* 地理分布

灰棕色,尾部黑褐色斑醒目; 尾末端钝圆; 唇齿式为 I ：4+4/3+3 ： I;
口部周缘具乳突，仅下唇中央向内凹陷，口角部多有副突。

【生物学资料】　　该蟾生活于海拔 850 ～ 1 000 m 常绿阔叶林或
着生有竹类、芭蕉、灌丛及杂草的山区。5 月发出极似蟋蟀的鸣声，
每次由 10 ～ 20 个短声组合而成。蝌蚪生活于小溪水凼边碎石块间
或腐叶下。

【种群状态】　　中国特有种。分布区窄，种群数量甚少。

【濒危等级】　　极危（CR）。

【地理分布】　　云南（勐腊县朱石河村）。

136. 腾冲掌突蟾 *Paramegophrys tengchongensis* Yang, Wang, Chen and Rao, 2016

【英文名称】　　Tengchong Metacarpal-tubercled Toad.

【形态特征】　　雄蟾体长 23.8 ～ 26.0 mm，雌蟾体长 28.8 ～ 28.9
mm。头长略大于头宽或几乎相等，瞳孔纵置；鼓膜圆而清晰；上颌
齿发达，无犁骨齿。背面皮肤较粗糙，疣粒较多；腹面光滑，腋腺大，
股后腺略大，距膝关节较近。雄性前肢较雌性的粗壮，内掌突大

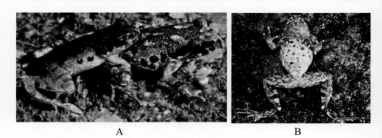

A　　　　　　　B

图 136-1　腾冲掌突蟾 *Paramegophrys tengchongensis*

（云南腾冲，Yang J H, et al., 2016）

A、雄雌蟾抱对　B、雄蟾腹面观

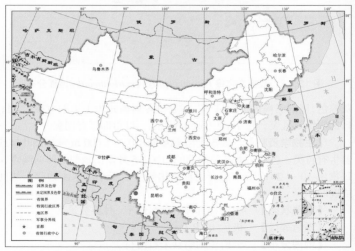

图 136-2　腾冲掌突蟾 *Paramegophrys tengchongensis* 地理分布

而圆，位于第 1、2 指基部，指侧无缘膜，指间无蹼；后肢前伸贴体时胫跗关节前达眼中部，胫长为体长的 47%，趾侧缘膜窄，趾基部具蹼迹，指、趾腹面有肤棱。头体背面棕色或浅棕色，具清楚的深褐色斑，其中两眼间三角斑与肩上方的 W 形斑相连，四肢背面有深褐色横纹，上臂和跗跖关节部位浅棕色；上唇缘、颞部和体侧有黑色大斑点；腹侧有白色腺体排列成纵行，整个腹面乳黄色有褐色斑，腹部斑点较少。雄蟾具单咽下内声囊；无婚垫和婚刺。

【生物学资料】　　该蟾生活于海拔 2 000 ～ 2 100 m 常绿阔叶林山区的小中型溪流（宽 3.0 ～ 4.0 m，深 30.0 cm）两岸的潮湿环境中；白天隐蔽在落叶间或石下，5 月中旬雄蟾发出鸣叫声，并见到雌雄抱对行为。

【种群状态】　　中国特有种。仅 1 个分布点，种群数量不详。

【濒危等级】　　未予评估（NE）。

【地理分布】　　云南（腾冲）。

角蟾亚科 Megophryinae Bonaparte, 1850

（二五）刘角蟾属 *Liuophrys* Fei, Ye and Jiang, 2016

137. 腺刘角蟾 *Liuophrys glandulosa* (Fei, Ye and Huang, 1990)

【英文名称】　　Glandular Horned Toad.

【形态特征】　　雄蟾体长 76.0 ～ 81.0 mm，雌蟾体长 77.0 ～ 100.0 mm。头扁平，头宽略大于头长；吻端盾形；鼓膜卵圆形；有耳柱骨，上颌有齿，有犁骨棱和犁骨齿。背面皮肤光滑，两肩间有 V 形细肤棱；体背侧各有 1 条纵行肤棱；体侧有疣粒十多枚；上眼

A   B

图 137-1　腺刘角蟾 *Liuophrys glandulosa* 雄蟾（云南景东，费梁）

A、背面观　B、腹面观

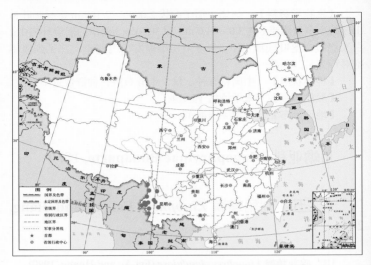

图 137-2　腺刘角蟾 *Liuophrys glandulosa* 地理分布

睑外缘有 1 个小肤突；颞褶后段膨大呈豆状腺；整个腹面光滑，腋腺 1 对位于胸侧，股后腺圆形。前臂及手长不到体长之半；后肢前伸贴体时胫跗关节达鼻孔至吻端，左右跟部重叠，胫长超过体长之半；趾侧缘膜甚宽，具微蹼，内跖突略显，无外跖突。体背面棕褐或棕灰色，两眼间有黑褐色三角斑，背中部斑纹变异较大，肩部上方多有 V 形斑；体侧大疣为鲜黄色或黑色与黄色各半；咽喉部有灰色细麻斑，咽外侧有黑褐色大斑块；腹部及股部腹面布满深色斑块；后肢有 3 ～ 4 条棕褐色横纹。雄性第 1、2 指具棕黑色婚刺；有单咽下内声囊。卵径 2.3 mm 左右，乳黄色。蝌蚪全长 50.0 mm 左右，头体长约 16.0 mm，体腹面和尾后部有深色斑；尾末端钝尖；口部呈漏斗状。

　　【生物学资料】　该蟾生活于海拔 1 900 ～ 2 100 m 的针阔叶混交林山区。成蟾多栖于溪流两岸。雄蟾在 3 ～ 4 月夜间发出 "呷，呷，呷" 的鸣声。解剖 3 月下旬的雌蟾输卵管，内有成熟卵 954 粒。推测该蟾的繁殖季节可能在 4 月。

　　【种群状态】　该蟾分布较宽，其种群数量较多。

　　【濒危等级】　无危（LC）。

　　【地理分布】　云南（景东、贡山、泸水、保山市郊区、腾冲、龙陵、永德、沧源、陇川、福贡、大理、漾濞、丽江？）；印度（那加兰）。

138. 大刘角蟾 *Liuophrys major* (Boulenger, 1908)

【英文名称】   Major Horned Toad.

【形态特征】   雄蟾体长 66.0 mm 左右，雌蟾体长 80.0 ～ 83.0 mm。头扁平，头长略大于头宽；鼓膜椭圆形，斜置，有耳柱骨；上颌有齿，犁骨齿明显。头体背面光滑，头后有痣粒组成的Y形肤棱；颞褶后端粗，不膨大呈豆状；腋腺小，股后腺显著。前臂及手长不到体长之半；后肢前伸贴体时胫跗关节达眼或略超过，左右跟部重叠；趾侧缘膜清晰，趾间具微蹼；内跖突不明显，无外跖突。背面多为棕色和灰棕色，两眼间有 1 个黑棕色三角斑，体背面有 1 个深褐色X或Y形斑；头侧从吻端至肩基部为深褐色；上唇缘由鼻孔至口角有 1 条白色线纹，多在眼下方中断；后肢有褐色横纹；咽胸部灰褐色，咽部两侧有弧形黄白色线纹，腹两侧有深棕色花纹。雄性第 1、2 指上有棕色婚刺，有单咽下内声囊，无雄性线。雌蟾，腹内卵粒直径 2.5 mm 左右，乳白色。蝌蚪全长 49.0 mm，头体长 14.0 mm 左右，尾末端钝尖；口部呈漏斗状；头体背面棕色，腹面无斑点；尾鳍上有深色小斑点。

【生物学资料】   该蟾生活于海拔 1 300 m 左右的常绿阔叶林带的山溪及其附近。4 月间曾在溪流内见到成蟾及蝌蚪；成蟾常蹲于溪流旁的石块或枯叶堆上。捕食椿象、金龟子等多种昆虫及其他小

A   B

图 138-1 大刘角蟾 *Liuophrys major* 雄蟾（广西防城，莫运明）

A、背面观 B、腹面观

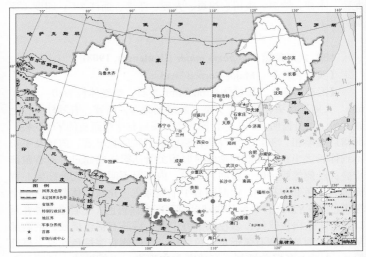

图 138-2　大刘角蟾 *Liuophrys major* 地理分布

动物。

【种群状态】　该蟾分布较宽，其种群数量较多。

【濒危等级】　无危（LC）；蒋志刚等（2016）列为近危（NT）。

【地理分布】　云南 [景洪市（勐养镇、普文镇）、勐腊、蒙自、屏边、河口、孟连 ?]、广西（防城港市郊区、上思、靖西、永福）；印度、孟加拉国、缅甸、泰国和越南。

139. 莽山刘角蟾 *Liuophrys mangshanensis* (Fei and Ye, 1990)

【英文名称】　Mangshan Horned Toad.

【形态特征】　体形大，雄蟾体长 63.0 mm，雌蟾体长 73.0 mm。头较扁平，吻部呈盾形；鼓膜清晰，有耳柱骨；上颌有齿，有犁骨棱和犁骨齿。背面皮肤光滑，上眼睑外侧中部有 1 个小肤突；上唇缘有锯齿状乳突；颞褶后部不呈豆状；头后方 V 形细肤棱不明显，体背两侧各有 1 行纵行肤棱；体后和体侧有小疣；腹面皮肤光滑，腋腺小而圆，有股后腺。前臂及手长不到体长之半；后肢前伸贴体时胫跗关节达眼部，胫长略超过体长之半，左右跟部重叠；趾侧无缘膜，趾间无蹼。头背面棕黄色或黄绿色，两眼间有三角形褐色斑，其后角多与背中部有╳形斑相接；上唇有两个黄白色斑块；体侧疣粒白色；四肢背面紫灰色，细横纹不明显或略微明显；咽胸部紫褐色，有浅黄斑；腹后和股腹面黄色或肉色。雄蟾第 1、2 指有小婚刺；有单咽下内声囊。蝌蚪全长 45.0 mm，头体长 15.0 mm 左右，尾末端钝尖；口部呈漏斗状；腹部有深色斑点，尾鳍有斑点。

A　　　　　　　　　　　　B

图 139-1　莽山刘角蟾 *Liuophrys mangshanensis* 雄蟾（湖南宜章莽山，王斌）

A、背面观　B、腹面观

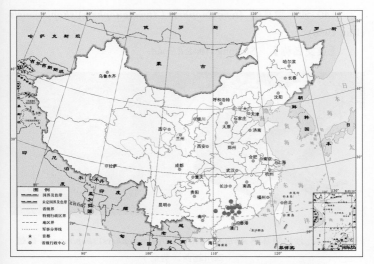

图 139-2　莽山刘角蟾 *Liuophrys mangshanensis* 地理分布

　　【生物学资料】　该蟾生活于海拔 1 000 m 左右的山区。成蟾多栖息在常绿阔叶林区的溪流内及其附近。6 月中下旬，该蟾白天隐蔽在溪流旁 20 ~ 30 m 的坡地落叶中。

　　【种群状态】　中国特有种。各分布点种群数量较少。

　　【濒危等级】　近危（NT）。

　　【地理分布】　湖南（宜章）、广东（怀集、阳山、韶关市郊区、乳源、始兴、英德、龙门、清远市郊区）、广西（金秀）、江西（九连山）。

（二六）隐耳蟾属 *Atympanophrys* Tian and Hu, 1983

隐耳亚属 *Atympanophrys* (*Atympanophrys*) Tian and Hu, 1983

140. 沙坪隐耳蟾 *Atympanophrys* (*Atympanophrys*) *shapingensis* (Liu, 1950)

　　【英文名称】　Shaping Horned Toad.

A　　　　　　　　　　　　　　　　B

图 140-1　沙坪隐耳蟾 *Atympanophrys* (*Atympanophrys*) *shapingensis* 雄蟾

（四川越西，费梁）

A、背面观　B、腹面观

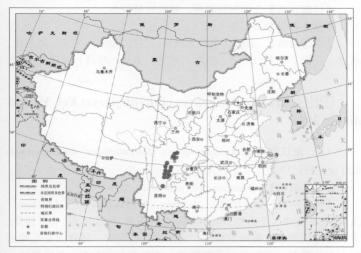

图 140-2 沙坪隐耳蟾 *Atympanophrys (Atympanophrys) shapingensis*
地理分布

【形态特征】 体形大而扁平，雄蟾体长 66.0～84.0 mm，雌蟾体长 77.0～104.0 mm。头扁平，头宽略大于头长；吻部略呈盾形，瞳孔纵置；无鼓膜，有耳柱骨；上颌有齿，无犁骨齿。体背面痣粒颇多，有 3 对细肤棱；体侧有圆疣 5～7 枚；体腹面皮肤光滑，腋腺 1 对，股后腺色浅。前臂及手长不到体长之半；后肢前伸贴体时胫跗关节达眼部，左右跟部略重叠；内跖突扁而圆；指、趾端圆，趾侧缘膜甚宽，趾间具半蹼。背面颜色变异颇大，一般头部及肩前部红褐色，体和四肢背面灰绿色，眼间三角形斑和背部花斑呈黑褐色，四肢上有黑褐色横纹；有的个体背面为红褐色或黑褐色花斑；腹面颜色也有变异，一般有褐色斑点。雄性指上无婚刺，腹部后方和股后方有密集黑刺；无声囊。卵径 3.0～3.4 mm，乳黄色。蝌蚪全长 36.0 mm，头体长 13.0 mm 左右；口部呈漏斗状；头体及尾部色灰褐色，尾末端钝圆。变态的蝌蚪，头体长 19.0 mm，残留尾 7.0 mm 左右。

【生物学资料】 该蟾生活于海拔 2 000～3 200 m 乔木或灌木繁茂的山区溪流两旁；捕食昆虫、蛞蝓及其他小动物；繁殖盛期可能在 6 月。卵产在溪内石块底面。蝌蚪生活于溪流内石块间；5～6 月蝌蚪正在变态，头体长 19.0 mm，残留尾 7.0 mm。

【种群状态】　中国特有种。种群数量较多。

【濒危等级】　无危（LC）。

【地理分布】　四川（北川、汶川、茂县、彭州、宝兴、峨眉山、峨边、石棉、冕宁、泸定、越西、昭觉、美姑、西昌、会理）。

巴山亚属 *Atympanophrys* (*Borealophrys*) Fei, Ye and Jiang, 2016

141. 南江隐耳蟾 *Atympanophrys* (*Borealophrys*) *nankiangensis* (Liu and Hu, 1966)

【英文名称】　Nankiang Horned Toad.

【形态特征】　雄蟾体长 39.1 mm，雌蟾体长 44.0～53.0 mm。头扁平，头长略大于头宽，吻部盾形；瞳孔纵置；鼓膜隐蔽，有耳柱骨；上颌有齿，无犁骨棱和犁骨齿。背面皮肤较光滑，体背面及头侧疣粒上有小黑刺，背部有∨形细肤棱，背侧肩上方亦有 1 条短肤棱，体侧有 4～9 枚大疣；腋腺小，股后腺圆。前臂及手长不到体长之半；后肢前伸贴体时胫跗关节仅达眼后角，左右跟部重叠，有股后腺；内跖突扁平，无外跖突；指、趾端圆，趾侧缘膜窄，具微蹼。体背面浅红棕色，眼间有深色三角斑，与背部)(斑不相连或相连；体腹面红棕色，有黑褐色斑点，腹后部色略浅无斑；后肢腹面珠红色。

A　　　　　　　　　　B

图 141-1　南江隐耳蟾 *Atympanophrys* (*Borealophrys*) *nankiangensis* 雌蟾

（四川南江，Hu S C, et al., 1966）

A、背面观　B、腹面观

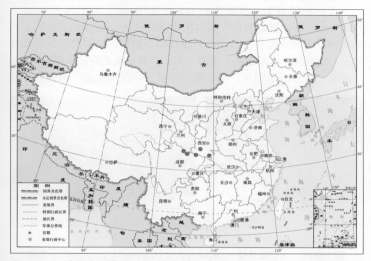

图 141–2 南江隐耳蟾 *Atympanophrys* (*Borealophrys*) *nankiangensis* 地理分布

雄蟾第 1、2 指有婚刺，有 1 对咽侧下内声囊。蝌蚪全长 40.0 mm，头体长 13.0 mm 左右；口部呈漏斗状；体背腹面无斑，尾肌边缘有斑，尾末端圆。

【生物学资料】　该蟾生活于海拔 1 600 ～ 1 850 m 植被繁茂的山区，植物以乔木和竹类为主。7 月间成蟾在白昼多栖于溪流岸边竹林下洞穴中；此期多数雌蟾腹部丰满，腹内孕卵直径在 2.0 mm 以上。

【种群状态】　中国特有种。各分布点种群数量较少。

【濒危等级】　易危（VU）。

【地理分布】　陕西（洋县、平利）、四川（南江光雾山、青川）、甘肃（文县）。

大花亚属 *Atympanophrys* (*Gigantophrys*) Fei, Ye and Jiang, 2016

142. 大花隐耳蟾 *Atympanophrys* (*Gigantophrys*) *gigantica* (Liu, Hu and Yang, 1960)

【英文名称】　Great Piebald Horned Toad.

【形态特征】　雄蟾体长 81.0 ～ 107.0 mm，雌蟾体长 110.0 ～ 115.0 mm。头顶部略凹，皮肤与头骨紧密相连，头宽大于头长；吻部钝圆，上唇缘有栉齿状疣粒，瞳孔略呈菱形，鼓膜隐蔽，有耳柱骨；上颌有齿，无犁骨棱，无犁骨齿。背面皮肤光滑，体侧圆疣少；有腋腺，股后腺不明显；咽喉部有痣粒，体腹面光滑。前臂及手长

A　　　　　　　　　　　　　B

图 142-1　大花隐耳蟾 *Atympanophrys* (*Gigantophrys*) *gigantica* 成蟾
（云南景东，费梁）
A、雌蟾侧面观　B、雄蟾前面观

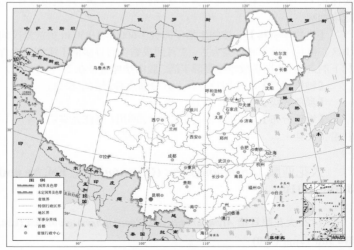

图 142-2　大花隐耳蟾 *Atympanophrys* (*Gigantophrys*) *gigantica* 地理分布

不到体长之半；后肢前伸贴体时胫跗关节达眼部；胫长为体长之半；趾侧缘膜较宽，趾间具微蹼；内跖突卵圆形，无外跖突。背面为紫褐色或暗褐色，头后有棕红色和灰黄色斑纹，体侧灰黄色；腹面斑点较大。雄蟾有内声囊；第1、2指有褐黑色婚刺，无雄性线。卵呈乳黄色，直径3.2 mm左右。蝌蚪全长39.0 mm，头体长13.0 mm，尾末端钝尖；吻部呈漏斗状；头体灰褐色，体侧有几个浅色斑，尾肌上有灰色斑。

　　【生物学资料】　该蟾生活于海拔2 100～2 400 m林木茂密的山区的溪流两岸，其环境阴湿，溪水清凉；白天成蟾栖于溪内石下，夜间出外觅食。1只雌蟾腹内有卵1 192粒；繁殖季节可能在3月中旬至4月。蝌蚪生活于森林内平缓溪流边石下或碎石间。

　　【种群状态】　中国特有种。环境质量下降，其种群数量很少。

　　【濒危等级】　易危（VU）。

　　【地理分布】　云南（景东、永德）。

（二七）布角蟾属 *Boulenophrys* Fei, Ye and Jiang, 2016

143. 封开布角蟾 *Boulenophrys acuta* (Wang, Li and Jin, 2014)

　　【英文名称】　Fengkai Horned Toad.

　　【形态特征】　雄蟾体长27.1～33.0 mm，雌蟾体长28.1～33.6 mm左右。头宽略大于头长；吻部盾形，吻端尖，明显突出下颌，吻棱甚显；鼓膜大而清晰；犁骨棱细弱，无犁骨齿。背面有痣粒和疣粒，有的痣粒排列呈)(形；上眼睑外缘有1个白色锥状疣，腋腺大，位于胸侧，股后腺较大。指侧无缘膜；后肢前伸贴体时胫跗关节达眼中部，胫长不到体长之半，左右跟部不相遇；趾侧略显缘膜，趾间有蹼迹，无关节下瘤，内跖突长椭圆形，无外跖突。体背面为浅红褐色，两眼间三角形斑和背部)(形斑呈深褐色，颏褶色浅，眼下方有1个深色斑纹，肩部无浅色圆斑；后肢有横纹；咽喉和胸部红褐色，中部有1条黑褐色纵纹，腹部色浅，有褐色斑块，后肢腹面有棕色斑纹。雄蟾有弱的婚刺，有单咽下内声囊；雌蟾输卵管内的卵呈黄色，卵径约1.6 mm。

　　　　　　A　　　　　　　　　　　　　　　B

图 143-1　封开布角蟾 *Boulenophrys acuta* 雄蟾

（广东封开, Li Y L, et al., 2014）

A、背面观　B、腹面观

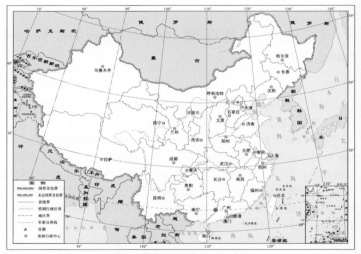

图 143-2　封开布角蟾 *Boulenophrys acuta* 地理分布

【生物学资料】　该蟾生活于海拔 270～450 m 的山区常绿阔叶林底部的溪流两旁草丛中。雄蟾在溪流岸边洞穴内或距地面 10～20 cm 的枝叶上不停地鸣叫，有时在溪岸上 5～15 m 的路边也可见到。4 月初至 5 月底的雌蟾已有孕卵，其中 1 只输卵管内有卵 60 粒。

【种群状态】 中国特有种。仅发现1个分布点，种群数量不详。
【濒危等级】 未予评估（NE）。
【地理分布】 广东（封开）。

144. 抱龙布角蟾 *Boulenophrys baolongensis* (Ye, Fei and Xie, 2007)

【英文名称】 Baolong Horned Toad.

【形态特征】 雄蟾体长 42.0～45.0 mm。体窄长，头扁平，长宽几乎相等；吻部呈盾形；鼓膜明显，有耳柱骨；上颌有齿，无犁骨棱及犁骨齿。背面皮肤较光滑，有小刺，体背后部和体侧有断续肤褶和疣粒，肛孔上方有Ⅴ形肤褶；股部背面有大圆疣；胫部有斜肤棱；腹面皮肤光滑，腋腺位于胸侧，有股后腺。前臂及手长不到体长之半；指侧无缘膜，指端球状；指间无蹼；掌突2个。后肢前伸贴体时胫跗关节达眼后角，左右跟部仅相遇或略重叠，胫长不到体长的一半；趾间无蹼，内跖突卵圆形，无外跖突。整个背面草绿色，两眼间有黑褐色三角斑，体背面有黑褐色斑纹，肩部形成对称的草绿色圆斑；四肢有深浅相间的横纹；咽喉中部和两侧各有1个镶浅色边的黑褐色纵斑，胸腹部有灰褐色斑块，四肢腹面棕黄色，布满灰褐色碎斑。雄蟾第1、2指有细小婚刺，有单咽下内声囊。蝌蚪全长 56.0 mm，头体长 17.0 mm 左右；体肥硕而宽厚；口部呈漏斗状。新成蛙体长 20.0 mm。

A   B

图144-1 抱龙布角蟾 *Boulenophrys baolongensis* 雄蟾（重庆巫山抱龙，李健）
A、背面观 B、腹面观

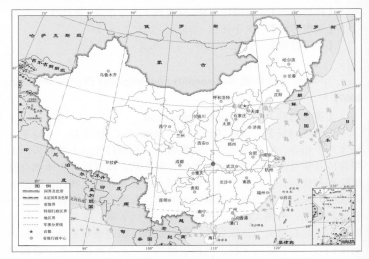

图 144-2　抱龙布角蟾 *Boulenophrys baolongensis* **地理分布**

【生物学资料】　该蟾生活于海拔 790 m 左右的山区溪流附近。成蟾白天隐蔽于溪边石下或草丛中，夜间雄蟾多在溪边石上发出鸣叫声。蝌蚪生活在溪流内石块间。

【种群状态】　中国特有种。因环境质量下降，其种群数量较少。

【濒危等级】　费梁等（2010）建议列为易危（VU）；蒋志刚等（2016）列为濒危（EN）。

【地理分布】　重庆（巫山）。

145. 宾川布角蟾 *Boulenophrys binchuanensis* (Ye and Fei, 1994)

【英文名称】　Binchuan Horned Toad.

【形态特征】　雄蟾体长 32.0～36.0 mm，雌蟾体长 40.0～43.0 mm。头的长宽几乎相等；吻部呈盾形；鼓膜纵椭圆形，有耳柱骨；上颌有齿，无犁骨棱和犁骨齿。体背面皮肤光滑，背中部和背侧有肤棱，体侧和体后端有圆疣；上眼睑无角状疣；体腹面皮肤光滑，腋腺小，股后腺明显。前肢较细；后肢前伸贴体时胫跗关节达眼中部，左右跟部相遇，胫长小于体长之半；趾间缘膜宽。背面为栗棕色，眼间有褐色三角形斑，体背面有不清晰的╰╯或人形斑；股部和胫部为棕红色；咽、胸部棕色，四肢腹面浅棕色或密布褐色斑。雄蟾第1、2指具棕色细婚刺，有单咽下内声囊，无雄性线。蝌蚪全长 38.0 mm，头体长 13.0 mm 左右，尾末端钝圆或圆；口部呈漏斗状；体尾浅褐色，尾鳍色略浅，尾部略显斑纹。

【生物学资料】 该蟾生活于海拔 1 900 ～ 2 800 m 的山区植被

图 145–1 宾川布角蟾 *Boulenophrys binchuanensis* 雄蟾（云南宾川，李健）

A、背面观 B、腹面观

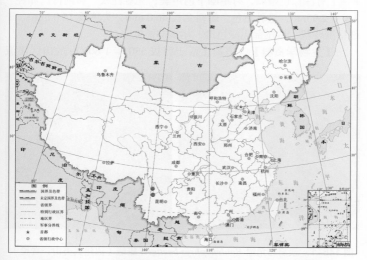

图 145–2 宾川布角蟾 *Boulenophrys binchuanensis* 地理分布

茂密的溪流两旁。5月下旬雄蟾发出鸣叫声。6月下旬雌蟾腹内输卵管粗大，卵巢内卵粒直径 1.2 mm 左右（未成熟），乳白色。

　【种群状态】　　中国特有种。分布区内种群数量较少。

　【濒危等级】　　费梁等（2010）建议列为易危（VU）。

　【地理分布】　　云南（丽江、宾川）。

146. 淡肩布角蟾 *Boulenophrys boettgeri* (Boulenger, 1899)

　【英文名称】　　Pale-shouldered Horned Toad.

　【形态特征】　　雄蟾体长 35.0 ～ 38.0 mm，雌蟾体长 40.0 ～ 47.0 mm。头扁平，长宽几乎相等；吻部呈盾形；鼓膜明显，有耳柱骨；上颌有齿，无犁骨棱和犁骨齿。背面皮肤较粗糙，头及体背部有小刺疣，体侧有大疣，肤褶或有或无；腹面光滑，腋腺位于胸侧，有股后腺。前臂及手长不到体长之半；后肢前伸贴体时胫跗关节达眼部，左右跟部仅相遇或略重叠，趾侧具缘膜，趾基部具微蹼。背部灰棕色有黑褐色斑，两眼间及头后黑褐色，向后延伸到背中部形成 1 条宽带纹；肩上方有圆形或半圆形浅棕色斑；四肢有深浅相间的横纹；腹面灰褐色，咽喉部有 1 个黑褐色纵斑，腹部有少许碎斑。雄蟾第 1 指上有深棕色婚刺，有单咽下内声囊，无雄性线。腹内待产卵径 2.3 ～ 2.9 mm，呈乳黄色。蝌蚪全长 46.0 mm，头体长 15.0 mm；口部呈漏斗状；体尾部无深色斑，尾末端钝尖。

　【生物学资料】　　该蟾生活于海拔 330 ～ 1 600 m 的山区溪流

　　　　　　A　　　　　　　　　　　　　　　　B

图 146-1　淡肩布角蟾 *Boulenophrys boettgeri* 雄蟾（福建武夷山，费梁）

　　　　　　A、背面观　B、腹面观

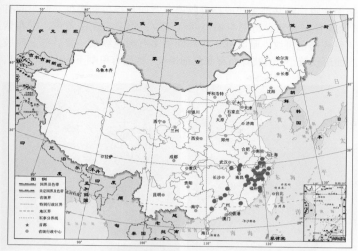

图 146-2　淡肩布角蟾 *Boulenophrys boettgeri* 地理分布

附近。5～6月夜间常在灌木叶片上或沟边石上，以昆虫及其他小动物为食。雄蟾每次连续鸣叫十余声。6～8月中旬繁殖，产卵200余粒。蝌蚪生活于溪流中，常活动于石块下。

　　【种群状态】　中国特有种。种群数量较多。

　　【濒危等级】　无危（LC）。

　　【地理分布】　山西（南部？）、陕西（？）、浙江、江西（贵溪、庐山、九江）、湖北（通山）、湖南（东部）、福建、广东（南岭南部和潮州）、广西（藤县、钟山）。

147. 短肢布角蟾 *Boulenophrys brachykolos* (Inger and Romer, 1961)

　　【英文名称】　Short-legged Horned Toad.

　　【形态特征】　雄蟾体长 34.0～40.0 mm，雌蟾体长 34.0～46.0 mm。头宽大于头长；吻部呈盾形，上眼睑中部有1个小的角状疣；鼓膜明显，有耳柱骨；上颌有齿，无犁骨齿。皮肤光滑，体背面及后腹部有小疣，背上有细肤棱；腋腺小而圆，有股腺。后肢前伸贴体时胫跗关节达肩部，左右跟部不相遇，胫长不到体长之半；趾

291

侧无缘膜，趾基部无蹼或略有蹼迹。背面灰棕色和褐色，两眼间有1个深色三角斑；背部有褐色网状斑纹；整个腹面浅黄色，密布紫灰色或褐色斑纹，咽喉部正中和两侧多有黑色纵纹，腹后部及四肢腹面斑纹较小；四肢背面有深色细横纹。雄蟾有单咽下内声囊；第1、

图 147-1　短肢布角蟾 *Boulenophrys brachykolos* 雌蟾（香港，费梁）

1. 背面观　2. 腹面观

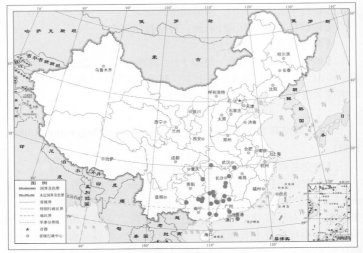

图 147-2　短肢布角蟾 *Boulenophrys brachykolos* 地理分布

2 指具黑色婚刺。卵巢内卵径 2.3 ～ 2.7 mm，呈乳白色。蝌蚪全长 41.0 mm，头体长 12.0 mm 左右，尾末端尖；口部呈漏斗状；头体卵圆形，尾部后段明显变窄。

【生物学资料】 该蟾生活于海拔 300 ～ 400 m 的山地小溪流及其附近。雄蟾发出连续的短促鸣声。8 月 9 日的雌蟾腹内有卵 305 粒。蝌蚪生活在小溪的水凼内，4 月可见到发育至后期的蝌蚪。

【种群状态】 种群数量很少。

【濒危等级】 濒危（EN）；蒋志刚等（2016）列为易危（VU）。

【地理分布】 贵州（松桃）、湖北（通山、五峰）、湖南（衡山、衡阳、浏阳、宜章）、广西（金秀境内的大瑶山、贺州、玉林、龙胜、兴安、资源、融水、田林、钟山、罗城、环江）、广东（阳山、韶关市西部和珠江口）、香港；越南（东北部）

148. 陈氏布角蟾 *Boulenophrys cheni* (Wang and Liu, 2014)

【英文名称】 Chen's Horned Toad.

【形态特征】 雄蟾体长 26.2 ～ 29.5 mm，雌蟾体长 31.8 ～ 34.1 mm。头的长宽几乎相等；吻部盾形；鼓膜清晰或不明显，犁骨棱弱，无犁骨齿，舌后有缺刻。体背面较光滑，体侧和四肢背面有疣粒，但疣棱不明显；腋腺较小位于胸侧，股后腺较大。前肢适度纤细；

A B

图 148-1 陈氏布角蟾 *Boulenophrys cheni* 雄蟾

（江西井冈山，Wang Y Y, et al., 2014）

A、背面观 B、腹面观

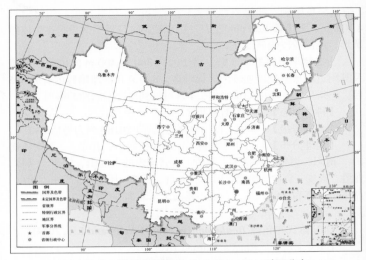

图 148-2　陈氏布角蟾 *Boulenophrys cheni* 地理分布

后肢前伸贴体时胫跗关节达鼻孔至吻端之间，左右跟部重叠，胫长约为体长的 52%；指和趾侧缘膜宽，趾间具蹼迹，关节下瘤不清楚。体背面橄榄褐色或红褐色，两眼间有三角形斑，背部有X形斑或网状斑，上唇缘有 2 个深色斑，肩部无浅色圆斑，四肢背面有横肤棱和黑褐色横纹；吻棱和颞褶下方黑褐色；体腹面有灰绿色斑，咽喉中部略显 1 条纵纹，下颌和胸腹两侧绿褐色。雄蟾第 1 指背面未见婚刺，有单咽下内声囊。

　　【生物学资料】　该蟾生活于海拔 1 200 ～ 1 530 m 山区常绿阔叶林内的溪流两旁、沼泽地草丛中。7 ～ 9 月可听到雄蟾的鸣叫声，繁殖期可能在 4 ～ 9 月。解剖雌蟾，卵巢内的卵呈乳黄色。

　　【种群状态】　中国特有种。仅 1 个分布点，种群数量不详。

　　【濒危等级】　未予评估（NE）。

　　【地理分布】　江西（井冈山）。

149. 黄山布角蟾 *Boulenophrys huangshanensis* (Fei and Ye, 2005)

　　【英文名称】　Huangshan Horned Toad.

　　【形态特征】　雄蟾体长 36.0 ～ 42.0 mm，雌蟾体长 44.0 mm 左右。

头扁平,头长与头宽几乎相等;吻部呈盾形;鼓膜不甚明显,有耳柱骨,上颌有齿,无犁骨棱和犁骨齿。皮肤较光滑;头顶和头侧小疣密集,背部有小疣粒,背部有ㄨ或〵形肤棱或不规则,体侧有纵肤棱及疣粒;腋腺位于胸侧,股后腺较小。前臂及手长不到体长之半;后肢前伸贴体时胫跗关节达眼后角至鼓膜,胫长不到体长的一半,左右跟部

图 149-1　黄山布角蟾 *Boulenophrys huangshanensis* 雄蟾（安徽黄山，费梁）

A、背面观　B、腹面观

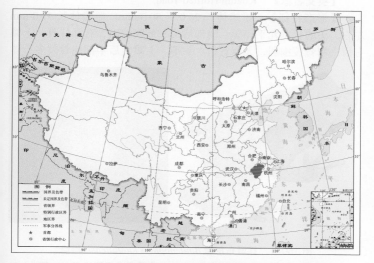

图 149-2　黄山布角蟾 *Boulenophrys huangshanensis* 地理分布

不相遇；趾侧无缘膜，趾间无蹼；第 1、2 趾基部有关节下瘤。体背面褐色或棕褐色，两眼间有深褐色三角形斑，肩上方棕色圆斑略显或不明显；前后肢有 2 ～ 3 条黑褐色横纹。雄性第 1、2 指有婚刺，有单咽下内声囊，无雄性线。卵径 2.2 mm，乳黄色。蝌蚪全长 46.0 mm，体长 14.0 mm；口部呈漏斗状；体尾较细长，尾末端钝尖；头体褐色，尾部斑点稀少。

【生物学资料】　　该蟾生活于海拔 500 ～ 1 600 m 山区植被繁茂，阴暗潮湿的溪流及其附近。成蟾多栖于平缓溪段两旁山坡林间。5 月底至 7 月繁殖，产卵 245 ～ 289 粒，黏附在溪内石下。蝌蚪多生活于山溪上游的缓流水凼内，常在溪边碎石间。

【种群状态】　　中国特有种。其种群数量较少。

【濒危等级】　　费梁等（2010）建议列为易危（VU）；蒋志刚等（2016）列为易危（VU）。

【地理分布】　　安徽（歙县、祁门、石台、休宁、黟县、屯溪、宁国、青阳、泾县、旌德）、江西（婺源）。

150. 挂墩布角蟾 *Boulenophrys kuatunensis* (Pope, 1929)

【英文名称】　　Kuatun Horned Toad.

【形态特征】　　雄蟾体长 26.0 ～ 30.0 mm，雌蟾体长 37.0 mm 左右。头的长宽几乎相等；吻部盾形；鼓膜清晰，有耳柱骨；上颌有齿，犁骨棱细弱，无犁骨齿。头部、上眼睑后半部疣粒颇多；体

图 150-1　挂墩布角蟾 *Boulenophrys kuatunensis* 雄蟾

A、背面观（福建武夷山，王宜生）　B、腹面观（福建武夷山，费梁）

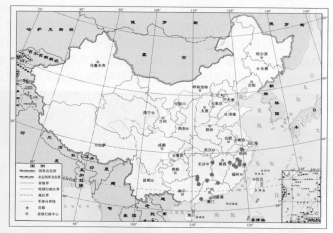

图 150-2 挂墩布角蟾 *Boulenophrys kuatunensis* 地理分布

背后部、体侧及肛孔附近疣粒大；腋腺位于胸侧，股后腺较小。前臂及手长不到体长之半；后肢前伸贴体时胫跗关节达鼓膜与眼后角之间，左右跟部不相遇；趾侧缘膜窄，趾间无蹼。体背面为棕红色，两眼间三角形斑和背部Ⅹ形斑显著，并镶有橙黄色边，上下唇缘有深色纵纹，肩部无浅色圆斑，咽喉和胸腹两侧有黑褐色斑。雄蟾第 1 指有细小婚刺，第 2 指婚刺甚少，有单咽下内声囊。蝌蚪全长 34.0 mm，头体长 14.0 mm 左右，尾末端钝尖；口部呈漏斗状；体尾浅褐色，有深色斑。

【生物学资料】　该蟾生活于海拔 600 ～ 1 300 m 的山区溪流两旁草丛中。成蟾在夜间发出"呷，呷"的鸣叫声，每次连续 5 声。捕食昆虫及其他小动物。

【种群状态】　种群数量较多。

【濒危等级】　无危（LC）。

【地理分布】　浙江（江山、遂昌、龙泉、泰顺、临安）、湖南（浏阳、宜章、炎陵）、福建（武夷山、建阳）、江西（九连山、贵溪）、广西（兴安、资源、钟山）、广东（阳春）；越南。

151. 林氏布角蟾 *Boulenophrys lini* (Wang and Yang, 2014)

【英文名称】　Lin's Horned Toad.

【形态特征】　雄蟾体长 34.1 ～ 39.7 mm，雌蟾体长 37.0 ～ 39.9 mm。头的长宽几乎相等；吻部盾形；鼓膜大而清晰，犁骨棱弱，无犁骨齿，舌后端无缺刻。体背面较光滑，有分散的小疣粒，有的形成细棱，上眼睑外缘有 1 小的角状疣；体腹面光滑，腋腺位于胸侧，股后腺较大。前肢适度纤细；后肢前伸贴体时胫跗关节达眼前

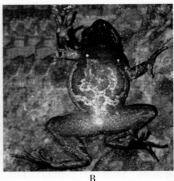

A　　　　　　　　　　　　　B

图 151-1　林氏布角蟾 *Boulenophrys lini* 雄蟾

（江西井冈山，Wang Y Y, et al., 2014）

A、背面观　B、腹面观

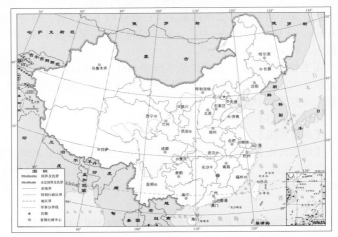

图 151-2　林氏布角蟾 *Boulenophrys lini* 地理分布

角，左右跟部重叠；趾侧缘膜宽，趾间有蹼迹，指、趾关节下瘤清楚。体背面浅褐色或橄榄色，两眼间三角形斑和背部入形斑显著，并镶有浅色边，眼下方有 1 条深色斑纹，肩部无浅色圆斑，咽喉和胸腹均有褐色斑，两侧颜色较深，股部腹面肉红色。雄蟾第 1 指有细小婚刺，有单咽下内声囊。雌性腹内孕卵呈乳黄色。蝌蚪全长 33.1 mm，头体长 13.2 mm 左右，尾末端尖；口部呈漏斗状；体尾浅褐色；尾上方有深色斑。

【生物学资料】　该蟾生活于海拔 1 100 ～ 1 610 m 的亚热带常绿阔叶林山区的水流较急的山溪两旁草丛中。9 月中旬至 10 月初成蟾在夜间发出鸣叫声。蝌蚪在溪边石下。

【种群状态】　中国特有种。仅 1 个分布点，种群数量缺乏数据。

【濒危等级】　未予评估（NE）。

【地理分布】　江西（井冈山）。

152. 丽水布角蟾 *Boulenophrys lishuiensis* (Wang, Liu and Jiang, 2017)

【英文名称】　Lishui Horned Toad.

【形态特征】　雄蟾体长 30.7 ～ 34.7 mm，雌蟾体长 36.9 ～ 40.4 mm。头扁平，其长略大于宽；吻部呈盾形；鼓膜明显，有耳柱骨；上颌有齿，无犁骨棱和犁骨齿；舌后端无缺刻。背面皮肤较光滑，

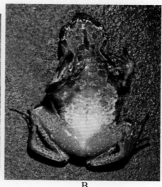

　　　　　A　　　　　　　　　　　　　　　B

152-1　丽水布角蟾 *Boulenophrys lishuiensis* (浙江丽水，王聿凡等，2017)

A、雄蟾背面观　B、雌蟾腹面观

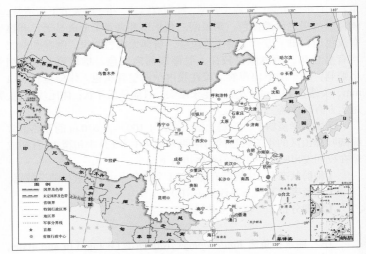

图 152-2 丽水布角蟾 *Boulenophrys lishuiensis* 地理分布

有稀疏小疣，体侧有疣粒；上眼睑具小疣粒；腹面光滑，腋腺位于胸侧，股后腺明显。前臂及手长不到体长之半；后肢前伸贴体时胫跗关节达眼与鼓膜之间，左右跟部仅相遇或不遇，趾侧无缘膜，趾间无蹼。背部棕黄色，两眼间有深褐色三角斑和背部有丫形斑，均具浅色边，后者较粗，不与前者相连接；肩上方具半圆形斑，呈浅黄色；四肢背面有深色横纹；腹面灰棕色，咽喉中部和两侧各有 1 个黑褐色纵斑，胸部有深褐色斑，腹部淡黄色。雄蟾第 1、2 指有黑色细密婚刺，有单咽下内声囊，无雄性线。

【生物学资料】 该蟾生活于海拔 900 ～ 1 200 m 的山区小溪流附近。4 ～ 8 月繁殖，夜间雄性蹲于溪边石上或草上发出响亮的 "嘎嘎嘎嘎嘎" 的连续鸣声。蝌蚪聚集于回水湾边缘，常漂浮于水面。

【种群状态】 中国特有种。目前仅知模式产地 1 个分布点，其种群数量较少。

【濒危等级】 建议列为易危（VU）。

【地理分布】 浙江（丽水）。

153. 小布角蟾 *Boulenophrys minor* (Stejneger, 1926)

【英文名称】 Little Horned Toad.

【形态特征】　雄蟾体长 32.0 ～ 41.0 mm，雌蟾体长 42.0 ～ 48.0 mm。头扁平，长宽几乎相等；吻部呈盾形，鼓膜大而圆；有耳柱骨，上颌有齿，犁骨棱不明显，无犁骨齿。背面有排列成行及分散的痣粒；上眼睑小疣多，无角状大疣；体侧有圆疣；体腹面皮肤光滑，腋腺小，股后腺明显。前臂及手长不到体长之半；后肢前伸贴体时胫跗关节

A   B

图 153-1　小布角蟾 *Boulenophrys minor* 雄蟾（四川都江堰，费梁）

A、背面观　B、腹面观

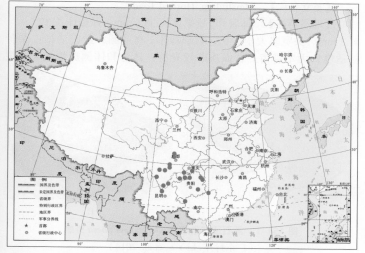

图 153-2　小布角蟾 *Boulenophrys minor* 地理分布

达眼部，胫长接近体长之半，左右跟部略重叠或相遇；指、趾端圆，趾侧无缘膜，趾间有蹼迹。体背面棕黄色、浅褐色或黄橄榄色，两眼间有深褐色三角形斑，其后角有Ⅹ形肤棱，体背面花斑不很清晰；咽胸腹部灰褐色，腹两侧有褐斑。雄性第1、2指有细小婚刺，有单咽下内声囊。蝌蚪全长46.0 mm，头体长13.0 mm左右；口部漏斗状；体背面黑褐色，尾部有云状斑纹，尾末端钝圆。

【生物学资料】　该蟾生活于海拔1 000 m左右的山区溪流及其附近林间。雄蟾夜晚在溪边石上发出"呷，呷，呷"的连续鸣声。蝌蚪栖息于在溪流边碎石间或水凼内水草根下。

【种群状态】　种群数量较多。

【濒危等级】　无危（LC）。

【地理分布】　四川（峨眉山、洪雅、都江堰、合江、古蔺等）、重庆（南川）、云南（巧家、威信、武定等地）、贵州（绥阳、印江、江口、雷山）、广西（田林、龙胜）；越南（西北部？）、泰国（清迈？）、缅甸与老挝之间（？）。

154. 黑石顶布角蟾 *Boulenophrys obesa* (Wang, Li and Zhao, 2014)

【英文名称】　Heishiding Horned Toad.

【形态特征】　体肥壮，雄蟾体长35.6 mm，雌蟾体长37.5～41.2 mm。头宽略大于头长；吻部盾形，吻端圆；鼓膜清晰；犁骨棱适度，无犁骨齿。背面皮肤较光滑；体背和体侧疣粒较大；眼

A　　　　　　　　　　B

图 154–1　黑石顶布角蟾 *Boulenophrys obesa* 雄蟾

（广东封开，Li Y L, et al., 2014）

A、背面观　B、腹面观

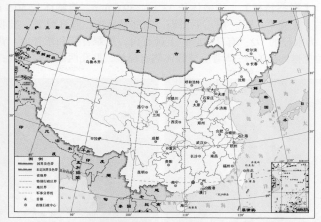

图 154-2   黑石顶布角蟾 *Boulenophrys obesa* 地理分布

间有三角形肤棱，上眼睑外缘有 1 个小角状疣，体背面有X形肤棱；
腋腺位于胸侧，股后腺较大。后肢前伸贴体时胫跗关节达眼后角，
胫长为体长 41% ～ 47%，左右跟部不相遇；趾间无缘膜，趾间有蹼迹，
指、趾基部有关节下瘤。雄蟾体背面褐色（雌蟾色较浅），两眼间
三角形和体背部X形斑为黑褐色，眼下方也有 1 个黑褐斑，肩部无
浅色圆斑，后肢背面横纹宽；咽喉和胸腹两侧为黑褐色，点缀有白
色或橘红色斑点；咽胸部有 1 条黑色纵纹，腹部和四肢腹面布满褐
色斑纹。正模雄蟾标本无明显的第 2 性征。

　　【生物学资料】　　该蟾生活于海拔 400 ～ 430 m 生长有常绿阔
叶乔木和竹类及杂草的山区，发现该蟾在距离溪流 7.0 ～ 40.0 m 的
路边或竹林内，并蹲在叶片上。解剖采于 11 月 12 日的 1 只雌蟾，
其输卵管内有卵，卵径约 1.7 mm，乳黄色；胃内有白蚁 26 只。

　　【种群状态】　　中国特有种。仅 1 个分布点，种群数量缺乏数据。

　　【濒危等级】　　未予评估（NE）。

　　【地理分布】　　广东（封开）。

155. 棘疣布角蟾 *Boulenophrys tuberogranulatus* (Shen，Mo and Li，2010)

　　【英文名称】　　Tianzishan Horned Toad.

【形态特征】　雄蟾体长 33.2 ～ 39.6 mm，雌蟾体长 50.5 mm 左右。头扁平，长、宽几乎相等；吻部呈盾形；瞳孔纵置；鼓膜清楚，为眼径的 1/2；有耳柱骨；上颌有齿，无犁骨棱和犁骨齿。背面颗粒疣排列呈Ⅹ形，体背后部和体侧有疣粒，肛孔两侧疣粒较大；腹

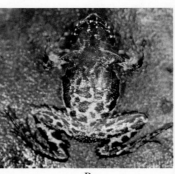

A　　　　　　　　　　　　B

图 155-1　棘疣布角蟾 *Boulenophrys tuberogranulatus* 雄蟾

（湖南桑植，江建平）

A、背面观　B、腹面观

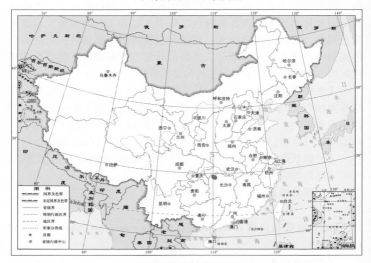

图 155-2　棘疣布角蟾 *Boulenophrys tuberogranulatus* 地理分布

部有小疣粒；腋腺位于胸侧，股后腺小。前臂及手长不到体长之半；指、趾末端球状，掌突 2 个。后肢前伸贴体时胫跗关节达眼后角，左右跟部仅相遇或略重叠，雌性胫长不到体长的一半，雄性略超；内跖突卵圆形，无外跖突；趾侧无缘膜，趾间略有蹼迹。体背面黄褐色，两眼间有黑褐色三角斑，体背部有黑褐色乂形斑纹；下颌缘有白色点；四肢背面有深浅相间的横纹；体和四肢腹面有褐色斑块。雄蟾第 1、2 指有细小婚刺，有单咽下内声囊。

【生物学资料】 该蟾生活于海拔 1 076 ～ 1 130 m 的山区溪流附近石下或草丛中，6 ～ 8 月雄蟾常发出"呷，呷，呷"的连续鸣声。

【种群状态】 中国特有种。该蛙分布区狭窄，种群数量较少。

【濒危等级】 费梁（2012）建议列为易危（VU）；蒋志刚等（2016）列为易危（VU）。

【地理分布】 湖南（桑植的八大公山和张家界的天子山）。

156. 瓦屋布角蟾 *Boulenophrys wawuensis* (Fei, Jiang and Zheng, 2001)

【英文名称】 Wawu Horned Toad.

【形态特征】 雄蟾体长 34.0 ～ 43.0 mm，雌蟾体长 47.0 ～ 50.0 mm。头较扁，头长与头宽几乎相等；吻部呈盾形，突出于下唇，瞳孔纵置，鼓膜小而圆；有耳柱骨，上颌有齿，犁骨棱不明显，无犁骨齿。体背面皮肤光滑，疣粒少或较小，无乂形肤棱；上眼睑无小疣和锥

A   B

图 156-1 瓦屋布角蟾 *Boulenophrys wawuensis* 雌蟾（四川洪雅，费梁）

A、背面观 B、腹面观

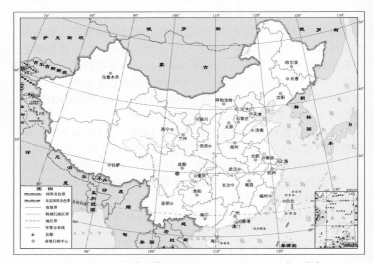

图 156-2　瓦屋布角蟾 *Boulenophrys wawuensis* 地理分布

状大疣，体侧有圆形或长形疣粒；腋腺小，股后腺明显。前肢较粗壮；
后肢前伸贴体时胫跗关节达眼部，胫长约为体长之半或略超过，左
右跟部重叠；趾侧无缘膜，趾具蹼迹。体色变异较大，背面黄棕色
或灰棕色，两眼间具镶浅色边的褐色三角形斑，背中部有宽的灰黑
色X或)(斑，有的背中部斑纹不规则；雄性体腹面和四肢腹面粉红色，
雌性为紫红色，咽喉中部和两侧后方有灰黑色斑；胸、腹部密布灰
色斑点。雄性第 1、2 指有细密婚刺，有单咽下内声囊，无雄性线。
蝌蚪全长 36.0 mm，头体长 11.0 mm 左右；口部漏斗状；体细长，
尾末端钝尖；体背面和尾肌棕紫色，尾鳍无斑或略显灰色云斑。

　　【生物学资料】　　该蟾生活于海拔 1 800 m 左右树竹混生的山
区细小溪流边或浸水凼边草丛中。5 月下旬发出"嘎、嘎"的鸣声，
由 2 ～ 5 个声组成。5 月 23 日的雌蟾（体长 49.8 mm），卵巢内卵
径仅 1.0 mm 左右，呈乳白色。蝌蚪生活于水凼内的石块下。

　　【种群状态】　　中国特有种。该蟾分布区甚狭窄，其种群数量
很少。

　　【濒危等级】　　费梁等（2010）建议列为濒危（EN）。

　　【地理分布】　　四川（洪雅瓦屋山）。

157. 无量山布角蟾 *Boulenophrys wuliangshanensis* (Ye and Fei, 1994)

【英文名称】　　Wuliangshan Horned Toad.

【形态特征】　　雄蟾体长 27.0 ～ 32.0 mm，雌蟾体长 41.0 mm 左右。头的长宽几乎相等；吻部呈盾形，显著突出于下唇，吻棱甚显；鼓膜近圆形，有耳柱骨；上颌有齿，无犁骨棱和犁骨齿。体背面密布痣粒；上眼睑无锥状长疣；背中部有痣粒组成的X形肤棱，体侧疣粒大；四肢背面肤棱；腋腺小，股后腺明显。前肢较粗壮，前臂及手长短于体长之半；后肢适中，前伸贴体时胫跗关节达眼中部，趾侧无缘膜，趾间无蹼。背面浅红棕色，两眼间三角斑和背面X形斑为深褐色；腹部和后肢腹面有黑褐色圆斑。雄性第 1、2 指具细小婚刺，有单咽下内声囊。卵径 2.5 mm，乳白色。蝌蚪全长 40.0 mm，头体长 13.0 mm 左右，尾末端钝尖；口部呈漏斗状；体和尾肌棕褐色，尾鳍无斑。

【生物学资料】　　该蟾生活于海拔 2 000 ～ 2 400 m 的山区常绿阔叶林中的小溪流及其附近的草丛和土穴内，雄蟾发出"呷，呷"的连续鸣声。6 月 3 日和 6 月 10 日各获 1 只雌蟾，其中 1 只腹内卵已成熟，另 1 只已经产过卵；推测该蟾的繁殖期可能在 5 ～ 6 月。

【种群状态】　　因生态环境质量下降，其种群数量较少。

【濒危等级】　　易危（VU）。

A　　　　　　　　　　　　　　　B

图 157-1　无量山布角蟾 *Boulenophrys wuliangshanensis* 雄蟾

A、背面观（云南景东，费梁）　B、腹面观（云南景东，李健）

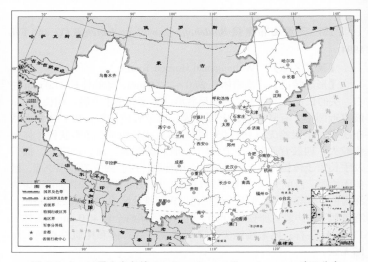

图 157-2　无量山布角蟾 *Boulenophrys wuliangshanensis* 地理分布

【地理分布】　云南（景东、双柏）；印度东北部（那加兰）。

158. 巫山布角蟾 *Boulenophrys wushanensis* (Ye and Fei, 1994)

【英文名称】　Wushan Horned Toad.

【形态特征】　雄蟾体长 30.0～36.0 mm，雌蟾体长 38.0 mm 左右。头扁平，长宽几乎相等；吻部呈盾形，瞳孔纵置；鼓膜近圆形，有耳柱骨；上颌有齿，无犁骨棱和犁骨齿。体背面皮肤较光滑；上眼睑外缘中部略突出，体背面及四肢背面有小疣，无痣粒组成的肤棱；腋腺很小，股后腺大。前臂及手长短于体长之半；后肢前伸贴体时胫跗关节达眼部，胫长略小于头体长，左右跟部略重叠或相遇；雄蟾趾侧缘膜宽，趾基部有蹼迹；雌蟾无缘膜，几乎无蹼。整个背面红褐色，两眼间三角形斑与其后的⅄形黑褐色斑相连，其边缘镶以浅色细纹，四肢背面有褐色横纹。咽胸部浅褐色，腹部和四肢腹面色较浅，均有深褐色斑。雄性第 1、2 指有细密婚刺，具单咽下内声囊。蝌蚪全长 45.0 mm，头体长 14.0 mm 左右，尾末端钝尖；口部呈漏斗状；体尾浅褐色，尾鳍无斑。

【生物学资料】　该蟾生活于海拔 945～1 200 m 的山区小溪

图 158-1 巫山布角蟾 *Boulenophrys wushanensis* **雄蟾**（重庆巫山，李健）

A、背面观 B、腹面观

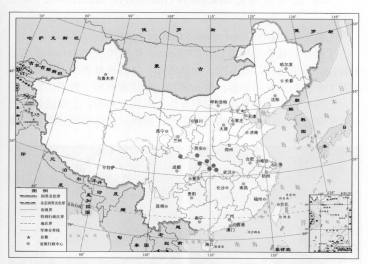

图 158-2 巫山布角蟾 *Boulenophrys wushanensis* **地理分布**

流及其附近林区。6 月中旬，雌蟾腹内孕卵待产，雄蟾在溪流岸边发出连续鸣叫声。蝌蚪栖于溪边缓流处。

【种群状态】　中国特有种。因栖息地的生态环境质量下降，其种群数量减少。

【濒危等级】　汪松等（2004）建议列为易危（VU）；蒋志刚等（2016）列为易危（VU）。

【地理分布】　陕西（洋县、平利）、甘肃（文县）、四川（南江）、重庆（巫山）、湖北（神农架、宜昌）。

（二八）异角蟾属 *Xenophrys* Günther, 1864

田异角蟾亚属 *Xenophrys* (*Tianophrys*) Fei and Ye, 2016

159. 尾突异角蟾 *Xenophrys* (*Tianophrys*) *caudoprocta* (Shen, 1994)

【英文名称】　Convex-tailed Horned Toad.

【形态特征】　雄蟾体长 77.0 mm，雌蟾体长 78.0 mm 左右。头较高，头顶略凹，吻端圆，吻部盾形，吻棱很显著，上眼睑的外缘有 1 个三角形突起似角，瞳孔纵置；鼓膜卵圆形，斜置，有耳柱骨；上颌齿发达，有犁骨棱和犁骨齿。皮肤较光滑；上眼睑外缘有帘状肤褶，两眼间的肤棱构成三角形，颞褶后端略粗厚达肩部；体

图 159-1　尾突异角蟾 *Xenophrys* (*Tianophrys*) *caudoprocta* 雌蟾
（湖南桑植，廖春林）
A、背面观　B、腹面观

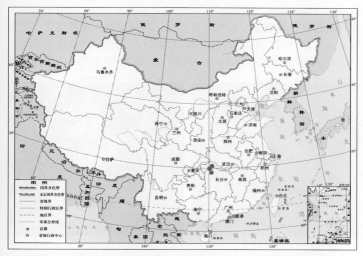

图 159-2 尾突异角蟾 *Xenophrys (Tianophrys) caudoprocta* 地理分布

背面有 V 形肤棱，体两侧各有 1 条肤棱；体后端有圆锥形尾突，肛孔位于尾突腹面，背面观看不到肛孔；腋腺位于胸侧，有股后腺。前臂及手长超过体长之半；后肢前伸贴体时胫跗关节达眼部，胫长略超体长之半，左右跟部相遇；趾间具微蹼，内跖突扁平，无外跖突。背面灰褐色（雄）或红色（雌），两眼间具三角形深色斑；股、胫部背面肤棱部位各有 2 ~ 3 条深色横纹；咽、胸部红褐色，腹后部及股基部色浅。雄蟾第 1、2 指背面婚刺细密，无声囊孔。

【生物学资料】   该蟾生活于海拔 1 600 m 的山区。

【种群状态】   中国特有种。该蟾分布区狭窄，种群数量很稀少。

【濒危等级】   费梁等（2012）建议列为濒危（EN）；蒋志刚等（2016）列为濒危（EN）。

【地理分布】   湖北（五峰、鹤峰）、湖南（桑植）。

160. 水城异角蟾 *Xenophrys (Tianophrys) shuichengensis* (Tian and Sun, 1995)

【英文名称】   Shuicheng Horned Toad.

【形态特征】   体形大，雄蟾体长 100.0 ~ 116.0 mm，雌蟾体长

102.0 ～ 118.0 mm。头顶微凹，头骨与皮肤紧密相连；吻部呈盾形，瞳孔纵置，吻棱明显，颊部几乎垂直，鼓膜显露；有耳柱骨，上颌有齿，有犁骨棱，无犁骨齿。头体背面具小疣粒；颞褶前段平直，后段逐渐膨大，两眼间有Ⴤ形肤棱，上眼睑中部外侧有 1 个大的肤

| A | B |

图 160-1　水城异角蟾 *Xenophrys (Tianophrys) shuichengensis* 雌蟾
（贵州水城，田应洲）
A、背面观　B、腹面观

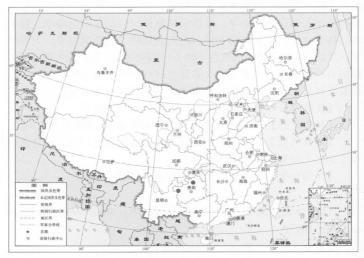

图 160-2　水城异角蟾 *Xenophrys (Tianophrys) shuichengensis* 地理分布

突似角状（雌蟾），雄蟾者较小；背部有)(形肤棱；股、胫背面各有 3～4 条肤棱；腋腺小，股后腺较大。前臂及手长小于体长之半，指、趾均无关节下瘤，内掌突较发达，无外掌突；后肢前伸贴体时胫跗关节达眼后角，胫长小于体长之半，趾侧缘膜发达，第 4 趾具1/3 蹼。背面棕褐色，两眼间和体背面的肤棱部位色较深；咽胸部有褐色斑，腹前部斑块大。雄性无婚刺，无雄性线，亦无声囊。蝌蚪体全长 49.0 mm，头体长 17.0 mm 左右，尾末端钝尖；体背面浅棕色；口部呈漏斗状；蝌蚪背鳍基部有棕色纹，其他部位均无斑点。刚变态的幼蟾体长 19.0～21.0 mm。

【生物学资料】 该蟾生活于海拔 1 800～1 870 m 的亚热带常绿阔叶林山区。成蟾在小溪流近源处附近活动，捕食昆虫、蚯蚓及其他小动物。

【种群状态】 中国特有种。因栖息地的生态环境质量下降，该蟾种群数量很少。

【濒危等级】 濒危（EN）；蒋志刚等（2016）列为易危（VU）。

【地理分布】 贵州（水城、绥阳）。

异角蟾亚属 *Xenophrys (Xenophrys)* Günther, 1864

凹顶异角蟾种组 *Xenophrys (Xenophrys) parva* group

161. 大围异角蟾 *Xenophrys (Xenophrys) daweimontis* (Rao and Yang, 1997)

【英文名称】 Daweishan Horned Toad.

【形态特征】 雄蟾体长 34.0～37.0 mm，雌蟾体长 40.0～46.0 mm。头宽略大于长；吻部呈盾形，头扁平，吻部很短，突出于下唇，眼眶之间凹入；鼓膜圆形、清晰，有耳柱骨；上颌有齿，有犁骨棱和犁骨齿。背面皮肤光滑；上眼睑外缘有 1 个很小的疣；体侧具小疣，背侧有细肤褶；腹面皮肤光滑。前肢长而细，内掌突很大，外掌突很小；后肢长，前伸贴体时胫跗关节达吻端，趾纤细，趾端膨大，趾侧无缘膜，趾间无蹼；无关节下瘤，外跖突小。背面橄榄褐色，两眼间有 1 个三角形斑，其后肩上方的 V 形斑以及躯干背面的)(形斑为褐色斑；

A　　　　　　　B

图 161-1　大围异角蟾 *Xenophrys (Xenophrys) daweimontis* 雌蟾

（云南屏边，侯勉）

A、背面观　B、腹面观

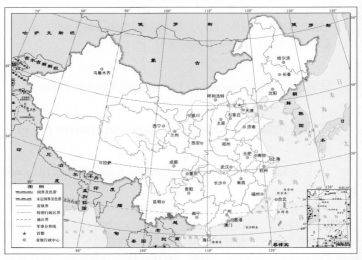

图 161-2　大围异角蟾 *Xenophrys (Xenophrys) daweimontis* 地理分布

肛下方和跟部后方色深；股部背面有横纹；头体和后肢腹面浅红色，有褐色斑。雄蟾有内声囊。

　　【生物学资料】　该蟾生活于云南屏边县海拔 1 900 m 的山区。

　　【种群状态】　该蟾在中国分布区狭窄，仅 2 个分布点，其种群数量较少。

【濒危等级】 易危（VU）。

【地理分布】 云南（河口、屏边大围山）；越南（奠边府）。

162. 井冈山异角蟾 *Xenophrys (Xenophrys) jinggangensis* Wang, 2012

【英文名称】 Jinggangshan Horned Toad.

【形态特征】 雄蟾体长 35.1 ～ 36.7 mm，雌蟾体长 38.4 ～ 41.6 mm。头的长宽几乎相等；吻部盾形；颞褶弯向肩部，鼓膜大呈卵圆形；有犁骨棱和犁骨齿。背面皮肤有成行的疣粒和痣粒，上眼睑外缘有角状小疣，体侧有大疣，腋腺和股后腺较大。后肢较长，胫长为体长的 48%，趾侧具缘膜，趾间有蹼迹。体背面红棕色，两眼间三角形斑和背部X褐色斑明显，体两侧小疣排列呈纵行，眼下方有 1 个深色斑，肩部无浅色圆斑；四肢褐色横纹清楚；下颌缘和胸腹两侧有黑褐色斑，咽喉中部有 1 个长形黑褐色斑。雄蟾第 1、2 指未见婚刺，有单咽下内声囊。蝌蚪全长 30.8 ～ 32.6 mm，头体长 11.4 ～ 13.8 mm，尾长为头体长的 2.8 倍，尾末端钝尖；口部呈漏斗状；体尾红褐色有深色斑。

【生物学资料】 该蟾生活于海拔 700 ～ 850 m 亚热带常绿阔叶林山区的潮湿环境内，常栖息在小溪缓流处及其附近。9 月末可

A B

图 162-1 井冈山异角蟾 *Xenophrys (Xenophrys) jinggangensis* 雌蟾

（江西井冈山，Wang Y Y, 2012）

A、背面观 B、腹面观

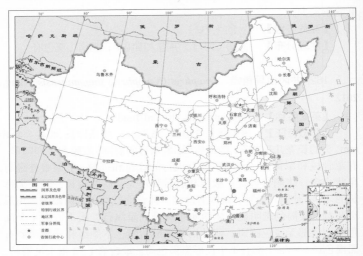

图 162-2　井冈山异角蟾 *Xenophrys (Xenophrys) jinggangensis* 地理分布

听见雄蟾鸣叫。蝌蚪生活在溪流边的石下。

【种群状态】　中国特有种。目前该种仅 1 个分布点，种群数量较少。

【濒危等级】　Fei and Ye（2016）建议列为易危（VU）。

【地理分布】　江西（井冈山）。

163. 凸肛异角蟾 *Xenophrys (Xenophrys) pachyproctus* (Huang, 1981)

【英文名称】　Convex-vented Horned Toad.

【形态特征】　雄蟾体长 35.0～36.0 mm，雌蟾体长 36.0 mm 左右。头的长宽几乎相等；吻部呈盾形，瞳孔纵置；鼓膜卵圆形而斜置，有耳柱骨；上颌有齿，犁骨棱后端膨大具细齿。皮肤较粗糙，体背部痣粒排列成Ⅹ形，体侧及四肢背面有少数小圆疣，股、胫部的小疣排列规则；体腹面光滑，腋腺很小，有股后腺。前臂及手长略超过体长之半；后肢前伸贴体时胫跗关节达眼部，左右跟部略重叠，胫长不到体长之半；趾侧无缘膜，趾间无蹼。整个背面棕黄色或浅褐色，两眼间有褐黑色三角斑；四肢背面有褐黑色横纹；体腹面色

A   B

图 163-1   凸肛异角蟾 *Xenophrys* (*Xenophrys*) *pachyproctus* 雄蟾

（西藏墨脱，蒋珂）

A、背面观   B、腹面观

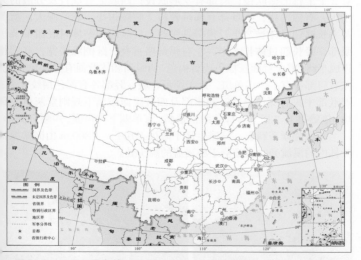

图 163-2   凸肛异角蟾 *Xenophrys* (*Xenophrys*) *pachyproctus* 地理分布

线有灰褐色斑点。雄性肛部向后凸起呈弧形；第 1 指背面有黑色婚
刺，第 2 指婚刺很少，有单咽下内声囊，无雄性线。

　　【生物学资料】   该蟾生活于海拔 1 530 mm 左右的山区森林 区。

317

7 月下旬的雨夜，雄蟾栖于草丛和灌木上，发出 "嘎吱，嘎吱" 的连续鸣声。

【种群状态】　中国仅 1 个分布点，其种群数量不清楚。

【濒危等级】　未予评估（NE）。

【地理分布】　西藏（墨脱）；印度（萨地亚）、越南（西北部？）

164. 粗皮异角蟾 *Xenophrys (Xenophrys) palpebralespinosa* (Bourret, 1937)

【英文名称】　Rough-skinned Horned Toad.

【形态特征】　雄蟾体长 36.0 ～ 38.0 mm。头扁平，头宽大于头长；吻部短圆呈盾形；鼓膜小而清晰，有耳柱骨；上颌有齿，有犁骨齿。背面皮肤很粗糙，有对称的长短肤棱和疣粒；上眼睑有多个排列不规则的肉质锥状疣，有的长疣似角状向外伸出，左右上眼睑前方各有 2 个平行的横肤棱；肩部有 V 形肤棱；四肢上有成行及分散的大小疣，有内跗褶；咽喉部有稀疏颗粒，腋腺很小，股后腺大。前臂及手长略超过体长之半，指微具缘膜；后肢前伸贴体时胫跗关节达眼部，胫长超过体长之半，左右跟部略重叠，趾侧缘膜宽，基部相连成半蹼。整个背面灰棕色或黄褐色，两眼间和体背面有黑褐色花斑，左右肩部各有 1 个浅色斑，近于圆形；股、胫部各有深色横纹 4 条；咽喉部中央有深色纵纹；胸腹部及四肢腹面布满不规则紫灰色大斑块。雄蟾第 1、2 指上有棕色细密婚刺，有单咽下内声囊，声囊孔圆形。

【生物学资料】　该蟾生活于海拔 1 100 ～ 1 800 m 山区常绿阔叶林中的溪流旁。成蟾栖于小溪流的源头处。

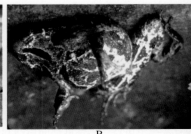

A　　　　　　　　　　　　B

图 164-1　粗皮异角蟾 *Xenophrys (Xenophrys) palpebralespinosa* 雌蟾
A、背面观（广西靖西，刘惠宁）　B、腹面观（引自 Orlov, 2000）

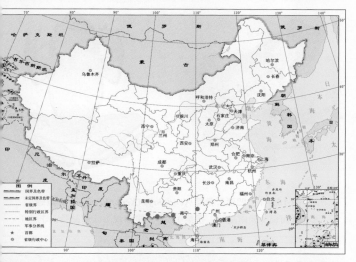

■ 164-2 粗皮异角蟾 *Xenophrys (Xenophrys) palpebralespinosa* 地理分布

【种群状态】 种群数量少。

【濒危等级】 汪松等（2004）建议列为近危（NT）；蒋志刚（2016）列为易危（VU）。

【地理分布】 云南（河口、绿春）、广西（靖西、金秀）；
南（北部）。

165. 凹顶异角蟾 *Xenophrys (Xenophrys) parva* (Boulenger, 1893)

【英文名称】 Concave-crowned Horned Toad.

【形态特征】 雄蟾体长 42.0～44.0 mm，雌蟾体长 45.0 mm 左右。宽略大于头长，头顶部显著下凹；吻部呈盾形，上眼睑外缘有帘肤褶，有 1 个小的锥状突；鼓膜卵圆形，有耳柱骨；上颌有齿，骨齿呈两小团。皮肤平滑，背部痣粒排成乀肤棱，体侧有纵肤褶圆疣，四肢具细肤棱；腋腺小，有股后腺。前臂及手长约为体长半；后肢前伸贴体时胫跗关节达眼部，左右跟部重叠，趾侧无缘膜，间无蹼或具蹼迹。背面深橄榄色，两眼之间有三角形棕黑色斑纹，背面有乀形棕黑斑，斑纹周围均镶有黄色边。股、胫部各有 4～5 深色横纹；咽喉部及胸部浅棕灰色，腹部黄白色，股部腹面紫红色。

319

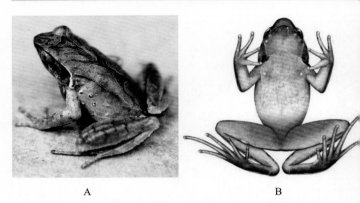

A   B

图 165-1　凹顶异角蟾 *Xenophrys (Xenophrys) parva* 雄蟾

A、背面观（云南勐腊，费梁）　B、腹面观（云南勐腊，李健）

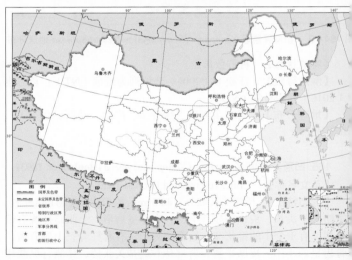

图 165-2　凹顶异角蟾 *Xenophrys (Xenophrys) parva* 地理分布

雄蟾第 1、2 指上有细密婚刺，有单咽下内声囊。蝌蚪尾长约为头信长的两倍，头体较扁，尾末端钝尖；口部呈漏斗状；头体背面深褐色尾肌上有深色斑点。

【生物学资料】　该蟾生活在海拔 600～1 000 m 热带雨林地

320

的小型山溪及其附近。5 月夜间成蟾栖于溪边落叶间或灌丛下，有时发出"呷，呷"的连续鸣声。

【种群状态】　因生态环境质量下降，其种群数量减少。

【濒危等级】　近危（NT）；蒋志刚等（2016）列为易危（VU）。

【地理分布】　云南（勐腊、景洪市郊区和勐养镇）、广西（那坡）、西藏（墨脱南部阿波尔地区）；印度（大吉岭、阿萨姆、锡金）、孟加拉国、缅甸、泰国、老挝。

166. 张氏异角蟾 *Xenophrys (Xenophrys) zhangi* (Ye and Fei, 1992)

【英文名称】　Zhang's Horned Toad.

【形态特征】　雄蟾体长 33.0 ～ 37.0 mm。头顶较平，头的长宽几乎相等；吻部呈盾形；鼓膜近圆形，有耳柱骨；上颌有齿，犁骨棱明显，后端具细齿。皮肤较光滑；上眼睑小疣多，外缘无锥状疣，帘状肤褶清晰；背面有 \形细肤棱和分散的小疣；腋腺小，股后腺明显；四肢背面具细肤棱。前肢细，前臂及手长不到体长之半；后肢适中，前伸贴体时胫跗 关节达眼，胫长约为体长之半，左右跟部略重叠；趾侧具缘膜，趾间几乎无蹼。背面黄褐色，两眼间有镶浅色细边的三角形褐黑色斑，唇缘有褐黑色纵纹；背正中有 1 个大的X形斑；体两侧各有 1 条深色细纵纹；股、胫部各有 3 ～ 4 条深色横 纹；体腹面咽喉部褐色，胸、腹部深色碎斑显著。雄蟾第 1、2

A   B

图 166-1　张氏异角蟾 *Xenophrys (Xenophrys) zhangi* 雄蟾

（西藏聂拉木，蒋珂）

A、背面观　B、腹面观

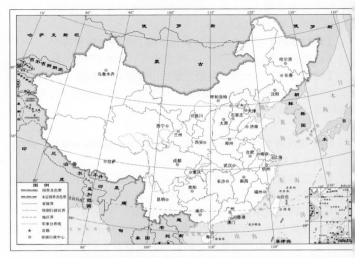

图 166-2　张氏异角蟾 *Xenophrys (Xenophrys) zhangi* 地理分布

指有灰色细密婚刺，有内声囊。

　　【生物学资料】　该蟾生活于喜马拉雅山聂拉木县海拔 700 ~ 1 000 m 林区的溪流边及其附近。

　　【种群状态】　中国特有种。该蟾分布区狭窄，其种群数量较少

　　【濒危等级】　汪松等（2004）建议列为易危（VU）；蒋志等（2016）列为易危（VU）。

　　【地理分布】　西藏（聂拉木）。

峨眉异角蟾种组 *Xenophrys (Xenophrys) omeimont* group

167. 景东异角蟾 *Xenophrys (Xenophrys) jingdongensis* (Fei and Y 1983)

　　【英文名称】　Jingdong Horned Toad.

　　【形态特征】　雄蟾体长 53.0 ~ 57.0 mm，雌蟾体长 64.0 mm 左右

顶平坦，头宽略大于头长；吻部盾形；鼓膜呈椭圆形，斜置，有柱骨；上颌有齿，有犁骨棱和犁骨齿。皮肤较光滑；上眼睑外缘有1个小突起；背部及四肢均有细肤棱和小疣粒，背部细肤棱呈形，体后部和体侧圆疣显著；腋腺位于胸侧，有股后腺。前臂及手短于体长之半，第1、2指基部有关节下瘤；后肢前伸贴体时胫跗关节达眼中部，胫长超过体长之半，左右跟部明显重叠；趾间半蹼，

A   B

图 167-1　景东异角蟾 *Xenophrys (Xenophrys) jingdongensis* 雄蟾

A、背面观（云南景东，费梁）　　B、腹面观（云南景东，刘炯宇）

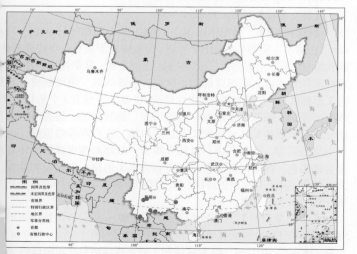

图 167-2　景东异角蟾 *Xenophrys (Xenophrys) jingdongensis* 地理分布

趾侧缘膜显著，趾下无关节下瘤。体色变异大，多为橄榄褐色、榄黄色，两眼间有镶浅色边的褐色三角形斑；体背面沿肤棱部位深棕色股、胫部各有细横纹 3 ～ 4 条；咽胸部有深褐色斑。雄蟾第 1、2 指婚刺黑色，有单咽下内声囊，无雄性线。剖视 6 月 5 日的雌性，卵径 2.2 mm 左右，乳白色。蝌蚪体全长 36.0 mm，头体长 10.0 mm 左右尾末端钝尖；口部呈漏斗状；体较宽略扁，体尾棕褐色，尾肌上有深灰色斑点，其上缘斑点较密集，尾鳍色浅。

【生物学资料】　该蟾生活于海拔 1 150 ～ 2 400 m 山区的亚热带常绿阔叶林地区。成蟾常栖于溪流内或溪边土穴内，发出"呷，呷，呷"的连续鸣叫声。6 月初雌蟾腹内卵待产，8 月 22 日雌蛙在室内产卵 215 粒，卵群黏附在石块底面。蝌蚪在溪流内石下。

【种群状态】　中国特有种。种群数量稀少。

【濒危等级】　近危（NT）。

【地理分布】　云南（景东、双柏、绿春、金平、景洪）、广西（桂林岑王老山）。

168. 荔波异角蟾 *Xenophrys (Xenophrys) liboensis* Zhang, Li, Xia Li, Pan, Wang, Zhang and Zhou, 2017

【英文名称】　Libo Horned Toad.

【形态特征】　雄蟾体长 34.7 ～ 68.0 mm，雌蟾体长 60.8 ～ 70.mm。头扁平，吻端尖，突出于下颌，头宽略大于头长；吻棱棱角状瞳孔纵置；鼓膜呈卵圆形，有耳柱骨；上颌有齿，具犁骨棱和犁骨齿背面皮肤较光滑，有细肤棱和小疣粒，两眼间具三角斑肤棱，其间有人形细肤棱，背两侧各有 1 条纵肤棱，上眼睑外缘有 1 个角状长疣体腹面光滑，腋腺位于胸侧，有股后腺。前肢纤细，指关节下瘤明显；后肢前伸贴体时胫跗关节达眼中部，左右跟部略重叠，内突小呈椭圆形，无外跖突；趾侧缘膜窄，基部相连成蹼迹。体背多为锈褐色，两眼间有栗色三角斑和背部人形斑；头腹面和胸腹面为灰棕色，其上有棕黑色斑块；腹后部和股腹面肉色，胯部红棕色雄性有单咽下内声囊。

【生物学资料】　该蟾生活于海拔 630 m 左右喀斯特山区的绿阔叶林和针阔叶混交林地带的溶洞内，溶洞内有 1 个 2×60.0 m²水塘，水深约 50.0 cm，12 只成体和 1 只亚成体栖息在距洞口约 35黑暗环境的石头上，在洞外没有发现成体、卵群和蝌蚪。

图 168-1　荔波异角蟾 *Xenophrys* (*Xenophrys*) *liboensis* 雄蟾

（贵州荔波 , Zhang Y N, et al., 2017）

A、背面观　B、腹面观

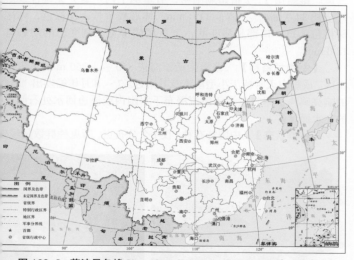

图 168-2　荔波异角蟾 *Xenophrys* (*Xenophrys*) *liboensis* 地理分布

【种群状态】　中国特有种。该种目前仅见于荔波 1 个分布点，种群数量稀少。

【濒危等级】　建议列为近危（NT）。

【地理分布】　贵州（荔波）。

169. 墨脱异角蟾 *Xenophrys* (*Xenophrys*) *medogensis* (Fei, Ye and Huang, 1983)

【英文名称】　Medog Horned Toad.

【形态特征】　雄蟾体长 57.0 ～ 68.0 mm。头顶平坦，头长略大于头宽；吻部呈盾形；鼓膜呈椭圆形，斜置，有耳柱骨；上颌有齿，有犁骨棱和犁骨齿。皮肤较光滑，背部及四肢背面均有细肤棱和小疣粒；腋腺位于胸侧，有股后腺。前臂及手长约为体长的 48%，第 1、2 指无关节下瘤；后肢前伸贴体时胫跗关节达吻眼间或吻端，胫长超过体长之半，左右跟部明显重叠，趾间无蹼或个别略显蹼迹，趾侧无缘膜。体背面颜色有变异，多为灰褐色，两眼间深色三角斑镶有浅色边；体背部细肤棱部位均有深棕色线纹；股、胫部各有 3 ～ 4 条细横纹；咽胸部棕褐色，体腹部和股部腹面为肉黄色，略显深色云斑。雄蟾第 1、2 指婚刺细密，有单咽下内声囊，无雄性线。蝌蚪全长 34.0 mm，头体长 11.0 mm；体形较窄长，深棕色，体尾有深褐色云斑；口部呈漏斗状，上下尾鳍等宽。刚变态的幼蟾体长 18.0 mm。

【生物学资料】　该蟾生活于海拔 850 ～ 1 350 m 的热带雨林山区。成蟾白天常栖于小型溪流及其附近。7 ～ 8 月雄蟾发出"咯咯"的响亮鸣声。蝌蚪生活于溪流瀑布下水凼内或溪边回水处石间，有的在水面浮游。

【种群状态】　中国特有种。仅 1 个分布点，所见种群数量较少。

图 169–1　墨脱异角蟾 *Xenophrys* (*Xenophrys*) *medogensis* 雌蟾

A、背面观（西藏墨脱，吕顺清）　　B、腹面观（西藏墨脱，侯勉）

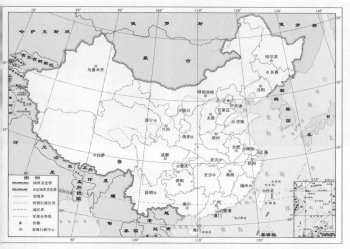

图 169-2 墨脱异角蟾 *Xenophrys (Xenophrys) medogensis* 地理分布

【濒危等级】 费梁（2012）建议列为易危（VU）；蒋志刚等2016）列为濒危（EN）。

【地理分布】 西藏（墨脱）。

170. 峨眉异角蟾 *Xenophrys (Xenophrys) omeimontis* (Liu, 1950)

【英文名称】 Omei Horned Toad.

【形态特征】 雄蟾体长 56.0 ～ 60.0 mm，雌蟾体长 68.0 ～ 73.0 m。头扁平，头宽略大于头长；瞳孔纵置；鼓膜呈卵圆形，有耳柱；上颌有齿，犁骨棱末端具小齿。背面皮肤较光滑，有细肤棱和小疣粒，两眼间具三角斑肤棱，其后有 V 或 ⅄ 形细肤棱，背两侧各 1 条纵肤棱，上眼睑外缘有 1 个小突起；体腹面光滑，腋腺位于侧，有股后腺。第 1、2 指基部有关节下瘤；后肢前伸贴体时胫跗节达踝或略超过，左右跟部重叠，内跖突小，呈卵圆形，无外跖突。侧缘膜窄，基部相连成蹼迹。体背面颜色变异较大，多为棕褐色暗橄榄色，两眼间三角斑和背部 V 形深色斑镶有浅色边；头腹面胸部为灰棕色或深灰色，其上有镶浅色边的棕黑色斑块；腹后部色，股部腹面红棕色。雄性第 1、2 指有细密婚刺，有单咽下内声，无雄性线。卵径 2.5 mm，乳黄色。蝌蚪全长 47.0 mm，头体长

327

A	B

图 170-1　峨眉异角蟾 *Xenophrys (Xenophrys) omeimontis*

A、雌雄抱对（四川峨眉山，费梁）　B、雌蟾腹面观（四川洪雅，费梁）

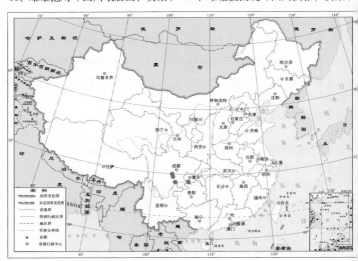

图 170-2　峨眉异角蟾 *Xenophrys (Xenophrys) omeimontis* 地理分布

14.0 mm；口部漏斗状；尾肌发达，末端钝尖；体背面和尾肌棕褐色
有灰黑色麻斑，尾鳍几乎无斑。

　　【生物学资料】　该蟾生活于海拔 700 ～ 1 500 m 的山区溪流及
其附近的密林中，以昆虫和蜘蛛等小动物为食。雄蟾在 4 月下旬至
5 月上旬发出"呷，呷，呷"的连续鸣声。产卵 282 ～ 429 粒，

群呈团状黏附在石块底面。蝌蚪多在溪边碎石间活动。

【种群状态】　中国特有种。因栖息地的生态环境质量下降，该蟾种群数量减少。

【濒危等级】　近危（NT）；蒋志刚等（2016）列为易危（VU）。

【地理分布】　四川（峨眉山、洪雅、合江和屏山）。

棘指异角蟾种组 *Xenophrys (Xenophrys) spinata* group

171. 炳灵异角蟾 *Xenophrys (Xenophrys) binlingensis* (Jiang, Fei and Ye, 2009)

【英文名称】　Binling Horned Toad.

【形态特征】　雄蟾体长 45.0 ～ 51.0 mm。头扁平，头宽略大于头长；吻部盾形，鼓膜呈卵圆形，有耳柱骨；上颌有齿，犁骨棱弱，后端无犁骨齿。背面皮较光滑，背部及四肢有细肤棱，体侧圆疣分散；肩上方有 V 形细肤棱，背侧有纵行细肤棱；上眼睑外缘无角状突起。腋腺位于胸侧；有股后腺。指、趾末端钝圆，略呈球状；内掌突卵圆形，外掌突略显。后肢前伸贴体时胫跗关节达眼部或略超过，胫长略超过体长之半，左右跟部略重叠；趾侧缘膜窄，基部相连成蹼迹；内跖突卵圆形，无外跖突。体色变异颇大，背面多为灰棕色和灰褐色，有深色斑纹；两眼间三角形斑和背部的 X 或 V 形深褐色斑纹均镶有浅色细边；股、胫背面各有 4 ～ 5 条细横纹；咽喉部灰棕黑色，两侧和中央各有 1 条深色短纵纹，胸、腹部由浅色渐变为棕色，腹两侧有宽的深褐色纵纹。雄蟾第 1、2 指背面有细密婚刺；有单咽下内声囊；无雄性线。蝌蚪全长 41.0 ～ 46.0 mm，头体长 13.0 ～ 15.0 mm；口部呈漏斗状，头部窄而体较宽，尾肌发达，尾鳍低厚，末端多钝圆；头体背面及尾肌为灰棕色，具细小斑点，尾肌上缘斑点密集。

【生物学资料】　该蟾生活于海拔 1 480 m 山区植被茂密的溪流及其附近草丛或落叶间。5 月夜间可听见雄蟾的鸣声。蝌蚪生活在溪流回水凼边石间。

【种群状态】　中国特有种。该蟾分布区狭窄，其种群数量稀少。

【濒危等级】　费梁等（2010）建议列为近危（NT）。

【地理分布】　四川（洪雅）。

A　　　　　　　　　　　　　　　　B

图 171-1　炳灵异角蟾 *Xenophrys (Xenophrys) binlingensis* 雄蟾
（四川洪雅，费梁）
A、背面观　B、腹面观

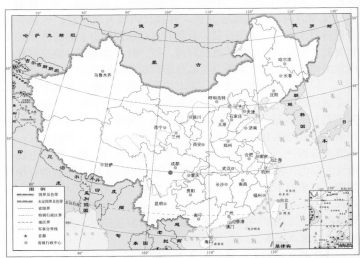

图 171-2　炳灵异角蟾 *Xenophrys (Xenophrys) binlingensis* 地理分布

172. 桑植异角蟾 *Xenophrys (Xenophrys) sangzhiensis* (Jiang, Ye and Fei, 2008)

【英文名称】　Sangzhi Horned Toad.

【形态特征】　　雄蟾体长 55.0 mm 左右。头扁平，头长略小于头宽；吻部呈盾状，上眼睑外缘三角形突起小；鼓膜呈椭圆形，有耳柱骨；上颌有齿，犁骨棱弱末端不膨大，亦无齿。身体背面和体侧布满痣粒。体背部有 Y 形细肤棱；体侧和肛上方以及股后部均有疣粒；腹面皮肤光滑，腋腺位于胸侧，有股后腺。前肢适中；指趾末端钝圆，内掌突呈卵圆形，外掌突小；后肢前伸贴体时胫跗关节达眼前角，胫长超过体长之半，左右跟部重叠，趾基部略显蹼迹，

A   B

图 172-1　桑植异角蟾 *Xenophrys (Xenophrys) sangzhiensis* 雌蟾

A、背面观（湖南桑植，费梁）　B、腹面观（湖南桑植，江建平）

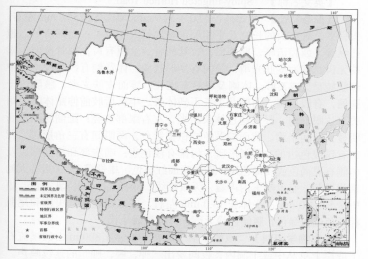

图 172-2　桑植异角蟾 *Xenophrys (Xenophrys) sangzhiensis* 地理分布

内跖突卵圆形，无外跖突。背面棕黄色，有褐色斑纹；眼间棕褐色三角形斑镶有浅色边；头后有 1 个 Y 形斑，其后斑纹不规则；前臂、股、胫背面有 3 ~ 5 条棕褐色横纹。蚶、跖部具灰褐色斑。咽喉部有 3 条镶浅色边的黑褐色纵纹，胸腹部有十多枚棕褐色斑，股、胫部腹面橘红色。雄蟾第 1、2 指有较大黑刺，有单咽下内声囊。蝌蚪全长 49.0 mm，头体长 14.0 mm 左右。头体背面灰棕色，尾部无斑；口部漏斗状。

【生物学资料】　该蟾生活于海拔 1 300 m 左右的山区溪流旁。8 月 9 日雄蟾在溪流附近的草丛中发出"呷，呷，呷"的连续鸣声，其附近溪流内有蝌蚪。

【种群状态】　中国特有种。该蟾分布区狭窄，其种群数量很少。

【濒危等级】　费梁等（2010）建议列为濒危（EN）；蒋志刚等（2016）列为濒危（EN）。

【地理分布】　湖南（桑植天平山）。

173. 棘指异角蟾 *Xenophrys* (*Xenophrys*) *spinata* (Liu and Hu, 1973)

【英文名称】　Spiny-fingered Horned Toad.

【形态特征】　雄蟾体长 47.0 ~ 54.0 mm，雌蟾体长 55.0 mm 左右。头扁平，雄蟾头的长宽几乎相等（雌性长大于宽）；吻部盾形，瞳孔纵置，鼓膜清晰，卵圆形；有耳柱骨，上颌有齿，犁骨棱弱，末端无齿。背面皮肤光滑，眼间有 V 形肤棱，体背侧有纵肤棱，背中部肤棱呈〈或〉形，体侧及股后有疣粒；腹面皮肤光滑，腋腺位于胸侧，有股后腺。前臂及手长不到体长之半；后肢前伸贴体时胫跗关节达眼前角，胫长超过体长之半，左右跟部重叠；趾端缘膜宽而明显，趾间半蹼。背面棕黄色或橄榄绿色，两眼间有三角形斑，背部有镶浅色边的 V 或〈形斑，均镶有浅色边；咽胸部和腹前部以及体侧有黑褐色或浅褐色斑，四肢腹面红棕色。雄性第 1、2 指有大的锥状黑刺，有单咽下内声囊，无雄性线。卵径 3.0 mm，乳黄色。蝌蚪全长 41.0 mm，头体长 13.0 mm 左右，尾末端钝圆；头体和尾肌棕黑色或灰绿色，腹鳍色浅无斑；口部呈漏斗状。

【生物学资料】　该蟾生活于海拔 800 ~ 1 800 m 山区溪流石下或岸上草丛中或土洞内；夜间发出"呷，呷，呷"的连续鸣声。繁殖季节可能在 6 ~ 7 月。

图 173–1 棘指异角蟾 *Xenophrys (Xenophrys) spinata* 雌蟾（贵州雷山，李健）

A、背面观　B、腹面观

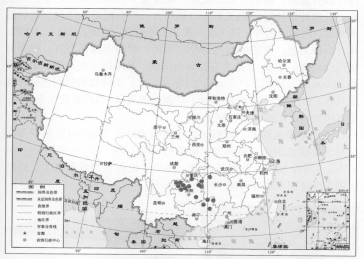

图 173–2 棘指异角蟾 *Xenophrys (Xenophrys) spinata* 地理分布

【种群状态】　中国特有种。种群数量较多。

【濒危等级】　无危（LC）。

【地理分布】　湖南（桑植）、四川（兴文、筠连、古蔺）、重庆（南川、秀山）、贵州（大方、江口、印江、雷山等）、云南（威信）、广西（龙胜、金秀、融水、灌阳）。

（二九）短腿蟾属 *Brachytarsophrys* Tian and Hu, 1983

174. 宽头短腿蟾 *Brachytarsophrys carinensis* (Boulenger, 1889)

【英文名称】 Broad-headed Short-legged Toad.

【形态特征】 体形大、宽扁而肥硕，雄蟾体长 92.0 ～ 123.0 mm，雌蟾体长 137.0 mm 左右。头极宽扁，头宽大于头长，吻端圆，瞳孔纵置；鼓膜隐蔽，有耳柱骨；上颌有齿，犁骨齿两小团。皮肤光滑，头部皮肤与头骨紧密连接，上眼睑外缘有 2 ～ 4 个锥状疣似角状；体背部有腺褶，体侧有圆形疣粒。前臂及手长不到体长之半；后肢粗短，前伸贴体时胫跗关节达口角后方，左右跟部相距远，股后腺不明显；内跖突约等于第 1 趾长度，无外跖突；趾间具 1/4 ～ 1/2 蹼。体背面棕黄色，两眼间有黑褐色三角斑，背部有深色斑纹；腹面有灰褐色花斑。第 1、2 指上有棕灰色婚垫；具单咽下内声囊。蝌蚪全长 52.0 mm，头体长 17.0 mm；口部漏斗状；头体背面棕褐色；体腹面只有 1 条浅紫色横纹，此横纹不达腹外侧端部，腹部有浅紫色碎斑；尾肌浅紫色，尾鳍有褐色斑点。

【生物学资料】 该蟾生活于海拔 500 ～ 2 450 m 植被繁茂山区的大小溪流附近。夜间发出洪亮的"啊"或"啊——啊——"的鸣声。5 月中旬左右为繁殖盛期，卵产在流石底面或洞壁上。蝌蚪多栖于溪流回水凹碎石间。

图 174-1 宽头短腿蟾 *Brachytarsophrys carinensis*

A、雄蟾背面观（四川木里，费梁）

B、蝌蚪（四川会理，李健） 上：侧面观 下：背面观

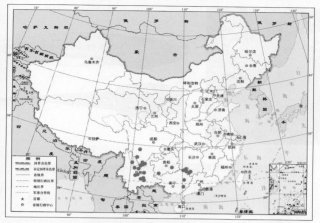

图 174-2 宽头短腿蟾 *Brachytarsophrys carinensis* 地理分布

【**种群状态**】 种群数量较多。

【**濒危等级**】 费梁等（2010）建议列为无危（LC）；蒋志刚等（2013）列为近危（NT）。

【**地理分布**】 四川（会理、攀枝花市郊区、米易、盐边、木里、九龙）、云南（宾川、大理、丽江等）、贵州（雷山、安龙）、广西（兴安、资源、金秀等）、湖南（道县、江永、双牌）；缅甸、泰国、越南（北部？）。

175. 川南短腿蟾 *Brachytarsophrys chuannanensis* Fei, Ye and Huang, 2001

【**英文名称**】 Chuannan Short-legged Toad.

【**形态特征**】 体形大、宽扁而肥硕，雄蟾体长 91.0 ～ 109.0 mm。头极宽扁，头宽大于头长，吻端圆，瞳孔纵置；鼓膜隐蔽，有耳柱骨；上颌齿发达，犁骨齿两小团。皮肤较光滑，头顶皮肤与头骨紧密相连；上眼睑外缘只有 1 个锥状长疣似角状；枕部不隆起，其后无枕沟；体侧疣大而明显；腹部和四肢腹面皮肤光滑。前臂及手长不到体长之半；后肢粗短，前伸贴体时胫跗关节达肩至口角，左右跟部相距较远；股后腺不明显；内跖突约等于第 1 趾长度，无外跖突；趾侧缘膜显著，趾间略显蹼迹。体背面棕黄或棕褐色，头部色略浅或黄

335

A   B

图 175-1　川南短腿蟾 *Brachytarsophrys chuannanensis*

A、雄蟾背面观（四川合江，费梁）

B、蝌蚪（四川合江，李建）　　上：侧面观　　下：背面观

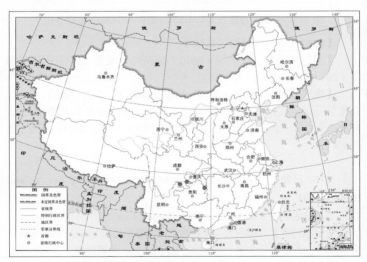

图 175-2　川南短腿蟾 *Brachytarsophrys chuannanensis* 地理分布

白色，眼间有黑褐色三角斑，背部有褐色斑纹；上颌缘和体侧疣粒
为乳黄色；四肢横纹明显或不明显；体腹面灰褐色，咽喉部有褐色
斑。雄性第 1、2 指有婚垫，有单咽下内声囊，无雄性线。卵径 4.0
mm 左右，乳黄色。蝌蚪全长 33.0 mm，头体长 11.0 mm；口部漏斗
状；头体棕褐色；体腹面只有 1 条浅紫色横纹，此横纹达腹外侧端部，

腹部有浅紫色碎斑；尾肌浅紫色，有深浅相间的纵行带纹，尾末端钝圆。

【生物学资料】　该蟾生活于海拔 800～1 400 m 植被茂密的山区溪流或泉水氹及其附近。雄蟾在夜间发出"哦，哦——"洪亮的鸣声。5 月中旬左右繁殖，卵产在石穴内，卵群呈片状。蝌蚪栖于溪流回水处石间。

【种群状态】　中国特有种。因栖息地生态环境质量下降和过度利用，该蟾种群数量稀少。

【濒危等级】　近危（NT）。

【地理分布】　四川（筠连、合江）、贵州（江口）。

176. 费氏短腿蟾 Brachytarsophrys feae (Boulenger, 1887)

【英文名称】　Fea's Short-legged Toad.

【形态特征】　体形大、短而肥壮，雄蟾体长 78.0～102.0 mm，雌蟾体长 91.0～114.0 mm。吻端圆，鼓膜隐蔽，有耳柱骨；上颌齿发达，犁骨齿两小团。皮肤较光滑，头部皮肤与头骨紧密连接，上眼睑外缘仅 1 个锥状疣似角状，枕部有 1 条横沟；背部、体侧、四肢及咽喉部有小圆疣。前臂及手长不到体长之半；后肢粗短，前伸贴体时胫跗关节达口角后方，股后腺不明显；内跖突远长于第 1 趾长度，无外跖突；趾间具蹼迹。体背面棕黄色或浅棕色，布满不规则的黑褐色斑纹；腹面有灰色花斑。雄蟾第 1、2 指上有婚垫；有单咽

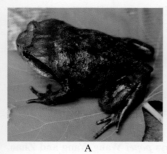
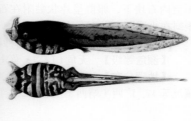

图 176–1　费氏短腿蟾 Brachytarsophrys feae

A、雄蟾背面观（云南景东，费梁）

B、蝌蚪（云南景东，王宜生） 上：侧面观　下：背面观

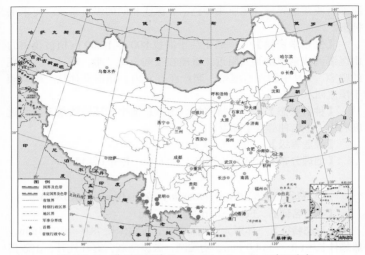

图 176-2　费氏短腿蟾 *Brachytarsophrys feae* 地理分布

下内声囊；无雄性线。卵径 4.0 mm，乳黄色。蝌蚪全长 39.0 mm，头体长 13.0 mm；口部呈漏斗形；头体背面为紫褐色，体侧至腹面有深褐色与浅紫色相间的宽横纹 3 条左右；尾鳍略带米黄色，有深色斑点。

【生物学资料】　该蟾生活于海拔 650 ～ 2 100 m 常绿阔叶林山区溪流中的大石下或洞穴中。雄蟾发出"呵，呵，呵"或"哦嗡"的洪亮鸣声，当地群众称为"老呵呵"。5 ～ 6 月繁殖，卵产于小溪流内石块下，卵群呈片状黏附在石块底面，有卵 1 000 粒左右。蝌蚪在小溪回水凼内石块间。

【种群状态】　分布区较宽，种群数量较多。

【濒危等级】　无危（LC）；蒋志刚等（2016）列为近危（NT）。

【地理分布】　云南（陇川、腾冲、永德、孟连、景东、景洪、镇沅等）、广西（靖西、上思）；泰国、缅甸（北部）、越南。

177. 坡氏短腿蟾 *Brachytarsophrys popei* Wang, Yang and Zhao, 2014

【英文名称】　Pope's Short-legged Toad.

【形态特征】　体形大、宽扁而肥硕，雄蟾体长 70.7 ～ 83.5 mm，

A　　　　　　　　　B

图 177-1　坡氏短腿蟾 *Brachytarsophrys popei*

（湖南炎陵, Zhao J, et al., 2014）

A、雄蟾背面观　B、蝌蚪　上: 侧面观　下: 背面观

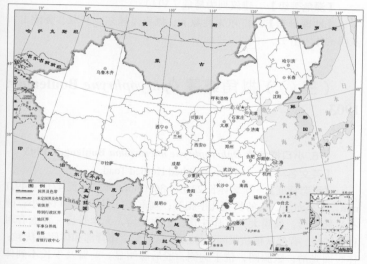

图 177-2　坡氏短腿蟾 *Brachytarsophrys popei* 地理分布

雌蟾体长 86.2 mm。头极宽扁，头宽约为头长的 1.2 倍，吻端圆，吻棱不明显，瞳孔纵置；鼓膜隐蔽，犁骨棱高而长，犁骨齿约 20 枚，舌梨形，后端有深缺刻。体背、体侧和四肢背面有分散的疣粒，上眼睑外缘有 1 个锥状疣似角状。前肢适中；后肢粗短，前伸贴体时胫跗关节达口角，左右跟部不相遇，腋腺清楚，股后腺小；内跖突卵圆形，长于第 1 趾，无外跖突；趾侧缘膜宽，趾间具 1/3 ~ 2/3 蹼。

体背面褐色、棕黄色或红褐色，两眼间有 1 条黑褐色横纹，其后肩上方有 1 个 ∧ 形斑，背部疣粒处色深；腹面紫灰褐色，具白色细斑点。雄蟾第 1、2 指上有婚垫；具单咽下内声囊。蝌蚪全长 31.0 mm 时，头体长 10.2 mm 左右；口部漏斗状；头体背面棕褐色；体腹面前部两侧各有 1 条白色宽纵纹，体腹面中部有 1 条白色横带并达腹外侧，腹部有白色碎斑；尾肌色浅，其上下边缘褐色。

　　【生物学资料】　　该蟾生活于海拔 874 ～ 1 300 m 常绿阔叶林山区的溪流及其附近的石头间。7 ～ 9 月繁殖，雄蟾夜间发出 12 ～ 17 短的连续鸣声。解剖 7 月下旬雌蟾，输卵管内卵径 2.9 ～ 3.5 mm，浅黄色。蝌蚪多栖于溪流石块下。

　　【种群状态】　　中国特有种。各分布点种群数量较少。

　　【濒危等级】　　建议列为易危（VU）。

　　【地理分布】　　广东（乳源）、湖南（桂东、宜章、炎陵）、江西（井冈山）。

（三〇）拟角蟾属 *Ophryophryne* Boulenger, 1903

178. 小口拟角蟾 *Ophryophryne microstoma* Boulenger, 1903

　　【英文名称】　　Narrow-mouthed Horned Toad.

　　【形态特征】　　雄蟾体长 28.0 ～ 36.0 mm，雌蟾体长 47.0 ～ 49.0 mm。头小而高，头的长宽几乎相等；吻部短，呈盾形，口很小；瞳孔横椭圆形，鼓膜大，有耳柱骨；上颌无齿，无犁骨齿。背面有对称的肤棱，背部肤棱从眼间至体后排成 M 形，体背部和体侧有疣粒；体腹面光滑；腋腺圆，位于胸侧，股后腺明显。前臂及手长不到体长之半，掌突不明显；后肢前伸贴体时胫跗关节达鼓膜后缘，左右跟部仅相遇；趾间无蹼或略显蹼迹，趾侧无缘膜。体背面颜色变异颇大，多为棕黑色或棕黄色，两眼间多有深色三角形斑，背部肤棱部位色深，体侧有棕色斑点，股、胫部各有 4 条深色横纹；腹面具深灰紫色麻斑，腿腹面斑较小。雄性第 1、2 指具婚刺，有单咽下内声囊。蝌蚪全长 36.0 mm，头体长 10.0 mm 左右，体尾细长，尾末端钝圆；口呈漏斗状；头体棕色，具深棕色斑。变态幼蟾体长 14.0 mm 左右。

图 178-1　小口拟角蟾 *Ophryophryne microstoma*

A、雄蟾背面观（广西防城，费梁）　B、雄蟾腹面观（广西靖西，费梁）

C、蝌蚪背面观（广西龙州，王宜生）

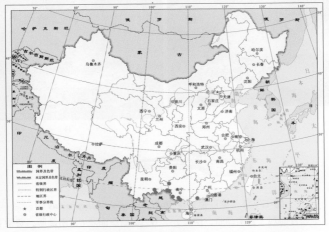

图 178-2　小口拟角蟾 *Ophryophryne microstoma* 地理分布

　　【生物学资料】　　该蟾生活于海拔 220 ～ 1 200 mm 的山区小溪边及其附近。5 月夜晚发出"唧，唧，唧"的连续鸣声；雌蟾腹内卵粒乳白色，卵径 1.8 mm 左右。蝌蚪在溪流内石块间。

　　【种群状态】　　因栖息地的生态环境质量下降，该蟾种群数量很少。

　　【濒危等级】　　濒危（EN）。

　　【地理分布】　　广东（阳春）、广西（防城港市郊区、上思、龙州、靖西、那坡、田林）、云南（河口、屏边、马关）；越南（北部）、老挝、柬埔寨和泰国。

179. 突肛拟角蟾 *Ophryophryne pachyproctus* Kou, 1985

　　【英文名称】　　Mengla Narrow-mouthed Horned Toad.

　　【形态特征】　　雄蟾体长 28.0 ～ 30.0 mm，雌蟾体长 25.0 ～ 26.0 mm。头小而高，头长略小于头宽或几乎相等；吻部短而高、呈盾形，口很小，瞳孔横椭圆形，上眼睑有 1 个细长的肉质突，鼓膜大；有耳柱骨，上颌无齿，无犁骨齿。两眼间有 ▽ 形肤棱；体背面肤棱呈 Y 形

A　　　　　　　　　　　　　　　　　B

C

图 179-1　突肛拟角蟾 *Ophryophryne pachyproctus*

A、雄蟾背面观（云南勐腊，侯勉）　　B、雄蟾腹面观（云南勐腊，费梁）

C、蝌蚪背面观（云南勐腊，李健）

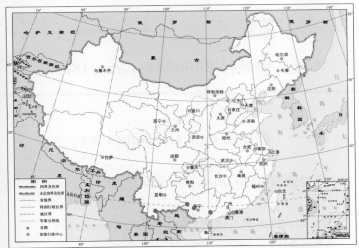

图 179-2 突肛拟角蟾 *Ophryophryne pachyproctus* 地理分布

或 H 形；肛门上方有 ∞ 形突起；股、胫部有 2 ~ 4 条横肤棱；体腹
面光滑，腋腺小，股后腺明显。前臂及手长近于体长之半；后肢前
伸贴体时胫跗关节达眼后角或眼，左右跟部相遇，趾间无蹼或略显
蹼迹，趾侧无缘膜。背面褐色或灰褐色，两眼间多有黑褐色三角形
斑，体侧有 4 ~ 6 个黑色斑点；四肢具 2 ~ 4 条棕黑色横纹；内、
外掌突部位橘红色；头体腹面浅灰色，腹后部有黑斑点。雄性肛部
上方明显向后突起，第 1、2 指具婚刺，有单咽下内声囊。蝌蚪体全
长 45.0 mm，头体长 13.0 mm；口呈漏斗状；头体背面无斑，尾末端
钝尖。

【生物学资料】　该蟾生活于海拔 900 m 左右常绿阔叶林边缘小
溪流两侧 5 ~ 30 m 的丛林下，多蹲于灌木或草丛叶片上发出"唧儿，
唧儿"的鸣声，由 1 ~ 12 个短声组成，每 1 ~ 3 分钟鸣叫 1 次。

【种群状态】　该蟾在中国境内分布区狭窄，其种群数量较少。

【濒危等级】　易危（VU）。

【地理分布】　广西（隆安、北流、百色）、云南（勐腊）；老挝、
越南。

七、蟾蜍科 Bufonidae Gray, 1825

（三一）蟾蜍属 *Bufo* Garsault, 1764

蟾蜍亚属 *Bufo* (*Bufo*) Garsault, 1764

180. 盘谷蟾蜍 *Bufo* (*Bufo*) *bankorensis* Barbour, 1908

【英文名称】　Bankor Toad.

【形态特征】　雄蟾体长 60.0 ～ 100.0 mm，雌蟾体长 37.0 ～ 104.0 mm。头长大于头宽；头部无骨质棱脊；鼓膜很小，约为眼径的 1/3；耳后腺肾形，隆起显著；上颌无齿，无犁骨齿。背面瘰疣大小一致，胫部无大瘰粒，雌蟾瘰疣上具黑刺；上眼睑、耳后腺及整个腹面均具小刺疣。后肢前伸贴体时胫跗关节达耳后腺中部或前缘，胫长不到体长之半，无股后腺；趾间半蹼或小于半蹼；内跖突大，外跖突小。背面红褐色、黄褐色、褐色、暗褐色或绿褐色，有斑或无斑；耳后腺下方有黑色纵带；腹面色浅，有黑色小斑。雄性内侧

图 180-1　盘谷蟾蜍 *Bufo* (*Bufo*) *bankorensis*

A、雌蟾背面观（台湾，杨懿如等，2019）　B、卵　C、蝌蚪

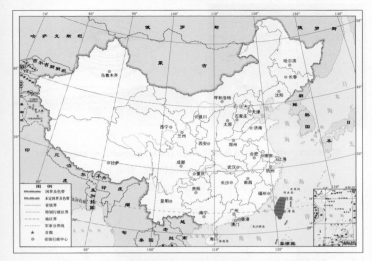

图 180-2　盘谷蟾蜍 *Bufo (Bufo) bankorensis* 地理分布

3 指具婚刺；无声囊。蝌蚪全长 36.0 mm，头体长 13.0 mm 左右；尾末端钝圆；头体略呈椭圆形；体和尾肌黑褐色，尾鳍浅灰色；唇齿式为 I：1 + 1 / Ⅲ；仅两口角有唇乳突。

　　【生物学资料】　该蟾多生活于台湾海拔 2 500 m 以下地区田边、菜园、溪边、路旁及林区。9 月至翌年 2 月繁殖，多在溪流缓流中交配产卵；卵粒呈双行排列于带状胶质管内，可长达 10.0 m 以上；卵粒黑色，雌蟾产卵 5 000 粒左右。

　　【种群状态】　中国特有种。种群数量多。

　　【濒危等级】　无危（LC）。

　　【地理分布】　台湾。

181. 中华蟾蜍指名亚种 *Bufo (Bufo) gargarizans gargarizans* Cantor, 1842

　　【英文名称】　Zhoushan Toad.

　　【形态特征】　雄蟾体长 79.0 ～ 106.0 mm，雌蟾体长 98.0 ～ 121.0 mm。头宽大于头长；头部无骨质棱脊；鼓膜显著，近圆形，耳后腺大呈长圆形；上颌无齿，无犁骨齿。皮肤粗糙，背部布满大

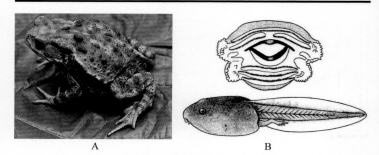

A   B

图 181-1　中华蟾蜍指名亚种 *Bufo (Bufo) gargarizans gargarizans*

A、雌蟾背面观（浙江杭州，费梁）

B、蝌蚪（四川成都，王宜生）　　上：口部　　下：侧面观

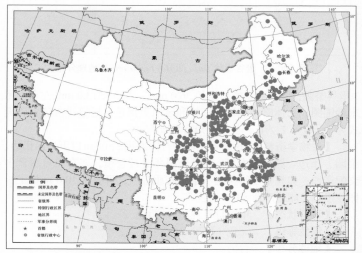

图 181-2　中华蟾蜍指名亚种 *Bufo (Bufo) gargarizans gargarizans* 地理分布

小不等的圆形瘰粒，仅头部平滑；腹部布满疣粒，胫部瘰粒大，无
跗褶。后肢前伸贴体时胫跗关节达肩后，左右跟部不相遇，无股后腺，
趾侧缘膜显著，第 4 趾具半蹼。体色变异颇大，随季节而异，雄性
背面墨绿色、灰绿色或褐绿色，雌性背面多呈棕黄色；腹面乳黄色
与棕色或黑色形成花斑，股基部有 1 团大棕色斑。雄性内侧 3 指有
黑色刺状婚刺，无声囊，无雄性线。卵径 1.5 mm 左右，动物极黑色，

植物极棕色。蝌蚪全长 30.0 mm，头体长 12.0 mm；体和尾肌黑色，尾鳍弱而薄，色浅，尾末端钝尖；唇齿式为 I ：1+1 / Ⅲ；仅两口角有唇乳突。

【生物学资料】　该蟾生活于海拔 120 ～ 900 m 的多种生态环境中。捕食昆虫、蚁类及其他小动物。9 ～ 10 月进入水中或泥沙中冬眠，翌年 1 ～ 4 月出蛰繁殖，卵产在静水塘浅水区，卵群呈双行或 4 行交错排列于管状卵带内，含卵 2 700 ～ 8 000 粒。蝌蚪在静水塘内生活；从卵变成幼蟾，共需 64 d 左右。

【种群状态】　该蟾分布区甚宽，其种群数量很多。

【濒危等级】　无危（LC）。

【地理分布】　黑龙江、吉林、辽宁、河北、北京、天津、山东、山西、陕西、河南、内蒙古、甘肃、四川、重庆、贵州、湖北、安徽、江苏、上海、浙江、江西、湖南、福建、广东（北部）、广西；俄罗斯、朝鲜、越南。

182. 中华蟾蜍华西亚种 *Bufo (Bufo) gargarizans andrewsi* Schmidt, 1925

【英文名称】　West China Toad.

【形态特征】　雄蟾体长 63.0 ～ 90.0 mm，雌蟾体长 85.0 ～ 116.0 mm。头宽大于头长；头部无骨质棱脊；鼓膜不显著，椭圆形；耳后腺大，长卵圆形，前宽后窄；上颌无齿，无犁骨齿。皮肤粗糙，头上有小疣粒，体及后肢背面瘰疣稀疏；体侧与腹面布满小疣粒，胫部瘰粒大，跗褶显著。前臂及手长约为体长之半；后肢粗短，无股后腺，前伸贴体时胫跗关节达肩部，左右跟部不相遇，无股后腺；趾侧缘膜显著，第 4 趾具半蹼。体背面颜色变异颇大，雄性体背面棕色、橄榄绿色或绿褐色等，有不显著的黑斑点；雌性色较浅，背部有黑色或橘红色斑块，腹面浅黄色，有不规则的黑色斑块。雄性内侧 3 指有黑色婚刺，无声囊。卵径 2.0 mm，动物极黑色，植物极棕色。蝌蚪全长 24.0 mm，头体长 10.0 mm；体略扁平，尾末端圆，体尾黑色；唇齿式为 Ⅱ / Ⅲ；仅两口角有唇乳突。

【生物学资料】　该蟾生活于海拔 750 ～ 3 500 m 的多种生态环境中。成蟾常栖于草丛间或石下，觅食昆虫及其他小动物。3 ～ 6 月繁殖，雄蟾常发出"咕，咕，咕"的连续鸣声；卵产于山溪回水塘内或缓流处；卵群呈双行交错排列在圆管状胶质卵带内。蝌蚪成

图 182-1　中华蟾蜍华西亚种 *Bufo (Bufo) gargarizans andrewsi*

A、雌蟾背面观（云南丽江，费梁）

B、蝌蚪（四川越西和都江堰，王宜生和侯勉）　　上：口部　　下：侧面观

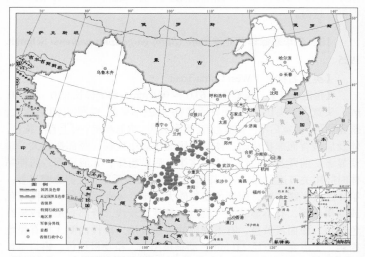

图 182-2　中华蟾蜍华西亚种 *Bufo (Bufo) gargarizans andrewsi* 地理分布

群生活于溪流回水塘内。

【种群状态】　中国特有种。该蟾分布区宽广，其种群数量甚多。

【濒危等级】　无危（LC）。

【地理分布】　甘肃（文县、天水？）、陕西、四川、重庆（城口、巫山、巫溪等）、云南、贵州、湖北（神农架、宜昌）、广东（连州）、广西。

183. 中华蟾蜍岷山亚种 *Bufo (Bufo) gargarizans minshanicus* Stejneger, 1926

【英文名称】 Minshan Toad.

【形态特征】 雄蟾体长 53.0 ～ 65.0 mm，雌蟾体长 72.0 ～ 90.0 mm。头宽大于头长；吻棱隆肿形成长疣；头部无骨质棱脊；鼓膜为眼径的 1/2，耳后腺大，几乎与眼相连；上颌无齿，无犁骨齿。头顶部有大疣粒；体背面皮肤粗糙，有不同形状的瘰粒；瘰粒角质化，呈深棕色；胫部瘰粒大；跗褶不显著；腹面布满疣粒。前臂及手长小于体长之半；后肢前伸贴体时胫跗关节达肩部，左右跟部不相遇，无股后腺；趾侧缘膜显著，第 4 趾具半蹼。体背面棕黑色、棕褐色、黄褐色，其上或多或少有黑褐色斑；体侧色较深；四肢背面黑色斑较少；体腹面浅黄棕色或黄白色。雄性内侧 3 指有黑色婚刺，无声囊，无雄性线。卵径 1.6 mm 左右，动物极黑色，植物极灰褐色。蝌蚪全长 26.0 mm，头体长 11.0 mm 左右；唇齿式为 I : 1+1 / III；体尾黑色，尾弱末端圆；仅两口角有唇乳突。

【生物学资料】 该蟾生活于海拔 1 700 ～ 3 700 m 的山区或高原地区多种生境。以多种昆虫和小动物为食。10 月入蛰冬眠，翌年 3 月下旬出蛰入静水坑内繁殖。卵在圆管状胶质卵带内呈双行交错排列。卵和蝌蚪在静水坑内发育生长，蝌蚪以藻类和腐殖质为食。

【种群状态】 中国特有种。该蟾分布区甚宽，其种群数量很多。

【濒危等级】 汪松等（2004）建议列为无危（LC）。

　　　　　　A　　　　　　　　　　　　　　　B
图 183–1　中华蟾蜍岷山亚种 *Bufo (Bufo) gargarizans minshanicus*
A、雄蟾（四川红原，费梁，1999）　　B、雌蟾（四川小金，费梁）

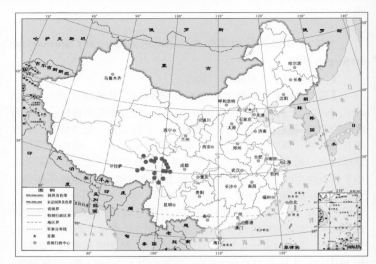

图 183-2　中华蟾蜍岷山亚种 *Bufo (Bufo) gargarizans minshanicus* 地理分布

【地理分布】　青海（湟中、大通、河南等）、甘肃（岷县、卓尼、碌曲）、宁夏（海原、西吉、泾源、隆德、固原市郊区）、四川（若尔盖、松潘、阿坝、理县、小金、金川、红原、北川）。

184. 西藏蟾蜍 *Bufo (Bufo) tibetanus* Zarevsky, 1925

【英文名称】　Tibetan Toad.

【形态特征】　雄蟾体长 62.0 ～ 64.0 mm，雌性体长 70.0 ～ 77.0 mm。头宽大于头长；瞳孔横椭圆形；鼓膜椭圆形，耳后腺短而宽，成豆状；上颌无齿。皮肤很粗糙，背面布满圆形瘰疣；吻棱上有疣；上眼睑内侧有 3 ~ 4 枚较大的疣粒，其前后分别与吻棱和耳后腺相接，沿眼睑外缘有 1 个疣脊；腹面布满疣粒；胫部无大瘰粒。前臂及手长约为体长的 45%；后肢前伸贴体时胫跗关节达肩部或肩后，左右跟部不相遇，无股后腺；有内跗褶；趾侧缘膜显著，第 4 趾具半蹼；内跖突长，外跖突小而圆。体背面橄榄黄色或灰棕色，有深色斑纹，背脊有 1 条蓝灰色宽纵纹，其两侧有深棕黑色纹；腹面有深褐色云斑；咽喉部斑纹少或无，后腹部有 1 个大黑斑。雄性内侧 3 指及内掌突上有婚刺，无声囊，无雄性线。卵径 1.8 ～ 2.0 mm，动物极黑色，

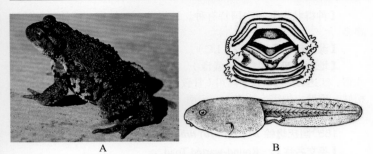

图 184-1　西藏蟾蜍 *Bufo (Bufo) tibetanus*

A、雄蟾背面观（四川康定新都桥，费梁）

B、蝌蚪（四川道孚，王宜生）　上：口部　下：侧面观

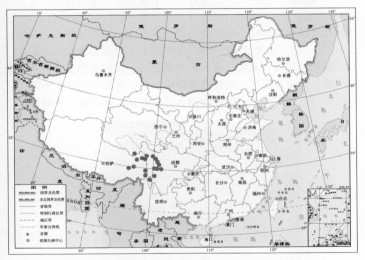

图 184-2　西藏蟾蜍 *Bufo (Bufo) tibetanus* 地理分布

植物极黑棕色。蝌蚪全长 31.0 mm，头体长 13.0 mm；体尾黑色，尾末端圆；唇齿式为 Ⅰ：1+1/ Ⅲ；仅两口角有唇乳突。

【生物学资料】　该蟾生活于海拔 2 400 ～ 4 300 m 的高原草地或山区石下或土坑内，觅食多种昆虫及其他小动物。4 ～ 6 月繁殖，产卵 4 000 粒左右，在静水塘内卵粒多呈双行交错排列在圆管状胶质带内。蝌蚪生活于静水塘。

　　【种群状态】　中国特有种。该蟾分布区较宽，其种群数的量很多。

　　【濒危等级】　无危（LC）。

　　【地理分布】　青海（囊谦）、西藏（昌都市郊区、芒康、波密、八宿、江达、类乌齐）、四川（甘孜、道孚、康定市新都桥镇、雅江、稻城、理塘、炉霍、德格）、云南（香格里拉、德钦）。

185. 圆疣蟾蜍 *Bufo (Bufo) tuberculatus* Zarevsky, 1925

　　【英文名称】　Round-warted Toad.

　　【形态特征】　雄蟾体长 61.0 ～ 76.0 mm，雌蟾体长 58.0 ～ 89.0 mm。头宽大于头长；吻棱略肿胀，头部无骨质脊棱；瞳孔横椭圆形，鼓膜小而圆；耳后腺大，长椭圆形；上颌无齿，无犁骨齿。皮肤较粗糙，雄蟾背面瘰疣稀疏，雌蟾瘰疣较密集，头顶及上眼睑有小刺疣；体侧及腹面布满小疣，胫部有大瘰疣或小疣。前臂及手长不到体长之半，第 3 指远端关节下瘤成对；后肢前伸贴体时胫跗关节达肩后，左右跟部不相遇，无股后腺；内跗褶显著；趾侧缘膜显著，第 4 趾具半蹼。背面黄褐色、灰褐色或橄榄灰色，有深褐色斑或不规则；腹面黄白色或浅褐色。雄性内侧 3 指有婚刺，无声囊，无雄性线。

A

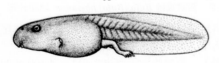

B

图 185-1　圆疣蟾蜍 *Bufo (Bufo) tuberculatus*
A、雌蟾背面观（四川巴塘，费梁）　　B、蝌蚪（四川巴塘，李健）

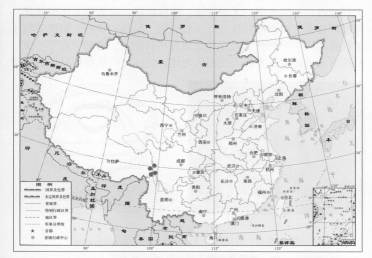

图 185-2　圆疣蟾蜍 *Bufo (Bufo) tuberculatus* 地理分布

蝌蚪全长约 26.0 mm，头体长 12.0 mm；体尾黑色，头体略扁，尾肌弱，尾末端圆；唇齿式为 Ⅱ / Ⅲ，仅两口角有唇乳突。刚完成变态的幼蟾，体长 9.0 mm 左右。

【生物学资料】　该蟾生活于海拔 2 600 ～ 2 700 m 河谷地区静水坑及附近的草丛中、石块下。蝌蚪生活于水塘中，常集群在水草间或腐物周围。

【种群状态】　中国特有种。该蟾分布区较窄，其种群数量较少。

【濒危等级】　近危（NT）。

【地理分布】　四川（巴塘、乡城）、云南（德钦）、西藏（芒康）。

史氏蟾蜍亚属 *Bufo (Schmibufo)* Fei and Ye, 2016

186. 史氏蟾蜍 *Bufo (Schmibufo) stejnegeri* Schmidt, 1931

【英文名称】　Stejneger's Toad.

【形态特征】　雄蟾体长 53.0 ～ 58.0 mm，雌蟾体长 52.0 ～ 58.0 mm。头宽大于头长；头部无骨质棱脊；耳后腺似水滴；无鼓膜，无耳柱骨；上颌无齿，无犁骨齿。皮肤粗糙，背面密布小锥状疣；两眼后各有 1 行小瘰粒排于耳后腺内侧，呈倒八字形，肩部背面小瘰粒排成八字形；背部及后肢背面有小圆瘰粒；腹面有扁平小疣。前肢细长，前臂及手长不到或约为体长之半；后肢前伸贴体时胫跗

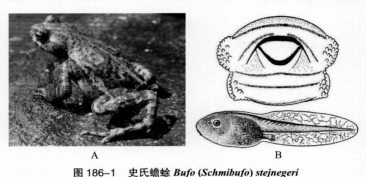

A   B

图 186-1　史氏蟾蜍 Bufo (Schmibufo) stejnegeri

A、雄蟾背面观（辽宁庄河，赵文阁）

B、蝌蚪（辽宁本溪，季达明，1987）　上：口部　下：侧面观

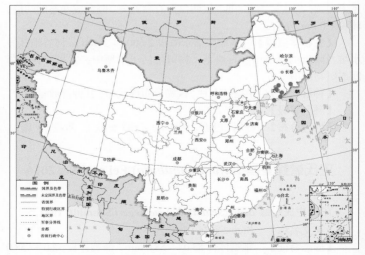

图 186-2　史氏蟾蜍 Bufo (Schmibufo) stejnegeri 地理分布

关节前达肩后，左右跟部不相遇；足比胫长，趾侧缘膜发达；第 4 趾蹼达第 2 关节下瘤，部分趾关节下瘤成对；内跖突大于外跖突，具游离刃。体背面灰褐色或棕褐色，自吻端达泄殖肛孔上方有 1 条浅色脊纹；背部黑纹呈八字形；四肢背面有 3～4 条深色横斑；腹面淡黄褐色有斑纹。雄性第 1、2、3 指有婚刺；无声囊。蝌蚪全长 18.0～20.0 mm，头体长 6.0～7.0 mm；背面棕褐色；尾端钝圆；唇齿式为 Ⅰ：1+1／Ⅲ；仅两口角有唇乳突。

【生物学资料】　该蟾生活于海拔 200～700 m 山区河流附近杂草及灌丛中或石块下；夜间觅食昆虫、蚯蚓等小动物。每年 9 月末入蛰，在水底越冬；翌年 3 月末至 4 月初出蛰和繁殖，产 2 条卵带，共含卵 700～960 粒，卵粒排列在胶质卵带内。

【种群状态】　该蟾在分布区内种群数量稀少。

【濒危等级】　近危（NT）；蒋志刚等（2016）列为易危（VU）。

【地理分布】　辽宁（丹东市郊区、宽甸、庄河、本溪、抚顺），吉林（临江）；朝鲜。

（三二）头棱蟾属 *Duttaphrynus* Frost, Grant, Faivovich, Bain, Haas, Haddad, de Sá, Channing, Wilkinson, Donnellan, Raxworthy, Campbell, Blotto, Moler, Drewes, Nussbaum, Lynch, Green and Wheeler, 2006

187. 隆枕蟾蜍 *Duttaphrynus cyphosus* (Ye, 1977)

【英文名称】　Projective-occiputed Toad.

【形态特征】　雄蟾体长 70.0～78.0 mm、雌蟾体长 74.0～128.0 mm。头宽大于头长，吻短而钝，吻棱显著；两眼间有（)形黑色骨质眶上棱，棱低而窄，骨质棱间凹陷明显；鼓膜小而显著；耳后腺大，略呈三角形，枕部隆起；上颌无齿，无犁骨齿。皮肤粗糙，布满大小圆形锥状瘰疣，头顶、耳后腺间具稀疏小疣；胫部无大瘰粒；腹面布满均匀小刺疣。前臂及手长为体长之半或略超过；后肢前伸贴体时胫跗关节达肩部，左右跟部不相遇，足与胫几乎等长，第 4 趾外侧具微蹼，外侧 3 趾间约 1/3 蹼；关节下瘤不成对；无跗褶；内跗突椭圆形，略大于外跗突。背面黄棕色、灰褐色或黑褐色，有1条浅色细脊纹，头侧有3条深纵斑；雌蟾体背面有深色斑纹，雄蟾背面无花斑；腹面具深灰色斑。雄蟾第1、2、3指具棕色婚刺；无声囊，无雄性线。刚完成变态幼蟾体长15.0～18.0 mm。

【生物学资料】　成蟾栖息于海拔1400～1500 m的田间农作物及田边杂草丛中，傍晚有的在路边爬行；幼蟾在树林内腐烂树叶中。

A　　　　　　　　　　　　　　　B

图187-1　隆枕蟾蜍 *Duttaphrynus cyphosus* 雄蟾（西藏察隅，江建平）

A、背面观　B、腹面观

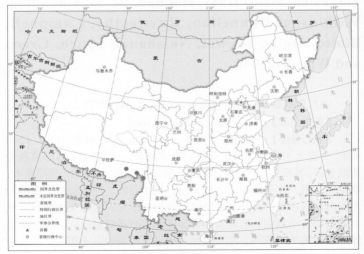

图187-2　隆枕蟾蜍 *Duttaphrynus cyphosus* 地理分布

【种群状态】 中国特有种。该蟾在分布区内种群数量较少。

【濒危等级】 费梁等（2010）建议列为易危（VU）；蒋志刚等（2016）列为无危（LC）。

【地理分布】 西藏（察隅、墨脱）、云南（贡山）。

188. 喜山蟾蜍 *Duttaphrynus himalayanus* (Günther, 1864)

【英文名称】 Himalayan Toad.

【形态特征】 雄蟾体长 85.0 ～ 90.0 mm，雌蟾体长 91.0 ～ 107.0 mm。头宽大于头长，头顶深陷；头部骨质棱宽；鼓膜小或不显著，耳后腺大而隆起，紧接于眼后，几乎与头等长或略短，枕部不隆起；上颌无齿，无犁骨齿。皮肤粗糙，背面布满大小瘰粒，头部、体侧和体腹面均为小疣。前臂及手长约为体长之半，指侧缘膜窄，掌突圆，外侧者大；后肢前伸贴体时胫跗关节达肩部，左右跟部不相遇，无股后腺，无跗褶，趾侧缘膜明显，具半蹼，关节下瘤单枚，内跖突较长，外跖突小。背面灰黄色、灰褐色或黑棕色；腹面有浅灰色大理石云斑；雌蟾背面无对称斑纹。雄蟾内侧 3 指及内掌突具婚刺；无声囊，无雄性线；雌蟾皮肤很粗糙，瘰粒密集具黑刺。解剖雌体卵巢内卵已成熟，直径 1.5 mm 左右，动物极和植物极均黑色；蝌蚪头体长 11.0 mm，尾长 15.0 mm；体黑色，尾部无细纹；唇齿式为 Ⅰ：1+1／Ⅲ，仅两口角有唇乳突。

【生物学资料】 该蟾生活于海拔 1 680 ～ 2 800 m 的山区，成蟾白天栖于泉水边石下。4 月中旬的雌体腹部丰满，卵巢内卵已成熟。

【种群状态】 该蟾在中国的分布区狭窄，其种群数量较少，

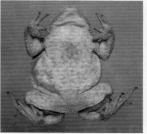

A   B

图 188-1 喜山蟾蜍 *Duttaphrynus himalayanus* 雄蟾

A、背面观（西藏聂拉木，王剀） B、腹面观（西藏聂拉木，叶昌媛）

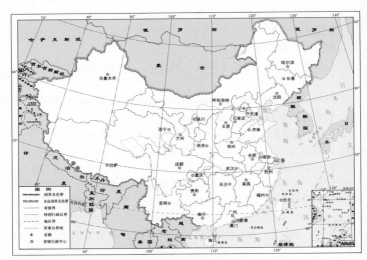

图 188-2　喜山蟾蜍 *Duttaphrynus himalayanus* 地理分布

但在国外分布较宽。

【濒危等级】　无危（LC）。

【地理分布】　西藏（聂拉木、吉隆）；不丹、尼泊尔、印度（锡金邦、大吉岭）、巴基斯坦。

189. 黑眶蟾蜍 *Duttaphrynus melanostictus* (Schneider, 1799)

【英文名称】　Black-spectacled Toad.

【形态特征】　雄蟾体长 72.0 ～ 81.0 mm，雌蟾体长 95.0 ～ 112.0 mm。头宽大于头长；头部两侧有黑色骨质棱；瞳孔横椭圆形；鼓膜大，椭圆形，耳后腺长椭圆形，不紧接眼后；头顶部显著凹陷，皮肤与头骨紧密相连；上颌无齿，无犁骨齿。皮肤粗糙，全身除头顶外，布满瘰粒或疣粒，背部瘰粒多，腹部和四肢密布小疣，四肢刺疣较小。前臂及手长不到体长之半，指侧微具缘膜，外掌突略大于内掌突；后肢前伸贴体时胫跗关节达肩后，左右跟部不相遇，无股后腺，趾侧有缘膜，具半蹼，关节下瘤不显著，内外跖突较小。背面黄棕色或黑棕色；腹面有花斑。雄蟾内侧 3 指有棕色婚刺；有单咽下内声囊；无雄性线。卵径 1.3 ～ 1.5 mm；动物极黑色，植物极

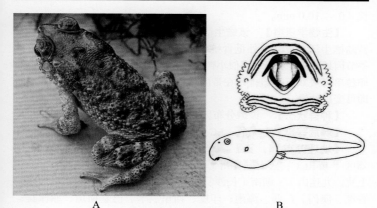

A   B

图 189-1　黑眶蟾蜍 *Duttaphrynus melanostictus*

A、雄蟾背面观（云南景东，费梁）　B、蝌蚪　上：口部（四川会理，王宜生）

下：侧面观（广州，Wallace，1936）

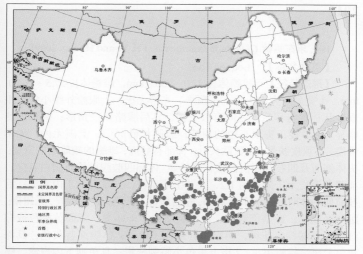

图 189-2　黑眶蟾蜍 *Duttaphrynus melanostictus* 地理分布

黄棕色。蝌蚪全长 21.0 mm，体长 9.0 mm 左右；体黑色，尾鳍色浅，末端钝尖；唇齿式为 Ⅰ：1+1 / Ⅲ；仅两口角有唇乳突。新成蟾体长 8.0 ～ 10.0 mm。

【生物学资料】　该蟾生活于海拔 10 ～ 1 700 m 的多种环境内，营陆栖生活。夜晚出外觅食蚯蚓、软体动物以及各种昆虫等。繁殖季节因地而异，雄蟾鸣声似小鸭。雌蟾产 2 条圆管状卵带，长达数米，卵粒单行或双行交错排列在带内，卵在静水塘内发育，约 60 d 蝌蚪即可变成幼蟾。

【种群状态】　该蟾分布区甚宽，其种群数量很多。

【濒危等级】　无危（LC）。

【地理分布】　宁夏（永宁）、四川（米易、会理、攀枝花市郊区 、屏山）、云南、贵州（东部和南部）、浙江、江西（萍乡、上犹、九连山）、湖南（长沙、江永、宜章）、福建、台湾、广东、香港、澳门、广西、海南；印度、斯里兰卡、巴基斯坦、菲律宾；中南半岛、马来半岛、马来群岛。

（三三）琼蟾属 *Qiongbufo* Fei, Ye and Jiang, 2012

190. 乐东蟾蜍 *Qiongbufo ledongensis* (Fei, Ye and Huang, 2009)

【英文名称】　Ledong Toad.

【形态特征】　雄蟾体长 47.0 ～ 55.0 mm，雌蟾体长 57.5 ～ 64.0 mm。头宽显然大于头长；头顶平、光滑无疣，上眼睑外缘小疣粒组成棱状；眼与耳后腺之间有鼓上棱，耳后腺略呈三角形；两眼内侧略显（ ）形棱；头顶有短的顶棱；鼓膜长椭圆形；上颌无齿，无犁骨齿。头顶皮肤光滑，紧贴头骨；背部有刺疣，雄蟾的较雌蟾的密集；头体侧面及四肢背面白色锥状疣甚显。体和四肢腹面均布满白刺疣。前臂及手长大于体长的 1/2，关节下瘤单枚，外掌突大于内掌突；后肢前伸贴体时胫跗关节达肩部，左右跟部不相遇；无股后腺，无跗褶；趾侧缘膜窄，趾基部有蹼；内跖突略大于外跖突。背面黄棕色或棕红色，具深棕色花斑，两眼间有褐色三角形；体腹面蓝灰色，具深灰色云斑。雄蟾第 1、2 指上黑色小婚刺密集；具单咽下内声囊。蝌蚪全长约 26.0 mm，头体长 11.0 mm；体黑褐色，尾鳍色较浅，尾末端钝尖；唇齿式为 Ⅰ ：1+1/ Ⅲ；仅两口角有唇乳突；变态幼体头体长约 8.0 mm。

 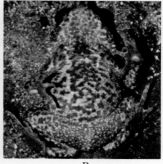

                  A   B
图 190-1   乐东蟾蜍 *Qiongbufo ledongensis* 成蟾
A、雄蟾背面观（海南乐东境内的尖峰岭，费梁）
B、雌蟾腹面观（海南乐东境内的尖峰岭，侯勉）

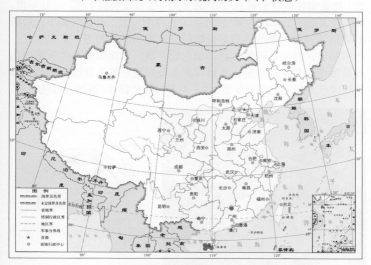

图 190-2   乐东蟾蜍 *Qiongbufo ledongensis* 地理分布

【生物学资料】   该蟾生活于海拔 350 ～ 900 m 的常绿阔叶林区内。蝌蚪和即将完成变态的幼体在静水塘中。

【种群状态】   中国特有种。该蟾分布区内，其种群数量很少。

【濒危等级】   费梁等（2010）建议列为濒危（EN）；蒋志刚

361

等（2016）列为濒危（EN）。

【地理分布】　广东（乳源？）、海南（陵水境内的吊罗山、乐东境内的尖峰岭、鹦哥岭、霸王岭）。

（三四）花蟾属 *Strauchbufo* Fei, Ye and Jiang, 2012

191. 花背蟾蜍 *Strauchbufo raddei* (Strauch, 1876)

【英文名称】　Siberian Toad, Piebald Toad.

【形态特征】　雄蟾体长 55.0 ～ 61.0 mm，雌蟾体长 54.0 ～ 64.0 mm，最大可达 80.0 mm。头宽大于头长；鼓膜椭圆形，耳后腺大而扁；上颌无齿，无犁骨齿。皮肤粗糙，头部及体背面密布具小白刺的瘰疣（雌蟾瘰粒稀疏无刺），四肢较光滑；腹面布满扁平疣。前肢短粗，第 4 指甚短，其长约为第 3 指的 1/2；内掌突大，外掌突甚小；后肢前伸贴体时胫跗关节达肩部或略后，左右跟部不相遇，足比胫长；跗褶明显；趾侧具缘膜，基部相连成半蹼。背面橄榄黄色、灰棕色或黄绿色，背疣棕红色；雌蟾背面色斑鲜艳，整个背面黄白色，其上淡绿色或棕黑色花斑显著，背正中多有浅色脊纹；腹面有褐色斑点。

A　　　　　　　　　　　　　　　B

图 191-1　花背蟾蜍 *Strauchbufo raddei*

A、雌蟾背面观（北京通县，费梁）

B、蝌蚪（甘肃榆中，王宜生）　上：口部　下：侧面观

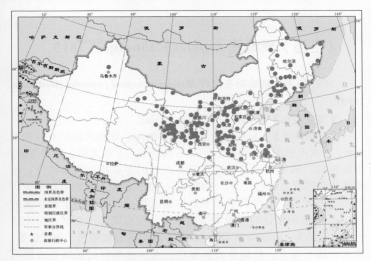

图 191–2   花背蟾蜍 *Strauchbufo raddei* 地理分布

雄性内侧 3 指及内掌突有黑色婚刺；具单咽下内声囊，声囊无色素；无雄性线。卵径 1.4 mm 左右，动物极黑棕色，植物极黄棕色。蝌蚪全长 49.0 mm，头体长 19.0 mm 左右；体背面和尾肌深灰色，尾鳍无斑，末端钝圆；唇齿式为 Ⅰ：1+1 / Ⅲ，仅两口角有唇乳突。变态幼体体长 14.0 mm 左右。

【生物学资料】   该蟾广布于东亚海滨至海拔 3 300 m 的多种环境内，能栖息在半荒漠、盐碱沼泽、林间草地和沙荒湿地。捕食多种昆虫及其他小动物。3 月下旬至 6 月上旬繁殖；产卵带 1 对于静水坑内，卵 2 ～ 3 行交错排列在胶管内，含卵约 3 000 粒。蝌蚪生活于静水域内，从受精卵变成幼蟾约需 82 d。

【种群状态】   该蟾分布区甚宽，其种群数量很多。

【濒危等级】   无危（LC）。

【地理分布】   黑龙江、吉林、辽宁、河北（张家口、秦皇岛等）、北京、天津、河南、山东（青岛等）、山西、陕西、内蒙古、宁夏、甘肃、青海、新疆（五家渠市安宁镇）、安徽（萧县、宿州、蚌埠）、江苏；蒙古、俄罗斯、朝鲜。

（三五）漠蟾属 *Bufotes* Rafinesque, 1815

192. 塔里木蟾蜍指名亚种 *Bufotes pewzowi pewzowi* (Bedriaga, 1898)

【英文名称】　Southern Xinjiang Toad.

【形态特征】　雄蟾体长 59.0～66.0 mm，雌蟾体长 62.0～71.0 mm。头宽大于头长；鼓膜大，耳后腺肾形；上颌无齿，无犁骨齿。皮肤粗糙，雄蟾头后及体背布满有白刺的小刺疣，大瘰粒少；雌蟾体及四肢背面均较光滑，大疣较多；体腹侧及股腹面具扁平疣，其他部位光滑。前臂及手长不到体长之半；内掌突小于外掌突的1/2；后肢前伸贴体时胫跗关节达肩部，左右跟部不相遇；足比径长；跗褶厚实；趾侧缘膜宽，具微蹼。雄蟾背面橄榄色、灰棕色等，斑点少或不显著；雌蟾背面灰绿色，有少量醒目的墨绿色或黑褐色大圆斑，四肢有横纹。腹面无斑纹。雄性内侧 3 指有婚刺；有单咽下内声囊。卵径 1.2～1.6 mm；动物极黑褐色，植物极棕褐色。蝌蚪全长 48.0 mm，头体长 18.0 mm 左右；唇齿式多为 Ⅰ：1+1/Ⅲ；头体棕褐色；尾鳍，有黑褐色小斑纹，末端圆；仅两口角处有唇乳突。

【生物学资料】　该蟾生活于海拔 1 000～1 500 m 荒漠地区的

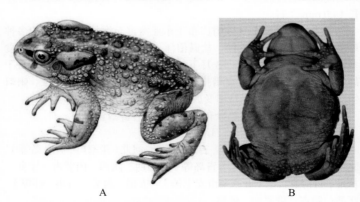

图 192-1　塔里木蟾蜍指名亚种 *Bufotes pewzowi pewzowi* 雄蟾
A、背面观（新疆若羌，李健）　B、腹面观（新疆若羌，费梁）

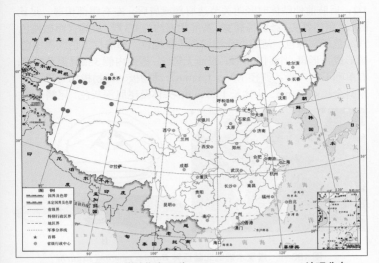

图 192-2　塔里木蟾蜍指名亚种 *Bufotes pewzowi pewzowi* 地理分布

绿洲。凡有水源的地方，乃至沙漠边缘都有它们的踪迹，耐旱力较强。雄蟾发出"喔得儿"的连续鸣声，尾声具颤音。可能在 4～6 月繁殖。卵和蝌蚪在水坑和稻田等静水域内发育生长，幼蟾营陆栖生活。

　　【种群状态】　中国特有种。该蟾分布区较宽，其种群数量多。

　　【濒危等级】　无危（LC）。

　　【地理分布】　新疆（阿图什、叶城、阿克苏、库车、策勒、和田、若羌、喀什、拜城、库尔勒、焉耆）。

193. 塔里木蟾蜍北疆亚种 *Bufotes pewzowi strauchi* (Bedriaga, 1898)

　　【英文名称】　Northern Xinjiang Toad.

　　【形态特征】　雄蟾体长 69.0～77.0 mm，雌蟾体长 77.0～86.0 mm。头宽大于头长；鼓膜椭圆形，约为眼径的 1/2；耳后腺长为宽的两倍；上颌无齿，无犁骨齿。雄蟾皮肤粗糙，头后及体背面布满瘰疣，其上密布小白刺；雌蟾背面瘰粒较少而稀疏，光滑无刺；四肢背面较光滑；腹面布满扁平疣粒。前臂及手长不到体长之半；指宽而扁，第 4 指长约为第 3 指的 3/4；内掌突等于或大于外掌突的

1/2；后肢前伸贴体时胫跗关节达肩部或肩后，左右跟部相遇，足比胫长；跗褶厚实，趾侧缘膜宽，基部相连约为 1/3 蹼。雄蟾背面橄榄色、浅绿色或灰棕色，雌蟾背面浅绿色或灰棕色，布满棕黑色或墨绿色圆形或长形斑；个别有脊纹；腹面无斑纹。雄蟾内侧 3 指具黑色婚刺；有单咽下内声囊。卵径 1.0～1.5 mm，动物极、植物极均为黑色。蝌蚪全长 41.0 mm，头体长 17.0 mm；头体及尾肌深灰色，尾鳍色浅；

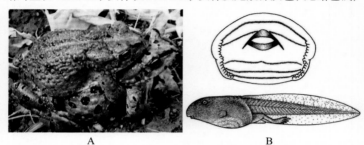

图 193-1　塔里木蟾蜍北疆亚种 *Bufotes pewzowi strauchi*

A、雌雄抱对（新疆吐鲁番，杨卓）

B、蝌蚪（新疆乌鲁木齐，李健）　上：口部　下：侧面观

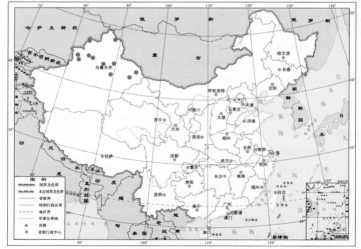

图 193-2　塔里木蟾蜍北疆亚种 *Bufotes pewzowi strauchi* 地理分布

唇齿式为 I : 1+1 / III；仅两口角有唇乳突。

【生物学资料】 该蟾生活于海拔 150 ～ 2 000 m 的多种生态环境中，干旱环境和沙漠边缘有其踪迹。3 ～ 4 月出蛰，捕食多种昆虫、蜘蛛和蚯蚓等。成蟾可掘土洞深达 20.0 ～ 30.0 cm，10 月冬眠于土洞和石穴内，4 ～ 5 月出蛰繁殖，卵带产于积水凼内，含卵 2 000 ～ 4 500 粒，多者达 12 000 粒。从产卵至变成幼蟾约需 60 d，约 4 年达性成熟。

【种群状态】 该蟾分布区甚宽，其种群数量很多。

【濒危等级】 无危（LC）。

【地理分布】 新疆（阿勒泰、伊犁州郊区、巩留、石河子、乌苏、乌鲁木齐、吐鲁番、哈密、奇台、伊吾、新源等地）；土库曼斯坦、塔吉克斯坦、吉尔吉斯斯坦、哈萨克斯坦、蒙古。

194. 帕米尔蟾蜍 *Bufotes taxkorensis* (Fei, Ye and Huang, 1999)

【英文名称】 Taxkorgan Toad.

【形态特征】 雄蟾体长 52.0 ～ 66.0 mm，雌蟾体长 50.0 ～ 69.0 mm。体较窄长，头宽大于头长；鼓膜小呈椭圆形，直径约为眼径的 1/3；耳后腺扁平呈楔形，长为宽的两倍；上颌无齿，无犁骨齿。皮肤粗糙，头后及体背面布满有小白刺的瘰疣，四肢背面较光滑；体腹面具扁平疣。前臂及手长约为体长的 44%；内掌突为外掌突的

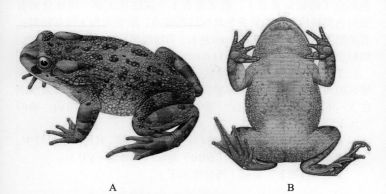

A   B

图 194-1　帕米尔蟾蜍 *Bufotes taxkorensis* 雄蟾（新疆塔什库尔干，李健）
A、背面观　B、腹面观

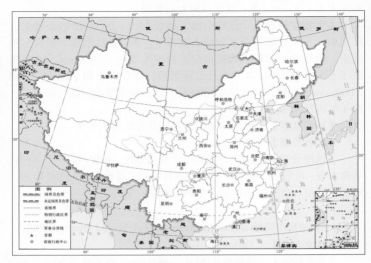

图 194-2　帕米尔蟾蜍 *Bufotes taxkorensis* 地理分布

1/3 ～ 1/2。后肢前伸贴体时胫跗关节达肩后，左右跟部不相遇；胫长为体长 36% 左右；内跗褶明显，经跖突与第 1 趾缘膜相连；趾侧缘膜宽，具微蹼。背面橄榄绿色、灰绿色或灰黄色，有墨绿色斑点（雌蟾斑点多）；眼下方有 1 个深棕色大斑，四肢背面有墨绿色宽横纹；腹面乳黄色具深棕色斑点。雄蟾内侧 3 指有婚刺；有单咽下内声囊。卵径 1.5 mm 左右，动物极黑棕色，植物极黄褐色。蝌蚪全长 24.0 mm，头体长 11.0 mm 左右。

【生物学资料】　该蟾生活于海拔 2 900 ～ 3 150 m 帕米尔高原地区的河滩沼泽地，夜晚雄蟾发出"叽儿，叽儿"的鸣声。繁殖期在 5 ～ 6 月。卵产于水坑内，卵粒以单行排列在管状胶带内。蝌蚪生活于静水坑内。

【种群状态】　中国特有种。该蟾分布区狭窄，其种群数量较少。

【濒危等级】　费梁等（2010）建议列为易危（VU）。

【地理分布】　新疆（塔什库尔干）。

195. 札达蟾蜍 *Bufotes zamdaensis* (Fei, Ye and Huang, 1999)

【英文名称】　Zamda Toad.

　　【形态特征】　雄蟾体长 49.0～65.0 mm。头宽大于头长；吻圆；鼓膜椭圆形，约为眼径的 1/3；耳后腺短小呈逗号形，长略大于宽；上颌无齿，无犁骨齿。皮肤粗糙，头后及体背面布满有小白刺的瘰疣，四肢背面较光滑；体侧、腹后及股基部具大疣粒；体腹面布满扁平疣粒。前臂及手长为体长的 44% 左右；内掌突略小，外掌突大而圆；第 4 指长约为第 3 指的 3/4；后肢前伸贴体时胫跗关节达肩部或肩后，左右跟部相遇，胫长为体长的 38%；跗褶明显；内跖突大，外跖突较小；趾侧缘膜宽，基部相连成蹼。背面橄榄绿色、浅绿色或灰色，

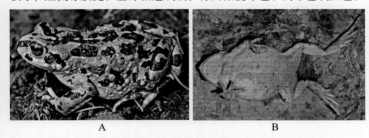

图 195-1　札达蟾蜍 *Bufotes zamdaensis* 雌蟾（西藏扎达，黄松）
A、背面观　B、腹面观

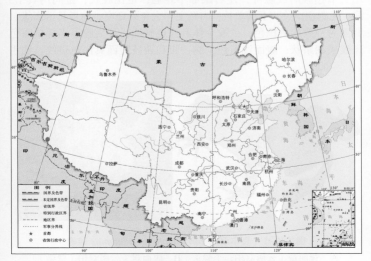

图 195-2　札达蟾蜍 *Bufotes zamdaensis* 地理分布

其上有黑褐色斑；腹面乳白色。雄蟾内侧 3 指具黑色婚刺；有单咽下内声囊，声囊部位颜色不黑。

　　【生物学资料】　该蟾生活于西藏西部阿里地区的札达，栖息于海拔 2 900 m 左右山区的沼泽草地和水塘附近。

　　【种群状态】　中国特有种。该蟾分布区狭窄，种群数量较少。

　　【濒危等级】　费梁等（2010）建议列为易危（VU）。

　　【地理分布】　西藏（札达）。

（三六）溪蟾属 *Torrentophryne* Yang, 1996

196. 哀牢溪蟾 *Torrentophryne ailaoanus* (Kou,1984)

　　【英文名称】　Ailao Stream Toad.

　　【形态特征】　雄蟾体长 39.0～41.0 mm，雌蟾体长 52.0～55.0 mm。头宽大于头长；头部无骨质棱脊；耳后腺长与宽之比为 2 ∶ 1 左右；无鼓膜，无耳柱骨；上颌无齿，无犁骨齿。皮肤粗糙，背面有密布且均匀的小疣粒，其间散有圆形小瘰疣；腹面疣粒扁平。四肢细弱，前臂及手长略超过体长之半；后肢短而细，前伸贴体时胫跗关节达腋后或腋部，左右跟部不相遇；足比胫长；趾间约具 1/3 蹼，无跗褶；关节下瘤单枚；内跖突稍大于外跖突，前者具游离缘。背面为一致的黄棕色，少数个体具浅色脊线；耳后腺下半部具深色斑纹成细条状；腹面浅黄色，胸、腹和四肢腹面具深色斑纹，约占

图 196−1　哀牢溪蟾 *Torrentophryne ailaoanus* 雌蟾

A、背面观（云南双柏，李健）　　B、腹面观（云南双柏，费梁）

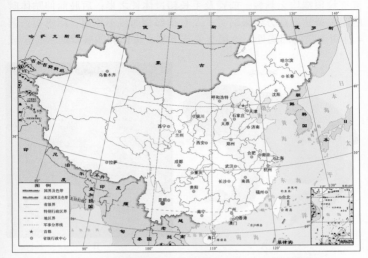

图 196-2 哀牢溪蟾 *Torrentophryne ailaoanus* 地理分布

1/3。雄蟾第 1、2 指具棕黄色角质颗粒，无声囊。剖视雌蟾卵巢内
成熟卵粒直径 2.5 ～ 3.0 mm，动物极黑色。

【生物学资料】   该蟾生活于海拔 2 600 m 左右的竹林内或阔
叶乔木林下溪流中。剖视采自 6 月和 8 月上旬的雌蟾，根据腹内卵
粒和输卵管发育程度分析，该蟾产卵期可能始于 8 月中旬或下旬。

【种群状态】   中国特有种。该蟾分布区狭窄，其种群数量很
少。

【濒危等级】   费梁等（2012）建议列为濒危（EN）；蒋志刚
等（2016）列为无危（LC）。

【地理分布】   云南（双柏）。

197. 无棘溪蟾 *Torrentophryne aspinia* Yang and Rao, 1996

【英文名称】   Spineless Stream Toad.

【形态特征】   雄蟾体长 65.0 ～ 80.0 mm，雌蟾体长 81.0 ～ 103.0
mm。头宽略大于或等于头长；瞳孔平置，椭圆；无鼓膜和耳柱骨；
耳后腺呈肾形，长约为宽的两倍；上颌无齿，无犁骨齿。头体背面
较光滑，疣粒少，体侧及四肢背面圆疣多；腹面密布扁平小疣；各

部疣粒顶端均无刺棘。前臂及手长超过体长之半；后肢前伸贴体时胫跗关节达肩前方或眼后方；左右跟部相遇或不相遇；跗褶短；第4趾两侧蹼的凹陷处不达第2关节下瘤。头体和四肢背面灰棕色或

图 197-1　无棘溪蟾 *Torrentophryne aspinia* 雄蟾

A、背面观（云南漾濞，李健）　B、腹面观（云南漾濞，江建平）

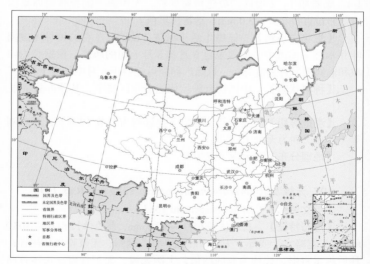

图 197-2　无棘溪蟾 *Torrentophryne aspinia* 地理分布

浅棕黄色，无深色斑，背脊多有 1 条纵行灰白色细线纹，眼后至耳后腺外侧黑褐色；腹面灰白色，有不规则的黑纹。雄蟾内侧 3 指和内掌突有黑色婚刺；无声囊，无雄性线。卵全黑色。蝌蚪体尾黑色，尾鳍较窄而末端圆；口后有大的腹吸盘；唇齿式为 Ⅱ／Ⅲ；仅两口角处有唇乳突，呈丛状。

【生物学资料】　该蟾生活于海拔 1 800 ～ 2 100 m 的山区溪流及其两旁。10 月初至 11 月初繁殖，产卵 1 500 ～ 3 000 粒。卵和蝌蚪在溪流内发育生长，翌年雨季前蝌蚪完成变态并登陆营陆栖生活。

【种群状态】　中国特有种。该蟾分布区狭窄，种群数量较少。

【濒危等级】　易危（VU）。

【地理分布】　云南（漾濞）。

198. 缅甸溪蟾 *Torrentophryne burmanus* (Andersson, 1938)

【英文名称】　Burmese Stream Toad.

【形态特征】　雄蟾体长 52.0 ～ 66.0 mm，雌蟾体长 83.0 mm 左右；头宽略大于头长；瞳孔平置椭圆；无鼓膜，亦无耳柱骨；耳后腺椭圆形，其长为宽的 2 倍；上颌无齿，无犁骨齿。皮肤粗糙，通身疣粒较密，顶部均有角质颗粒或刺棘。前臂及手长超过体长之半；后肢前伸贴体时胫跗关节达眼部，左右跟部相遇或不相遇，跗褶不显著或在跗部内侧有 1 条短褶；蹼较发达，第 4 趾两侧蹼的凹陷略超过第 2 关节下瘤。背面棕黑色或棕黄色，疣粒灰白色，背脊有 1

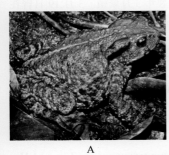
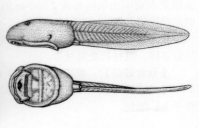

A　　　　　　　　　　　　　　　B

图 198-1　缅甸溪蟾 *Torrentophryne burmanus*

A、雄蟾背面观（云南泸水，侯勉）

B、蝌蚪（云南泸水，李健）　上：侧面观　下：腹面观

图 198-2　缅甸溪蟾 *Torrentophryne burmanus* 地理分布

条浅色细纵纹，耳后腺外侧黑色，体侧黑斑块明显；四肢有黑横纹；腹面有不规则深色斑纹。雄蟾内侧 3 指有黑色婚刺；无声囊；无雄性线。蝌蚪全长 29.0 mm，头体长 12.0 mm；头体和尾肌黑色，尾鳍色较浅，末端钝圆；口部后有 1 个大的腹吸盘；唇齿式为 Ⅱ／Ⅲ；仅两口角有唇乳突，呈单行，其内侧有 2 ～ 3 个副突。

　　【生物学资料】　该蟾生活于海拔 1 750 ～ 2 200 m 的山溪急流中或溪旁农耕地或阔叶林内。12 月至翌年 3 月繁殖。3 月 19 日曾在云南景东哀牢山东侧海拔 2 100 m 的溪河边缓流处石下发现正在抱对的雌雄蟾和第 31 期蝌蚪。

　　【种群状态】　该蟾分布区虽然较宽，但因栖息地的生态环境质量下降，其种群数量减少。

　　【濒危等级】　费梁等（2010）建议列为近危（NT）。

　　【地理分布】　云南（保山市郊区、腾冲、泸水、景东、双柏、新平）；缅甸。

199. 隐耳溪蟾 *Torrentophryne cryptotympanicus* (Liu and Hu, 1962)

　　【英文名称】　Earless Stream Toad.

　　【形态特征】　雄蟾体长 65.0 ～ 70.0 mm，雌蟾体长 60.0 ～ 77.0

mm。头宽大于头长；头部无骨质棱脊；耳后腺前宽后窄，长宽之比为 2∶1；无鼓膜，无耳柱骨；上颌无齿，无犁骨齿。皮肤略粗糙；头顶及上眼睑散有小疣粒，背面瘰疣圆而稀少，沿体侧 4～5 枚较大，瘰粒上均有黑色角质刺；胫部瘰疣较多；无跗褶；腹面布满小疣。前臂及手长近于体长之半；指侧无缘膜，指间微蹼；指趾关节下瘤不成对，内掌突小而窄长，外掌突大而圆；后肢前伸贴体时胫跗关

A　　　　　　　　　　　　　　　　　　B

图 199-1　隐耳溪蟾 *Torrentophryne cryptotympanicus* 雌蟾

A、背面观（广西资源，刘惠宁）　　B、腹面观（广西龙胜，费梁）

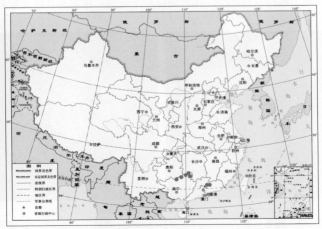

图 199-2　隐耳溪蟾 *Torrentophryne cryptotympanicus* 地理分布

节达肩部，左右跟部不相遇，足比胫长；趾侧缘膜窄，趾间蹼不发达，第 4 趾约 1/5 蹼；内跖突大于外跖突，游离缘呈刃状。背面灰褐色或灰黄色，常有 1 条细脊纹从体中部至肛前方；左右体侧各有 1 条黑褐色线纹，前臂、股、胫部各有 1 条深色横纹；腹面灰白，咽喉部黑点少，胸腹部及四肢腹面有黑色云斑；腹后及股基部无大的深色斑。雄蟾皮肤松弛而光滑，疣上无角质刺；内侧 3 指有黑色婚刺；无声囊，无雄性线。雌蟾瘰疣上具角质刺。

　　【生物学资料】　　该蟾生活于海拔 870 m 左右的山区，常见于路旁草丛间。

　　【种群状态】　　该蟾在分布区内，其种群数量稀少。

　　【濒危等级】　　近危（NT）。

　　【地理分布】　　广东（龙门、河源）、广西（环江、融水、龙胜、兴安、资源）；越南（北部）。

200. 绿春溪蟾 *Torrentophryne luchunnica* Yang and Rao, 2008

　　【英文名称】　　Luchun Stream Toad.

　　【形态特征】　　雄蟾体长 57.0 ～ 61.0 mm，雌蟾体长 55.0 ～ 79.0 mm。头宽大于头长；无鼓膜，无耳柱骨；耳后腺长椭圆形，长宽之比为 2：1；上颌无齿，无犁骨齿。雄蟾皮肤较光滑，雌蟾皮肤略粗糙；头顶和上眼睑均有小疣，体背面疣粒小而圆；体侧有几颗大瘰粒。

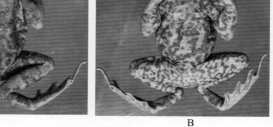

A　　　　　　　　　　　　　　　　　B

图 200–1　　绿春溪蟾 *Torrentophryne luchunnica* 雌蟾（云南绿春，江建平）

A、背面观　B、腹面观

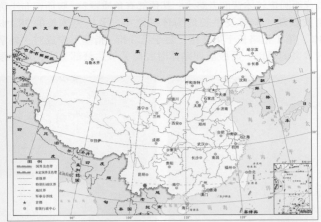

图 200-2　绿春溪蟾 *Torrentophryne luchunnica* 地理分布

四肢背面瘰粒较少，前肢背面布满小疣。身体和四肢腹面密布扁平小疣，具黑刺。前臂及手长超过体长之半；外掌突圆且大于内掌突。后肢前伸贴体时胫跗关节达肩部；左右跟部仅相遇；跗褶短而明显，外跖突大而窄长，内跖突小而圆；关节下瘤成对；第 1～3 趾外侧和第 5 趾内侧为全蹼，第 4 趾两侧约半蹼。头体和四肢背面灰绿色，眼下方有 1 个黑斑，背脊上常有 1 条纵行细线纹，耳后腺外侧至胯部有 1 条黑带，其上方灰白色；胸腹部和四肢腹面有黑云斑。雄蟾内侧 3 指有棕色婚刺；无声囊，无雄性线。

【生物学资料】　该蟾生活在云南绿春黄连山海拔 1 650 m 左右的山区。

【种群状态】　中国特有种。分布区狭窄，其种群数量不详。

【濒危等级】　未予评估 (NE)；蒋志刚等 (2016) 列为无危 (LC)。

【地理分布】　云南（绿春）。

201. 孟连溪蟾 *Torrentophryne mengliana* Yang, 2008

【英文名称】　Menglian Stream Toad.

【形态特征】　体肥硕。雌蟾体长 80.0～98.0 mm。头宽略大于头长；上眼睑外缘呈脊棱状；无鼓膜，无耳柱骨；耳后腺粗大，长为宽的两倍以上；上颌无齿，无犁骨齿。体背面皮肤有稀疏的小圆疣，

377

四肢背面圆疣较体背面者略小，其顶部有角质颗粒；腹面密布小疣，具角质颗粒。前臂及手长约为体长之半；手长为体长的28.1%～29.4%，第1指略长于第2指，短于第3指，指基下瘤成对；外掌突为内掌突的两倍。后肢前伸贴体时胫跗关节达腋部上方；左右跟部

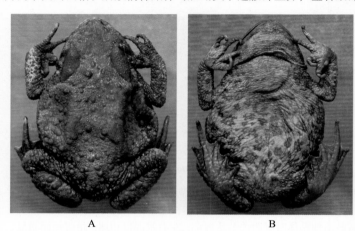

A   B

图 201-1　孟连溪蟾 *Torrentophryne mengliana* 雌蟾（云南孟连，江建平）

A、背面观　B、腹面观

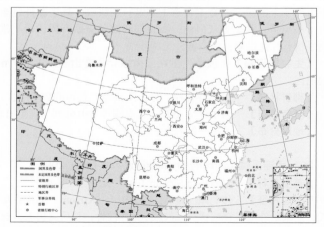

图 201-2　孟连溪蟾 *Torrentophryne mengliana* 地理分布

不相遇；无蹼褶，内外跖突几乎等大；趾间约 2/3 蹼，第 4 趾两侧之蹼达倒数第 2 关节下瘤处。头体和四肢背面灰棕色，眼和耳后腺之间有又字形斑纹，其后又有 1 个八字形斑纹，背脊上多有 1 条纵行细线纹，耳后腺外侧至体侧有 1 条棕黑带，四肢背面横纹显著；腹面浅棕色，有不规则的棕黑色斑纹。

【生物学资料】　该蟾生活在云南孟连腊福海拔 1 620 m 的台地上的村落附近。

【种群状态】　中国特有种。目前仅发现 1 个分布区，其种群数量不详。

【濒危等级】　未予评估（NE）。

【地理分布】　云南（孟连）。

（三七）小蟾属 *Parapelophryne* Fei, Ye and Jiang, 2003

202. 鳞皮小蟾 *Parapelophryne scalpta* (Liu and Hu, 1973)

【英文名称】　Hainan Little Toad.

【形态特征】　雄蟾体长 19.0 ～ 23.0 mm、雌蟾体长 24.0 ～ 27.0 mm；体形扁平而窄长。头的长宽几乎相等；吻部盾形，前端成棱角状；鼓膜显著；瞳孔横椭圆形；无耳后腺；上颌无齿，无犁骨齿。体背腹面及体侧布满小疣粒，眼后至胯部沿背侧排列成行；四肢背面有白色刺疣；咽喉部至胸部疣粒密集似鳞状；肛孔上方被三角形皮褶所覆盖。前臂及手长不到体长之半；指、趾末端圆，腹面吸盘状，但无沟；第 1、2 指短，其间蹼发达，其余各指间仅基部具蹼；后肢前伸贴体时胫跗关节达眼部，左右跟部不相遇或仅相遇，足短，趾端膨大，第 1、2 趾内侧几乎全蹼，其余趾间仅基部具蹼。背面多为红棕色或紫褐色，两眼间有三角斑，其后有两个前后排列的 ∧ 形斑，四肢各部有横纹，以上斑纹均为黑褐色并镶以浅色细线纹；腹面淡黄色，咽喉及胸部略带灰蓝色，散有深棕色碎云斑。雄蟾第 1、2 指上有乳白色婚垫；有单咽下内声囊；无雄性线。卵粒直径 2.5 mm，乳白色。

【生物学资料】　该蟾生活于海拔 350 ～ 1 400 m 的林区小山溪附近的落叶间或石块上，所在环境阴湿；4 月底至 6 月中旬成蟾常发出略带颤抖的鸣叫声。此期的雌蟾腹内卵已进入输卵管内，有卵 28 ～ 50 粒。

【种群状态】　中国特有种。该蟾分布区狭窄，其种群数量很少。

【濒危等级】　濒危（EN）；蒋志刚等（2016）列为易危（VU）。

【地理分布】　海南（琼中、五指山、陵水吊罗山、黎母岭、尖峰岭、鹦哥岭）。

图 202-1　鳞皮小蟾 *Parapelophryne scalpta* 雄蟾

A、背面观（海南琼中五指山，吕顺清）　B、腹面观（海南琼中五指山，王宜生）

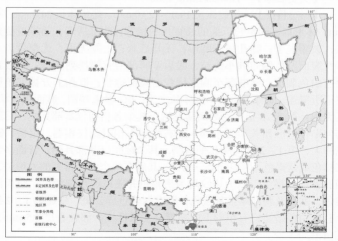

图 202-2　鳞皮小蟾 *Parapelophryne scalpta* 地理分布

八、雨蛙科 Hylidae Rafinesque, 1815

（三八）雨蛙属 *Hyla* Laurenti, 1768

中国雨蛙种组 *Hyla chinensis* group

203. 中国雨蛙 *Hyla chinensis* Günther, 1858

【英文名称】 Chinese Tree Toad /Frog.

【形态特征】 雄蛙体长 30.0 ～ 33.0 mm，雌蛙体长 29.0 ～ 38.0 mm。头宽略大于头长；鼓膜圆约为眼径的 1/3；上颌有齿，犁骨齿两小团。背面皮肤光滑；颞褶细、无疣粒；腹面密布颗粒疣，咽喉部光滑。指、趾端有吸盘和边缘沟，指基部具微蹼；后肢前伸贴体时胫跗关节达鼓膜或眼，左右跟部相重叠，内跗褶棱起，外侧 3 趾间具 2/3 蹼。背面绿色或草绿色，体侧及腹面浅黄色；1 条清晰的深棕色细线纹，由吻端至颞褶达肩部，颞部具褐色三角形斑；体侧和股前后有数量不等的黑斑点。雄蛙第 1 指有婚垫；有单咽下外声囊；有雄性线。卵径 1.0 ～ 1.5 mm，动物极棕色、植物极乳黄色。蝌蚪全长 26.0 mm，头体长 10.0 mm 左右；眼位于头两极侧，尾鳍甚高，尾末端细尖；体尾背面有两条浅色纵纹，尾鳍有色斑；唇齿式为 I：1+1 / III；唇乳突 2 排，呈参差排列，仅上唇中央无乳突，口角有副突。

【生物学资料】 该蛙生活于海拔 200 ～ 1 000 m 低山区洞穴、灌丛、芦苇以及高秆作物上。夜晚在植物叶片上鸣叫。捕食昆虫、蚁类及其他小动物。9 月下旬开始冬眠，翌年 3 月下旬出蛰。4 ～ 5 月繁殖，产卵 236 ～ 682 粒，卵群由数十至数百粒组成一群，附着在水草或池边石块上。5 月下旬可见到幼蛙。

【种群状态】 该蛙分布区甚宽，其种群数量多。

A

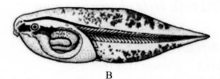

B

图 203-1　中国雨蛙 *Hyla chinensis*

A、雄蛙背面观（台湾，向高世）　B、蝌蚪侧面观（福建武夷山，王宜生）

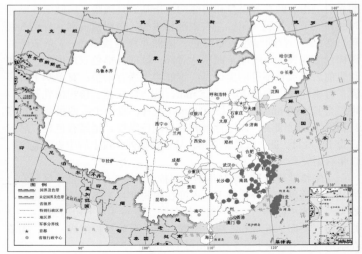

图 203-2　中国雨蛙 *Hyla chinensis* 地理分布

【濒危等级】   无危（LC）。

【地理分布】   河南（大别山）、安徽（绩溪、休宁等）、江苏（宜兴、苏州、南京）、上海、浙江、湖南（长沙、桂东、汝城）、江西（九江、上犹、全南）、福建、台湾、广东（增城、龙门、乐昌、南雄）、香港、广西（龙胜、资源、兴安、金秀）；越南（？）。

204. 三港雨蛙 *Hyla sanchiangensis* Pope, 1929

【英文名称】   Sanchiang Tree Toad /Frog.

【形态特征】   雄蛙体长 31.0 ～ 35.0 mm，雌蛙体长 33.0 ～ 38.0 mm。头宽略大于头长；颞褶细；鼓膜圆；上颌有齿，犁骨齿两小团。背面皮肤光滑，胸、腹及股腹面密布颗粒疣，咽喉部较少。指、趾端有吸盘和边缘沟，外侧二间间蹼较发达；后肢前伸贴体时胫跗关节达眼部，左右跟部相重叠，内跗褶棱起，趾间几乎为全蹼。背面黄绿色或绿色，眼前下方至口角有 1 个明显的灰白色斑，眼后鼓膜

图 204-1   三港雨蛙 *Hyla sanchiangensis*（广西金秀，王宜生）
A、雄蛙背面观   B、蝌蚪

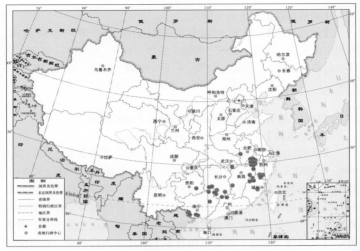

图 204-2　三港雨蛙 *Hyla sanchiangensis* 地理分布

上、下方有两条深棕色线纹在肩部不相会合；体侧前段棕色，体侧后段和股前后及体腹面浅黄色；体侧后段及四肢有不同数量的黑圆斑，体侧前段无黑斑点；手和蹠足部棕色。雄性第 1 指有婚垫；具单咽下外声囊；有雄性线。卵径 1.2 mm 左右，动物极深棕色，植物极浅黄色。蝌蚪全长平均 31.0 mm，头体长 11.0 mm 左右；体背腹面均为灰绿色，体尾侧面有 1 条深色纵纹；尾鳍高，尾末端尖或细尖；唇齿式为 I : 1+1/ III；上唇中央无唇乳突，下唇及两口角唇乳突 2 排，呈参差排列，口角处副突多。

　　【生物学资料】　该蛙生活于海拔 500 ～ 1 560 m 的山区稻田及其附近土洞或竹筒内，捕食昆虫、蚁类以及高秆作物上的多种害虫。夜晚发出"咯啊，咯啊"的连续鸣声。蝌蚪多分散栖于水底。

　　【种群状态】　中国特有种。该蛙分布区宽，其种群数量甚多。

　　【濒危等级】　无危（LC）。

　　【地理分布】　贵州（雷山）、安徽（霍山、歙县、九华山等）、浙江（开化、龙泉、庆元、景宁）、江西（贵溪、井冈山）、湖北（通山）、湖南（宜章、新宁、江永、城步、双牌）、福建（武夷山、建阳、邵武、德化）、广东（连州、英德）、广西（龙州、龙胜等）。

华西雨蛙种组 *Hyla gongshanensis* group

205. 华西雨蛙指名亚种 *Hyla gongshanensis gongshanensis* Li and Yang, 1985

【英文名称】 Gongshan Tree Toad /Frog.

【形态特征】 雄性体长 31.0 ～ 39.0 mm，雌性体长 34.0 ～ 41.0 mm。头宽大于头长；鼓膜圆；上颌有齿，犁骨齿两小团。背面皮肤光滑；上眼睑后缘和颞褶疣粒多而明显；体和四肢腹面具颗粒状疣粒。指基具蹼迹；指、趾端有吸盘和边缘沟；后肢前伸贴体时胫跗关节达鼓膜或略超过；左右跟部不重叠，仅相遇或不相遇；足略短于胫；内跗褶棱起；趾间约半蹼。头体背面纯绿色，吻端无 Y 形棕色纹，从鼻孔经上眼睑外侧到鼓膜上方有灰黄色线纹，体侧无黑色斑点，少数个体体侧和后肢有黑斑点；胸、腹部及四肢腹面乳白色。雄性第 1 指具棕色婚垫；有单咽下外声囊；有雄性线。雌性腹内有卵 1 010 粒，卵径 1.0 ～ 1.2 mm，动物极黑褐色，植物极乳黄色。蝌蚪全长平均 33.0 mm，头体长 13.0 mm 左右；背面黄绿色，尾鳍有褐色云状斑；尾鳍高而薄，尾末端尖；唇齿式为 I ：1+1 / Ⅲ；眼位于头侧，上唇缘正中无唇乳突部位约 2.0 mm，下唇缘正中乳突 2 ～ 3

图 205-1　华西雨蛙指名亚种 *Hyla gongshanensis gongshanensis* 雄蛙

（云南丽江，李健）

A、背面观　B、腹面观

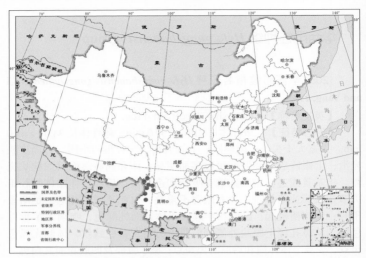

图 205-2　华西雨蛙指名亚种 *Hyla gongshanensis gongshanensis* 地理分布

排，两侧乳突多排，口角副突较多。

　　【生物学资料】　该蛙生活于海拔 1 180～2 500 m 的山区稻田、玉米地、草丛或山边水塘周围的灌丛中。

　　【种群状态】　中国特有种。该蛙分布区较宽，其种群数量多。

　　【濒危等级】　无危（LC）。

　　【地理分布】　云南（香格里拉、丽江、德钦、贡山、维西、福贡、保山市郊区、泸水）。

206. 华西雨蛙川西亚种 *Hyla gongshanensis chuanxiensis* Ye and Fei, 2000

　　【英文名称】　Chuanxi Tree Toad /Frog.

　　【形态特征】　雄蛙体长 32.0～36.0 mm，雌蛙体长 36.0～44.0 mm。头宽大于头长，鼓膜圆；上颌有齿，犁骨齿呈两小团。背部光滑，颞褶粗厚，上眼睑外缘到颞褶至头后侧有疣粒；体腹面具颗粒状圆疣。第 2、3 指间蹼达近端关节下瘤，第 3、4 指间具 1/3 蹼，指、趾吸盘具边缘沟；后肢前伸贴体时胫跗关节达眼后角或略超过，左右跟部显然重叠，内跗褶棱状；足略短于胫；趾间蹼略超过半蹼。

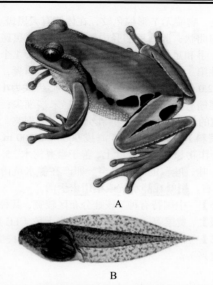

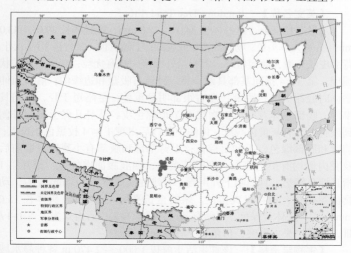

图 206-1　华西雨蛙川西亚种 *Hyla gongshanensis chuanxiensis*

A、雄蛙背面观（四川洪雅，李健）　　B、蝌蚪（四川天全，王宜生）

图 206-2　华西雨蛙川西亚种 *Hyla gongshanensis chuanxiensis* 地理分布

头体背面纯绿色，吻端无 Y 形棕色纹，在体侧有大黑斑点 3 枚左右，成行或相连成扭曲状；股前后和胫内侧浅黄色均有黑斑点；前臂及胫部背面绿色，手和足棕色，上臂基部和腋部各有 1 个黑圆斑；腹面乳白色。雄性第 1 指具棕色婚垫，有单咽下外声囊，有雄性线。蝌蚪全长平均 32.0 mm，体长 13.0 mm 左右；唇齿式为 I：1+1/ Ⅲ；头体黄绿色，尾鳍有云斑；尾鳍高而薄，尾末端细尖；上唇中央无乳突，约为口宽的 1/3，口角和下唇乳突多排，有副突。

　　【生物学资料】　　该蛙生活于海拔 900 ～ 2 200 m 山区静水域及其附近的高秆作物和灌丛的枝叶上，善于攀登树木。5 ～ 6 月繁殖，雨后发出"哇，哇，哇"的响亮鸣声。卵产在静水坑内水草间，共产卵 1 300 粒左右。蝌蚪在静水坑或稻田内生活。

　　【种群状态】　　中国特有种。该蛙分布区较宽，其种群数量多。

　　【濒危等级】　　费梁等（2010）建议列为无危（LC）。

　　【地理分布】　　四川（越西、石棉、汉源、峨眉山、洪雅、荥经、天全、芦山、宝兴）。

207. 华西雨蛙景东亚种 *Hyla gongshanensis jingdongensis* Ye and Fei, 2000

　　【英文名称】　　Jingdong Tree Toad /Frog.

　　【形态特征】　　雄蛙体长 34.0 ～ 38.0 mm，雌蛙体长 39.0 ～ 43.0 mm。头宽大于头长，吻圆而高，鼓膜圆；上颌有齿，犁骨齿呈两小团。背部皮肤光滑，颞褶粗厚，上眼睑外缘至头侧有疣粒；腹面具颗粒状圆疣。第 3、4 指间基部具蹼；指、趾端有吸盘和边缘沟；后肢前伸贴体时胫跗关节达眼部，左右跟部明显重叠，足略短于胫，趾间具半蹼。吻部、体背绿色，吻端无 Y 形棕色纹，从鼻孔经上眼睑外侧到鼓膜上方有灰黄色线纹，体侧中段以后出现 1 ～ 4 枚黑色小斑点；前臂和胫部绿色，手和足棕色；上臂基部和腋部有小黑斑，股前后及胫内侧均有黑色斑点；咽喉部黄色，四肢腹面肉红色。雄性第 1 指具棕色婚垫，具单咽下外声囊，有雄性线。卵径 1.0 mm 左右，动物极黑褐色，植物极乳黄色。蝌蚪全长平均 45.0 mm，头体长 15.0 mm 左右；头体黄绿色，尾鳍有云斑，尾末端尖；唇齿式为 I：1+1/ Ⅲ，上唇中央无乳突，口角和下唇乳突多排。

　　【生物学资料】　　该蛙生活于海拔 1 000 ～ 2 470 m 各种静水域附近的草丛、树干上，成蛙以昆虫等小动物为食。4 月底至 6 月底

A　　　　　　　　　　　　　　　B

图 207-1　华西雨蛙景东亚种 *Hyla gongshanensis jingdongensis*

A、雄蛙背面观（云南景东，刘炯宇）　B、雌蛙腹面观（云南景东，江建平）

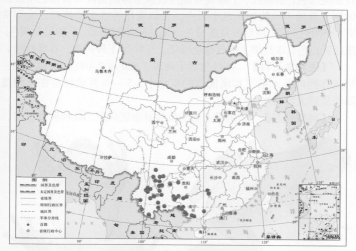

图 207-2　华西雨蛙景东亚种 *Hyla gongshanensis jingdongensis* 地理分布

繁殖，鸣声"哇——哇"。卵群以十余粒至数十粒为一团，分散黏附在静水塘浅水处杂草茎叶上。蝌蚪在静水塘内生活。

　　【种群状态】　中国特有种。该蛙分布区较宽，其种群数量多。

　　【濒危等级】　无危（LC）。

　　【地理分布】　四川（九龙、西昌、会理等）、贵州（威宁、毕节地区、兴义、安龙等）、云南（大理、景东、昭通等）、广西（隆林、那坡、玉林、上思、资源等）。

208. 华西雨蛙腾冲亚种 *Hyla gongshanensis tengchongensis* Ye, Fei and Li, 2000

【英文名称】　Tengchong Tree Toad /Frog.

【形态特征】　雄性体长 28.0～35.0 mm，雌性体长 32.0～41.0 mm。头宽大于头长；鼓膜圆约为眼径的 1/2；上颌有齿，犁骨齿两小团。背面皮肤光滑；颞褶细，褶上几乎无疣粒；前肢背面光滑无疣粒；体腹面及股腹面密布颗粒疣。指、趾端均有吸盘及边缘沟；后肢前伸贴体时胫跗关节达眼后角，左右跟部重叠，重叠部位约为胫长的 1/4，内跗褶棱状，足与胫几乎等长，趾间具半蹼。吻端、头侧和体背面纯绿色，沿鼻孔、上眼睑外侧经鼓膜至体侧前段有黄棕色带纹，体侧有数量不等的棕黑色小斑点，分散或相连或交错排列；腋部常有 1 个黑色圆斑；前后肢背面绿色分别达腕部和跟部，手和足金黄色；腹面乳白色。雄性第 1 指具棕色婚垫，有单咽下外声囊；有雄性线。

【生物学资料】　该蛙生活于海拔 1 620～2 400 m 山地灌丛、旱地作物以及水稻田和溪流旁的草丛中。5～6 月成蛙常在夜间或降雨前后大声鸣叫。

【种群状态】　中国特有种。该蛙分布区较宽，其种群数量多。

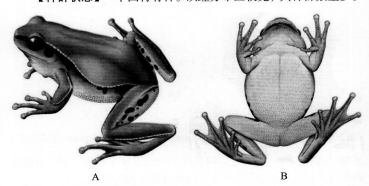

图 208-1　华西雨蛙腾冲亚种 *Hyla gongshanensis tengchongensis* 雄蛙
（云南腾冲，李健）
A、背面观　B、腹面观

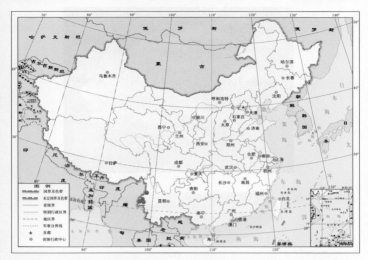

图 208-2 华西雨蛙腾冲亚种 *Hyla gongshanensis tengchongensis* 地理分布

【濒危等级】　　无危（LC）。

【地理分布】　　云南（泸水、腾冲、龙陵、盈江等）。

209. 华西雨蛙武陵亚种 *Hyla gongshanensis wulingensis* Shen, 1997

【英文名称】　　Wuling Tree Toad /Frog.

【形态特征】　　雄性体长 31.0 ～ 36.0 mm，雌性体长 38.0 ～ 45.0 mm，头宽略大于头长，鼓膜圆；上颌有齿，犁骨齿呈两小团。背面皮肤光滑，颞褶粗厚，上眼睑外侧和颞褶至肩部疣粒多；腹面布满颗粒疣。指间具微蹼，指、趾端均有吸盘和边缘沟；后肢前伸贴体时胫跗关节达眼部或鼓膜，左右跟部相遇，内跗褶棱状，足与胫长几乎相等，趾间具半蹼。背面绿色；吻端沿吻棱经上眼睑、颞褶、鼓膜达体侧均为棕黄色，吻部棕黄色斑呈 Y 形；手部和前臂的远端 1/2 以及足背面为棕色；体侧和股前后黄色有黑斑点 7 枚左右呈交错相嵌排列，腋下和胫侧有小黑点；体腹面肉红色。雄性第 1 指有棕色婚垫，咽喉部棕褐色，具单咽下外声囊，有雄性线。卵径 1.0 mm 左右，动物极黑褐色，植物极乳黄色。蝌蚪全长平均 35.0 mm，头

图 209-1　华西雨蛙武陵亚种 *Hyla gongshanensis wulingensis*

A、雄蛙背面观（湖南桑植，江建平）　B、蝌蚪（重庆南川，王宜生）

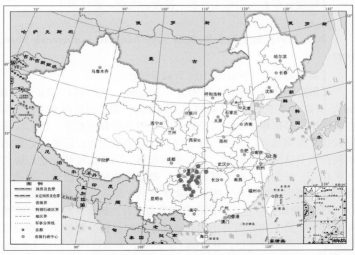

图 209-2　华西雨蛙武陵亚种 *Hyla gongshanensis wulingensis* 地理分布

体长平均 13.0 mm 左右；体背面橄榄绿，尾部有黑斑纹，尾鳍边缘棕黑色，尾鳍较高，末端尖；唇齿式为Ⅰ：1+1/Ⅲ，仅上唇中央无乳突，口角和下唇乳突多排呈交错排列。

【生物学资料】　该蛙生活于海拔 580 ～ 1 770 m 的山区稻田或山间凹地静水塘及其附近，常栖于灌丛、高秆农作物和杂草间。5 ～ 6 月繁殖，雄性常在夜间鸣叫。每次排卵 10 ～ 30 粒，呈一小群黏附在水草的茎叶上，共产卵 600 ～ 770 粒；蝌蚪在静水塘内生活。

【种群状态】　中国特有种。该蛙分布区较宽，其种群数量多。

【濒危等级】　无危（LC）。

【地理分布】　湖南（桑植）、湖北（利川）、四川（合江、遂宁）、重庆（黔江、武隆、南川）、贵州（印江、江口、务川、绥阳、遵义市郊区、贵阳、贵定、雷山、荔波）。

210. 秦岭雨蛙 *Hyla tsinlingensis* Liu and Hu, 1966

【英文名称】　Tsinling Tree Toad /Frog.

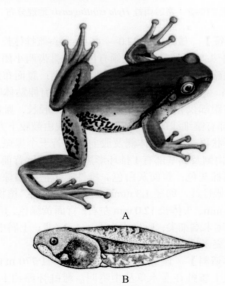

A

B

图 210-1　秦岭雨蛙 *Hyla tsinlingensis*

A、雄蛙背面观（陕西洋县，王宜生）　B、蝌蚪（陕西周至，王宜生）

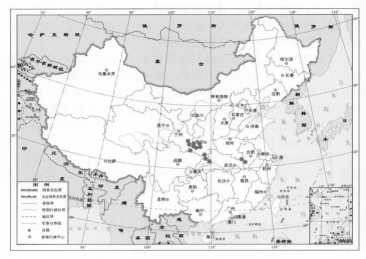

图 210-2　秦岭雨蛙 *Hyla tsinlingensis* 地理分布

【形态特征】　雄蛙体长 37.0 ～ 45.0 mm，雌蛙体长 41.0 ～ 48.0 mm。头宽大于头长；鼓膜圆；上颌有齿，犁骨齿两小团。体背面皮肤光滑，上眼睑外侧无疣粒；颞褶较厚有小疣；腹面布满颗粒疣。指间约 1/3 蹼；指、趾具吸盘和边缘沟；后肢前伸贴体时胫跗关节达鼓膜，左右跟部仅相遇，内跗褶棱状，足比胫长，趾间约半蹼。背面绿色，吻部有镶细线的棕色 Y 形斑，细黑线由鼓膜下方斜至肩部，并向下弯成环状再达嘴角；体侧及股前后有若干个黑斑点，多镶嵌排列，沿上臂内侧及其基部有 1 排环形黑斑点，前臂背面全为绿色，手和跗足背面棕灰色；腹面灰白色。雄性第 1 指婚垫棕色；具单咽下外声囊；有雄性线。卵径 1.3 mm，动物极棕褐色，植物极乳白色。蝌蚪全长 30.0 mm，头体长 12.0 mm 左右；背面黄绿色，尾鳍有云斑；尾鳍高而薄，尾末端细尖；唇齿式为 I：1+1 / III；上唇中央无乳突，口角及下唇乳突多排。

【生物学资料】　该蛙生活于海拔 930 ～ 1 770 m 的山区杂草和灌丛中，晚上雄蛙在灌木草丛中鸣叫。雌蛙怀卵约 1 150 粒，卵和蝌蚪见于稻田和积水坑内。

【种群状态】　中国特有种。该蛙分布区较宽，其种群数量多。

【濒危等级】　无危（LC）。

【地理分布】　陕西（洋县、留坝、周至、宁陕、太白、宁强、大巴山）、甘肃（天水市郊区、徽县）、重庆（城口、巫山）、安徽（岳西、霍山）。

无斑雨蛙种组 *Hyla immaculata* group

211. 无斑雨蛙 *Hyla immaculata* Boettger, 1888

【英文名称】　Spotless Tree Toad /Frog.

【形态特征】　雄蛙体长 31.0 mm 左右，雌蛙体长 36.0 ～ 41.0 mm。头宽略大于头长，鼓膜圆；上颌有齿，犁骨齿两小团。体和四肢背面光滑，颞褶明显；胸、腹、股部遍布颗粒状疣。第 2、4 指等长，指间基部有蹼迹；指、趾端具吸盘，吸盘有边缘沟；后肢前伸，胫跗关节达鼓膜后缘，左右跟部相遇或不遇；足略长于胫或相等，内跗褶棱状，趾间约具 1/3 蹼。体背面纯绿色，体侧与股前后方浅

A

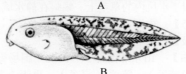

B

图 211–1　无斑雨蛙 *Hyla immaculata*
A、雄蛙背面观（湖北黄冈，侯勉）　　B、蝌蚪侧面观（贵州印江，王宜生）

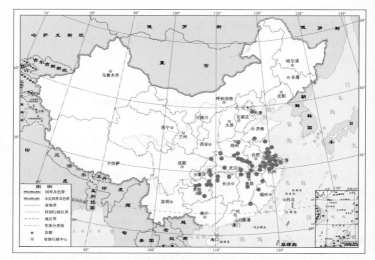

图 211-2　无斑雨蛙 *Hyla immaculata* 地理分布

黄或黄色，均无黑斑点；体侧、前臂后缘、胫与足外侧及肛上方有 1 条白色细线纹；体和四肢腹面肉色或乳黄色。雄蛙第 1 指具婚垫，有单咽下外声囊，有雄性线。卵径 1.2 mm 左右，动物极黑褐色，植物极乳黄色。蝌蚪全长 34.0 mm，头体长 13.0 mm 左右；体背面棕灰色，尾鳍有棕色云斑；唇齿式为 Ⅰ ： 1+1/ Ⅲ；上唇缘中央无乳突部位窄，两侧及下唇缘乳突多为 2 排。刚完成变态的幼蛙体长 15.0 mm 左右。

【生物学资料】　该蛙生活于海拔 200 ～ 1 200 m 的山区稻田及农作物秆上、灌木上。成蟾在雨后鸣叫，一蛙领叫，群蛙共鸣；捕食多种昆虫、蚁类等小动物。5 ～ 6 月繁殖，共产卵 220 粒左右，卵粒分小群黏附于水坑内的草茎上。蝌蚪在静水域内生活。

【种群状态】　中国特有种。该蛙分布区宽，其种群数量多。

【濒危等级】　无危（LC）。

【地理分布】　山东（南部）、河北（围场御道口）、天津、河南（桐柏、商城等）、陕西（岚皋）、重庆（秀山）、贵州（仁怀、贵定、雷山等）、湖北（利川、丹江口等）、安徽（宁国、金寨、芜湖等）、江苏（连云港、常州、高邮等）、上海、浙江、江西（九江、广丰等）、湖南（大庸、沅陵、安乡）、福建（邵武）。

212. 华南雨蛙指名亚种 *Hyla simplex simplex* Boettger, 1901

【英文名称】　South China Tree Toad /Frog.

【形态特征】　雄性体长 32.0 ～ 37.0 mm。头宽略大于头长；

A   B

图 212-1　华南雨蛙指名亚种 *Hyla simplex simplex* 雄蛙

（广西金秀，莫运明等，2014）

A、背面观　B、腹面观

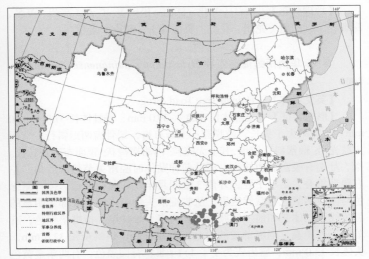

图 212-2　华南雨蛙指名亚种 *Hyla simplex simplex* 地理分布

鼓膜圆；上颌有齿，犁骨齿两短斜行。皮肤光滑；颞褶细而斜直，其上无疣粒；胸腹部及股腹面密布颗粒疣。指、趾端均有吸盘及边缘沟；后肢前伸贴体时胫跗关节达眼后角，左右跟部重叠，足比胫短；内跗褶棱状；除第5趾外，蹼均以缘膜达趾端。背面为绿色，体侧及腹面为乳黄色或乳白色，体侧及前后肢上均无黑色斑点；有1条醒目的黑色或深棕色细线纹，始自吻端，沿头侧及体侧至肛部，其上还有1条乳白色线纹与之平行；在头侧还有1条与之几乎成平行的乳白色细线纹，自鼻孔下方始，经上颌缘、鼓膜下方，至肩上方，在两细线纹之间为棕色宽纹。雄蛙第1指婚垫棕色，有单咽下外声囊，有雄性线。蝌蚪全长34.0 mm左右，头体长13.0 mm；身体浅红棕色，尾肌紫褐色，尾鳍无斑纹，1条浅黄纵带从眼至尾肌上沿；唇齿式为Ⅰ：1+1/Ⅲ。

【生物学资料】　该蛙生活于海拔50～1 500 m林木繁茂的地区。成蛙常栖息在林边灌丛或高秆作物、竹林或小树上。3月下旬开始鸣叫，4月间产卵。卵产在静水塘中。蝌蚪底栖，4～6月可见到变态期蝌蚪。

【种群状态】　该蛙分布区较宽，其种群数量多。

【濒危等级】　无危（LC）。

【地理分布】　浙江（开化、江山、松阳）、广东（高州、茂名、深圳等）、广西（龙州、凭祥、资源等）；越南、老挝。

213. 华南雨蛙海南亚种 *Hyla simplex hainanensis* Fei and Ye, 2000

【英文名称】　Hainan Tree Toad /Frog.

【形态特征】　雄蛙体长34.0～39.0 mm，雌蛙体长37.0～43.0 mm。头宽略大于头长，鼓膜圆；上颌有齿，犁骨齿两短斜行。背面皮肤光滑；颞褶斜直较细，其上无疣粒；内跗褶棱状；腹面布满颗粒疣。指、趾端有吸盘和边缘沟；后肢前伸贴体时胫跗关节达眼后角，左右跟部重叠，足短于胫；外侧3趾间具半蹼。背面绿色，体背侧绿色与体腹侧颜色有截然区别；从吻端沿头侧经体侧至肛部无明显的黑色线纹，体侧和前、后肢全无黑斑点。雄蛙第1指婚垫棕色；有单咽下外声囊，咽喉部皮肤松弛；有雄性线。蝌蚪全长32.0 mm，头体长13.0 mm；唇齿式为Ⅰ：1+1/Ⅲ；背面黑色，有两条金黄色宽带纹从吻延至尾肌前部，眼位头两极侧，肌鳍宽，无斑点或少；

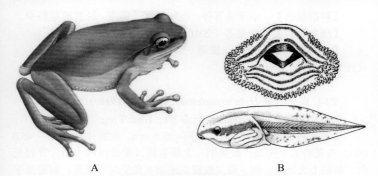

A   B

图 213-1 华南雨蛙海南亚种 *Hyla simplex hainanensis*

A、雄蛙背面观（海南文昌，李健）

B、蝌蚪（海南，Pope, 1931）   上：口部   下：侧面观

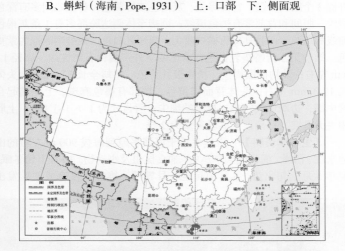

图 213-2 华南雨蛙海南亚种 *Hyla simplex hainanensis* 地理分布

上唇中央 1/3 无乳突，口部两侧有唇乳突 2～3 排，下唇乳突 2 排，呈参差排列，口角副突较多。

【生物学资料】   该蛙生活于海拔 20～300 m 各类水域附近的草丛间或农耕地或竹林里，雨后在作物、灌丛中鸣叫。在海南岛 4 月可见到蝌蚪和变态幼蛙。推测该蛙繁殖期颇长，卵产在静水塘或临时水坑内。蝌蚪底栖。

【种群状态】　中国特有种。该蛙仅见于海南，种群数量较少。

【濒危等级】　费梁等（2010）建议列为易危（VU）。

【地理分布】　海南（澄迈、琼山、文昌、白沙、尖峰岭、三亚崖城）。

214. 东北雨蛙 *Hyla ussuriensis* Nikolsky, 1918

【英文名称】　Northeast China Tree Toad /Frog.

【形态特征】　雄蛙体长 34.0 ～ 38.0 mm，雌蛙体长 37.0 ～ 45.0 mm。头宽略大于头长；鼓膜圆；上颌有齿，犁骨齿两小团。背面光滑，颞褶上无疣粒。胸、腹及股腹面密布多角形扁平疣粒。前臂及手长略小于体长之半；指、趾端有吸盘和边缘沟，指间基部具蹼；后肢前伸贴体时胫跗关节达肩部至鼓膜后缘，左右跟部不相遇，胫短于股，外侧 3 个趾具半蹼。背面绿色、灰褐色或棕黄色，鼻眼之间多有深色线纹，眼间和背部常有褐色斑纹；颞褶至体侧达胯部多有 1 条灰褐色曲线和斑纹，四肢具褐色横纹或无；腹面乳白色，雄蛙咽喉部为紫褐色。雄蛙第 1 指婚垫乳白色；有单咽下外声囊；有雄性线。卵径 1.4 mm 左右；动物极黑褐色、植物极乳黄色。蝌蚪全长 31.0 mm，头体长 12.0 mm 左右；头体背面棕黄色，尾部有褐色麻斑，上尾鳍起自背中部，边缘斑纹密集，尾末端细尖；唇齿式为 I ：1+1 / Ⅲ；上唇中央无乳突，口角及下唇乳突多为 2 排。

【生物学资料】　该蛙生活于海滨平原到海拔 900 m 左右的山地水坑、沼泽、灌丛或杂草丛中，捕食昆虫及小动物。10月上旬冬眠，翌年 5 月上旬出蛰，5 月中旬至 6 月繁殖。雄蛙在夜晚或雨后发出

А　　　　　　　　　　　B

图 214-1　东北雨蛙 *Hyla ussuriensis*（黑龙江海林，赵文阁）

A、雌蛙背面观　B、雄蛙背面观

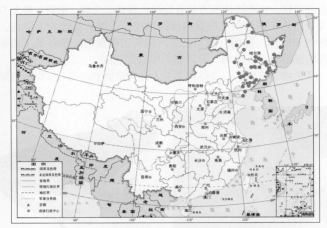

图 214-2　东北雨蛙 *Hyla ussuriensis* 地理分布

"嘎——嘎"的响亮鸣声。卵群粘连成片附着于水草上。蝌蚪在静水中下层活动。

　　【种群状态】　该蛙分布区较宽，其种群数量较多。

　　【濒危等级】　费梁等（2010）和蒋志刚等（2016）建议列为无危（LC）。

　　【地理分布】　黑龙江（漠河、黑河、尚志等）、吉林（榆树、和龙、通化等）、辽宁（彰武、宽甸、海城等）、内蒙古（呼伦贝尔、巴林、科尔沁左翼中旗、科尔沁左翼后旗）；俄罗斯（东部海滨地区）、朝鲜（？）。

215. 昭平雨蛙 *Hyla zhaopingensis* Tang and Zhang, 1984

　　【英文名称】　Zhaoping Tree Toad /frog.

　　【形态特征】　雄蛙体长 30.0 mm 左右、雌蛙体长 32.0 ～ 38.0 mm。体形瘦长，鼓膜圆形略小于眼径；上颌有齿，犁骨齿为两小团。背面皮肤光滑；颞褶细无疣粒；腹部、股部的腹面布满扁平白色疣粒，其余部位光滑。前臂及手长不到体长之半，指基具蹼迹，指、趾端均具吸盘和边缘沟；后肢前伸贴体时胫跗关节达眼前角，左右跟部不重叠，足比胫短；趾间具蹼，外侧 3 趾的蹼达第 2 关节下瘤。背面浅绿色，全身无斑点，从眼后缘经体侧至胯部有 1 条发亮的乳黄色细线纹，在此线纹下方伴有棕黑色线纹。上臂、前臂、肛上方、股及胫、跗、趾的内外侧有同样的线纹，手部及足部均为肉色，前臂内侧和股部内外侧、胫及足部内侧均为橙黄色。雄蛙第1指基部有浅棕色婚垫，有单咽下外声囊，咽喉部色深。

【生物学资料】 该蛙在7～8月间常栖息在海拔140～350 m

图 215-1 昭平雨蛙 *Hyla zhaopingensis*
A、雄蛙背面观（广西昭平，莫运明等，2008）
B、雌蛙背面观（广西昭平，李健）

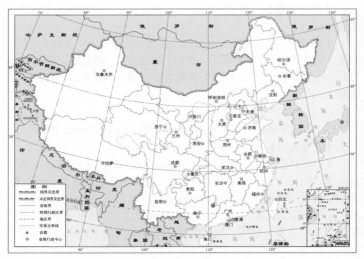

图 215-2 昭平雨蛙 *Hyla zhaopingensis* 地理分布

处阔叶林边缘农作地、草丛或芭蕉叶上。

　　【种群状态】　中国特有种。该蟾已知分布区狭窄，其种群数量未知。

　　【濒危等级】　被 IUCN（2014）列为无危（LC）。

　　【地理分布】　广西（昭平）。

九、蛙科 Ranidae Batsch, 1796

蛙亚科 Raninae Batsch, 1796

（三九）林蛙属 *Rana* Linnaeus, 1758

长肢林蛙种组 *Rana longicrus* group

216. 昭觉林蛙 *Rana chaochiaoensis* Liu, 1946

【英文名称】　Chaochiao Brown Frog.

【形态特征】　雄蛙体长 50.0 ～ 57.0 mm，雌蛙体长 44.0 ～ 62.0 mm。头长略大于头宽，瞳孔横椭圆形；鼓膜为眼径的 2/3；犁骨齿两斜团。背面较平滑，背部及体侧多无疣粒，少数或有圆疣或长疣，背后部及体侧疣粒多，有的在肩上方有∧形疣；背侧褶在颞部上方不弯曲；跗褶不显著；体腹面光滑。指、趾端圆而无沟；后肢前伸贴体时胫跗关节达鼻孔或超过吻端，左右跟部重叠较多，趾间全蹼，缺刻甚浅。体背面红棕色、棕黑色和绿黄色，有的有深色斑点；颞部有黑色三角斑；后肢有黑褐色横纹。雄性第 1 指有白色婚刺，分为 4 团，近端 2 团大、略分；无声囊；有雄性线。卵径 1.7 ～ 1.9 mm，动物极黑褐色，植物极浅棕色。蝌蚪全长 56.0 mm，头体长 21.0 mm 左右；背面灰棕色，尾部有深色斑点，末端钝圆；唇齿式为Ⅰ：2+2（或 3+3）/1+1：Ⅲ；上唇无乳突，口角和下唇乳突 1 排，两侧副突多。

【生物学资料】　该蛙生活于海拔 1 150 ～ 3 500 m 的山地和高原林区。以陆栖为主，觅食昆虫和其他小动物。4 ～ 5 月繁殖，常集群于水塘、水沟回流处，产卵 1 500 粒左右，卵群团状。蝌蚪在

A   B

图 216-1 昭觉林蛙 *Rana chaochiaoensis*

A、雌雄抱对（四川昭觉，费梁）

B、蝌蚪（四川昭觉，王宜生） 上：口部 下：侧面观

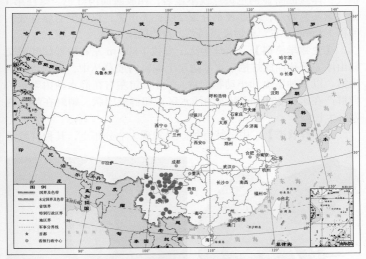

216-2 昭觉林蛙 *Rana chaochiaoensis* 地理分布

静水域浅水区水草间。

　　【种群状态】　中国特有种。该蛙分布区较宽，其种群数量甚多。

　　【濒危等级】　无危（LC）。

　　【地理分布】　四川（九龙、凉山州各县和攀枝花等）、云南（香格里拉、德钦、丽江、腾冲、绿春、个旧等）、贵州（威宁、水城、赫章、大方、金沙、兴义等）。

217. 峰斑林蛙 *Rana chevronta* Hu and Ye, 1978

【英文名称】　Chevron-spotted Brown Frog.

【形态特征】　雄蛙体长 40.0～44.0 mm，雌蛙体长 56.0 mm 左右。头宽略大于头长或几乎相等，鼓膜明显；犁骨齿 2 列短。皮肤光滑，背上有许多小痣粒；背侧褶在颞部上方不弯曲；腹面皮肤光滑。指、趾端略膨大而无沟。后肢前伸贴体时胫跗关节达吻端，左右跟部相重叠，胫长超过体长之半，跗褶不显著，外侧 3 趾间具 2/3 蹼。背面黄褐色，有深灰色或褐色小点，两眼间有又字形斑，体背后部有1 个∧形黑褐色峰形斑，颞部具褐色三角形斑，前臂及后肢均有深色横纹；体腹面略显褐色斑点或不显著，四肢腹面肉红色。雄性第 1 指具紫灰色婚刺，基部者不分成 2 团；无声囊；仅背侧有雄性线。卵径 1.8 mm 左右，动物极黑褐色，植物极浅灰色。

【生物学资料】　该蛙生活于海拔 1 800 m 左右的针阔叶混交林山区。繁殖期成蛙栖于水塘边岸上泥窝内或草丛中，成蛙营陆栖生活，以多种昆虫和小动物为食。3 月下旬左右在静水塘内繁殖，卵群产在水深 20.0 cm 以内的浅水区，卵群成团状。蝌蚪在静水内发育生长。

【种群状态】　中国特有种。只发现 1 个分布点，其种群数量

A　　　　　　　　　　　　　B

图 217-1　峰斑林蛙 *Rana chevronta* 雄蛙

A、背面观（四川峨眉山，王宜生）　B、腹面观（四川峨眉山，费梁）

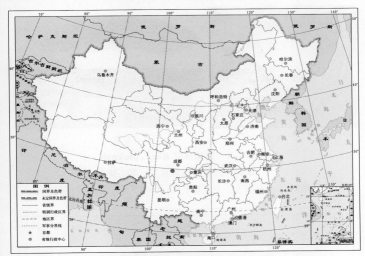

图 217-2　峰斑林蛙 *Rana chevronta* 地理分布

甚少。

　　【濒危等级】　　濒危（EN）。

　　【地理分布】　　四川（峨眉山）。

218. 徂徕林蛙 *Rana culaiensis* Li, Lu and Li, 2008

　　【英文名称】　　Culai Brown Frog.

　　【形态特征】　　雄蛙体长 48.5 ～ 59.1 mm，雌蛙体长 62.0 mm。雄蛙头长略大于头宽，雌蛙头长略小于头宽；鼓膜圆形；犁骨齿列呈两短斜行。皮肤较光滑，背部及体侧有少数小圆疣，背侧褶在颞部上方略向外侧弯曲；体腹面光滑。前臂及手长不到体长之半，指、趾端钝无沟；后肢前伸贴体时胫跗关节达鼻孔，左右跟部重叠，胫长超过体长之半，足与胫几乎等长，趾间蹼缺刻深，其凹陷位于第 4 趾第 2 关节处。体背面多为红褐色或棕灰色而无深色斑，颞部有黑色三角斑，眼间无深色横斑；腹面乳黄色，液浸标本腹面白色且有不明显的浅灰色斑纹。雄性第 1 指具大的婚刺，基部腹面分为两团；无声囊；背面无雄性线，腹侧雄性线弱。蝌蚪体全长约 50.0 mm，头体长 16.0 mm 左右；早期蛙背面灰黑色，后期蛙背面浅褐色有深

407

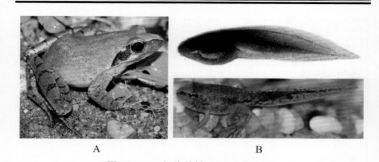

A　　　　　　　　B

图 218-1　徂徕林蛙 *Rana culaiensis*

A、雄蛙背面观（山东泰安，李丕鹏）

B、蝌蚪（山东泰安　上：Li P P, et al., 2008　下：李丕鹏）

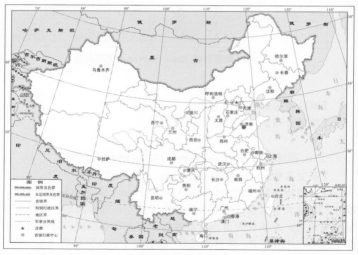

图 218-2　徂徕林蛙 *Rana culaiensis* 地理分布

褐色斑，尾末端钝尖；唇齿式为 Ⅰ：2+2/ Ⅲ；上唇无乳突，两口角及下唇乳突呈 1 排，完整无缺，两口角有几个副突。

【生物学资料】　该蛙生活于海拔 630～900 m 的徂徕山地区，2005 年 5 月 27 日发现成蛙栖息在禾本科植物覆盖的山间小溪内，并见到 28～34 期的蝌蚪。推测该蛙的繁殖季节在 3～4 月。

【种群状态】　中国特有种。目前只发现 1 个分布点，其种群数量不详。

【濒危等级】　未予评估（NE）。

【地理分布】　山东（泰安徂徕山）。

219. 寒露林蛙 *Rana hanluica* Shen, Jiang and Yang, 2007

【英文名称】　Hanlui Brown Frog.

【形态特征】　雄蛙体长 50.0 ～ 66.0 mm，雌蛙体长 54.0 ～ 72.0 mm。头长大于头宽；犁骨齿列短，呈倒八字形。背面皮肤光滑，有小肤褶和少数圆疣；背侧褶细直达胯部；背前部有 ∧ 形肤棱；体腹面光滑，股后及其腹面有扁平疣。指、趾末端钝圆无沟，有指基下瘤，掌突 3 个；后肢约为体长的 194% 左右，前伸贴体时胫跗关节达吻端或超过，左右跟部明显重叠，胫长超过体长之半，趾间全蹼或略小，外侧趾间蹼达趾基部，内跖突长椭圆形，外跖突呈点状。背面绿黄色或红棕色，两眼间横斑、颞部、背部八字形斑均为黑褐色；疣粒部位黑褐色；四肢背面黑褐色横纹较窄长，胫、股部 5 ～ 12 条；体腹面有灰色斑点；四肢腹面肉红色或深黄色。雄蛙第 1 指婚垫具白刺，4 团，基部 2 团大；无雄性线；无声囊。卵径 2.0 mm 左右，动物极黑褐色，植物极乳黄色。蝌蚪全长平均 44.0 mm，头体长 17.0 mm 左右。体肥壮，尾末端钝圆；头体黑褐色，尾部小斑点多；唇齿式为 Ⅰ：3+3/1+1：Ⅲ；口角和下唇乳突 1 排完整，有副突。

图 219-1　寒露林蛙 *Rana hanluica*（湖南双牌）

A、雌蛙背面观（沈猷慧提供）

B、蝌蚪（沈猷慧，2007）　上：口部　下：侧面观

409

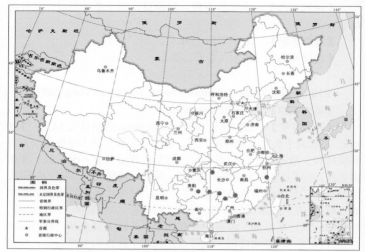

图 219-2　寒露林蛙 *Rana hanluica* 地理分布

【生物学资料】　该蛙生活于海拔 800 ～ 1 300 m 的山谷较平坦及背风向阳地区。雌雄蛙在寒露节（10 月 8 日或 9 日）前后繁殖，卵产在稻田、池塘等静水域的浅水区，卵群呈团状，含卵1 710 粒左右。

【种群状态】　中国特有种。目前仅发现 6 个分布点，其种群数量较多。

【濒危等级】　建议列为无危（LC）。

【地理分布】　湖南（双牌、通道、桑植、宜章）、江西（崇义）、贵州（雷山）、浙江（丽水）。

220. 借母溪林蛙 *Rana jiemuxiensis* Yun, Jiang, Chen, Fang, Jin, Li, Wang, Murphy, Che and Zhang, 2011

【英文名称】　Jiemuxi Brown Frog.

【形态特征】　雄蛙体长 35.6 ～ 49.9 mm，雌蛙体长 34.1 ～ 53.6 mm。体较为窄长，头长略大于头宽；鼓膜直径约为眼径的 3/4；犁骨齿为两个短斜列。皮肤光滑，体背面和体侧或靠近肛部上方有长短疣粒；背侧褶细，由眼后到胯部，在眼后鼓膜上方略弯；腹面皮肤较光滑，股后腹面有白色颗粒。前臂及手长接近体长之半，掌突3个；指、趾端钝圆无沟；后肢前伸贴体时胫跗关节超过吻端，左右跟部重叠，足长短于胫长，内跖突椭圆形，外跖突不显著；第4趾两侧蹼之凹陷位于第2关节下瘤处。体背面浅灰褐色、褐色或棕红色等，两眼之间有1条灰黑色横纹或不显著，背部有黑斑点，在

A B

图 220-1　借母溪林蛙 *Rana jiemuxiensis*

A、雌雄抱对（湖南桑植，Yan F, et al., 2011）

B、雌蛙腹面观（湖南桑植，江建平）

图 220-2　借母溪林蛙 *Rana jiemuxiensis* 地理分布

肩部上方常有 1 个∧形黑斑；颞部三角形黑斑明显；股、胫背面有 4～6 条黑褐色横纹；咽胸部具有灰色斑点，四肢腹面肉色。雄蛙第 1 指具灰色婚垫，基部者分成两团；无声囊；无雄性线。卵粒动物极黑褐色。

【生物学资料】　该蛙生活于海拔 723 m 左右的山区。成蛙多栖息在山边稻田及其附近。1 月底至 3 月中旬繁殖，雄蛙常发出鸣叫声。卵群呈团状，每团有卵 200～1 500 粒。从卵到变态成幼蛙约需 2 个月。

【种群状态】　中国特有种。目前仅发现 1 个分布点，其种群数量较少，但受胁较大。

【濒危等级】　费梁等（2012）建议列为易危（VU）；蒋志刚等（2016）列为近危（NT）。

【地理分布】　湖南（沅陵）。

221. 长肢林蛙 *Rana longicrus* Stejneger, 1898

【英文名称】　Long-legged Brown Frog.

【形态特征】　雄蛙体长 37.0～45.0 mm，雌蛙体长 38.0～59.0 mm。体窄长，头长大于头宽；鼓膜直径约为眼径的 2/3；犁骨齿呈两斜团。皮肤光滑，背部和体侧有不显著的疣粒；背侧褶细窄，由眼后直达胯部或在眼后略弯；腹面皮肤光滑。前臂及手长约为体长的 45%，指、趾端钝圆无沟；后肢前伸贴体时胫跗关节多达吻端或

 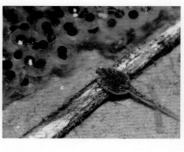

A　　　　　　　　　　　B
图 221-1　长肢林蛙 *Rana longicrus*
A、雄蛙背面观（台湾，李健）　B、蝌蚪和卵群（台湾，向高世等，2009）

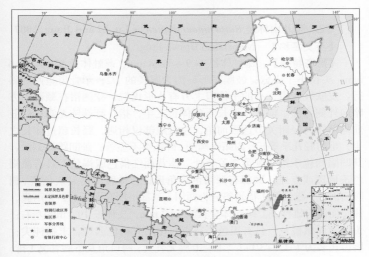

图 221-2　长肢林蛙 *Rana longicrus* 地理分布

超过，左右跟部重叠，足长于胫，趾端钝圆，腹侧无沟；雄蛙趾间具 1/3 ～ 1/2 蹼，雌蛙的蹼较弱，蹼缘缺刻深。体背面黄褐色、赤褐色或棕红色等，两眼间有 1 条灰黑色横纹，背部和体侧有黑斑点，在肩部上方常有 1 个 ∧ 形黑斑；颞部三角形黑斑明显；四肢背面有浅褐色横纹；腹面白色。雄蛙第 1 指具婚垫，基部者分成两团；无声囊。蝌蚪头体长 12.0 ～ 15.0 mm，尾长约为头体长的 1.6 倍；头体卵圆形，背面土黄色，尾末端钝尖；唇齿式为 Ⅰ：2+2/1+1：Ⅱ；上唇缘无乳突，两口角及下唇缘乳突 1 排，口角有副突 1 ～ 2 行。

【生物学资料】　该蛙生活于海拔 1 000 m 以下平原、丘陵及山区的阔叶林和农耕地。捕食昆虫和蜈蚣等小动物。冬季 12 月至翌年 1 月在静水内繁殖；卵群呈团状，一次产卵 350 ～ 450 粒。蝌蚪多在静水域内生活。

【种群状态】　中国特有种。因栖息地质量下降，该蛙种群数量日趋减少。

【濒危等级】　易危（VU）；蒋志刚等（2016）列为无危（LC）。

【地理分布】　台湾（台北、桃园、宜兰、新竹、苗栗、台中、南投、彰化、云林、嘉义、台南）。

222. 猫儿山林蛙 *Rana maoershanensis* Lu, Li and Jiang, 2007

【英文名称】　Maoershan Brown Frog.

【形态特征】　雄蛙体长 44.9 ～ 54.4 mm，雌蛙体长 52.1 ～ 57.6 mm。头长小于头宽；鼓膜圆形，约为眼径的 1/2；犁骨齿呈两短斜行。皮肤较光滑，有的个体肩上方有 ∧ 形疣粒；背侧褶在颞部上方略向外侧弯曲。前臂及手长不到体长之半，指、趾端钝无沟；后肢前伸贴体时胫跗关节达眼前角，左右跟部仅相遇，胫长超过体长之半，足与胫几乎等长，内跖突椭圆，外跖突不显著；趾间蹼缺刻深，其凹陷约位于第 4 趾第 2 关节处。体背面红褐色或褐色，具有黑褐色条形斑或点斑；颞部有深褐色三角形斑；体腹面略显灰色斑，腿腹面肉色。雄性第 1 指婚垫分为两团，基部一团腹面不分；无声囊，体腹面没有雄性线。蝌蚪体全长约 54.2 mm，头体长 19.4 mm 左右；头体背面橄榄色，具有黑色小斑点，尾鳍有褐色云斑，末端钝尖；唇齿式多为 Ⅰ：3+3/1+1：Ⅲ；上唇无乳突，两口角及下唇乳突 1 排，两口角及下唇两侧副突较多。

【生物学资料】　该蛙生活于海拔 1 980 m 左右的山区。12 月至翌年 1 月在森林之间的水塘内繁殖，4 月后成蛙营陆栖生活。蝌蚪属于越冬型。在 3 月和 7 月均可在同一水塘内见到幼期和晚期蝌蚪。4 月成蛙迁移到森林内营陆栖生活，此期难以见到成蛙。

【种群状态】　中国特有种。目前只发现 1 个分布点，其种群数量不详。

【濒危等级】　未予评估（NE）。

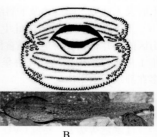

　　　　　　A　　　　　　　　　　　　　　　B

图 222-1　猫儿山林蛙 *Rana maoershanensis*（广西兴安，李丕鹏）
A、雄蛙背面观　B、蝌蚪　上：口部　下：侧面观

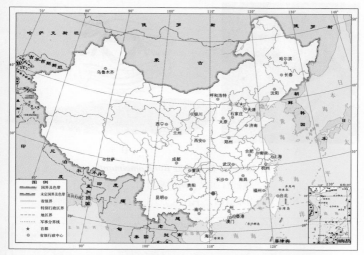

图 222-2   猫儿山林蛙 *Rana maoershanensis* 地理分布

【地理分布】   广西（兴安猫儿山）。

【附注】   Yan F（2011）一文依据分子结果认为：猫儿山林蛙 *Rana maoershanensis* Lu, Li and Jiang, 2007 是寒露林蛙 *Rana hanluica* Shen, Jiang and Yang, 2007 的异名。但周瑜等（2014）又认为前者是一个有效种。因此，本种的分类地位有待深入研究。

223. 峨眉林蛙 *Rana omeimontis* Ye and Fei, 1993

【英文名称】   Omei Brown Frog or Omei Wood Frog.

【形态特征】   雄蛙体长 57.0 ～ 64.0 mm，雌蛙体长 62.0 ～ 70.0 mm。头长略大于头宽，鼓膜约为眼径的 2/3；犁骨齿列短。雄性背部无疣或有小疣，雌蛙常有少数圆疣；背侧褶细窄，从眼后直达胯部，在颞部不弯曲。前肢较粗壮，指、趾端圆无沟；后肢前伸贴体时胫跗关节达鼻孔前面，左右跟部相重叠，趾间为全蹼。背面绿黄色、深黄色或灰褐色，有的有黑色斑点或∧形斑；颞部有三角形褐黑斑；四肢背面多有褐色横纹；腹面乳黄色。雄性第 1 指具白色婚刺，基部者明显分为 2 团；无声囊；背腹侧均有雄性线。卵径 1.8 ～ 2.0 mm，动物极黑棕色，植物极褐色。蝌蚪全长平均 51.0 mm，头体长 17.0 mm；

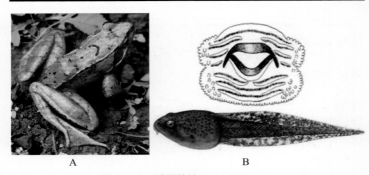

图 223-1　峨眉林蛙 *Rana omeimontis*

A、雄蛙背面观（四川峨眉山，费梁）

B、蝌蚪（四川峨眉山，王宜生）　上：口部　下：侧面观

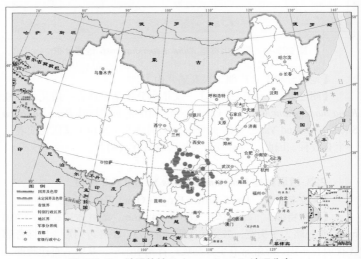

图 223-2　峨眉林蛙 *Rana omeimontis* 地理分布

体尾部密布紫黑色斑点，尾末段细尖；唇齿式多为 I ：2+2/1+1 ：II；上唇无乳突，口角和下唇乳突完整 1 排；新成蛙体长 19.0 mm 左右。

【生物学资料】　该蛙生活于海拔 250 ～ 2 100 m 的平原、丘陵和山区。成蛙营陆栖生活，觅食昆虫、软体动物等小动物。8 月底至 9 月中旬繁殖，雄蛙常发出"呱，呱，呱"的鸣声。卵产 800 ～

2 300 粒在水塘边，呈团状。蝌蚪在静水内生活，翌年 5 ～ 7 月完成变态。

　　【种群状态】　　中国特有种。该蛙分布区宽，其种群数量甚多。

　　【濒危等级】　　无危（LC）。

　　【地理分布】　　甘肃（文县）、四川（广元、南充、雷波、宝兴、合江等）、重庆（城口、巫山、秀山、南川等）、贵州（毕节、务川、印江、贵定、雷山）、湖南（桑植、张家界市郊区）、湖北（利川）。

224. 镇海林蛙 *Rana zhenhaiensis* Ye, Fei and Matsui, 1995

　　【英文名称】　　Zhenhai Brown Frog.

　　【形态特征】　　雄蛙体长 40.0 ～ 54.0 mm，雌蛙体长 36.0 ～ 60.0 mm。头长大于头宽；鼓膜圆形，约为眼径的 2/3；犁骨齿两短斜行。皮肤较光滑，背部及体侧有少数小圆疣，肩上方有 ∧ 形疣粒；背侧褶细窄在颞部上方略向外侧弯曲。前臂及手长不到体长之半，指、趾端钝圆无沟；后肢前伸贴体时胫跗关节达鼻孔前后，左右跟部重叠，胫长超过体长之半，足与胫几乎等长，无股后腺，趾间蹼缺刻深，其凹陷位于第 4 趾第 2 关节处。体背面橄榄棕色、棕灰色或棕红色，颞部有黑色三角斑；腹面咽胸部有小斑点。雄性第 1 指具婚刺，基部腹面者略分；无声囊，背、腹侧均有雄性线。卵径 1.7 mm，动物极黑棕色，植物极灰棕色。蝌蚪体全长 29.0 mm，头体长 12.0 mm 左右；背面橄榄棕色，尾鳍有褐色斑点，末端尖；唇齿式

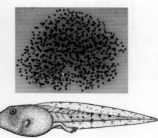

A   B

图 224-1　镇海林蛙 *Rana zhenhaiensis*

A、雌蛙背面观（浙江镇海，费梁）

B、卵群和蝌蚪（浙江镇海 上：卵群，费梁 下：蝌蚪侧面观，李健）

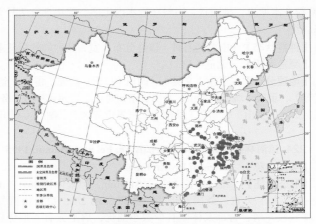

图 224-2　镇海林蛙 *Rana zhenhaiensis* 地理分布

为 I ： 2+2/1+1 ： II（或 III）；上唇无乳突，两口角及下唇乳突 1 排完整无缺，两口角有副突。

【生物学资料】　该蛙生活于近海平面至海拔 1 800 m 的山区林间或杂草丛中，觅食昆虫及小动物。1 月下旬至 4 月繁殖，雄蛙发出"叽嘎，叽嘎"叫声。卵群产在塘内水草间，有卵 402 ～ 1 364 粒。蝌蚪多底栖，当年完成变态。

【种群状态】　中国特有种。该蛙分布区宽，其种群数量甚多。

【濒危等级】　无危（LC）。

【地理分布】　河南（信阳、桐柏、新县等）、安徽（宁国、黄山、岳西等）、江苏（无锡市郊区、苏州、宜兴等）、浙江、江西（九江、萍乡、铅山等）、湖南（桑植、长沙、平江等）、福建（福州、武夷山、诏安等）、广东（吴川、连南、电白等）。

中国林蛙种组 *Rana chensinensis* group

225. 中亚林蛙 *Rana asiatica* Bedriaga, 1898

【英文名称】　Central Asian Brown Frog.

【形态特征】　雄蛙体长 50.0 ～ 58.0 mm，雌蛙体长 49.0 ～ 66.0

mm。头宽略小于头长；鼓膜圆，直径约为眼径的 2/3；犁骨齿两小团。背部疣粒明显，背侧褶间疣粒略排列成 2 纵行；背侧褶较宽厚，在颞部上方呈曲折状；腹面皮肤光滑。前臂及手长为体长的 45% 左右，指、趾端钝圆无沟；后肢前伸贴体时胫跗关节达鼓膜或眼后角，左右跟部相遇或略重叠，胫长小于或等于体长之半，足比胫长；内、外跗褶略显，趾间约 2/3 蹼，外侧 3 趾间略超过半蹼，内跖突卵圆形，

图 225-1　中亚林蛙 *Rana asiatica* 雄蛙（新疆，车静）

A、背面观　B、腹面观

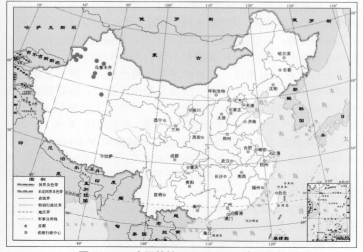

图 225-2　中亚林蛙 *Rana asiatica* 地理分布

无外跖突。背面棕色、灰褐色或棕黄色，背部疣粒周围棕黑色，体侧有棕黑色斑块；颞部有棕黑色三角形斑；四肢背面有棕黑色横纹；腹面黄白色或棕红色。雄蛙第1指上具灰色婚刺3团，基部2团大，腹面分界不明显；有1对咽侧下内声囊；背、腹侧均有雄性线。

　　【生物学资料】　该蛙生活于海拔700～1 000 m植被较好的沼泽地或河岸的水坑、水塘及其附近。繁殖期可能在3～4月，卵产于静水域内。每团含卵1 025～1 148粒，卵粒动物极黑褐色，植物极多为灰白色。

　　【种群状态】　该蛙分布区宽，其种群数量甚多。

　　【濒危等级】　无危（LC）；蒋志刚等（2016）列为近危（NT）。

　　【地理分布】　新疆（伊宁、阿拉山口、托克逊、焉耆、尼勒克、察布查尔、乌鲁木齐、若羌、库尔勒、特克斯、玛纳斯）；哈萨克斯坦（南部）和吉尔吉斯斯坦。

226. 中国林蛙 *Rana chensinensis* David, 1875

　　【英文名称】　Chinese Brown Frog.

　　【形态特征】　雄蛙体长44.0～53.0 mm，雌蛙体长44.0～60.0 mm。头部扁平，头长略大于头宽；鼓膜圆约为眼径之半；犁骨齿两小团。皮肤较光滑，有分散小疣，肩上方有八字形疣粒或无；背侧褶在颞部形成曲折状，体腹面光滑。前臂及手长不到体长之半，指、趾端钝圆无沟；后肢前伸贴体时胫跗关节达眼前或吻鼻之间，左右跟部重叠颇多，跗褶明显，趾蹼缺刻深，外侧3趾间1/2～2/3蹼。体背面棕黄色或灰褐色，疣周围常有褐黑色斑点；颞部有黑色三角斑；两眼间多有黑色横纹；四肢具黑褐色横纹；体腹面为乳白色或黄绿色，咽、胸部有灰褐色斑点。雄性第1指婚刺4团，基部2团大，分界清楚；有1对咽侧下内声囊，有雄性线。卵径1.5～1.8 mm，动物极棕黑色，植物极乳白色。蝌蚪体全36.0 mm，头体长15.0 mm；体短圆黑褐色，尾末端钝圆或钝尖；唇齿式为 I：3+3（或4+4）/1+1 ：Ⅲ。下唇缘及两口角乳突1排完整无缺，有副突。刚变成的幼蛙体长14.0～15.0 mm。

　　【生物学资料】　该蛙生活于海拔200～2 100 m山地森林植被较好的静水塘或山沟附近。以昆虫等为食。10月下旬冬眠，翌年3月末到4月中旬出蛰并繁殖，产卵650～2 036粒。蝌蚪生活于溪流缓流处和水凼内，当年变成幼蛙。

A　　　　　　　　　　　　　B

图 226-1　中国林蛙 *Rana chensinensis* 雄蛙（陕西周至，费梁）

A、背面观　B、腹面观

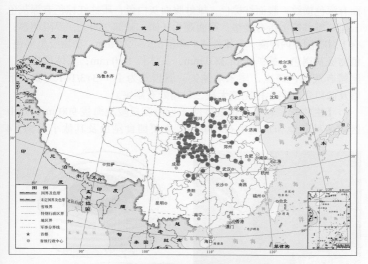

图 226-2　中国林蛙 *Rana chensinensis* 地理分布

【种群状态】　中国特有种。该蛙的分布区宽，其种群数量甚多。

【濒危等级】　无危（LC）。

【地理分布】　河北（周口店等）、北京、天津、山东（青岛、烟台）、河南（桐柏、开封、新县）、山西、陕西、内蒙古、宁夏、甘肃、四川（万源、青川、安州等）、重庆（城口、巫山、

北碚等）、湖北（丹江口、神农架、宜昌等）、安徽（霍山）、
江苏（连云港）。

227. 东北林蛙 *Rana dybowskii* Günther, 1876

【英文名称】　Northeast China Brown Frog.

【形态特征】　雄蛙体长 54.0 ～ 72.0 mm，雌蛙体长 58.0 ～ 81.0
mm。体形大而肥硕；鼓膜略大于眼径之半；犁骨齿两小团。背面较光滑，
有八字形疣，背侧褶在颞部上方成曲折状；腹面光滑，仅股基部腹面
有小疣。前臂及手长不到体长之半，指、趾端钝圆无沟；后肢前伸贴
体时胫跗关节前达眼至鼻孔，左右跟部重叠较多，胫长大于体长之半，
有内外跗褶，趾间几乎为全蹼，蹼缘几乎无缺刻。体灰褐色、深褐色
或红棕色等，多有黑褐色斑点；颞部有黑褐色三角斑；眼间和四肢背
面有深色横纹；腹面红棕色，雄蛙腹面灰白色，雌蛙红棕色有深灰色
云斑。雄蛙第 1 指有婚垫，腹面观为 4 团，基部 2 团大，界限明显；
有 1 对咽侧下内声囊，有雄性线。卵径 1.5 ～ 2.0 mm，动物极黑褐色，
植物极灰褐色。蝌蚪全长 38.0 mm，头体长 16.0 mm；头体黑褐色，
尾鳍有灰褐色斑点，尾末端钝尖。唇齿式为 Ⅰ ：3+3/1+1 ：Ⅲ；下
唇及两口角乳突 1 排完整无缺，口角处有副突。

【生物学资料】　该蛙生活于近海滨丘陵至海拔 900 m 左右山
区的多种陆地和水域生态环境中，主要捕食昆虫及其他小动物。4

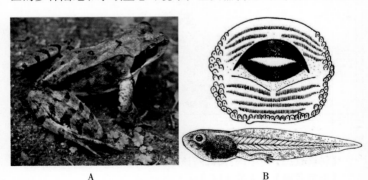

A　　　　　　　　　　　　　　B

图 227-1　东北林蛙 *Rana dybowskii*
A、雄蛙背面观（吉林珲春，费梁）
B、蝌蚪（辽宁，季达明，1987）　上：口部　下：侧面观

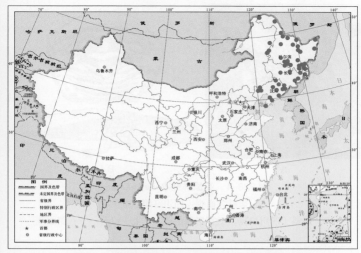

图 227-2　东北林蛙 *Rana dybowskii* 地理分布

月初至 5 月初繁殖，产卵 500 ～ 2 300 粒在静水塘内。产卵后成蛙陆栖于森林内。11 月至翌年 3 月下旬在水底冬眠。蝌蚪在静水塘和溪流缓流水凼内生活。

【种群状态】　该蛙分布区宽，其种群数量甚多。

【濒危等级】　无危（LC）；蒋志刚等（2016）列为近 危（NT）。

【地理分布】　黑龙江（漠河、尚志、东宁等）、吉林（集安、榆树、珲春等）、辽宁（昌图、桓仁、大连市郊区等）、内蒙古（莫力达瓦）；俄罗斯（远东地区）、蒙古（东部）、朝鲜、日本（对马岛）。

228. 高原林蛙 *Rana kukunoris* Nikolsky, 1918

【英文名称】　Plateau Brown Frog.

【形态特征】　雄蛙体长 51.0 ～ 62.0 mm，雌蛙体长 51.0 ～ 70.0 mm。体较粗短，头宽略大于头长；鼓膜圆，犁骨齿两短列。背面有较大的疣粒；背侧褶在颞部形成曲折状；体腹面和四肢腹面光滑。指、趾端钝圆无沟；后肢前伸贴体时胫跗关节达肩部或鼓膜，左右跟部仅相遇或略重叠，2 条跗褶较明显；外侧 3 趾间约具 2/3 蹼。背面多为灰褐色或红棕色，疣粒周围黑褐色，两眼间多有黑褐色横纹；颞部有

A B

图 228-1 高原林蛙 Rana kukunoris

A、雄蛙背面观（四川红原，费梁）

B、蝌蚪（四川炉霍，王宜生和李健） 上：口部 下：侧面观

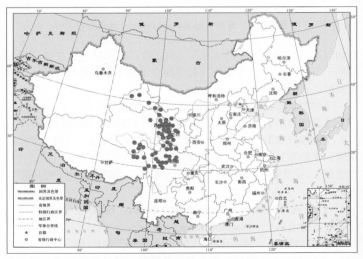

图 228-2 高原林蛙 Rana kukunoris 地理分布

黑褐色三角斑；体侧散有黑色或红色斑；四肢具黑色横纹；雄蛙腹面
多为粉红色或黄白色，雌蛙为红棕色。雄性第 1 指婚垫 4 团，基部 2
团大；有 1 对咽侧下内声囊，有雄性线。卵径 1.5～1.8 mm，动物极

棕黑色，植物极灰白色。蝌蚪全长 37.0 mm，头体长 16.0 mm；头体黑褐色，尾鳍有深色斑点，尾末端钝圆；唇齿式为Ⅰ：3+3/1+1：Ⅲ；口角及下唇有 1 排乳突，口角处副突多。新成蛙体长 14.0 mm 左右。

【生物学资料】 该蛙生活于海拔 2 000～4 400 m 山区和高原草地、灌丛及森林边缘地带，多栖息在各种静水域岸边及其他潮湿环境中，捕食昆虫、蜘蛛、蚯蚓等小动物。3 月中旬至 5 月下旬繁殖，卵群团状，含卵 700～2 000 粒。卵和蝌蚪在静水域内发育生长，当年完成变态。

【种群状态】 中国特有种。该蛙分布区宽，其种群数量甚多。

【濒危等级】 无危（LC）。

【地理分布】 甘肃（榆中、合作、敦煌等）、青海（久治、湟中、玉树等）、西藏（类乌齐、昌都市郊区、江达、芒康）、四川（巴塘、康定、若尔盖、阿坝、小金等）。

黑龙江林蛙种组 *Rana amurensis* group

229. 阿尔泰林蛙 *Rana altaica* Kashchenko, 1899

【英文名称】 Altai Brown Frog.

【形态特征】 雄蛙体长 41.0～58.0 mm，雌蛙体长 36.0～55.0 mm。头的长宽几乎相等；鼓膜近圆形约为眼径一半；犁骨齿两小团。

A   B

图 229–1 阿尔泰林蛙 *Rana altaica* 雌蛙（新疆布尔津，车静）

A、背面观 B、腹面观

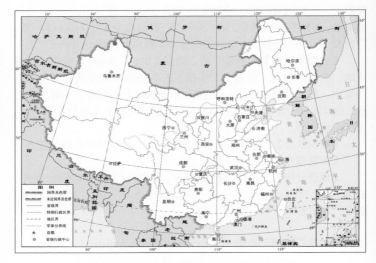

图 229-2　阿尔泰林蛙 *Rana altaica* 地理分布

体背面有长疣断续排列，在背侧褶间有 2 行，体侧各 1 行；背侧褶在颞部上方成曲折状；腹面皮肤光滑，股后及肛周围有小圆疣。前臂及手长为体长的 39%；指、趾端钝尖无沟；后肢前伸贴体时胫跗关节达鼓膜，左右跟部相遇或略重叠，胫长为体长的 44% 左右，内、外跗褶明显；雄蛙蹼较发达，第 4 趾两侧蹼达远端关节下瘤，雌蛙蹼仅达第 2 关节下瘤；内跗突长椭圆形。背面绿褐色、褐色或灰黄色，有少许黑色或灰绿色斑；从眼间至体后有浅色宽脊纹，上颌缘和背侧褶淡黄色；体侧浅灰色，有斑块；颞部有黑色三角斑；后肢各有 3 ～ 5 条横纹。腹面黄白色而无斑点。雄蛙第 1 指上有绒毛状婚垫，基部者不分成两团；无声囊，无雄性线。

　　【生物学资料】　该蛙生活于海拔 1 300 ～ 1 500 m 山地的森林或草原地区。捕食多种昆虫、蚁类和其他小动物。繁殖时多产卵于林间沼泽和水坑内。

　　【种群状态】　该蛙在中国的分布区较窄，其种群数量较少。

　　【濒危等级】　易危（VU）；蒋志刚等（2016）和 IUCN(2020) 列为无危（LC）。

　　【地理分布】　新疆（布尔津河上游一带）；俄罗斯（西伯利

亚西南部）、哈萨克斯坦（东部）。

230. 黑龙江林蛙 *Rana amurensis* Boulenger, 1886

【英文名称】 Heilongjiang Brown Frog.

【形态特征】 雄蛙体长 49.0 ～ 66.0 mm，雌蛙体长 51.0 ～ 70.0 mm。头的长宽几乎相等；鼓膜圆形大于眼径之半；具犁骨齿两小团。皮肤较粗糙，背侧褶在颞部呈曲折状；在浅色脊纹两侧有纵行排列的长疣粒，体侧圆疣较多；腹后部及股后腹面有许多扁平圆疣。指、趾端钝尖无沟；后肢前伸贴体时胫跗关节达肩部或鼓膜，左右跟部略重叠，内外跗褶明显；第 4 趾两侧的蹼达远端关节下瘤。雄蛙多为灰棕色，有脊纹色浅；雌蛙多为红棕色或深褐色；颞部有三角形黑斑；体侧、股后方的疣粒为棕黄色或朱红色；四肢有黑横纹，腹面有朱红色花斑。雄蛙第 1 指婚垫分为 4 团，基部 2 团很大；无声囊；有雄性线。卵径 1.5 ～ 1.8 mm，动物极黑褐色，植物极灰色。蝌蚪全长 32.0 mm，头体长 13.0 mm 左右；体背浅褐色，尾鳍有深褐色小斑点，尾末端钝尖；唇齿式为 I : 1+1 / Ⅲ；下唇乳突 1 排完整，口角处有副突。

【生物学资料】 该蛙生活于海拔 50 ～ 650 m 的平原和山区林地。4 月中旬至 5 月上旬繁殖，卵群产在水坑水草间，呈团状，含卵 927 ～ 1 308 粒。白天蝌蚪在水坑草间活动，6 月中旬可变成幼蛙。9 月下旬至翌年 3 月冬眠。

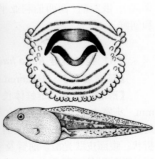

图 230-1 黑龙江林蛙 *Rana amurensis*

A、雄蛙背面观（吉林安图，费梁）

B、蝌蚪（黑龙江，王宜生） 上：口部 下：侧面观

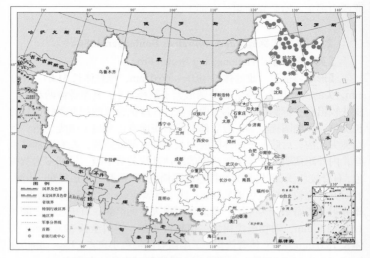

图 230-2　黑龙江林蛙 *Rana amurensis* 地理分布

【种群状态】　该蛙分布区宽，其种群数量多。

【濒危等级】　无危（LC）。

【地理分布】　内蒙古（赤峰）、黑龙江（饶河、齐齐哈尔、五大连池、漠河等）、吉林（汪清、蛟河、长春、临江等）、辽宁（大连、彰武）；俄罗斯（西西伯利亚平原至库页岛）、蒙古（科尔沁右翼前旗）和朝鲜。

231. 桓仁林蛙 *Rana huanrenensis* Liu, Zhang and Liu, 1993

【英文名称】　Huanren Brown Frog.

【形态特征】　雄蛙体长 39.0 ～ 47.0 mm，雌蛙体长 42.0 ～ 49.0 mm。头宽大于头长；鼓膜约为眼径的 1/2；犁骨齿列短。背部及体侧的疣粒小而稀少，在肩背方有八字形疣粒；背侧褶在颞褶上方形成曲折状；腹面皮肤光滑。前臂及手长不到体长之半，指、趾端钝圆无沟；后肢前伸贴体时胫跗关节达鼻孔，左右跟部相遇或略重叠，胫长超过体长之半，足比胫略短；雄蛙趾间近全蹼，雌蛙蹼略逊。雄蛙体背面绿褐色或棕褐色，雌蛙为棕红色或棕黑色；颞部有黑色三角斑；四肢背面有黑色横纹；腹面灰棕色或乳黄色，有黑斑点。雄蛙第 1 指上有

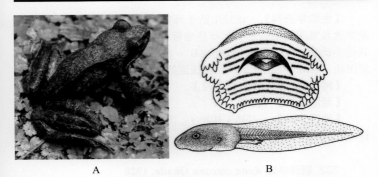

A   B

图 231-1　桓仁林蛙 *Rana huanrenensis*

A、雄蛙背面观（辽宁桓仁，费梁）

B、蝌蚪（辽宁桓仁，刘明玉等，1993）　上：口部　下：侧面观

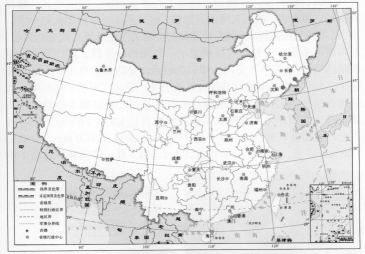

图 231-2　桓仁林蛙 *Rana huanrenensis* 地理分布

灰褐色婚垫，分为 4 团，基部 2 团大；无声囊，无雄性线。卵粒直径 2.0 mm 左右，动物极黑褐色，植物极乳白色。蝌蚪全长 35.0 mm，头体长 12.0 mm 左右；头体黄褐色，尾鳍有小斑点，尾末端钝圆；唇齿式为Ⅰ：3+3（或 2+2）/1+1：Ⅲ；下唇乳突 1 排完整，口角处有副突。

【生物学资料】　该蛙生活于海拔 500 ～ 960 m 左右的山区河流岸边及其附近的杂木林、草丛地带。4 月中旬出蛰，捕食昆虫及其他小动物。4 月繁殖，产卵 400 ～ 500 粒在缓流水内的石块上，呈团状。蝌蚪多生活于溪、河的缓流处，约 55 d 变成幼蛙。

【种群状态】　种群数量较多。

【濒危等级】　无危（LC）。

【地理分布】　吉林（抚松）、辽宁（桓仁）；朝鲜（南部的钟城 Chongsong）。

232. 朝鲜林蛙 *Rana coreana* Okada, 1928

【英文名称】　Kunyu Brown Frog, Corean Brown Frog.

【形态特征】　雄蛙体长平均 41.0 mm，雌蛙体长 45.0 mm 左右。头扁平，头长大于头宽，鼓膜直径约为眼径之半；犁骨齿 2 小团。皮肤光滑，疣粒少，背侧褶在颞部上方呈曲折状，颞褶明显；颞部有褐色三角形斑；腹部光滑或有痣粒。前臂和手长不到体长的一半。指、趾末端钝圆无沟；后肢前伸贴体时胫跗关节达鼻眼之间或达眼前，左右跟部重叠，胫长超过体长之半，趾间约为半蹼，雄性第 4 趾两侧蹼达第 2、3 关节下瘤间。体和四肢背面呈淡橘黄色（♀）或灰黄色（♂）；上颌缘至前肢基部有金黄色纹，颞部有褐色三角形斑；雄蛙腹部白色，无斑，雌蛙腹面具棕红色碎斑。雄蛙第 1 指婚垫在基部者分为 2 团；无声囊和雄性线。卵粒直径 1.5 ～ 2.0 mm，动物极黑色，植物极灰黄色。蝌蚪全长 33.0 mm，头体长 11.0 mm，后肢长 11.0 mm 左右，棕黄色；唇齿式为 I ： 1+1 / Ⅲ；口角和下唇有 1 排

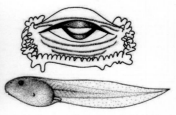

图 232-1　朝鲜林蛙 *Rana coreana*

A、雄蛙背面观（山东文登昆嵛山，李丕鹏）

B、蝌蚪（山东文登昆嵛山，陆宇燕等，2002）　上：口部　下：侧面观

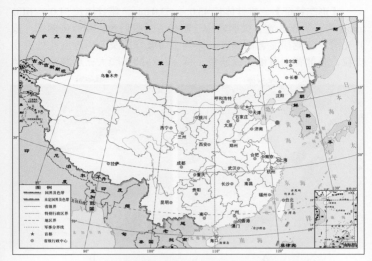

图 232-2 朝鲜林蛙 *Rana coreana* 地理分布

乳突，两口角处副突密集；刚变成的幼蛙体长 9.0 mm。

　　【生物学资料】　该蛙生活于海拔 400 m 左右的山区，3 月底出蛰，3 ～ 6 月繁殖，1 次产卵 300 ～ 1 500 粒。蝌蚪孵化始至变态完成需 50 d 左右。10 月开始冬眠。

　　【种群状态】　中国特有种。目前在中国仅发现 1 个分布点，其种群数量较少。

　　【濒危等级】　易危（VU）。

　　【地理分布】　山东（文登昆嵛山）；朝鲜、韩国。

（四〇）侧褶蛙属 *Pelophylax* Fitzinger, 1843

黑斜线侧褶蛙种组 *Pelophylax nigrolineatus* group

233. 黑斜线侧褶蛙 *Pelophylax nigrolineatus* (Liu and Hu, 1959)
【英文名称】　Black-lined Pond Frog.

【形态特征】　雄蛙体长 43.0 ～ 53.0 mm，雌蛙体长 51.0 ～ 61.0 mm；头长大于头宽，鼓膜略小于眼径，近眼后角；犁骨齿两团。皮肤光滑，背侧褶显著而整齐，体侧、后肢背面及股后近肛孔处有小疣粒，胫部背面有细的纵肤棱。指、趾端圆略膨大；后肢前伸贴体

图 233-1　黑斜线侧褶蛙 *Pelophylax nigrolineatus* 雄蛙（云南勐腊，费梁）

A、背面观　B、腹面观

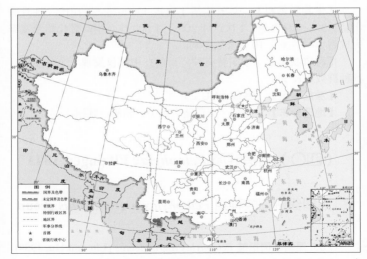

图 233-2　黑斜线侧褶蛙 *Pelophylax nigrolineatus* 地理分布

时，胫跗关节达鼻孔，左右跟部重叠；第 4 趾蹼达近端第 1、2 关节下瘤之间。头体背面灰绿色，上颌缘至鼓膜后方和背侧褶均为浅棕色，两侧褶间有由左斜向右方的褐色线纹 4 ～ 11 条；吻端至眼前角有 1 条黑线，此线由眼后沿背侧褶下方延伸至体后部；体侧有 1 ～ 3 块黑斑；颌腺白色；后肢有褐黑色横纹；咽喉部及胸部有黑灰色或褐色斑点，腹部及四肢腹面为鱼白色。雄蛙第 1 指上具婚垫；有 1 对咽侧下外声囊；前肢基部有黑色椭圆形臂腺，仅体背侧有雄性线。雌蛙待产卵直径 1.2 mm，动物极深棕色，植物极乳黄色。

【生物学资料】 该蛙生活于海拔 600 m 左右的热带或近热带地区，常在水塘四周的杂草中活动。解剖 6 月 15 ～ 17 日的 8 只雌蛙，其中 3 只已经产过卵，5 只输卵管内卵成熟待产，其繁殖期可能在 5 ～ 6 月。

【种群状态】 中国特有种。该蛙分布区较宽，其种群数量较多。

【濒危等级】 无危（LC）。

【地理分布】 云南（景洪市郊区和勐养镇、勐腊、屏边、河口）。

黑斑侧褶蛙种组 *Pelophylax nigromaculatus* group

234. 黑斑侧褶蛙 *Pelophylax nigromaculatus* (Hallowell, 1860)

【英文名称】 Black-spotted Pond Frog.

【形态特征】 雄蛙体长 49.0 ～ 70.0 mm，雌蛙体长 35.0 ～ 90.0 mm。头长大于头宽；鼓膜大，约为眼径的 2/3 ～ 4/5；犁骨齿两小团。背侧褶宽，其间有长短不一的肤棱；肩上方无扁平腺体，体侧有长疣和痣粒；腹面光滑。指、趾末端钝尖，无沟；后肢较短，前伸贴体时胫跗关节达鼓膜和眼之间，左右跟部不相遇，胫长不到体长之半，第 4 趾蹼达远端关节下瘤，其余趾间蹼达趾端。体黄绿色、灰褐色、浅褐色等，体背及体侧有黑色斑点；四肢有褐绿色横纹，股后侧有褐绿色云斑；腹面浅肉色。雄性第 1 指有灰色婚垫，有 1 对头侧外声囊，有雄性线。卵径 1.5 ～ 2.0 mm，动物极深棕色，植物极淡黄色。蝌蚪全长 51.0 mm，头体长 20.0 mm 左右；体肥大，体背绿色；尾鳍有灰黑色斑纹，末端钝尖；唇齿式为 I ：1+1/1+1 ：II；两侧及下唇乳突 1 排，口角有副突。

【生物学资料】 生活于平原或丘陵的水田、池塘、湖沼区及

A   B

图 234-1　黑斑侧褶蛙 *Pelophylax nigromaculatus*

A、雄蛙背面观（四川成都，费梁）

B、蝌蚪（四川成都，王宜生）　上：口部　下：侧面观

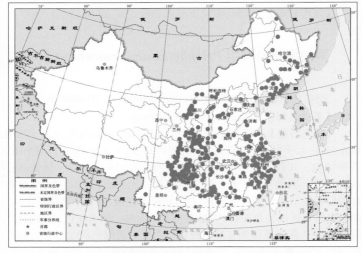

图 234-2　黑斑侧褶蛙 *Pelophylax nigromaculatus* 地理分布

海拔 2 200 m 以下的山地。捕食昆虫纲、腹足纲、蛛形纲等小动物。成蛙在 10～11 月进入松软的土中冬眠，翌年 3～5 月出蛰。3 月下旬至 4 月繁殖，卵群团状，每团 3 000～5 500 粒。卵和蝌蚪在静水中生长，幼蛙营陆栖生活。

【种群状态】　该蛙分布区虽然很宽，但因过度捕捉，其种群数量急剧减少。

【濒危等级】　近危（NT）。

【地理分布】　黑龙江、吉林、辽宁、河北（秦皇岛市郊区、山海关）、北京、天津、山东、河南、山西、陕西、内蒙古（呼和浩特、包头等）、宁夏、甘肃、四川（东部）、云南（保山、宣威、巧家等）、重庆、贵州、湖北、安徽、江苏、江西、湖南、福建、广东（韶关、梅县等）、广西（环江、龙胜、南丹等）；俄罗斯（远东地区）、日本、朝鲜、韩国。

235. 中亚侧褶蛙 *Pelophylax terentievi* (Mezhzherin, 1992)

【英文名称】　Central Asian Pond Frog.

【形态特征】　雄蛙体长 53.0 ～ 67.0 mm，雌蛙体长 60.0 ～ 85.0 mm。头的长宽几乎相等；鼓膜圆形，约为眼径的 2/3，距眼甚远；犁骨齿两小团。背面较粗糙，头部较光滑；背侧褶粗厚，最宽处略窄于眼睑宽；背部有圆疣；体侧褶较小。前臂及手长小于体长之半；指、趾末端尖；后肢前伸贴体时胫跗关节达眼与鼻孔之间，左右跟部略重叠，胫长略大于体长之半；内、外跗褶明显，第 4 趾蹼超过远端关节下瘤；内跖突窄长，无游离刃，外跖突小或无。背面橄榄绿色或灰棕色，灰绿色脊线显著，褐色圆斑略对称排列，体侧斑点较小；后肢有深色横纹，腹面灰白色，咽喉部略显细云斑。雄蛙第 1 指有灰色婚垫；有 1 对头侧外声囊；有雄性线。卵径 2.0 mm 左

 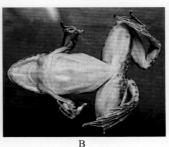

图 235-1　中亚侧褶蛙 *Pelophylax terentievi* 雌蛙

A、背面观（新疆伊犁，车静）　B、腹面观（新疆伊犁，费梁）

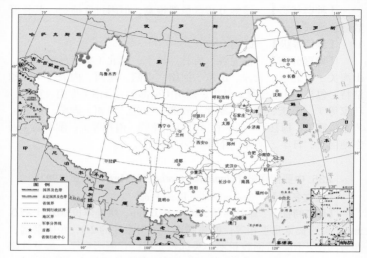

图 235-2　中亚侧褶蛙 *Pelophylax terentievi* 地理分布

右，动物极色黑，植物极乳白色。蝌蚪后肢长约 7.0 mm 时，全长约 65.0 mm；头体梨形，尾鳍深色斑纹密集，尾末段窄尖；唇齿式为 Ⅰ：1+1/1+1：Ⅱ，口角和下唇乳突 1 排，下唇中央缺 3～5 个乳突，口角部副突多。

【生物学资料】　该蛙生活于海拔 500～700 m 的沼泽、河滩以及农田、草地等静水环境附近。5 月繁殖，卵群产在浅水处。雌蛙排卵多次，卵群数十粒或百粒卵聚集成团状，每雌产卵 249～4 970 粒。蝌蚪在静水塘内生活。

【种群状态】　在中国仅分布于新疆西部，因过度捕捉，其种群数量减少。

【濒危等级】　近危（NT）。

【地理分布】　新疆（霍城、新源、伊宁、温泉、阿拉山口的艾比湖附近）；塔吉克斯坦。

金线侧褶蛙种组 *Pelophylax plancyi* group

236. 福建侧褶蛙 *Pelophylax fukienensis* (Pope, 1929)

【英文名称】　Fukien Gold-striped Pond Frog.

【形态特征】　雄蛙体长 40.0 ～ 55.0 mm，雌蛙体长 51.0 ～ 75.0 mm。头长略大于头宽；鼓膜与眼径几乎等大，紧接眼后；犁骨齿两小团。皮肤光滑，体背后部有小疣粒；背侧褶窄，两者几乎近于平行；腹面光滑，股后及肛部附近有扁平疣。前肢较短，指、趾端钝尖无沟；后肢前伸贴体时胫跗关节达眼，左右跟部重叠或相遇，胫长约为体长之半；外跗褶清晰，内跗褶略显，趾间几乎满蹼。背部绿色或绿棕色，背侧褶黄棕色；从吻至肛有 1 条浅绿色脊线，四肢背面有棕黑色横纹；股后方有 1 条黄色纵纹和 1 条黑色纵纹，其上方为深浅色网状斑；腹面浅黄色或金黄色。雄蛙第 1 指有婚垫；具 1 对咽侧内声囊；有雄性线。卵径 1.4 mm 左右，动物极棕黑色，植物极淡黄色。蝌蚪头体长 16.0 mm，尾长 27.0 mm 左右；背部绿棕色，有浅绿色脊线，尾部有褐色网状斑，尾鳍中段甚高，尾末段细尖；唇齿式为 I /1+1 ：II；口角及下唇具乳突 1 排，口角副突少或无。

【生物学资料】　该蛙生活于海拔 1 200 m 以下有水生植物的池塘里。4 ～ 6 月繁殖，1 只雌蛙可产卵 1 048 粒左右。卵群呈小片状，

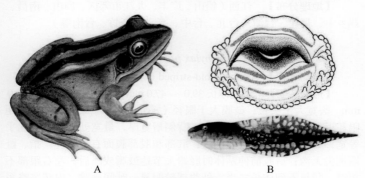

图 236-1　福建侧褶蛙 *Pelophylax fukienensis*

A、雄蛙背面观（福建德化，李健）

B、蝌蚪（福建　上：口部，蔡明章　下：侧面观，李健）

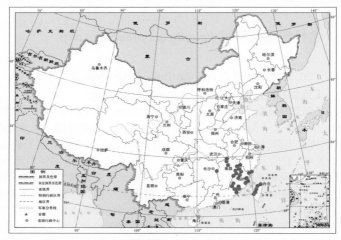

图 236–2　福建侧褶蛙 *Pelophylax fukienensis* 地理分布

十余粒至数十粒卵黏附在水草上。50～60 d 变成幼蛙，1 年左右可达性成熟。

【种群状态】　中国特有种。该蛙分布区虽然较宽，但因栖息地生态环境质量不断下降，其种群数量急剧减少。

【濒危等级】　近危（NT）。

【地理分布】　江西（铅山、广丰、九江市郊区、庐山、南昌、萍乡）、福建、台湾（台北、台中、嘉义、新竹、台南等）。

237. 湖北侧褶蛙 *Pelophylax hubeiensis* (Fei and Ye, 1982)

【英文名称】　Hubei Gold-striped Pond Frog.

【形态特征】　雄蛙体长 39.0～47.0 mm，雌蛙体长 41.0～62.0 mm。头宽大于头长；鼓膜大于眼径（♂）或略小于眼径（♀），距眼甚近。体背面光滑或有小疣，背侧褶宽厚，最宽处与上眼睑几乎等宽，颞褶不显著；腹面光滑，肛部和股部腹面有扁平疣。指、趾端钝尖无沟；后肢前伸贴体时胫跗关节达鼓膜或略后，左右跟部不相遇，胫长不到体长之半，外跗褶较明显；趾间满蹼，内跖突略短于第 1 趾。体背面褐色或浅棕色杂以绿色斑或棕黑色斑点，头侧及体侧多为绿色，背侧褶棕黄色，四肢棕色具绿色或棕黑色横纹；股

图 237-1   湖北侧褶蛙 *Pelophylax hubeiensis*
A、雄蛙背面观（湖北利川，费梁） B、蝌蚪（湖北黄陂，王宜生）

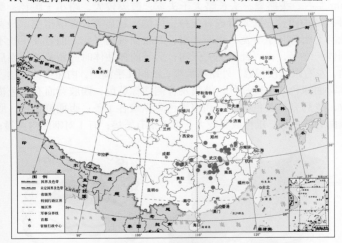

图 237-2   湖北侧褶蛙 *Pelophylax hubeiensis* 地理分布

后正中有黄色细纵纹和棕黑色纵纹；腹面鲜黄色，有褐色小斑点。
雄性第 1 指有婚垫；无声囊，有雄性线。卵径 1.4 mm，动物极棕黑色，
植物极乳黄色。蝌蚪全长 46.0 mm，头体长 16.0 mm 左右；唇齿式
为Ⅰ/1+1 ：Ⅰ；体尾黄绿色，眼位于头两极侧，尾部布满深棕色花
斑，尾末端细尖；口角和下唇有乳突，下唇乳突 1 排，呈参差排列；
新成蛙体长 17.0 mm 左右。

【生物学资料】 该蛙生活于海拔 60～1 070 m 长有水草或藕叶的池塘内。4 月下旬至 7 月繁殖，产卵约 1 022 粒，卵分散产在水草的茎叶间。蝌蚪在静水塘内。

【种群状态】 中国特有种。该蛙分布区宽，其种群数量甚多。

【濒危等级】 无危（LC）。

【地理分布】 河南（嵩县、淅川、桐柏、商城、固始）、湖北（利川、宜昌、黄陂等）、安徽（金寨、六安市郊区、岳西等）、湖南、重庆（北碚、涪陵）、江西（庐山？）。

238. 金线侧褶蛙 *Pelophylax plancyi* (Lataste, 1880)

【英文名称】 Beijing Gold-striped Pond Frog.

【形态特征】 雄蛙体长 53.0～60.0 mm，雌蛙体长 65.0～71.0 mm 左右。头略扁，头长略大于头宽；鼓膜较大，略小于眼径；犁骨齿两小团。皮肤光滑或有疣粒，体侧疣粒显著，背侧褶宽，最宽处与上眼睑几乎等宽；腹面光滑，股腹面具扁平疣。前臂及手长不到体长之半，指、趾端钝尖无沟；后肢前伸贴体时胫跗关节达眼后角，左右跟部仅相遇，外跗褶清晰，趾间几乎满蹼，内跖突甚发达。体背面绿色或橄榄绿色，鼓膜及背侧褶棕黄色；四肢背面有棕色横纹，股后有棕黄色纵线纹和棕黑色宽纵纹各 1 条；腹面鲜黄色，股腹面有棕色斑。雄性鼓膜较大，第 1 指有婚垫；有 1 对咽侧内声囊；

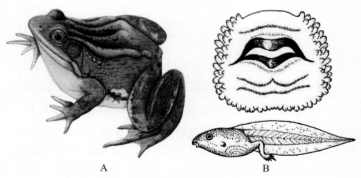

图 238-1 金线侧褶蛙 *Pelophylax plancyi*

A、雄蛙背面观（北京，王宜生）

B、蝌蚪（北京，Boring, et al., 1932） 上：口部 下：侧面观

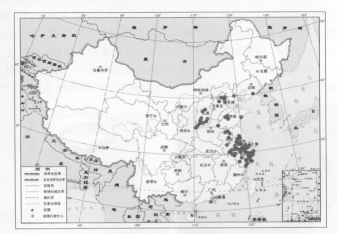

图 238-2　金线侧褶蛙 *Pelophylax plancyi* 地理分布

有雄性线。卵径 1.0 ～ 1.5 mm，动物极褐色，植物极乳黄色。蝌蚪全长 35.0 mm，头体长 15.0 mm 左右；体尾黄绿色，布满深棕色斑纹，从口角至眼下方有金黄色斑；尾肌正中多有 1 条浅色细纵纹，末段细尖；唇齿式为 I / 1+1 ：I；下唇乳突 1 排或参差排列，口角有副突。

【生物学资料】　该蛙生活于海拔 50 ～ 200 m 的稻田或池塘内。10 月下旬至翌年 4 月冬眠。4 月下旬出蛰，4 ～ 6 月繁殖，卵群呈片状；雌蛙产卵 325 ～ 3 445（1 500）粒。蝌蚪生活于池塘边的水草间底部。

【种群状态】　中国特有种。该蛙分布区宽，其种群数量甚多。

【濒危等级】　无危（LC）。

【地理分布】　辽宁（东港）、河北（秦皇岛、容城）、北京、天津、山东（泰安、济南等）、山西、安徽（淮北、歙县、芜湖等）、江苏（宜兴、苏州、高邮等）、浙江（杭州、金华、遂昌等）、江西（?）。

（四一）腺蛙属 *Glandirana* Fei, Ye and Huang, 1990

239. 小腺蛙 *Glandirana minima* (Ting and Ts'ai, 1979)

【英文名称】　Little Gland Frog.

【形态特征】　体小，雄蛙体长 23.0 ～ 32.0 mm，雌蛙体长 25.0 ～

32.0 mm。头长略大于头宽；鼓膜圆而大，略小于眼径；犁骨齿两小团。体背面皮肤粗糙，布满纵行长肤棱及小白腺粒，多排列成 8 列左右；腹面皮肤光滑，胸侧和股后下方及肛周围有扁平疣状腺体，且密集。指、趾腹侧无沟；后肢前伸贴体时胫跗关节达眼后缘，有内外跗褶，趾间半蹼或 1/3 蹼。背面黄褐色有少数黑斑，有的有浅色脊线；四

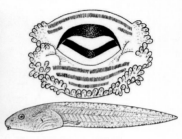

A B

图 239-1　小腺蛙 *Glandirana minima*

A、雄蛙背面观（福建福州，耿宝荣）

B、蝌蚪（福建福清，蔡明章）　上：口部　下：侧面观

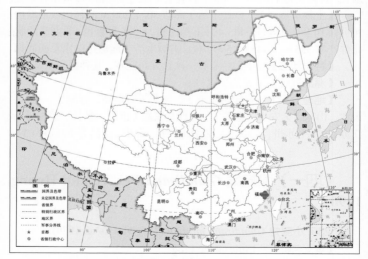

图 239-2　小腺蛙 *Glandirana minima* 地理分布

肢具横纹；腹面有深色小点。雄性第 1 指婚刺密集；有 1 对咽侧下内声囊，背侧有雄性线。卵径 1.2 ～ 1.3 mm，动物极棕色，植物极乳白色。蝌蚪全长 27.0 mm，头体长 10.0 mm 左右；头体背面灰棕色，周身密布圆形腺体，体两侧各有 2 ～ 6 个较大腺体排成纵行；尾末端钝尖；唇齿式为Ⅰ：1+1/1+1：Ⅱ；上唇两侧各有 1 排乳突，下唇两侧乳突 2 排，仅中央 1 排。

【生物学资料】　该蛙生活于海拔 110 ～ 550 m 山区或丘陵地区，成蛙多栖于小水坑、沼泽或小溪边的草丛中。6 ～ 9 月繁殖，雄蛙发出"叽，嘎嘎嘎嘎"的鸣声；卵产 221 ～ 318 粒，在静水坑边成片黏附在水草上。雌蛙每年可产卵 2 次。蝌蚪经越冬到翌年春季变态，变态幼体经 1 年生长可达性成熟。

【种群状态】　中国特有种。该蛙分布区较窄，其种群数量极少。

【濒危等级】　极危（CR）。

【地理分布】　福建（福州市郊区、福清、长乐、永泰）。

（四二）粗皮蛙属 *Rugosa* Fei, Ye and Huang, 1990

240. 东北粗皮蛙 *Rugosa emeljanovi* (Nikolsky, 1913)

【英文名称】　Northeast China Rough-skinned Frog.

【形态特征】　雄蛙体长 42.0 ～ 45.0 mm，雌蛙体长 52.0 ～ 59.0 mm。头长与头宽几乎相等；犁骨齿两小团。皮肤甚粗糙，全身布满疣粒，体背部长疣排成纵行似棱；四肢具细肤棱；颌腺 2 枚，黄色。指、趾末端钝圆无沟，指基下瘤小而不显著；后肢前伸时胫跗关节达眼中部，胫长略超过体长的一半，趾间几乎全蹼，蹼缘缺刻浅。体背棕灰色杂有黑斑，体侧疣粒浅黄色，四肢背面有黑横纹；体腹面浅黄色有灰色斑纹，后肢腹面有灰黑色大斑点；趾蹼有黑云斑。雄蛙第 1 指有婚垫；有 1 对咽侧内声囊；雄蛙体背侧有雄性线。卵径 1.5 ～ 1.8 mm，动物极灰褐色，植物极灰白色。蝌蚪全长平均 61.0 mm，头体长 23.0 mm 左右。背面布满小白腺体，有黑色斑点；尾末端钝尖。唇齿式为Ⅰ：1+1/1+1：Ⅱ，上唇两侧乳突少，只有 5 枚左右，下唇缘有 30 多枚，口角下方有副突数枚。

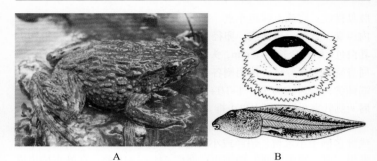

A B

图 240-1 东北粗皮蛙 *Rugosa emeljanovi*

A、雄蛙背面观（辽宁，赵文阁，2008）

B、蝌蚪（辽宁，季达明等，1987） 上：口部 下：侧面观

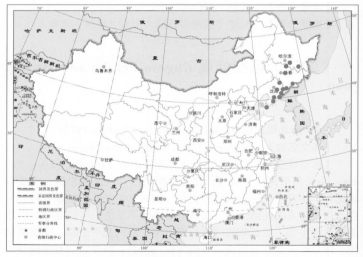

图 240-2 东北粗皮蛙 *Rugosa emeljanovi* 地理分布

【生物学资料】 该蛙生活于海拔 200～580 m 丘陵地区水流缓慢的河流、山溪及沟渠边。白天常隐伏于石下、石缝内及水下，夜晚多在岸边、稻田内觅食昆虫、蚁类、蜘蛛等。6～7 月繁殖；卵产于溪河的回水湾或缓流处，卵群呈团状，有卵 900～1 275 粒，有的漂浮在水面或黏附在水生植物上；蝌蚪栖于水底的砾石间。

【种群状态】　该蛙分布区宽，其种群数量甚多。

【濒危等级】　无危（LC）；蒋志刚等（2016）列为易危（VU）。

【地理分布】　吉林（吉林、集安、抚松、榆树）、辽宁（丹东市郊区、桓仁、清原、本溪、庄河、宽甸、大连市郊区、岫岩）、黑龙江（尚志、宁安）；俄罗斯（东部沿海地区）和朝鲜。

241. 天台粗皮蛙 *Rugosa tientaiensis* (Chang, 1933)

【英文名称】　Tientai Rough-skinned Frog.

【形态特征】　雄蛙体长 38.0 ～ 51.0 mm，雌蛙体长 45.0 ～ 57.0 mm。头的长宽几乎相等；鼓膜近圆形，直径为眼径的 2/3 ～ 4/5；犁骨齿 2 斜列。体背腹面均很粗糙，全身布满大小不等的疣粒，体背部大疣呈长形或椭圆形。指、趾末端钝圆，指基下瘤明显；后肢前伸贴体时胫跗关节达鼓膜；胫长小于体长之半；趾间全蹼，各趾蹼均达趾端膨大的基部。背面浅黄褐色或灰褐色，有黑斑点；四肢有棕黑色宽横纹，趾蹼有黑斑；头腹面灰蓝色，后肢股腹面浅黄色有棕灰色点斑。雄性第 1 指有婚垫，有 1 对咽侧内声囊，背侧有雄性线。卵径 1.0 ～ 1.2 mm，动物极深棕色，植物极浅灰色。蝌蚪全长 49.0 mm，头体长 19.0 mm 左右；体背面灰褐色杂有深色斑；尾部有细小斑点，末端钝尖；唇齿式为 Ⅰ：1+1/1+1：Ⅱ；口角和下唇乳突 1 排，口角部位无副突或甚少；下唇齿外排远短于第 2 排。

【生物学资料】　该蛙生活于海拔 100 ～ 600 m 的丘陵或山区较开阔的溪流边。7 月繁殖，雄蛙发出"咽，咽，咽"的连续鸣声，卵

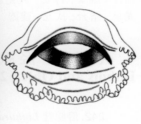

图 241-1　天台粗皮蛙 *Rugosa tientaiensis*
A、成蛙背面观（浙江天台，江建平）　B、蝌蚪口部（浙江天台，蔡春抹）

445

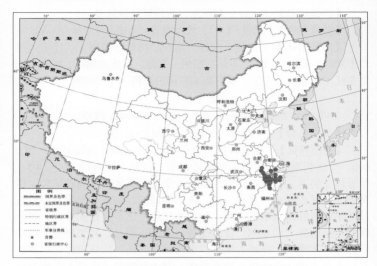

图 241-2　天台粗皮蛙 *Rugosa tientaiensis* **地理分布**

产在溪边缓流回水处，产卵 2 000 ～ 3 000 粒。蝌蚪在溪边石下。从受精卵至变态成幼蛙，需 60 d 左右。刚变成的幼蛙体长约 20.0 mm。

【种群状态】　中国特有种。该蛙分布区较宽，栖息地环境质量下降，其种群数量减少。

【濒危等级】　近危（NT）。

【地理分布】　安徽（黄山市郊区、歙县、休宁、青阳、九华山等）、浙江（临安、淳安、开化、金华市郊区、东阳、天台、临海、遂昌、龙泉、缙云、庆元、建德、新昌、杭州市郊区、衢州市郊区、龙游）。

（四三）胫腺蛙属 *Liuhurana* Fei, Ye, Jiang, Dubois and Ohler, 2010

242. 胫腺蛙 *Liuhurana shuchinae* (Liu, 1950)

【英文名称】　Gland-shanked Pond Frog.

【形态特征】　雄蛙体长 30.0 ～ 36.0 mm，雌蛙体长 39.0 ～ 40.0 mm。头长略大于头宽或相等；鼓膜圆，距眼后角很近；犁骨齿细弱，

图 242-1 胫腺蛙 *Liuhurana shuchinae*

A、雌雄抱对（云南香格里拉，费梁） B、雄蛙腹面观（四川昭觉，费梁）

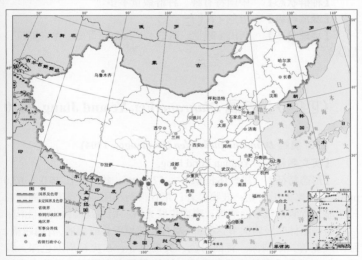

图 242-2 胫腺蛙 *Liuhurana shuchinae* 地理分布

2 列略向后倾斜。皮肤光滑，腺体发达；背侧褶宽厚，在体中部略向内弯，四肢外侧均有粗厚腺体；胸侧近腋部常有 1 团黄色腺体。前臂及手长为体长的 40%，指、趾末端钝圆无沟；后肢前伸贴体时胫跗关节达颞部或鼓膜；趾基部相连成半蹼，外侧 3 趾间蹼达第 2

关节下瘤。背面为灰棕色、红棕色或橘红色，身体前后正中各有 1 条浅黄色宽纵纹，颞部有黑色三角斑，体侧有黑斑点，四肢有黑色横纹；腹面米黄色，有的胸、腹部有少数斑点或斑纹。雄性第 1 指有灰色婚垫，具 1 对咽侧下内声囊，有雄性线。卵径 1.5 mm 左右，动物极黑色，植物极乳黄色。蝌蚪全长 29.0 mm，头体长 12.0 mm；体背灰黑色，尾部有黑灰色斑点；唇齿式为 Ⅰ ：1+1/1+1 ：Ⅲ；上唇缘无乳突，口角和下唇缘乳突 1 排，口角部副突较多。

　　【生物学资料】　该蛙生活于海拔 3 000 ～ 3 600 m 高山或高原地区的静水塘、沼泽、小水沟缓流处及附近的草丛中。繁殖季节在 4 ～ 7 月繁殖，雄蛙发出"咯——咯——咯——"的鸣叫声。该蛙有集群繁殖习性，近千只集聚一塘交配产卵，卵团呈圆球形，卵在六面体的胶囊中，排列规则，每团有卵 180 ～ 230 粒。蝌蚪栖息在静水塘或排水沟的缓流处。

　　【种群状态】　　中国特有种。种群数量不多。

　　【濒危等级】　　近危（NT）。

　　【地理分布】　　四川（昭觉、冕宁）、云南（贡山、香格里拉、德钦）。

（四四）滇蛙属 *Dianrana* Fei, Ye and Jiang, 2010

243. 滇蛙 *Dianrana pleuraden* (Boulenger, 1904)

　　【英文名称】　　Yunnan Pond Frog.

　　【形态特征】　　雄蛙体长 52.0 ～ 57.0 mm，雌蛙体长 46.0 ～ 63.0 mm。头长略大于头宽；鼓膜显著；犁骨齿两小团。背部及体侧疣粒较明显，背侧褶较窄而清晰；腹面皮肤光滑。指、趾端钝尖，无沟；后肢前伸贴体时胫跗关节达眼部，左右跟部相重叠或相遇，有内跗褶，趾间蹼显著，缺刻深。背面褐色、黄褐色等，在疣粒周围色深，背部中央有或宽或窄的浅黄色脊线，体侧下部多有黑斑；后肢有横纹 3 ～ 5 条；腹面无斑纹。雄性第 1 指有灰色婚垫，有 1 对咽侧下外声囊，肩上方有扁平肩腺；仅体背侧有雄性线。卵径 1.5 ～ 2.0 mm，动物极黑褐色，植物极乳白色。蝌蚪全长 80.0 mm，头体长 32.0 mm 左右；头体灰黄色有细小褐色点，有 1 条黄绿色脊纹；尾部有褐色云

图 243-1　滇蛙 *Dianrana pleuraden*

A、雌蛙背面观（四川会东，费梁）

B、蝌蚪　上：口部（云南丽江，费梁）　下：侧面观（四川西昌，王宜生）

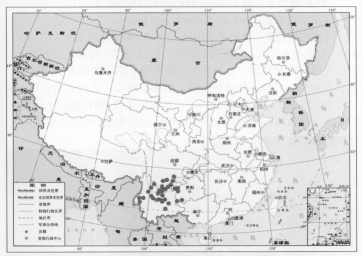

图 243-2　滇蛙 *Dianrana pleuraden* 地理分布

斑，尾末端钝尖；唇齿式为 I ： 1+1/2+2 ： I（或 1+1 ： II），上唇无乳突，下唇乳突分成 2 排，中部 1 排呈参差排列，外面 1 排乳突不呈须状。刚变成的幼蛙体长 21.0 mm 左右。

【生物学资料】　该蛙多生活于海拔 1 150 ～ 2 300 m 山区低洼

地的水塘、水沟、水稻田内。成蛙以昆虫及其他小动物为食。6～7月繁殖，雄蛙发出"缸，缸，缸"的鸣叫声，雌蛙产卵 600 多粒，分多次产出，小卵群黏附在浅水处的水草茎叶上。蝌蚪多在水底游动。

【种群状态】　中国特有种。该蛙分布区宽，其种群数量甚多。

【濒危等级】　无危（LC）。

【地理分布】　四川（昭觉、西昌、米易、会理、攀枝花市郊区等）、云南（龙陵、保山市郊区、丽江、永仁、昆明等）、贵州（威宁、水城、赫章、安龙、兴义）。

（四五）趾沟蛙属 *Pseudorana* Fei, Ye and Huang, 1990

244. 越南趾沟蛙 *Pseudorana johnsi* (Smith, 1921)

【英文名称】　Johns's Groove-toed Frog.

【形态特征】　雄蛙体长 39.0～47.0 mm，雌蛙体长 43.0～49.0 mm。头长大于头宽；瞳孔横椭圆形；鼓膜明显；犁骨齿呈两斜列。背面光滑，背侧褶细，在鼓膜上方略弯曲；肩上方多有∧形疣粒，体背后部有小疣粒；体腹面光滑。指端略膨大，无沟；后肢胫跗关节前伸达吻鼻之间或略超过吻端，左右跟部重叠，胫长超过体长之半，趾端呈小吸盘状，腹侧具沟，趾间全蹼。背面褐色、棕红色或黄褐色，

A　　　　　　　　　　B

图 244–1　越南趾沟蛙 *Pseudorana johnsi* 雄蛙（四川洪雅，费梁）

A、背面观　B、腹面观

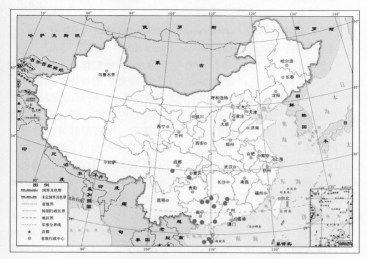

图 244-2 越南趾沟蛙 *Pseudorana johnsi* 地理分布

两眼间有 1 条深褐色横纹或为三角斑，多数个体肩上方有 ∧ 形褐色斑；颞部有褐黑色三角斑；四肢背面有横纹；体腹面灰白色或浅黄色，胸、腹部有云斑。雄性第 1 指有灰色婚垫，有 1 对咽侧下内声囊，雄性线白色或红色。卵径 2.3 mm 左右，动物极灰黑色，植物极乳黄色。蝌蚪全长 48.0 mm，头体长 16.0 mm；头体灰褐色，尾部有灰褐色云斑；尾末端钝尖；唇齿式为 Ⅰ ：4+4/1+1 ：Ⅳ；上唇缘无乳突，口角和下唇缘乳突 1 排，口角副突少。新成蛙体长 27.0 mm 左右。

【生物学资料】 该蛙多生活于海拔 600 ～ 1 200 m 的山区林间，营陆栖生活。8 月下旬至 9 月中旬繁殖，雄蛙发出似小鸭"叽儿，叽儿"的鸣叫，产卵 1 500 粒左右，黏附在水凼内的杂草上，呈团状。蝌蚪在水凼中生活。

【种群状态】 栖息地质量下降，其种群数量较少。

【濒危等级】 濒危（EN）或易危（VU）；蒋志刚等（2016）列为无危（LC）。

【地理分布】 四川（洪雅、合江）、湖南（宜章）、广西（金秀、环江、融水、龙胜、防城港、宁明）、海南（陵水、白沙、乐东等）、广东（信宜、连州）；越南、老挝。

245. 桑植趾沟蛙 *Pseudorana sangzhiensis* (Shen, 1986)

【英文名称】　Sangzhi Groove-toed Frog.

【形态特征】　雄蛙体长 43.0～50.0 mm，雌蛙体长 50.0～53.0 mm。头长略大于头宽；鼓膜直径大于上眼睑宽；犁骨齿呈两斜列。皮肤较光滑，背侧有疣粒；背面肩上方多有∧形疣，后部的疣粒较小；背侧褶细而直；四肢背面横细肤褶部位有黑色斑纹。指端略呈吸盘状，无沟；后肢前伸贴体时胫跗关节达鼻孔，左右跟部显著重叠，胫部超过体长之半，跗褶部位无小疣，趾端呈小吸盘状，腹侧有沟，趾间蹼发达，第4趾蹼超过远端关节下瘤。背面暗黄绿色至黑褐色，雄蛙体色较淡，雌蛙稍深；颞部有三角形黑斑，颊部与颞部三角形黑斑之间色较浅；背部有黑色斑纹；腹面淡黄色。雄蛙第1指有灰白色婚垫，不分成小团；有声囊；雄性线粉红色。卵径 2.0～2.2mm，动物极黑色，植物极黄色。蝌蚪全长平均 40.0 mm，头体长 17.0 mm 左右；体背面黑色，尾末端钝尖；唇齿式为Ⅰ：4+4/1+1：Ⅳ；口角和下唇有乳突1排，口角部有副突。

【生物学资料】　该蛙生活于海拔 1 350 m 的山区溪流边及其附近林区的草丛中。8月上旬发出"吱、吱"叫声，卵群呈团状，有卵 725 粒，附着在溪内草茎上。蝌蚪在山溪的回水凼内水草间，翌年6～7月完成变态，幼蛙营陆栖生活。

【种群状态】　中国特有种。栖息地环境质量下降，种群数量

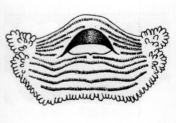

A　　　　　　　　　　　B

图 245-1　桑植趾沟蛙 *Pseudorana sangzhiensis*（湖南桑植，沈猷慧）

A、雌蛙背面观　B、蝌蚪口部

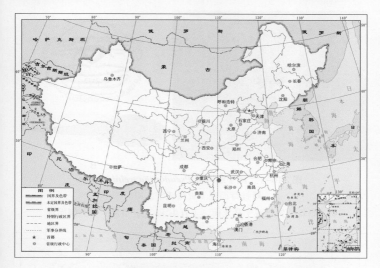

图 245-2　桑植趾沟蛙 *Pseudorana sangzhiensis* 地理分布

不多。

【濒危等级】　费梁等（2010）建议列为易危（VU）。

【地理分布】　湖南（桑植）。

246. 威宁趾沟蛙 *Pseudorana weiningensis* (Liu, Hu and Yang, 1962)

【英文名称】　Weining Groove-toed Frog.

【形态特征】　雄蛙体长 29.0～37.0 mm，雌蛙体长 32.0～44.0 mm。头长略大于头宽；鼓膜圆；犁骨齿 2 列，略斜。体背面有小疣粒，背侧褶较细，腹面光滑。指端略膨大，腹侧无沟；后肢前伸贴体时胫跗关节达鼻孔与吻端之间，胫长超过体长之半，左右跟部重叠较多，有内外跗褶，趾吸盘小，腹侧有沟，第 4 趾蹼达远端关节下瘤，其余各趾蹼达趾吸盘基部。体背面橄榄棕色、褐色或红褐色，疣粒部位棕黑色，颞部有 1 个黑色三角斑，四肢背面有黑色横纹；腹面浅肉色，咽胸部有褐色小斑点；四肢腹面肉红色。雄性第 1 指有灰色婚垫，胸部具褐色刺群，无声囊，无雄性线。蝌蚪全长 36.0 mm，头体长 14.0 mm 左右；头体橄榄绿色，有小黑点；尾末端钝圆；唇

图 246-1　威宁趾沟蛙 *Pseudorana weiningensis*

A、雌蛙背面观（贵州威宁，田应洲）

B、蝌蚪（贵州威宁县龙街，王宜生）　上：口部　下：侧面观

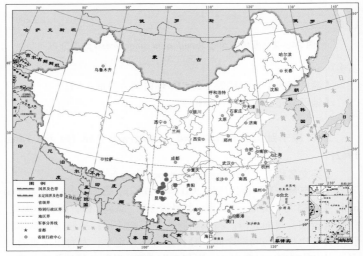

图 246-2　威宁趾沟蛙 *Pseudorana weiningensis* 地理分布

齿式为Ⅰ：3+3 /1+1 ：Ⅳ；上唇无乳突，口角和下唇乳突 1 排，口角副突少。刚变成的幼蛙体长 14.0 ～ 17.0 mm。

　　【生物学资料】　该蛙生活于海拔 1 700 ～ 2 950 m 的山溪或河岸边灌丛或草丛中。蝌蚪多生活于山溪回水凼内。

【种群状态】 中国特有种。因栖息地生态环境质量下降，该蛙种群数量减少。

【濒危等级】 易危（VU）。

【地理分布】 四川（越西、昭觉、西昌、会理、攀枝花市郊区、盐边、米易）、云南（武定、安宁、易门）、贵州（威宁）。

（四六）沼蛙属 *Boulengerana* Fei, Ye and Jiang, 2010

247. 沼蛙 *Boulengerana guentheri* (Boulenger, 1882)

【英文名称】 Guenther's Frog.

【形态特征】 雄蛙体长 59.0 ～ 82.0 mm，雌蛙体长 62.0 ～ 84.0 mm。头长大于头宽；鼓膜圆约为眼径的 4/5。皮肤光滑，口角后方是颌腺；背侧褶显著，但不宽厚，从眼后直达胯部；无颞褶；腹面皮肤光滑，仅雄性咽侧外声囊部位呈皱褶状。指端钝圆，无腹侧沟；后肢前伸贴体时胫跗关节达鼻眼之间，胫长略超过体长之半，左右跟部相重叠；趾端钝圆有腹侧沟；除第 4 趾蹼达远端关节下瘤外，其余各趾具全蹼。背部棕色或棕黄色，沿背侧褶下缘有黑纵纹，体侧有不规则黑斑；后肢背面多有深色横纹；体腹面黄白色，咽胸部

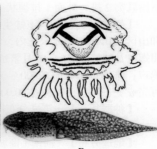

A   B

图 247-1 沼蛙 *Boulengerana guentheri*

A、雌蛙侧面观（四川内江，费梁）

B、蝌蚪（四川成都，王宜生） 上：口部 下：侧面观

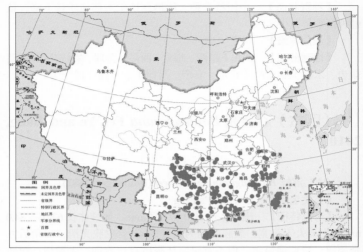

图 247-2　沼蛙 Boulengerana guentheri 地理分布

和腹侧有灰绿色，四肢腹面肉色。雄性肱前腺呈肾形，有 1 对咽侧下外声囊，体背侧有雄性线。卵径 1.2 ～ 1.5 mm；动物极棕黑色，植物极乳白色。蝌蚪全长 47.0 mm，头体长 16.0 mm 左右，体灰绿色布满有细麻点，背、腹面无腺体团，腹面浅黄色；尾鳍高布满棕色云斑，尾末端细尖；唇齿式为Ⅰ：1+1/Ⅲ；上唇两侧有乳突 1 排，下唇乳突 2 排，外面 1 排须状。

【生物学资料】　该蛙生活于海拔 1 100 m 以下的平原或丘陵和山区稻田、池塘或水坑内，常隐蔽在水生植物间，捕食以昆虫、田螺以及幼蛙等。5 ～ 6 月繁殖，雄蛙发出似狗叫的"呱，呱，呱"鸣声；雌蛙每年产卵 2 000 ～ 4 090 粒，呈团状。蝌蚪经 45 ～ 60 d 可完成变态幼蛙，体长约 20.0 mm。

【种群状态】　该蛙分布区宽，其种群数量甚多。

【濒危等级】　无危（LC）。

【地理分布】　河南（商城）、四川、重庆、云南（大理、河口、富宁、彝良等）、贵州、湖北、安徽（黄山）、湖南、江西、江苏、上海、浙江、福建、台湾、广东、香港、澳门、广西、海南；越南、老挝、缅甸。

（四七）纤蛙属 *Hylarana* Tschudi, 1838

248. 长趾纤蛙 *Hylarana macrodactyla* Günther, 1858

【英文名称】 Long-toed Slender Frog.

【形态特征】 雄蛙体长 27.0～30.0 mm，雌蛙体长 38.0～42.0 mm。身体窄长；头长显著大于头宽；吻长而尖；鼓膜大，距眼后角很近；犁骨齿两短行。皮肤较光滑，背侧褶细窄；股、胫部背面各有 2～3 条纵行腺褶；腹面光滑，股后部有扁平疣。四肢纤细；指、趾端吸盘小，除第 1 指外均有腹侧沟，第 3 指吸盘不大于其下方指节的两倍；后肢细长，前伸贴体时胫跗关节达吻端或略前；胫长大于体长之半；左右跟部重叠甚多，胫部显然比股部长，有内外跗褶；趾间蹼不发达。背面鲜绿色、棕黑色或深棕色；鼓膜及体侧棕色；脊线、背侧褶和体侧肤褶均为黄色，其间有黑色斑点；唇缘和颌腺黄色；四肢有黑色横纹；腹面乳黄色。雄性婚垫浅灰色，无声囊，背侧雄性线粉红色，腹侧无。卵径 1.3 mm 左右，动物极棕褐色，植物极乳黄色。蝌蚪唇齿式为 Ⅰ /1+1 ∶ Ⅰ；上唇中部无乳突，下唇乳突 2 排，外面 1 排须状，口角副突较多；尾末端尖。

【生物学资料】 该蛙生活于海拔 250 m 左右长满杂草的洼地

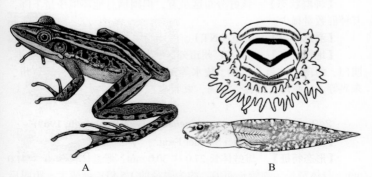

图 248-1 长趾纤蛙 *Hylarana macrodactyla*

A、雌蛙背面观（海南陵水，王宜生）

B、蝌蚪（海南那大，王宜生）上：口部 下：侧面观

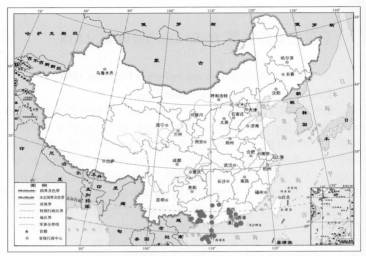

图 248-2　长趾纤蛙 *Hylarana macrodactyla* 地理分布

水坑、水塘、稻田或溪沟边草丛中。7 ～ 9 月繁殖，雌蛙产卵 300 粒左右，1 只雌蛙每年可产卵两次以上。蝌蚪生活于稻田、沟塘等静水内，底栖。

【种群状态】　该蛙分布区虽宽，但因栖息地环境质量下降，其种群数量稀少。

【濒危等级】　近危（NT）。

【地理分布】　广东（广州市郊区、花都、三水、徐闻等）、香港、澳门、海南（文昌、白沙、陵水等）、广西（凭祥、金秀、贺州、东兴等）；越南、缅甸、泰国、柬埔寨。

249. 台北纤蛙 *Hylarana taipehensis* (van Denburgh, 1909)

【英文名称】　Taipei Slender Frog.

【形态特征】　雄蛙体长 27.0 ～ 30.0 mm，雌蛙体长 36.0 ～ 41.0 mm。身体窄长，吻较长而尖，约为眼径的 1.5 倍；鼓膜大，距眼后角很近；犁骨齿两短行。背侧褶细窄，鼓膜后方至体侧又有 1 条断续侧褶与背侧褶平行；胫部有 3 ～ 5 条纵肤褶。四肢较纤细；指、趾端吸盘小，有腹侧沟，第 3 指吸盘不大于其下方指节的 2 倍；后肢细较长，前伸贴体时胫跗关节达鼻孔或眼鼻之间，左右跟部重叠甚多，胫部显然比股部长；有内外跗褶，趾间蹼不发达。背部绿色，背侧褶金黄色，两侧镶以细的深棕色线纹；颌缘及鼓膜后方的侧褶金黄色；体侧两条侧褶之间为棕色或棕黑色，并延伸前达颊部至吻端；鼓膜色较浅；四肢横纹不清楚；腹面灰黄色。雄性婚垫灰色，

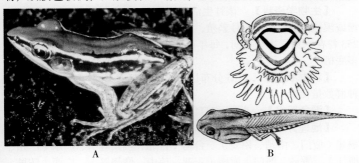

图 249–1   台北纤蛙 *Hylarana taipehensis*

A、成蛙（广西防城，莫运明）

B、蝌蚪（云南河口，王宜生）   上：口部   下：侧面观

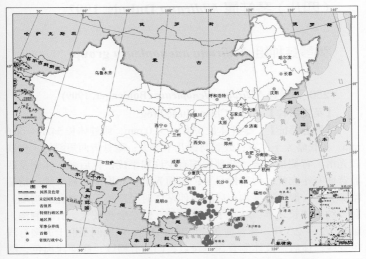

图 249–2   台北纤蛙 *Hylarana taipehensis* 地理分布

无声囊，雄性线粉红色。卵径 1.2 mm 左右，动物极深棕色，植物极乳白色。蝌蚪全长 33.0 mm，头体长 13.0 mm 左右；背面棕色，尾鳍有细斑纹，尾末端细尖；唇齿式为 I / 1+1 : I；口角及下唇有乳突，口角部副突较少，下唇乳突 2 排，其间距较宽，里面 1 排短，外面 1 排须状。

　　【生物学资料】　该蛙生活于海拔 80 ~ 580 m 山区的稻田、水塘或溪流附近。5 ~ 7 月繁殖，雄蛙发出微弱的鸣声。产卵 124 ~ 253 粒在水塘岸边杂草间，每年产卵 1 ~ 2 次。蝌蚪栖息在静水塘内，多底栖。

　　【种群状态】　该蛙分布区虽宽，但栖息地环境质量下降，其种群数量稀少。

　　【濒危等级】　近危（NT）。

　　【地理分布】　云南（河口、屏边）、贵州（榕江、都匀、三都）、福建（厦门、南靖、诏安）、台湾（台北、桃园等）、广东（广州、廉江）、香港、澳门、海南（三亚、琼中、儋州等）、广西（防城、武鸣、德保、龙胜等）；老挝、越南（北部）、柬埔寨。

（四八）琴蛙属 *Nidirana* Dubois, 1992

弹琴蛙种组 *Nidirana adenopleura* group

250. 弹琴蛙 *Nidirana adenopleura* (Boulenger, 1909)

　　【英文名称】　East China Music Frog.

　　【形态特征】　雄蛙体长 53.0 ~ 58.0 mm，雌蛙体长 54.0 ~ 60.0 mm。头长略大于头宽；鼓膜与眼几乎等大；犁骨齿两短斜行。皮肤较光滑，背侧褶显著，背部后端有少许扁平疣；背后部、体侧及四肢背面有小白疣；内跗褶显著；腹面光滑，肛周围有扁平疣。指端略膨大，一般均有横沟；后肢前伸贴体时胫跗关节达鼻孔或吻端；胫长约为体长之半，略短于足或等长，趾端吸盘较大，有腹侧沟，趾间 1/2 ~ 2/3 蹼。体背面灰棕色或黄绿色；两眼间至肛上方多有浅色脊线；体后端及体侧有深色斑点；四肢有横纹；腹面浅肉色，咽喉部略显灰色。雄蛙第 1 指有婚垫；有扁平肩上腺；有 1 对咽下内

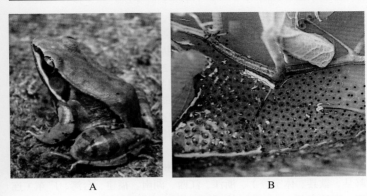

A   B

图 250-1   弹琴蛙 *Nidirana adenopleura*

A、雄蛙背面观（福建武夷山挂墩，费梁）

B、卵群（台湾，吕光泽等，1999）

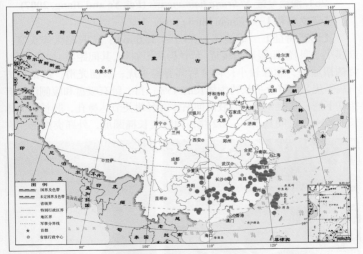

图 250-2   弹琴蛙 *Nidirana adenopleura* 地理分布

声囊；背侧有雄性线，腹侧无。卵径 1.4 mm，动物极棕黑色，植物极乳白色。蝌蚪全长 55.0 mm，头体长 17.0 mm 左右。背面棕黄色，尾部有细密斑点，尾末端尖；唇齿式为 Ⅰ ∶ 1+1/1+1 ∶ Ⅱ；下唇齿外侧排远短于第 2 排；下唇乳突 2 排，其间距窄，外面 1 排长，呈须状，中央部位无缺刻；口角部有副突。

【生物学资料】　该蛙生活于海拔 30 ~ 1 800 m 山区的梯田、水草地、水塘及其附近。成蛙鸣叫，由 2 ~ 3 声"咕"组成，鸣声低沉。该蛙捕食多种昆虫、蚂蟥等。4 ~ 7 月繁殖，卵产于水田或水塘内。每个卵胶囊内有卵 1 ~ 4 粒，每一卵群有卵囊 200 个左右，共产卵 300 ~ 586 粒。蝌蚪底栖，8 月开始变态，幼蛙营陆栖生活。

【种群状态】　该蛙分布区宽，其种群数量多。

【濒危等级】　无危（LC）。

【地理分布】　重庆（秀山）、贵州（雷山、江口）、安徽（祁门、黟县、歙县、休宁等）、浙江、江西、湖南、福建、台湾、广东（连南、南岭南部）、广西（金秀、融水、武鸣、上林、灌阳、龙胜）；越南（北部？）。

251. 海南琴蛙 *Nidirana hainanensis* (Fei, Ye and Jiang, 2007)

【英文名称】　Hainan Music Frog.

【形态特征】　雄蛙体长 33.0 ~ 34.0 mm；头长略大于头宽；鼓膜小于眼径，距眼后角较近；犁骨齿两短斜行，其间距窄。皮肤光滑，背侧褶适中，颌腺较小；体背后部有扁平疣；腹面光滑，股部后方有扁平疣。前臂及手长约为体长的 45%；指、趾有吸盘和腹侧沟；有指基下瘤；掌突 3 个；后肢前伸贴体时胫跗关节达鼻孔，胫长约为体长的 56%；趾间具 1/3 ~ 1/2 蹼；内跖突长椭圆形，外跖突圆形，有

A　　　　　　　　　B

图 251-1　海南琴蛙 *Nidirana hainanensis* 雄蛙（海南境内的吊罗山，崔建国）
A、背面观　B、腹面观

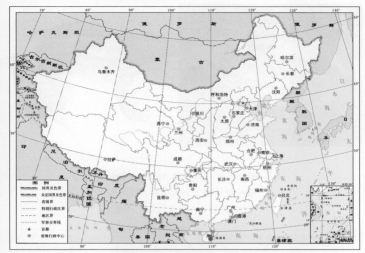

图 251-2   海南琴蛙 *Nidirana hainanensis* 地理分布

内跗褶。体背面暗红棕色，无斑点，从吻端至肛上方常有棕色脊线，脊线两侧黑色；背侧褶棕色，头侧和背侧褶下方黑褐色，体侧灰绿色，散有黑色小点；颌腺乳黄色；四肢背面有黑色横纹。雄蛙咽喉部灰褐色，体腹面黄白色，股部腹面肉红色。雄蛙第 1 指无婚垫；肩上方有灰色扁平腺体；有 1 对咽下内声囊；背侧有雄性线，腹侧无。

【生物学资料】   该蛙生活于海拔 340 m 左右的热带雨林内的沼泽区，鸣声较为低沉，由"咕，咕，咕"的多声组成。

【种群状态】   中国特有种。该蛙分布区狭窄，其种群数量很少。

【濒危等级】   费梁等（2010）建议列为濒危（EN）；蒋志刚等（2016）列为易危（VU）。

【地理分布】   海南（陵水境内的吊罗山、琼中）。

252. 林琴蛙 *Nidirana lini* (Chou, 1999)

【英文名称】   Jiangcheng Music Frog.

【形态特征】   雄蛙体长 44.0 ～ 61.0 mm，雌蛙体长 59.0 ～ 61.0 mm；头长大于头宽；鼓膜近圆形；犁骨齿呈两团。体背面后半部有细刺疣；背侧褶清晰；体侧有大疣粒，肩上腺近似三角形。指、趾

463

A　　　　　　　　　B

图 252-1　林琴蛙 *Nidirana lini*

A、雄蛙背面观（云南绿春，饶定齐）

B、雄蛙背面观（云南江城，李健）

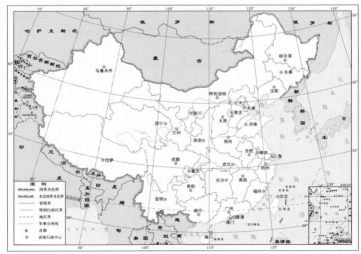

图 252-2　林琴蛙 *Nidirana lini* 地理分布

端略膨大成吸盘，均有腹侧沟，指侧具缘膜，第 2 和第 3 指内侧缘膜略显，宽于外侧缘膜；后肢较细长，左右跟部重叠部位达胫长的 1/3，胫部长大于股部长，趾间约 1/3 蹼或略超过，第 4 趾两侧蹼的凹陷超过第 2 关节连线。上颌缘银白色，体背面灰褐色、黑褐色等，背部脊纹浅黄褐色；体侧和后肢背面为浅灰褐色，股、胫部具深色横纹4条左右。雄蛙有肩上腺，第1指有婚垫；有1对咽下内声囊。蝌蚪头体长18.0～21.0 mm，尾长约为头体长的200%；头体卵圆形；唇齿式为Ⅰ：1+1/1+1：Ⅱ；上唇中央无乳突，口角处有1排短乳突，内侧有副突5～9枚；下唇乳突2排，外排乳突呈须状。

【生物学资料】　该蛙生活于海拔1 400～1 650 m的山区稻田、沼泽和池塘。雄蛙在近水塘岸边水面上发出"哟——哟——"的叫声。蝌蚪生活在静水塘内，底栖。

【种群状态】　中国特有种。该蛙分布区狭窄，其种群数量很少。

【濒危等级】　近危（NT）；蒋志刚等（2016）列为无危（LC）。

【地理分布】　云南（江城、绿春）；泰国、老挝。

仙琴蛙种组 *Nidirana daunchina* group

253. 仙琴蛙 *Nidirana daunchina* (Chang, 1933)

【英文名称】　Emei Music Frog.

【形态特征】　雄蛙体长42.0～51.0 mm，雌蛙体长44.0～53.0 mm。头的长宽几乎相等；眼间距大于上眼睑宽；鼓膜与眼几乎等大；犁骨齿两短斜行。体背面、体背后部和体侧有疣粒；背侧褶宽窄适度；四肢背面有分散小疣粒，胫部纵行肤棱明显。指端略膨大，腹侧多无沟或不显著；后肢前伸贴体时胫跗关节达鼻孔，胫长超过体长之半，左右跟部相遇，趾末端吸盘较大，均有腹侧沟，趾间约具1/3蹼，第4趾蹼缘的凹陷处不达第2关节下瘤。体背面棕黄色、褐绿色或灰棕色，背正中有1条浅色脊线；四肢有棕黑色横纹；体腹面黄白色，咽侧紫黑色；四肢腹面肉红色。雄蛙有肩上腺，有1对咽下内声囊，鸣声悦耳似琴声。卵径1.0 mm左右，动物极棕色，植物极乳黄色。蝌蚪全长47.0 mm，头体长17.0 mm左右；体较宽扁，深棕色；尾部布满黑褐色斑纹；尾末端钝尖；唇齿式为Ⅰ：1+1/1+1：Ⅱ；下唇齿外侧1排略短于第2排，下唇乳突2排，外排须状。

【生物学资料】　该蛙生活于海拔1 000～1 800 m的山区沼泽地水坑或水塘及其附近杂草丛生中。成蛙鸣声酷似"噔，噔，噔，噔"的琴声，每次3～4声。5～6月繁殖，在静水坑边筑造圆形泥窝，卵产在泥窝内。每个卵胶囊内一般有卵9～15粒，卵群呈平铺状，每次产卵100粒左右。蝌蚪在静水塘底活动。

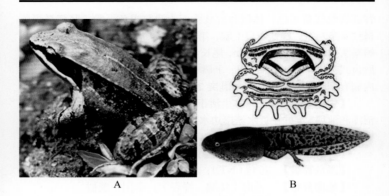

图 253-1　仙琴蛙 *Nidirana daunchina*

A、雄蛙背面观（四川洪雅县，费梁）

B、蝌蚪（四川峨眉山，王宜生）　上：口部　下：侧面观

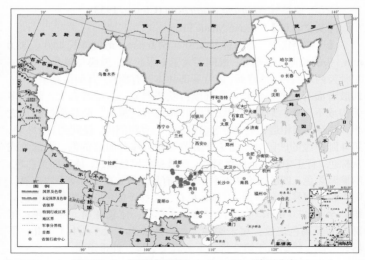

图 253-2　仙琴蛙 *Nidirana daunchina* 地理分布

【种群状态】　中国特有种。该蛙分布区宽，其种群数量较多。

【濒危等级】　无危（LC）。

【地理分布】　四川（洪雅、峨眉山、屏山、筠连、长宁、兴文、

合江、古蔺）、重庆（江津、石柱）、云南（威信、昭通市郊区）、
贵州（绥阳）。

254. 竖琴蛙 *Nidirana okinavana* (Boettger, 1895)

【英文名称】　Ryukyu Music Frog.

【形态特征】　雄蛙体长 36.0 ～ 40.0 mm，雌蛙体长 40.0 ～ 45.0
mm；头长略大于头宽；鼓膜圆，紧接眼后；犁骨齿两小团。背面光
滑，体后部小疣分散；背侧褶清晰；肩上腺扁平呈长三角形；体侧
有少数疣粒；胫部有几行肤棱。腹后部和腿基部有颗粒疣。前臂及
手长超过体长之半；指侧无缘膜，无指基下瘤，指端略膨大，有腹
侧沟；后肢前伸贴体时胫跗关节达鼻孔，左右跟部略重叠，胫长为
体长之半；无跗褶；趾端略膨大，均具腹侧沟；趾间蹼弱，约具 1/3
蹼，第 4 趾外侧蹼凹陷处达近端第 1 和第 2 关节下瘤之间。背面灰
褐色或深褐色，后部有小黑点；从吻端到肛部有 1 条明显的浅色脊
线；上唇缘和颌腺为白色；四肢背面横纹 1 ～ 3 条；腹面白色。雄
蛙有声囊（引自 Matsui and Maeda, 2018：171），可能是咽下内声囊。
第 1 指具弱的婚垫。卵径约 2.0 mm，动物极有色素。蝌蚪体背面和
尾肌有大黑色斑；尾末端尖。唇齿式为Ⅰ：1+1/1+1：Ⅱ；口角具
唇乳突，副突多；下唇乳突 2 排，里面 1 排短，外面 1 排呈须状。

【生物学资料】　该蛙生活于海拔 600 m 左右的山区，成体常
栖息在草丛间，或有积水的洞穴中。雄蛙多在洞内鸣叫，"咕喽、
咕喽……"，连续 17 ～ 25 声，其鸣声颇似琴声。

A   B

图 254-1　竖琴蛙 *Nidirana okinavana*（台湾，向高世，2009）
A、雄蛙侧面观　B、蝌蚪

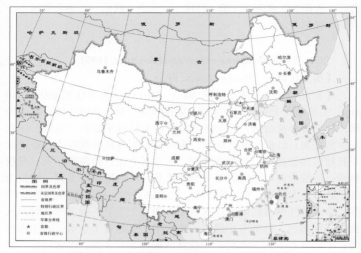

图 254-2　竖琴蛙 *Nidirana okinavana* 地理分布

【种群状态】　该蛙分布区狭窄，其种群数量甚少。

【濒危等级】　濒危（EN）；蒋志刚等（2016）列为易危（VU）。

【地理分布】　台湾（南投、宜兰）；日本（琉球群岛）。

（四九）肱腺蛙属 *Sylvirana* Dubois, 1992

河口肱腺蛙种组 *Sylvirana hekouensis* group

255. 版纳肱腺蛙 *Sylvirana bannanica* (Rao and Yang, 1997)

【英文名称】　Banna Frog.

【形态特征】　雄蛙体长 38.0 ～ 43.0 mm；头长大于头宽；吻明显尖出；鼓膜椭圆形，横径小于上眼睑宽，无颞褶；犁骨齿呈倒八字形。体背面有疣粒或痣粒；背侧褶明显，前端较宽，并在肩部略向外弯曲；体侧上方有疣粒，下方及腹部光滑；颌腺显著，在前肢基部上方形成 1 条窄的长疣；上臂前方有 1 个块状肱前腺；无颞褶；肛部周围有痣粒。指端有小吸盘，第 3、4 指的吸盘有腹侧沟；

图 255-1 版纳肱腺蛙 *Sylvirana bannanica* 雄蛙

A、背侧面观 （云南勐腊，侯勉） B、腹面观（云南勐腊，费梁）

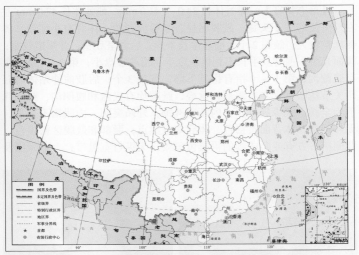

图 255-2 版纳肱腺蛙 *Sylvirana bannanica* 地理分布

后肢前伸贴体时胫跗关节达眼前，左右跟部重叠，胫长约为体长的1/2；趾端膨大成吸盘，均有腹侧沟，趾间具 1/3～1/2 蹼，第 4 趾蹼仅达第 2 关节，蹼缘缺刻较深，外侧跖间仅有蹼迹。体背及背侧褶外缘均为棕黄色，疣粒和痣粒为黑色，背侧褶外缘没有黑色纵带；腹面有黑色雾状斑点；四肢背面横纹不显著或无。雄性第 1 指内侧略显灰色婚垫，有 1 对咽侧下外声囊 [饶定齐等（1997），杨大同等（2008）]，有肱前腺；无雄性线。

【生物学资料】　该蛙生活于云南勐腊县海拔 650 ～ 850 m 的静水塘内，1994 年 6 月中、下旬夜间考察，发现成蛙漂浮于池塘中的水葫芦叶片上或在叶间鸣叫。

【种群状态】　中国特有种。目前仅发现 1 个分布点，其种群数量较少。

【濒危等级】　易危（VU）。

【地理分布】　云南（勐腊）。

256. 河口肱腺蛙 *Sylvirana hekouensis* (Fei, Ye and Jiang, 2008)

【英文名称】　Hekou Frog.

【形态特征】　雄蛙体长 34.0 ～ 41.0 mm，雌蛙体长 47.0 mm 左右。头长略大于头宽；鼓膜明显；犁骨齿列短。体背有小痣粒，体侧疣粒较大；颌腺 2 个，前者呈长条形，后者呈豆状；背侧褶较宽；腹面光滑。前臂及手长不到体长之半，指端吸盘小，第 3、4 指吸盘有腹侧沟，第 1 ～ 4 指有指基下瘤，掌突 3 个；后肢前伸贴体时胫跗关节达眼部，左右跟部相重叠，趾端均有吸盘和腹侧沟，趾间几乎为全蹼，蹼缘缺刻深；内跖突椭圆，外跖突圆，内跗褶不显著，无外跗褶。体背面黄褐色，体后端有黑点；颞部和鼓膜区褐黑色，背侧褶下方有或断或续的褐黑色斑纹，无纵行宽黑带；上下颌缘及

A　　　　　　　　　　　　　B

图 256-1　河口肱腺蛙 *Sylvirana hekouensis* 雄蛙（云南河口，费梁）

A、背侧面观　B、腹面观

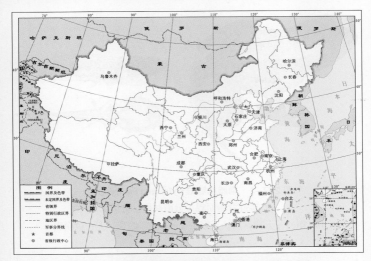

图 256-2   河口肱腺蛙 Sylvirana hekouensis 地理分布

颌腺黄白色；体侧下部有黑褐色斑；股胫部有黑横纹 4 ～ 6 条；股后部布满黑色斑点。雄蛙第 1 指具婚垫，腹面分成两团；有 1 对咽侧下内声囊；肱腺约占上臂前部的 1/2；体背侧有雄性线，腹侧无。

【生物学资料】   该蛙生活于海拔 170 ～ 253 m 的山区小河两岸乔木和杂草遮盖的土洞内。5 月上旬发出单一的鸣声，每 30 s 左右鸣叫 1 次。蝌蚪头体长 19.0 mm，尾长 18.0 mm 左右。

【种群状态】   中国特有种。该蛙分布区较窄，其种群数量较少。

【濒危等级】   费梁等（2010）建议列为易危（VU）；蒋志刚等（2016）列为易危（VU）。

【地理分布】   云南（河口）、广西（龙州）。

257. 勐腊肱腺蛙 Sylvirana menglaensis (Fei, Ye and Xie, 2008)

【英文名称】   Mengla Frog.

【形态特征】   雄蛙体长 40.0 ～ 49.0 mm，雌蛙体长 40.0 ～ 50.0 mm。头长略大于头宽，鼓膜明显；犁骨齿列短。皮肤较光滑；背部有痣粒和少数疣粒；有背侧褶；体侧疣粒较多；颌腺 1 ～ 2 个；胫部有肤棱；体和四肢腹面光滑。指端有吸盘，第 3、4 指吸盘有腹侧沟；

A B

图 257-1　勐腊肱腺蛙 *Sylvirana menglaensis*

A、雄蛙背侧面观（云南勐腊，费梁）

B、蝌蚪（云南景洪，王宜生）　上：侧面观　下：腹面观

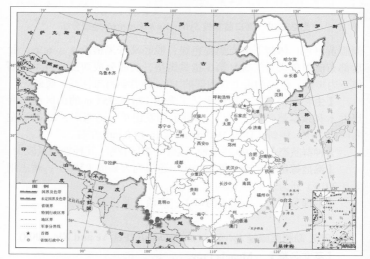

图 257-2　勐腊肱腺蛙 *Sylvirana menglaensis* 地理分布

第 1～3 指有指基下瘤；掌突 3 个；后肢前伸贴体时胫跗关节达鼻眼之间；左右跟部相重叠，胫长超过体长的一半；趾端有吸盘和腹侧沟；趾间近全蹼；内跖突椭圆形，外跖突小；内跗褶宽，无外跗褶。

体背面多为红棕色或灰棕色，体前部黑斑较少，体后部黑斑排列规则；背侧褶下方有褐黑色斑不形成纵行宽带；上下颌缘和颌腺灰棕色；体侧有许多黑褐色斑；四肢有黑色横纹 4 ～ 5 条；大腿后方布满黑色云斑；整个腹面呈乳黄色略显灰色云斑。雄蛙第 1 指有婚垫，腹面不分为两团；有 1 对咽侧下内声囊；肱腺豆状约占上臂前部的 2/3；体背侧有雄性线，腹侧无。卵径 1.2 ～ 1.4 mm，动物极黑色，植物极乳白色。蝌蚪全长 44.0 mm，头体长 15.0 mm 左右；尾末端钝尖。唇齿式为 Ⅰ : 1+1/ Ⅲ；上唇中部无乳突，两口角和下唇有乳突。

【生物学资料】　该蛙生活于海拔 120 ～ 1 000 m 山区水流较缓的小溪岸边草丛、土洞内。5 ～ 6 月繁殖，雄蛙夜间在溪边鸣叫。此期可发现刚产的卵群、各时期蝌蚪以及新成蛙。卵产于缓流处的水草间或树根上，卵群含卵 279 ～ 382 粒，单层排呈圆形，直径 75.0 ～ 95.0 mm。蝌蚪多生活于溪流水凼内，底栖。新成蛙体长约 20.0 mm。

【种群状态】　中国特有种。该蛙分布区较宽，其种群数量较多。

【濒危等级】　费梁等（2010）建议列为无危（LC）；蒋志刚等（2016）列为易危（VU）。

【地理分布】　云南（沧源、西盟、孟连、勐海、勐腊、金平、景洪市勐养镇和普文镇）。

阔褶肱腺蛙种组 *Sylvirana latouchii* group

258. 阔褶肱腺蛙 *Sylvirana latouchii* (Boulenger, 1899)

【英文名称】　Broad-folded Frog.

【形态特征】　雄蛙体长 36.0 ～ 40.0 mm，雌蛙体长 42.0 ～ 53.0 mm；头长大于头宽；鼓膜为眼径的 3/5 ～ 2/3；犁骨齿两小团。皮肤粗糙有稠密的小刺粒，背侧褶中部最宽，4.0 ～ 4.5 mm；口角后有 2 个颌腺，体侧的疣粒较大；腹面光滑。指末端钝圆，无腹侧沟；后肢前伸贴体时胫跗关节达眼部，左右跟部重叠；胫长约为体长之半，跗褶 2 条，不明显，趾末端略膨大呈吸盘状，有腹侧沟，趾间半蹼。体背面褐色或黄褐色，背侧褶橙黄色；吻端经鼻孔沿背侧褶下方有黑色带；颌腺黄色；体侧有黑斑，四肢背面有黑色横纹，股后方有黑斑及云斑，腹部乳黄色或灰白色。雄蛙第 1 指有婚垫；有 1 对咽侧

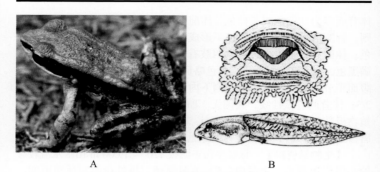

A B

图 258-1　阔褶肱腺蛙 *Sylvirana latouchii*

A、雄蛙背面观（福建武夷山，费梁）

B、蝌蚪（福建武夷山，Pope, 1931）　　上：口部　下：侧面观

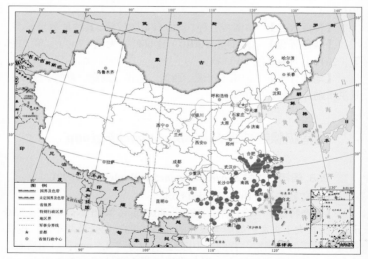

图 258-2　阔褶肱腺蛙 *Sylvirana latouchii* 地理分布

下内声囊，前肢基部臂腺小；背侧有雄性线。卵径 1.3 ～ 1.5 mm，动物极深棕色，植物极乳黄色。蝌蚪全长 40.0 mm，头体长 15.0 mm 左右；背面有棕色斑点，背两侧有黄色腺体，腹部 3 个淡黄色腺体，尾鳍有灰色点，末端钝尖；唇齿式为 I : 1+1/1+1 : II；上唇无乳突，下唇乳突 2 排，外面 1 排长而疏，呈须状；口角有副突少。

【生物学资料】　　该蛙生活于海拔 30 ～ 1 500 m 的平原、丘陵和山区水田、水池附近。捕食昆虫、蚁类等小动物。3 ～ 5 月繁殖，雄蛙发出 "唧唧唧" 的鸣声，一般连续 2 ～ 3 次。卵群在水池水生植物间，呈堆状，含卵 1 000 ～ 1 474 粒。蝌蚪生活于静水域内。

【种群状态】　　中国特有种。该蛙分布区宽，其种群数量甚多。

【濒危等级】　　无危（LC）。

【地理分布】　　贵州（荔波）、河南（商城）、安徽、江苏（无锡、苏州、宜兴、南京）、浙江、江西（贵溪、井冈山、上犹、九连山等）、湖南、湖北（通山）、福建、台湾、广东（韶关、龙门、信宜）、香港、广西（金秀、玉林、融水、灌阳、龙胜、贺州、环江）。

259. 茅索肤腺蛙 *Sylvirana maosonensis*（Bourret, 1937）

【英文名称】　　Maoson Frog.

【形态特征】　　雄蛙体长 36.0 ～ 38.0 mm，雌蛙体长 51.0 mm 左右。头长略大于头宽；鼓膜大于眼径之半；犁骨齿列呈两短斜行。体背面较粗糙，布满疣粒；背侧褶较窄，体侧和后肢背面布满小刺疣；两眼前角多有 1 个小白点；无颞褶，口后角有颌腺；内外跗褶明显。前臂及手长小于体长之半，指、趾端吸盘较大均有腹侧沟；关节下瘤和指基下瘤均明显；掌突 3 个；后肢长约为体长的 175%，前伸贴体时胫跗关节达眼和鼻孔之间，胫长超过体长之半，左右跟部重叠甚多，趾间半蹼，内跗突卵圆，外跗突略小而圆。体色棕色、灰棕色或浅褐色，其上有不清晰的褐色斑点；鼓膜黑褐色，其前后色浅；颌缘黄白色，体侧有醒目的黑色斑点；四肢背面浅褐色横纹 3 ～ 5

A   B

图 259-1　茅索肤腺蛙 *Sylvirana maosonensis*

A、雄蛙背面观（广西上思，费梁）

B、蝌蚪（广西上思，莫运明）　上：背面观　下：侧面观

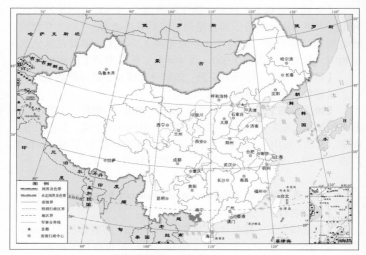

图 259-2　茅索肱腺蛙 *Sylvirana maosonensis* 地理分布

条或不清晰；背侧褶浅棕色；体腹面黄白色，咽喉后部有 1 对深色斑。雄蛙上臂基部臂腺褐黑色；第 1 指有婚垫；有 1 对咽侧下内声囊；背侧雄性线为红色，腹侧无。

【生物学资料】　该蛙生活于海拔 300 ～ 800 m 的中型溪流附近林木繁茂的潮湿地带。成蛙多栖于溪边石上或落叶间及草丛中。

【种群状态】　中国为次要分布区，种群数量较少。

【濒危等级】　费梁等（2010）建议列为易危（VU）；蒋志刚等（2016）列为近危（NT）。

【地理分布】　广西（防城港市郊区、上思、龙州、宁明）；越南、老挝。

260. 细刺肱腺蛙 *Sylvirana spinulosa* (Smith, 1923)

【英文名称】　Fine-spined Frog.

【形态特征】　雄蛙体长 38.0 ～ 43.0 mm，雌蛙体长 46.0 ～ 56.0 mm；头长略大于头宽；鼓膜大于眼径之半；犁骨齿两短行。皮肤较粗糙，布满白色小刺和小疣；颌腺不显著；背侧褶较窄；胫部疣粒排列成纵行。指端呈扁平吸盘，外侧 3 指有腹侧沟；后肢前伸贴体时胫跗关节达眼至鼻孔之间，胫长略超过体长之半，跗褶 2 条较明显，趾端均有腹侧沟，趾间半蹼，第4趾蹼达第2、3关节之间。背面灰黄色、黄褐色或棕红色，疣粒部位有褐色斑点，四肢背面横纹约4条；体腹面黄白色，咽胸部有棕灰色斑点。雄蛙有臂腺；第1指有婚垫；有1对咽侧下内声囊；仅背侧有红色雄性线。雌蛙卵巢内卵

图 260-1 细刺肛腺蛙 *Sylvirana spinulosa* 雄蛙

A、背面观（海南乐东，费梁） B、腹面观（海南琼中，费梁）

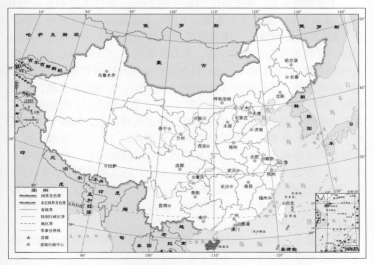

图 260-2 细刺肛腺蛙 *Sylvirana spinulosa* 地理分布

径 1.2 mm，动物极棕黑色，植物极浅棕色。蝌蚪全长 37.0 mm，头体长 13.0 mm 左右。体尾有棕黑色斑点，腹面有 3 个腺体；尾末端尖；唇齿式为 Ⅰ ∶ 1+1/1+1 ∶ Ⅱ；上唇无乳突，口角部副突少，下唇乳突 2～3 排，外排须状；尾残留 3.0 mm 的变态者，体长约 15.0 mm。

【生物学资料】 该蛙生活于海拔 80～650 m 溪流附近林木繁茂的潮湿地区。蝌蚪底栖，多隐蔽在回水凼内的腐叶下。

【种群状态】 中国特有种。栖息地质量下降，其种群数量减少。

【濒危等级】 易危（VU）；蒋志刚等（2016）列为近危（NT）。

【地理分布】 海南（文昌、琼海、东方、五指山、保亭、白沙、陵水、琼中、乐东）。

肘腺蛙种组 *Sylvirana cubitalis* group

261. 肘腺蛙 *Sylvirana cubitalis* (Smith, 1917)

【英文名称】 Siamese Frog.

【形态特征】 雄蛙体长 52.0～68.0 mm，雌蛙体长 44.0～78.0 mm；体形窄长，头长大于头宽；上唇缘无锯齿状突；鼓膜约为眼径的 2/3；犁骨齿两斜行。体背面具很小的颗粒，体后部和体侧疣粒稀疏，背侧褶细直；腹面平滑。指端吸盘扁平，其长略大于宽，腹侧沟不清晰，指基下瘤不明显；后肢前伸贴体时胫跗关节超过吻端，左右跟部重叠，胫长约为体长的 3/5，无跗褶；趾端均有吸盘，有腹侧沟，蹼较发达，第 4 趾的蹼达第 2、3 关节下瘤之间，外侧跖间蹼几乎达基部。背面棕黄色微显红色，颞部区褐黑色，吻棱下方和颞褶下方黑色；体侧有少数棕黑色斑；前肢横纹 3 条，后肢股、胫、跗部各有 4 条褐色横纹；腹面灰白色，四肢腹面肉色。雄蛙有咽下内声囊，有肘前腺，接近肘关节处有 1 个大的浅黄色肘腺；第 1、2 指具浅灰色婚垫。蝌蚪全长 38.0 mm，头体长 14.0 mm 左右；背面具深色斑点；眼后各有 1 个腺体团；唇齿式为 Ⅰ ∶ 1+1/ Ⅲ；口角和下唇缘有唇乳突。

【生物学资料】 该蛙生活于海拔 500～760 m 的水流较急的山溪及其附近丛林内。

【种群状态】 中国为次要分布区，发现的种群数量较少。

A   B

图 261-1 肘腺蛙 *Sylvirana cubitalis* 雄蛙（云南，李健）

A、背面观 B、腹面观

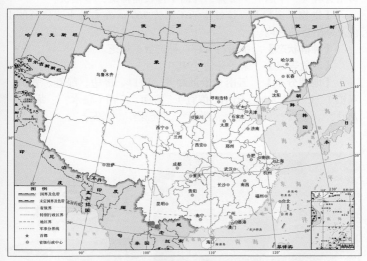

图 261-2 肘腺蛙 *Sylvirana cubitalis* 地理分布

【濒危等级】 费梁等（2010）建议列为易危（VU）。

【地理分布】 云南（景洪、勐海、勐腊）；老挝、泰国、缅甸。

262. 黑耳胝腺蛙 *Sylvirana nigrotympanica* (Dubois, 1992)

【英文名称】　Black-eared Frog.

【形态特征】　雌蛙体长 61.0 mm 左右；体窄长，头长大于头宽；鼓膜约为眼径的 2/3；犁骨齿两斜行。体背面疣粒少，背侧褶细直而明显，体侧疣粒稀疏；口角后有颌腺；后肢背面有细肤褶；腹面均平滑。指端吸盘长略大于宽，吸盘有腹侧沟或不清晰；后肢前伸贴体时胫跗关节超过吻端，左右跟部重叠；胫长约为体长的 3/5；无跗褶；趾端均有吸盘，有腹侧沟；第 4 趾的蹼达第 2、3 关节下瘤之间；外侧跖间蹼几乎达基部。体背面棕黄色或棕红色，鼓膜处有黑棕色三角斑；前、后肢均有黑棕色横纹，股后方布满黑色花斑；腹面黄白色。蝌蚪全长 40.0 mm，头体长 15.0 mm 左右；眼位于头背侧，背部及尾上有小斑纹，尾末端尖；唇齿式为 Ⅰ：1+1/1+1：Ⅱ；上唇无乳突，口角有乳突，下唇乳突 2 排，外面 1 排长而稀疏，呈须状。

【生物学资料】　该蛙生活于海拔 760 m 左右的水流较急的山溪及其附近丛林内。

【种群状态】　中国特有种。种群数据缺乏。

【濒危等级】　未予评估（NE）。

【地理分布】　云南（景洪勐养、河口、屏边、绿春、普洱、双柏）、广东（大埔、阳山、信宜）、海南、广西（融水？、龙州？、龙胜？、金秀？、全州？、环江？、资源？、兴安？）。

A　　　　　　　　　　　　B

图 262-1　黑耳胝腺蛙 *Sylvirana nigrotympanica*

A、雌蛙背面观（云南双柏，李成）

B、蝌蚪（云南景洪，王宜生）　上：口部　　下：侧面观

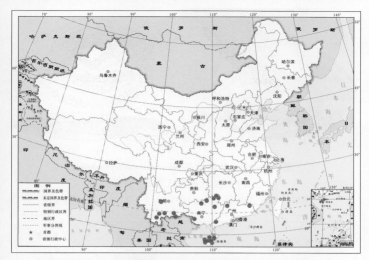

图 262-2   黑耳肱腺蛙 *Sylvirana nigrotympanica* 地理分布

（五〇）竹叶蛙属 *Bamburana* Fei, Ye and Huang, 2005

Ye and Li, 2001)

【英文名称】 Fujian Bamboo-leaf Frog.

【形态特征】   雄蛙体长 43 ～ 51.0 mm，雌性体长 52 ～ 61.0 mm。头长略大于头宽；鼓膜明显；犁骨齿列短弱。皮肤光滑；颌腺豆形；上唇缘有锯齿状乳突；背侧褶细窄，体后端、体侧及股后方有小疣；腹面皮肤光滑。指、趾末端吸盘显著，有腹侧沟，其背面有横凹陷；后肢前伸贴体时胫跗关节超过吻端；左右跟部重叠；无跗褶，趾间全蹼，蹼缘凹陷较深，张度较窄，第 1、5 趾外侧连线夹角小于 90 度。体背面橄榄褐色、浅棕色、铅灰色或绿色，有的有黑褐色斑；上唇缘、颌腺浅黄色；四肢有横纹，股后有网状纹；咽胸部有细小斑点。雄蛙第 1 指有婚垫；有 1 对咽侧下内声囊，无雄性线；咽、胸部有细刺。卵径 3.0 mm 左右，乳白色。蝌蚪全长 27.0 mm，头体长 9.0 mm 左右，体尾细长，尾末端钝圆；体尾具褐色云斑；唇齿式为 I：4+4/1+1：Ⅲ；口角及下唇唇乳突 1 排，呈参差排列。

481

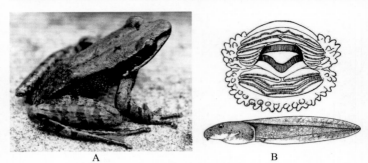

A   B

图 263-1　小竹叶蛙 *Bamburana exiliversabilis*

A、雄性成蛙（福建武夷山，费梁）

B、蝌蚪（福建武夷山，Pope, 1931）　上：口部　　下：侧面观

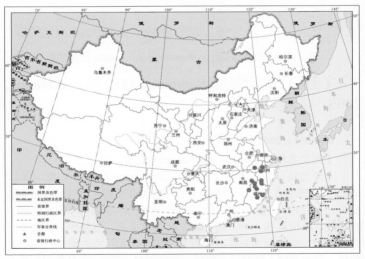

图 263-2　小竹叶蛙 *Bamburana exiliversabilis* 地理分布

幼蛙体长 14.0 mm 左右。

　　【生物学资料】　　该蛙生活于海拔 600 ～ 1 525 m 的森林茂密的山区溪流岸边。该蛙夜间常攀援在溪边陡峭的崖壁上。每年产卵 145 ～ 176 粒。蝌蚪在溪流水凼内落叶层中或石下。

　　【种群状态】　　中国特有种。该蛙分布区较宽，但种群数量稀少。

【濒危等级】　近危（NT）。

【地理分布】　福建（建阳、武夷山、德化、南平市郊区、建宁、永泰、德化）、浙江（龙泉、建德、临安、庆元）、安徽（黄山）、江西（贵溪）。

264. 鸭嘴竹叶蛙 *Bamburana nasuta* (Fei, Ye and Li, 2001)

【英文名称】　Hainan Bamboo-leaf Frog.

【形态特征】　雄蛙体长 57.0 ～ 63.0 mm，雌性体长 73.0 ～ 74.0 mm。头长大于头宽；吻部长远大于眼径，呈盾状，前端宽，远突出于下唇，吻棱棱角状；雄性的鼓膜大于雌蛙；犁骨齿两短列。皮肤较光滑，上唇缘有 1 排锯齿状乳突；背侧褶平，体后部、体侧及股后方均有扁平小疣；体腹面皮肤光滑。前臂及手长不到体长之半，指、趾吸盘显著，均有腹侧沟；后肢前伸贴体时胫跗关节达吻端或略超过；左右跟部重叠；无跗褶，趾间全蹼，蹼凹陷较深，张度较窄，第 1、5 趾外侧连线夹角小于 90 度，无跗褶。体背面暗褐色、绿色或褐绿色；唇缘至颌腺浅棕黄色；四肢各部有褐黑色横纹 3 ～ 5 条；腹面浅黄色，咽胸部有褐色斑或不显著。雄蛙吻部长而宽圆，第 1 指有乳黄色婚垫；有 1 对咽侧下外声囊；无雄性线。卵径 2.5 mm，卵乳白色。

【生物学资料】　该蛙生活于海拔 350 ～ 850 m 植被繁茂的山区溪流两侧的岩壁上，体色常与岩石颜色相近。1964 年 5 月 6 日记录，1 只雌蛙产卵 197 粒。

【种群状态】　中国特有种。该蛙分布区较窄，因栖息地生态

A　　　　　　　　　B
图 264-1　鸭嘴竹叶蛙 *Bamburana nasuta* 雄蛙
A、背面观（海南乐东，陈晓虹）　B、腹面观（海南琼中，费梁）

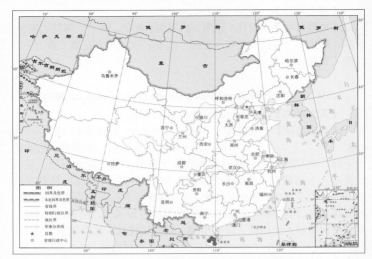

图 264-2　鸭嘴竹叶蛙 *Bamburana nasuta* 地理分布

环境质量下降，其种群数量减少。

【濒危等级】　易危（VU）。

【地理分布】　海南 [琼中境内的黎母岭、陵水、白沙、昌江]。

265. 竹叶蛙 *Bamburana versabilis* (Liu and Hu,1962)

【英文名称】　Bamboo-leaf Frog.

【形态特征】　雄蛙体长 68.0 ～ 80.0 mm，雌蛙体长 71.0 ～ 87.0 mm。头部扁平，吻长而宽扁呈盾形；鼓膜约为眼径的 1/2；犁骨齿强，2 短斜列。皮肤光滑，上唇缘有锯齿状突，背侧褶细而平直，体后部、体侧及股后下方有分散的疣粒；颌腺 2 个；腹面皮肤光滑。前臂及手长不到体长之半，指、趾均具吸盘及腹侧沟；后肢长，几乎为体长的 2 倍，前伸贴体时胫跗关节超过或达吻端；左右跟部明显重叠，胫长为体长的 60% 左右；趾间全蹼或近满蹼，蹼缘凹陷很浅，张度较大，第 1、5 趾外侧缘所形成的夹角大于 90 度。背面棕色或绿色，散有稀疏绿色或褐色斑点，两眼间有 1 个小白点，体背侧深褐色；四肢背面有 4 ～ 5 条横纹；腹面浅黄色，咽喉部有褐色云斑。雄性第 1 指有灰白色小婚垫，具 1 对咽侧下内声囊，无雄性线。卵

A   B

图 265-1　竹叶蛙 *Bamburana versabilis* 雌蛙（广西龙胜，莫运明，2014）

A、背面观　B、腹面观

图 265-2　竹叶蛙 *Bamburana versabilis* 地理分布

径 3.0～3.5 mm，乳白色。蝌蚪全长 36.0 mm，头体长 12.0 mm 左右；体尾灰棕色，尾部有云斑，末端钝尖；唇齿式为Ⅰ：3+3/1+1：Ⅲ；口角和下唇乳突 1 排，呈参差排列。

【生物学资料】　该蛙生活于海拔 800～1 350 m 林木繁茂山区的溪流及其附近阴湿环境内。成体常栖于岩石上或瀑布附近。3 月产卵，此期成蛙出现在山溪内。

【种群状态】　中国特有种。该蛙分布区虽然较宽，但种群数量稀少。

【濒危等级】　近危（NT）。

【地理分布】　贵州（雷山、江口）、江西（中部、九连山）、湖南（宜章、炎陵、双牌）、广东（连州、连平、信宜等）、广西（龙胜、金秀、武鸣、融水、兴安等）。

266. 安子山竹叶蛙 *Bamburana yentuensis* (Tran, Orlov and Nguyen, 2008)

【英文名称】　Yentu Bamboo-leaf Frog.

【形态特征】　雄蛙体长 41.7～46.2mm，雌蛙体长 59.7～65.7mm。头长显著大于头宽，吻部扁，向前突出远超过下唇缘，上唇缘有锯齿状白色乳突；鼓膜清晰，雄性鼓膜相对大于雌性；犁骨齿强，2 短斜列。体背面前部皮肤光滑，背侧褶显著而平直，体背面后部、颞区、体腹侧近腋窝处有疣粒或成簇的棘刺，胫部及跗足部背面有疣粒或纵行肤棱；颌腺上有棘刺；腹面皮肤光滑，肛周有疣粒。前肢较粗壮，前臂及手长不到体长之半，雄性指基下瘤不明显，而雌性显著；指、趾均具吸盘及腹侧沟；后肢长，前伸贴体时胫跗关节达鼻孔至吻端或超过吻端；左右跟部重叠，胫长为体长的 55.1% 左右；趾间全蹼或近满蹼，蹼缘凹陷很浅，趾吸盘小于指吸盘，内跖突长椭圆形，无外跖突。背面浅棕色至橄榄绿色，有些雌性个体为棕红色，有少量深色斑。吻棱和背侧褶下方有断续黑线；四肢背面有 4～5 条横纹；腹面黄白色，有的咽、胸部有深色斑；吻端及大腿后部有黄色及橄榄色相间的不规则斑纹。雄性第 1 指有绒状婚垫，具 1 对咽侧下外声囊。

【生物学资料】　该蛙生活于海拔 420～710 m 的溪流及其附近。2015 年 3 月至 4 月初在珠江源瀑布下水潭周边见到雄蛙，其鸣声响亮，百米之外也能听见，音尖而略微婉转。同期的雌蛙则见于整条溪流的石块上或溪旁的路边，其数量较多，所有雌蛙均孕有白色成熟卵。

【种群状态】　中国特有种。该蛙分布区已知两个分布点，目前在中国境内仅发现 1 个分布点，虽然其种群数量较多，但因环境质量下降，其数量正在减少。

【濒危等级】　IUCN（2015）列为濒危（EN）；卢琳琳等（2016）

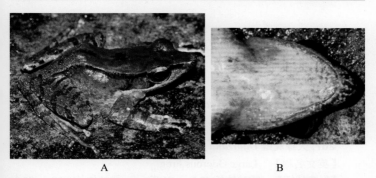

图266–1　安子山竹叶蛙 *Bamburana yentuensis* 雄蛙（广西十万大山，王英永）

A、背面观　　B、头部腹面观

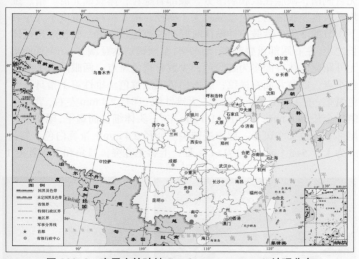

图 266–2　安子山竹叶蛙 *Bamburana yentuensis* 地理分布

建议改为易危（VU）。

　　【地理分布】　广西（上思和防城港市之间的十万大山）；越南（东北部的安子山）。

（五一）臭蛙属 *Odorrana* Fei, Ye and Huang, 1990

大绿臭蛙种组 *Odorrana graminea* group

267. 大绿臭蛙 *Odorrana graminea* (Boulenger,1899)

【英文名称】 Large Odorous Frog.

【形态特征】 雄蛙体长 43.0～51.0 mm，雌蛙体长 85.0～95.0 mm。头长大于头宽；鼓膜为眼径的 1/2～2/3；犁骨齿斜列。皮肤光滑，无背侧褶，颌腺在鼓膜后下方，颞部有痣粒；体腹面光滑。指、趾均具吸盘及腹侧沟，吸盘纵径大于横径，第 3 指吸盘宽度不大于其下指节的 2 倍；后肢前伸贴体时胫跗关节超过吻端，胫长远超过体长之半，左右跟部重叠颇多；无跗褶，趾间蹼均达趾端，内跖突椭圆形，无外跖突。体背面多为纯绿色，少数有褐色斑点，两眼间有 1 个白色小点，四肢背面有横纹；腹面白色或浅黄色。雄性第 1 指具灰白色婚垫，有 1 对咽侧下外声囊，无雄性线。卵径 2.4 mm 左右，乳白色。蝌蚪全长 34.0 mm，头体长 11.0 mm 左右；头体细长而扁平，尾肌发达，尾部有深色细小斑点，尾末端钝尖。卵径 2.4 mm，全乳白色。唇齿式为 Ⅰ：5+5（或 4+4）/1+1：Ⅲ；上唇无乳突，口角和下唇乳突 1

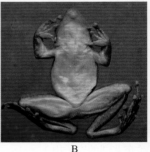

图 267-1　大绿臭蛙 *Odorrana graminea*

A、雌雄抱对背面观（海南，熊荣川，2014）　B、雄蛙腹面观（海南陵水，费梁）

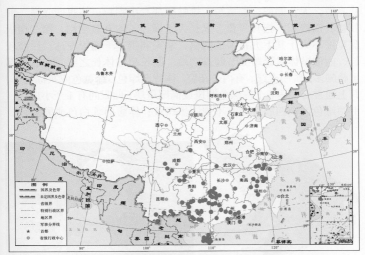

图 267-2 大绿臭蛙 *Odorrana graminea* 地理分布

排，口角部位有副突。

【生物学资料】 该蛙生活于海拔 450 ～ 1 200 m 森林茂密的大中型山溪及其附近。5 月下旬至 6 月繁殖，卵群成团黏附在溪内石下，雌性怀卵数为 2 240 ～ 3 724 粒，少者仅 236 粒。蝌蚪栖息于溪流水凼内。

【种群状态】 该种分布区甚宽，种群数量很多。

【濒危等级】 无危（LC）。

【地理分布】 陕西（宁强）、四川（叙永、合江、峨眉山等）、云南（河口、绿春、屏边、勐腊、普洱）、贵州（江口）、安徽（黄山、祁门）、浙江、江西（贵溪、井冈山等）、湖北（长阳）、湖南（宜章、通道、城步等）、福建、广东、香港、海南、广西；越南。

268. 圆斑臭蛙 *Odorrana rotodora* (Yang and Rao，2008)

【英文名称】 Round-spotted Odorous Frog.

【形态特征】 雄蛙体长 47.0 ～ 55.0 mm，雌蛙体长 86.0 ～ 97.0 mm，雄蛙体长约为雌蛙的 52.4%。头长大于头宽；吻长，吻端纯尖，超出下颌较多；头顶平坦；瞳孔横椭圆形，雄蛙鼓膜相对大于雌蛙且距眼近；犁骨齿两斜列，彼此甚近但不相遇。体表和四肢背面皮肤光滑，无背侧褶，颞褶短，雄蛙颞部有小颗粒；体腹面光滑。前肢粗壮而修长，指具吸盘，纵径大于横径，均有腹侧沟，第3指吸盘宽度不大于其下方指节的两倍，掌突和指基下瘤很发达；后肢较长，前伸贴体时胫跗关节超过吻端，胫长超过体长之半，左右跟部重叠颇多；趾间全蹼，有内外跖突。体背面绿色、绿黄色或灰棕色等，其上通常有多达8个棕黑色圆斑或椭圆斑块，两眼间有1个小白点，上颌缘色浅；四肢背面有不规则黑斑纹；体腹面乳白色或乳黄色，

A　　　　　　　　　　B

图 268-1　圆斑臭蛙 *Odorrana rotodora*（云南陇川，侯勉）

A、雌雄抱对　B、雄蛙腹面观

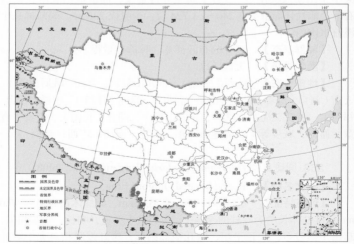

图 268-2　圆斑臭蛙 *Odorrana rotodora* 地理分布

股后部有密集的云状斑。雄性第 1 指具婚垫，有 1 对咽侧外声囊。

【生物学资料】　　该蛙生活在海拔 400～810 m 的山溪急流中，常在瀑布附近活动。

【种群状态】　　目前在中国境内发现 7 个分布点，其种群数量稀少，缺乏数据。

【濒危等级】　　蒋志刚等（2016）列为近危（NT）。

【地理分布】　　云南（盈江、陇川、瑞丽、沧源、孟连、澜沧、龙陵）。

269. 大吉岭臭蛙 *Odorrana chloronota* (Günther,1876)

【英文名称】　　Copper-cheeked Frog，Medog Odorous Frog.

【形态特征】　　雄性体长 52.0 mm 左右。体扁平，头长大于头宽，吻钝尖，显著突出下唇；吻棱略显；瞳孔横椭圆形，眼间距略小于上眼睑宽；鼓膜圆，略大于眼径的 1/2；犁骨齿呈两斜列。背面皮肤光滑，体后部有小颗粒；无背侧褶，体侧有疣粒和小刺；腹面光滑。指、趾均具吸盘及腹侧沟，吸盘纵径大于横径，第 3 指吸盘宽度不大于其下指节的两倍；第 3、4 指有指基下瘤；掌突两个，内者大；后肢细长，前伸贴体时胫跗关节超过吻端，胫长远超过体长之半，左右跟部重叠颇多；有内跗褶，内跖突椭圆形，无外跖突；第 1 和第 5 趾外侧缘膜达趾吸盘基部，趾间全蹼，第 4 趾蹼达远端关节下瘤，

A　　　　　　　　　　　　　　　　B

图 269-1　大吉岭臭蛙 *Odorrana chloronota*（西藏墨脱，侯勉）

A、雌雄抱对　B、雄蛙腹面观

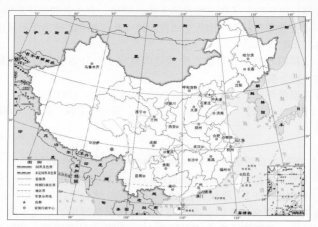

图 269-2　大吉岭臭蛙 *Odorrana chloronota* 地理分布

外侧跗间蹼达跗基部。体背面为橄榄绿色，上唇缘有金黄色条纹，从吻端通过眼到背侧褶下方至肛部有 1 条黑褐色纵条纹，体侧浅褐色，其上有黄色和深褐色小点斑；四肢背面有深褐色横纹；体和四肢腹面呈象牙色，无深色斑纹。雄性有 1 对咽侧下外声囊，第 1 指具白色绒毛状婚垫。

【生物学资料】　该蛙栖息于海拔 767 m 常绿植物茂密的小山溪和小瀑布溪段两侧的石头上。

【种群状态】　目前在中国境内仅发现 1 个分布点，种群数量较少。

【濒危等级】　费梁等（2012）建议列为易危（VU）。

【地理分布】　西藏（墨脱）；印度东北部。

云南臭蛙种组 *Odorrana andersonii* group

270. 云南臭蛙 *Odorrana andersonii* (Bonlenger, 1882)

【英文名称】　Yunnan Odorous Frog.

【形态特征】　雄蛙体长 68.0 ～ 76.0 mm，雌蛙体长 82.0 ～ 107.0 mm。鼓膜约为眼径的 2/5。体背面皮肤有凹凸状细网纹，头侧及鼓

膜周缘有小白刺；颏褶宽厚，体侧有大疣粒；无背侧褶，肩上方至
胯部以及体后部小白刺疣密集；股后方有扁平疣。前臂及手长不到
体长之半；指、趾端有小吸盘，有腹侧沟（少数指、趾单侧或双侧
无沟），两侧沟在指、趾端不连接，相距远，第 3 指吸盘宽度不大
于其下指节的 2 倍；后肢前伸贴体时胫跗关节达鼻孔至吻端或略超

A   B

图 270-1 云南臭蛙 *Odorrana andersonii* 雄蛙（云南陇川，侯勉）

A、背面观   B、腹面观

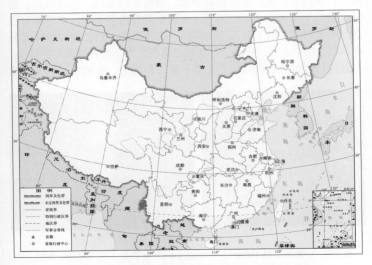

图 270-2 云南臭蛙 *Odorrana andersonii* 地理分布

过，胫长为体长的 56% 左右；无跗褶，趾间全蹼，第 4 趾蹼以缘膜达指端。体背面深绿色，少数为棕黑色，散有黑褐色或绿色斑纹。雄蛙第 1 指绒毛状婚垫发达；繁殖期间胸部有两个三角形的白色刺团，呈 8 字形；有 1 对咽侧内声囊，无雄性线。卵径 3.5 mm，动物极黑褐色，植物极乳黄色。

【生物学资料】　该蛙生活于海拔 1 600 ～ 2 000 m 林区中及大型山溪内的石块和岸边崖石上。解剖云南腾冲 5 ～ 6 月的雌蛙，腹内卵已成熟，怀卵 1 444 粒。5 月期间可见到变态期蝌蚪和幼蛙。

【种群状态】　过度捕捉，其种群数量减少。

【濒危等级】　易危（VU）。

【地理分布】　云南（腾冲、龙陵、陇川、盈江）；缅甸（北部）。

271. 沧源臭蛙 Odorrana cangyuanensis (Yang，2008)

【英文名称】　Cangyuan Odorous Frog.

【形态特征】　雄蛙体长 62.0 ～ 69.0 mm。头长略大于头宽；鼓膜不到眼径的 1/2；犁骨齿两斜列，呈 ＼ ／ 形。体背部前 2/3 段和背侧皮肤有较大的圆形扁平瘰粒，体背后部 1/3 段为圆形疣粒；无背侧褶；体侧有小疣；近肛部有小疣；腹面皮肤光滑。前肢较长，前臂及手长不到体长之半；第 2 ～ 4 指基部有指基下瘤；指末端有吸盘，吸盘宽度不大于其基部的两倍，腹侧具沟；后肢前伸贴体时胫跗关节达吻端或超过吻端，胫长超过体长之半，左右跟部重叠甚多；各趾均具吸盘且腹侧具沟；关节下瘤长椭圆形，趾间全蹼。头体背

A　　　　　　　　　　　B

图 271-1　沧源臭蛙 Odorrana cangyuanensis 雄蛙（云南沧源，侯勉）

A、背面观　B、腹面观

面棕色或黑棕色，背部的扁平瘰粒为棕黑色，上颌缘为棕色，体侧有较大的不规则花斑；四肢背面具棕色横纹，股后有密的棕色斑块；咽、胸部有灰棕色云状斑纹，腹部和四肢腹面有稀疏的棕黑色斑点。雄蛙第1指上浅灰色婚垫发达，有1对内声囊，声囊孔小而圆。

【生物学资料】　该蛙生活在海拔750 m的中型山溪、急流、小瀑布环境中。该地区森林茂密，环境郁闭。

【种群状态】　中国特有种。目前仅发现1个分布点，其种群数量不详。

【濒危等级】　未予评估（NE）。

【地理分布】　云南（沧源）。

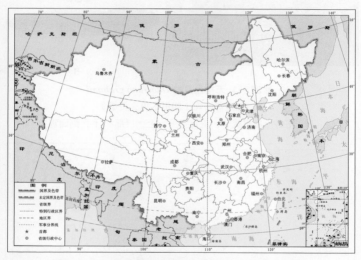

图 271-2　沧源臭蛙 Odorrrana cangyuanensis 地理分布

272. 无指盘臭蛙 Odorrana grahami (Boulenger, 1917)

【英文名称】　Diskless-fingered Odorous Frog.

【形态特征】　雄蛙体长 70.0 ～ 84.0 mm，雌蛙体长 75.0 ～ 105.0 mm。头长略大于头宽或几乎相等；鼓膜约为眼径之半；犁骨齿列斜置。体背面前部有细颗粒和扁平大疣，体后具疣粒或刺疣，无背侧褶；体侧有疣粒；四肢和体腹面光滑。前臂及手长不到头体长之半；指、趾吸盘略显，一般无沟；前伸贴体时胫跗关节达鼻孔，胫长超过体长之半，左右跟部重叠；无跗褶，趾间全蹼。体背面棕褐色有绿色斑或绿色有不规则棕色斑纹；四肢有横纹。雄性第1指具绒毛状婚垫；胸腹部布满白色小刺，具1对咽侧内声囊，背侧有雄性线。

图 272-1　无指盘臭蛙 *Odorrana grahami*

A、雄蛙背面观（四川木里，费梁）

B、蝌蚪（贵州威宁，王宜生）　上：口部　下：侧面观

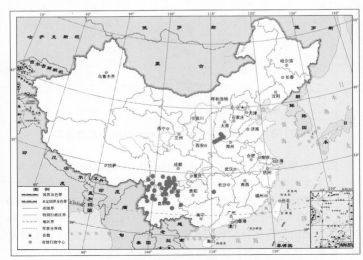

图 272-2　无指盘臭蛙 *Odorrana grahami* 地理分布

卵径 2.7 mm 左右，动物极棕褐色，植物极灰白色。蝌蚪全长 54.0
mm，头体长 19.0 mm 左右；头体细长，呈暗绿色，体尾布满褐黑色
斑点；尾肌发达，尾末端钝圆；唇齿式为 Ⅰ：3+3/1+1：Ⅲ；上唇
无乳突，下唇乳突 1 排，交错排列；口角乳突 1 排，副突少。幼蛙
头体长 16.0 ～ 19.0 mm。

【生物学资料】 该蛙生活于海拔 1 720 ～ 3 200 m 的高山中、
小型山溪植被不甚丰茂、溪水清凉的环境内。6 月繁殖，卵群附着
在水凼内水深约 40.0 cm 的大石块底面，卵团大小为 199.0 mm ×
144.0 mm。蝌蚪底栖，常在石下或腐叶层下。

【种群状态】 该蛙分布区虽宽，但过度捕捉，其种群数量减少。

【濒危等级】 近危（NT）。

【地理分布】 四川（西南部）、云南、贵州（威宁、水城、兴义）、
山西？、湖南（洞口？）；越南（北部黄连山）。

273. 海南臭蛙 *Odorrana hainanensis* Fei, Ye and Li, 2001

【英文名称】 Hainan Odorous Frog.

【形态特征】 雄蛙体长 49.0 ～ 61.0 mm、雌蛙体长 75.0 ～ 123.0
mm，头长大于头宽；鼓膜大，约为眼径的 2/3；犁骨齿发达。背面光滑，
密布一致的小疣粒；体侧有扁平疣；体腹面皮肤光滑，肛周围有小
疣。指端吸盘明显，横径短于纵径，两侧沟在指、趾端部几乎相连接。
后肢前伸贴体胫跗关节达眼前角或吻端，左右跟部重叠；无蹼褶；
趾间全蹼，蹼均达趾端，蹼缘缺刻浅。背面深橄榄绿色、暗绿色或
棕色；四肢背面有紫黑色横斑，股、胫部各 5 条左右；体侧为浅绿色，
在疣上有绿色和棕色斑点；股后面深棕色斑近圆形，其间有黄绿色
细纹。体和四肢腹面浅肉色，无深色斑。雄性第 1 指基部有乳白色
婚垫；胸、腹部有白色刺粒；有 1 对咽侧下内声囊；体背侧有粉红
色雄性线。

【生物学资料】 该蛙生活于海拔 200 ～ 780 m 林区山溪内瀑
布旁岩壁上或溪边草丛中。解剖观察，8 月 27 日的 1 只雌性腹内卵
粒已进入输卵管，呈乳黄色。因此，繁殖季节可能在 9 月。

【种群状态】 中国特有种。因栖息地生态环境质量下降，使
该蛙种群数量不断减少。

【濒危等级】 易危（VU）。

【地理分布】 海南（琼中、五指山、白沙、乐东、陵水）。

图 273-1　海南臭蛙 *Odorrana hainanensis* 雄蛙

A、背面观（海南白沙，李健）　　B、腹面观（海南白沙，费梁）

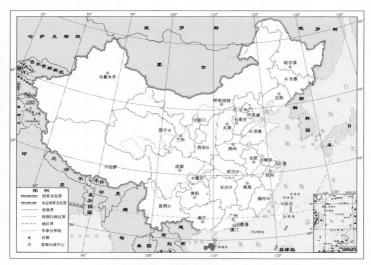

图 273-2　海南臭蛙 *Odorrana hainanensis* 地理分布

274. 景东臭蛙 *Odorrana jingdongensis* Fei, Ye and Li, 2001

【英文名称】　Jingdong Odorous Frog.

【形态特征】　雄蛙体长 62.0 ～ 82.0 mm，雌蛙体长 65.0 ～ 108.0

mm；头长大于头宽；鼓膜约为眼径的近 1/2；犁骨齿两斜列。背面布满痣粒和大疣；体侧有较大的疣粒；雄蛙背部后端和体侧小白刺多；体腹面皮肤光滑。指、趾端有吸盘，腹侧沟较长，在端部相距近；后肢前伸贴体时胫跗关节达吻端前后，左右跟部重叠，胫长为体长的 60%，无跗褶，趾间全蹼，蹼达趾端。背面绿色间有棕黑色斑，或橄榄褐色间有绿色斑纹；体侧有褐色斑；唇缘及四肢背面棕色有黑褐色横纹，股、胫部各有 5 ~ 7 条；体腹面棕黄色，有的有密集的小斑点或不明显；股后有大斑。雄蛙第 1 指有绒毛状婚垫；胸、腹部有白色刺团；有 1 对咽侧下内声囊；体背侧有粉红色雄性线。卵径 2.5 mm，乳白色。蝌蚪全长 50.0 mm，头体长 16.0 mm 左右；头体有黄绿色细斑点，尾部有深色斑点，末端钝圆或钝尖；唇齿式为 Ⅰ：4+4/1+1：Ⅲ；上唇无乳突，下唇乳突 1 排，交错排列；口角乳突 1 排，副突较少。幼蛙体长 20.0 mm 左右。

【生物学资料】 该蛙生活于海拔 1 480 ~ 1 600 m，森林茂密阴湿的大山溪内，常栖于长有绿色苔藓的溪旁岩石上，稍受惊扰即跳入溪流水氹内，并潜入深水石隙间，能在水里潜伏很久。作者解剖采于 5 月 29 日 1 只雌蛙，卵巢内有卵 1 169 粒，卵径 2.5 mm，呈乳白色，输卵管较发达。

【种群状态】 中国特有种。栖息地环境质量下降和过度捕捉，其种群数量减少。

A   B

图 274-1 景东臭蛙 *Odorrana jingdongensis* 雄蛙（云南景东，刘炯宇）

A、背面观　B、腹面观

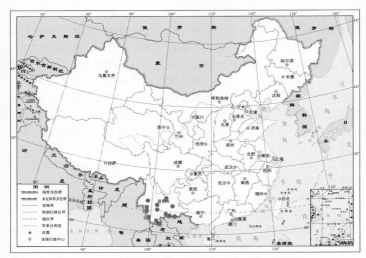

图 274-2　景东臭蛙 Odorrana jingdongensis 地理分布

【濒危等级】　易危（VU）。

【地理分布】　云南（保山市郊区、景东、景谷、永德、沧源、孟连、景洪、勐腊、河口、金平、绿春、弥勒、禄丰、武定）。

275. 筠连臭蛙 *Odorrana junlianensis* Huang, Fei and Ye, 2001

【英文名称】　Junlian Odorous Frog.

【形态特征】　雄蛙体长 73.0 ～ 80.0 mm，雌蛙体长 87.0 ～ 101.0 mm。头长大于头宽；鼓膜约为眼径的 1/2；犁骨齿呈两斜列。体背面皮肤较光滑，吻端到肛部有很小的颗粒疣或分散的扁平疣，头侧颌缘及鼓膜周围有小白刺疣；体侧有分散较大的疣粒；无背侧褶。指、趾略显吸盘，纵径大于横径，除第 1 指腹侧沟不显著外，其他指、趾均具腹侧沟，沟较短，两前端间距较宽；后肢前伸贴体时胫跗关节超过吻端，胫长为体长的 60%，左右跟部重叠，无跗褶，趾间全蹼，蹼缘微凹。体背面多为橄榄绿或橄榄褐色，散有褐色斑或绿色斑；体侧浅褐色有深褐色圆斑；四肢上有横斑；腹面浅黄色，咽胸部散有灰棕色细点，股部腹面有灰褐色大斑点。雄性第 1 指有绒毛状婚垫；咽喉部有 8 字形刺团；咽侧下有 1 对内声囊；体背侧有雄性线。

图275-1   筠连臭蛙 *Odorrana junlianensis*（贵州毕节）

A、雄蛙背面观（李健） B、雄蛙腹面观（李健） C、蝌蚪（王宜生）

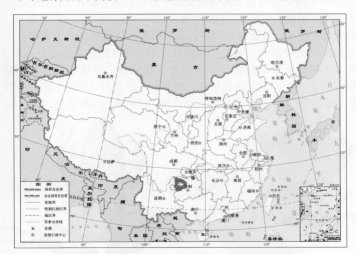

图275-2   筠连臭蛙 *Odorrana junlianensis* 地理分布

雌性卵巢内的卵径 2.5 mm 左右，动物极棕黑色，植物极为乳黄色。

【生物学资料】   该蛙生活于海拔 650～1 150 m 的植被茂密

的山溪内，以大、中型溪流内较多，夜间主要在陆地上活动或觅食。5～9月繁殖。

　　【种群状态】　中国特有种。栖息地环境质量下降和过度捕捉，其种群数量较少。

　　【濒危等级】　易危（VU）；蒋志刚等（2016）列为近危（NT）。

　　【地理分布】　四川（兴文、古蔺、筠连）、贵州（毕节、大方、金沙、赫章、纳雍、黔西、务川）、云南（威信）。

花臭蛙种组 *Odorrana schmackeri* group

276. 安龙臭蛙 *Odorrana anlungensis* (Liu and Hu, 1973)

　　【英文名称】　Anlung Odorous Frog.

　　【形态特征】　雄蛙体长 35.0～38.0 mm，雌蛙体长 60.0～67.0 mm。头长大于头宽；鼓膜约为眼径的 3/5 至 1/2；犁骨齿呈斜行。头部较光滑；体背面及体侧有疣粒；股、胫部背面有小白粒；股后下方有扁平疣。前臂及手长约为体长之半，指、趾具吸盘和腹侧沟，纵径大于横径，背面有横凹痕；后肢前伸贴体时胫跗关节达鼻孔，左右跟部重叠颇多；胫长超过体长之半；第 4 趾蹼不达或仅达第 2 关节下瘤，趾蹼缺刻较深。背部和体侧绿色，在疣粒部位有不规则深棕色斑；四肢有深色横纹；腹面灰白色多有浅灰色云斑。雄性第 1 指婚垫颇大；有 1 对咽侧下外声囊；背侧雄性线粉红色，腹侧无。

图 276-1　安龙臭蛙 *Odorrana anlungensis*

A、雌蛙背面观（贵州安龙，陈晓虹）　　B、雄蛙腹面观（贵州安龙，李健）

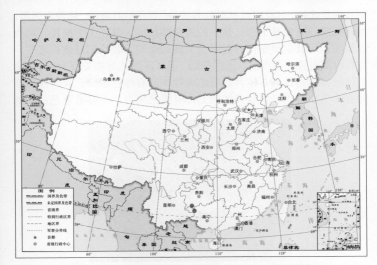

图 276-2 安龙臭蛙 *Odorrana anlungensis* 地理分布

卵巢内卵径 1.5 mm 左右，乳黄色。蝌蚪全长 30 mm，头体长 10 mm 左右；体细长，尾末端钝圆；唇齿式为 I ：4+4/1+1 ：III；下唇乳突 1 排参错排列，口角乳突 1 排，副突较少。刚变成的幼蛙头体长 14.2mm。

【生物学资料】 该蛙生活于海拔 1 480 ~ 1 550 m 的溪流内，该蛙白天常蹲于长有苔藓的岩石上。解剖 8 月初的雌蛙，腹内有未成熟卵 361 粒。

【种群状态】 中国特有种。仅发现 2 个分布点，种群数量较少。

【濒危等级】 易危（VU）。

【地理分布】 贵州（安龙）、广西（田林）。

277. 北圻臭蛙 *Odorrana bacboensis* (Bain, Lathrop, Murphy, Orlov and Ho, 2003)

【英文名称】 Bacbo Odorous Frog.

【形态特征】 雄蛙体长 35.6 ~ 54.9 mm，雌蛙体长 78.0 ~ 105.0 mm。头长大于头宽；鼓膜清楚，雄性者大于眼径之半，雌蛙者为眼径 1/2 左右；犁骨齿呈两斜列。体背面具细密颗粒，无背侧褶；体侧有泡状疣粒，肛孔附近和股后有疣粒；口角后具颌腺，体腹面光滑。指间无蹼，有指基下瘤，指、趾吸盘略扩大，纵径大于横径，均有腹侧沟；后肢前伸贴体时胫跗关节超过吻端，胫长超过体长之半，左右跟部重叠；无跗褶，趾间全蹼，第4趾蹼达远端关节下瘤，其余各趾趾间蹼达趾端。体背面褐色或荐椎前有绿色斑纹，有的在两眼间有1个小白点；颌缘和体侧上部有褐色斑点，下部乳黄色；四肢

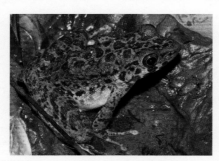

图 277-1　北圻臭蛙 *Odorrana bacboensis* **雌蛙**（广西那坡，Wang Y Y, et al., 2015）

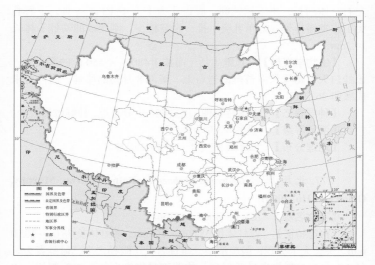

图 277-2　北圻臭蛙 *Odorrana bacboensis* **地理分布**

有横纹 5 ～ 6 条；体腹面乳白色或乳黄色。雄蛙前臂较粗壮，第 1 指具线毛状婚垫；有 1 对咽喉下外声囊。腹内成熟卵黑色。

【生物学资料】 该蛙生活于海拔约 330 m 山区的森林地带。常栖息在林内或深或浅的平缓溪流内的石头或倒木上。以无脊椎动物（包括软虫类等）为食。在 5 ～ 10 月都可见到雌蛙，10 月雌蛙腹内有很发育的卵。该蛙可能在秋天繁殖，但在调查期间未发现卵群和蝌蚪。

【种群状态】 除越南有 2 个分布点外，目前该种在中国广西发现 1 个分布点，其种群数量稀少。

【濒危等级】 建议列为近危（NT）。

【地理分布】 广西（那坡）、云南（河口？）；越南。

278. 封开臭蛙 Odorrana fengkaiensis Wang, Lau, Yang, Chen, Liu, Pang and Liu, 2015

【英文名称】 Fengkai Odorous Frog.

【形态特征】 雄蛙体长 37.4 ～ 51.8 mm，雌蛙体长 77.8 ～ 111.9 mm。头长大于头宽；鼓膜直径是眼径的 0.54 倍；犁骨齿呈两斜列。体和四肢背面较光滑，体侧有泡状疣粒，肛孔附近和股后有疣粒；口角腺 2 个，无背侧褶；体腹面光滑。指、趾吸盘略扩大，纵径大于横径，均有腹侧沟；后肢前伸贴体时胫跗关节达吻端，胫长超过体长之半，左右跟部重叠；无跗褶，趾间全蹼，第 4 趾蹼达远端关节下瘤，其余各趾趾间蹼达趾端。成体雄性和年轻雌蛙头部和体前部褐色具网状绿色斑纹，某些老龄雌蛙背面为一致的褐色，有的个体两眼间有 1 个小白点；四肢有横纹 5 ～ 6 条；体腹面乳白色或乳黄色，咽胸部有浅棕色斑，四肢腹面肉红色。雄性在繁殖季节体腹面有白色刺群，第 1 指具线毛状婚垫；有 1 对咽侧下外声囊。腹内成熟卵黑色，液浸卵动物极深灰色，植物极橄榄色。

【生物学资料】 该蛙生活于海拔 190 ～ 550 m 石灰岩山区的森林底部。常栖息在亚热带常绿阔叶林区的大型溪流或河的岸边，其环境潮湿。白天在岸边石下或洞穴内，夜间成蛙常蹲在溪边岩石上或灌丛间。5 ～ 8 月雌蛙常栖于路旁，腹内输卵管有成熟卵。5 ～ 7 月中旬雄蛙多攀缘在 10.0 ～ 30.0 cm 的植物顶部，此期可听到雄蛙的鸣叫声，但未发现卵和蝌蚪。

【种群状态】 中国特有种。该种分布区较宽，目前已发现 4

A	B

图 278-1 封开臭蛙 *Odorrana fengkaiensis* 雄蛙

（广东封开，Wang Y Y, et al., 2015）

A、背面观 B、腹面观

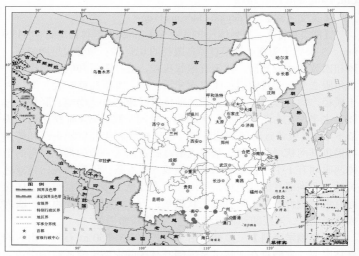

图 278-2 封开臭蛙 *Odorrana fengkaiensis* 地理分布

个分布点，种群数量较多。

　　【濒危等级】　建议列为无危（LC）。

　　【地理分布】　广东（封开）、广西（防城港、上思、靖西、金秀）。

279. 合江臭蛙 *Odorrana hejiangensis* (Deng and Yu, 1992)

【英文名称】 Hejiang Odorous Frog.

【形态特征】 雄蛙体长 44.0 ～ 51.0 mm，雌蛙体长 86.0 ～ 88.0 mm。头长大于头宽或几乎相等；鼓膜明显；犁骨齿呈两短斜列。头、体背面皮肤光滑；体后部和体侧皮肤稍粗糙；腹面皮肤光滑，股后部疣粒较多。前臂及手长约为体长之半，指、趾端均有吸盘，吸盘的宽度不到该指节宽的两倍，除第 1 指外，其他指、趾的吸盘均有腹侧沟；后肢前伸贴体时胫跗关节达眼鼻之间，更近于鼻孔，左右跟部重叠较多，胫长超过体长之半，无跗褶，趾间全蹼，第 4 趾蹼达远端关节下瘤。头、体前部背面绿色；体后部褐色；体侧有斑点，四肢有横纹 3 ～ 5 条。腹面肉白色，咽喉部斑纹较多，腹部和四肢腹面斑点较少。雄性第 1 指基部有肉白色婚垫；有 1 对咽侧下外声囊；无雄性线。

【生物学资料】 该蛙生活于海拔 450 ～ 1 200 m 的山区，成蛙多栖于植被茂密环境阴湿的中型山溪中。4 月的雌蛙腹内卵粒直径 2.0 mm，呈乳白色，已近临产。繁殖季节可能在 4 月下旬至 5 月中旬。

【种群状态】 中国特有种。栖息地的生态环境质量下降，其种群数量减少。

【濒危等级】 易危（VU）。

图 279-1 合江臭蛙 *Odorrana hejiangensis* 雄蛙（四川合江，费梁）
A、背面观 B、腹面观

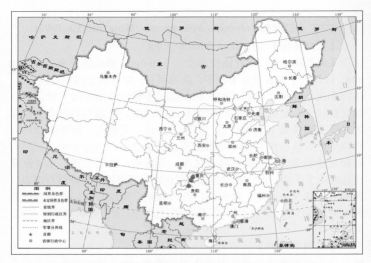

图 279-2　合江臭蛙 *Odorrana hejiangensis* 地理分布

【地理分布】　四川（古蔺、合江）、重庆（江津）。

280. 黄岗臭蛙 *Odorrana huanggangensis* Chen, Zhou and Zheng, 2010

【英文名称】　Huanggang Odorous Frog.

【形态特征】　雄蛙体长 40.6～44.6 mm，雌蛙体长 82.4～91.1 mm。头的长宽几乎相等；鼓膜大，约为眼径的 2/3；犁骨齿两短列。皮肤光滑，背部和四肢背面有小痣粒；体侧有扁平疣粒，无背侧褶；胫部无纵肤棱；体腹面光滑。前臂及手长小于体长之半；指、趾吸盘纵径大于横径，均有腹侧沟；外侧 3 指基部有指基下瘤；掌突 3 个；后肢前伸贴体时胫跗关节达鼻孔，胫长超过体长之半，左右跟部重叠较多；内跖突小，无外跖突，无跗褶；趾间全蹼。体和四肢背面黄绿色，头体背面密布规则卵圆形褐色斑，斑点周围无浅色边缘；股、胫部各有横纹 4～6 条，股后方褐色斑大而密集；腹面白色无斑。繁殖季节雄性咽胸和腹部有细小白刺群；第 1 指婚垫乳白色；有 1 对咽侧下外声囊；仅背侧有粉白色雄性线。卵径 2.6 mm 左右，动物极棕褐色，植物极米黄色。

【生物学资料】 该蛙生活于海拔 200～800 m 丘陵山区的大小溪流内。成蛙常栖息在溪边的石块或岩壁上。7月的雌蛙腹内卵已成熟，卵径 2.6 mm 左右，此期雄蛙发出"叽""啾"的鸣声，繁殖期可能在 7～8 月。

【种群状态】 中国特有种。该种各分布区内种群数量较多。

【濒危等级】 费梁等（2012）建议列为无危（LC）；蒋志刚

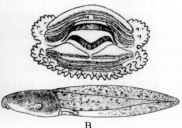

A B

图 280-1 黄岗臭蛙 *Odorrana huanggangensis*（福建武夷山）

A、雌蛙背面观（陈晓虹）

B、蝌蚪（Pope,1931） 上：口部 下：侧面观

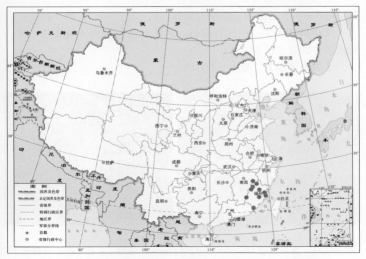

图 280-2 黄岗臭蛙 *Odorrana huanggangensis* 地理分布

等（2016）列为无危（LC）。

【地理分布】　　福建（德化、长汀、福清、福州市郊区、南平市郊区、邵武、武夷山、永泰、诏安）、江西（贵溪）。

281. 龙胜臭蛙 *Odorrana lungshengensis* (Liu and Hu, 1962)

【英文名称】　　Lungsheng Odorous Frog.

【形态特征】　　雄蛙体长 60.0 ～ 67.0 mm，雌蛙体长 73.0 ～ 85.0 mm；头长略大于头宽；鼓膜约为眼径之半，与第 3 指吸盘几乎等大；犁骨齿呈两斜列。头体背面和前肢的皮肤光滑；上眼睑后半部、颞部、颌腺、体背后部以及后肢背面均有密集小白刺，雄蛙尤多；胸腹部皮肤光滑；股后下方有扁平颗粒状腺体。前臂及手长不到体长之半，指、趾吸盘长径大于横径，均有腹侧沟，背面有横沟；后肢长，约为体长的 1.8 倍，后肢前伸贴体时胫跗关节达吻端，胫长略超过体长之半，左右跟部明显重叠；无跗褶，趾间近全蹼，第 4 趾以缘膜达趾端。背面绿色，有紫褐色圆形斑点；四肢上紫褐色横纹 4 ～ 6 条；腹面布满棕色云斑，咽胸部的密集。

【生物学资料】　　该蛙生活于海拔 1 000 ～ 1 500 m 林区植被丰富的山溪内。成蛙常蹲于急溪流边的崖石上，在平缓溪段极难发现其踪迹。6 ～ 7 月繁殖，此期的雌蛙有的已经产卵，有的孕卵待产。

【种群状态】　　中国特有种。因栖息地分裂且环境质量下降，使该蛙种群数量稀少。

【濒危等级】　　近危（NT）。

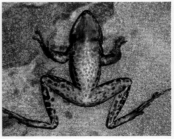

A　　　　　　　　　　　　　B

图 281-1　龙胜臭蛙 *Odorrana lungshengensis* 雄蛙（广西龙胜，江建平）

A、背面观　　B、腹面观

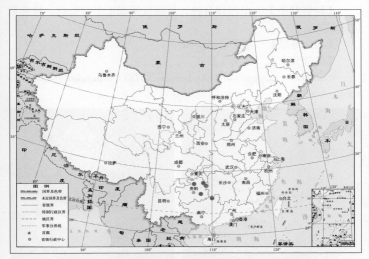

图 281-2　龙胜臭蛙 *Odorrana lungshengensis* 地理分布

【地理分布】　贵州（印江、江口、绥阳、雷山）、广西（龙胜）。

282. 马氏臭蛙 *Odorrana margariana* (Anderson, 1878)*

【英文名称】　Macrotympana Odorous Frog.

【形态特征】　雄蛙体长 50.0 mm，雌蛙体长 95.0 mm。头长大于头宽；瞳孔横椭圆形；鼓膜大，为第 3 指吸盘的 2.8～2.5 倍；犁骨齿较强。背侧褶部位腺体呈纵列，体和四肢背面较光滑或有疣粒，胫部背面有纵肤棱；体腹面光滑。雄蛙前肢较雌蛙粗壮，指具吸盘，纵径大于横径，均有腹侧沟，第 3 指吸盘宽度不大于其下方指节的两倍；后肢前伸贴体时胫跗关节达鼻孔或眼鼻之间，胫长超过体长之半，左右跟部重叠颇多；趾间蹼达趾吸盘。体背面灰棕色，其上有棕黑色小点组成的斑块，排成两行；颞部和体侧黑点较大，上下颌缘白色无深色斑；四肢有宽的棕黑色横纹；体腹面灰白色，咽胸部有浅灰斑，后肢腹面浅黄色。雄性第 1 指婚垫灰色；有 1 对咽侧下外声囊。卵灰色。

【生物学资料】　该蛙生活在云南伊洛瓦底江支流海拔 300 m 左右的山溪急流中。1995 年 2 月的 1 只雌蛙在室内产卵约 250 粒。

【种群状态】　中国特有种。目前仅发现 1 个分布点，种群数量缺乏数据。

【濒危等级】　未予评估（NE）。

【地理分布】　云南（盈江）。

Odorrana margariana (Anderson, 1878) =*Rana macrotympana* Yang, 2008。

A　　　　　　　　　　B

图 282-1　马氏臭蛙 *Odorrana margariana* 雄蛙（云南盈江，江建平）

A、背面观　B、腹面观

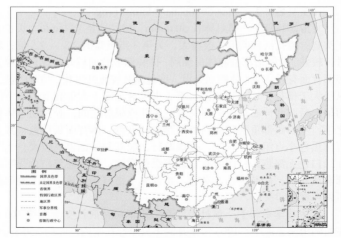

图 282-2　马氏臭蛙 *Odorrana margariana* 地理分布

283. 南江臭蛙 *Odorrana nanjiangensis* Fei, Ye, Xie and Jiang, 2007

【英文名称】　Nanjiang Odorous Frog.

【形态特征】　雄蛙体长 50.0 ～ 60.0 mm，雌蛙体长 58.0 ～ 84.0 mm。头长大于头宽；鼓膜大而明显，距眼后角较近；犁骨齿两斜行。背面皮肤光滑，头体背面有痣粒，体后部多而密；体侧有扁平疣粒；鼓膜后下方至肩上方有两枚黄色颌腺；整个腹面皮肤光滑。前臂及手长小于体长之半；指、趾末端具吸盘和腹侧沟，第 1 指的沟不明显，各指端背面有横凹痕，外侧 3 指有指基下瘤；内掌突椭圆形，无外掌突。后肢长，后肢长为体长的 1.8 倍左右，前伸贴体时胫跗关节达吻端，左右跟部重叠较多，胫长略大于体长之半；趾间全蹼，第 4 趾蹼达远端关节下瘤；内跖突卵圆形，无外跖突；无跗褶。背部绿色，有棕褐色大斑块，体侧黄绿色，有棕褐色斑点，其周围没有浅色边缘；四肢有横纹 4 ～ 5 条，股后方褐色斑纹大而稀疏；腹面浅黄色。雄蛙咽喉部略显浅灰棕色云斑；第 1 指有婚垫，有 1 对咽侧下外声囊。7 月的雌蛙，腹内成熟卵动植物极乳白色。蝌蚪全长约为头体长的 2 倍；头体和尾肌部位浅灰棕色，其上有褐色小斑，尾鳍褐部小斑点较密，尾末端钝圆；唇齿式为Ⅰ：4+4/1+1：Ⅲ。

【生物学资料】　该蛙生活于海拔 500 ～ 650 m 的平缓山溪阴暗潮湿环境内。白天该蛙常栖息于溪边长有苔藓等植物的岩石上。

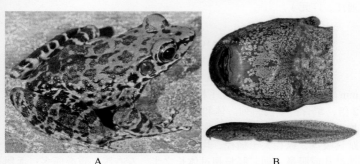

A　　　　　　　　　　　　　　B

图 283-1　南江臭蛙 *Odorrana nanjiangensis*

A、雄蛙背面观（四川南江，侯勉）

B、蝌蚪（四川南江，侯勉）　上：口部　下：侧面观

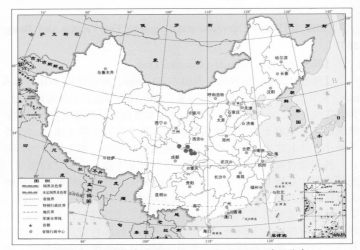

图 283-2　南江臭蛙 *Odorrana nanjiangensis* 地理分布

【种群状态】　中国特有种。该蛙因栖息地环境质量下降和过度捕捉，其种群数量不断减少。

【濒危等级】　费梁等（2010）建议列为近危（NT）；蒋志刚等（2016）列为近危（NT）。

【地理分布】　陕西（宁强）、甘肃（文县）、四川（南江、万源、通江、广元）。

284. 花臭蛙 *Odorrana schmackeri* (Boettger,1892)

【英文名称】　Piebald Odorous Frog.

【形态特征】　雄蛙体长 43.0～47.0 mm，雌蛙体长 76.0～85.0 mm。头长略大于头宽或几乎相等；鼓膜大，直径约为第 3 指吸盘的 2 倍；犁骨齿呈两斜列。体和四肢光滑或有疣粒，体后和后肢背面均无白刺；体侧无背侧褶，胫部背面有纵肤棱；体腹面光滑。指、趾具吸盘，纵径大于横径，均有腹侧沟；后肢前伸贴体时胫跗关节达鼻孔或眼鼻之间，胫长超过体长之半，左右跟部重叠颇多；无跗褶，趾间全蹼。体背面绿色，间以深棕色或褐黑色大斑点，多近圆形，有的个体镶以浅色边，两眼间有 1 个小白点；四肢有横纹 5～6 条；体腹面乳白色或乳黄色，咽胸部有浅棕色斑，四肢腹面肉红色。

雄性在繁殖季节胸、腹部有白色刺群，第 1 指婚垫灰色；有 1 对咽侧下外声囊；仅背侧有雄性线。卵径 2.4 mm 左右，动物极灰棕色。蝌蚪全长平均 45.0 mm，头体长平均 15.0 mm；体细长，尾部有稀疏小斑点，尾末端钝圆；唇齿式为Ⅰ：4+4/1+1：Ⅲ；上唇缘无乳突，口角和下唇乳突 1 排成交错排列，口角部有副突。

图 284-1 花臭蛙 *Odorrana schmackeri*

A、雌雄抱对（湖北长阳，李成）   B、雌蛙腹面观（湖北五峰，刘绪生）

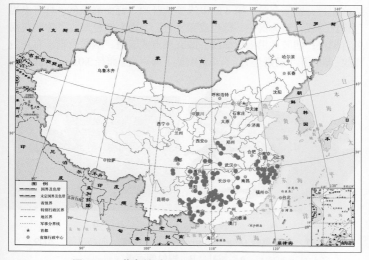

图 284-2 花臭蛙 *Odorrana schmackeri* 地理分布

【生物学资料】　该蛙生活于海拔 200～1 400 m 山区植被较为繁茂，环境潮湿的大小山溪内，成蛙常蹲在溪边岩石上。7～8 月份繁殖，雄蛙在夜间发出鸣叫声；雌蛙产卵 1 400～2 544 粒。蝌蚪在水凼底层落叶间或石下。

【种群状态】　该种分布区内广，种群数量多。

【濒危等级】　无危（LC）。

【地理分布】　河南（太行山、伏牛山）、四川（汶川、峨眉山、峨边）、重庆、贵州、湖北（宜昌、丹江口、通山）、安徽（南部）、江苏（宜兴）、浙江、江西、湖南、广东（乐昌、连州、大埔等）、广西；越南。

285. 棕背臭蛙 *Odorrana swinhoana* (Boulenger, 1903)

【英文名称】　Brown-backed Odorous Frog.

【形态特征】　雄蛙体长 48.0～71.0 mm，雌蛙体长 52.0～89.0 mm。头的长宽几乎相等或略宽；鼓膜为眼径之半；犁骨齿排列呈两斜行。皮肤光滑或有小疣，无背侧褶；体侧疣粒明显；腹后端及股基部有扁平疣。指、趾端具宽吸盘，腹侧均有沟，吸盘横径不大于其下指节的 2 倍；后肢前伸贴体时胫跗关节鼻孔或吻端，胫长为体长之半或略超过，趾间全蹼，第 4 趾以缘膜达趾端。背面鲜绿色，具有赤褐色斑点，或背面为褐色、棕色或深灰色，上面有绿色斑纹，体侧灰褐色有黑斑；四肢具黑褐色横纹；股有黑点或云斑；咽喉及胸部有灰色斑纹。雄性第 1 指婚垫大，有 1 对咽侧下外声囊。卵径 3.0 mm，乳白色。

A　　　　　　　　　　　B

图 285-1　棕背臭蛙 *Odorrana swinhoana*（台湾，向高世等，2009）

A、雄蛙　B、蝌蚪侧面观

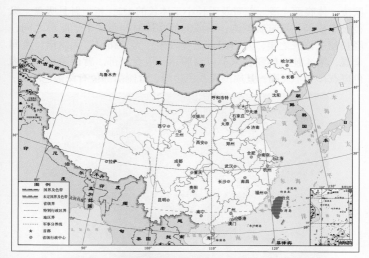

图 285-2　棕背臭蛙 *Odorrana swinhoana* 地理分布

蝌蚪头体长 11.0 ～ 13.0 mm，体尾黑褐色，尾肌上有圆点，尾鳍有云状斑纹，唇齿式为 Ⅰ ：4+4/1+1 ：Ⅲ；上唇中央无乳突，口角乳突 1 排，具副突；下唇乳突 1 行不间断，交错排列。

【生物学资料】　该蛙生活海拔 300 ～ 2 500 m 的山区溪流附近，栖息于溪涧内或小瀑布水边石头上，发出如同小鸟"啾"的单一鸣声。11 月至翌年 1 月繁殖，产卵 40 ～ 50 粒，成小堆黏附在浅水石头底下。蝌蚪在水内石头上。

【种群状态】　中国特有种。该种各分布区内种群数量较多。

【濒危等级】　无危（LC）。

【地理分布】　台湾（广泛分布于海拔 2 500 m 以下的山区小溪流及附近）。

286. 天目臭蛙 *Odorrana tianmuii* Chen, Zhou and Zheng, 2010

【英文名称】　Tianmu Odorous Frog.

【形态特征】　雄蛙体长 39.4 ～ 45.9 mm，雌蛙体长 68.1 ～ 81.9 mm。头长大于头宽；鼓膜大，直径约为眼径的 2/3；犁骨齿两短列，齿列长小于两内缘间距。皮肤光滑，背部和四肢背面皮肤有小痣粒，体侧有扁平疣粒，疣粒沿背侧褶部位排成纵列，无背侧褶；胫部无肤棱；体腹面光滑。前臂及手长小于体长的 1/2；指、趾具吸盘，纵径大于横径，均有腹侧沟；后肢前伸贴体时胫跗关节达眼鼻之间，胫长超过体长之半，左右跟部重叠较多；无外跖突，无跗褶；趾间全蹼，第 4 趾两侧蹼在末节以缘膜达趾吸盘基部。背面黄绿色，褐色斑点排列不规则，其周围无浅色边缘；背侧褶部位有深褐色小斑；

图 286-1　天目臭蛙 *Odorrana tianmuii* 雌雄抱对（浙江天目山，陈晓虹）

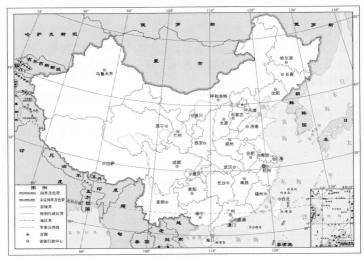

图 286-2　天目臭蛙 *Odorrana tianmuii* 地理分布

黄色颌腺 2 枚；四肢有横纹，股、胫部各 4～5 条，股后方褐色斑小而稀疏，腹面白色无斑。繁殖季节雄性胸部有细小白刺群，第 1 指婚垫乳白色；有 1 对咽侧下外声囊；仅背侧有肉粉色雄性线。卵径 2.2 mm 左右，动物极棕褐色，植物极米黄色。

【生物学资料】　该蛙生活于海拔 200～800 m 丘陵山区水面开阔的溪流中。成蛙栖息于溪边的石块或岩壁上。2007 年 7 月 17 日晚上发现雄、雌蛙在布袋内抱对。

【种群状态】　中国特有种。该种分布区内种群数量较少。

【濒危等级】　费梁等（2012）建议列为易危（VU）；蒋志刚等（2016）列为无危（LC）。

【地理分布】　浙江（天目山）。

287. 滇南臭蛙 Odorrana tiannanensis (Yang and Li,1980)

【英文名称】　Tiannan Odorous Frog.

【形态特征】　雄蛙体长 53.0～54.0 mm，雌蛙体长 91.0～108.0 mm。头长大于头宽；雄蛙鼓膜较雌蛙大。背部皮肤粗糙，体侧疣粒较背部的大；腹面皮肤光滑。前臂及手长约为体长之半，指、趾端均有吸盘及腹侧沟，吸盘宽不及其下指节宽的两倍；后肢前伸贴体时胫跗关节远超过吻端，左右跟部重叠甚多；胫长超过体长之半；无跗褶，趾间全蹼，外侧跖间具 2/3 蹼。体背面棕黄色或浅棕黄色，体背黑色斑点不清晰，体侧黑色斑点多，四肢略显横纹；腹面乳黄

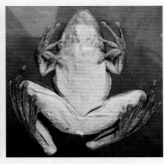

A   B

图 287-1　滇南臭蛙 Odorrana tiannanensis 雌蛙

A、背面观（云南河口，陈晓虹）　B、腹面观（云南河口，费梁）

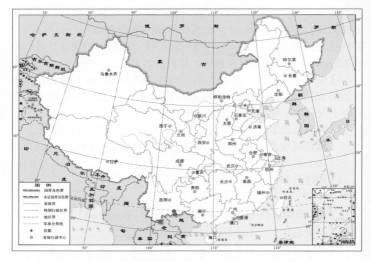

图 287-2　滇南臭蛙 *Odorrana tiannanensis* 地理分布

色，无斑纹。雄蛙第 1 指基部有乳黄色婚垫；有 1 对咽侧下外声囊；无雄性线。卵粒呈乳黄色。蝌蚪全长平均 32.0 mm，头体长平均 12.0 mm。体窄长，浅棕色；尾肌强，尾鳍起于尾基部；唇齿式为 Ⅰ：4+4/1+1：Ⅲ；口部两侧及下唇缘具乳突，口角有副突。

　　【生物学资料】　　该蛙生活于海拔 120～1 200 m 林木繁茂的山区、水流湍急的山涧中。夜晚多在溪内石上或附近的草丛中。5 月下旬的雌蛙腹内怀有卵粒，呈乳黄色。

　　【种群状态】　　中国特有种。该种各分布区内种群数量较少。

　　【濒危等级】　　近危（NT）；蒋志刚等（2016）列为易危（VU）。

　　【地理分布】　　云南（河口、屏边、勐腊）。

288. 宜章臭蛙 *Odorrana yizhangensis* Fei, Ye and Jiang, 2007

　　【英文名称】　　Yizhang Odorous Frog.

　　【形态特征】　　雄蛙体长 47.0～54.0 mm，雌蛙体长 58.0～71.0 mm。头长略大于头宽；鼓膜大约为第 3 指吸盘的 2 倍；犁骨齿列斜向后中线。背面皮肤光滑，头体前部有少数痣粒，体后部痣粒多；体侧有扁平疣。下颌缘和胸腹部有白色细刺群，咽部和四肢腹面皮肤光滑。前臂及手长约为体长之半，前臂长约为体长的13%；指、趾吸盘具腹侧沟，背面有半月形横沟，第3指吸盘约为鼓膜之半。后肢前伸贴体时胫跗关节达吻端，胫长超过体长之半，左右跟部显然重叠；趾间近全蹼；外侧跖间蹼达跖基部；内跖突卵圆形，无外跖突，无跗褶。

A   B

图 288-1   宜章臭蛙 *Odorrana yizhangensis* 雌蛙

A、背面观（湖南宜章，王斌）   B、腹面观（湖南宜章，费梁）

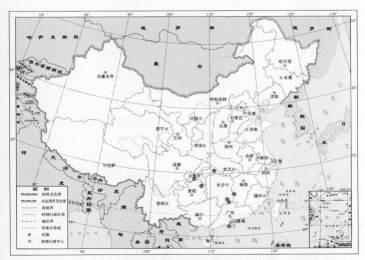

图 288-2   宜章臭蛙 *Odorrana yizhangensis* 地理分布

体背面绿色或暗绿色，有棕色大斑块，体侧者相对较小；四肢棕色横纹多者 4～7 条，镶有黄色边，趾间蹼灰棕色。胸腹部深色斑少或多。雄蛙体背面无白色刺群；第 1 指有灰白色婚垫；有 1 对咽侧下外声囊；背侧雄性线粉红色，腹部无；胸腹部有白色刺群。卵粒黄色。

【生物学资料】　该蛙生活于海拔 1 000～1 200 m 的常绿阔叶林区。该蛙多栖息在山溪内长有苔藓的石上或崖壁上。6 月的雌蛙输卵管内有卵 356 粒左右。繁殖季节可能在 6～7 月。

【种群状态】　中国特有种。该种各分布区内种群数量较少。

【濒危等级】　费梁等（2010）建议列为易危（VU）；蒋志刚等（2016）列为易危（VU）。

【地理分布】　重庆（武隆）、贵州（江口）、湖北（五峰）、湖南（宜章）、江西（井冈山）、广东（乳源）。

绿臭蛙种组 *Odorrana margaretae* group

289. 荔浦臭蛙 *Odorrana lipuensis* Mo, Chen, Wu, Zhang and Zhou, 2015

【英文名称】　Lipu Odorous Frog.

【形态特征】　雄蛙体长 40.7～47.7 mm，雌蛙体长 51.1～55.4 mm；头长略大于头宽；鼓膜较大，直径约为眼径的 3／4；犁骨齿列斜置；体背面皮肤光滑；无背侧褶；上眼睑、颞区、鼓膜的前后边缘有小刺；颞褶较弱；体腹面光滑；前肢适中，指吸盘宽度小于其后方指节宽度的两倍；后肢前伸贴体时胫跗关节达鼻孔至吻端之间；趾间全蹼，除第 4 趾外其他各趾之蹼均达到趾吸盘；内跖突细长，呈椭圆形。背面橄榄绿或黄绿色，满布不规则的褐色斑纹，四肢颜色略浅，具褐色横纹或点状斑；整个腹面肉红色具浅灰色斑纹。繁殖季节雄蛙第 1 指具白色婚垫；无声囊，无雄性线。解剖 2 个雌蛙，卵巢内有卵，乳黄色，直径 3.2～4.2 mm。

【生物学资料】　该蛙生活于海拔 182 m 喀斯特地区的石灰岩溶洞内，在完全黑暗的洞穴内有 1 个约 2.0 m² 水塘，水塘内及其附近发现 22 只成蛙。在 6 月发现配对的成蛙。2 个雌蛙腹内分别孕卵 32 粒和 59 粒。繁殖季节可能在 6 月到 7 月。

【种群状况】　中国特有种。仅发现该种只有 1 个分布点，其

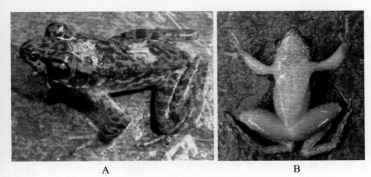

A   B

图 289-1 荔浦臭蛙 *Odorrana lipuensis* 雄蛙（广西荔浦，莫运明）

A、背面观 B、面观

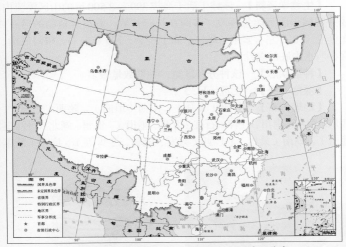

图 289-2 荔浦臭蛙 *Odorrana lipuensis* 地理分布

种群数量不详。

【濒危等级】 建议列为近危（NT）。

【地理分布】 广西（荔浦）；越南。

290. 绿臭蛙 *Odorrana margaretae* (Liu, 1950)

【英文名称】 Green Odorous Frog.

【形态特征】　雄蛙体长 78.0 ～ 88.0 mm，雌蛙体长 93.0 ～ 113.0 mm。头长略大于头宽，鼓膜小，约为眼径之半；犁骨齿两斜列。背面皮肤光滑，无背侧褶，体侧皮肤有小痣粒。指、趾具吸盘，纵径大于横径，腹侧沟均显著，第 3 指吸盘宽度不大于其下方指节的两倍；后肢前伸贴体时胫跗关节达吻端，左右跟部重叠，胫长超过体长之半，无跗褶，趾间全蹼。体背面绿色，体后端棕色散有褐黑色斑点，四肢背面绿色或棕色有褐黑色横纹，股后褐黑色大花斑或碎斑甚显。繁殖期雄性胸部有△形白色刺团，第 1 指婚垫发达，无声囊，背侧有雄性线。卵径 3.5 mm 左右，乳白色。蝌蚪全长 36.0 mm，头体长 13.0 mm 左右；头体细长而扁平，体尾散有黑褐色点斑；尾末端钝圆；唇齿式为 Ⅰ：4+4/1+1：Ⅲ；上唇无乳突，口角及下唇乳突 1 排，交错排列，口角部位副突少。

【生物学资料】　该蛙生活于海拔 390 ～ 2 500 m 的山区溪流内。成蛙常栖于山涧湍急溪段，多蹲在长有苔藓、蕨类等植物的巨石或崖壁上。12 月左右繁殖，雌蛙产卵于石下，705 粒左右。蝌蚪底栖，常在回水凼底的腐叶下。

【种群状态】　该种分布区宽，种群数量较多。

【濒危等级】　无危（LC）。

【地理分布】　甘肃（文县）、山西（垣曲）、陕西（宁强）、四川、重庆（南川、江津、石柱、万州、巫山）、贵州、湖北（丹江口、通山）、湖南（桑植）、广西（兴安、隆林、金秀等）、广东（新丰、

A　　　　　　　　　　　B

图 290-1　绿臭蛙 Odorrana margaretae
A、雄蛙背面观（四川峨眉山，费梁）
B、蝌蚪（四川峨眉山，王宜生）上：口部　下：侧面观

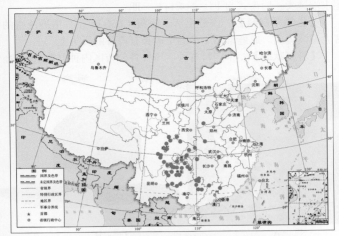

图 290-2 绿臭蛙 *Odorrana margaretae* 地理分布

连州等）；越南（北部）。

291. 光雾臭蛙 *Odorrana kuangwuensis* (Liu and Hu,1966)

【英文名称】 Kuangwu Odorous Frog.

【形态特征】 雄蛙体长 57.0 mm 左右，雌蛙体长 66.0 ～ 71.0 mm。头长略大于头宽；鼓膜约为眼径之半；犁骨齿呈两短列。头、背部皮肤光滑，近体后端有少数圆疣，体侧具少数扁平疣；无背侧褶，肛部下方及股后部下方密布扁平疣。前臂及手长约为体长之半，指、趾均具吸盘，纵径大于横径，除第 1 指外，指和趾均有腹侧沟，第 3 指吸盘为鼓膜的 3/5，不大于其下方指节的两倍；后肢前伸贴体时胫跗关节达鼻孔，胫长超过体长之半，左右跟部重叠，无跗褶，趾间全蹼。体和四肢背面鲜绿色；体侧浅黄色，有黑褐色圆点；四肢背面有横纹，股后、后肢腹面及趾蹼上均有大斑块；腹面有褐色斑点。雄性第 1 指具深色婚垫，无声囊，无雄性线。蝌蚪全长约为头体长的 2 倍；体背面和尾肌为棕色，其上有网状褐灰色斑纹，腹面颜色较背面浅，尾鳍褶浅灰色略显深灰色小斑点；剖视雌蛙，腹内未成熟卵乳白色，直径 2.0 mm 左右。蝌蚪全长约为头体长的 2 倍；头体和尾肌部位浅灰棕色，其上有褐色小斑，尾鳍褶部位小斑点较密，尾末端钝尖；唇齿式为Ⅰ：4+4/1+1：Ⅲ。

【生物学资料】　该蛙生活于海拔1 650 m左右植被茂密的山区大型溪流内。成蛙常栖于水凼岸边长有苔藓的石头上。

【种群状态】　中国特有种。该种各分布区内种群数量较少。

A   B

图291-1　光雾臭蛙 Odorrana kuangwuensis

A、雌蛙背面观（四川南江，费梁）

B、蝌蚪（四川南江，陈晓虹）　上：口部　下：侧面观

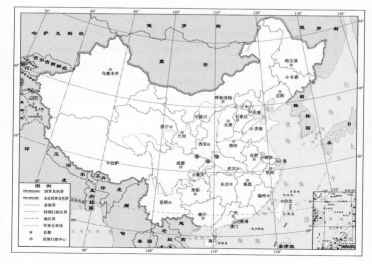

图291-2　光雾臭蛙 Odorrana kuangwuensis 地理分布

【濒危等级】　濒危（EN）；蒋志刚等（2016）列为易危（VU）。
【地理分布】　湖北（保康）、四川（南江）、重庆（城口）。

292. 务川臭蛙 *Odorrana wuchuanensis* (Xu, 1983)

【英文名称】　Wuchuan Odorous Frog.

【形态特征】　雄蛙体长 71.0 ～ 77.0 mm，雌蛙体长 76.0 ～ 90.0 mm；头长大于头宽；鼓膜大，约为眼径的 4/5；犁骨齿强，呈 2 斜列。头体背面有较大疣粒；无背侧褶；后背部、体侧及股、胫部背面有扁平疣粒；腹面皮肤光滑。前臂及手长约为体长之半，指、趾具吸盘，除第 1 指外均有腹侧沟；后肢前伸贴体时胫跗关节达鼻孔，左右跟部重叠，胫长超过体长之半，无跗褶，趾间蹼缺刻深，蹼缘凹陷仅达第 4 趾第 2 关节下瘤。背面绿色，疣粒周围有黑斑；四肢有深浅相间的多条横纹，股后有碎斑；腹面布满深灰色和黄色相间的网状斑块。雄性第 1 指婚垫淡橘黄色；无声囊；无雄性线。卵径 2.5 mm 左右，乳黄色。蝌蚪全长平均 47.0 mm，头体长平均 17.0 mm；尾部有深色斑点；尾末端钝圆；唇齿式为 Ⅰ：4+4/1+1：Ⅲ；上唇无乳突，下唇乳突 1 排交错排列，口角有乳突 1 排，副突较少。

【生物学资料】　该蛙生活于海拔 700 m 左右山区的溶洞内，洞内阴河水流缓慢。成蛙栖息于距洞口 30 m 左右的水塘周围的岩壁上，洞内近全黑。5 ～ 8 月繁殖，蝌蚪在水凼内。解剖 7 月 6 日的雌蛙（体长 86.0 mm），腹内有卵 348 粒。

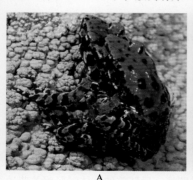 

图 292-1　务川臭蛙 *Odorrana wuchuanensis*
A、雌雄抱对（贵州务川，徐键）　B、雌蛙腹面观（贵州务川，费梁）

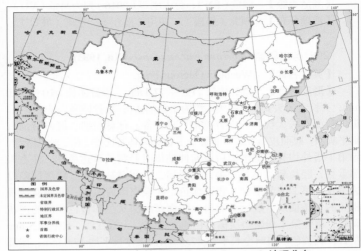

图 292-2　务川臭蛙 *Odorrana wuchuanensis* 地理分布

　　【种群状态】　中国特有种。仅发现该种生活在少数地区的溶洞内，其种群数量极少。

　　【濒危等级】　极危（CR）；蒋志刚等（2016）列为易危（VU）。

　　【地理分布】　贵州（务川）、湖北（建始）、广西（环江）。

凹耳臭蛙种组 *Odorrana tormota* group

293. 凹耳臭蛙 *Odorrana tormota* (Wu,1977)

　　【英文名称】　Concave-eared Odorous Frog.

　　【形态特征】　雄蛙体长 32.0 ～ 36.0 mm，雌蛙体长 59.0 ～ 60.0 mm。头长大于头宽；有犁骨齿。体背部布满细小痣粒，有颌腺，无颞褶；体侧及后肢背面小疣密集，背侧褶明显。前臂及手长不到体长之半，指端扩大成吸盘，但宽度不为其后方指节宽的两倍，外侧第 3 指腹侧有沟，指末节背面有半月形横凹痕；后肢前伸贴体时胫跗关节达吻端，左右跟部重叠较多，胫长超过体长的一半，第 4 趾蹼达远端第 2 关节下瘤，有内外跗褶，趾端吸盘与指端同，均有腹侧沟。体背面棕色具小黑斑，吻棱及背侧褶下方色深，上唇缘及颌腺为黄白色；体侧有小黑点；股、胫部有黑横纹；股后具棕褐色网状斑；咽胸部有棕色碎斑。雄蛙鼓膜凹陷（雌蛙略凹），第 1 指有灰色婚垫，有 1 对咽侧下外声囊，无雄性线。卵径 2.5 ～ 2.6 mm，乳白色或乳黄色。蝌蚪全长 36.0 mm，头体长 11.0 mm；体尾具褐色斑纹，尾末端尖；唇齿式为 I：3+3（或 4+4）/ 1+1：Ⅲ，下唇乳突 2 排或 1 排，

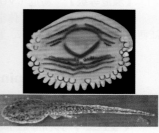

图 293–1 凹耳臭蛙 _Odorrana tormota_（安徽黄山，费梁）

A、雄蛙背面观   B、蝌蚪   上：口部   下：侧面观

图 293–2 凹耳臭蛙 _Odorrana tormota_ 地理分布

呈交错排列。

【生物学资料】　　该蛙生活于海拔 150 ～ 700 m 的山溪附近。夜晚栖息在溪旁灌木草丛枝叶上或溪边石块上，4 ～ 6 月雄蛙发出如钢丝摩擦"吱"的单一鸣声。4 ～ 5 月雌蛙产卵 490 ～ 863 粒。受精卵至变态成幼蛙共需 60 d 左右，残留尾长 1.0 ～ 2.0 mm 的幼蛙体长 12.4 ～ 14.5 mm。

【种群状态】　　中国特有种。该种各分布区内种群数量较少。

【濒危等级】　　易危（VU）。

【地理分布】　　安徽（休宁、黟县、歙县、绩溪、泾县、旌德）、江西（婺源）、浙江（建德、天台、安吉、临安）、江苏（宜兴）。

湍蛙亚科 Amolopinae Fei, Ye and Huang, 1990

（五二）拟湍蛙属 *Pseudoamolops* Fei, Ye and Jiang, 2000

294. 多齿拟湍蛙 *Pseudoamolops multidenticulatus* （Chou and Lin, 1997)

【英文名称】　　Multidenticulate Pseudotorrent Frog.

【形态特征】　　雄蛙体长 27.0 ～ 40.0 mm，雌蛙体长 35.0 ～ 52.0 mm。头长大于头宽；鼓膜圆，大而清晰。头体背面皮肤光滑，后 1/3 有小白刺粒；背侧褶细，从眼后延伸至胯部；颞褶细；肛周围及股后部有细小疣粒；腹面光滑。前臂及手长接近体长之半，指端略成吸盘状，腹侧无沟；后肢前伸贴体时胫跗关节达吻端或略超过，左右跟部重叠甚多，胫长略超体长之半，趾吸盘有腹侧沟，第 4 趾外侧蹼达远端关节下瘤，无蹼褶。体背面浅黄色、黄褐色或灰黑色等，多无斑纹，有的背部有八字形褐色斑；体侧小疣上黑色；四肢上有横纹；股后有灰色细点。雄蛙第 1 指具刺状婚垫，不分团；咽侧下内声囊 1 对。卵径 2.6 mm 左右，动物极灰黑色，植物极浅黄色。蝌蚪全长 29.0 mm，头体长 11.0 mm 左右；头体背面褐色；出水孔游离管长；尾末端钝圆；口后有 1 个大的腹吸盘，两侧有游离缘，后端不游离；腹后部两侧各有 1 个小白腺；唇齿式多为 III：4+4（5+5）/

1+1：Ⅵ至1+1：Ⅸ；口部两侧有乳突，口角副突多，下唇乳突2排，内排稀疏。

【生物学资料】 该蛙生活于海拔100～2 600 m的山区，9～12月繁殖，卵群黏附在溪流水凼内石下；每次产卵300～450粒。蝌蚪在溪流水凼内生活。

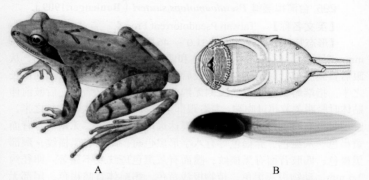

A B

图 294-1 多齿拟湍蛙 *Pseudoamolops multidenticulatus*（台湾花莲，李健）

A、雄蛙背面观 B、蝌蚪 上：头部腹面观 下：侧面观

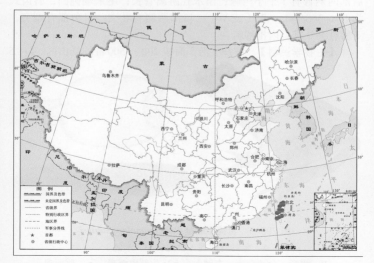

图 294-2 多齿拟湍蛙 *Pseudoamolops multidenticulatus* 地理分布

【种群状态】　中国特有种。该种各分布区内种群数量多。

【濒危等级】　无危（LC）。

【地理分布】　台湾（桃园、台北、宜兰、台中、苗栗、花莲、南投、嘉义、高雄、台东、屏东）。

295. 台湾拟湍蛙 *Pseudoamolops sauteri*（Boulenger,1909）

【英文名称】　Taiwan Pseudotorrent Frog.

【形态特征】　雄蛙体长31.0～46.0 mm，雌蛙体长44.0～56.0 mm。头长大于头宽；鼓膜圆。体和四肢背面有疣粒；背侧褶细，从眼后直到胯部；颞褶细；肛及股后部有疣粒。前臂及手长不到体长之半，指端略呈小吸盘，腹侧无沟，指基部关节下瘤大；后肢前伸贴体时胫跗关节超过吻端，左右跟部重叠甚多，胫长大于体长之半，趾端吸盘有腹侧沟，第4趾外侧蹼达远端关节下瘤，无跗褶。背面黄褐色、灰泥色、赤褐色等有八字形黑色斑，眼间有黑横纹，颞部黑褐色；四肢背面有黑横纹；腹面有灰黑色斑纹或不显著。卵径约2.6 mm，动物极灰黑色，植物极浅黄色。蝌蚪体背暗褐色，尾部无斑点；口部后方有1个大的腹吸盘，吸盘两侧和后部无游离缘；腹后部两侧各有1个小白腺；出水孔游离管长；尾末端钝圆；唇齿式为Ⅱ：3+3/1+1：Ⅳ（或Ⅴ）；口部两侧有乳突，口角部有副突，下唇乳突2排，内排稀疏。

【生物学资料】　该蛙生活于海拔200～500 m的低山区。4～5

图295-1　台湾拟湍蛙 *Pseudoamolops sauteri*

A、雌蛙背面观（台湾台中，李健）

B、蝌蚪（台湾台南，李健）　上：头部腹面观　下：侧面观

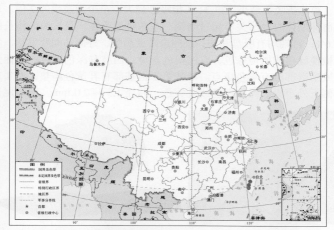

图 295-2　台湾拟湍蛙 *Pseudoamolops sauteri* 地理分布

月繁殖, 此期雄蛙发出"啧"的求偶叫声。雌蛙每次产卵 511 ～ 535 粒, 卵群黏附在水底石块下。蝌蚪在溪流水凼内生活。

　　【种群状态】　中国特有种。该种各分布区内种群数量少。

　　【濒危等级】　近危 (NT) 或濒危 (EN); 蒋志刚等 (2016) 列为易危 (VU)。

　　【地理分布】　台湾 (台中、嘉义、台南)。

(五三) 湍蛙属 *Amolops* Cope, 1865

西域湍蛙种组 *Amolops afghanus* group

296. 西域湍蛙 *Amolops afghanus* (Günther, 1858)

　　【英文名称】　Torrent Frog.

　　【形态特征】　雄蛙体长 41.0 mm, 雌蛙体长 77.0 mm 左右。头长约与头宽相等; 鼓膜小而圆, 直径约为眼径的 1/3, 距眼远; 犁骨齿呈两短列, 在内鼻孔内侧后缘, 横置不相遇。背面皮肤光滑或布满小疣; 无背侧褶; 腹部、股基部有小疣粒。指端均具吸盘及沟，第 1 指吸盘最小，第 3、4 指吸盘最大，至少为鼓膜的 2 倍。后肢前伸贴体时胫跗关节超过吻端，左右跟部重叠，胫长约为体长的 60.6%；趾端均有吸盘和沟；趾间全蹼或满蹼，外侧跖间蹼发达。背面橄榄绿色或橄榄棕色，有浅褐色花斑；四肢有深色横纹；腹面无斑或咽喉部散有灰色斑点。雄蛙第 1 指基部有乳黄色婚垫；有 1 对咽侧下外声囊。卵粒白色或乳黄色，卵径 1.5 ～ 2.0 mm。蝌蚪尾长

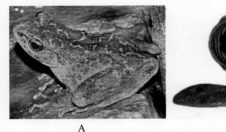

A　　　　　　　　　　　　B

图 296-1　西域湍蛙 *Amolops afghanus*

A、雌蛙背面观（云南盈江，侯勉）

B、蝌蚪（云南陇川，侯勉）　上：头部腹面观　下：侧面观

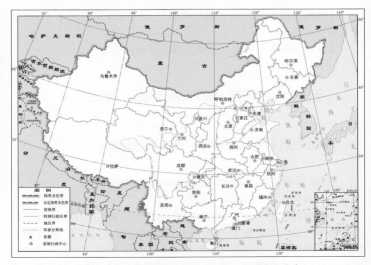

图 296-2　西域湍蛙 *Amolops afghanus* 地理分布

为体长的 1.5 倍；尾末端尖；口在吻腹面，体腹面口后方有 1 个大的腹吸盘；唇齿式为Ⅲ ： 5+5/1+1 ： Ⅱ。

【生物学资料】 该蛙生活于海拔 330 ～ 1 500 m 山溪及其附近。

【种群状态】 该蛙分布较宽，数量较多，但在中国境内仅发现 2 个分布点，其种群数量较少。

【濒危等级】 IUCN（2013）列为无危（LC）。

【地理分布】 云南（陇川、盈江）；泰国（清迈）、缅甸。

297. 仁更湍蛙 *Amolops argus* (Annandale,1912)

【英文名称】 Renging Torrent Frog.

【形态特征】 幼蛙体长 27.0 mm。体较细长，头短宽，三角形；吻端略扁平，斜直向下，略长于眼径，鼻孔近吻端；吻棱不甚明显；颊部垂直，凹陷；鼓膜小而显著，约为眼径的 1/3，间间距大于上眼睑宽。下颌颐部有 1 个小齿突；舌上无乳突；内鼻孔小，相距宽。头部皮肤光滑，无背侧褶，背部有分散的小疣粒；腹部光滑。前肢较细；指较细，第 1 指略长于第 3 指，关节下瘤大而圆，略突出，无掌突；指间无蹼，指端吸盘大，第 3 指吸盘与鼓膜等大。后肢前伸贴体时胫跗关节达鼻孔；趾吸盘略小于指吸盘；趾间满蹼，有关节下瘤，但不十分显著，内跗突很显著，无外跗突；无跗褶。背面深黑灰色，背部带有浅色网状纹，像小眼斑；四肢有黑灰色和白色的显著横纹；腹面污白色，咽喉、胸部有浅灰色斑；掌、跖部黑灰色。蝌蚪全长 51.0 mm，头体长 18.0 mm，尾末端钝尖；口部在吻的腹面，口后方有 1 个大的腹吸盘；唇齿式为Ⅲ ： 5+5/1+1 ： Ⅱ。

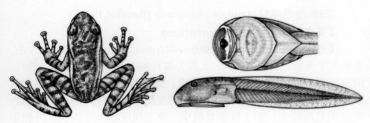

图 297-1 仁更湍蛙 *Amolops argus*（西藏墨脱南部，Annandale, 1912）

A、幼蛙　B、蝌蚪　上：头部腹面观　下：侧面观

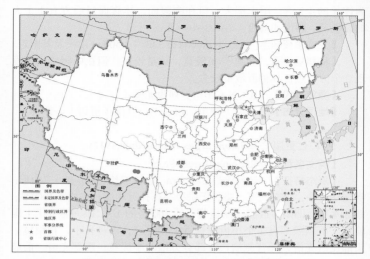

图 297-2　仁更湍蛙 *Amolops argus* 地理分布

【生物学资料】　　该蛙生活于海拔 650 m 的山溪附近。

【种群状态】　　目前，该蛙在中国境内仅见于西藏墨脱南部的阿波尔地区，种群数据无资料。

【濒危等级】　　未予评估（NE）。

【地理分布】　　西藏（墨脱南部阿波尔的上仁更和罗龙）；印度、尼泊尔。

298. 沙巴湍蛙 *Amolops chapaensis* (Bourret,1937)

【英文名称】　　Chapa Torrent Frog.

【形态特征】　　雄蛙体长 80.0～84.0 mm，雌蛙体长 92.0 mm 左右。头长大于头宽；鼓膜小而圆，大约为眼径的 2/5；犁骨齿强呈 2 斜行，间距为齿列长的 1/2。背面皮肤光滑；无背侧褶；颞褶明显，体侧具颗粒疣；咽、胸部皮肤光滑；肛孔周围及腿部有疣粒。指端具大吸盘，吸盘均具边缘沟，第 1 指吸盘最小，第 2 指吸盘大于鼓膜，外侧第 2 指吸盘为鼓膜直径的 1.4 倍，指间无蹼，指外侧具缘膜，外侧第 3 指有指基下瘤；胫长为体长的 55% 左右，足比胫略短，趾间全蹼，趾吸盘有边缘沟。背部黑褐色或黄绿色，有褐色斑；腹面有浅褐色斑，股和胫部横斑；趾蹼浅褐色。雄蛙第 1 指背侧有灰黑色大婚垫；具 1 对咽侧下外声囊。

【生物学资料】　该蛙生活于海拔 800～1 700 m 水流湍急的山间小河附近阴湿环境内。夜间该蛙伏于长满苔藓的岩壁上，离河床高 3 m 左右。

【种群状态】　该蛙在中国境内分布区较狭窄，种群数量较少。

A   B

图 298–1　沙巴湍蛙 *Amolops chapaensis* 雌蛙（云南金平，王剀）

A、背面观　B、腹面观

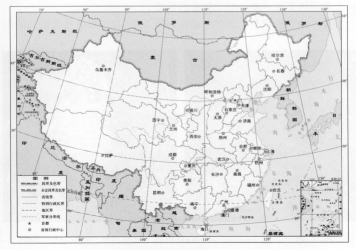

图 298–2　沙巴湍蛙 *Amolops chapaensis* 地理分布

【濒危等级】 易危（VU）或近危（NT）；蒋志刚等（2016）列为易危（VU）。

【地理分布】 云南（河口、绿春）；越南（沙巴）。

299. 越北湍蛙 *Amolops geminata* (Bain, Stuart, Nguyen, Che and Rao, 2009)

【英文名称】 Geminated Torrent Frog，Geminated Cascade Frog.

【形态特征】 雄蛙体长 70.9 ～ 78.6 mm，雌蛙体长 86.6 ～ 100.1 mm。头长大于头宽；鼓膜明显，约为眼径的 1/2；犁骨齿强，呈 2 斜行，其间距等于它到内鼻孔的距离。背面皮肤光滑；从吻端到眼下方中部有刺；无背侧褶；颌褶明显，体侧具颗粒疣；咽、胸部皮肤光滑；腹后部、肛孔周围及腿部有疣粒。第 1 指等于或短于第 2 指，指端具大吸盘，吸盘均具边缘沟；第 1 指吸盘最小，第 2 指吸盘等于鼓膜，外侧 2 指吸盘为鼓膜直径的 1.4 倍，为其下指节的 2 倍；指间无蹼，指外侧具缘膜，外侧 3 指有指基干瘤；胫长为体长的 58.0% 左右，足比胫略短，趾间全蹼，趾吸盘小于指吸盘，有边缘沟。背面绿色具小斑点，体侧斑点较大；咽喉和四肢腹面褐色斑密集，胸腹部云状斑少；股和胫部横斑 5 ～ 6 条。雄蛙第 1 指背侧有绒毛状婚垫；具 1 对咽侧下外声囊。卵动物极有色素。

【生物学资料】 该蛙生活在海拔 753 ～ 1 700 m 水流湍急的山

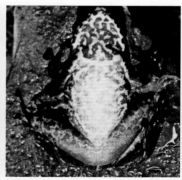

图 299-1 越北湍蛙 *Amolops geminata* 雄蛙（越南高平，Bain, et al., 2009）

A、背面观　B、腹面观

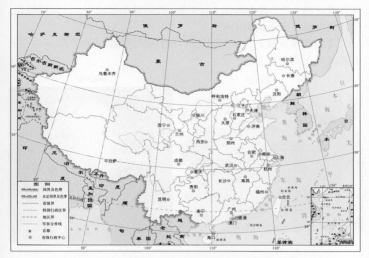

图 299-2 越北湍蛙 *Amolops geminata* 地理分布

溪内及其附近。栖息长满苔藓的岩壁及急流内的石头上。4～5 月期间雌蛙已孕卵。

【种群状态】 该蛙在中国境内分布区较狭窄，种群数量较少。

【濒危等级】 建议列为易危（VU）。

【地理分布】 云南（麻栗坡）；越南（高平）。

300. 墨脱湍蛙 *Amolops medogensis* Li and Rao, 2005

【英文名称】 Medog Torrent Frog.

【形态特征】 雄蛙体长 95.0 mm，雌蛙体长 93.0 mm 左右。头长略大于头宽；鼓膜小而圆，约为眼径的 1/3。体和四肢背面皮肤光滑，有细小痣粒；无背侧褶；颞褶宽厚，鼓膜明显，其下方和后下方小疣粒密集。前肢粗壮，指细长，第 4 指略短于第 3 指，比第 2 指长，第 1 指最短，指端有吸盘，各吸盘均具边缘沟，第 3 指吸盘宽为鼓膜直径的 2 倍，指间无蹼；后肢前伸贴体时胫跗关节达吻端前后，股部短于胫部，左右跟部重叠较多，趾间全蹼，趾吸盘小于指吸盘，均有边缘沟。体背面和体侧为橄榄绿色且有褐色斑纹，或为深棕色且有黄绿色斑点，一般体侧斑纹较稀疏，颌缘后部为黄绿色；股胫部有横纹约6条，其他部位3～4条；股后部斑纹较少，趾间蹼棕色。雄蛙无声囊；第1指有婚垫。

【生物学资料】　该蛙被发现在西藏墨脱地区海拔767 m左右的山溪瀑布下的岩石上。

图 300-1　墨脱湍蛙 *Amolops medogensis*
A、雄蛙背面观（西藏墨脱，吕顺清）　B、雌蛙腹面观（西藏墨脱，侯勉）

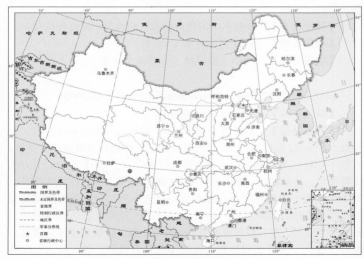

图 300-2　墨脱湍蛙 *Amolops medogensis* 地理分布

【种群状态】　仅发现该种 1 个分布点，其种群数量较少。

【濒危等级】　费梁等（2010）建议列为易危（VU）；蒋志刚等（2016）列为无危（LC）。

【地理分布】　西藏（墨脱）。

301. 星空湍蛙 *Amolops splendissimus* Orlov and Ho, 2007

【英文名称】　Sky-night Torrent Frog.

【形态特征】　雄蛙体长 71.3 ～ 76.6 mm，雌蛙体长 69.3 ～ 96.8 mm。头的长宽几乎相等或长略大于宽；鼓膜小而明显，犁骨齿发达，间距窄或几乎接近。皮肤均光滑，无疣粒；无背侧褶；颞褶细而不显著。前臂及手长大于体长之半，第 1 指吸盘很小且无沟，第 2 ～ 4 指吸盘大均有边缘沟；后肢前伸贴体时跗蹠关节达吻端，趾间全蹼，第 4 趾蹼几乎达趾的末端，外侧跖间蹼达跖基部。背面深紫色或黑褐色，布满不规则的黄色小圆斑；四肢背面无横纹，趾间蹼黄色；咽胸部具有黑色斑驳，前腹部浅灰色，后腹部具黑灰色斑驳，前肢和大腿腹面为浅褐色或浅蓝色有黑色网纹，胫跗部有黄色小点。雄性第 1 指具绒毛状婚垫；无声囊和声囊孔。

【生物学特性】　该蛙生活于海拔 1 850 ～ 2 656 m 森林茂密的山间溪流内，多见于急流的瀑布附近。该蛙在早春繁殖，可持续 1 个月。

图 301-1　星空湍蛙 *Amolops splendissimus* 雄蛙

（云南绿春，Rao and Wilkinson, 2007）

A、背面观　B、腹面观

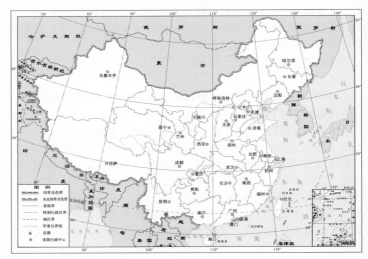

图 301-2　星空湍蛙 *Amolops splendissimus* 地理分布

【种群状态】　该蛙分布于中国和越南，在中国境内的种群数量较少。

【濒危等级】　建议列为易危（VU）。

【地理分布】　云南（绿春）；越南（北部）。

戴云湍蛙种组 *Amolops daiyunensis* group

302. 戴云湍蛙 *Amolops daiyunensis* (Liu and Hu, 1975)

【英文名称】　Daiyun Torrent Frog.

【形态特征】　雄蛙体长 36.0～58.0 mm，雌蛙体长 44.0～63.0 mm。头宽略大于头长，鼓膜小隐约可见，无犁骨齿；下颌前方无大的齿状骨突。皮肤较光滑，颞褶显著，无背侧褶；跗部有宽厚腺体。前臂及手长不到体长之半，指、趾均有吸盘和边缘沟；后肢前伸贴体时胫跗关节达眼或眼鼻之间，左右跟部略重叠，胫长略长于体长之半，趾间满蹼，外侧跖间蹼达跖基部。体背面橄榄绿色有浅色斑纹，四肢背面各部有宽横纹 3～4 条；咽胸部有黑斑。雄蛙第 1 指婚垫上具乳黄色或乳白色细婚刺，具 1 对咽侧下内声囊，无雄性线。卵径 2.5 mm 左右，乳白色。蝌蚪全长 42.0 mm，头体长 14.0 mm 左右；头体背面灰黑色，尾末端尖；口后方有腹吸盘；眼后下方有 1 对腺体团，腹后部腺体团 1 对，较小，位于外侧；唇齿式为 Ⅲ：1+1/1+1：Ⅱ；仅口角处有唇乳突。新成蛙体长 24.0 mm 左右。

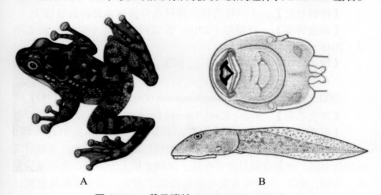

A   B

图 302-1 戴云湍蛙 *Amolops daiyunensis*

A、雄蛙背面观（福建德化，王宜生）

B、蝌蚪（福建德化，蔡明章） 上：口部 下：侧面观

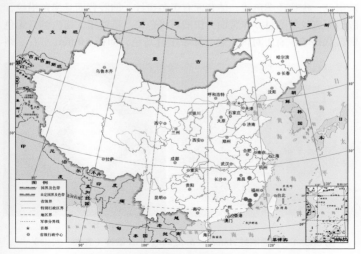

图 302-2 戴云湍蛙 *Amolops daiyunensis* 地理分布

【生物学资料】　该蛙生活于海拔 700 ～ 1 400 m 的山溪或其附近。成蛙常攀缘在溪岸边石上或瀑布中急流处的岩壁上。捕食多种昆虫、蚁类等小动物。4 ～ 7 月繁殖，卵群产在急流处岩洞内的石壁上，呈圆形或椭圆形，含卵 196 ～ 253 粒。蝌蚪栖息在急流处石块上。

【种群状态】　中国特有种。该种各分布区内种群数量较少。

【濒危等级】　费梁等（2010）建议列为易危（VU）；蒋志刚等（2016）列为易危（VU）。

【地理分布】　江西（贵溪）、福建（德化、南靖、诏安、永定）。

303. 香港湍蛙 *Amolops hongkongensis* (Pope and Romer, 1951)

【英文名称】　Hong Kong Torrent Frog.

【形态特征】　雄蛙体长 34.0 ～ 41.0 mm，雌蛙体长 31.0 ～ 48.0 mm，最大 65.0 mm。头的长宽相等；鼓膜隐蔽；无犁骨齿；下颌前端齿状骨突弱。背面皮肤具许多小疣，体侧疣粒尤为突出；腹部皮肤光滑。指短，第 2、3 指吸盘宽与其指长几乎相等，第 4 指吸盘更宽；第 1 指吸盘宽约为第 3 吸盘宽的一半，指端均具边缘沟；后肢前伸贴体时胫跗关节达眼前角；趾吸盘小于第 2 ～ 4 指吸盘，最大的趾吸盘略小于第 2 指吸盘，均具边缘沟；趾间满蹼；跗褶发达。背面褐色或灰褐色，疣粒顶端色浅，体背面有黑色斑纹；四肢背面具黑色横纹，股后面斑纹较醒目；体腹面无斑或有褐色斑。雄蛙第 1 指内侧具无色颗粒状婚垫；有 1 对内声囊。卵粒呈乳黄色，卵径 2.0 mm 左右。蝌

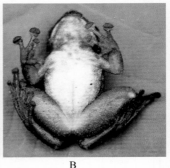

图 303-1　香港湍蛙 *Amolops hongkongensis* 雄蛙（香港，费梁）

A、背面观　B、腹面观

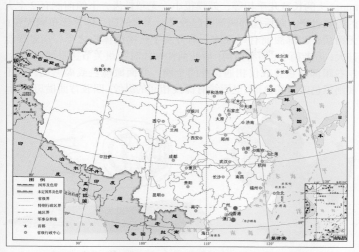

图 303-2　香港湍蛙 *Amolops hongkongensis* 地理分布

蝌全长 40.0 mm 左右，尾部有黑色云斑；口后有大的腹吸盘；眼后方和腹后部两侧有一腺体团；唇齿式为Ⅲ：1+1/1+1：Ⅱ；上、下唇和口角处有小乳突。

【生物学资料】　该蛙生活于海拔 150～300 m 的山溪急流石间，常栖息在小瀑布附近的石上或瀑布里的石壁上。8 月 31 日的雌体（体长 45.0 mm），卵巢内卵径 2.0 mm 左右；输卵管发达，推测此期为繁殖季节。

【种群状态】　中国特有种。该种各分布区内种群数量很少。

【濒危等级】　濒危（EN）或近危（NT）；蒋志刚等（2016）列为濒危（EN）。

【地理分布】　广东（惠东）、香港。

海南湍蛙种组 *Amolops hainanensis* group

304. 海南湍蛙 *Amolops hainanensis* (Boulenger,1899)

【英文名称】　Hainan Torrent Frog.

【形态特征】　雄蛙体长 71.0～93.0 mm，雌蛙体长 68.0～78.0

mm。头的长宽几乎相等；鼓膜很小，无犁骨齿，下颌前侧有 2 个大的齿状骨突；眼后枕部两侧隆起较高，无背侧褶，体背部布满疣粒；无跗褶；跗部腹面有厚腺体。前臂及手长接近体长之半，指趾吸盘甚大，后者稍小，均有横沟；后肢前伸贴体时胫跗关节达眼部或眼后，左右跟部略重叠或仅相遇，趾间全蹼。背面橄榄色或褐黑色，有不规则黑色或橄榄色斑；上唇缘有深浅相间的纵纹；四肢背面横斑清晰，

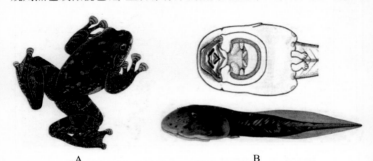

A　　　　　　　　　B

图 304-1　海南湍蛙 *Amolops hainanensis*（海南陵水，王宜生）

A、雄蛙背面观　B、蝌蚪　上：口部　下：侧面观

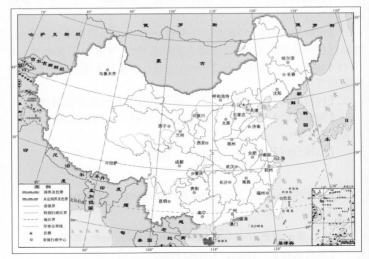

图 304-2　海南湍蛙 *Amolops hainanensis* 地理分布

股后方有网状黑斑；腹面肉红色。雄蛙无婚垫，无声囊，亦无雄性线。卵径 2.7 mm 左右，乳黄色。蝌蚪全长平均 50.0 mm，头体长 16.0 mm 左右；头体绿灰色有深色斑，尾鳍无斑；尾末端渐尖；鼻孔外侧与其前缘至眼前部有 4～7 枚小黑刺；眼后下方有 1 对小的腺体团；口后方有腹吸盘；腹后部腺体团 1～2 对；唇齿式为Ⅲ：2+2/1+1：Ⅱ；上角质颌略呈 M 形；上唇缘口角处有唇乳突，下唇乳突 1 排；口角处有副突。

【生物学资料】   该蛙生活于海拔 80～850 m 水流湍急之溪边岩石上或瀑布直泻的岩壁上。4～8 月繁殖，卵群成团贴附在瀑布内岩缝壁上。蝌蚪栖息于溪面宽阔的急流水中，吸附在石块底面。

【种群状态】   中国特有种。该种各分布区内种群数量很少。

【濒危等级】   濒危（EN）。

【地理分布】   海南（东方、琼中、五指山、昌江、白沙、乐东、三亚、陵水）。

305. 小湍蛙 *Amolops torrentis* (Smith,1923)

【英文名称】   Little Torrent Frog.

【形态特征】   体形小，雄蛙体长 28.0～33.0 mm，雌蛙体长 34.0～41.0 mm。头的长宽几乎相等，鼓膜大而显，无犁骨齿，下颌前侧方无齿状骨突。体背部散有小疣，无背侧褶；跗部腹面有厚腺体。前臂及手长近达体长之半，指、趾吸盘大且均有边缘沟，左右跟部重叠；后肢前伸贴体时胫跗关节达吻端或略超过，胫长大于体长之半，趾吸盘较小，趾间全蹼，外侧跖间蹼几乎达跖基部。体背面多为棕色或绿棕色，有不规则褐色花斑，四肢背面有横纹；腹面肉紫色或浅黄绿色，咽喉部略显褐色斑。雄蛙有 1 对咽下内声囊，无婚垫，无雄性线。卵径 2.5～3.0 mm，乳黄色。蝌蚪全长 35.0 mm，头体长 12.0 mm 左右；体尾有深色斑点；尾末端钝圆；口后方有腹吸盘，角质颌呈八字形。鼻孔内前方沿上唇缘背面有 8～11 枚小刺排列不很规则；眼后下方有 1 对较大腺体，腹后部有 1 对腺体，唇齿式为Ⅲ：2+2/1+1：Ⅱ。

【生物学资料】   该蛙生活于海拔 80～780 m 的大型或中型山溪内，多蹲在急流处石块上或瀑布两侧石壁上，发出"吱、吱、吱"的连续鸣叫声。5～8 月繁殖。蝌蚪分散栖息于急流处或瀑布下水凼内。

【种群状态】   中国特有种。该种各分布区内种群数量多。

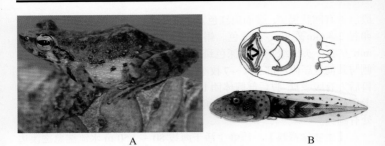

A B

图 305-1 小湍蛙 *Amolops torrentis*

A、雄蛙背面观（海南，江建平）

B、蝌蚪（海南琼中，王宜生） 上：口部 下：侧面观

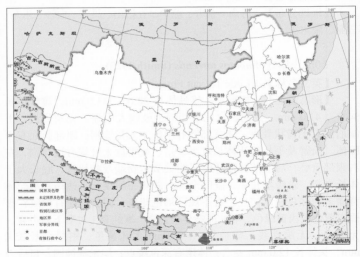

图 305-2 小湍蛙 *Amolops torrentis* 地理分布

【濒危等级】 无危（LC）或易危（VU）；蒋志刚等（2016）列为无危（LC）。

【地理分布】 海南（儋州、三亚、琼中、五指山、保亭、陵水、白沙、乐东境内的尖峰岭、东方、万宁、昌江）。

四川湍蛙种组 *Amolops mantzorum* group

306. 棘皮湍蛙 *Amolops granulosus* (Liu and Hu，1961)

【英文名称】　**Granular Torrent Frog.**

【形态特征】　雄蛙体长 36.0～41.0 mm，雌蛙体长 51.0 mm 左右。头长略大于头宽，鼓膜小而清晰，犁骨齿列短。雄蛙体和四肢背面粗糙，布满小白刺，雌蛙皮肤光滑；眼后角至胯部有断续腺褶似背侧褶，其上白刺排列成行。第 1 指指端膨大而无沟，其余各指吸盘大而有边缘沟；后肢前伸贴体时胫跗关节前达鼻孔，胫长超过体长之半，左右跟部重叠，各趾均具吸盘和边缘沟，第 4 趾蹼达第 3 关节下瘤。体背面紫褐色、棕色或绿色，有少数绿色或紫褐色斑点，四肢有黑色横纹；腹面乳黄色。雄蛙第 1 指具婚垫，有 1 对咽侧下内声囊，无雄性线。卵径 2.5～3.0 mm，乳黄色。蝌蚪全长 37.0 mm，头体长 11.0 mm 左右；体扁平，尾末端钝圆；口后方有腹吸盘；晚期蝌蚪腹后部腺体团横列；唇齿式为Ⅲ：4+4/1+1：Ⅱ；上唇缘口角处唇乳突大而整齐，下唇乳突 1 排。新成蛙体长 20.0 mm 左右。

【生物学资料】　该蛙生活于海拔 700～2 200 m 的山区。9 月

 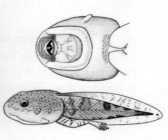

A B

图 306-1　棘皮湍蛙 *Amolops granulosus*

A、雄蛙背面观（四川安县，江建平）

B、蝌蚪（四川茂县，王宜生）　上：口部　下：侧面观

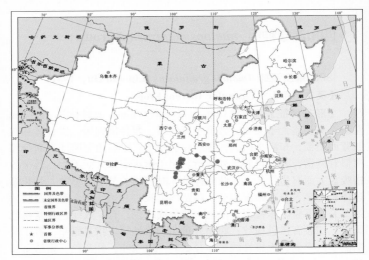

图 306-2　棘皮湍蛙 *Amolops granulosus* 地理分布

为繁殖期，有群集配对产卵的习性。

【种群状态】　中国特有种。该种各分布区内种群数量较多。

【濒危等级】　无危（LC）；蒋志刚等（2016）列为近危（NT）。

【地理分布】　四川（万源、南江、茂县、汶川、都江堰、安州、大邑、峨眉山、峨边）、湖北（神农架）。

307. 金江湍蛙 *Amolops jinjiangensis*（Su,Yang and Li,1986）

【英文名称】　Jinjiang Torrent Frog.

【形态特征】　雄蛙体长43.0 ～ 52.0 mm，雌蛙体长54.0 ～ 66.4 mm。头长略大于头宽，鼓膜不明显，多有痣粒，犁骨齿排列为斜行。皮肤粗糙，尤以头侧、体侧及背后部有很多疣粒；肛侧有1对大疣，通常体侧无背侧褶或有腺体断续排列似背侧褶；腹面光滑。前臂及手长略超过体长之半，第1指末端无边缘沟，其余各指有吸盘和边缘沟；后肢前伸贴体时胫跗关节达眼或鼻孔，胫长超过体长之半，左右跟部重叠较多，各趾均具吸盘和边缘沟，第4趾蹼达第3关节下瘤，其余趾为全蹼；内跖突长形。色斑变异大，背面绿色或棕褐色为基色，其上有不规则褐色或深绿色斑点，有的个体体侧褐黑色斑较大，四肢背

A　　　　　　　　　　　　　　B
图 307-1　金江湍蛙 *Amolops jinjiangensis* 雄蛙（云南德钦，侯勉）
A、背面观　B、腹面观

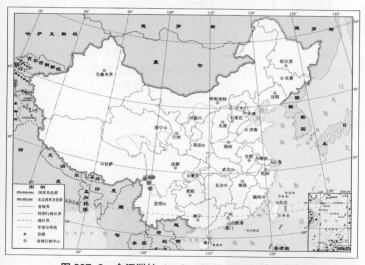

图 307-2　金江湍蛙 *Amolops jinjiangensis* 地理分布

面具黑斑纹；腹面灰棕色，咽胸部多有深色云斑；雄蛙第 1 指具大婚垫，
无声囊，无雄性线。雌蛙卵巢内卵径约 3.0 mm。蝌蚪全长 38.0 mm，
头体长 13.0 mm；头体棕黄色，尾鳍后段有深色云斑；体扁平，尾
末端钝圆；口后方有腹吸盘；眼后方有 1 对腺体团，腹后部腺体团
1 对，位于后肢基部前方，彼此相距较远；唇齿式为Ⅲ：3+3/1+1：Ⅱ；
上唇缘口角处唇乳突整齐，下唇缘宽，有唇乳突 1 排，有副突。

【生物学资料】　该蛙生活于海拔 2 000～3 500 m 的大型山溪、河流两侧或瀑布较多的溪段内；分别解剖 5、7、9 月的雌蛙，其卵径为 0.8 mm、2.0 mm、3.0 mm，推测繁殖季节在 9 月。蝌蚪生活于大小溪流中。

【种群状态】　该种分布区较宽，种群数量多。

【濒危等级】　无危（LC）。

【地理分布】　四川（乡城、稻城）、云南（德钦、香格里拉、丽江）。

308. 理县湍蛙 *Amolops lifanensis* (Liu，1945)

【英文名称】　Lifan Torrent Frog.

【形态特征】　雄蛙体长 52.0～56.0 mm，雌蛙体长 61.0～79.0 mm。头的长宽几乎相等，颞褶明显，鼓膜不显著或隐约可见，犁骨齿强。皮肤光滑无刺，无背侧褶，仅体侧有稀疏小痣粒；肛门附近和股基部疣粒较多。前臂及手长近体长之半；第 1 指指端膨大无沟，其余各指吸盘大且有边缘沟；后肢前伸贴体时胫跗关节达鼻孔前后，胫长超过体长之半，左右跟部重叠，各趾均具吸盘和边缘沟，趾间全蹼。体背面黄蓝色或灰棕色，杂以黑色或黑棕色云斑，有的个体四肢上有较规则的横纹；咽喉部紫灰色。雄蛙第 1 指有大婚垫，无声囊，无雄性线。卵径 4.0 mm 左右，乳黄色。蝌蚪全长 36.0 mm，头体长 14.0 mm 左右；背面橄榄绿色，尾部粉红色有深棕色斑纹，

A　　　　　　　　　　　　　　　　B

图 308-1　理县湍蛙 *Amolops lifanensis*（四川理县，王宜生）

A、雌蛙背面观　B、蝌蚪　上：头部腹面观　下：侧面观

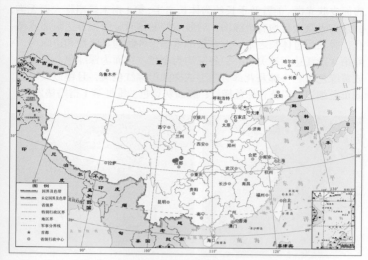

图 308-2 理县湍蛙 *Amolops lifanensis* 地理分布

尾后部有 1 个黑色弧形斑；尾末端钝圆；口后方有腹吸盘，两眼后方各有 1 个腺体团，腹后部腺体团 1 对，位于后肢基部前方，彼此相距较近；唇齿式为Ⅲ：4+4/1+1：Ⅱ；上唇缘口角处唇乳突整齐，唇乳突 1 排，有副突。新成蛙体长 40 mm。

【生物学资料】 该蛙生活于海拔 1 800 ～ 3 400 m 的山区溪流内或其附近，多蹲在溪边石头上。7 ～ 8 月雌蛙卵巢内卵径 4.0 mm 左右，输卵管极发达。蝌蚪栖于溪流水凼内。

【种群状态】 中国特有种。该种各分布区内其种群数量较多。

【濒危等级】 无危（LC）或近危（NT）；蒋志刚等（2016）列为无危（LC）。

【地理分布】 四川（北川、理县、汶川）。

309. 棕点湍蛙 *Amolops loloensis* (Liu, 1950)

【英文名称】 Rufous-spotted Torrent Frog.

【形态特征】 雄蛙体长 55.0 ～ 61.0 mm，雌蛙体长 70.0 ～ 78.0 mm。头的长宽几乎相等，鼓膜甚小而不明显，无犁骨齿。皮肤较光滑，无背侧褶，头侧面及体侧有浅色小疣，肛周围及股后部有成群小疣；

腹面皮肤光滑。前臂及手长约为体长之半，第1指末端略膨大而无沟，其余指吸盘大且均有边缘沟；后肢前伸贴体时胫跗关节达眼部或鼻孔，胫长超过体长之半，左右跟部重叠，各趾均具吸盘和边缘沟，除第4趾蹼达远端关节外，各趾均为全蹼。背面为深绿色，褐黑色或黄绿色等，头部及背部有圆形或椭圆形棕红色斑，且镶以浅绿色或黄色细边，四肢有棕色横纹；腹面灰黄色。雄蛙第1指婚垫发达，

A　　　　　　　　　　　　　　B

图 309-1　棕点湍蛙 *Amolops loloensis*

A、雄蛙背面观（四川昭觉，费梁）　B、雌蛙腹面观（四川越西，费梁）

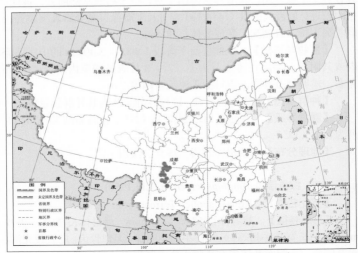

图 309-2　棕点湍蛙 *Amolops loloensis* 地理分布

无声囊，有雄性线。卵径 4.0 mm，乳黄色。蝌蚪全长 22.0 mm，头体长 8.0 mm 左右；体扁平，尾末端钝圆；口后方有腹吸盘，眼后方有 1 对腺体团，腹后部有椭圆形腺体团 1 对，位于后肢基部前方，彼此相距较远；唇齿式为Ⅲ：4+4/1+1：Ⅱ；下唇缘和口角处有 1 排唇乳突，下唇缘中央微凹入，其内侧有 1 排波浪状突起，口角副突多。

　　【生物学资料】　该蛙生活于海拔 2 100 ～ 3 200 m 的山溪内。5 月 18 日曾发现卵群，有卵 153 粒。蝌蚪多生活于溪流内石下。

　　【种群状态】　中国特有种。该种各分布区内种群数量较少。

　　【濒危等级】　易危（VU）。

　　【地理分布】　四川（昭觉、美姑、越西、西昌、冕宁、石棉、泸定、荥经、天全、宝兴、洪雅）、云南（巧家）。

310. 四川湍蛙指名亚种 *Amolops (mantzorum) mantzorum* (David, 1871)

　　【英文名称】　Sichuan Torrent Frog.

　　【形态特征】　雄蛙体长 49.0 ～ 57.0 mm，雌蛙体长 59.0 ～ 71.0 mm。头长略小于头宽，鼓膜小而较明显，犁骨齿弱。皮肤光滑，无背侧褶，头侧及肛周围疣粒少；腹面光滑。前臂及手长超过体长之半，第 1 指末端无边缘沟，其余各指有吸盘和边缘沟；后肢前伸贴体时胫跗关节达鼻孔或超过，胫长超过体长之半，左右跟部重叠较多，各趾均具吸盘和边缘沟，第 4 趾蹼达第 3 关节下瘤，其余趾为全蹼。背面绿色、褐色、黄褐色或蓝绿色，其上有不规则棕色或绿色花斑，体侧及四肢背面具黑斑纹；腹面灰棕色；雄蛙第 1 指具大婚垫，无声囊，无雄性线。雌蛙卵巢内卵径 2.5 mm 左右，乳白色。蝌蚪全长 39.0 mm，头体长 15.0 mm；头体橄榄棕色，尾鳍后段有 1 个浅色斑；体扁平，尾末端钝圆；口后方有腹吸盘；眼后方有 1 对腺体团，腹后部腺体团 1 对，位于后肢基部前方，彼此相距较远；唇齿式为Ⅲ：4+4/1+1：Ⅱ；上唇缘口角处唇乳突整齐，下唇缘宽，有唇乳突 1 排，有副突。

　　【生物学资料】　该蛙生活于海拔 1 000 ～ 2 900 m 的大型山溪、河流两侧或瀑布较多的溪段内；繁殖季节为 5 ～ 10 月，随海拔高低出现不同变化。蝌蚪生活于大小溪流中。

　　【种群状态】　分布区较宽，种群数量甚多。

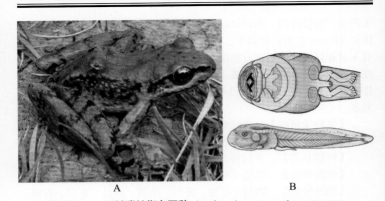

A B

图 310-1　四川湍蛙指名亚种 *Amolops (mantzorum) mantzorum*

A、雌蛙背面观（四川宝兴，费梁）

B、蝌蚪（四川汶川，Liu, 1950）　上：头部腹面观　下：侧面观

图 310-2　四川湍蛙指名亚种 *Amolops (mantzorum) mantzorum* 地理分布

【濒危等级】　无危（LC）。

【地理分布】　甘肃（文县）、四川（峨眉山、洪雅、峨边、天全、宝兴、彭州、都江堰、昭觉、越西、米易、木里、冕宁、九龙、汶川、茂县、平武、九寨沟）、云南（大姚）。

311. 四川湍蛙康定亚种 *Amolops* (*mantzorum*) *kangdingensis* (Liu, 1950)

【英文名称】 Kangding Torrent Frog.

【形态特征】 雄蛙体长 53.0 ～ 57.0 mm，雌蛙体长 70.0 ～ 74.0 mm。头的长宽几乎相等，鼓膜不明显，犁骨齿细弱。皮肤光滑，通常无背侧褶，仅头和体侧有稀疏疣粒；第 1 指指端膨大无沟，其余各指吸盘大且有边缘沟；后肢前伸贴体时胫跗关节超过眼，左右跟部重叠，各趾均具吸盘和边缘沟，第 4 趾蹼达远端关节下瘤，其他趾间全蹼；无跗褶。体背面深蓝绿色，其上有深褐色点斑或形成网状斑，四肢上有较规则的横纹，咽喉部深灰色，腹部肉黄色，胸部和腹部两侧具大斑石灰色斑纹。雄蛙第 1 指有大婚垫，无声囊，无雄性线。卵巢内的卵径 2.2 ～ 2.5 mm，乳黄色。蝌蚪全长 57.5 mm，头体长 19.5 mm 左右；背面灰橄榄绿色，尾后部有 1 个深色斑；尾末端钝圆；口后方有腹吸盘，两眼后方各有 1 个腺体团，腹后部腺体团 1 对，且大多呈椭圆形，位于后肢基部前方，彼此相距较近；唇齿式为 Ⅲ：4+4/1+1：Ⅱ；下唇宽，中部向内凹；口角处唇乳突整齐，唇乳突 1 排，有副突。

【生物学资料】 该蛙生活在海拔 1370 ～ 2620 m 植被较繁茂的溪流附近。晚上匍匐在溪边的石头上。蝌蚪在平缓溪流边石块下，

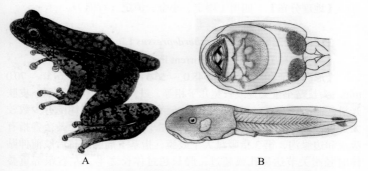

图 311-1 四川湍蛙康定亚种 *Amolops* (*mantzorum*) *kangdingensis*
A、雌蛙背面观（四川康定城郊，王宜生）
B、蝌蚪（四川康定城郊，Liu, 1950） 上：头部腹面观 下：侧面观

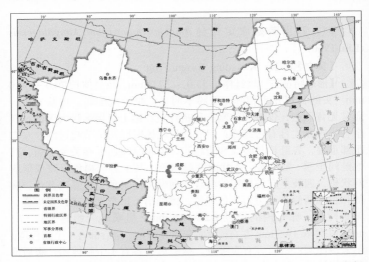

图 311-2　四川湍蛙康定亚种 *Amolops (mantzorum) kangdingensis* 地理分布

多吸附在石块底面。解剖 8 月 6 日的雌蛙，卵巢内有卵 479 粒，乳黄色。

　　【种群状态】　中国特有种，仅见于大渡河流域，种群数量较多。
　　【濒危等级】　建议列为无危（LC）。
　　【地理分布】　四川（康定、小金、泸定、石棉）。

312. 平疣湍蛙 *Amolops tuberdepressus* Liu and Yang, 2000

　　【英文名称】　Jingdong Torrent Frog.
　　【形态特征】　雄蛙体长 48.0 ～ 56.0 mm，雌蛙体长 61.0 ～ 70.0 mm。头长略小于头宽或长宽几乎相等，鼓膜明显，犁骨齿弱。皮肤光滑，颞褶较宽厚，无背侧褶，体侧有少数疣粒；肛周围有少数较大疣粒；腹面光滑。前肢适中，第 1 指末端无边缘沟，其余各指有吸盘和边缘沟，第 3 指吸盘大于鼓膜，指基下瘤明显；后肢前伸贴体时胫跗关节达鼻孔或超过，胫长超过体长之半，左右跟部重叠较多，各趾均具吸盘和边缘沟，第 4 趾蹼达第 3 关节下瘤，其余趾为全蹼；内跖突小，无外跖突。活体颜色变异颇大，背面绿色、暗绿色或红褐色，其上有不规则浅绿色斑，头部斑较多，体侧及四肢背面绿色或蓝绿色，具褐色或红褐色斑纹；腹面黄绿色；雄蛙第 1 指具大婚垫，无声囊。蝌蚪全长 40.0 mm，头体长 13.8 mm；头体紫褐色，尾肌色浅，尾鳍后段有 1 个灰褐色斑；体扁平，尾末端钝圆；口后方有腹吸盘；眼后方有 1 对腺体团，腹后部腺体团 1 对，位于后肢基部前方，彼此相距较远；唇齿式为Ⅲ：4+4/1+1：Ⅱ；

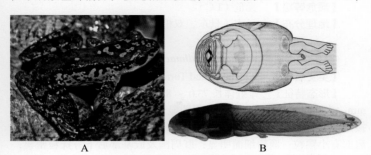

图 312-1 平疣湍蛙 *Amolops tuberdepressus*

A、雄蛙背面观（云南景东，侯勉）

B、蝌蚪（云南景东，王宜生）   上：头部腹面观 下：侧面观

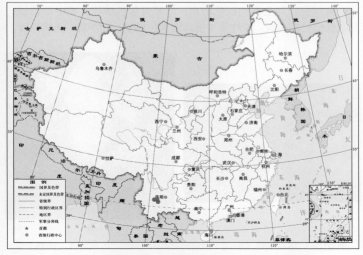

图 312-2 平疣湍蛙 *Amolops tuberdepressus* 地理分布

上唇缘口角处唇乳突整齐，下唇缘宽，有唇乳突1排，有副突。

　　【生物学资料】　　该蛙生活于海拔1 000～2 500 m的大型山溪两侧或瀑布的急溪流段内；多栖息在阴湿环境的大石上。蝌蚪生活于大小溪流中。

　　【种群状态】　　该种各分布区内种群数量较多。

　　【濒危等级】　　无危（LC）。

　　【地理分布】　　云南（景东、双柏、新平）。

313. 绿点湍蛙 *Amolops viridimaculatus* (Jiang, 1983)

　　【英文名称】　　Green-spotted Torrent Frog.

　　【形态特征】　　雄蛙体长73.0～81.0 mm，雌蛙体长83.0～94.0 mm。头长略大于头宽；鼓膜小而明显，犁骨齿发达，间距窄或几乎接近；下颌前端齿状骨突低平。背面皮肤光滑，头侧、口角后端及肩部有小颗粒；颞褶细而明显；肛周围及股基部后下方疣粒密集；体腹面和四肢腹面密布细小疣粒。前臂及手长大于体长之半，第1指吸盘小，无沟，其余各指均有大吸盘及边缘沟；后肢前伸贴体时胫跗关节达鼻孔或吻端，趾间几乎全蹼，除第4趾外，各趾蹼均达趾末端。体背面棕色或灰棕色，有绿色或黄绿色大斑点，有的个体背面黄绿色，其上有红棕色斑点；四肢有绿色横纹；腹中部色浅，其余部位具深色斑。雄性第1指具乳黄色婚垫；无声囊，无雄性线。

A　　　　　　　　　　　　B

图 313–1　绿点湍蛙 *Amolops viridimaculatus* 雄蛙（云南腾冲，侯勉）
A、背面观　B、腹面观

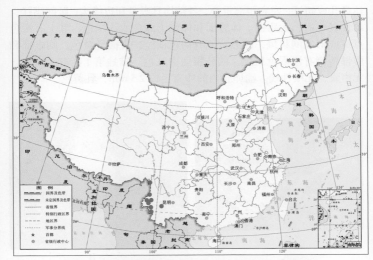

图 313-2 绿点湍蛙 _Amolops viridimaculatus_ 地理分布

卵巢内卵粒直径 2.5 mm，呈乳黄色。蝌蚪全长 66.0 mm，头体长 26.0 mm 左右；体背面棕色；口后方有大的腹吸盘；眼后和腹后各有 1 对腺体团；唇齿式为 Ⅲ ：4+4/1+1 ：Ⅱ；下唇乳突 1 排，其内侧还有 1 排波浪状的肤突，口角处有副突。

【生物学资料】 该蛙生活于海拔 1 300 ～ 2 340 m 的山溪内或其附近。常蹲在潮湿的石壁、灌木枝叶上。繁殖期可能在 5 ～ 7 月。

【种群状态】 该种各分布区内种群数量少。

【濒危等级】 近危（NT）。

【地理分布】 云南（贡山、保山市郊区、泸水、腾冲、龙陵、永德、沧源、景东）；印度（那加兰）、越南（北部）。

314. 新都桥湍蛙 _Amolops xinduqiao_ Fei, Ye, Wang and Jiang, 2017

【英文名称】 Xinduqiao Torrent Frog.

【形态特征】 雄蛙体长 34.3 ～ 47.5 mm，雌蛙体长 44.6 ～ 58.0 mm。头长略小于头宽或几乎相等，鼓膜小而明显，犁骨齿细弱。皮肤光滑，颞部、体侧和肛周围有疣粒，通常无背侧褶；第 1 指指端膨大无沟，其余各指吸盘大且有边缘沟；后肢前伸贴体时胫跗关节达鼻孔或超过，左右跟部重叠，各趾均具吸盘和边缘沟；趾间满蹼，雄性者略逊；无跗褶。体背面和体侧为绿色或浅绿色，其上有褐色点斑或形成网状斑，四肢背面有褐色横纹；腹面乳黄色，咽喉部和腹部两侧有浅褐色斑纹，四肢腹面肉红色。雄蛙第1指有大婚垫，无声囊，无雄性线。输卵管内的卵直径约 2.5 mm，乳黄色。

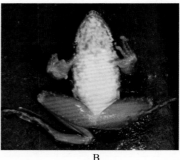

A   B

图 314-1 新都桥湍蛙 Amolops xinduqiao 雄蛙（四川康定新都桥，王聿凡）

A、背面观　B、腹面观

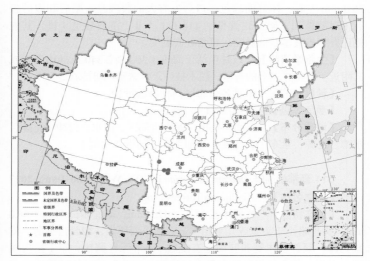

图 314-2 新都桥湍蛙 Amolops xinduqiao 地理分布

　　【生物学资料】　　该蛙生活在海拔 3300 ～ 4250 m 高大乔木较少，灌丛和杂草繁茂的平缓河段或较大的山溪附近。1973 年 9 月 11 日曾在四川康定县新都桥河边发现抱对的雌雄蛙，解剖雌蛙卵群已进入输卵管，卵径 2.5 mm。推测该蛙在每年 9 月左右繁殖。

　　【种群状态】　　中国特有种。目前仅见于雅砻江流域，其种群数量较多。

　　【濒危等级】　　建议列为无危（LC）。

　　【地理分布】　　四川［炉霍（朱倭）、雅江、康定（东俄洛、新都桥、朋布西、甲根坝、六巴）、九龙］。

崇安湍蛙种组 *Amolops chunganensis* group

315. 阿尼桥湍蛙 *Amolops aniqiaoensis* Dong, Rao and Lü, 2005

　　【英文名称】　　Aniqiao Torrent Frog.

　　【形态特征】　　雄蛙体长 51.0 mm 左右。头长略大于头宽；鼓膜明显小于第 3 指吸盘；下颌前端有 1 对齿状骨突。皮肤光滑，体背后半部和肛门周围布满小疣粒；背侧褶平直，自眼后直达胯部；胫部有纵肤棱。指端均有吸盘及边缘沟，第 3 指吸盘宽略大于长，有边缘沟。后肢前伸贴体时胫跗关节前达吻端或超过，左右跟部重叠甚多；胫长超过体长之半，远大于股部长；趾端均有吸盘及边缘沟，

　　　　　　　A　　　　　　　　　　　　　　　　　　B

图 315–1　阿尼桥湍蛙 *Amolops aniqiaoensis*

A、雄蛙（西藏墨脱，蒋珂）　B、雄蛙，颜色变异（西藏墨脱，吕顺清）

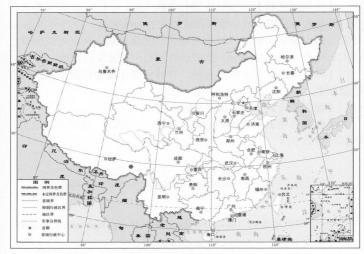

图 315-2　阿尼桥湍蛙 _Amolops aniqiaoensis_ 地理分布

趾吸盘略小于指吸盘；第 4 趾蹼超过远端关节下瘤，趾间全蹼。背面和体侧橄榄绿色或绿褐色；上唇缘和背侧褶呈浅黄色；四肢有细横纹或不明显，前肢背面、股前部和足背面有褐色斑点。腹面浅黄色，下颏、咽部及前胸部有云斑，在前胸部有 1 个八字形斑。雄蛙具咽侧下外声囊；第 1 指具婚垫。

　　【生物学资料】　该蛙生活于海拔 1 066 m 左右的河岸边岩石上。
　　【种群状态】　中国特有种。该种分布区狭窄，种群数量较少。
　　【濒危等级】　费梁等（2010）建议列为易危（VU）；蒋志刚等（2016）列为无危（LC）。
　　【地理分布】　西藏（墨脱阿尼桥）。

316. 片马湍蛙 _Amolops bellulus_ Liu, Yang, Ferraris and Matsui, 2000

　　【英文名称】　Pianma Torrent Frog.
　　【形态特征】　雄蛙体长 46.0 ～ 50.0 mm，雌蛙体长 64.0 mm。体扁平而细长；头长大于头宽；犁骨齿两短行。背面皮肤光滑，有 1 个大颌腺，无颞褶；背侧褶宽而平，肛周围和腿基部具许多小疣。

前肢适中，外侧 3 个指吸盘大，具边缘沟；第 1 指端具小吸盘，但无边缘沟，外侧 3 指有指基下瘤；后肢前伸贴体时胫跗关节超过吻端，左右跟部相重叠，胫长约为体长的 65%，趾端有吸盘和边缘沟，趾

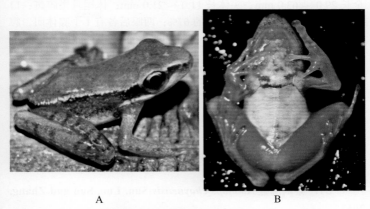

图 316-1　片马湍蛙 *Amolops bellulus* 亚成体（云南泸水，侯勉）

A、背面观　B、腹面观

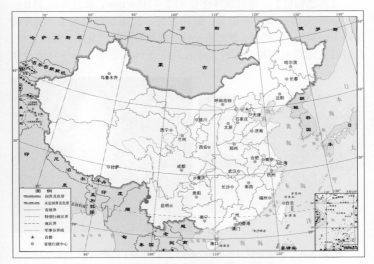

图 316-2　片马湍蛙 *Amolops bellulus* 地理分布

间全蹼，第 1 和第 5 趾侧缘具缘膜。背面黄红色，具褐色云斑；上颌白色；体侧橄榄绿色；四肢背面具褐色横纹；咽喉至胸部具灰褐色云斑；四肢腹面肉色。雄性第 1 指有绒毛状婚垫；无声囊。蝌蚪全长 29.0 ～ 63.0 mm，头体长 11.0 ～ 21.0 mm；体尾具黑碎斑；口部后方有腹吸盘，约占体腹面的 67%；两眼后各有 1 个腺体团，腹后部腺体团 1 对；唇齿式为 Ⅲ ： 4+4/1+1 ： Ⅱ；上、下唇乳突位于口部外侧。

【生物学资料】　该蛙生活于海拔 1 540 ～ 1 620 m 山区小溪流及其附近。成蛙白天隐匿于石下；夜间蹲伏在大的石岩上，受惊扰时，立即跳进水中。

【种群状态】　中国特有种。该蛙分布区狭窄，种群数量较少。

【濒危等级】　易危（VU）。

【地理分布】　云南（泸水片马、腾冲）；缅甸。

317. 察隅湍蛙 *Amolops chayuensis* Sun, Luo, Sun and Zhang, 2013

【英文名称】　Chayu Torrent Frog.

【形态特征】　雄性成体体长 41.2 ～ 46.6 mm，雌性体长 37.0 ～ 53.4 mm；头部长宽几乎相等；鼓膜明显，比第 3 指吸盘小；犁骨齿呈两个短斜行；颞褶厚，颞部有小疣，背侧褶平直而宽厚。皮肤光滑，雌蛙肛孔附近有疣粒。前臂及手长约等于体长之半，指端具吸盘和

A　　　　　　　　　　　B

图 317–1　察隅湍蛙 *Amolops chayuensis* 雄蛙（西藏八宿，蒋珂）

A、背面观　B、腹面观

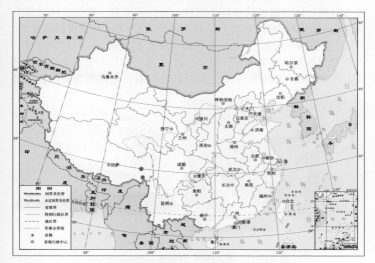

图 317-2　察隅湍蛙 *Amolops chayuensis* 地理分布

边缘沟；后肢前伸贴体时胫跗关节达鼻孔或吻端；左右跟部重叠较多，胫长约为体长的 1/2，第 4 趾蹼达远端关节下瘤，其他各趾蹼以缘膜达吸盘；趾吸盘比指吸盘小，无跗褶，内跖突卵圆形。背部草绿色或黄绿色，有黄色斑点，上唇缘奶白色；背侧褶棕红色，体侧有黑色或褐色斑纹；四肢有褐色横纹；体腹部浅黄色。雄性第 1 指具婚垫，有 1 对咽侧外声囊。

【生物学资料】　该蛙生活于海拔 2 070 m 水流湍急的山溪内或其附近的潮湿环境内。白天成蛙多栖息于溪边岩石上，受惊扰后立即跳入水中，并潜入水内石块下。

【种群状态】　该种分布区内种群数量较少。

【濒危等级】　建议列为易危（VU）。

【地理分布】　西藏（察隅、八宿）。

318. 崇安湍蛙 *Amolops chunganensis* (Pope, 1929)

【英文名称】　Chungan Torrent Frog.

【形态特征】　雄蛙体长 34.0 ～ 39.0 mm，雌蛙体长 44.0 ～ 54.0 mm。头长略大于头宽，颊褶不显著，鼓膜远大于第 3 指吸盘；犁骨齿2斜列。体背面皮肤布满小痣粒，背侧褶平直，有的个体胫部有纵肤棱；体腹面光滑。前臂及手长为体长之半，指、趾吸盘具边缘沟；后肢前伸贴体时胫跗关节前伸 达吻端或吻眼之间，左右跟部重叠，内跗突卵圆形，有外跗突，第4趾蹼达远端关节下瘤，其余趾为全蹼。体背面橄榄绿色、灰棕色或棕红色，有不规则灰色斑点；四肢

 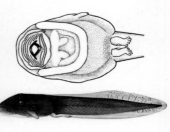

A　　　　　　　　　　　　　B

图 318-1　崇安湍蛙 *Amolops chunganensis*

A、雌雄抱对（四川都江堰，费梁）

B、蝌蚪（四川峨眉山，王宜生）　　上：头部腹面观　　下：侧面观

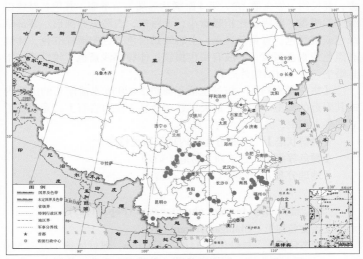

图 318-2　崇安湍蛙 *Amolops chunganensis* 地理分布

有细横纹；咽胸部有云斑。雄蛙第 1 指具婚垫，有 1 对咽侧下外声囊，有雄性线。卵径 2.8 mm 左右，乳白色。蝌蚪全长 49.0 mm，头体长 18.0 mm 左右；背面灰棕色，尾鳍有细纹；腹后部中央有 1 个腺体团，尾末端钝圆；口部后方有腹吸盘，唇齿式Ⅲ：4+4/1+1：Ⅱ；上唇两侧唇乳突整齐，下唇乳突 1 排。

【生物学资料】 该蛙生活于海拔 700 ～ 1 800 m 林木繁茂的山区。非繁殖期间分散栖息于林间，繁殖期入溪繁殖，产卵 278 ～ 421 粒。蝌蚪在溪流中生活。

【种群状态】 本种分布区甚宽，种群数量多。

【濒危等级】 无危（LC）。

【地理分布】 陕西（周至、太白）、甘肃（文县）、重庆（城口、江津、重庆市郊区）、四川、贵州（雷山）、云南（景洪、孟连）、浙江（江山、泰顺、遂昌、龙泉、庆元）、湖南（桑植、张家界市郊区、道县）、福建（武夷山、德化、邵武）、江西（井冈山、铅山）、广西（灌阳、金秀、龙胜、保德）；越南。

319. 小耳湍蛙 *Amolops gerbillus* (Annandale, 1912)

【英文名称】 Small-eared Torrent Frog.

【形态特征】 体形较窄长，体长 33.0 mm。吻钝尖，吻端扁平，吻棱钝角状；眼间距与上眼宽约等宽，鼓膜小，很不明显，约为眼径的 1/3；下颌前端有齿状骨突；犁骨齿弱，2 小团。背侧褶清晰，褶间大长疣粒不清晰。四肢细长，指吸盘大，第 3 指的大于鼓膜；第 3、4 指间有蹼迹；后肢很长，前伸贴体时胫跗关节超过吻端；趾间几乎为全蹼，无蹼褶。背面黑灰色杂以不清晰浅色斑，唇缘有浅色垂直纹；体侧色浅有黑灰斑点；四肢横纹显著，股部处尤显；腹面暗绿黄色，咽喉及胸部有圆形或椭圆形褐色斑点。

图 319–1 小耳湍蛙 *Amolops gerbillus*（西藏墨脱南部，李健仿于 Annandale，1912）

【生物学资料】 该蛙生活于海拔 330 ～ 1 100 m 山坡下小溪边。

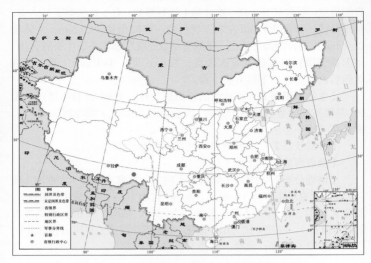

图 319-2　小耳湍蛙 *Amolops gerbillus* 地理分布

【种群状态】　　在中国境内仅发现该蛙的 1 个分布点，其种群数量较少。

【濒危等级】　　易危（VU）。

【地理分布】　　西藏（墨脱南部阿波尔）；印度（大吉岭、那加兰）、缅甸。

320. 山湍蛙 *Amolops monticola* (Anderson, 1871)

【英文名称】　　Mountain Torrent Frog.

【形态特征】　　雌蛙体长 72.0 ～ 75.0 mm。头长略大于头宽，鼓膜大而清晰；犁骨齿棱细长。皮肤光滑，有的体后部有小疣粒，背侧褶甚明显且直。前臂及手长约等于体长之半，指端均有吸盘和边缘沟；后肢前伸贴体时胫跗关节前达鼻孔或吻端，左右跟部明显重叠，胫长为体长的 62%，趾端均有吸盘及边缘沟，第 4 趾蹼达远端关节下瘤，其余各趾蹼均为全蹼，外侧跖间蹼几乎达跖基部。体色变化颇大，多为棕褐色或浅棕黄色，有的个体有棕色斑；上唇缘浅黄色有 1 条断续黑色细线纹；四肢有横纹；体和四肢腹面乳黄色或略显深色小斑。卵径 3.5 ～ 4.0 mm，乳黄色。蝌蚪全长平均 66.0

mm，头体长 23.0 mm 左右；头体蓝灰色，密布棕色斑点，尾部棕黑色，有深色斑点；尾末端钝圆；眼后有 1 对小腺体团，腹后腺体团 1 对，小而圆，约等于眼；口后方有腹吸盘，唇齿式为Ⅲ：4+4/1+1：Ⅱ；上唇缘口角处至下唇缘有 1 排整齐的唇乳突，下唇缘中央凹入；口

A   B

图 320-1 山湍蛙 *Amolops monticola*

A、雌蛙背面观（西藏波密，王宜生）

B、蝌蚪 [西藏察隅，上：头部腹面观（江建平） 下：侧面观（王宜生)]

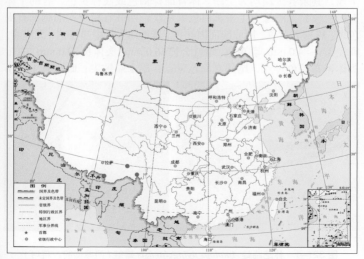

图 320-2 山湍蛙 *Amolops monticola* 地理分布

角处有副突。

【生物学资料】　该蛙生活于海拔 850 ～ 2 350 m 环境阴湿、水流湍急的山溪内或其附近。该蛙常见于水流湍急和小瀑布溪段内。8 月下旬雌蛙腹内有发育成熟的待产之卵。蝌蚪亦生活于相同的溪流内，多吸附在急流的石块下面。

【种群状态】　该蛙在中国的分布区内，其种群数量稀少。

【濒危等级】　近危（NT）。

【地理分布】　西藏（波密、察隅、错那）；尼泊尔、印度。

321. 林芝湍蛙 *Amolops nyingchiensis* Jiang, Wang, Xie, Jiang and Che, 2016

【英文名称】　Nyingchi Torrent Frog.

【形态特征】　雄性体长 52.3 ～ 58.3 mm，雌性体长 57.6 ～ 70.7 mm。头长略大于头宽，鼓膜清晰；犁骨齿棱细长。皮肤光滑，有的体后部有小疣粒，无白刺；背侧褶直。前臂及手长约等于体长之半，指端有吸盘和边缘沟；后肢前伸贴体时胫跗关节前达鼻孔或超吻端，左右跟部明显重叠，趾端均有吸盘及边缘沟，第 4 趾蹼达远端关节下瘤，其余各趾蹼均为全蹼。体背面棕褐色或浅棕黄色，有的个体有褐色斑；上唇缘有 1 条黄白色纵线纹；四肢有横纹；咽胸部有褐色斑，腹部乳黄色，四肢腹面肉红色。雄性第 1 指婚垫发达，无声囊。卵径 3.5 ～ 4.0 mm，乳黄色。蝌蚪全长 66.0 mm，头体长 23.0 mm 左右；头体密布棕色斑点，尾部有深色斑点；尾末端钝尖；眼后有 1 对小

A　　　　　　　　　　　　　B

图 321–1　林芝湍蛙 *Amolops nyingchiensis* 雄蛙（西藏墨脱，蒋珂）

A、背面观　B、腹面观

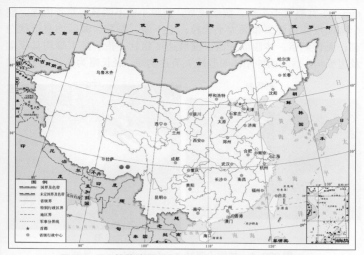

图 321-2 林芝湍蛙 *Amolops nyingchiensis* 地理分布

腺体团，腹后腺体团 1 对，小而圆，约等于眼；口后方有腹吸盘，唇齿式为Ⅲ：4+4/1+1 ：Ⅱ；上唇缘口角处至下唇缘有 1 排整齐的唇乳突，下唇缘中央凹入；口角处有副突。

【生物学资料】 该蛙生活于海拔 850 ～ 2 350 m 环境阴湿、水流湍急的山溪内或其附近，常见于水流湍急和小瀑布较多的溪段内。8 月下旬雌蛙腹内有待产之卵。蝌蚪生活于溪流内。

【种群状态】 本种各分布区种群数量稀少。

【濒危等级】 近危（NT）。

【地理分布】 西藏（米林、墨脱）。

华南湍蛙种组 *Amolops ricketti* group

322. 梧桐山湍蛙 *Amolops albispinus* Sung, Wang and Wang, 2016

【英文名称】 Wutongshan Torrent Frog, White-spined Cascade Frog.

【形态特征】 雄蛙体长 36.7 ～ 42.4 mm，雌蛙体长 43.1 ～ 51.9

mm。头宽略大于头长，颊褶较宽，鼓膜小或不明显，犁骨齿强。整个背面皮肤粗糙，布满大小疣粒；上下颌、颊部、颞区均有锥状白刺；无背侧褶；体腹面光滑。前肢适度粗壮，指、趾末端均具吸盘及边缘沟；后肢前伸贴体时胫跗关节达吻端，胫长略为体长之半（雌

A   B

图 322-1　梧桐山湍蛙 *Amolops albispinus* 雄蛙
（广东深圳境内的梧桐山，Sung Y H, et al, 2016）
A、背面观　B、腹面观

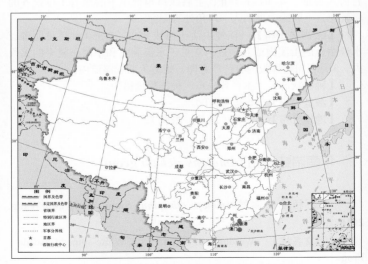

图 322-2　梧桐山湍蛙 *Amolops albispinus* 地理分布

性者不达其半），左右跟部重叠，跗部无宽厚的腺体，趾间近满蹼；无外跖突。体背面橄榄褐色、褐色等，有不规则深褐色或棕黑色斑纹，四肢具深褐色横纹；咽胸部有深灰色大理石斑纹，四肢腹面肉棕色。雄蛙第 1 指基部具乳白色婚刺，无声囊。

【生物学资料】　该蛙生活于海拔 60 ～ 500 m 亚热带次生常绿阔叶林区潮湿的山溪内或其附近。终年均可听到成蛙的鸣声。

【种群状态】　中国特有种。本种分布区狭窄，种群数量缺乏数据。

【濒危等级】　未予评估（NE）。

【地理分布】　广东（深圳梧桐山）、香港。

323. 华南湍蛙 *Amolops ricketti* (Boulenger, 1899)

【英文名称】　South China Torrent Frog.

【形态特征】　雄蛙体长 42.0 ～ 61.0 mm，雌蛙体长 54.0 ～ 67.0 mm。头宽略大于头长，颊褶平直，鼓膜小或不明显，有犁骨齿。皮肤粗糙，背面布满痣粒或小疣粒，体侧大疣粒较多；无背侧褶；体腹面光滑。前臂及手长不到体长之半，指、趾末端具吸盘及边缘沟；后肢前伸贴体时胫跗关节达眼，胫长略大于体长之半，左右跟部重叠，趾间全蹼。体背面灰绿色、棕色或黄绿色等，布满不规则深棕色或棕黑色斑纹，四肢具棕黑色横纹；咽胸部有深灰色大理石斑纹，四肢腹面肉黄色。雄蛙第 1 指基部具乳白色婚刺，无声囊，无雄性线。

 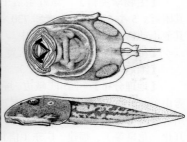

A   B

图 323–1　华南湍蛙 *Amolops ricketti*

A、雄蛙背面观（福建武夷山挂墩，费梁）

B、蝌蚪（福建武夷山，王宜生）　上：头部腹面观　下：侧面观

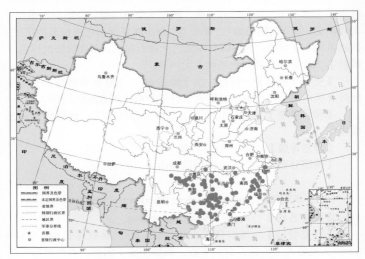

图 323-2　华南湍蛙 *Amolops ricketti* 地理分布

雌蛙腹内成熟卵卵径 1.8 ～ 2.0 mm，乳白色。蝌蚪全长 37.0 mm，头体长 12.0 mm 左右；体尾灰黑色；体扁平，尾末端钝圆；口后方有腹吸盘；眼后下方有 1 对腺体，腹后部两侧各有腺体一团，呈椭圆形；唇齿式为 Ⅲ：1+1/1+1：Ⅱ；上、下唇近口角处各有唇乳突 2 短排。新成蛙体长 19.0 mm。

【生物学资料】　该蛙生活于海拔 410 ～ 1 500 m 的山溪内或其附近。5 ～ 6 月繁殖，产卵 730 ～ 1 086 粒。成蛙捕食多种昆虫及其他小动物。蝌蚪生活于急流中。

【种群状态】　本种分布区宽，种群数量甚多。

【濒危等级】　无危（LC）。

【地理分布】　四川（峨边、屏山、合江等）、重庆（江津、南川、秀山）、云南（河口）、贵州（梵净山、雷山、贵定等）、湖北（利川、通山）、湖南、江西（九连山、贵溪、井冈山等）、浙江（江山、开化、龙泉等）、福建、广东（信宜、龙门等）、广西；越南北部。

324. 武夷湍蛙 *Amolops wuyiensis* (Liu and Hu, 1975)

【英文名称】　Wuyi Torrent Frog.

【形态特征】   雄蛙体长 38.0 ～ 45.0 mm，雌蛙体长 45.0 ～ 53.0
mm。头长大于头宽，鼓膜小而不清晰，无犁骨齿。皮肤略粗糙，背
面有痣粒和疣粒，口角后方有颌腺；体侧有圆疣；无背侧褶；腹面
光滑，后腹部的疣较明显。前臂及手长不到体长之半，指、趾端吸

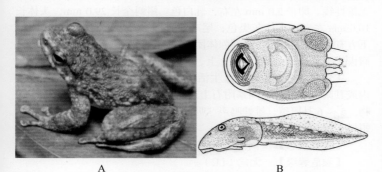

A   B

图 324-1   武夷湍蛙 *Amolops wuyiensis*

A、雄蛙背面观（福建武夷山，费梁）

B、蝌蚪（福建武夷山，蔡明章）   上：头部腹面观   下：侧面观

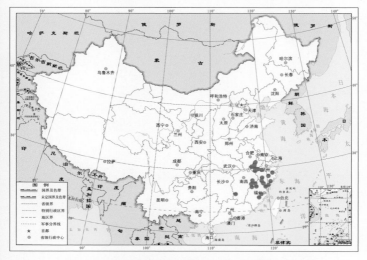

图 324-2   武夷湍蛙 *Amolops wuyiensis* 地理分布

盘小，具边缘沟；后肢前伸贴体时胫跗关节达眼前方，左右跟部略重叠，胫长约为体长之半，趾间全蹼。体背面黄绿色或灰棕色，散有不规则黑棕色斑块，四肢背面各部有横纹 3 条左右；咽喉部褐灰色，四肢腹面浅肉色。雄蛙第 1 指基部有黑色婚刺，具 1 对咽侧下内声囊，无雄性线。卵径 2.0 mm 左右，乳白色。蝌蚪全长 29.0 mm，头体长10.0 mm 左右；头体灰黑色；尾末端钝圆；口后方有腹吸盘；眼后下方有 1 对腺体团，腹后部腺体团 1 对，位于两侧，较大，略呈梨形；唇齿式为Ⅲ：1+1/1+1：Ⅱ；上、下唇近口角处各有唇乳突 2 短列。

　　【生物学资料】　该蛙生活于海拔 100 ～ 1 300 m 较宽的溪流内或其附近。成蛙夜间攀附石上或岩壁上。捕食昆虫、螺类等小动物。5 ～ 6 月繁殖，雄蛙鸣声"叽，叽，叽"。产卵 661 ～ 732 粒。蝌蚪在浅水缓流处。

　　【种群状态】　中国特有种。本种分布区较宽，种群数量甚多。

　　【濒危等级】　无危（LC）。

　　【地理分布】　安徽（黄山、九华山、祁门、青阳、歙县、石台）、江西（贵溪、井冈山）、浙江（缙云、建德、天台、乐清、遂昌、龙泉、庆元）、福建（德化、福鼎、光泽、建阳、邵武、永泰、柘荣、武夷山）。

一〇、叉舌蛙科 Dicroglossidae Anderson, 1871

叉舌蛙亚科 Dicroglossinae Anderson, 1871

（五四）陆蛙属 *Fejervarya* Bolkay, 1915

325. 海陆蛙 *Fejervarya cancrivora* (Gravenhorst, 1829)

【英文名称】　　Gulf Coast Frog.

【形态特征】　　雄蛙体长 55.0 ～ 68.0 mm，雌蛙体长 70.0 ～ 89.0 mm。头长约等于头宽；鼓膜大；犁骨齿很强。背面较粗糙；体背和体侧有长短肤棱 4 ～ 8 行，肤棱上有小白刺；腹面光滑。前肢较短，指、趾末端钝尖无沟；后肢前伸贴体时胫跗关节前达眼后或鼓膜，左右跟部相重叠或相遇，胫长小于体长之半；有蹼褶；无外跖突；

　　　　　　　A　　　　　　　　　　　　　　　B

图 325–1　海陆蛙 *Fejervarya cancrivora* 雄蛙

A、背面观（海南海口，吕顺清）　B、腹面观（海南海口，费梁）

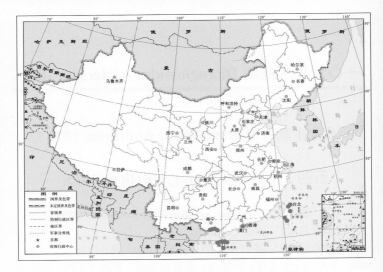

图 325-2　海陆蛙 *Fejervarya cancrivora* 地理分布

趾间全蹼，缺刻较深；第 5 趾游离侧缘膜发达。背面褐黄色，有黑褐色斑纹，上下唇缘有 6～8 条深色纵纹；背部有 W 形斑显著，其后还有 1 个 ∧ 形斑，有的个体有黄白色脊线，前、后肢均有深色横纹；腹面浅黄白色。雄蛙第 1 指婚垫很发达，有 1 对咽侧下外声囊（该部位为褐色），有雄性线。蝌蚪全长 34.0 mm，头体长 14.0 mm 左右；头体略呈三角形，口小；尾末端尖；唇齿式为 Ⅰ∶1+1/Ⅲ；口角及下唇两侧的唇乳突 2 排，下唇中央缺乳突。卵动物极黑褐色，植物极黄白色。

【生物学资料】　该蛙生活于近海边的咸水或半咸水地区。成蛙常栖息于海边的红树林地区。以捕食蟹类为主，故又名"食蟹蛙"，还捕食虾、小鱼、螺类及昆虫。产卵 1 600 余粒，蝌蚪生活于水坑或半咸水水塘中。

【种群状态】　该种仅见海边红树林区，种群数量较少。

【濒危等级】　易危（VU）；蒋志刚等（2016）列为濒危（EN）。

【地理分布】　台湾（台北、花莲、屏东等）、澳门、海南（海口、文昌、琼山、陵水、澄迈、儋州）、广西（北海、防城、钦州、合浦等）；中南半岛、加里曼丹岛、印度尼西亚至帝汶岛，并被引进到菲律宾和巴布亚新几内亚。

326. 泽陆蛙 *Fejervarya multistriata* (Hallowell,1860)

【英文名称】 Hong Kong Rice-paddy Frog.

【形态特征】 雄蛙体长 38.0 ～ 42.0 mm，雌蛙体长 43.0 ～ 49.0 mm。头长略大于头宽，眼间距很窄，为上眼睑的 1/2；鼓膜圆形。背部粗糙，无背侧褶，体背面有数行长短不一的纵肤褶，褶间、体侧及后肢背面有小疣粒；体腹面光滑。指、趾末端钝尖无沟；后肢前伸贴体时胫跗关节达肩部或眼部后方，左右跟部不相遇或仅相遇，胫长小于体长之半，外跖突小，趾间近半蹼，第 5 趾外侧无缘膜。背面灰橄榄色或深灰色，杂有棕黑色斑纹，有的头体中部有 1 条浅色脊线；上下唇缘有棕黑色纵纹，四肢各节有棕色横斑 2 ～ 4 条，体和四肢腹面乳黄色。雄性第 1 指婚垫发达，具单咽下外声囊，咽喉部黑色；有雄性线。卵径 1.0 mm 左右，动物极棕黑色，植物极灰白色。蝌蚪全长 33.0 mm，头体长 13.0 mm 左右；背面橄榄绿色有深色斑点；头体椭圆略扁，尾末端略细尖；唇齿式为 I : 1+1/ III；下唇乳突中央约缺 5 个乳突位置。刚变成的幼蛙体长 12.0 ～ 14.0 mm。

【生物学资料】 该蛙生活于平原、丘陵和海拔 2 000 m 以下山区的稻田、水塘等静水域及其附近的旱地草丛。5 ～ 8 月繁殖，雌蛙每年产卵多次，每次产卵 370 ～ 2 085 粒。蝌蚪生活于静水域中。

A   B

图 326-1　泽陆蛙 *Fejervarya multistriata*

A、雄蛙背面观（四川合江，费梁）

B、蝌蚪（四川成都，王宜生）上：口部　下：侧面观

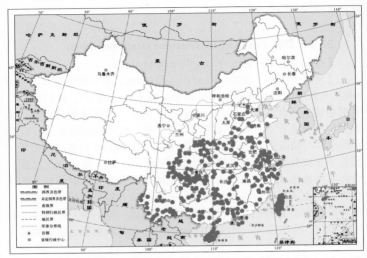

图 326-2　泽陆蛙 *Fejervarya multistriata* 地理分布

【种群状态】　该种分布广泛，种群数量很多。

【濒危等级】　无危（LC）。

【地理分布】　河北（沧县、衡水市郊区、故城）、天津、山东、河南、陕西、甘肃（文县）、湖北、安徽、江苏、浙江、江西、湖南、福建、台湾、四川、重庆、贵州、云南、海南、广东、香港、澳门、广西；印度（？）、越南、缅甸、日本。

（五五）虎纹蛙属 *Hoplobatrachus* Peters, 1863

327. 虎纹蛙 *Hoplobatrachus chinensis* (Osbeck, 1765)

【英文名称】　Chinese Tiger Frog, Chinese Bullfrog.

【形态特征】　雄蛙体长 66.0～98.0 mm、雌蛙体长 87.0～121.0 mm。头长大于头宽；下颌前缘有两个齿状骨突；鼓膜约为眼径的 3/4。体背面粗糙，无背侧褶，背部有长短不一、多断续排列成纵行的肤棱，胫部纵行肤棱明显；体腹面光滑。指、趾末端钝尖，无沟；后肢前伸贴体时胫跗关节达眼至肩部，左右跟部相遇或略重叠；第

A   B

图 327–1 虎纹蛙 *Hoplobatrachus chinensis*

A、雄蛙背面观（海南海口，费梁）

B、蝌蚪（云南河口，刘承钊等，1961）　　上：口部　　下：侧面观

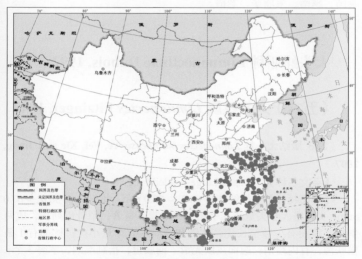

图 327–2 虎纹蛙 *Hoplobatrachus chinensis* 地理分布

1、5 趾游离侧缘膜发达；趾间全蹼。背面黄绿色或灰棕色，散有绿褐色斑纹；四肢横纹明显；体和四肢腹面肉色，咽、胸部有棕色斑，腹部有斑或无斑。雄性第 1 指上灰色婚垫发达；有 1 对咽侧下外声囊。卵径 1.8 mm 左右；动物极深棕色，植物极乳白色。蝌蚪全长 45.0

mm，头体长 15.0 mm 左右；背面和尾鳍有斑点；尾末端钝尖；唇齿式为Ⅱ：2+2/3+3：Ⅱ或Ⅱ：3+3/4+4：Ⅱ；每行唇齿由两列小齿组成；口周围有波浪状的唇乳突；上、下角质颌成凸凹状。

【生物学资料】　该蛙生活于海拔 20～1 120 m 的山区、平原、丘陵地带的稻田、鱼塘、水坑和沟渠内。捕食昆虫、小蛙及小鱼等。鸣声如犬吠。在静水内繁殖，5～6 月为产卵盛期，每年可产卵 2 次以上，每次产卵 763～2 030 粒。蝌蚪栖息于水塘底部。

【种群状态】　过度捕捉致使种群数量减少。本种已被列为国家Ⅱ级重点保护野生动物。

【濒危等级】　易危（VU）；蒋志刚等（2016）列为濒危（EN）。

【地理分布】　河南、陕西（岚皋？）、安徽、江苏、上海、浙江、江西、湖北（武汉、麻城、宜昌）、湖南、福建、台湾、四川（南充市金城山）、云南、贵州、广东、广西、香港、澳门、海南；缅甸、泰国、越南、柬埔寨、老挝。

大头蛙亚科 Limnonectinae Dubois, 1992

（五六）大头蛙属 *Limnonectes* Fitzinger, 1843

328. 版纳大头蛙 *Limnonectes bannaensis* Ye, Fei, Xie and Jiang, 2007

【英文名称】　Banna Large-headed Frog.

【形态特征】　雄蛙体长 68.0～88.0 mm，雌蛙体长 56.0～67.0 mm。头长略大于头宽或几乎相等；鼓膜不显著；犁骨齿列长，成两斜行。背面有少数窄长疣；体侧和背后端有少量小疣；枕部有 1 条横肤沟；有内跗褶；腹面皮肤光滑。前肢短，指趾端圆，掌突 3 个；后肢前伸贴体时胫跗关节达口后角，左右跟部不相遇，胫长不到体长之半；趾间近于满蹼；内跖突窄长，无外跖突。体背面红棕色、暗绿色或灰棕色或等，疣粒上有黑斑纹；眼间有镶浅色边的横纹；唇缘有黑纵纹；体侧及胯部有黄色花斑；四肢上黑纹不显著；体和四肢腹面浅肉色，咽喉部及手足腹面有棕黑色斑纹。雄蛙头大；第 1、

图 328-1   版纳大头蛙 *Limnonectes bannaensis*

A、雄蛙背面观（云南勐腊，费梁）

B、蝌蚪（云南景洪，王宜生） 上：口部 下：侧面观

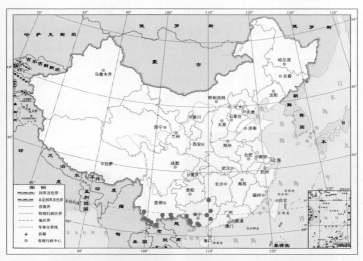

图 328-2   版纳大头蛙 *Limnonectes bannaensis* 地理分布

2 指有黑灰色婚垫；下颌前部有 2 个大的齿状骨突；无声囊及雄性线。
蝌蚪全长 39.0 mm，头体长 13.0 mm 左右。体扁平，尾末端钝尖；
体尾有横斑或黑点；唇齿式为 Ⅰ：1+1/1+1：Ⅱ，下唇缘窄，不分叶，
唇乳突在下唇中央不连续或乳突较小。新成蛙体长 17.0 mm 左右。

【生物学资料】　该蛙生活于海拔 320～1 100 m 的山区小溪沟或浸水塘及其附近；4～5 月在小山溪中产卵，卵群葡萄状黏附于石下。该蛙一年可产卵多次。蝌蚪多在水的中层游动。新成蛙体长 17.0 mm 左右。

【种群状态】　分布区较宽，但种群数量少。

【濒危等级】　费梁等（2010）建议列为近危（NT）；蒋志刚等（2016）列为易危（VU）。

【地理分布】　云南（孟连、沧源、勐海、景洪、勐腊、屏边、河口、绿春）、广西（防城港、上思、靖西、金秀、宁明、龙胜、龙州、玉林、桂平）；老挝、越南。

329. 脆皮大头蛙 *Limnonectes fragilis* (Liu and Hu,1973)

【英文名称】　Fragile Large-headed Frog.

【形态特征】　雄蛙体长 36.0～69.0 mm，雌蛙体长 45.0～58.0 mm。身体肥胖；头长大于或等于头宽；枕部隆起；吻端钝圆，略超出于下唇。皮肤较光滑且极易破裂，从眼后至背侧各有 1 条断续成行的窄长疣，但无背侧褶；后肢较粗短，前伸贴体时胫跗关节达眼后角，左右跟部不相遇；胫长不到体长之半；指、趾末端球状而无沟；有内跗褶，关节下瘤较大，趾间全蹼。体背面棕红色，上、下唇缘有黑斑，背中部有 1 个 W 形黑色斑，有的个体有 1 条浅色脊线；四

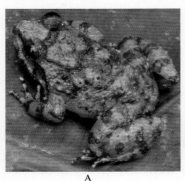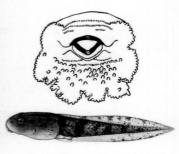

| A | B |

图 329-1　脆皮大头蛙 *Limnonectes fragilis*

A、雄蛙背面观（海南乐东，费梁）

B、蝌蚪（海南琼中，王宜生）　上：口部　下：侧面观

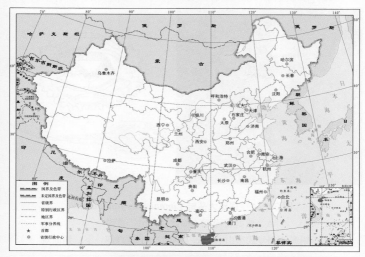

图 329–2 脆皮大头蛙 *Limnonectes fragilis* 地理分布

肢背面有黑色横斑 3 ~ 4 条；腹面浅黄色，咽喉部及后肢腹面有棕色小点。雄蛙头部较大，下颌前部有 2 个大的齿状骨突；前肢特别粗壮，无婚垫，无声囊，背侧有雄性线。卵径 2.0 mm 左右，动物极褐黑色，植物极乳白色。蝌蚪全长 44.0 mm，头体长 14.0 mm 左右；体尾红棕色，尾有深色斑点，尾末端钝尖；唇齿式为 II：1+1/1+1 ：I；上唇无乳突，口角有乳突，下唇分成 4 ~ 6 个小叶，唇缘很宽，乳突多。

【生物学资料】 该蛙生活于海拔 290 ~ 900 m 山区小溪流内。2 ~ 8 月繁殖；蝌蚪底栖于石块下或石间。6 月间有各期蝌蚪及刚变态的幼蛙。

【种群状态】 中国特有种。该种仅见于海南，种群数量较少。

【濒危等级】 易危（VU）；蒋志刚等（2016）列为濒危（EN）。

【地理分布】 海南（海口、琼中、陵水、白沙、儋州、乐东、三亚、东方、昌江、万宁）。

330. 福建大头蛙 *Limnonectes fujianensis* Ye and Fei, 1994

【英文名称】 Fujian Large-headed Frog.

【形态特征】 雄蛙体长 47.0 ~ 61.0 mm，雌蛙体长 43.0 ~ 55.0

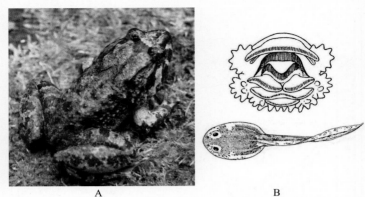

A   B

图 330-1　福建大头蛙 *Limnonectes fujianensis*

A、雄蛙背面观（福建武夷山，费梁）

B、蝌蚪（福建武夷山，Pope, 1931）　上：口部　下：侧面观

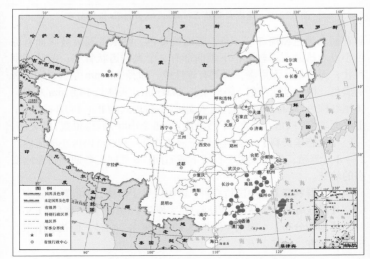

图 330-2　福建大头蛙 *Limnonectes fujianensis* 地理分布

mm。体较肥壮；头长大于头宽；枕部高起；犁骨齿列长。皮肤较粗糙不易破裂，具短肤褶和小圆疣，两眼后方有 1 条横肤沟，无背侧褶；腹面皮肤光滑。前臂及手长约为体长的 38%，指、趾末端球状，无沟；

后肢前伸贴体时胫跗关节达眼后角或肩部；有内跗褶；趾间约为半蹼。背面黄褐色或灰棕色，疣粒部位多有黑色斑，肩上方有 1 个八字形深黑色斑；唇缘及四肢背面均有黑色横纹；有的咽胸部有棕色纹。雄性头大，下颌前端齿状骨突长；第 1、2 指有婚垫；无声囊，背侧有雄性线。卵径 2.0 ～ 2.4 mm，动物极黑色，植物极乳白色。蝌蚪全长约 29.0 mm，头体长 12.0 mm 左右；体尾灰棕色，尾部有碎斑，尾末端钝尖；口部唇齿式为 Ⅰ : 1+1/ Ⅲ（1+1 : Ⅱ）；上唇缘缺乳突，口角及下唇乳突较大，下唇窄，不分叶，唇缘乳突 1 排，中央不缺乳突。刚变成的幼蛙体长 11.0 ～ 17.5 mm。

　　【生物学资料】　该蛙生活于海拔 600 ～ 1 100 m 的山区，常栖息于路边和小水坑或浸水塘内。繁殖期较长，5 月可见到卵群、幼期和变态期蝌蚪和幼蛙。雌蛙腹内卵群 500 粒左右，每次产卵 32 ～ 73 粒，每年可产卵多次。卵单粒，分散在水塘内草间或附于石块上。

　　【种群状态】　中国特有种。本种分布较宽，种群数量多。

　　【濒危等级】　无危（LC）；蒋志刚等（2016）列为近危（NT）。

　　【地理分布】　浙江（江山、杭州、龙泉）、江苏（苏州）、江西（贵溪、庐山、九连山）、福建（武夷山、邵武、南平、长汀、建宁、诏安）、湖南（宜章、炎陵）、安徽（休宁）、台湾、广东（广州、罗浮山、河源、台山、连州、新丰、封开）、台湾、香港。

331. 陇川大头蛙 *Limnonectes longchuanensis* Suwannapoom, Yuan, Chen, Sullivan and McLeod, 2016

　　【英文名称】　Longchuan Large-headed Frog.

　　【形态特征】　雄蛙体长 54.9 ～ 77.9 mm，雌蛙体长 40.6 ～ 63.0 mm。头长略大于头宽或几乎相等；鼓膜不显著；犁骨齿列长，呈两斜行。整个背面布满疣粒，眼后纵行脊棱不明显，体侧、胫背面疣粒较大而密集；无背侧褶，有内跗褶；腹面皮肤较光滑。前肢短，指、趾端圆，掌突 3 个；后肢前伸贴体时胫跗关节达口后角或眼后，左右跟部不相遇，胫长不到体长之半；趾间全蹼；内跗褶明显，内跖突卵圆形，无外跖突。体背面褐色，斑纹不明显或疣粒上有黑斑纹；两眼间有横纹；上唇缘无黑纵纹；体背中线至肛上方有黄色线或无；四肢上有黑色纹；腹面色浅，咽喉部及四肢腹面有棕色斑纹。雄蛙头大，枕部隆起；第 1、2 指有婚垫；下颌前部有 2 个大的齿状骨突；

A   B
图 331-1 陇川大头蛙 *Limnonectes longchuanensis*（云南陇川，侯勉）
A、雄蛙背面观　B、蝌蚪　上：口部　下：侧面观

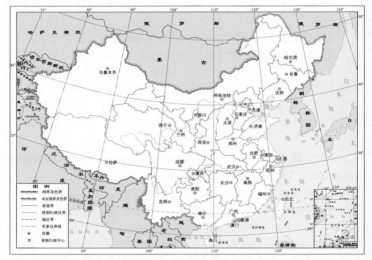

图 331-2 陇川大头蛙 *Limnonectes longchuanensis* 地理分布

无声囊及雄性线。

【生物学资料】 该蛙生活于海拔 809～1 576 m 山区常绿阔叶林内的小溪流及其附近，其环境阴暗潮湿。

【种群状态】 中国特有种。种群数量缺乏数据。

【濒危等级】 未予评估（NE）。

【地理分布】 云南（陇川、盈江）；缅甸。

棘蛙亚科 Painae Dubois, 1992

（五七）双团棘蛙属 *Gynandropaa* Dubois, 1992

332. 东川棘蛙 *Gynandropaa phrynoides* (Boulenger, 1917)

【英文名称】 Tongchuan Spiny Frog.

【形态特征】 雄蛙体长 66.8 ～ 88.5 mm，雌蛙体长 61.2 ～ 82.9 mm；头宽大于头长；鼓膜明显或隐蔽。皮肤较粗糙，背部疣较窄长而平，体两侧疣较宽大，均具刺；头顶和头侧较光滑，疣少，颞褶显著；两眼后有横肤沟；无背侧褶。前肢短，前臂及手长不到体长之半，指、趾端圆无沟，掌突 2 个；后肢前伸贴体时胫跗关节达眼后角或颞部，胫长不到体长之半，趾间全蹼，第 5 趾外侧缘膜达趾基部，跗褶弱。体背面深橄榄色或黄褐色，疣粒部位有深褐色斑；后肢背面有深褐色横纹；腹面乳黄色，其上有灰色大理石斑纹（雄性者不明显）。雄蛙前臂粗壮，内侧 3 指有锥状黑刺；胸侧 2 个刺团大；有单咽下内声囊；无雄性线。蝌蚪全长 67.6 ～ 82.0 mm，头体长 23.5 ～ 26.4 mm；头体背面棕褐色，尾部有深褐色大斑点，尾末端钝圆；唇齿式多为 Ⅰ ： 3+3/1+1 ： Ⅱ；下唇中央乳突 2 排，口角副突少。

A   B

图 332-1 东川棘蛙 *Gynandropaa phrynoides*

A、雄蛙背面观（贵州水城，田应洲）

B、蝌蚪（贵州威宁和水城，费梁和王宜生） 上：口部 下：侧面观

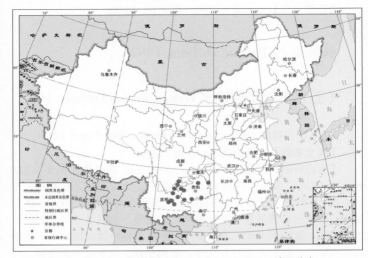

图 332-2　东川棘蛙 *Gynandropaa phrynoides* 地理分布

【生物学资料】　　该蛙生活于海拔 1 500 ～ 2 400 m 林木繁茂的山溪及其附近。成蛙多栖息在溪边的洞穴内或石块下，雨后常到陆地上活动。蝌蚪栖息在溪水内石下。

【种群状态】　　中国特有种。过度利用，其种群数量减少。

【濒危等级】　　建议列为易危（VU）。

【地理分布】　　贵州（水城、威宁、绥阳、荔波、松桃、兴义、望谟）、云南（东川、昆明、易门、曲靖、弥勒、巧家、永善、昭通市郊区）。

333. 四川棘蛙 *Gynandropaa sichuanensis* (Dubois,1986)

【英文名称】　　Sichuan Spiny Frog.

【形态特征】　　雄蛙体长 80.0 ～ 103.0 mm，雌蛙体长 89.0 ～ 109.0 mm；头宽大于头长；瞳孔菱形；鼓膜明显。皮肤粗糙，背部有短肤褶或椭圆形大刺疣，无背侧褶；头顶和头侧光滑；颌褶显著；两眼后有横肤沟.前肢短，前臂及手长不到体长之半,指、趾端圆无沟；后肢前伸贴体时胫跗关节达眼后部，左右跟部不相遇，胫长不到体长之半，趾全蹼，有跗褶，第 5 趾外侧缘膜达趾基部。体色深灰褐色或黄棕色，唇缘多有深色纹；后肢背面深色纹明显或不明显；咽喉部及股部显灰色斑。雄蛙前臂粗壮，内侧3指有锥状黑刺；胸侧2个刺团大，有的个体刺粒到达腹侧；有单咽下内声囊；无雄性线。卵径4.0 mm左右，动物极灰黑色，植物极乳黄色。蝌蚪全长平均72.0 mm，头体长26.0 mm左右，尾长约为头体长的174%；头体背

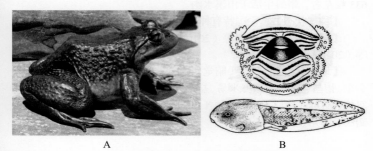

图 333-1 四川棘蛙 *Gynandropaa sichuanensis*

A、雄蛙背面观（四川木里，费梁）

B、蝌蚪（四川西昌，王宜生）　上：口部　下：侧面观

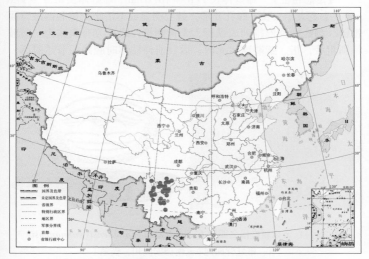

图 333-2 四川棘蛙 *Gynandropaa sichuanensis* 地理分布

面棕褐色，尾部有深色麻斑，尾前部有横斑，尾末端钝尖；唇齿式多为 I : 4+4/1+1 : II；下唇中央乳突 1 排，两侧 2 排，口角副突多。新成蛙体长 21.0 mm。

【生物学资料】　该蛙生活于海拔 1 500～3 100 m 林木繁茂的山溪及其附近。6 月下旬或 7 月繁殖，卵产于溪内石底面粘连成串，633 粒左右。蝌蚪生活于山溪水凼。

【种群状态】　中国特有种。过度捕捉种群数量减少。

【濒危等级】　费梁等（2010）建议列为易危（VU）；蒋志刚等（2016）列为易危（VU）。

【地理分布】　四川（昭觉、冕宁、九龙、攀枝花市郊区、会理、会东、德昌、西昌、木里、米易、盐边、盐源、雷波、宁南）、云南（禄劝、双柏、石屏、易门、中甸、丽江市郊区、宾川、邓川、洱源、大理、鹤庆、牟定、南涧、宁蒗）。

334. 云南棘蛙指名亚种 *Gynandropaa yunnanensis yunnanensis* (Anderson,1878)

【英文名称】　Yunnan Spiny Frog.

【形态特征】　雄蛙体长 77.0～107.0 mm，雌蛙体长 82.0～97.0 mm。头宽大于头长；瞳孔菱形，鼓膜明显或不清晰。体和四肢背面粗糙，刺疣椭圆形排列成纵行，无背侧褶；眼后方有横肤沟。前肢特别粗壮，指、趾端球状无沟；后肢前伸贴体时胫跗关节达眼部，

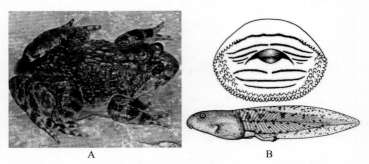

图 334-1　云南棘蛙指名亚种 *Gynandropaa yunnanensis yunnanensis*
A、雄蛙背面观（云南德宏陇川，侯勉）
B、蝌蚪（云南德宏陇川，李健）　上：口部　下：侧面观

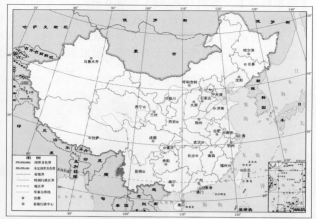

图 334-2 云南棘蛙指名亚种 *Gynandropaa yunnanensis yunnanensis* 地理分布

胫长不到体长之半，左右跟部仅相遇或重叠，趾间全蹼，有蹠褶，
第 5 趾外侧缘膜仅达趾基部。背面褐色、灰棕色或黄棕色，四肢横
纹不显著；咽喉部有浅棕色斑。雄蛙前肢粗壮，内侧 3 指有婚刺；
胸部大刺团 1 对；具单咽下内声囊；无雄性线。卵径 4.0 mm 左右，
动物极灰黑色，植物极乳黄色。蝌蚪全长 52.0 mm，头体长 20.0 mm
左右；头体背面棕褐色，散有深色麻斑；尾末端钝圆；唇齿式多为
Ⅰ：4+4/1+1：Ⅱ；下唇乳突 2 排，口角部位副突多。

【生物学资料】 该蛙生活于海拔 900 ～ 2 400 m 的山区林间
溪流内。4 ～ 6 月繁殖，产卵 810 粒左右，卵成串黏附在水内石底。
蝌蚪生活于溪流回水凼内。

【种群状态】 过度捕捉种群数量减少。

【濒危等级】 易危（VU）或濒危（EN）；蒋志刚等（2016）
列为濒危（EN）。

【地理分布】 云南（陇川、梁河、龙陵、芒市、盈江、腾冲、
泸水）；缅甸（北部）。

335. 云南棘蛙沙巴亚种 *Gynandropaa yunnanensis bourreti* (Dubois,1986)

【英文名称】 Bourret's Spiny Frog.

【形态特征】　雄蛙体长 58.5 ～ 96.9 mm，雌蛙 51.5 ～ 69.8 mm。头略宽扁，头宽大于头长；瞳孔菱形；鼓膜较清晰；犁骨齿列短弱。头部较光滑，眼后背中央有几个大疣排成 ∧ 形；体和四肢背面粗糙，背疣较大呈椭圆形；无背侧褶。前肢短，前臂及手长小

A　　　　　　　　　B

图 335-1　云南棘蛙沙巴亚种 *Gynandropaa yunnanensis bourreti* 雄蛙

（云南景东，刘炯宇）

A、背面观　B、腹面观

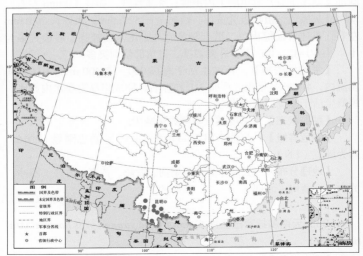

图 335-2　云南棘蛙沙巴亚种 *Gynandropaa yunnanensis bourreti* 地理分布

于体长之半，指、趾端球状无沟；后肢前伸贴体时胫跗关节达眼后方，胫长约为体长之半，左右跟部仅相遇；趾间 2/3 蹼，有跗褶，第5趾外侧缘膜达趾基部。背面灰棕色，四肢横纹不明显；咽喉部、体和四肢腹面灰白色。雄蛙前肢粗壮，内侧 2 指有婚刺；胸部有刺团 1对；具单咽下内声囊。卵的动物极灰褐色，植物极乳白色，直径约4.0 mm。蝌蚪全长 51.0 mm，体长 19.0 mm，尾长 42.0 mm；体背面棕褐色，尾上有深色斑点；腹面略显灰黄色；唇齿式为 I ：4+4（或 3+3）/1+1 ： II，上唇正中无乳突，下唇乳突 2 排，口角处副突较多。

【生物学资料】　　该蛙生活在海拔 1 500 ～ 2 120 m 的森林茂密的山涧内及其邻近。6 月中旬捕到的雌蛙在布袋内产卵，动物极灰褐色，植物极乳白色。

【种群状态】　　因过度利用，其种群数量减少。

【濒危等级】　　费梁等（2012）建议列为易危（VU）。

【地理分布】　　云南（保山、景东、景洪、金平、绿春、墨江、新平、永德、镇沅）；越南（北部）。

（五八）花棘蛙属 *Maculopaa* Fei, Ye and Jiang, 2010

336. 察隅棘蛙 *Maculopaa chayuensis* (Ye, 1977)

【英文名称】　　Chayu Spiny Frog.

【形态特征】　　雄蛙体长 53.0 ～ 65.0 mm，雌蛙体长 69.0 ～ 81.0 mm；头宽略大于头长；鼓膜小而明显。皮肤粗糙，背面布满刺疣；无背侧褶；颞褶短而斜直；枕部横肤沟显著；背部皮肤较松弛。前臂及手长不到体长之半，指、趾端球状无沟，指微具缘膜；指近端关节下瘤大而圆；后肢前伸贴体时胫跗关节达鼻孔或略超过，左右跟部重叠，胫长超过体长之半；趾间全蹼；第 5 趾外侧缘膜仅达趾基部；无跗褶。背面橄榄色或棕黄色，疣粒周围深棕色或棕黑色；四肢背面有横纹；咽喉部有灰色云斑。雄蛙胸部两个黑刺团规则；前肢很粗壮，内侧 3 指有锥状婚刺；有单咽下内声囊；无雄性线。蝌蚪全长 50.0 mm，头体长 18.0 mm；头体黑灰色；尾部横斑或大斑；体较扁平，尾末端钝尖。唇齿式为 II ：4+4（或 5+5）/1+1 ： II；下唇乳突 2 排，口角处乳突 1 排，有副突。

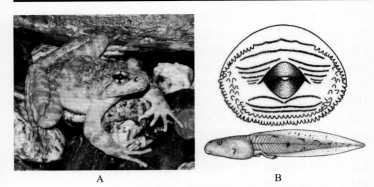

A　　　　　　　　　　　B

图 336-1　察隅棘蛙 *Maculopaa chayuensis*

A、雄蛙背面观（西藏察隅，王剀）

B、蝌蚪（西藏察隅，李健）　上：口部　下：侧面观

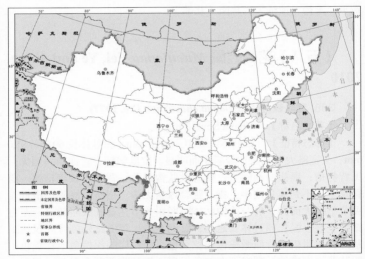

图 336-2 察隅棘蛙 *Maculopaa chayuensis* 地理分布

【生物学资料】　　该蛙生活于海拔 1 000～1 540 m 的中型山溪或泉水溪流内，7～8 月繁殖，7 月 31 日的雌蛙，卵巢内有卵 585 粒，卵径 2.5 mm，动物极黑褐色，植物极乳黄色。蝌蚪底栖于水凼内底部。新成蛙体长 35.0 mm 左右。

【种群状态】　　中国特有种。因过度利用，种群数量较少。

【濒危等级】　　易危（VU）。

【地理分布】　　西藏（察隅）、云南（贡山、福贡、泸水、维西）。

337. 错那棘蛙 *Maculopaa conaensis* (Fei and Huang, 1981)

【英文名称】　　Cona Spiny Frog.

【形态特征】　　雄蛙体长 44.0～69.0 mm，雌蛙体长 46.0～68.0 mm。头宽略大于头长；瞳孔圆形；鼓膜隐蔽。背面皮肤有小圆疣或长疣，无背侧褶，有的前背侧仅有断续成行的肤棱；两眼后有 1 条横肤沟；肛部两侧皮肤松弛成囊状泡泡。前臂及手长不到体长之半；指、趾端球状无沟；掌突 3 个；后肢前伸贴体时胫跗关节达眼或鼻孔；无跗褶，趾间全蹼；第 5 趾外侧缘膜仅达趾基部。背面橄榄棕色、浅褐色或灰褐色，两眼间有 1 个黑色横纹，此纹后方沿体背中央及两侧达体后部，由黑褐色斑点缀连成的 3 条纵带；咽胸部及腹侧有深色斑点。雄蛙前臂粗壮，臂内侧无锥状黑刺，第 2 指或第 3 指内侧有黑婚刺；胸侧有两团锥状刺疣；具单咽下内声囊；背侧有雄性线。卵径 3.0～3.5 mm，动物极灰棕色，植物极乳黄色。蝌蚪全长 65.0 mm，头体长 22.0 mm 左右；头体背面橄榄棕色或黄褐色，尾部有深色斑点；体侧后半部成囊状泡泡；尾末端钝圆；唇齿式多为 Ⅱ：3+3/1+1：Ⅱ；唇较宽，上唇两侧有乳突，下唇乳突 2 排，外面 1 排小而密，里面 1 排大而疏；口角具 3～5 个副突。

【生物学资料】　　该蛙生活于海拔 2 900～3 400 m 山区的小溪、

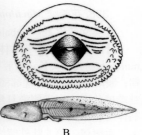

图 337-1　错那棘蛙 *Maculopaa conaensis*

A、雄蛙背面观（西藏错那，费梁）

B、蝌蚪（西藏错那，李健）　　上：口部　下：侧面观

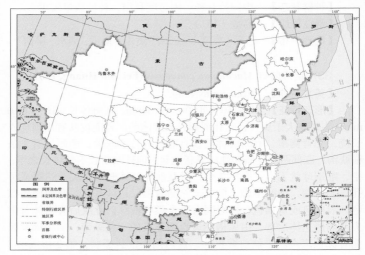

图 337-2　错那棘蛙 *Maculopaa conaensis* 地理分布

泉水沟或其附近。6 月见到卵群和各期蝌蚪。卵相连成葡萄状黏附于石块下。蝌蚪在缓流内。

【种群状态】　中国特有种。仅发现 1 个分布点，种群数量较少。

【濒危等级】　易危（VU）。

【地理分布】　西藏（错那）。

338. 花棘蛙 *Maculopaa maculosa* (Liu, Hu and Yang, 1960)

【英文名称】　Piebald Spiny Frog.

【形态特征】　雄蛙体长 79.0 ～ 97.0 mm，雌蛙体长 75.0 ～ 88.0 mm。头宽大于头长；鼓膜不显著。皮肤较粗糙，有大小刺，无背侧褶；颞褶短而斜直；枕部横肤沟明显。前臂及手不到体长之半，指、趾端球状无沟，指侧微具缘膜，指近端关节下瘤甚明显；后肢前伸贴体时胫跗关节达眼部或略超过，趾间满蹼，外侧跖间蹼达跖长之半，无跗褶，第 5 趾外侧缘膜达趾基部或略超过。背面紫黑色与黄绿色细斑交织成网状纹，四肢有横纹或不显著，趾蹼有黄色点；腹面有浅色云斑。雄蛙前肢很粗壮；内侧 3 指有婚刺，胸部有 1 对刺团；具单咽下内声囊，无雄性线。卵直径 3.5 mm 左右，动物极灰黑色，

图 338-1　花棘蛙 *Maculopaa maculosa*

A、雄蛙背面观（云南景东，费梁）　B、蝌蚪口部（云南景东，王宜生）

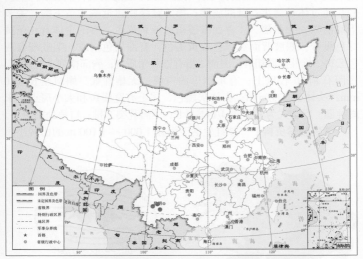

图 338-2　花棘蛙 *Maculopaa maculosa* 地理分布

植物极乳黄色。蝌蚪全长 47.0 mm，头体长 15.0 mm 左右；体较扁平；尾末端钝尖；体黄褐色，尾肌上方有深色横纹 3 ~ 4 条，尾部有深色细点；唇齿式为Ⅱ：4+4（或 5+5）/1+1：Ⅱ，下唇乳突 2 排，口角处有 1 排乳突，具副突多枚。

【生物学资料】　该蛙生活于海拔 1 800 ~ 2 600 m 的林区山溪

内或其附近。繁殖季节可能在 6 ～ 7 月。蝌蚪在溪流水凼内，底栖。

　　【种群状态】　中国特有种。因过度利用，该蛙种群数量逐渐减少。

　　【濒危等级】　濒危（EN）。

　　【地理分布】　云南（景东、新平、双柏）。

339. 墨脱棘蛙 *Maculopaa medogensis* (Fei and Ye, 1999)

　　【英文名称】　Medog Spiny Frog.

　　【形态特征】　雄蛙体长 62.0 ～ 79.0 mm，雌蛙体长 71.0 ～ 114.0 mm；头宽大于头长；鼓膜隐蔽。背面较粗糙，头部较光滑，体背刺疣较密，无背侧褶；四肢背面布满圆形刺疣，肛周围密布圆疣；腹面皮肤光滑。前臂及手长不到体长之半，指、趾端球状无沟，各指近端关节下瘤大；后肢前伸贴体时胫跗关节超过吻端，左右跟部重叠，胫长超过体长之半；趾间满蹼；第 5 趾缘膜达近端关节下瘤；关节下瘤清晰，无跗褶。体背面橄榄褐色或黄褐色，有的个体有 4 条黄绿色纵带；四肢背面黄绿色或黄褐色，有深褐色横纹；咽喉部有灰色云斑。雄性前肢粗壮；内侧 2 指有锥状角质刺；胸部横列 1 对刺团，每团有刺 20 枚以上；有单咽下内声囊；无雄性线。蝌蚪全长 81.0 mm，头体长 27.0 mm；头体灰黑色，尾上有宽横斑和大小斑点；末端钝圆。唇齿式为Ⅱ：4+4/1+1：Ⅱ；下唇乳突 2 排；口角处副突多。

　　【生物学资料】　该蛙生活于海拔 1 000 ～ 1 100 m 的山区小溪

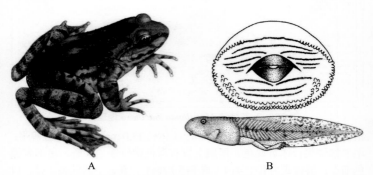

A　　　　　　　　　　　　　　B

图 339-1　墨脱棘蛙 *Maculopaa medogensis*（西藏墨脱，李健）

A、雄蛙背面观　B、蝌蚪　上：口部　下：侧面观

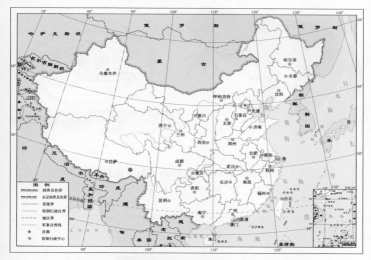

图 339-2 墨脱棘蛙 *Maculopaa medogensis* 地理分布

流内，成蛙多栖息于森林溪流及其附近石壁上。推测产卵期可能在 5～6月。蝌蚪栖息于水凼边石间。

　　【种群状态】　中国特有种。仅发现于墨脱地区，种群数量较少。

　　【濒危等级】　易危（VU）。

　　【地理分布】　西藏（墨脱）。

（五九）棘蛙属 *Paa* Dubois, 1975

布兰福棘蛙种组 *Paa blanfordii* group

340. 布兰福棘蛙 *Paa blanfordii* (Boulenger,1882)

　　【英文名称】　Blanford's Spiny Frog.

　　【形态特征】　雄蛙体长 39.0～47.0 mm，雌蛙体长 39.0～56.0 mm。头长等于或略小于头宽；鼓膜小，不甚清晰，瞳孔圆形。皮肤较光滑；背面及体侧有稀疏疣粒或断续肤棱，无背侧褶；颔褶粗厚，两眼后角之间有横肤沟；肛周围疣粒较密集；腹面均光滑。前肢短

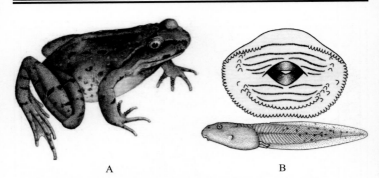

A　　　　　　　　　　　　　B

图 340-1　布兰福棘蛙 *Paa blanfordii* 雄蛙（西藏亚东，李健）

A、成蛙　B、蝌蚪　上：口部　下：侧面观

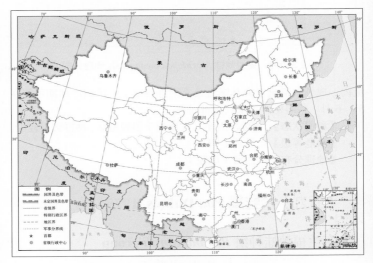

图 340-2　布兰福棘蛙 *Paa blanfordii* 地理分布

不粗壮，前臂及手长不到体长之半，指、趾端圆无沟；后肢前伸贴体时胫跗关节达眼，左右跟部重叠，胫长超过体长之半，第 4 趾蹼达远端关节，其余各趾均为半蹼或全蹼，第 5 趾外侧缘膜达趾基部，无蹼褶。背面灰褐色，有镶浅色边的褐黑色斑，体侧色浅；两眼间有▲▲形黑色斑，上唇缘有黑纵纹；四肢黑横斑；咽胸部有褐色斑。

雄蛙第 1、2 指有婚刺；胸部刺团 1 对；有咽下内声囊；背侧雄性线粉红色。卵径 3.0 mm，动物极灰棕色，植物极乳黄色。蝌蚪全长 52.0 mm，头体长 19.0 mm；头体色灰棕色，有小斑，尾部斑点稀少，尾鳍色浅。体细长，尾末端钝圆。唇齿式多为 Ⅱ：3+3/1+1：Ⅱ；下唇缘宽，2 排唇乳突间距宽，副突少。刚变态的幼蛙体长 15.0 mm 左右。

【生物学资料】 该蛙生活于海拔 2 900 m 山间的小溪流附近，常蹲于岸边或石块上。8 月 25 日的雌蛙卵巢内卵径 2.0 ～ 3.0 mm。推测其繁殖季节在 5 ～ 8 月。

【种群状态】 中国属次要分布区，其种群数量较少。

【濒危等级】 易危（VU）。

【地理分布】 西藏（亚东）；尼泊尔、印度（大吉岭、梅加拉亚、北方邦）。

341. 波留宁棘蛙 *Paa polunini* (Smith,1951)

【英文名称】 Polunin's Spiny Frog.

【形态特征】 雄蛙体长 28.0 ～ 43.0 mm，雌蛙体长 36.0 ～ 53.0 mm。头宽略大于头长；鼓膜圆形，约为眼径的 1/2。皮肤光滑，背侧褶很细；两眼后有 1 条横肤沟；颞褶粗厚；肛孔下部有大圆疣。前肢不粗壮，前臂及手长不到体长之半，指、趾端圆无沟，指基部关节下瘤明显，掌突 3 个；后肢前伸贴体时胫跗关节达眼部，左右

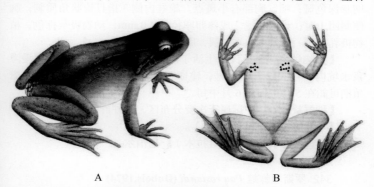

A   B

图 341–1 波留宁棘蛙 *Paa polunini* 雄蛙（尼泊尔，李健）

A、背面观 B、侧面观

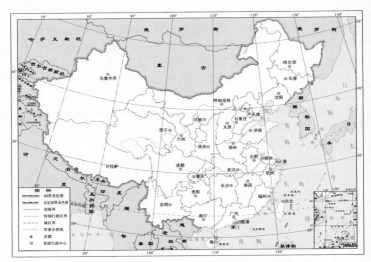

图 341-2　波留宁棘蛙 *Paa polunini* 地理分布

跟部相遇或略重叠，胫长不到体长之半，无跗褶，趾端圆，趾间蹼除第 4 趾具 2/3 蹼外，其余各趾近全蹼，外侧跖间半蹼，第 5 趾外侧缘膜仅达趾基部。体背面褐色无斑，眼间横肤沟前缘有 2 个深色点或为横纹；体侧黑褐色斑点较多或无，四肢背面无斑纹，股后有网状深色斑；咽、胸部有小斑点。雄蛙内侧 3 指具锥状角质刺；胸侧刺团 1 对；具内声囊。成熟卵卵径约 4.0 mm，动物极灰棕色，植物极乳黄色。蝌蚪尾末端钝圆，唇齿式为 Ⅱ：4+4/1+1：Ⅱ。

【生物学资料】　该蛙生活于海拔 3 400 m 左右山区的河漫滩泉水坑内。5 月 22 日的雌蛙，输卵管内共有卵 94 粒。推测该蛙繁殖期可能在 5 月中旬至 6 月中旬。

【种群状态】　中国属于次要分布区，其种群数量较少。

【濒危等级】　易危（VU）。

【地理分布】　西藏（聂拉木）；尼泊尔。

342. 罗斯坦棘蛙 *Paa rostandi* (Dubois,1974)

【英文名称】　Rostand's Spiny Frog.

【形态特征】　雄蛙体长 41.2 ～ 45.5 mm，雌蛙体长 35.5 ～ 42.3

606

mm。头宽略大于头长；鼓膜较清晰，略小于眼径之半；犁骨棱短，无犁骨齿。皮肤较光滑；背面及四肢背面有稀疏疣粒，体侧疣粒较大；背侧褶较细；颞褶显著；肛周围疣粒较大；腹面光滑。前肢较短、粗壮，前臂及手长等于或略大于体长之半，指、趾端圆均无沟；后肢前伸贴体时胫跗关节达眼前角，左右跟部重叠，胫长略大于体

 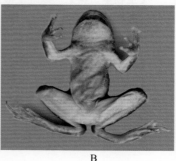

A　　　　　　　　　　　　　　B

图 342–1　罗斯坦棘蛙 *Paa rostandi* 雄蛙

A、背面观（西藏吉隆，蒋珂）　B、腹面观（西藏吉隆，费梁）

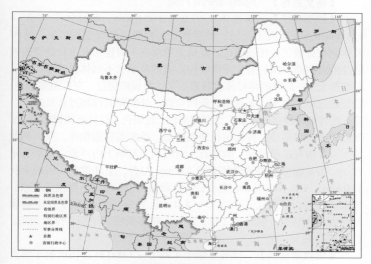

图 342–2　罗斯坦棘蛙 *Paa rostandi* 地理分布

长之半，第 4 趾蹼达远端关节，其余各趾均为半蹼或全蹼，第 5 趾外侧缘膜达趾基部，内跖突椭圆，无外跖突，无蹠褶。整个背面土黄色或浅棕红色，均有棕黑色斑纹，吻棱、颞部和背侧褶下方棕黑色，两眼间和四肢背面有横纹，体侧色较浅；咽胸部有灰白色碎斑。雄蛙第 1、2 指有婚刺；胸部未见刺团；有咽下内声囊。

　　【生物学资料】　该蛙生活于西藏吉隆附近海拔 2 900 m 左右的小山溪内。成蛙多在山的中部，常栖息于沼泽地的小泉水石滩内的浅水处，附近有草地和稀疏的灌木丛。6 月间可听见该蛙微弱的鸣叫声。

　　【种群状态】　中国属次要分布区，种群数量较少。

　　【濒危等级】　易危（VU）。

　　【地理分布】　西藏（吉隆）；尼泊尔。

棘臂蛙种组 *Paa liebigii* group

343. 棘臂蛙 *Paa liebigii* (Günther,1860)

　　【英文名称】　Spiny-armed Frog.

　　【形态特征】　雄蛙体长 67.0 ～ 103.0 mm，雌蛙体长 90.0 ～ 118.0 mm。头宽大于头长；颞褶斜直而粗厚，鼓膜隐约可见。背部及体侧有分散的长疣或圆疣，眼后至胯部有 1 对连续或由长疣缀连成断续的背侧褶；眼后有 1 条横肤沟。前臂及手长不到体长之半；指、趾端圆无沟；后肢前伸贴体时胫跗关节达眼或略超过，左右跟部重叠，胫长超过体长之半；无蹠褶，趾间全蹼，外侧跖间蹼超过跖长之半，第 5 趾外侧缘膜达趾基部。背面棕褐色、红褐色、红棕色或橄榄褐色；四肢背面略显横纹，腹面深色斑点略显。雄蛙前肢很粗壮，其内侧及第 1 ～ 3 指有锥状黑刺；胸部有 1 对刺团，有咽下内声囊；背部有雄性线。雌蛙输卵管内成熟卵直径 3.0 mm 左右，呈乳黄色。蝌蚪全长 57.0 mm，头体长 19.0 mm 左右；头体背面褐色，尾部有黑褐色斑点；尾末端钝圆；唇齿式一般为 Ⅰ ： 4+4（Ⅱ ： 3+3）/1+1 ： Ⅱ；下唇缘与唇齿相距甚宽，唇乳突 2 排，外面 1 排小而密，里面 1 排大而疏；口角有副突 3 ～ 6 个。

　　【生物学资料】　该蛙生活于 1 880 ～ 3 900 m 高山区的小溪及其附近。8 ～ 9 月繁殖；卵产在溪内，附着在石底面。蝌蚪生活于

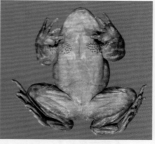

              A   B

图 343–1 棘臂蛙 *Paa liebigii*

A、雌蛙背面观（西藏亚东，江建平） B、雄蛙腹面观（西藏亚东，叶昌媛）

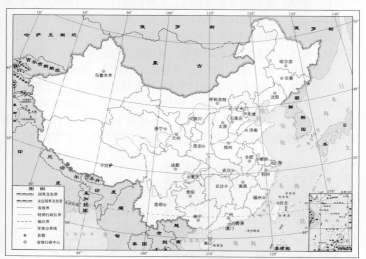

图 343–2 棘臂蛙 *Paa liebigii* 地理分布

溪流的深水坑内。

　　【种群状态】　　该蛙在中国属于次要分布区，种群数量较少。

　　【濒危等级】　　易危（VU）。

　　【地理分布】　　西藏（吉隆、聂拉木、亚东）；尼泊尔、印度（锡金和克什米尔）。

（六〇）棘胸蛙属 *Quasipaa* Dubois, 1992

棘腹蛙种组 *Quasipaa boulengeri* group

344. 棘腹蛙 *Quasipaa boulengeri* (Günther,1889)

【英文名称】　Spiny-bellied Frog.

【形态特征】　雄蛙体长 78.0～100.0 mm，雌蛙体长 89.0～124.0 mm。头宽大于头长；瞳孔呈菱形；鼓膜不显著。背部有长条形或圆形疣和小刺疣；眼后有 1 条横肤沟；无背侧褶，四肢背面疣少，长条形肤棱明显；指、趾端球状无沟；前、后肢粗壮，前伸贴体时胫跗关节达眼部，胫长略超过体长之半，左右跟部仅相遇；有跗褶，趾间几乎全蹼，第 5 趾外侧缘膜达跖基部。背面黄棕色或深褐色，两眼间常有 1 条黑横纹，有的背部具黑斑；四肢背面不明显；咽喉部有棕色斑。雄蛙前臂极粗壮，内侧 3 指有锥状黑刺；胸腹部布满刺疣，疣上刺 1 枚；具单咽下内声囊；背侧有雄性线。卵径 4.0 mm 左右，动物极灰棕色，植物极乳黄色。蝌蚪全长 52.0 mm，头体长 19.0 mm 左右；体背面黄棕色或褐黑色，尾部有灰色斑点，体尾交界处有 1 个黑横斑；尾

A　　　　　　　　　　B

图 344-1　棘腹蛙 *Quasipaa boulengeri*

A、雄蛙背面观（四川峨眉山，费梁）

B、蝌蚪（四川都江堰，王宜生）　上：口部　下：侧面观

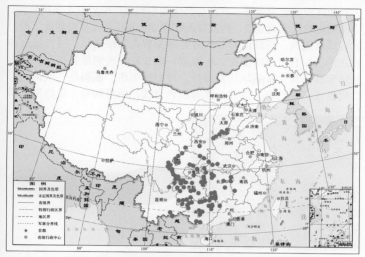

图 344-2 棘腹蛙 *Quasipaa boulengeri* 地理分布

末端钝尖；唇齿式多为 I：4+4/1+1：II。上唇无乳突，下唇乳突 2
排，口角有副突。

　　【生物学资料】　　该蛙生活于海拔 300～1 900 m 山区的溪流或
其附近的水塘中。夏季雄蛙发出"梆，梆，梆"的洪亮鸣声。该蛙
以捕食昆虫为主。5～8 月繁殖，卵多产于水坑内，卵群成串，似
葡萄状。蝌蚪生活于溪流水坑内。

　　【种群状态】　　因过度利用，种群数量减少。

　　【濒危等级】　　易危（VU）或濒危（EN）；蒋志刚等（2016）
列为易危（VU）。

　　【地理分布】　　山西（南部）、陕西（佛坪）、甘肃（康县）、
四川、重庆、云南、贵州、江西（井冈山）、湖北（宜昌、巴东、利川、
咸丰）、湖南、广西；越南。

345. 合江棘蛙 *Quasipaa robertingeri* (Wu and Zhao, 1995)

　　【英文名称】　　Hejiang Spiny Frog.

　　【形态特征】　　雄蛙体长 73.0～104.0 mm，雌蛙体长 84.0～89.0
mm。头宽大于头长；瞳孔菱形，眼间距小于上眼睑宽，鼓膜略显。

头顶和体背部较为光滑，背部有长疣和小刺疣；眼后有 1 条横肤沟；
体侧刺疣粒密集而显著；四肢背面疣少而光滑。前、后肢粗壮，指、
趾端球状无沟；后肢前伸贴体时胫跗关节达鼻眼之间，胫长超过体
长之半，左右跟部略重叠；有跗褶；第 5 趾游离侧缘膜达跗基部；
趾间全蹼，蹼达趾端球状基部处。背面棕黄色、深褐色、灰褐色、
红褐色或有浅色斑，少数个体有浅色脊线；两眼间有 1 条棕黑色横

图 345-1　合江棘蛙 *Quasipaa robertingeri*

A、雄蛙背面观（四川合江，费梁）　B、蝌蚪（四川合江，李健）

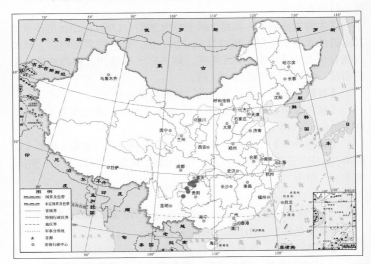

图 345-2　合江棘蛙 *Quasipaa robertingeri* 地理分布

纹；上下唇缘具深褐色纵纹；四肢背面有细横纹；体腹面肉色。雄性前臂极粗壮，内侧第 2 指或第 3 指有锥状黑色刺，胸腹部布满刺疣；具单咽下内声囊；背侧有雄性线。卵径 3.3 ～ 4.0 mm，动物极黑棕色，植物极乳黄色。蝌蚪头体长 16.0 ～ 25.0 mm，尾长 25.0 ～ 38.0 mm；头体棕黄色，尾部无斑纹，体尾交界处隐约可见 1 条褐色横纹；唇齿式为 Ⅰ：4+4/1+1：Ⅱ，上唇缘无乳突，下唇缘乳突 2 排，外面 1 排中央不间断。

【生物学资料】 该蛙生活于海拔 650 ～ 1 500 m 的山溪及其附近。夜间雄蛙发出 "吭，吭" 鸣叫声，5 ～ 8 月繁殖。蝌蚪栖息于溪流水凼内。

【种群状态】 中国特有种。因过度利用，种群数量减少。

【濒危等级】 濒危（EN）；蒋志刚等（2016）列为易危（VU）。

【地理分布】 四川（长宁、合江）、重庆（江津）、贵州（赤水、习水、毕节、水城）、云南（威信）。

346. 棘侧蛙 *Quasipaa shini* (Ahl,1930)

【英文名称】 Spiny-flanked Frog.

【形态特征】 雄蛙体长 89.0 ～ 115.0 mm，雌蛙体长 87.0 ～ 109.0 mm。头宽大于头长；瞳孔菱形，鼓膜略显。背部有长形刺疣排列成纵行，其间有圆长形疣，无背侧褶；体侧至胯部有密集圆刺疣；眼后方有横肤沟。前臂及手长不到体长之半；指、趾端球状无沟；后肢前伸贴体时胫跗关节前达眼前角；趾间全蹼；跗褶约为跗长之半，第 5 趾外侧缘膜达跗基部。背面棕黑色，两眼间有黑色宽横纹，四肢横纹隐约可见；咽喉及股、胫腹面浅棕色。雄蛙前肢极粗壮，内侧 3 指有婚刺，胸部和前腹部以及体侧的疣上有刺，小疣上刺 1 枚，大疣上多为 3 ～ 8 枚；具单咽下内声囊；背侧有雄性线。卵径 3.5 mm，动物极黑灰色，植物极乳黄色。蝌蚪全长 66.0 mm，头体长 23.0 mm 左右；背面橄榄色，尾肌有深色斑；尾末端钝尖；唇齿式为 Ⅰ：5+5/1+1：Ⅱ；下唇乳突 2 排，外面的 1 排呈参差排列，内侧乳突大而疏；口角部位副突多。

【生物学资料】 该蛙生活于海拔 1 000 m 左右的山溪内。成蛙白天隐藏在潮湿的溪边石下或岸上大石上，夜晚栖息于溪边石上。蝌蚪生活于溪流内。

【种群状态】 中国特有种。因过度利用，其种群数量减少。

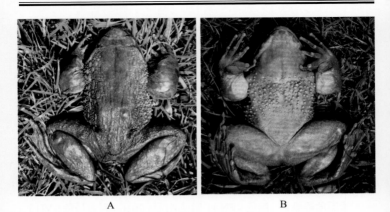

A　　　　　　　　　　　　B

图 346-1　棘侧蛙 *Quasipaa shini* 雄蛙（广西龙胜，费梁）

A、背面观　B、腹面观

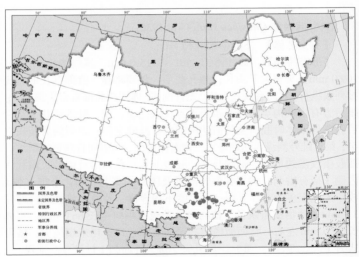

图 346-2　棘侧蛙 *Quasipaa shini* 地理分布

【濒危等级】　易危（VU）。

【地理分布】　贵州（绥阳、雷山、三都）、湖南（江永）、广西（龙胜、金秀、南丹、田林岑王老山、武鸣、融水、灌阳、环江）。

棘胸蛙种组 *Quasipaa spinosa* group

347. 小棘蛙 *Quasipaa exilispinosa* (Liu and Hu,1975)

【英文名称】 Little Spiny Frog.

【形态特征】 雄蛙体长 44.0 ～ 67.0 mm，雌蛙体长 44.0 ～ 63.0 mm，不超过 70.0 mm。头宽略大于头长；吻端圆；鼓膜隐约可见。背面布满刺疣，无背侧褶。前肢较粗短，前臂及手长不到体长之半，指、趾端球状无沟；前伸贴体时胫跗关节达眼部，趾间蹼较弱，第 4 趾两侧之蹼缺刻深，以缘膜达趾端，其余各趾蹼达趾端，有内跗褶，第 5 趾外侧缘膜达跗基部。体背面棕色、浅棕褐色，散有黑褐斑，眼间及四肢背面有黑褐色横纹；咽喉部及后肢腹面有褐色斑点。雄蛙前臂粗壮，内侧 3 指有婚刺，胸部具锥状刺疣，具单咽下内声囊，有雄性线。卵径 3.2 ～ 3.4 mm，动物极黑棕色，植物极乳白色。蝌蚪全长 58.0 mm，头体长 19.0 mm 左右；头体土黄色，尾部有深色斑点；尾末端钝尖；唇齿式多为 Ⅰ：3+3 /1+1：Ⅱ；近口角处有乳突 1 排，下唇乳突 2 排。刚完成变态的幼蛙体长 18.0 mm。

【生物学资料】 该蛙生活于海拔 500 ～ 1 400 m 植被繁茂的水

图 347-1 小棘蛙 *Quasipaa exilispinosa*

A、雄蛙背面观（福建德化戴云山，费梁）

B、蝌蚪（福建德化，蔡明章和王宜生） 上：口部 下：侧面观

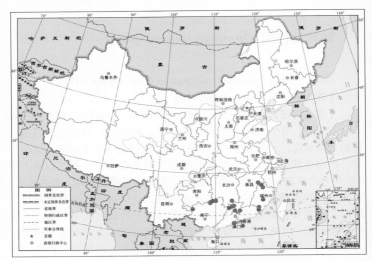

图 347-2 小棘蛙 *Quasipaa exilispinosa* 地理分布

面宽度 1 m 以下的小山溪内或沼泽地边石下。主要捕食多种昆虫等小动物。6 ～ 7 月繁殖，晚上雄蛙发出"嗒，嗒"的连续鸣声；卵产在小溪水凼内，卵群 54 ～ 107 粒，成串附于石块下。蝌蚪生活于溪沟小水坑里。

　　【种群状态】　中国特有种。因过度利用，其种群数量减少。

　　【濒危等级】　易危（VU）。

　　【地理分布】　湖南（宜章）、江西（贵溪）、福建（德化、武夷山、建阳、南靖、诏安）、广西（龙胜、田林岑王老山、融水、罗城）、广东（乳源、台山、连州、连南、英德、龙门）、香港。

348. 九龙棘蛙 *Quasipaa jiulongensis* (Huang and Liu,1985)

　　【英文名称】　Jiulong Spiny Frog.

　　【形态特征】　雄蛙体长 82.0 ～ 110.0 mm，雌蛙体长 76.0 ～ 89.0 mm。头宽略大于头长；颞褶明显；鼓膜隐蔽。背部布满小疣，间杂有长疣；头部及四肢背面及体侧有疣粒；两眼后有 1 条横肤沟，无背侧褶。前臂及手长不到体长之半或接近一半，指、趾端球状无沟，指基部关节下瘤发达，掌突 3 个；后肢前伸贴体时胫跗关节达吻端，有跗褶；趾间全蹼，外侧跖间有蹼，内跗褶明显，第 5 趾外侧缘膜达跗基部。背面黑褐色或浅褐色，两眼间有深色横纹，背部两侧各有 4～5个明显的黄色斑点排成纵行，左右对称；四肢背面具深色横斑；咽胸部有深色斑纹，腹部有褐色虫纹斑。雄蛙前臂很粗壮，内侧 2 指或 3

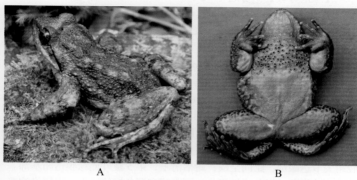

A　　　　　　　　　　　　B

图 348-1　九龙棘蛙 *Quasipaa jiulongensis* 雄蛙（福建武夷山，费梁）
A、背面观　B、腹面观

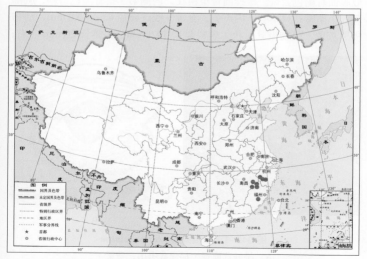

图 348-2　九龙棘蛙 *Quasipaa jiulongensis* 地理分布

指有黑色婚刺；胸部布满疣粒，疣上有锥状黑刺疣；具单咽下内声囊。

　　【生物学资料】　该蛙生活于海拔 800 ～ 1 200 m 山区的小型溪流中。5 ～ 10 月活动频繁，捕食昆虫、小蟹及其他小动物。

　　【种群状态】　中国特有种。因过度利用，其种群数量减少。

　　【濒危等级】　易危（VU）。

　　【地理分布】　江西（贵溪）、浙江（遂昌、江山、松阳）、福建（德化、武夷山、建阳、光泽）。

349. 棘胸蛙 *Quasipaa spinosa* (David, 1875)

　　【英文名称】　Giant Spiny Frog.

　　【形态特征】　雄蛙体长 106.0 ～ 141.0 mm，雌蛙体长 115.0 ～ 153.0 mm。头宽大于头长；鼓膜隐约可见。皮肤较粗糙，长短刺疣断续排列成行，其间有圆刺疣；眼后方有横肤沟；颞褶显著；无背侧褶；前臂及手长近于体长之半；指、趾端球状无沟；后肢前伸贴体时胫跗关节达眼部，趾间全蹼；跗褶清晰，第 5 趾外侧缘膜达跗基部。体背面黄褐色、褐色或棕黑色，两眼间有深色横纹，上、下唇缘均有浅色纵纹，体和四肢有黑褐色横纹；腹面浅黄色，无斑或咽喉部和四肢腹面有褐色云斑。雄蛙前臂很粗壮，内侧第 3 指有黑色婚刺，胸部刺疣小而密；具单咽下内声囊，有雄性线。卵径 4.5 ～ 5.0 mm，动物极黑灰色，植物极乳黄色。蝌蚪全长 59.0 mm，头体长 20 mm 左右；

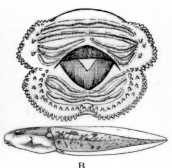

A　　　　　　　　　　　B

图 349-1　棘胸蛙 *Quasipaa spinosa*

A、雄蛙背面观（福建武夷山，费梁）

B、蝌蚪（福建武夷山，Pope, 1931）　上：口部　下：侧面观

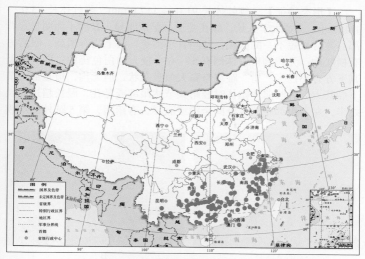

图 349-2　棘胸蛙 *Quasipaa spinosa* 地理分布

头体黑灰色，尾部有斑点；尾末端钝圆或钝尖；唇齿式为Ⅰ：4+4/1+1：Ⅱ；下唇缘中央内凹，下唇乳突 2 排，外面 1 排内凹处无乳突，里面 1 排乳突在中央不间断；口角部位有副突。

【**生物学资料**】　该蛙生活于海拔 600～1 500 m 林木繁茂的山溪内。捕食多种昆虫、溪蟹、蜈蚣、小蛙等。5～9 月繁殖，每次产卵 122～350 粒，卵群成串黏附在水中石下，每串由 7～12 粒组成，形似葡萄状。蝌蚪在水底石上。

【**种群状态**】　因过度利用，其种群数量减少。

【**濒危等级**】　易危（VU）。

【**地理分布**】　云南、贵州、安徽、江苏（宜兴、溧阳）、浙江、江西、湖北（通山）、湖南、福建、广东、广西、香港；越南（北部）。

多疣棘蛙种组 *Quasipaa verrucospinosa* group

350. 多疣棘蛙 *Quasipaa verrucospinosa* (Bourret, 1937)

【**英文名称**】　Verrucose Spiny Frog.

【形态特征】　雄蛙体长 91.0 ～ 117.0 mm，雌蛙体长 83.0 ～ 114.0 mm。头宽大于头长；瞳孔菱形，颊褶明显；鼓膜小而明显。背部有数行长短不一的肤棱，其间有小圆疣，其上均有黑刺；眼后方有横肤沟；无背侧褶，体侧有 5 ～ 6 个较大的白色疣粒；肛周围及其下方有小白疣。指、趾端略膨大似吸盘状，但无沟，指基部关节下瘤甚大；后肢前伸贴体时胫跗关节达眼部或鼻孔，胫长超过体长之半，左右跟部相遇，趾间全蹼或满蹼，有跗褶，第 5 趾外侧缘膜

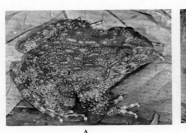
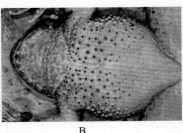

A　　　　　　　　　　　　B

图 350-1 多疣棘蛙 *Quasipaa verrucospinosa* 雄蛙（云南勐腊，王剀）

A、背面观　B、腹面观

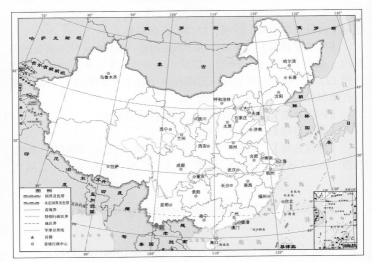

图 350-2 多疣棘蛙 *Quasipaa verrucospinosa* 地理分布

达跗基部。背面浅褐色、褐黄色或褐色，疣粒部位褐黑色，四肢横纹不显著；咽喉部有浅棕斑，腹面有的个体散有灰色斑。雄蛙前肢粗壮，颌部和胸部布满疣粒，其上无黑刺；第 1、2 指背面有婚刺；具单咽下内声囊；无雄性线。

【生物学资料】　该蛙生活于海拔 1 400 ～ 1 600 m 的山区林间溪流内及其附近。白天该蛙隐蔽在溪边石下或洞穴内，夜间常蹲在水中或岸上有苔藓的石头上。

【种群状态】　中国为次要分布区，因过度利用，其种群数量稀少。

【濒危等级】　近危（NT）；蒋志刚等（2016）列为易危（VU）。

【地理分布】　云南（景洪勐龙、勐腊勐远）；越南（北部）。

（六一）倭蛙属 *Nanorana* Günther, 1896

351. 高山倭蛙 *Nanorana parkeri* (Stejneger, 1927)

【英文名称】　Xizang Plateau Frog.

【形态特征】　雄蛙体长 40.0 ～ 51.0 mm，雌蛙体长 39.0 ～ 58.0 mm。头宽略大于头长；瞳孔横椭圆形，无鼓膜，无耳柱骨或退化呈短突；无犁骨齿或极细弱；舌椭圆形后端微缺。背部有窄长疣粒，断续排列成 5 ～ 10 行肤棱，背面布满小白刺，颞褶斜暗；腹面皮肤光滑，仅腹后部及股基部有浅色疣粒。前臂及手长不到体长之半，指、趾端浑圆无沟，指基下瘤小而清晰；后肢前伸贴体时胫跗关节达肩前方或颞部，趾间蹼较发达，外侧 3 趾间略大于 2/3 蹼，外侧跖间微具蹼。体背面橄榄棕色、黄棕色或灰棕色，其上黑色斑；腹面有灰棕色斑点。雄性第 1、2 指上有细小婚刺，胸部有 1 对细密刺团，无声囊，无雄性线。卵径 2.0 mm 左右，动物极棕黑色，植物极乳白色。蝌蚪全长 51.0 mm，头体长 22.0 mm；头体棕褐色，尾部上有深色斑点；尾末端钝圆；唇齿式为 I ： 2+2（或 3+3）/1+1 ： II；下唇乳突 1 排，下唇齿外侧 2 排几乎等长，两口角副突少。

【生物学资料】　该蛙生活于高原地区海拔 2 850 ～ 4 700 m 的湖泊、水塘、沼泽及其附近。5 ～ 7 月繁殖，卵群分散产于水草上，每群 5 ～ 800 粒。蝌蚪栖息于水草间。

【种群状态】　分布区较宽，种群数量甚多。

图 351-1　高山倭蛙 *Nanorana parkeri*

A、雄蛙背面观（西藏拉萨，费梁）

B、蝌蚪（西藏，王宜生）　上：口部　下：侧面观

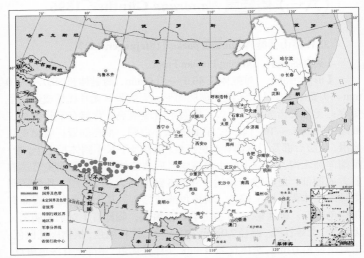

图 351-2　高山倭蛙 *Nanorana parkeri* 地理分布

【濒危等级】　　无危（LC）。

【地理分布】　　西藏（东部和南部）；巴基斯坦、尼泊尔。

352. 倭蛙 *Nanorana pleskei* Günther,1896

【英文名称】　　Plateau Frog.

【形态特征】   雄蛙体长 28.0～35.0 mm，雌蛙体长 33.0～41.0 mm。头长头宽几乎相等；瞳孔横椭圆形，鼓膜小，有细长耳柱骨；无犁骨齿或细弱；舌椭圆形后端微缺。颌褶较显，无背侧褶，体背部长短疣粒明显，沿脊线两侧的长疣排列较规则，腹后端有扁平疣。指、趾端钝圆无沟，指、趾关节下瘤不显著；后肢前伸贴体时胫跗关节达肩部，左右跟部仅相遇，胫长不到体长之半，趾间蹼缘缺刻深，第 4 趾约具 2/3 蹼。背面橄榄绿色、黄绿色或深绿色，上有深棕色或黑褐色大椭圆斑，其边缘镶有浅色纹；背脊中央常有 1 条黄绿色细脊纹；腹面无斑点。雄性第 1、2 指上有绒毛状婚刺，胸部有 1 对刺团，无声囊和雄性线。卵径 1.9 mm 左右，动物极黑褐色，植物极灰棕色。蝌蚪全长 27.0 mm，头体长 11.0 mm 左右；头体深棕色，上尾鳍有小黑点，尾末端钝圆；唇齿式为Ⅰ：2+2/1+1：Ⅱ；下唇乳突 1 排，下唇齿外侧第 1 排显然短于第 2 排，两口角副突多。新成蛙体长 10.0～12.0 mm。

【生物学资料】   该蛙生活于海拔 3 300～4 500 m 的高原沼泽地带的水坑、池塘、小山溪及其附近。多以昆虫及其他小动物为食。5 月中旬至 6 月上旬繁殖。卵产于静水域内，卵群附着在水草上；卵群含卵几粒至数十粒。蝌蚪生活于水塘内。

【种群状态】   中国特有种。分布区较宽，种群数量甚多。

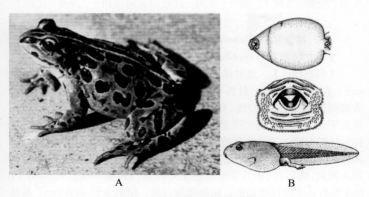

图 352-1   倭蛙 *Nanorana pleskei*

A、雄蛙背面观（四川康定，费梁）

B、蝌蚪（四川道孚，王宜生） 上：头部腹面 中：口部 下：侧面观

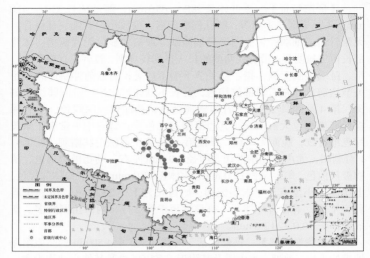

图 352-2　倭蛙 *Nanorana pleskei* 地理分布

【濒危等级】　无危（LC）。

【地理分布】　甘肃（玛曲）、青海（贵南、泽库、河南、称多、久治、治多、玉树）、四川（北川、甘孜州和阿坝州）、西藏（江达）。

353. 腹斑倭蛙 *Nanorana ventripunctata* Fei and Huang, 1985

【英文名称】　Spot-bellied Plateau Frog.

【形态特征】　雄蛙体长 41.0 ～ 51.0 mm，雌蛙体长 45.0 ～ 56.0 mm。头宽大于头长；鼓膜小略呈圆形，有细长耳柱骨；无犁骨齿；舌椭圆形，后端缺刻较浅。体背长疣粒断续成行，并散有小白刺粒；腹面平滑。指、趾端钝圆无沟，指、趾关节下瘤小而明显；后肢前伸贴体时胫跗关节达肩部或眼后角，趾间全蹼。体背面橄榄棕色或灰棕色，有黑斑，但无浅色边；腹面有深色斑点。雄蛙第 1、2 指具细小婚刺，胸部有 1 个八字形棕色细密刺团；无声囊和雄性线。卵径 1.0 mm 左右，动物极黑褐色，植物极灰白色。蝌蚪全长 49.0 mm，头体长 18.0 mm 左右；头体椭圆形，尾末端钝圆；体尾橄榄棕色，上尾鳍上有深色斑点；唇齿式为 Ⅰ：1+1（或 2+2）/1+1：Ⅱ；下唇外排唇齿略短于第 2 排，上唇缘无乳突，下唇缘及两口角边缘有 1 排乳突，口角副突较多。

【生物学资料】 该蛙生活于高原地区海拔 3 120 ～ 4 100 m 的水坑、水塘、湖泊边等静水域内。5 ～ 8 月繁殖，卵产于静水塘内，

A   B

图 353-1 腹斑倭蛙 *Nanorana ventripunctata*

A、雄蛙背面观（云南香格里拉，费梁）

B、蝌蚪（云南香格里拉，费梁） 上：头部腹面观 下：口部

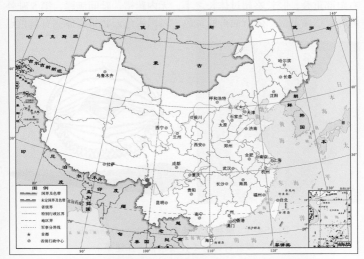

图 353-2 腹斑倭蛙 *Nanorana ventripunctata* 地理分布

卵单粒或十余粒在水草、枯枝上；共有卵 290 粒左右。蝌蚪底栖于静水塘内。

　　【种群状态】　中国特有种。种群数量较多。

　　【濒危等级】　无危（LC）。

　　【地理分布】　云南（香格里拉、德钦、维西）。

（六二）隆肛蛙属 *Feirana* Dubois, 1992

354. 康县隆肛蛙 *Feirana kangxianensis* Yang, Wang, Hu and Jiang, 2011

　　【英文名称】　Kangxian Swelled-vented Frog.

　　【形态特征】　雄蛙体长 55.9 ～ 87.4 mm，雌蛙体长 54.6 ～ 101.1 mm。头宽大于头长；鼓膜明显，约为眼径的 1/2；颞褶粗厚。皮肤较光滑，体背面有少量的扁平圆疣或长疣；体后部、肛部、后肢背面有白痣粒；肛部皮肤略呈囊状泡起，肛孔内壁无黑刺。指、趾末端膨大成球状无沟，无指基下瘤；后肢前伸贴体时胫跗关节达眼部，左右跟部重叠，胫长略超过体长之半，无内跗褶，趾间满蹼，第 5 趾外侧缘膜达跖基部。体背面柠檬黄色，有黑褐色云状斑；体侧有黄色点

A　　　　　　　　　　　　　　　B

图 354-1　康县隆肛蛙 *Feirana kangxianensis*

A、雄蛙背面观（甘肃康县，江建平）

B、蝌蚪　上：口部（李健）　下：侧面观（Yang X, et al., 2011）

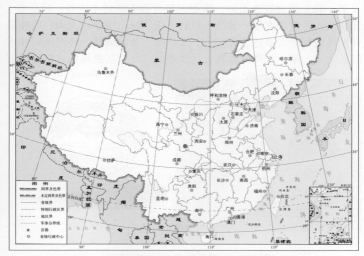

图 354-2 康县隆肛蛙 *Feirana kangxianensis* 地理分布

状斑；咽胸部及腹侧有深色斑纹。雄蛙肛周围的皮肤囊状泡起不明显，其上有密集痣粒；第 1 指和前拇指上有婚刺；无声囊；无雄性线。雌蛙腹内卵径 3.0 mm；动物极深灰色，植物极浅灰白色。蝌蚪全长约44.7 mm，头体长 16.0 mm 左右；头体灰黄色，具黄褐色斑；尾部有深色斑点，尾末端圆。唇齿式为Ⅱ：5+5（或 6+6）/1+1：Ⅱ；下唇乳突 2 排；口角处副突约 3 枚；出水孔有短游离管。

　　【生态学资料】　　该蛙生活于海拔 780～1 962 m 的山区溪流内及其附近。多数成体和蝌蚪被发现在海拔 1 600 m 左右。雌蛙怀卵 782 粒。

　　【种群状态】　　中国特有种。因过度利用，其种群数量减少。

　　【濒危等级】　　费梁等（2012）建议列为易危（VU）。

　　【地理分布】　　甘肃（康县）。

355. 隆肛蛙 *Feirana quadranus* (Liu, Hu and Yang, 1960)

　　【英文名称】　　Swelled-vented Frog.

　　【形态特征】　　雄蛙体长 79.0～89.0 mm，雌蛙体长 85.0～97.0 mm。头宽大于头长；瞳孔菱形，眼间距小于上眼睑宽，鼓膜小而不显著。除头顶部较光滑外，体和四肢背面布满较小疣粒，眼后有1条横肤沟；腹面光滑。前肢不粗壮，指、趾末端球状无沟；后肢前伸贴体时胫跗关节达鼻孔前方，无跗褶，趾间满蹼，外侧趾间蹼达趾长之半，第5趾外侧缘膜仅达趾基部。背面灰黑褐色或橄榄绿而

A   B

图 355-1　隆肛蛙 *Feirana quadranus*

A、雄蛙背面观（重庆巫山，费梁）

B、蝌蚪（重庆巫山，王宜生）　　上：口部　下：侧面观

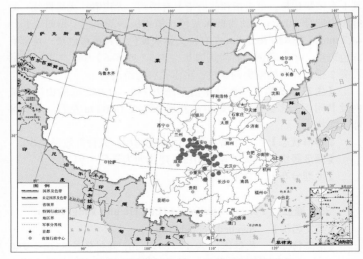

图 355-2　隆肛蛙 *Feirana quadranus* 地理分布

略带黄色，体侧棕黄色具黑褐色云斑，颌缘纵纹及四肢背面横纹清晰；腹面黄白色或有棕色斑点，四肢腹面橘黄色。雄蛙肛部周围皮肤呈囊状泡起；指上无婚刺，前臂、胸腹部无刺，亦无声囊和雄性线。卵径 3.0～4.0 mm，动物极深棕色，其上有 1 个浅色圆环，植物极乳黄色。蝌蚪全长 86.0 mm，头体长 28.0 mm 左右；头体紫褐色，尾后半段有深色斑点；尾末端钝圆；唇齿式为Ⅱ：6+6（或 7+7）/1+1：Ⅱ；下唇齿 3 排几乎等长；下唇乳突 2 排；出水孔有短游离管。

【生物学资料】　该蛙生活于海拔 335～1 830 m 山区的溪流或沼泽地带。捕食昆虫及其他小动物。4 月中旬产卵 641～1 230 粒，卵群单层平铺在石块底面。蝌蚪栖息于水的中层。

【种群状态】　中国特有种。因过度利用，其种群数量减少。

【濒危等级】　近危（NT）。

【地理分布】　甘肃（文县、两当、天水等）、陕西（宁强、太白、商南等）、四川（平武、万源、青川等）、重庆（城口、巫溪、巫山、秀山）、湖北（利川、神农架、丹江口等）、湖南（桑植、石门）。

356. 太行隆肛蛙 *Feirana taihangnica* (Chen and Jiang, 2002)

【英文名称】　Taihangshan Swelled-vented Frog.

【形态特征】　雄蛙体长 51.0～83.0 mm，雌蛙体长 68.0～91.0 mm。头宽大于头长；鼓膜小或不甚明显；颞褶明显。体背面散有扁平疣；体后部、肛部、后肢背面有白痣粒；腹面光滑；肛部皮肤形成囊状泡起，肛孔内壁无黑刺。指、趾末端膨大成球状无沟，两侧缘膜明显，无指基下瘤；后肢前伸贴体时胫跗关节超过鼻孔几乎达吻端，左右跟部重叠，胫长略超过体长之半，有内跗褶，趾间满蹼，第 5 趾外侧缘膜达跗基部。体背面褐色或棕黄色，有灰褐色云状斑；体侧有黄色点状斑；咽胸部及腹侧有深色斑纹。雄蛙肛周围的皮肤囊状泡起明显，其上有密集痣粒；指上无婚刺；无声囊；无雄性线。卵群单粒平铺于石块底面；卵径 3.0～4.0 mm；动物极深棕色，其上有 1 个浅黄色圆环，植物极乳黄色。第 27～28 期蝌蚪全长 51.0 mm，头体长 21.0 mm 左右（第 43 期者全长可达 86.0 mm）；头体背面灰紫色或灰黑色，尾部具少许深色斑点，尾末端圆。唇齿式为Ⅱ：6+6（或Ⅰ：7+7）/1+1：Ⅱ；下唇乳突 2 排；口角处副突约 3 枚；出水孔有短游离管。

【生物学资料】　该蛙生活于海拔 500～1 700 m 的山区谷地

A　　　　　　　　　　　　　B

图 356-1　太行隆肛蛙 *Feirana taihangnica*

A、雄蛙背面观（河南济源，陈晓虹）

B、蝌蚪（河南济源，李健）　上：口部　下：侧面观

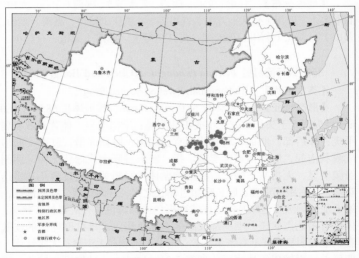

图 356-2　太行隆肛蛙 *Feirana taihangnica* 地理分布

溪流内及其附近。该蛙捕食多种昆虫等。雌蛙可产卵 600 余粒，卵群单粒状平铺于溪流石块底面。

　　【种群状态】　　中国特有种。因过度利用，其种群数量减少。

　　【濒危等级】　　费梁等（2010）建议列为易危（VU）；蒋志刚等（2016）列为易危（VU）。

【地理分布】 甘肃（康县）、陕西（太白、柞水、宁陕、长安、华山、华阳、周至）、河南（济源、嵩山、峦川、内乡、桐柏）、山西（垣曲、阳城、夏县、沁水）。

（六三）棘肛蛙属 *Unculuana* Fei, Ye and Huang, 1990

357. 棘肛蛙 *Unculuana unculuanus*（Liu, Hu and Yang, 1960）

【英文名称】 Spiny-vented Frog.

【形态特征】 雄蛙体长 70.0 ～ 78.0 mm，雌蛙体长 71.0 ～ 84.0 mm。头宽大于头长。皮肤光滑，背侧褶平直，眼后方微显横肤沟，肛上方有很明显的横肤褶，肛周围有疣粒。前肢不粗壮，指、趾端钝圆无沟；后肢前伸贴体时胫跗关节达吻端，胫长超过体长之半，左右跟部相互重叠，无跗褶，趾间全蹼，缺刻深，第 4 趾蹼仅达第 2 关节下瘤，第 5 趾外侧缘膜仅达趾基部。体背面褐色，有深褐色斑，枕部有黑褐色横纹，体侧黑褐色；四肢背面有黑横纹，体腹面色黄。雄蛙泄殖腔内壁有多排成行的锥状角质刺；指上无婚刺，无声囊，无雄性线。卵径 4.0 mm 左右，动物极棕色，植物极乳黄色。蝌蚪全

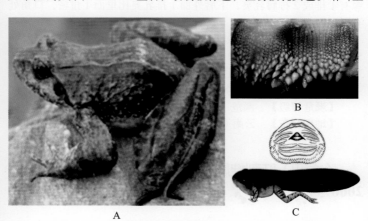

图 357-1 棘肛蛙 *Unculuana unculuanus*

A、雄蛙背面观 B、雄蛙肛内壁刺群（云南景东，费梁）

C、蝌蚪（云南景东，王宜生） 上：口部 下：侧面观

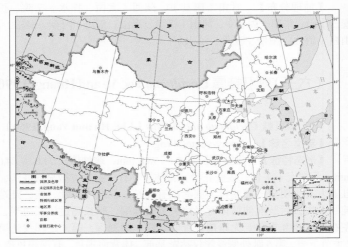

图 357-2　棘肛蛙 *Unculuana unculuanus* 地理分布

长 37.0 ～ 41.0 mm，头体长 13.0 mm 左右，头体棕褐色，尾部有黑斑点；尾末端钝圆；唇齿式为 Ⅱ ：4+4/1+1 ：Ⅱ；口两侧和下唇外缘有 1 排或 2 排唇乳突，下唇外面 1 排乳突比里面 1 排密，口角处有副突约 2 排。

【生物学资料】　该蛙生活于海拔 1 500 ～ 2 400 m 林区山溪内。5 月的雌蛙卵巢内卵径 4.0 mm，怀卵量 87 ～ 116 粒，推测其繁殖季节可能在 7 月左右。蝌蚪生活于小溪流回水凼内，底栖，属于越冬型。

【种群状态】　中国特有种。因过度利用，种群数量很少。

【濒危等级】　濒危（EN）。

【地理分布】　云南（景东、双柏、新平、金平、绿春、河口）。

（六四）肛刺蛙属 *Yerana* Jiang, Chen and Wang, 2006

358. 叶氏肛刺蛙 *Yerana yei* (Chen, Qu and Jiang, 2002)

【英文名称】　Ye's Spiny-vented Frog.

【形态特征】　雄蛙体长 50.0 ～ 64.0 mm，雌蛙体长 69.0 ～ 83.0

mm。头宽大于头长；鼓膜圆不明显；颞褶明显。背面布满疣粒；腹面均光滑。前肢适中，指、趾末端圆无沟；后肢前伸贴体时胫跗关节达眼部，胫长为体长之半，左右跟部仅相遇，第 5 趾外侧缘膜达跗的中部，趾间蹼发达，跗间有蹼，无跗褶。背面黄绿色或褐色；咽喉部有灰褐斑，体腹面斑纹不显著或有碎斑；四肢腹面橘黄色，有褐色斑。雄蛙具有单咽下内声囊；第 1 指黑刺稀疏，无雄性线；肛部呈囊状隆起，肛孔上方有长短乳突，且有黑色刺；肛孔下方有两个大的白色圆形隆起，其上有黑刺多枚；雌蛙肛孔上方有 1 个大囊泡。蝌蚪全长 44.0 mm，头体长 18.0 mm 左右；蝌蚪全长 68.0 mm 左右时，头体黄绿色或黄褐色，尾部斑点少，末端钝尖或钝圆；唇齿式为Ⅰ：6+6/1+1：Ⅱ；上唇两侧有乳突，下唇乳突 2 排；口角有副突；出水孔有长游离管。

【生物学资料】　该蛙生活于海拔 320 ～ 560 m 林木繁茂的山区水流较急的溪流内及其附近。觅食昆虫等小动物；5 ～ 8 月繁殖，卵群产于石下。蝌蚪栖息于水凼内石下。

【种群状态】　中国特有种。因过度利用，其种群数量减少。

【濒危等级】　费梁等（2010）建议列为易危（VU）。

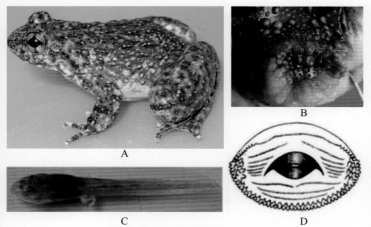

图 358-1　叶氏肛刺蛙 *Yerana yei*

A、雄蛙背面观（河南商城，陈晓虹）　B、雄蛙肛部，示肛部隆起和刺群（费梁）　C、蝌蚪侧面观（河南商城，陈晓虹）　D、蝌蚪口部（李健）

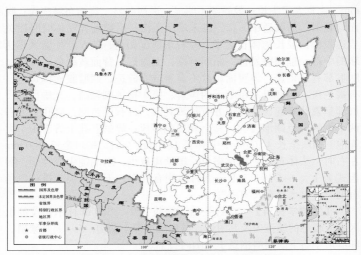

图 358-2 叶氏肛刺蛙 *Yerana yei* 地理分布

【地理分布】 河南（商城）、安徽（霍山、潜山、金寨、岳西）。

一一、浮蛙科 Occidozygidae Fei, Ye and Huang, 1990

浮蛙亚科 Occidozyginae Fei, Ye and Huang, 1990

（六五）浮蛙属 *Occidozyga* Kuhl and Van Hasselt, 1822

359. 尖舌浮蛙 *Occidozyga lima* (Gravenhorst, 1829)

【英文名称】 Pointed-tongued Floating Frog.

【形态特征】 雄蛙体长 20.0 ～ 23.0 mm，雌蛙体长 27.0 ～ 35.0 mm。头小，长宽几乎相等；瞳孔略呈方形；鼓膜不显著，无犁骨齿；舌窄长，后端尖薄。背腹面皮肤粗糙，布满刺疣，颞褶不显著；枕部有横沟；跗褶与内跖突相连；胫跗关节后侧有 1 个明显的跗瘤。前肢粗短；指侧有缘膜，基部有蹼；指、趾末端细尖；后肢较短，前伸贴体时胫跗关节达眼与前肢基部之间，左右跟部不相遇；趾间满蹼。体背面绿灰或绿棕色，背正中有较宽的浅棕色脊纹和黑斑点；四肢上有黑色花斑或点斑；沿大腿后方有棕色纵纹；腹面淡黄色或白色，咽喉部黄褐色。雄蛙第 1 指有乳白色婚垫，具单咽下内声囊，体背侧有雄性线。卵径 1.0 mm，动物极黑褐色，植物极乳白色。蝌蚪全长 33.0 mm，头体长 9.0 mm 左右；头体较扁平，上尾鳍前段隆起形成鸡冠状皱褶，下尾鳍低，尾末段细尖；口圆位于吻端，唇呈圆领状，无唇乳突，无唇齿，有角质颌。

【生物学资料】 该蛙生活于海拔 10 ～ 650 m 的池塘及较大的水坑内或稻田中。成蛙常伏于水草上发出"嘎，嘎，嘎"颇似小鸭的鸣声。4 ～ 8 月繁殖，产卵 700 粒左右；蝌蚪生活于水底。

图 359-1　尖舌浮蛙 *Occidozyga lima*

A、雄蛙背面观（广西上思，莫运明等，2014）　B、蝌蚪（海南琼中，王宜生）

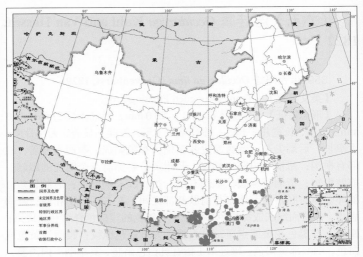

图 359-2　尖舌浮蛙 *Occidozyga lima* 地理分布

【种群状态】　分布区较宽，种群数量多。

【濒危等级】　无危（LC）；蒋志刚等（2016）列为易危（VU）。

【地理分布】　云南（景东、勐腊、绿口、河口）、江西（全南、上犹、九连山）、福建（南部和东部）、广东、香港、广西、海南；印度、孟加拉国、缅甸（八莫）、马来西亚、印度尼西亚（爪哇）、老挝、柬埔寨、越南（孟逊山）。

（六六）蟾舌蛙属 *Phrynoglossus* Peters, 1867

360. 圆蟾舌蛙 *Phrynoglossus martensii* Peters, 1867

【英文名称】　Round-tongued Floating Frog.

【形态特征】　雄蛙体长 19.0 ～ 21.0 mm，雌蛙体长 23.0 ～ 28.0 mm。头小，头的长宽几乎相等；鼓膜轮廓较为清晰，无犁骨齿，舌窄长而后端圆。背面皮肤较粗糙，头体及四肢布满圆疣，在疣粒顶端呈白色丘状突起；两眼后方有 1 条横肤沟，颞褶明显；体腹面较光滑。前肢粗壮，指短，指、趾末端圆无沟；后肢前伸贴体时胫跗关节达肩部或肩前方，第 4 趾蹼达第 2 关节下瘤，约 2/3 蹼，其余趾蹼均达趾端，内跖突长而大，呈刃状，无外跗褶。背面浅棕色、棕红色或灰棕色，有深色斑点；雄性咽喉部为浅棕色，雌蛙不明显；股后没有黑色线纹。雄蛙第 1 指有乳白色婚垫，具单咽下内声囊，腹侧有雄性线。卵径 1.2 mm 左右，乳黄色。蝌蚪全长 26.0 mm，头体长 8.0 mm 左右；背面红灰色尾鳍上有浅黄色大斑；体尾末端钝尖。口小而圆，位于吻端部，呈圆领状，背面正中有 1 个深缺刻，在缺刻处有 1 个圆乳突，领周围有 1 条深沟；口部无唇乳突，无唇齿，有角质颌；变态小蛙头体长 10.0 mm 左右。

【生物学资料】　该蛙生活于海拔 10 ～ 1 000 m 长满杂草的稻

图 360-1 圆蟾舌蛙 *Phrynoglossus martensii*

A、雄蛙背面观（云南勐腊，费梁）　　B、蝌蚪（海南琼中，王宜生）

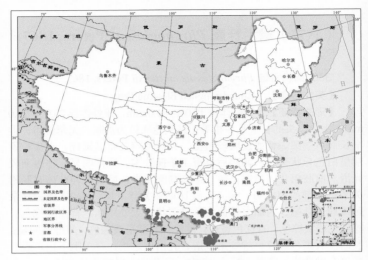

图 360-2　圆蟾舌蛙 *Phrynoglossus martensii* 地理分布

田边、山间洼地等小水塘。成蛙常隐蔽在茂密的草丛中，黄昏时鸣声"唧，唧，唧"。雌蛙产卵 215～288 粒。蝌蚪底栖浅水洼地内。

　　【种群状态】　　分布区宽，栖息地质量下降，种群数量减少。

　　【濒危等级】　　近危（NT）。

　　【地理分布】　　云南（腾冲、普洱、孟连、勐腊等）、广东（信宜、恩平、阳春）、广西（龙州、上思、马山、玉林等）、海南（乐东、琼中、三亚、文昌等）；泰国、柬埔寨、老挝、越南等。

英格蛙亚科 Ingeranainae Fei, Ye and Jiang, 2010

（六七）英格蛙属 *Ingerana* Dubois, 1986

361. 北英格蛙 *Ingerana borealis* (Annandale, 1912)

　　【英文名称】　　Reticulated Inger's Frog.

　　【形态特征】　　雄蛙体长 18.0～27.2 mm，雌蛙体长 21.0～27.5

mm。头长略大于头宽；鼓膜隐蔽或不明显；无犁骨齿，下颌前部颐
区有 1 个齿状突；舌大呈梨形，后端缺刻深，舌面上无乳突。体背
面皮肤的细肤棱形成网眼状；眼后角至肩前有 1 条肤棱，似颞褶；
眼后部自两眼睑之间有 1 条细肤沟；眼后至胯前有断续肤棱，略似
背侧褶；四肢背面有细肤棱，跗部腹面有小疣粒；体腹面皮肤光滑

A   B

图 361-1 北英格蛙 *Ingerana borealis* 雄蛙（西藏墨脱， 费梁）

A、背面观   B、腹面观

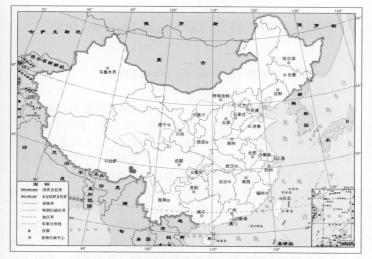

图 361-2 北英格蛙 *Ingerana borealis* 地理分布

略显横的细肤褶。前臂及手长不到体长之半，指末端略膨大，无沟；掌突 3 个；后肢较粗壮，前伸贴体时胫跗关节达体中部，左右跟部仅相遇，胫长略超过体长之半或相等，趾间半蹼或略超过，第 4 趾外侧蹼达第 2 关节下瘤，内侧蹼达远端关节下瘤；跗部外缘有 1 条肤棱，内跗褶短，内跖突窄长与内跗褶相连，无外跖突，趾末端膨大似吸盘，无沟。背面茶褐色或浅棕色，吻棱至颞褶有不连续的黑线纹，唇缘和眼后有黑斑，两肩之间及胯前各有 1 个∧形斑，前后肢背面有褐色横纹；腹面乳黄色有褐色小麻斑，咽胸部和四肢腹面斑纹较明显。雄性声囊孔大（原始文献记述无声囊），无雄性线；指上未见婚垫。

【生物学资料】　该蛙生活于海拔 400～890 m 的山区溪流石下及其附近。

【种群状态】　中国特有种。该蛙在中国境内分布狭窄，种群数量较少。

【濒危等级】　易危（VU）。

【地理分布】　西藏（墨脱的希壤、罗龙、延邦）；不丹、尼泊尔、印度（东北部）、孟加拉国、缅甸。

（六八）泰诺蛙属 *Taylorana* Dubois, 1986

362. 刘氏泰诺蛙 *Taylorana liui* (Yang,1983)

【英文名称】　Taylor's Frog.

【形态特征】　雄蛙体长 32.0～39.0 mm，雌蛙体长 33.0 mm 左右。头宽略大于头长或几乎相等；鼓膜大而显，约为眼径的 2/3；有犁骨齿；舌大，后端缺刻深；舌前 1/3 处中部有 1 个较大的乳突。皮肤粗糙，眼后经体侧至胯部有断续肤褶，体背中部有八字形短小肤褶，背部有疣粒；四肢背面有成行疣粒；腹面皮肤光滑。指端有小吸盘，无沟，第 1 指略长于第 2 指，内掌突发达；后肢粗壮，前伸贴体时胫跗关节达眼后或眼前角，趾端吸盘略大于指吸盘，无横沟或不明显，第 4 趾之蹼为该趾长的 1/5，外侧跖间基部无蹼，跗部无疣，内外跗褶短。整个背面棕黄色，两眼间有深色横纹，背部肤褶黑色；四肢背面有黑色横纹。咽喉部有棕黑色斑点，腹部呈肉黄色。雄蛙无声

图 362-1　刘氏泰诺蛙 *Taylorana liui* 雄蛙 (云南勐仑，侯勉)

A、背面观　B、腹面观

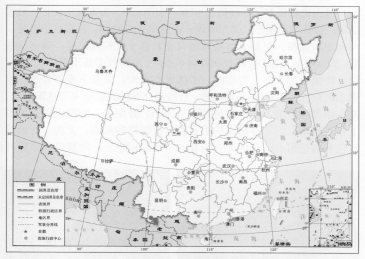

图 362-2　刘氏泰诺蛙 *Taylorana liui* 地理分布

囊和雄性线；未见指上婚垫。卵径 3.4 mm，呈象牙色。

【生物学资料】　　该蛙生活于海拔 550 ～ 760 m 的热带地区山溪内。4 ～ 5 月该蛙在河漫滩地的小水塘内活动。雌蛙右侧卵巢内有大卵 13 粒，小卵 26 粒。

【种群状态】　中国特有种。分布区内种群数量较少。

【濒危等级】　易危（VU）。

【地理分布】　云南（勐腊、勐仑、景洪、沧源）；缅甸、老挝、泰国、越南。

舌突蛙亚科 Liuraninae Fei, Ye and Jiang, 2010

（六九）舌突蛙属 *Liurana* Dubois, 1986

363. 高山舌突蛙 *Liurana alpina* Huang and Ye,1997

【英文名称】　Alpine Papilla-tongued Frog.

【形态特征】　雄蛙体长 17.0 ～ 20.0 mm。头宽大于头长；鼓膜隐蔽；瞳孔横椭圆形；无犁骨齿；舌后端微具缺刻。舌面有小乳突。背面皮肤光滑，仅肩上方及体侧有少数扁平疣粒或痣粒；颞褶呈弧形；腹面皮肤光滑，仅跖腹面有扁平小疣。前臂及手长不到体长之半，第 1 指短于第 2 指，指端圆，不膨大亦无沟，关节下瘤不显著，掌部无疣粒，掌突 3 个，不甚清晰；后肢前伸贴体时胫跗关节达眼前角，左右跟部略重叠，胫长略超过体长之半；趾细长，趾间无蹼；关节下瘤、跗褶及内、外跖突均不显著；趾端略扁而圆，无沟。背面棕红色有褐色斑点；有的体背面有八字形棕褐色斑；吻棱经上眼睑外

图 363-1　高山舌突蛙 *Liurana alpina* 雄蛙

A、背面观（西藏墨脱，王剀）　　B、腹面观（西藏墨脱，蒋珂）

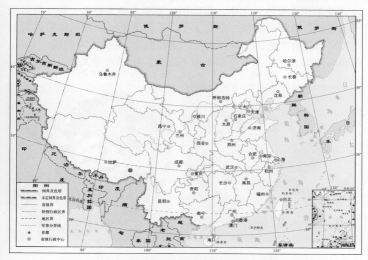

图 363-2　高山舌突蛙 *Liurana alpina* 地理分布

缘至颞褶下缘有 1 条深褐色带纹；体侧有棕褐色斑点，肛周围及股基部后方具深褐色斑点；四肢背面深褐色横纹清晰；咽胸部浅黄色，腹部及后肢腹面呈肉红色，均有棕褐色斑点或形成云斑；掌、跖部棕红色。雄蛙无声囊及雄性线；未见指上的婚垫。

【生物学资料】　该蛙生活于喜马拉雅山东端海拔 2 700 ～ 3 200 m 山坡的针阔叶混交林带。7 月中旬该蛙多隐匿在林下苔藓植物或落叶层及其所覆盖的乱石缝中鸣叫，发出"嘎，嘎"的清脆叫声。

【种群状态】　中国特有种。分布狭窄，种群数量较少。

【濒危等级】　易危（VU）。

【地理分布】　西藏（墨脱）。

364. 墨脱舌突蛙 *Liurana medogensis* Fei, Ye and Huang, 1997

【英文名称】　Medog Papilla-tongued Frog.

【形态特征】　雄蛙体长 14.0 ～ 18.0 mm。头宽略大于头长或几乎相等；鼓膜大而圆，无犁骨齿；舌后端缺刻浅，舌上有小乳突，在舌的前 1/3 处有 1 个大乳突；瞳孔平置，略呈椭圆形。体背面皮肤光滑，背部有 2 对清晰的肤褶；腹面皮肤光滑无疣。前肢较细弱，

643

前臂及手长不到体长之半，指端圆，不膨大亦无横沟，第1指远短于第2指，掌部有疣粒，掌突3个，不甚清晰；后肢前伸贴体时胫跗关节前达眼前角，趾端略膨大，以第2、3、4趾尤为明显，无沟；趾和跗间均无蹼，关节下瘤小而不显著，跗部光滑无疣，无跗褶，

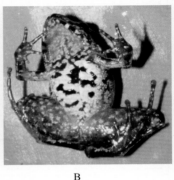

A   B

图 364-1　墨脱舌突蛙 *Liurana medogensis* 雄蛙（西藏墨脱，蒋珂）

A、背面观　B、腹面观

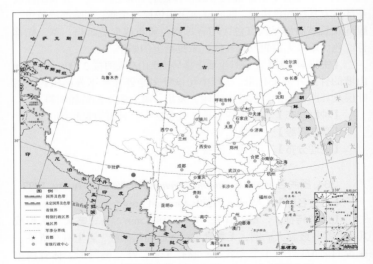

图 364-2　墨脱舌突蛙 *Liurana medogensis* 地理分布

跖突小，内跖突椭圆形，外跖突圆形。背面浅褐色或紫褐色，两眼间有1条黑横纹，从吻端到眼部、眼后至颞褶下缘有1条褐色带纹；体背面肩上方有1个八字形棕褐色斑；前臂及后肢背面有棕色细横纹；咽喉部具灰棕色细斑，胸、腹部具深棕色大云斑，四肢腹面棕色，有乳白色小点。雄性无声囊；未见指上婚垫，无雄性线。

　　【生物学资料】　　该蛙生活于西藏墨脱县海拔1 500 m的湖滨林下枯叶层中。

　　【种群状态】　　中国特有种。分布狭窄，种群数较少。

　　【濒危等级】　　易危（VU）。

　　【地理分布】　　西藏（墨脱）。

365. 西藏舌突蛙 *Liurana xizangensis*（Hu,1977）

　　【英文名称】　　Xizang Papilla-tongued Frog.

　　【形态特征】　　雄蛙体长21.0 mm左右。头长头宽几乎相等；鼓膜大而明显，约为眼径的4/5；无犁骨齿；舌大后端缺刻浅；舌面有乳突，在舌的前1/3处有1个大的乳突；瞳孔略呈椭圆形，横置。体背面皮肤较光滑，有小疣，以体侧及肛周围较多；股、胫部小疣明显；腹部有扁平疣。前肢较短，前臂及手长不到体长之半，指、趾端钝圆无沟，第1指短于第2指，关节下瘤不明显，掌突3个，仅内掌突清晰。后肢前伸贴体时胫跗关节达眼前角，左右跟部相遇

　　　　　　　　A　　　　　　　　　　　　　　　　B

图 365-1　西藏舌突蛙 *Liurana xizangensis* 雄蛙（西藏波密，费梁）

A、背面观　B、腹面观

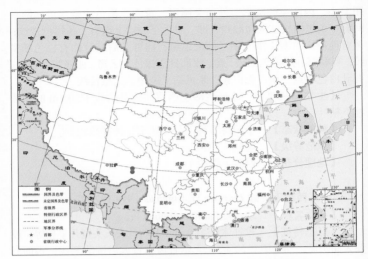

图 365-2　西藏舌突蛙 *Liurana xizangensis* 地理分布

或略重叠，胫长超过体长之半；关节下瘤小而不显著；跖部小疣多；无蹼褶。背面棕褐色，上眼睑间有黑横纹，从吻棱外缘至颞褶有 1 条黑纹，背部前后通常有 1 个深色花斑；四肢背面有横纹；腹面有紫褐色网状斑；四肢腹面橘红色或肉色。雄性无声囊及雄性线；睾丸呈黄豆形，黑色；未见指上婚垫。

　　【生物学资料】　　该蛙生活于海拔 2 300 m 左右的针阔叶混交林中的潮湿环境内。6 月鸣声清脆，"嘎，嘎……"，连续 5 ～ 8 声。常隐蔽在苔藓植物下的石块间或密集的草丛中。

　　【种群状态】　　中国特有种。分布狭窄，种群数量较少。

　　【濒危等级】　　易危（VU）。

　　【地理分布】　　西藏（波密易贡、墨脱）。

一二、树蛙科 Rhacophoridae Hoffman,1932（1858）

（七〇）溪树蛙属 *Buergeria* Tschudi, 1838

366. 日本溪树蛙 *Buergeria japonica* (Hallowell,1860)

【英文名称】　Japanese Stream Treefrog.

【形态特征】　雄蛙体长 26.0～32.0 mm，雌蛙体长 34.0～38.0 mm。头长大于头宽；鼓膜约为眼径之半；犁骨齿呈 2 小团。体背面布满小疣粒；颞褶细；体侧疣粒较多；腹面除咽喉部和前胸部外，均有扁平疣粒。前臂及手长约为体长的 46%，指、趾末端吸盘较小，有边缘沟，第 3 指吸盘为鼓膜 1/2，指间无蹼；后肢前伸贴体时胫跗关节达吻鼻间或超过吻端，左右跟部重叠，胫长略大于体长之半，趾间全蹼，第 4 趾两侧蹼的凹陷处与第 2 关节下瘤相平，外跖突很小。体背面黄褐色、灰棕色等，有的两眼间有三角斑、背部有 H 形斑；前、后肢有深色横纹；咽喉部有黑褐色斑纹。雄蛙第 1、2 指有乳白色婚垫；具单咽下内声囊；无雄性线。卵径 1.4～1.7 mm，动物极黑褐色。蝌蚪头体长 11.0 mm；头体灰褐色；尾肌具深色横纹或斑点；尾鳍远端有深色小点；末端钝尖；唇齿式为 Ⅰ：3+3/1+1：Ⅱ；两口角及下唇乳突 1 排完整，口角处副突少。新成蛙体长为 11.0 mm 左右。

【生物学资料】　该蛙主要生活于海拔 170～1 500 m 以阔叶林为主的开阔溪谷中。4～8 月繁殖，卵产于溪流边的石头上或石洞内，卵单粒或小块状黏附在石头上，1 次产卵 600 粒左右。蝌蚪栖息于缓流水坑及温泉中。

【种群状态】　种群数量较多。

【濒危等级】　无危（LC）。

A　　　　　　　　　　　B

图 366-1　日本溪树蛙 *Buergeria japonica*

A、雌雄抱对（台湾，向高世）

B、卵群和蝌蚪（台湾，向高世等，2009）　上：卵群　下：蝌蚪

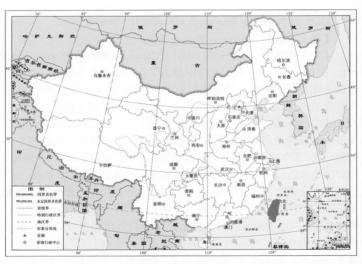

图 366-2　日本溪树蛙 *Buergeria japonica* 地理分布

【地理分布】　台湾；日本（琉球群岛）。

367. 海南溪树蛙 *Buergeria oxycephala* (Boulenger,1899)

【英文名称】　Hainan Stream Treefrog.

【形态特征】　雄蛙体长 34.0～38.0 mm，雌蛙体长 60.0～68.0

mm。头长略大于头宽；鼓膜显著，指趾末端有吸盘及边缘沟，第3指吸盘与鼓膜等大，背面无Y形骨迹，指间微蹼；后肢前伸贴体时胫跗关节超过吻端，左右跟部重叠，胫长大于体长之半，趾间全蹼；无外跖突。在强日光下体背面呈灰色，在阴暗潮湿环境中体色为深棕色，其上有黑色花斑，眼间有三角形或黑横纹；四肢横纹宽；腹

A   B

图 367-1   海南溪树蛙 *Buergeria oxycephala*

A、雌蛙背面观（海南陵水，王宜生）

B、蝌蚪（海南琼中，王宜生）   上：口部   下：侧面观

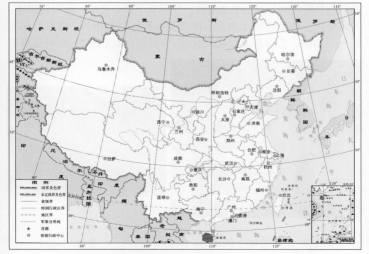

图 367-2   海南溪树蛙 *Buergeria oxycephala* 地理分布

面鱼肚白色。雄蛙第1、2指具白色婚垫，有单咽下内声囊，体背侧有雄性线。卵径1.5 mm，动物极黑棕色，植物极乳黄色。蝌蚪全长33.0 mm，头体长11.0 mm左右；体尾黑色或浅色有黑斑点；尾肌有黑色斑块，尾鳍有小斑点；尾末端钝尖或钝圆；唇齿式为Ⅰ：4+4/Ⅲ，口角外侧乳突1排，有副突，下唇乳突2～4排。

　　【生物学资料】　该蛙生活于海拔80～500 m的大中型溪流内或其附近岸边石头上。卵产在溪边静水塘，不呈泡沫状。繁殖期甚长，5～6月同时可见到卵群、各期蝌蚪和幼蛙。蝌蚪在静水坑内生活。

　　【种群状态】　中国特有种。种群数量少。

　　【濒危等级】　近危（NT）。

　　【地理分布】　海南（昌江、白沙、琼中、五指山、乐东、陵水）。

368. 壮溪树蛙 *Buergeria robusta* (Boulenger,1909)

　　【英文名称】　Strong Stream Treefrog.

　　【形态特征】　雄蛙体长42.0～67.0 mm，雌蛙体长59.0～76.0 mm。头宽大于头长；吻端钝尖；鼓膜圆；犁骨齿列呈短棒状。体背腹面均散布小颗粒状突起；有颞褶；咽喉部光滑。前臂粗壮；指趾末端有吸盘及边缘沟，第3指吸盘小于鼓膜。后肢前伸贴体时胫跗关节达鼻眼之间，左右跟部重叠，胫长大于体长之半；指间具蹼迹；趾间全蹼，外跖突很小或无。体背黄褐色、灰褐色等；眼睑间多有褐色三角斑，背部有条纹或网状斑；四肢有深色横纹；咽喉部多有

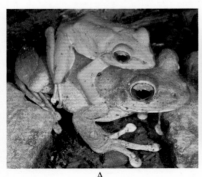

A　　　　　　　　　　　　B

图 368-1　壮溪树蛙 *Buergeria robusta*（台湾，向高世，2007）

A、雌雄抱对　B、蝌蚪

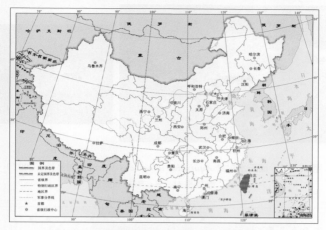

图 368-2　壮溪树蛙 *Buergeria robusta* 地理分布

深色斑纹。雄蛙第 1、2 指具乳白色婚垫；具内声囊。卵粒深褐色。
蝌蚪头体长 12.0 ～ 13.0 mm，尾长约为头体长的 1.9 倍；头体灰褐
色；尾肌有横斑，尾鳍具斑点；尾末端钝尖；唇齿式为 Ⅱ：4+4（或
3+3）/1+1：Ⅱ；两口角有 1 排或 2 排乳突，下唇乳突 2 排，完整。

【生物学资料】　　该蛙生活于 1 500 m 以下山区或丘陵的阔叶
林地带溪流附近。5 ～ 7 月繁殖。卵产于溪流中缓流处石缝间，卵
群片状。蝌蚪栖息缓溪流边石缝间。

【种群状态】　　中国特有种。种群数量较多。

【濒危等级】　　无危（LC）。

【地理分布】　　台湾。

（七一）水树蛙属 *Aquixalus* Delorme, Dubois, Grosjean and Ohler, 2005

面天水树蛙种组 *Aquixalus idiootocus* group

369. 面天水树蛙 *Aquixalus idiootocus* (Kuramoto and Wang, 1987)

【英文名称】　　Mientien Small Treefrog.

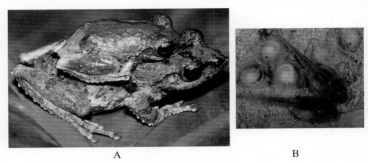

A　　　　　　　　　　　　B

图 369-1　面天水树蛙 *Aquixalus idiootocus*（台湾，向高世，2007）
A、雌雄抱对　B、蝌蚪和胚胎

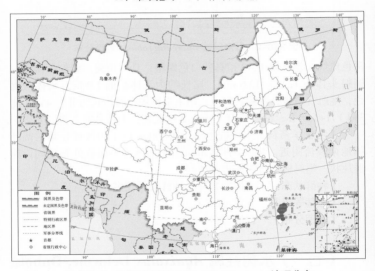

图 369-2　面天水树蛙 *Aquixalus idiootocus* 地理分布

【形态特征】　雄蛙体长 26.0 ～ 31.0 mm，雌蛙体长 29.0 ～ 41.0
mm。头宽大于头长；吻端尖，突出于下唇；鼓膜小于眼径之半；犁
骨齿列短，斜置。头体及四肢背面有疣粒；前后肢外缘均有 1 排白
色疣粒；胫跗关节处有 1 个白色锥状疣。腹部及四肢腹面具颗粒疣。
前臂短粗，指、趾吸盘腹面具边缘沟；后肢前伸贴体时胫跗关节达眼或眼前方，左右跟部重叠，胫长小于（雄蛙）或略大于（雌蛙）体长之半，趾间具 2/3 蹼或接近全蹼，内跖突大，无外跖突。体背面黄褐色或深褐色，两眼之间有三角形深色斑，其后有 X 形或 H 形斑纹；前后肢有横纹；腹面具深黑褐色云斑和黑点。雄蛙第 1、2 指有婚垫；具单咽下外声囊。卵径 2.0 mm 左右，动物极灰褐色，植物极灰黄色。蝌蚪头体卵圆形，长 8.0～9.0 mm；尾末端钝圆。头体黄褐色；上尾鳍有浅褐色斑点；唇齿式为Ⅱ：3+3/Ⅲ，两口角及下唇乳突 1 排，呈交错排列，有副突。

【生物学资料】　该蛙生活于海拔 50～2 000 m 丘陵或山区的林缘或灌丛地带。3～9 月繁殖；卵产在水塘边土隙内，卵群不呈泡沫状，有卵 180 粒左右。蝌蚪在水塘中生活。

【种群状态】　中国特有种。种群数量较多。

【濒危等级】　无危（LC）。

【地理分布】　台湾。

370. 蒙自水树蛙 *Aquixalus lenquanensis* (Yu, Wang, Hou, Rao and Yang, 2017)

【英文名称】　Mengzi Small Treefrog.

【形态特征】　雄蛙体长 28.0～30.8 mm。头宽略大于头长；吻端钝尖，略突出于下唇，但无突出物；鼓膜为眼径的 1/2 至 2/3，接近眼后角，虹彩金色；犁骨齿呈两斜团。头体及四肢背面有小疣粒；前臂及跗、跖骨至第 5 趾外侧有锯齿状肤突；胫跗关节有肤突；肛孔下方有锥形疣。腹面密布扁平圆疣，咽喉者较小；前臂及手长约为体长之半；指、趾端均有吸盘及边缘沟；指基部微具蹼；后肢前伸贴体时胫跗关节达眼或鼻眼之间，左右跟部重叠，胫长小于体长之半；趾间约为半蹼；内跖突卵圆形，无外跖突。背面浅灰褐色，两眼间有褐色横纹，背部有)(形或 X 形深色斑，在体侧后部、股部前后和腹面呈浅黄色，具分散的黑点；四肢背面有深褐色横纹；颏部有深褐色云斑，胸腹面几乎无斑或略显浅褐斑。雄蛙第 1 指基部不膨大，有浅色婚垫；有单咽下内声囊。

【生物学资料】　该蛙生活于海拔 1 622 m 左右的灌木林地带。5 月底下午 6 点雄蛙开始鸣叫，8～12 点发现雄蛙在果园内没有积水的水塘附近树枝上鸣叫，共发现 14 只雄性。同域还有雨蛙、多疣狭口蛙、小弧斑姬蛙等。

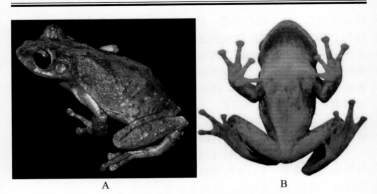

图 370-1　蒙自水树蛙 *Aquixalus lenquanensis* 雄蛙

（云南蒙自，Yu G H, et al., 2017）

A、背面观　　B、腹面观

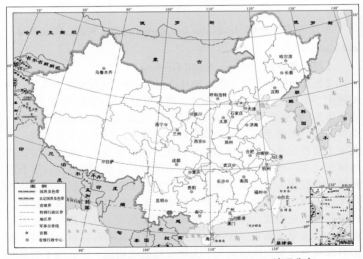

图 370-2　蒙自水树蛙 *Aquixalus lenquanensis* 地理分布

【种群状态】　中国特有种。已知两个分布点，其种群数量不详。

【濒危等级】　未予评估（NE）。

【地理分布】　云南（个旧、蒙自）。

371. 吻水树蛙 *Aquixalus naso* (Annandale,1912)

【英文名称】   Long-snouted Small Treefrog.

【形态特征】   雄蛙体长 30.0～35.4 mm，雌蛙体长 41.0～47.1 mm。头较宽、两侧凸出呈三角状；吻尖而背面凸出，吻长远大于眼

A   B

图 371-1   吻水树蛙 *Aquixalus naso*

A、雌蛙背面观（西藏墨脱，蒋珂） B、蝌蚪（西藏墨脱，费梁）

上：口部 下：侧面观

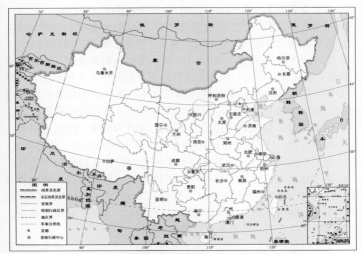

图 371-2   吻水树蛙 *Aquixalus naso* 地理分布

径；鼓膜显著，下颌颐部无显著齿突；犁骨齿两小圆团。背面有小疣；吻端有小肤突；腹面皮肤呈颗粒状，咽喉和胸部的较腹部密集；前臂和跗、跖外缘有锯齿状肤褶。四肢粗壮，指间有蹼迹，第3指吸盘与鼓膜几乎等大；后肢前伸时胫跗关节达眼部，趾间几乎全蹼，趾吸盘与指吸盘等大均有边缘沟，内跖突扁平而细长，无外跖突。背面紫褐色，有不规则的深黑灰色斑，体侧的较浅；四肢上斑纹不规则；指、趾有褐色与灰色相间的横纹。腹面污白色，向后为黑灰色；咽喉部、胸部有网状斑。雄性第1指上有白色婚垫，有单咽下内声囊，有雄性线。蝌蚪全长约18.0 mm，约为尾长的1.6倍，尾末端较尖；唇齿式为Ⅰ：4+4/1+1：Ⅱ；上唇缘无乳突，下唇缘有2排乳突，内排下唇乳突稀疏，口角部位副突小。

【生物学资料】　该蛙生活于海拔650 m左右的溪谷中。

【种群状态】　中国特有种。种群数量缺乏数据。

【濒危等级】　未予评估（NE）。

【地理分布】　西藏（墨脱南部的仁更与罗龙之间的Egar溪）。

372. 锯腿水树蛙指名亚种 *Aquixalus odontotarsus odontotarsus* (Ye and Fei, 1993)

【英文名称】　Serrate-legged Small Treefrog.

【形态特征】　雄蛙体长28.0～36.0 mm，雌蛙体长43.0 mm左右。头的长宽几乎相等；吻略尖，突出于下唇；鼓膜为眼径的1/2～2/3；犁骨齿列短。头体及四肢背面有小疣粒；前臂及跗、跖部至第5趾外侧有锯齿状肤突；胫跗关节有肤突；肛孔下方有锥形疣。腹面密布扁平圆疣，前臂及手长约为体长之半；指、趾端均有吸盘及边缘沟；指基部微具蹼；后肢前伸贴体时胫跗关节达眼或鼻眼之间，左右跟部重叠，胫长约为体长之半；趾间约为半蹼；内跖突扁平，无外跖突。背面浅褐色或绿褐色等，两眼间有深色横纹，背部有YY形或为不规则深色斑；四肢背面有黑褐色横纹；腹面有紫黑色斑。雄蛙第1指有乳白色婚垫；有单咽下内声囊；有雄性线。肩胸骨基部略分叉。蝌蚪体全长28.0 mm，头体长12.0 mm左右。头体长椭圆形，尾末端圆。唇齿式为Ⅰ：5+5（或4+4）/1+1：Ⅱ，上唇缘无乳突，下唇缘有1排乳突，口角部位有副突。

【生物学资料】　该蛙生活于海拔250～1 500 m的灌木林地带灌木或藤本植物以及杂草的叶片上。雄蛙发出"噔，噔，噔"的鸣叫声。

A   B

图 372-1　锯腿水树蛙指名亚种 *Aquixalus odontotarsus odontotarsus*

A、雌蛙（云南勐腊，侯勉）　B、雄蛙（云南南部，吕顺清）

图 372-2　锯腿水树蛙指名亚种 *Aquixalus odontotarsus odontotarsus* 地理分布

【种群状态】　种群数量较多。

【濒危等级】　无危（LC）。

【地理分布】　云南（景洪、勐腊、孟连、普洱）。

373. 锯腿水树蛙海南亚种 *Aquixalus odontotarsus hainanus* (Zhao, Wang and Shi, 2005)

【英文名称】　Hainan Serrate-Legged Small Treefrog.

657

【形态特征】　雄蛙体长 30.1 ～ 39.1 mm，雌蛙体长 40.6 ～ 47.8 mm。头宽略大于头长；吻端尖出，突出于下唇，雌性者更显；鼓膜多小于眼径的 1/2，距眼后角很近；犁骨齿列短，向后外侧倾斜。头体及四肢背面粗糙，有圆疣或短肤棱；前臂及跗、跖部至第 5 趾外侧有锯齿状肤棱；肛孔下方有圆疣。腹面密布扁平圆疣；指、趾端均有吸盘及边缘沟；第 3、4 指间指具 1/4 ～ 1/3 蹼；后肢前伸贴体时胫跗关节达眼或鼻眼之间，雌蛙者达眼前，左右跟部重叠，胫长约为体长之半；趾间约为半蹼；内跖突小而扁平，无外跖突。背面背面浅褐色或绿褐色或暗绿褐色为主，杂以少量黑斑，两眼间向后多有深褐色三角形斑，其后有有 X 形斑；四肢背面有黑褐色横纹，股前、后为橘红色；腹面灰红色，咽和体腹面以及股面具深色斑。雄蛙第 1 指有乳白色婚垫；有单咽下内声囊；有雄性线。肩胸骨基部分叉。蝌蚪的头体呈椭圆形，尾长约为头体长的 2 倍；身体和尾的前段为浅灰棕色，具有褐色斑驳，尾部的后段无斑驳。

【生物学资料】　该蛙生活于海拔 250 ～ 800 m 灌木林地带的灌木、藤本植物以及杂草的叶片上。雄蛙发出"嗄，嗄，嗄"的鸣叫声。

【种群状态】　种群数量较多。

【濒危等级】　无危（LC）。

【地理分布】　贵州（荔波）、广东（连县、龙门、恩平）、

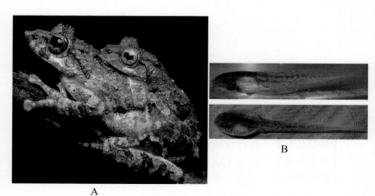

图 373-1　锯腿水树蛙海南亚种 *Aquixalus odontotarsus hainanus*
A、雌雄抱时（海南，朱弼成）
B、蝌蚪（广西，莫运明等，2014）　上：侧面观　下：背面观

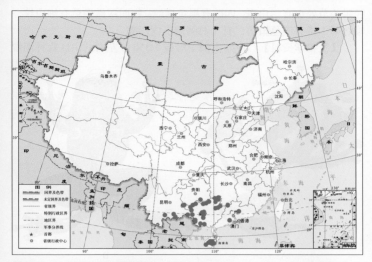

图 373-2 锯腿水树蛙海南亚种 *Aquixalus odontotarsus hainanus* 地理分布

海南（昌江、乐东、琼中、陵水、万宁、白沙）、广西（桂林、金秀、德保、龙州、龙胜、蒙山、南宁、那波、上思、上林、田林、武鸣、钟山等）、云南（河口、绿春、屏边、文山）；越南。

白斑水树蛙种组 *Aquixalus albopunctatus* group

374. 白斑水树蛙 *Aquixalus albopunctatus* (Liu and Hu,1962)

【英文名称】   White-patterned Small Treefrog.

【形态特征】   雄性体长 28.2 ～ 32.5 mm。头长略大于头宽；吻端不突出于下唇缘；鼓膜清晰，略大于第 3 指吸盘；无犁骨齿。背面皮肤较光滑，头体及四肢背面有痣粒。腹面胸、腹及股部布满扁平疣。四肢较短而粗壮，前臂及手长不到体长之半，指、趾端有吸盘及边缘沟，外侧 3 指间基部微显蹼迹；后肢前伸 贴体时胫跗关节达眼中部，胫长为体长的 48%，左右跟部仅相遇，趾间约具半蹼，内跖突椭圆形，无外跖突。身体背面有 3 块污白斑，前者位于吻部，中间斑块呈∩形，后者位 于肛部上方，其间为褐黄色；股部近端及

659

胫跗关节处也有污白斑；四肢有黑色横纹；腹面深橄榄色有细白纹。雄蛙第 1 指有浅色婚垫；有 1 对咽侧下内声囊。

【生物学资料】　该蛙生活于海拔 1 350 m 左右的山区森林潮湿

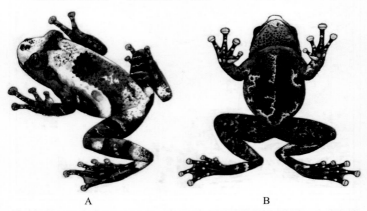

图 374-1　白斑水树蛙 *Aquixalus albopunctatus* 雄蛙（广西金秀，王宜生）

A、背面观　B、腹面观

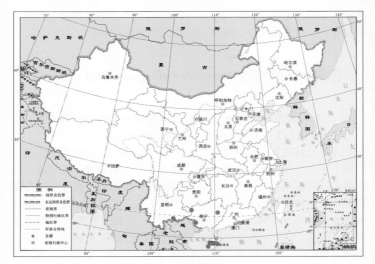

图 374-2　白斑水树蛙 *Aquixalus albopunctatus* 地理分布

区，常栖于静水塘、水渠等附近。

【种群状态】 种群数量很少。

【濒危等级】 费梁等（2012）建议列为濒危（EN）；蒋志刚等（2016）列为濒危（EN）。

【地理分布】 广西（金秀、龙州、田林）、云南（金平）、海南（乐东境内的尖峰岭、白沙境内的鹦哥岭、昌江、琼中、五指山、万宁）；越南（北部）。

375. 背崩水树蛙 *Aquixalus baibungensis* Jiang, Fei and Huang, 2009

【英文名称】 Baibung Small Treefrog.

【形态特征】 雄蛙体长 15.0～16.0 mm。头长略大于头宽；鼓膜清晰；无犁骨齿。体背面皮肤光滑，有孔状小点，四肢背面有不明显的痣粒；胸、腹及股部布满扁平疣。前臂及手长不到体长之半；指、趾端有吸盘及边缘沟，第 1 指吸盘小，第 3 指的吸盘比鼓膜小；指间无蹼；有指基下瘤，掌突 3 个。后肢前伸贴体时胫跗关节达眼部，胫长不到体长之半，左右跟部仅相遇；外侧 3 趾间蹼较发达，蹼缘的缺刻较深；内跗突椭圆形，无外跗突。背面有醒目斑纹，头部和体前部白色，被眼间紫黑横纹或点状斑分开；体背中部白斑被▲形紫黑色斑与体后部白斑分开；四肢褐黑色，有浅色斑点；后肢背面有白色横纹。胸部、腹后部和后肢腹面有白色斑纹。雄蛙第 1 指上

　　　　　　　A　　　　　　　　　　　　　　　　　　B

图 375–1 背崩水树蛙 *Aquixalus baibungensis* 雄蛙（西藏墨脱，费梁）

A、背面观 B、腹面观

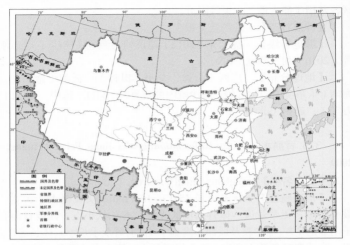

图 375-2　背崩水树蛙 *Aquixalus baibungensis* 地理分布

有浅色婚垫；有 1 对咽侧下内声囊。

　　【生物学资料】　该蛙生活于海拔 850 m 左右的山间沟谷地区，其环境阴湿，黄昏时雄蛙在灌木或草丛的叶片上鸣叫。

　　【种群状态】　中国特有种。种群数量很少。

　　【濒危等级】　费梁等（2012）建议列为濒危（EN）。

　　【地理分布】　西藏（墨脱）。

（七二）原指树蛙属 *Kurixalus* Ye, Fei and Dubois, 1999

376. 琉球原指树蛙 *Kurixalus eiffingeri* (Boettger, 1895)

　　【英文名称】　Big-thumbed Treefrog.

　　【形态特征】　雄蛙体长 24.0 ～ 35.0 mm，雌蛙体长 34.0 ～ 35.0 mm。头长大于头宽；吻端钝尖；鼓膜圆形，眼的虹膜呈金黄色；犁骨齿粗短，有 1 枚或 2 枚齿或缺如。皮肤平滑或粗糙，多数个体有颗粒状突起。前臂和第 4 指及跗、跖部外侧有 1 行白色疣粒，胫跗关节外侧有 1 个大白疣；体腹面布满颗粒疣，咽喉部和四肢腹面光滑；雌蛙肛孔上方有 1 条肤褶。前臂及手长大于体长之半；指、趾具吸盘和边缘沟，指吸盘背面无 Y 形迹；指间无蹼；后肢前伸贴体时胫跗关节达眼后，胫长小于体长之半；趾间约半蹼或略超过；内跖突呈短棒状，无外跖突。背面黄绿色、黄褐色等，其间有暗褐色

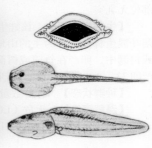

A   B

图 376-1 琉球原指树蛙 _Kurixalus eiffingeri_

A、雄蛙（台湾，向高世）

B、蝌蚪（台湾嘉义，kuramoto, 1987）上：口部 中：背面观 下：侧面观

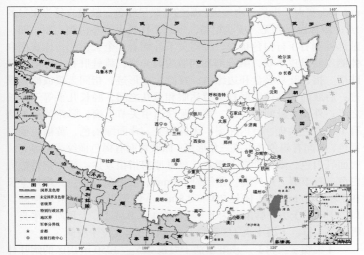

图 376-2 琉球原指树蛙 _Kurixalus eiffingeri_ 地理分布

大斑纹；四肢背面有褐色横纹。咽胸部有褐色麻斑，腹后部和股腹面有白颗粒和褐色斑点。雄蛙原拇指发达，第 1 指有婚垫；有单咽下内声囊。卵径 1.7 ～ 2.0 mm，动物极黑色，植物极色浅。蝌蚪全长 22.0 mm，头体长 8.0 mm 左右。体尾褐色，尾末端钝圆。唇齿式为 Ⅱ / Ⅱ 或 Ⅱ /1+1 ： Ⅰ；角质颌强壮；唇乳突 1 排，上唇中央 1/3 部位无乳突。

　　【生物学资料】　该蛙生活于海拔 200 ～ 2 000 m 的阔叶林、针阔叶混生林及竹林为主的山地。繁殖在离地约 30 cm 有积水的竹筒或树洞中，卵产在竹筒或树洞内的壁上，雌蛙每年产卵多次，每次产卵 33 ～ 129(60.8)粒。亲蛙有护卵习性。蝌蚪孵化后落入水中生活。

　　【种群状态】　种群数量多。
　　【濒危等级】　无危（LC）。
　　【地理分布】　台湾；日本。

377. 绿眼原指树蛙 *Kurixalus berylliniris* Wu, Huang, Tsai, Lin, Jiang and Wu, 2016

　　【英文名称】　Green-eyed Big-thumbed Treefrog.
　　【形态特征】　雄蛙体长 29.0 ～ 42.3 mm，雌蛙体长 27.6 ～ 46.3 mm。头宽大于头长；吻端尖；眼的虹膜呈绿色，鼓膜直径为眼径的 1/2；犁骨齿弱或无。皮肤粗糙，多数个体疣上有小白刺。跗、跖、趾部外侧有 1 行白色疣粒，胫跗关节外侧有 1 个大白疣；体腹面和体侧皮肤呈皮革状，咽喉部和四肢腹面光滑；雌蛙肛孔上方有 1 条肤褶。指、趾具吸盘和边缘沟，背面无 Y 形迹；指间无蹼或略显蹼迹；后肢前伸贴体时胫跗关节达眼和鼻孔之间，胫长几乎等于体长之半；外侧 2 趾间约半蹼，第 4 趾蹼达中关节下瘤；胫跗关节外侧有 1 个白色大疣，有内跖突，无外跖突。背面绿褐色、黄褐色或红褐色，眼间有褐色横纹或三角形斑；四肢背面有褐色横纹或不显著。腹面乳白色，咽胸部散有黑点。雄蛙原拇指很发达，第 1 指婚垫乳白色；有单咽下内声囊。卵径约 1.8 mm，胚胎呈乳黄色。蝌蚪全长 19.7 ～ 24.0 mm，头体长 7.4 ～ 8.8 mm。体尾褐色，尾末端钝圆。口位于吻端上方，唇齿式为 Ⅱ： 1+1/1+1 ： 0 或 Ⅰ；上角质颌平直；唇乳突 1 排，上唇中央 1/3 部位无乳突，出水孔位于腹侧。

　　【生物学资料】　该蛙生活于海拔 225 ～ 1250 m 山区的阔叶林区边缘的潮湿环境内。11 月至翌年 2 月可听见鸣声，在树洞内繁殖，

图 377-1　绿眼原指树蛙 *Kurixalus berylliniris*（台湾台东，Wu S P, et al., 2016）
A、雄蛙侧面观　B、蝌蚪　上：口部　下：侧面观

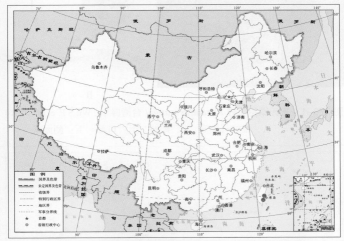

图 377-2　绿眼原指树蛙 *Kurixalus berylliniris* 地理分布

卵和蝌蚪生活在树桩的积水坑内。

　　【种群状态】　中国特有种。种群数量缺乏数据。

　　【濒危等级】　未予评估（NE）。

　　【地理分布】　台湾（花莲、台东）。

378. 王氏原指树蛙 *Kurixalus wangi* Wu, Huang, Tsai, Lin, Jiang and Wu, 2016

　　【英文名称】　Wang's Big-thumbed Treefrog.

　　【形态特征】　雄蛙体长 28.6 ～ 31.6 mm，雌蛙体长 30.8 ～ 37.1

mm。头宽大于头长；吻端尖或钝尖；鼓膜圆形，小于眼径之半，眼的虹膜呈金黄色；犁骨齿团呈卵圆形。背面皮肤平滑无疣粒。前臂和第4指及蹠、跗部外侧有1行白色疣粒，胫跗关节外侧有1个大白疣；体腹面有颗粒疣；雌蛙肛孔上方有1条肤褶。指、趾具吸盘和边缘沟，指吸盘背面无Y形迹；指间无蹼或有蹼迹；左右跟部重叠，趾间约半蹼；内跗突小呈卵圆形，无外跗突。背面褐绿色或黄褐色等，

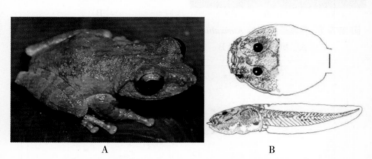

A   B

图 378-1　王氏原指树蛙 *Kurixalus wangi*（台湾屏东，Wu S P, et al., 2016）

A、雄蛙背面观　B、蝌蚪　上：口部　下：侧面观

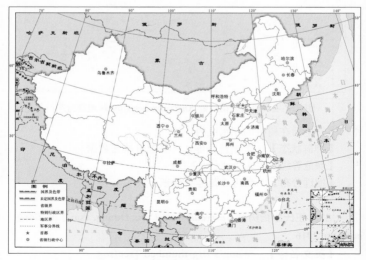

图 378-2　王氏原指树蛙 *Kurixalus wangi* 地理分布

其间有深褐色斑点；有的两眼间有深色斑，体背前部有 1 个 X 形斑；四肢背面有褐色横纹。咽胸部有褐色麻斑。雄蛙原拇指很发达，第 1 指有婚垫；有单咽下内声囊。卵径约 1.7 mm，胚胎呈乳黄色。蝌蚪全长 13.2 ～ 22.7 mm，体和尾肌上有褐色斑点，尾末端钝圆。口位于吻端上方，唇齿式为 Ⅱ ：1+1/1+1 ：Ⅰ；上角质颌平直，唇乳突 1 排，上唇中央 1/3 部位无乳突，出水孔位于腹侧。

【生物学资料】　　该蛙生活于海拔 500 m 以下的阔叶林和次生灌丛地带。3 月、9 月可听到鸣声，11 月为繁殖高峰期，产卵 56 ～ 104 粒，单层黏附在竹筒或树洞内积水的上方壁上。亲蛙有护卵习性。蝌蚪生活在静水中。

【种群状态】　　中国特有种。种群数量缺乏数据。

【濒危等级】　　未予评估（NE）。

【地理分布】　　台湾（屏东）。

（七三）棱鼻树蛙属 *Nasutixalus* Jiang, Yan, Wang and Che，2016

379. 墨脱棱鼻树蛙 *Nasutixalus medogensis* Jiang, Wang, Yan and Che, 2016

【英文名称】　　Medog Ridg-nosed Treefrog.

【形态特征】　　雄蛙体长 42.6 ～ 45.0 mm。头宽略大于头长；吻端圆，吻棱清楚，从鼻孔到眼前角形成棱脊；鼓膜明显，直径小于眼径的 1/2；有犁骨齿。皮肤较光滑具有小疣；体和四肢腹面有扁平疣，咽喉部和前肢腹面的疣粒较小。第 3 指吸盘大于鼓膜，指、趾具吸盘和边缘沟，指间具蹼迹，指吸盘背面有 Y 形迹；后肢前伸贴体时胫跗关节达眼，胫长小于体长之半，左右跟部明显重叠；趾间约半蹼，第 4 趾蹼达中关节下瘤；胫跗关节外侧没有大的白疣，内跖突呈椭圆形，无外跖突。整个背面浅棕色，有黄绿色条状斑纹；腹面肉黄色。雄蛙第 1 指有婚垫；有单咽下内声囊。

【生物学资料】　　该蛙生活于海拔 1619 m 左右山区热带雨林区的树冠上。4 月和 5 月分别发现雄蛙各 1 只。

【种群状态】　　本种在中国仅发现 1 个分布点，种群数量很少。

【濒危等级】　　未予评估（NE）。

图 379-1　墨脱棱鼻树蛙 *Nasutixalus medogensis* 雄蛙

（西藏墨脱 , Jiang K, et al., 2016）

A、背面观　B、腹面观

图 379-2　墨脱棱鼻树蛙 *Nasutixalus medogensis* 地理分布

【地理分布】　西藏（墨脱）；印度（东北部）。

（七四）费树蛙属 *Feihyla* Frost, Grant, Faivovich, Bain, Haas, Haddad, de Sá, Channing, Wilkinson, Donnellan, Raxworthy, Campbell, Blotto, Moler, Drewes, Nussbaum, Lynch, Green and Wheeler, 2006

380. 抚华费树蛙 *Feihyla fuhua* Fei, Ye and Jiang, 2010

【英文名称】　White-cheeked Small Treefrog.

【形态特征】　体形较小而窄长，体长 25.0 ～ 28.0 mm。头长大于头宽，吻尖长，吻端突出于下唇；鼓膜紧接在眼后；无犁骨齿。背面皮肤光滑；腹面布满颗粒状疣。前臂及手长约为体长之半，指、趾端具吸盘及边缘沟，指间无蹼；后肢前伸贴体时胫跗关节达眼前角，左右跟部相重叠，胫长约为体长之半，蹼不发达，第 3 ～ 5 趾间蹼达近端第 2 关节下瘤，内跖突卵圆形，无外跖突。背面棕黄色，眼后和背部有 1 个褐色或棕红色八形线纹，有的个体不显著；四肢背面有横纹 3 条左右；吻棱下方和颞部有褐色带纹，其下方有 1 条显著的银白色宽带纹；腹面白色，股腹面大疣粒上有深色细点。雄蛙第 1、2 指有白色婚垫；有 1 对咽侧下内声囊；有雄性线。卵径 1.5 ～ 1.8 mm，动物极、植物极均具色素。蝌蚪全长 37.0 mm，头体长 14.0 mm 左右。体尾均为黑色；尾部接近身体处有黄色横纹。唇齿式为

A　　　　　　　　　　　　　　B

图 380-1　抚华费树蛙 *Feihyla fuhua* 雄蛙（云南屏边，费梁）

A、背面观　　B、腹面观

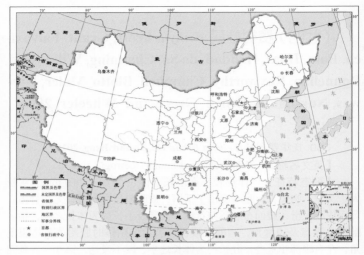

图 380-2　抚华费树蛙 *Feihyla fuhua* 地理分布

Ⅰ：4+4/1+1：Ⅱ，下唇中央缺乳突部位较宽。

　　【生物学资料】　　该蛙生活于海拔 1 000 ～ 1 900 m 的坡地溪边潮湿的环境中，晚上雄蛙在水塘边树枝上鸣声。卵产于树叶上，成堆不呈泡沫状。剖视雌蛙左侧输卵管内有卵 50 粒。蝌蚪生活于林区小型静水塘内。

　　【种群状态】　　各分布点的种群数量较少。

　　【濒危等级】　　近危（NT）。

　　【地理分布】　　云南（龙陵、屏边、河口）；越南。

（七五）纤树蛙属 *Gracixalus* Delorme, Dubois, Grosjean and Ohler, 2005

381. 黑眼睑纤树蛙 *Gracixalus gracilipes*（Bourret, 1937）

　　【英文名称】　　Black-eyelidded Small Treefrog.

　　【形态特征】　　雄蛙体长 20.0 ～ 24.0 mm，雌蛙体长 30.0 mm 左右。头的长宽几乎相等；吻端尖，突出于下唇；鼓膜较清晰；无犁骨齿。体背面有小疣粒，上眼睑上疣大而密集；吻棱及颞褶上也有小疣；前臂、跗部、咽喉部和胫腹面光滑，腹面其他部位布满扁平疣。前臂及手长为体长之半，指、趾端均有吸盘及边缘沟，指间无蹼，指侧有缘膜；后肢前伸贴体时胫跗关节前达鼻眼之间，左右跟部重叠颇多，胫长超过体长之半，趾间具半蹼，内跖突扁平，无外跖突。背面暗绿色或灰绿色，吻棱下方和颞部有棕色纹；上眼睑棕色或棕

　　　　　　A　　　　　　　　　　　　　　　　B

图 381-1　黑眼睑纤树蛙 *Gracixalus gracilipes* **雄蛙**（广西上思，莫运明）

A、侧面观　　B、背面观

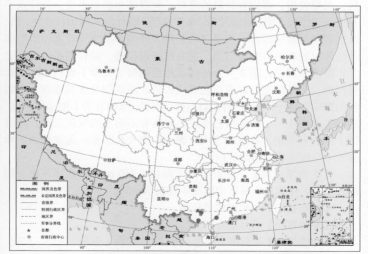

图 381-2　黑眼睑纤树蛙 *Gracixalus gracilipes* **地理分布**

黑色，眼的后下方至体侧的下方有白色斑纹；两眼间至体背面有 X 形褐黑色细斑纹，体后有褐色斑；四肢背面有细横纹。体腹面黄白色，大腿腹面肉色。雄蛙第 1、2 指有白色婚垫；有单咽下内声囊；雄性线呈红色。卵径 2.5 ～ 2.8 mm，动物极褐黑色，植物极乳黄色。第 24 期的蝌蚪头体长 4.0 mm，尾长 8.0 mm 左右，尾末端钝尖。背面有褐色细小斑点，尾鳍无斑。

【生物学资料】　　该蛙生活于海拔 500 ～ 530 m 林木繁茂的山区灌丛或杂草间。卵群分散产在水塘上空的叶片尖部，不呈泡沫状，卵群单层排列，有卵 2 ～ 8 粒。雌蛙右侧卵巢内孕卵 20 余粒。

【种群状态】　　种群数量较少。

【濒危等级】　　易危（VU）；蒋志刚等（2016）列为近危（NT）。

【地理分布】　　云南（河口）、广东（信宜）、广西（武鸣、上思）；越南。

382. 金秀纤树蛙 *Gracixalus Jinxiuensis*（Hu, 1978）

【英文名称】　　Jinxiu Small Treefrog.

【形态特征】　　雄蛙体长 24.0 mm，雌蛙体长 29.0 ～ 30.0 mm。头的长宽几乎相等；吻端钝圆，略超出下唇；鼓膜清晰，紧接于眼后；无犁骨齿。背面有分散的疣粒。胸腹部布满扁平疣。前臂及手长接近于体长之半，前臂及跗、跖部至第 5 趾外侧无锯齿状肤突，指、趾端有吸盘及边缘沟，指基部具蹼迹，外侧 3 指缘膜较宽；后肢前伸贴体时胫跗关节达眼后角，左右跟部仅相遇，胫长不超过体长之半，趾蹼不发达，第 3 ～ 5 趾间蹼达近端第 2 关节下瘤；内跖突长椭圆形，无外跖突。背面棕色或浅棕色，两眼间至体背面有 1 个醒目的 X 形黑棕色大斑，在肩后斜向体的两侧；体侧有若干细小棕色点；四肢各部有 1 ～ 3 条黑棕色横纹。腹面有不明显的深色云斑。雄蛙第 1 指上有婚垫，有单咽下内声囊，声囊孔长裂形；无雄性线。卵群外不呈泡沫状，卵为乳白色。

【生物学资料】　　该蛙生活于海拔 1 350 m 左右森林茂密、阴湿的山区，常栖息在林区边缘灌木或杂草丛间。

【种群状态】　　种群数量较少。

【濒危等级】　　易危（VU）。

【地理分布】　　云南（屏边、河口）、广西（金秀、龙胜、兴安、灌阳、资源、龙州）、湖南（宜章）；越南（北部）。

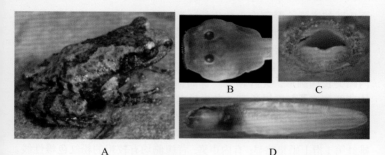

图 382-1 金秀纤树蛙 *Gracixalus Jinxiuensis*

A、雄蛙背面观（广西金秀，江建平）   B ～ D、蝌蚪（广西金秀，费梁）
B、头部背面观   C、口部   D、侧面观

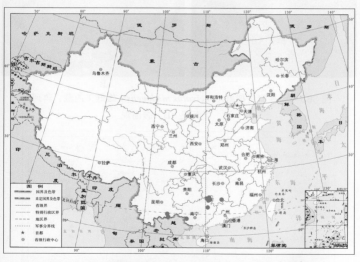

图 382-2   金秀纤树蛙 *Gracixalus Jinxiuensis* 地理分布

383. 墨脱纤树蛙 *Gracixalus medogensis* (Ye and Hu,1984)

【英文名称】   Medog Small Treefrog.

【形态特征】   体长 27.0 mm。头宽略大于头长；吻端钝圆，平切向下略超出下唇；鼓膜清晰，略大于第 3 指吸盘；无犁骨齿。背面皮肤较光滑，胫部有少数疣粒；颞褶清晰；腹面布满扁平疣，咽喉部疣较稀疏。前肢较细长，指、趾端均有吸盘及边缘沟，指间无蹼；后肢前伸贴体时胫跗关节达眼前角，胫长约为体长之半，左右跟部显然重叠，内侧3趾仅基部具蹼，第3～5趾间蹼达第2关节下瘤，内跖突长椭圆形，无外跖突。背面棕黄色或草绿色，从上眼睑间至体背两侧有⋏形棕黑色斑，在头后向体两侧分开；腋后有几个小的棕色斑；吻棱下方和颞部有棕色横纵纹；鼓膜前有1个浅黄斑；四肢具横纹，股、胫部各有3～4条。腹面浅绿色，后肢腹面橘黄色。雄蛙第1指上婚垫略显；有内声囊；背腹侧均有较粗的粉红色雄性线。

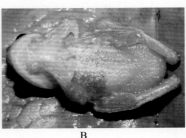

图383-1　墨脱纤树蛙 *Gracixalus medogensis* 雄蛙（西藏，蒋珂）

A、背面观　B、腹面观

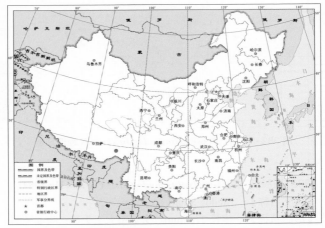

图383-2　墨脱纤树蛙 *Gracixalus medogensis* 地理分布

【生物学资料】 该蛙生活于海拔 1 500 m 热带雨林中，活动在密林深处的湖泊岸边的灌木、草丛上。

【种群状态】 中国特有种。种群数量很少。

【濒危等级】 费梁等（2012）建议列为濒危（EN）。

【地理分布】 西藏（墨脱）。

384. 弄岗纤树蛙 *Gracixalus nonggangensis* Mo, Zhang, Luo, Zhou and Chen, 2013

【英文名称】 Nonggang Small Treefrog.

【形态特性】 雄蛙体长 29.9 ～ 35.3 mm，雌蛙体长 32.6 ～ 35.2 mm。吻端钝圆，稍突出下唇；鼓膜明显，几乎等于第 3 指吸盘，颞部疣粒较多；无犁骨齿；体背面皮肤较光滑，体侧以及四肢侧面有扁平小疣粒；前臂外侧有肤棱；指、趾吸盘较小，指间无蹼；后肢前伸贴体时胫跗关节达吻端；左右跟部重叠；趾间 1/3 蹼，第 4 趾蹼达第 2 关节下瘤；内跖突长椭圆形，无外跖突，跗跖外侧有白色疣突。身体和四肢背面呈橄榄黄色，两眼间至肩部有人形暗绿色斑，其后向两侧分开达胯部或呈不规则斑块；前臂和后肢各部具 3 ～ 4 条暗绿色宽横纹，咽喉和胸腹部白色有灰褐色斑点，四肢腹面肉紫色；雄蛙第 1 指无婚垫，具单咽下内声囊。

【生物学资料】 该蛙生活在海拔 200 ～ 500 m 的喀斯特山区，5 月和 10 月夜间发现雄蛙栖息在 0.5 ～ 1.0 m 高的灌木和杂草上，在栖息地附近未见到水源。

A   B

图 384-1 弄岗纤树蛙 *Gracixalus nonggangensis* 雄蛙（广西龙州，莫运明）
A、背面观   B、腹面观

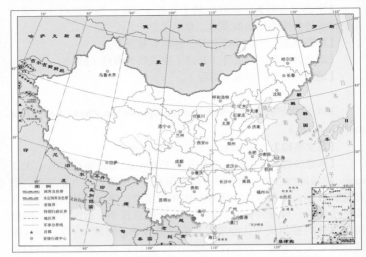

图 384-2　弄岗纤树蛙 *Gracixalus nonggangensis* 地理分布

【种群状况】　　种群数量少。

【濒危等级】　　莫运明等（2014）建议列为濒危（EN）。

【地理分布】　　广西（龙州）。

（七六）刘树蛙属 *Liuixalus* Li, Che, Bain, Zhao and Zhang, 2008

385. 费氏刘树蛙 *Liuixalus feii* Yang, Rao and Wang, 2015

【英文名称】　Fei's Small Treefrog.

【形态特征】　雄蛙体长 45.0 mm。头长略大于头宽；吻端钝尖；鼓膜约为眼径之半，鼓膜远大于第 3 指吸盘；无犁骨齿。背面较平滑，分散有少数小痣粒，背脊部有 1 条很细的纵脊棱，颞褶明显；咽喉部光滑，体腹面扁平痣粒。前肢适中，第 1 指短，端部圆而无沟，其他指和趾端均具吸盘和边缘沟；指间无蹼，指侧无缘膜；后肢细长，前伸贴体时胫跗关节达鼻孔，胫跗关节外侧无大白疣；左右跟部重叠，趾间具微蹼，内跖突扁卵圆形，外跖突小或不明显。体和四肢背面为灰褐色、浅褐色或浅橄榄褐色，两眼间有褐色横纹或三角形斑，肩上方有1个〉〈形褐色斑；四肢背面具褐色横纹。腹面有褐色斑点。雄性第1指有乳白色婚垫；声囊无资料。

【生物学资料】　该蛙生活于 350～800 m 的森林底部，成蛙栖息在地面的落叶间，附近未见水塘。4～10月能听见雄蛙的鸣声，5月2日发现1个树洞积水内有8只蝌蚪和1只成蛙。

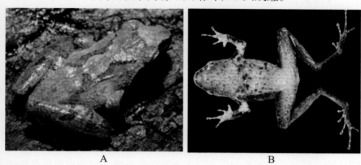

图 385-1　费氏刘树蛙 *Liuixalus feii* 雄蛙（广东封开，Yang J H, et al., 2015）
A、背面观　B、腹面观

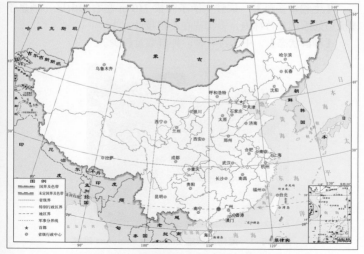

图 385-2　费氏刘树蛙 *Liuixalus feii* 地理分布

【种群状态】　中国特有种。种群数量很少。

【濒危等级】　建议列为濒危（EN）。

【地理分布】　广东（封开）。

386. 海南刘树蛙 *Liuixalus hainanus* (Liu and Wu, 2004)

【英文名称】　Hainan Small Treefrog.

【形态特征】　体形小，雄蛙体长 18.0 mm 左右。头长略大于头宽；吻略窄，吻端钝圆；鼓膜圆而明显，直径约为眼径的一半；无犁骨齿。背面有大小不等的疣粒，体侧的疣粒较少，上眼睑的疣粒多；咽喉部和胸部光滑，腹部密布扁平疣粒；四肢疣粒少。前臂及手的长度不到体长之半，指、趾端具吸盘和有腹缘沟，指间无蹼；后肢前伸贴体时胫跗关节超过吻端，左右跟部显著重叠，胫长大于体长之半，胫跗关节处无疣突，趾间蹼不发达，第 4、5 趾之间的蹼不达第 4 趾的第 2 关节下瘤，其他各趾之间的蹼更弱；内跖突椭圆形，外跖突不显著。体和四肢背面棕褐色，其上有黑褐色斑块或 X 形斑，背中部有 1 个很明显的浅棕色斑；两眼间有 2～3 个银白色小斑；颌缘有黑褐色纵纹 6～7 个；身体和四肢腹面有褐色小斑点，后肢各部 有 3～4 条黑褐色横纹。雄蛙第 1 指有浅色婚垫；有 1 对咽侧下内声囊；无雄性线。

【生物学资料】　该蛙生活于海拔 710 m 左右的山区，栖息于溪流边的灌丛和竹林内，多匍匐在小树枝叶片上。

【种群状态】　中国特有种。种群数量较少。

图 386-1　海南刘树蛙 *Liuixalus hainanus* 雄蛙

（海南陵水，Yang J H, et al., 2015）

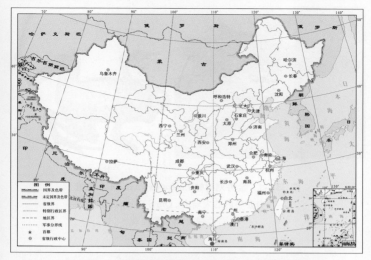

图 386-2　海南刘树蛙 *Liuixalus hainanus* 地理分布

【濒危等级】　费梁等（2010）建议列为易危（VU）。

【地理分布】　海南（陵水境内的吊罗山）。

387. 金秀刘树蛙 *Liuixalus jinxiuensis* Li, Mo, Jiang, Xie and Jiang, 2015

【英文名称】　Yaoshan Small Treefrog.

【形态特征】　雄蛙体长 15.9 ～ 17.5 mm；雌蛙体长 18.8 mm 左右。头长略大于头宽；吻端钝尖；鼓膜圆，小于眼径之半；无犁骨齿。背面较平滑，有许多小疣粒，颞褶不清楚；体腹面具扁平疣。第 1 指短，无吸盘，其他指和趾端均具吸盘；第 3 指吸盘约为鼓膜之半；指间无蹼，指侧无缘膜；后肢前伸贴体时胫跗关节达眼，胫跗关节外侧无大白疣；左右跟部重叠，趾间具微蹼，内跖突大而扁，外跖突小或不显著。体和四肢背面棕色、浅褐色，两眼间有褐色横纹或三角形斑，肩上方有 1 个 X 形深色斑，此斑之后还有 1 个 ∧ 形斑纹；四肢背面具褐色横纹；腹面有深色斑点。雄性第 1、2 指上有乳白色婚垫，有单咽下内声囊。

【生物学资料】　无资料。

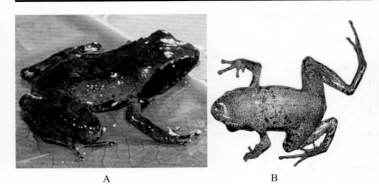

A　　　　　　　　　　　B

图 387-1　金秀刘树蛙 *Liuixalus jinxiuensis* 雄蛙

（广西金秀境内的大瑶山，Qin S B, et al., 2015）

A、背面观　　B、腹面观

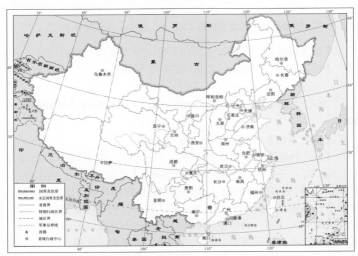

图 387-2　金秀刘树蛙 *Liuixalus jinxiuensis* 地理分布

【种群状态】　中国特有种。仅知 1 个分布点，其种群数量缺乏数据。

【濒危等级】　未予评估（NE）。

【地理分布】 广西（金秀境内的大瑶山）。

388. 肯氏刘树蛙 *Liuixalus kempii* (Annandale,1912)

【英文名称】 Kemp's Small Tree-frog.

【形态特征】 体长 15.0 mm 左右。头略扁平，吻长大于眼径，吻背面向前倾斜，吻端圆；眼间距远大于上眼睑的宽度；鼓膜很显著，几乎与眼径等大，紧接于眼后；无颞褶，无犁骨齿。体背面、四肢、咽喉及胸部皮肤光滑，腹部有不显著的疣粒；腿

图 388-1 肯氏刘树蛙 *Liuixalus kempii* 雌蛙（西藏，墨脱南部，Annandale, 1912）

基部有疣粒。四肢较细，指短其间无蹼，指端除第 1 指外，其余各指均有显著的小吸盘；第 1 指短于第 2 指；手腹面光滑，关节下瘤很不发达；无掌突。后肢长，前伸贴体时胫跗关节达吻端；趾较细，第 4

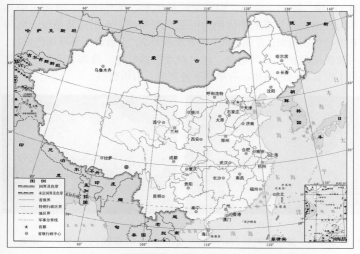

图 388-2 肯氏刘树蛙 *Liuixalus kempii* 地理分布

趾很长；趾端有小吸盘，趾间有蹼迹；关节下瘤很不发达；无跗褶，无跖突。背面深橄榄色，肩部有略对称排列的灰绿色斑；吻背面灰绿色，后肢深橄榄色，其上横纹不甚明显。腹面浅黄色，杂以深橄榄色；咽喉部有明晰的浅黄色斑。

　　【生物学资料】　该蛙栖息环境在海拔 600 m 左右，标本采集人未记录其他生物学资料。

　　【种群状态】　中国特有种。种群数量缺乏数据。

　　【濒危等级】　未予评估（NE）。

　　【地理分布】　西藏（墨脱南部的上罗龙）。

389. 陇川刘树蛙 *Liuixalus longchuanensis* (Yang and Li, 1978)

　　【英文名称】　Longchuan Small Treefrog.

　　【形态特征】　雄蛙体长 18.0～21.0 mm。头的长宽约相等；鼓膜明显，小于第 3 指吸盘；无犁骨齿。背部皮肤具稀疏小疣；上眼睑及枕部疣粒较背部的稍密；颞褶明显。咽喉部皮肤光滑；腹部扁平疣密集。前臂及手长不及体长之半，指、趾端均有吸盘及边缘沟，指间无蹼，第 1、2 指侧有缘膜；后肢前伸贴体时胫跗关节达眼部，左右跟部相遇，胫长约为体长之半，趾间蹼不发达，第 4、5 趾间约具 1/4 蹼，趾侧无缘膜，内跖突长椭圆形，无外跖突。背面正中几乎为浅黑褐色，有的个体隐约可见 X 形斑纹；上眼睑色稍深，眼间有黑褐色三角斑；背侧色浅，胯部黑斑显著；前肢有 2 条黑褐色横纹，后肢黑褐色横纹排列稀疏；指、趾吸盘橘红色。腹部灰蓝色。雄性第 1 指有灰白色婚垫；有单咽下外声囊；有雄性线。

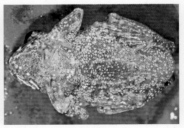

A　　　　　　　　　　　　　B

图 389-1　陇川刘树蛙 *Liuixalus longchuanensis* 雄蛙（云南陇川，侯勉）
A、背面观　B、腹面观

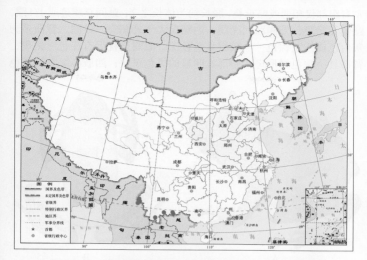

图 389-2 陇川刘树蛙 *Liuixalus longchuanensis* 地理分布

【生物学资料】 该蛙生活于海拔 1 150 ～ 1 600 m 热带、亚热带的灌丛中。5 ～ 9 月，黄昏后雄蛙发出"噔，噔……"的连续鸣叫声；成蛙常隐蔽于树叶背面。

【种群状态】 该蛙分布栖息地的生态环境质量下降，其种群数量较少。

【濒危等级】 近危（NT）。

【地理分布】 云南（盈江、陇川、瑞丽、景洪、绿春、屏边、河口）；缅甸，越南（北部？）。

390. 勐腊刘树蛙 *Liuixalus menglaensis* (Kou,1990)

【英文名称】 Mengla Small Treefrog.

【形态特征】 雄蛙体长 15.0 ～ 18.0 mm，雌蛙体长 18.0 ～ 23.0 mm。头的长宽几乎相等；吻端钝圆；鼓膜多不清晰，略小于第 3 指吸盘或几乎等大；无犁骨齿。背面较粗糙，具大小疣粒；吻背面和上眼睑、枕部上疣粒较密集；背部及四肢背面的疣粒稀疏。腹部及股腹面具扁平圆疣。前臂及手长不到体长之半；指、趾端均有吸盘和边缘沟；指间无蹼，指侧无缘膜。后肢前伸贴体时胫跗关节达眼部，左右跟部仅相遇或略重叠，胫长约为体长之半；趾间具蹼迹或1/4蹼，趾侧无缘膜，外侧跖间无蹼；内跖突大于外跖突，较圆。背面多为灰白色或浅灰棕色，少数雄蛙色较深；眼间至枕后有深色三角斑，背部具一深色蝶形斑，胯部有明显的黑色斑块；四肢各部有褐黑色

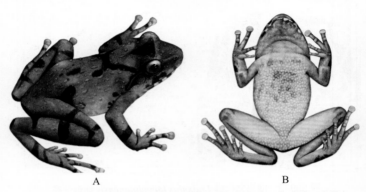

图 390-1　勐腊刘树蛙 *Liuixalus menglaensis* 雌蛙（云南勐腊，李健）

A、背面观　B、腹面观

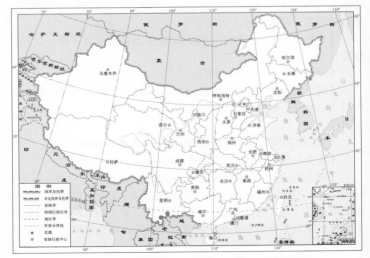

图 390-2　勐腊刘树蛙 *Liuixalus menglaensis* 地理分布

横纹 1 ～ 3 条，指、趾吸盘不呈橘红色。腹面有深色斑纹，咽喉部较明显。雄蛙第 1、2 指有白色婚垫；具单咽下内声囊；无雄性线。

【生物学资料】 该蛙生活于海拔 850 ～ 1 100 m 山溪两旁的灌丛中，夜间常匍匐于叶片上。

【种群状态】 种群数量较少。

【濒危等级】 蒋志刚等（2016）列为易危（VU）。

【地理分布】 云南（勐腊、绿春）；越南（北部）。

391. 眼斑刘树蛙 *Liuixalus ocellatus* (Liu and Hu, 1973)

【英文名称】 Ocellated Small Treefrog.

【形态特征】 雄蛙体长 17.0 ～ 19.0 mm，雌蛙体长 18.0 ～ 20.0 mm。头长略大于头宽；吻端较尖；鼓膜很清晰，远比第 3 指吸盘大；无犁骨齿。背面较光滑，或多或少散有疣粒，有的上眼睑或体侧疣粒较明显；眼后枕部或肩后方有 1 对黑色疣粒。腹面布满扁平疣。前臂及手长不到体长之半；指、趾端有吸盘和边缘沟；指间无蹼；后肢前伸贴体时胫跗关节达眼前角，胫长超过体长之半，左右跟部显然重叠；趾间蹼不发达，第 4、5 趾间蹼达第 4 趾的第 2 关节处，其余各趾仅基部有蹼；内跖突椭圆形，外跖突小。背面多为棕黄色、棕褐色或棕黑色，有黑斑纹，有的个体疣粒为棕红色；两眼间有 1 个深色▽形或╲╱形斑；眼后枕部有 1 对黑色小圆斑，有的个体肩

A   B

图 391-1 眼斑刘树蛙 *Liuixalus ocellatus*

A、雄蛙背面观（海南，江建平） B、雌蛙腹面观（海南，费梁）

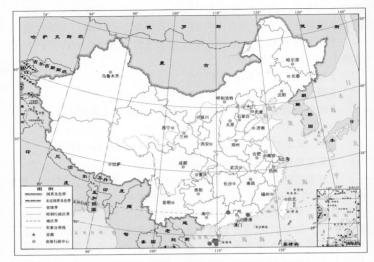

图 391-2　眼斑刘树蛙 *Liuixalus ocellatus* 地理分布

后方也有 1 对黑色斑；背部有〉形黑色斑；四肢具横纹 1～3 条。腹面具褐色细点。雄蛙第 1 指有浅色婚垫；有单咽下内声囊；无雄性线。

　　【生物学资料】　该蛙生活在海拔 400～700 m 山区的竹林间及其附近的落叶上。4 月期间雄蛙在夜晚多匍匐在竹丛叶片及竹枝上鸣叫。该蛙栖息场所及其附近均无水源，仅在竹桩内有积水，卵群和蝌蚪可能在竹桩内积水中发育生长。

　　【种群状态】　种群数量很少。

　　【濒危等级】　濒危（EN）；蒋志刚等（2016）列为近危（NT）。

　　【地理分布】　海南（琼中、五指山、陵水境内的吊罗山、白沙境内的鹦哥岭和黎母岭）、广东（惠东、封开）。

392. 罗默刘树蛙 *Liuixalus romeri*（Smith, 1953）

　　【英文名称】　Romer's Small Treefrog.

　　【形态特征】　雄蛙体长 15.0～18.0 mm；雌蛙体长 20.0 mm 左右。头长大于头宽或长宽几乎相等；吻端钝尖；鼓膜约为眼径之半，鼓膜与眼后角的距离约为鼓膜直径的一半；无犁骨齿。背面较平滑，仅背部有少数疣粒；体腹面具扁平疣。前臂及手长约为体长的40%，指、趾端具吸盘和边缘沟，第3指吸盘约为鼓膜之半；第3、4指间有微蹼，指侧无缘膜；后肢前伸贴体时胫跗关节达鼻孔或吻端，左右跟部重叠，趾间具1/3蹼，内跖突卵圆形，外跖突小或不显著。体和四肢背面多为棕色、棕褐色或浅橄榄褐色，两眼间有深色横纹或

图392-1　罗默刘树蛙 *Liuixalus romeri* 雄蛙（香港，杨剑焕）

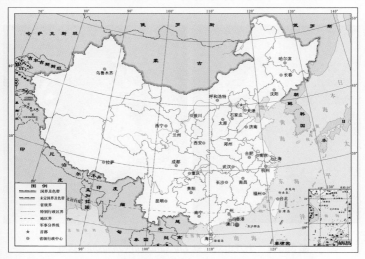

图392-2　罗默刘树蛙 *Liuixalus romeri* 地理分布

倒三角形斑，肩上方有1个X形深色斑，此斑之后还有1个∧形斑纹；四肢背面具深色横纹。腹面有少数深色小点。雄性第1、2指上有乳白色婚垫，有单咽下外声囊，无雄性线。蝌蚪全长约23.0 mm，头体长8.0 mm左右；尾末端尖。头体背面褐色；腹面金黄色小点；尾鳍有褐色斑点；唇齿式为Ⅰ：2+2/Ⅲ；两口角及下唇缘有乳突。

【生物学资料】　该蛙生活于近海边的浸水坑边及其附近的灌木丛或草地上，成蛙捕食蚂蚁、蟋蟀、蜘蛛等。3月初至9月在静水塘浅水区繁殖，产卵在水中的枝条上约120粒。蝌蚪在静水塘中生活。

【种群状态】　种群数量很少。

【濒危等级】　濒危（EN）；蒋志刚等（2016）列为易危（VU）。

【地理分布】　香港（南丫、大濠、蒲台等岛屿）。

393. 十万山刘树蛙 *Liuixalus shiwandashan* Li, Mo, Jiang, Xie and Jiang, 2015

【英文名称】　Shiwanshan Small Treefrog.

【形态特征】　雄蛙体长 16.2～18.5 mm；雌蛙体长 19.2～19.6 mm。头长略大于头宽；吻端钝尖；鼓膜大而圆，略小于眼径，鼓膜

A　　　　　　　　　　　　　　　B

图 393-1　十万山刘树蛙 *Liuixalus shiwandashan* 雄蛙

A、背面观（广西十万大山，Qin S B, et al., 2015）　B、变异（广西上思，莫运明）

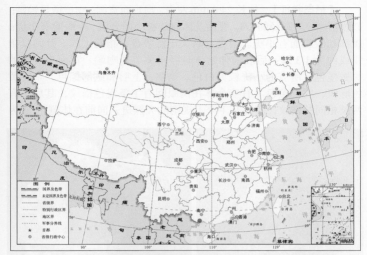

图 393-2 十万山刘树蛙 *Liuixalus shiwandashan* 地理分布

与眼后角的距离约为鼓膜直径的一半；无犁骨齿。背面较平滑，仅背部有少数小疣粒；颞褶不清楚，体腹面具扁平疣。前肢长约为体长的 48.8%，第 1 指短，无吸盘，其他指和趾端均具吸盘和边缘沟，第 3 指吸盘约为鼓膜之半；指间无蹼，指侧有缘膜；后肢前伸贴体时胫跗关节达鼻孔或超过，左右跟部重叠，趾间具微蹼，内跖突大而扁平，外跖突小而不清楚。体和四肢背面多为黄褐色，两眼间有深色横纹或三角形斑，肩上方有 1 个〉〈形深色斑，此斑之后还有 1 个 ∧ 形斑纹；四肢背面具褐色横纹。腹面有深褐色斑点。雄性第 1、2 指上有乳白色婚垫，有单咽下内声囊。

【生物学资料】　该蛙生活于海拔 180～937 m 近水坑边的灌木丛或草地上，3 月至 6 月繁殖。

【种群状态】　广西境内种群数量较多。

【濒危等级】　莫运明等（2014）建议列为濒危（EN）。

【地理分布】　广西（上思十万大山）。

394. 疣刘树蛙 *Liuixalus tuberculatus* (Anderson, 1878)

【英文名称】　Tubercled Small Treefrog.

【形态特征】　体长 24.0 mm 左右。吻短而宽圆；吻棱微显钝圆；鼓膜清晰，为眼径的 1/4。背面及体侧疣粒小而分散，上眼睑有小疣；腹部和股腹面有小疣。指吸盘略大于趾吸盘；指间无蹼；趾间具微蹼或约为 1/3 蹼；后肢前伸贴体时胫跗关节达吻端。背面为一致的深橄榄色，所有的小疣粒为白色。吻侧、上唇和肛部棕色，杂有黄色麻斑，肘部黄色。有些个体在两眼间有 1 条浅色横纹，其后又有两条相同的横纹；胯部有 1 个不规则的大黑斑，向前在体侧 中段为

A　　　　　　　　　　　　　　B

图 394-1　疣刘树蛙 *Liuixalus tuberculatus*（云南盈江，赵俊军）

A、背面观　B、腹面观

图 394-2　疣刘树蛙 *Liuixalus tuberculatus* 地理分布

2 个黄斑；股、胫中段各有 1 个深棕色与黄色相间而不甚显著的宽横纹。胸、腹部浅黄色，胸部有小的棕色点；四肢腹面深橄榄色杂以浅黄色斑。

【生物学资料】　该蛙生活于海拔 400 m 左右溪谷的沼泽边缘地带。12 月下旬该蛙隐匿于香蕉叶柄下。

【种群状态】　种群数量缺乏数据。

【濒危等级】　未予评估（NE）。

【地理分布】　西藏（墨脱南部阿波尔地区的仁更与罗龙之间 Egar 溪）、云南（盈江）；缅甸（北部）、印度（北部）。

（七七）跳树蛙属 *Chirixalus* Boulenger, 1893

395. 背条跳树蛙 *Chirixalus doriae* Boulenger, 1893

【英文名称】　Dorsal-striped Opposite-fingered Treefrog.

【形态特征】　雄蛙体长 25.0 ～ 27.0 mm，雌蛙体长 29.0 ～ 34.0 mm。头长略大于头宽；吻端钝尖；鼓膜略大于第 3 指吸盘，距眼较近；无犁骨齿。背面和咽喉部皮肤光滑，腹部及股部腹面布满扁平疣；腋胸部多有横肤褶。前臂及手长小于体长之半，指、趾端有吸盘和边缘沟，吸盘背面无 Y 形迹，第 1、2 指与第 3、4 指相对形成握物状，指基部相连成蹼迹；后肢前伸贴体时胫跗关节达眼部，左右跟部重叠甚多，胫长略大于体长之半，外侧 3 趾间近半蹼；内跖突小，无外跖突。背面浅黄色或棕黄色，其上有 5 条棕色或棕黑色纵纹；四肢背面有黑横纹或不明显。下唇缘有深色细点，四肢腹面肉红色。雄蛙第 1 指有婚垫；有单咽下外声囊；雄性线红色。卵粒乳黄色，卵径 1.4 mm 左右。蝌蚪全长 22.0 mm，头体长 8.0 mm 左右；体扁尾弱，尾末端细尖；眼位于头侧；从吻端到眼至体侧有 1 条深色纹；尾的前半段色浅有细斑纹，后半段黑色；唇齿式为 I ：4+4/1+1 ：II；下唇乳突在中央不连续，口角无副突。

【生物学资料】　该蛙生活于海拔 80 ～ 1 650 m 山区的稻田、水坑或水沟边灌木和杂草丛中以及芭蕉叶下。5 ～ 6 月繁殖，卵群在浅黄色卵泡内，多产在近水边叶片上，有卵 180 粒左右。每年可产卵 2 次以上。

【种群状态】　种群数量多。

A　　　　　　　　B

图 395-1　背条跳树蛙 *Chirixalus doriae*

A、雄蛙背面观（云南景东，费梁）

B、蝌蚪（海南，Pope, 1931）　　上：口部　下：侧面观

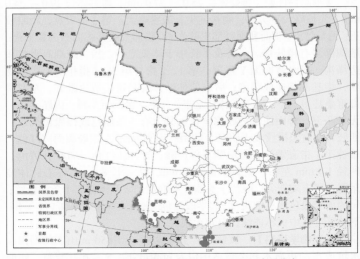

图 395-2　背条跳树蛙 *Chirixalus doriae* 地理分布

【濒危等级】　　无危（LC）。

【地理分布】　　云南（瑞丽、陇川、盈江、景东、暴洪、普洱、

孟连、河口）、海南（文昌、三亚、儋州、琼中、白沙、澄迈、陵水、乐东等）、广东（徐闻）；印度、缅甸、泰国、老挝、柬埔寨、越南。

396. 侧条跳树蛙 *Chirixalus vittatus* (Boulenger，1887)

【英文名称】 Lateral-striped Opposit-fingered Treefrog.

【形态特征】 雄蛙体长 23.0～26.0 mm，雌蛙体长 24.0～27.0 mm。头的长宽几乎相等；吻端略尖；鼓膜近圆形，紧接于眼后；无犁骨齿。皮肤光滑，有小痣粒。咽胸部平滑，腹部及股部腹面布满扁平圆疣。前臂及手长不到体长之半，指、趾端均有吸盘及边缘沟，吸盘背面无 Y 形骨迹；第 1、2 指与第 3、4 指相对形成握物状，指间略有蹼迹，外侧 2 指缘膜较宽；后肢前伸贴体时胫跗关节达眼部，左右跟部重叠，胫长略小于体长之半，趾间约具半蹼，外侧跖间微具蹼，内跖突弱，无外跖突，无跗褶。背面灰黄色或浅黄色，布满灰褐色星状小点；从吻端或眼后至胯部有 1 条浅黄色纵纹，该纵纹上下方为深棕色；颌缘及体侧亮黄色或灰棕色；腹面乳黄或白色。雄蛙第 1 指有白色婚垫；有 1 对咽侧下内声囊；有雄性线。卵群呈卵圆形（20.0 mm × 14.0 mm），微带绿色；卵径 1.5 mm 左右，全乳白色。蝌蚪体形窄长，尾肌部位有深色纵纹。唇齿式为 Ⅰ：2+2/1+1：Ⅱ。

【生物学资料】 该蛙生活于海拔 80～1 500 m 处水塘附近的

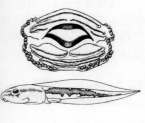

图 396-1　侧条跳树蛙 *Chirixalus vittatus*

A、雄蛙背面观（广西龙州，江建平）

B、蝌蚪（海南那大，Pope, 1931）　上：口部　下：侧面观

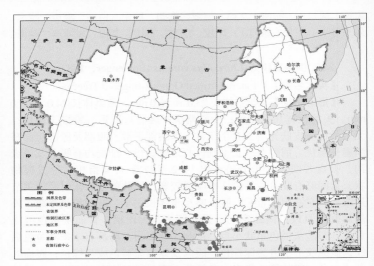

图 396-2　侧条跳树蛙 *Chirixalus vittatus* 地理分布

灌木丛、芦苇、芭蕉叶和稻田边杂草上。傍晚雄蛙发出"吱儿，吱儿"的鸣叫声。产卵 63 ～ 235 枚，呈卵圆形，浅绿色。变态期幼蛙体长 12.0 mm 左右。

【种群状态】　种群数量稀少。

【濒危等级】　蒋志刚等（2016）和 IUCN(2020) 列为无危（LC）。

【地理分布】　西藏（墨脱）、云南（景洪、河口、思茅、勐腊）、福建（武夷山？）、广东（肇庆）、海南（儋州、陵水、琼中、白沙）、广西（百色、扶绥、防城、玉林等）；印度、缅甸、泰国、老挝、柬埔寨、越南。

（七八）棱皮树蛙属 *Theloderma* Tschudi, 1838

397. 广西棱皮树蛙 *Theloderma kwangsiensis* (Liu and Hu, 1962)

【英文名称】　Kwangsi Warty Treefrog.

【形态特征】　雄蛙体长 61.0 mm。体较扁平，头长大于头宽；鼓膜直径与第 3 指吸盘几乎等大；犁骨齿两短列，其间距甚宽。背面布满疣粒，疣粒上有成簇的小痣粒，多者数十枚，鼓膜上有小疣粒；前臂外侧及跗部外侧至指、趾，有向外突出成锯齿状的疣突；腹面有疣突或扁平疣。前臂及手长大于体长的一半，指、趾端具吸盘和边缘沟，背面有 Y 形迹，外侧 2 指具蹼迹；后肢前伸贴体时胫

A   B

图 397-1 广西棱皮树蛙 *Theloderma kwangsiensis* 雄蛙（广西金秀，王宜生）

A、背面观   B、腹面观

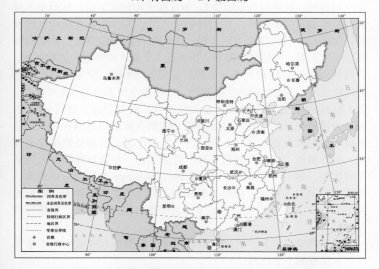

图 397-2 广西棱皮树蛙 *Theloderma kwangsiensis* 地理分布

跗关节达眼前角，胫长超过体长之半，趾间全蹼，第 4 趾两侧蹼的凹陷处达第 2 关节下瘤；有内、外跖突。背面鲜绿色或暗绿色，有不规则的深橘红色或紫红色斑点；头侧和体侧浅绿色，腋部无白斑；四肢背面有橘红色与绿色相间的横纹，股、胫部各有 3 条；肛部及四肢外侧锯齿状疣突为乳黄色；指、趾吸盘和趾间蹼浅绿色。整个腹面为浅绿色与紫褐色相间呈细云斑。雄蛙第 1 指有乳白色婚垫；无声囊；背侧有雄性线。

【生物学资料】　该蛙生活于海拔 1 350 m 林木繁茂、阴暗潮湿的山区环境中。白天隐匿在有积水的落叶层下。

【种群状态】　中国特有种。种群数量很少。

【濒危等级】　费梁等（2012）建议列为濒危（EN）；IUCN（2020）列为易危（VU）。

【地理分布】　海南（乐东境内的尖峰岭）、广西（金秀）。

398. 棘棱皮树蛙 *Theloderma moloch* (Annandale, 1912)

【英文名称】　Xizang Warty Treefrog.

【形态特征】　体长 41.0 mm 左右。头短宽，略呈三角形；犁骨齿两斜列；鼓膜约为眼的 2/3。体背面疣粒显著突出，排列呈不规则或略形成锯齿状肤棱，在肩部构成 ∧ 形，头和四肢背面的肤棱较短；咽喉部和四肢腹面皮肤光滑；腹部和体侧有扁平疣。四肢较细短；指间无蹼，指较细而扁平，指吸盘大，第 3 指吸盘与鼓膜等大；后肢前伸贴体时胫跗关节达鼓膜；趾间具 3/4 蹼，除第 4 趾以缘膜达趾吸盘外，其余趾蹼均达吸盘处；内跖突小而不显著，无外跖突；第 5 趾有锯齿状窄肤褶；指、趾端吸盘背面有 Y 形迹。背面灰棕色，大疣为橘黄色或橘红色；鼓膜黑色；体侧在前后肢之间有 1 个大的不规则黑色和白色的斑块；腋部有 1 个白色斑；股部外侧横纹不规则，并有黑色、白色和灰色云斑；腹面黑色，布满虫样网纹斑直至腿的腹面。蝌蚪全长 58.0 mm，头体长 20.0 mm 左右；头体扁宽，卵圆形；尾末端较尖。体色黑或深灰，口部位于吻端腹面，唇齿式为 Ⅰ ： 3+3/ Ⅲ，角质颌适中，下唇乳突参差排列成 2 排，口角有若干副突。

【生物学资料】　成蛙和蝌蚪均生活于海拔 650 m 的朽木堆下由雨水积成的小水坑内。

【种群状态】　中国特有种。种群数量很少。

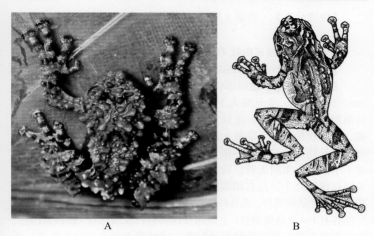

A   B

图 398-1　棘棱皮树蛙 *Theloderma moloch*

A、雄蛙背面观（西藏墨脱，李成）

B、雌蛙腹面观（西藏墨脱南部，Annandale, 1912)

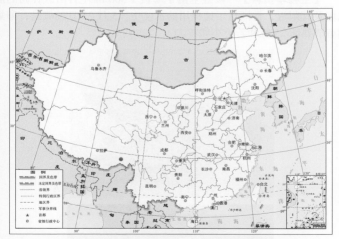

图 398-2　棘棱皮树蛙 *Theloderma moloch* 地理分布

【濒危等级】　费梁等（2012）建议列为濒危（EN）；IUCN
(2020) 列为易危 (VU)。

【地理分布】　西藏（墨脱南部阿波尔地区的上仁更）。

399. 红吸盘棱皮树蛙 *Theloderma rhododiscus* (Liu and Hu, 1962)

【英文名称】　Red-disked Warty Treefrog.

【形态特征】　雄蛙体长 25.0 ～ 27.0 mm，雌蛙体长 24.0 ～ 31.0 mm。体形窄长；头长略大于头宽；鼓膜大于第 3 指吸盘，几乎与眼后角相连；无犁骨齿。皮肤粗糙，整个背面布满白色痣粒组成的肤棱，成网状排列；头部及上眼睑上疣粒明显；腹面布满扁平疣。前臂及手长约为体长之半；指、趾端有吸盘及边缘沟，第 3 指吸盘明显小于鼓膜；指间无蹼；后肢前伸贴体时胫跗关节达吻眼之间，胫长超过体长之半，左右跟部重叠甚多，趾间约为半蹼，外侧跖间无蹼，内跖突呈卵圆形，无外跖突。背面多为茶褐色有黑斑；前臂及股、胫部各有 1 ～ 3 条黑横纹；上颌缘及体侧有白纹或白点。腹面灰白色，有棕褐色斑纹；指、趾吸盘橘红色。雄蛙第 1 指有灰白色婚垫；无声囊；无雄性线。雌蛙腹内卵径 2.0 ～ 3.0 mm，动物极深棕色，植物极浅棕色。

【生物学资料】　该蛙生活于海拔 1 300 m 左右山区林间的静水塘及其附近，常栖息于捕鸟用的水盆中。5 月 25 日的雌蛙，卵巢内有成熟卵 25 粒和若干小卵粒。

图 399-1　红吸盘棱皮树蛙 *Theloderma rhododiscus*
A、雄蛙背面观（广西金秀，江建平）　B、蝌蚪（广西金秀，莫运明等，2014）

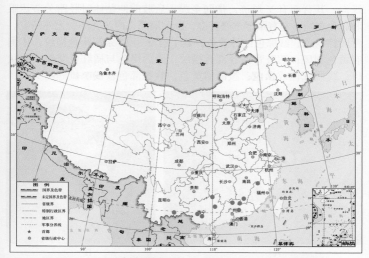

图 399-2　红吸盘棱皮树蛙 *Theloderma rhododiscus* 地理分布

【种群状态】　种群数量稀少。

【濒危等级】　近危（NT）；蒋志刚等（2016）列为易危（VU）。

【地理分布】　广西（龙胜、金秀、南宁市郊区、隆安）、福建（武夷山）、云南（屏边）、广东 [龙门南昆山、乳源（南岭保护区）]、江西（安远、全南）；越南（北部）。

（七九）黄树蛙属 *Huangixalus* Fei, Ye and Jiang, 2012

400. 横纹黄树蛙 *Huangixalus translineatus* (Wu, 1977)

【英文名称】　Cross-barred Treefrog.

【形态特征】　雄蛙体长 52.0 ～ 59.0 mm，雌蛙体长 59.0 ～ 65.0 mm。头长大于头宽；吻端尖，向前突出成锥状吻突，远超出下唇；鼓膜小，呈圆形，约为眼径的 2/5；犁骨齿两斜行。背面光滑，有的个体有小疣；前臂及跗跖部外侧有细肤棱；胫跗关节处有三角形肤褶；肛上缘有几个白色短肤褶，肛下方有 1 对小白疣；整个腹面布满扁平疣。前臂及手长近于体长之半，指、趾端吸盘几乎等大，均具边缘沟，其背面有 Y 形迹，指间全蹼；后肢前伸贴体时胫跗关节达眼和鼻孔之间，左右跟部重叠甚多，趾间满蹼；内跖突小，无外跖突。背面棕褐色、红棕色或棕黄色，其上有 9～12 条深褐色横纹，体侧有黄色圆斑；四肢背面各部有横纹；股后褐色与橘红色交织成网状斑；蹼橘红色或黑色；腹面橘黄色，胸腹部色较浅。雄蛙吻尖长；

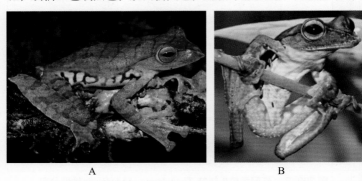

图 400-1　横纹黄树蛙 *Huangixalus translineatus* 雄蛙（西藏墨脱，王剀）

A、侧面观　B、腹面观

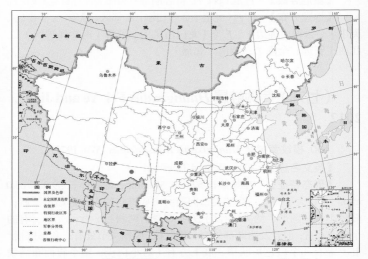

图 400-2　横纹黄树蛙 *Huangixalus translineatus* 地理分布

第 1、2 指有乳白色婚垫；有单咽下内声囊；仅背侧有雄性线。卵径 2.7 mm 左右，动物极浅灰色，植物极乳黄色。蝌蚪眼位于头部背侧，尾末端钝尖，唇齿式为 Ⅰ ：5+5/1+1 ：Ⅱ。刚变态幼体体长 28.0 mm。

【生物学资料】　该蛙生活于海拔 1 200 ～ 1 500 m 的森林茂密而潮湿的山区。常栖息在沼泽地水坑，静水塘或湖边及其附近的草丛、灌木丛和树上。5 ～ 8 月繁殖，在水塘边植物叶片上产卵，卵群分别产在叶片的边缘，每群含卵 4 ～ 9 粒，卵外无泡沫状卵泡。

【种群状态】　中国特有种。种群数量较少。

【濒危等级】　易危（VU）。

【地理分布】　西藏（墨脱）。

（八〇）泛树蛙属 *Polypedates* Tschudi, 1838

401. 凹顶泛树蛙 *Polypedates impresus* Yang, 2008

【英文名称】　Concave-crawned Treefrog.

【形态特征】　雌蛙体长 49.5 ～ 75.0 mm。体窄长而扁平，头部扁平，头的长宽几乎相等，头顶下凹明显，头顶皮肤紧贴额顶骨，不能分离；吻端钝尖；鼓膜圆，紧接眼后；犁骨齿行长，横列在内鼻孔前内侧。背面皮肤光滑无疣，无背侧褶；咽胸部较光滑，胸腹部和股腹面密布扁平疣。前肢较粗壮，指细长无蹼，指、趾端均具吸盘和边缘沟；后肢前伸贴体时胫跗关节达鼻孔，胫长约为体长之半，

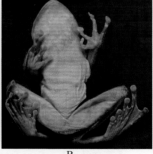

A　　　　　　　　　　B

图 401-1　凹顶泛树蛙 *Polypedates impresus* 雌蛙

A、背面观（云南，Pan, et al., 2013）　B、腹面观（云南思茅，江建平）

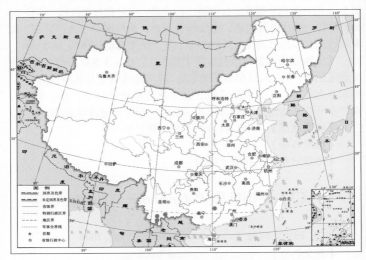

图 401-2　凹顶泛树蛙 *Polypedates impresus* 地理分布

有内跖突，无外跖突，外侧跖间约具 1/2 蹼，趾间半蹼；指、趾吸盘背面可见 Y 形迹。背面浅棕色，体背面无斑纹或在肩部略显 X 形斑；上唇缘白色，颞部有 1 条棕色横纹；四肢背面均有褐色横纹，体侧无斑；股后部乳白色有灰褐色网状斑纹；头体及股部腹面乳白或乳黄色，仅咽喉部略显褐色斑点；前肢腹面和胫、跗、足部腹面为浅藕褐色，且具小麻斑。

　　【生物学资料】　该蛙生活在海拔 850 m 澜沧江河谷旁小丘陵的草丛中。

　　【种群状态】　中国特有种。种群数量不详。

　　【濒危等级】　未予评估（NE）。

　　【地理分布】　云南（景洪、普洱市郊区、绿春）、广西（金秀）；老挝。

402. 斑腿泛树蛙 *Polypedates megacephalus* Hallowell, 1860

　　【英文名称】　Spot-legged Treefrog.

　　【形态特征】　雄蛙体长 41.0 ～ 48.0 mm，雌蛙体长 57.0 ～ 65.0 mm。体窄长而扁平，头部扁平，头长大于头宽或相等，鼓膜大而明显；犁骨齿强。背面皮肤光滑，有细小痣粒；体腹面有扁平疣，咽胸部的疣较小，腹部的疣大而稠密。指间无蹼，指侧均有缘膜，指、趾端具吸盘和边缘沟；后肢前伸贴体时胫跗关节达眼与鼻孔之间，胫长约为体长之半，左右跟部重叠，趾间蹼弱，第 4 趾外侧蹼达远端两个关节下瘤之间，其余各趾以缘膜达趾端，指、趾吸盘背面可见 Y 形迹。背面浅棕色或黄棕色，有深色 X 形斑或呈纵条纹；腹面乳黄色，咽喉部有褐色斑点；股后有网状斑。雄蛙第 1、2 指有乳白色婚垫；具内声囊；有雄性线。卵白色，卵径 1.5 mm 左右。蝌蚪全长 42.0 mm，头体长 13.0 mm 左右；背面黄绿色或棕红色，尾部有深棕色斑点；体短，前窄后宽圆，尾鳍高，尾末端细尖；唇齿式为 I ：3+3/1+1 ：Ⅱ，上唇无乳突，下唇乳突 1 排，呈参差排列，在中央部位缺乳突，口角处有副突。

【生物学资料】　　该蛙生活于海拔 80 ～ 2 200 m 的丘陵和山区的稻田、草丛或泥窝内。傍晚发出"啪，啪，啪"的鸣叫声。4 ～ 6月繁殖，卵群产在稻田、静水塘边草丛中或泥窝内，卵泡呈乳黄色，含卵 250 ～ 2 410 粒。蝌蚪在静水内发育生长。

【种群状态】　　种群数量甚多。

【濒危等级】　　无危（LC）。

【地理分布】　　甘肃（文县、康县）、陕西（宁强）、湖北（利川、通山）、河南（商城）、安徽、江苏、浙江、江西、湖南、福建、

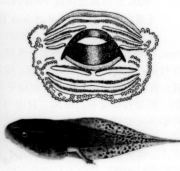

A   B

图 402-1 斑腿泛树蛙 *Polypedates megacephalus*

A、雄蛙背面观（香港，费梁）

B、蝌蚪（四川峨眉山，王宜生） 上：口部 下：侧面观

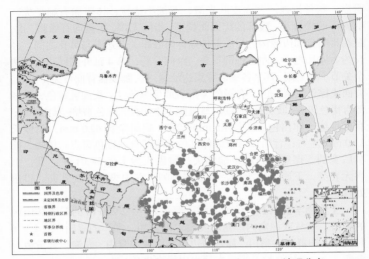

图 402-2　斑腿泛树蛙 *Polypedates megacephalus* 地理分布

台湾、四川、云南、贵州、西藏（墨脱）、广西、广东、海南、香港；泰国、柬埔寨、老挝、越南（北部）、缅甸等。

403. 无声囊泛树蛙 *Polypedates mutus* (Smith, 1940)

【英文名称】　Vocal-sacless Treefrog.

【形态特征】　雄蛙体长 52.0～63.0 mm，雌蛙体长 53.0～77.0 mm。体窄长而扁平，头长大于头宽，吻端较尖，鼓膜大，距眼后角近；犁骨齿列平置，左右相距较远。皮肤较光滑，头顶部皮肤与头骨相连；背面布满痣粒；腹面密布扁圆疣。前臂及手长约为体长之半，指、趾端有吸盘和边缘沟，背面可见 Y 形斑迹，指间无蹼；后肢前伸贴体时胫跗关节达吻端或鼻孔，左右跟部重叠；趾间具蹼，缺刻深，第 4 趾外侧蹼达远端第 2、3 关节下瘤之间；内跖突细窄，外跖突小。体背面棕色或棕灰色，其上有 6 条深色纵条纹或 X 形深色斑；四肢横纹清晰，股后方有网状斑纹；咽喉部和后肢腹面具棕色小点。雄蛙体较小；第 1、2 指有白色婚垫；无声囊；有雄性线。蝌蚪全长 49.0 mm，头体长 18.0 mm 左右；体肥实，吻圆，眼大位于头的两极侧；尾鳍高，尾末端细尖。背面灰黄色，尾后半段深棕色；唇齿式

A

B

图 403-1 无声囊泛树蛙 *Polypedates mutus*（广西防城，莫运明）

A、雄蛙 B、蝌蚪

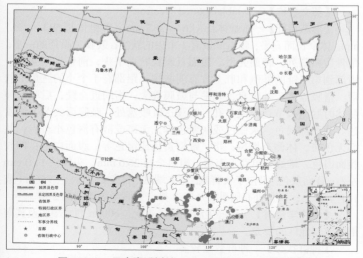

图 403-2 无声囊泛树蛙 *Polypedates mutus* 地理分布

为Ⅰ：4+4/Ⅲ，上唇无乳突，下唇乳突1排，呈参错排列，在中央微缺；口角处有副突。

【生物学资料】　该蛙生活于海拔340～1 100 m丘陵、山区，多栖息于水塘边、稻田边草丛或泥窝内。5～7月繁殖；卵泡多产在稻田、水塘边的草丛或泥窝内。蝌蚪在稻田、水塘内发育生长。

【种群状态】　种群数量多。

【濒危等级】　无危（LC）。

【地理分布】　云南（盈江、勐腊、河口等）、贵州（兴义、贵定、德江等）、广东（博罗及西部沿海地区）、海南、广西（资源、田林、防城等）；缅甸、老挝、越南。

（八一）树蛙属 *Rhacophorus* Kuhl and van Has-selt, 1822

疣足树蛙种组 *Rhacophorus v errucopus* group

404. 双斑树蛙 *Rhacophorus bipunctatus* Ahl, 1927

【英文名称】　Double-spotted Treefrog.

【形态特征】　雄蛙体长31.6～38.7 mm，雌蛙体长50.1～55.7 mm。体窄长而扁平，吻端圆或有1个尖的肤突；鼓膜为眼径的一半；犁骨齿两斜列。背面光滑，腹面具颗粒状扁平疣，前臂到第4指、跗部到第5趾的外侧和肛上方有弱肤棱，跟部有1个小的三角形肤褶。指吸盘大于趾吸盘，几乎与鼓膜等大，指间近全蹼；后肢前伸贴体时胫跗关节达眼或鼻孔，趾蹼达趾吸盘处，趾腹面关节下瘤发达。背面棕褐色、灰蓝色或灰紫色等，无斑或散有深色小斑点；肱部无色斑，体侧有黑斑；指、趾橙黄色或绿色等。腹面白色；四肢腹面肉色。雄蛙有单咽下声囊。蝌蚪全长26.0 mm，头体长11.0 mm左右；背面灰色；眼位于头背侧；尾末端圆；唇齿式为Ⅰ：5+5/Ⅲ（或1+1：Ⅱ）；口角处有唇乳突1～2排，下唇缘为连续的2排。

【生物学资料】　该蛙生活于海拔400～600 m西藏墨脱及其南部阿波尔地区的罗龙。

【种群状态】　种群数量较多。

【濒危等级】　蒋志刚等（2016）列为无危（LC）。

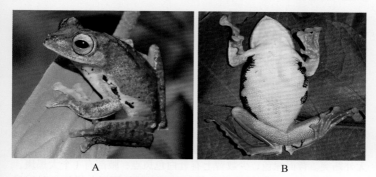

图 404-1 双斑树蛙 *Rhacophorus bipunctatus*

A、雄蛙背面观（西藏墨脱，王剀） B、雌蛙腹面观（西藏墨脱，蒋珂）

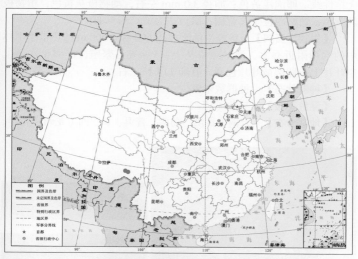

图 404-2 双斑树蛙 *Rhacophorus bipunctatus* 地理分布

【地理分布】 西藏（墨脱及阿波尔的罗龙）；印度（阿萨姆、那加兰）、缅甸、泰国、马来西亚、柬埔寨、老挝、越南。

405. 黑蹼树蛙 *Rhacophorus kio* Ohler and Delorme, 2006

【英文名称】 Black-webbed Treefrog.

【形态特征】　雄蛙体长 64.0 ～ 74.0 mm，雌蛙体长 74.0 ～ 95.0 mm。体窄长而扁平，头的长宽几乎相等；雄蛙吻端略尖，雌蛙吻端较圆；鼓膜圆，距眼后角近；犁骨齿强，左右列平置。体背平滑；体侧、胸、腹及股后布满小圆疣，股腹面有圆疣；肘关节内侧和前臂后外方有肤褶延伸至第 4 指指吸盘外缘；胫跗关节后下方有方形肤褶，跗、跖外侧至第 5 趾吸盘基部窄肤褶成棱状；肛上方有方形肤褶。前臂及手长约为体长之半，指、趾端均有吸盘和边缘沟，背面可见 Y 形斑迹，指间满蹼。后肢前伸贴体时胫跗关节达眼部或略超过眼部，左右跟部重叠，胫长约为体长之半，趾间满蹼，内跖突小，无外跖突。背面绿色，少数背上有乳白色斑点；腋部有 1 个大黑斑，体侧密布灰黑色网状纹和乳黄色斑点；四肢具深绿色横纹；蹼以黑色为主；体腹面黄绿色。雄蛙第 1 指有乳白色婚垫；有单咽下内声囊；无雄性线。卵泡浅黄色；卵径 3.0 mm 左右，动物极灰黄色，植物极乳黄色；蝌蚪眼位于头背侧；唇齿式为 I ：5+5/ Ⅲ 。

【生物学资料】　该蛙生活于海拔 600 ～ 1 000 m 的热带季雨林中的水塘附近乔木、灌丛或草丛上。5 ～ 6 月繁殖，产卵于水塘上空叶片上，卵泡被叶片包卷，有卵 113 粒左右。

【种群状态】　种群数量较少。

【濒危等级】　易危（VU）。

【地理分布】　云南（景洪、勐腊、普洱）、广西（龙州、凭祥、

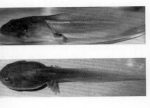

图 405-1　黑蹼树蛙 *Rhacophorus kio*

A、雄蛙背面观（云南勐腊，费梁）

B、蝌蚪（广西，莫运明等，2014）　上：侧面观　下：背面观

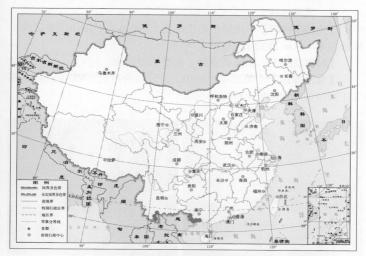

图 405-2　黑蹼树蛙 *Rhacophorus kio* 地理分布

上思、防城、宁明）；老挝、泰国、越南。

406. 老山树蛙 *Rhacophorus laoshan* Mo, Jiang, Xie and Ohler, 2008

【英文名称】　Laoshan Treefrog.

【形态特征】　雄蛙体长 33.0 ～ 37.0 mm。头长小于头宽；吻端钝尖；鼓膜圆形，约为眼径之半；犁骨齿两斜行。体背面较光滑，头体侧面和四肢背面有小疣；前臂和跗跖外侧有锯齿状肤棱；跟部有三角形小肤褶；肛门上方有疣粒组成的横肤褶。胸、腹部及股部腹面布满扁平圆疣，咽喉部疣粒小而稀疏。前臂及手长约为体长之半，指、趾均有吸盘和边缘沟，背面可见 Y 形骨迹，第 3、4 指间具蹼迹；后肢前伸贴体时胫跗关节达眼中部，左右跟部重叠甚多，胫长略超过体长之半，趾间约具半蹼；内跖突卵圆形，无外跖突。背面巧克力色、灰棕色或棕黄色；两眼间常有 1 条褐色横纹，肩部和背中部有 1 个粗大的 X 形褐色斑或不明显，有的在体背后部有大的褐色斑；四肢背面有褐色宽横纹；咽胸部、前肢浅紫褐色，腹部及四肢腹面为肉色，后肢折叠部位橘黄色。雄蛙第 1 指基部有婚垫；有单咽下内声囊；无雄性线。

　　【生物学资料】　　该蛙生活于海拔1 390 m左右的山区林区内。雄蛙在1～3 m高的灌丛枝叶上鸣叫。

　　【种群状态】　　中国特有种。种群数量较少。

　　【濒危等级】　　费梁等（2010）建议列为易危（VU）；蒋志刚等（2016）列为濒危（EN）。

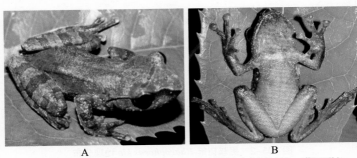

A　　　　　　　　　　　B

图406-1　老山树蛙 *Rhacophorus laoshan* 雄蛙（广西田林，莫运明）

A、背面观　　B、腹面观

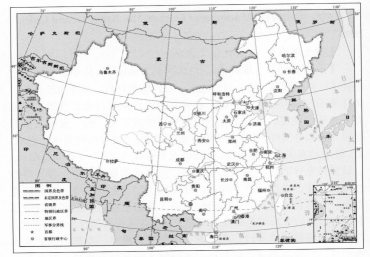

图406-2　老山树蛙 *Rhacophorus laoshan* 地理分布

【地理分布】　广西（田林岑王老山）。

407. 红蹼树蛙 *Rhacophorus rhodopus* Liu and Hu,1959

【英文名称】　Red-webbed Treefrog.

【形态特征】　雄蛙体长 30.0 ～ 39.0 mm，雌蛙体长 37.0 ～ 52.0 mm。体扁平，头的长宽几乎相等；吻端斜尖；鼓膜约为眼径之半；犁骨齿细，排成两列。背面光滑；前臂至第 4 指和跗部至第 5 趾外侧有肤褶；胫跗关节处有横肤褶；肛孔上方有方形肤褶。胸、腹及股腹面布满小圆疣。前臂及手长约为体长之半，指、趾端有吸盘及边缘沟，其背面有 Y 形斑迹，第 3 指吸盘大于鼓膜，指间全蹼；后肢前伸贴体时胫跗关节达眼前角或眼部，左右跟部重叠，胫长约为体长之半，趾间全蹼，外侧跖间蹼发达，内跖突扁平，无外跖突。背面红棕色、棕黄色等，其上有深色斑纹或 X 形斑，体侧黄色，腋部具黑圆斑或小斑点或无，匍匐时被遮掩部位为橘黄色；四肢背面有深色横纹；指、趾间蹼橘黄色或猩红色；胸部及前肢腹面浅黄色，腹后及后肢腹面肉红色。雄蛙有单咽下内声囊；第 1 指有白色婚垫；具粉红色雄性线。卵粒乳黄色。蝌蚪全长 47.0 mm，头体长 18.0 mm 左右；体较粗短，尾末端钝尖；头体棕褐色，尾鳍透明；唇齿式为 Ⅰ ：5+5/1+1 ：Ⅱ；上唇无乳突；两口角有乳突，副突少；下唇乳突 2 排。

【生物学资料】　该蛙生活于海拔 80 ～ 2 100 m 的热带森林地区

图 407-1　红蹼树蛙 *Rhacophorus rhodopus*

A、成蛙（云南西双版纳，吕顺清）　　B、蝌蚪（云南景洪，王宜生）

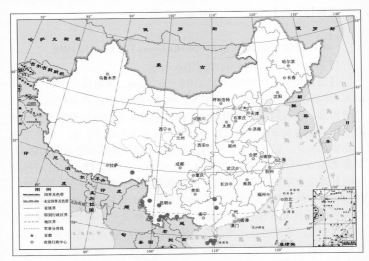

图 407-2　红蹼树蛙 *Rhacophorus rhodopus* 地理分布

草丛、灌木和阔叶树上。捕食脉翅目、鞘翅目等小昆虫。5～8月雄蛙发出"吱，吱，吱"的鸣叫声。卵群呈泡沫状，含卵 120～134 粒。

【种群状态】　中国特有种。种群数量较多。

【濒危等级】　无危（LC）。

【地理分布】　广西（金秀、龙胜）、海南（白沙境内的黎母岭和鹦哥岭、乐东、琼中、陵水）、西藏（墨脱）、云南（盈江、陇川、孟连、保山、景东、景洪、江城、绿春、河口、普洱）。

408. 疣足树蛙 *Rhacophorus verrucopus* Huang，1983

【英文名称】　Serrate-toed Treefrog.

【形态特征】　成蛙体长 37.0 mm。头长大于头宽；吻端略尖；鼓膜圆形，约为眼径之半；距眼近；犁骨齿两短行。背面较光滑，仅有痣粒；前臂外缘有锯齿状肤棱；跟部有三角状小肤褶；蹠、跗部后外侧有断续成行的圆疣或长疣，略成锯齿状；肛上方有疣粒排列成的横肤褶。胸、腹部及股部腹面布满扁平圆疣，咽喉部小疣稀疏。前臂及手长不到体长之半；指、趾端均有吸盘和边缘沟，第 3 指吸盘与鼓膜几乎等大；内侧 2 指间有微蹼，第 2～4 指间具半蹼。后

肢前伸贴体时胫跗关节达眼前角，左右跟部重叠；趾间全蹼；内跖
突扁平，无外跖突。背面棕黄色，有灰褐色小点；四肢背面有灰褐
色横纹，股前、后及跗足部前内侧为橘红色；肛上方肤褶呈乳白色；
指蹼橙黄色；外侧 2 趾蹼为灰色，其余趾蹼为橘红色。腹后部及四
肢腹面有灰色麻斑。

A   B

图 408-1 疣足树蛙 _Rhacophorus verrucopus_ 雄蛙（西藏墨脱）

A、背面观（王宜生）   B、腹面观（费梁）

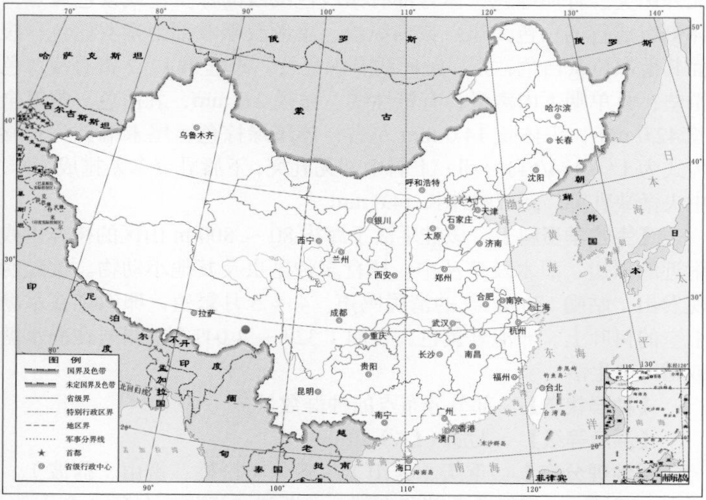

图 408-2 疣足树蛙 _Rhacophorus verrucopus_ 地理分布

【生物学资料】　该蛙生活于海拔 850 ～ 1 500 m 的热带雨林中。夜间活动在林下灌木或草丛上。

【种群状态】　中国特有种。种群数量较少。

【濒危等级】　易危（VU）。

【地理分布】　西藏（墨脱）。

白颌大树蛙种组 *Rhacophorus maximus* group

409. 大树蛙 *Rhacophorus dennysi* (Blanford, 1881)

【英文名称】　Large Treefrog.

【形态特征】　雄蛙体长 68.0 ～ 92.0 mm，雌蛙体长 83.0 ～ 109.0 mm。头部扁平，雄蛙头的长宽几乎相等，雌蛙头宽大于头长，吻端斜尖；鼓膜大而圆；犁骨齿列强，几乎平置。背面较粗糙有小刺粒；腹部和后肢股部密布较大扁平疣。指、趾端具吸盘和边缘沟，吸盘背面可见 Y 形迹，指间蹼发达，第 3、4 指间全蹼；后肢前伸贴体时胫跗关节达眼部或超过眼部，胫长不到或接近体长之半，左右跟部不相遇或仅相遇，趾间全蹼，第 1、5 趾游离缘有缘膜，内跗突小，无外跗突。背面绿色，体背部有镶浅色线纹的棕黄色或紫色斑点；体侧有成行的白色大斑点或白纵纹，下颌及咽喉部为紫罗蓝色；腹面其他部位灰白色；指、趾间蹼有深色纹。雄蛙第 1、2 指有浅灰色婚垫；具单咽下内声囊，有雄性线。卵径 2.0 mm，乳白色。蝌蚪全长 42.0 mm，头体长 14.0 mm 左右；体尾绿棕色，尾末端钝尖；唇齿式为 I ：4+4/1+1 ：II；上唇中部无乳突，下唇乳突参差排成 2 排，中央微缺乳突。新成蛙体长 14.0 mm。

【生物学资料】　该蛙生活于海拔 80 ～ 800 m 山区的树林里或附近的田边、灌木及草丛中。捕食多种昆虫及其他小动物。雄蛙傍晚发出 "咕噜！咕噜！" 的清脆鸣声。4 ～ 5 月繁殖，卵泡产在水塘上空的树叶上。卵泡乳黄色，含卵 1 329 ～ 4 041 粒，蝌蚪在静水塘或稻田中生活。

【种群状态】　部分分布点的种群数量多。

【濒危等级】　无危（LC）。

【地理分布】　重庆（秀山）、贵州（松桃、雷山、荔波）、河南（商城）、安徽（西部和南部）、浙江、江西、上海（金山）、

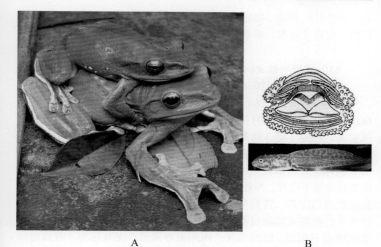

A   B

图 409-1 大树蛙 *Rhacophorus dennysi*

A、雌雄抱对（广西十万大山，莫运明） B、蝌蚪 上：口部（福建武夷山，
Pope, 1931） 下：侧面观（广西，莫运明等，2014）

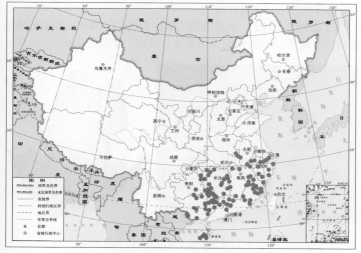

图 409-2 大树蛙 *Rhacophorus dennysi* 地理分布

湖北（通山）、湖南、福建、广东（从化、清远、封开、肇庆、乐昌等）、广西、海南（陵水、乐东、琼中、白沙）；缅甸、越南。

410. 棕褶树蛙 *Rhacophorus feae* (Boulenger, 1893)

【英文名称】　　Brown-folded Treefrog.

【形态特征】　　体形较大，雄蛙体长 86.0 ～ 111.0 mm，雌蛙体长 68.0 ～ 116.0 mm。头的长宽几乎相等；吻端略钝尖，突出于下唇；鼓膜大，约等于第 3 指吸盘，距眼后角很近；犁骨齿列成两弧形。背面皮肤较粗糙，雄蛙背面密布小白刺，雌蛙背面及体侧有疣粒，而头侧和手足背面较光滑；颞褶很明显，具小白刺。胸、腹及股腹面有密集扁平疣粒；外跗褶较显著。前臂及手长约为体长之半，指、趾吸盘有边缘沟，背面可见 Y 形迹；指间全蹼；后肢前伸贴体时胫跗关节达眼部或略超过眼部，胫长不到体长之半或略超过，左右跟部相遇或不相遇，趾间满蹼，内跖突卵圆形，无外跖突。背面暗绿色或蓝绿色等，有的个体头顶或体背面有棕色斑点；沿吻棱、上眼睑外侧至颞褶上有棕红色线纹；四肢均无横纹；前臂、跗、跖和第 5 趾的外侧均有浅棕色线纹；体和四肢腹面浅紫褐色或浅灰黄色，间以深褐色花斑，趾间蹼棕色。雄蛙第 1、2 指有灰白色婚垫；有 1 对咽侧下内声囊；无雄性线。

【生物学资料】　　该蛙生活于海拔 1000 ～ 1 400 m 的山区或半山区森林地带。每年 10 月至翌年 1 月繁殖，常在山溪旁的空心树及

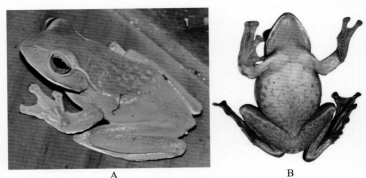

图 410-1 棕褶树蛙 *Rhacophorus feae* 雄蛙

A、背面观（云南屏边大围山，侯勉）　　B、腹面观（云南蒙自，王剑）

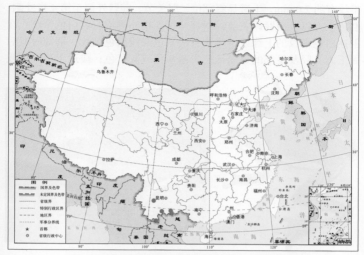

图 410-2 棕褶树蛙 *Rhacophorus feae* 地理分布

稻田中产出卵泡。

【种群状态】 我国已知分布点的种群数量稀少。

【濒危等级】 近危（NT）；蒋志刚等（2016）列为易危（VU）。

【地理分布】 云南（景东、勐腊、绿春、屏边、河口）；缅甸、泰国、老挝、越南。

411. 白线树蛙 *Rhacophorus leucofasciatus* Liu and Hu, 1962

【英文名称】 White-striped Treefrog.

【形态特征】 雄蛙体长 35.0 ～ 48.0 mm。头长略大于头宽；吻端钝圆；鼓膜略大于第 3 指吸盘的宽度；犁骨齿两列。皮肤较光滑，除手足以外，背面密布小痣粒；腹面布满扁平小疣。前臂及手长大于体长之半，指、趾具吸盘和边缘沟，背面可见到 Y 形骨迹，腹面有肉质垫，指间蹼发达，外侧 2 指间具全蹼，掌突 2 个或不明显；后肢全长超过体长的一倍半，后肢前伸贴体时胫跗关节达眼前角，左右跟部重叠，胫长约为体长之半，趾间全蹼，外侧跖间蹼达跖基部，内跖突卵圆形，无外跖突。背面绿色，或头部有黄斑；从上颌缘经体侧至达胯部有 1 条乳白色宽的纵带纹，有的在眼下方最宽，体侧带纹宽约 2.0 mm。上臂显露部位、肘关节、前臂外侧至第 4 指外侧，肛门上方以及由胫跗关节经跗部至第 5 指外侧均有乳白色带纹；在上述白色带纹的上缘或下缘镶有浅紫色或浅黑色细纹；匍匐时股后面下方、胫及足部的显露部位为蓝灰色或灰紫色；蹼近于灰黑色或

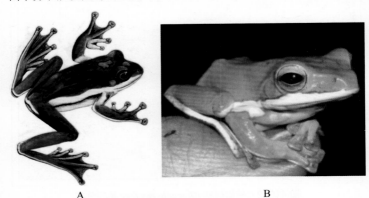

A　　　　　　　　　　　　B

图 411-1　白线树蛙 _Rhacophorus leucofasciatus_ 雄蛙

A、背面观（广西金秀，王宜生）　B、正面观（广西防城，莫运明）

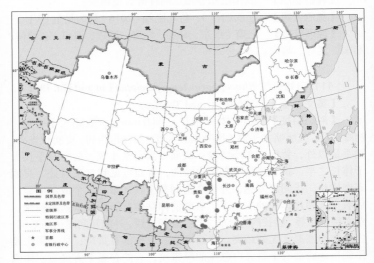

图 411-2　白线树蛙 _Rhacophorus leucofasciatus_ 地理分布

灰紫色；整个腹面为乳黄色。

　　【生物学资料】　　该蛙生活于海拔 450～800 m 的阔叶树与竹子混生的山区林地内，栖息于溪沟边的灌木或竹叶上。

　　【种群状态】　　中国特有种。各分布点的种群数量均较少。

　　【濒危等级】　　蒋志刚等（2016）建议列为易危（VU）。

　　【地理分布】　　湖南（张家界）、重庆（秀山）、贵州（江口、石阡、剑河）、广西（金秀、上思、防城港市郊区）、广东（韶关）。

412. 白颌大树蛙 *Rhacophorus maximus* Günther, 1858

　　【英文名称】　　White-lipped Treefrog.

　　【形态特征】　　雄蛙体长 67.0～84.0 mm，雌蛙体长 70.0 mm 左右。头宽略大于头长；吻端斜尖或钝圆；鼓膜为眼径的 1/2；犁骨齿强，齿列平置。背面光滑；有颞褶；鼓膜后下方有许多小疣；体腹面及股部布满扁平圆疣；前臂后外侧和跗部外侧各有 1 条细肤棱，分别与第 4 指外侧缘膜和第 5 趾外侧缘膜相连。前臂及手长约为体长之半，指、趾端具吸盘和边缘沟，吸盘背面可见 Y 形迹；第 3 指吸盘略大于鼓膜，指间全蹼；后肢前伸贴体时胫跗关节达眼部，左右跟部相遇或略重叠，胫长不及体长之半，趾间全蹼，跖间蹼达跖基部，内跖突小，无外跖突。身体和四肢以及外侧 2 指、趾背面纯绿色，无花斑，下唇缘、体侧、肛上方、四肢外侧均有白色细线纹，其下方衬以浅紫色，指、趾蹼为浅蓝黑色；体及四肢腹面黄绿色或灰白色，有褐色云状斑。雄蛙第 1、2 指具灰白色婚垫；有单咽下内声囊；有

A　　　　　　　　　　　　B

图 412-1　白颌大树蛙 *Rhacophorus maximus* 雌蛙

A、侧面观（西藏墨脱，李家堂）　　B、腹面观（西藏墨脱，费梁）

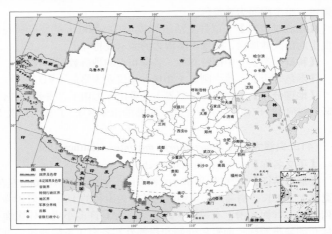

图 412-2　白颌大树蛙 *Rhacophorus maximus* 地理分布

雄性线。

【生物学资料】　该蛙生活于海拔 700～1 050 m 的热带季雨林带中。雨季成群从森林里进入水塘、水沟周围的树上或草丛中活动，雄蛙发出"咯啰，咯啰"的鸣叫声。

【种群状态】　种群数量稀少。

【濒危等级】　近危（NT）。

【地理分布】　云南（景洪、勐腊、瑞丽、龙陵、盈江）、西藏（墨脱、阿波尔的上罗龙）；尼泊尔、印度、缅甸、泰国。

413. 圆疣树蛙 *Rhacophorus tuberculatus* (Anderson, 1871)

【英文名称】　Round tubercled Treefrog.

【形态特征】　体长 45.0 mm 左右。吻端圆而略尖，吻棱圆，不清晰；鼻孔近吻端；鼓膜约为眼径的 2/3；犁骨齿两小团，其间距宽，位于内鼻孔内侧；舌后端缺刻深。背面皮肤光滑，颞褶发达。腹部和股腹面的疣粒中散有较大的圆疣。指间蹼大，蹼达第 2 指及第 4 指指吸盘处，指吸盘比趾吸盘大 1/3；趾间不具全蹼；内跖突小，椭圆形；从肛到跖突的长度略大于体长。背面全为深棕色或暗泥灰色，散有黑色而多少带有黄色的斑块；头部和背部各有 1 个大而形状不规则、镶黑纹的浅色斑；有的个体吻端和眼前方各有 1 个

紫蓝色点，有的从眼到胯部
有 1 条镶深色边的宽紫蓝色
纹；股、胫部有浅黑横纹或无；
肛上方有 1 条镶黑边的白纹，
肛周和股部近端色深；从股
部到第 5 趾有 1 条黑纵纹；
腹面棕黄色或浅黄色，大腿
内侧猩红色（匍匐时看不到）；
趾蹼几乎为黑色或外侧两趾
间蹼有黑纵纹。

【生物学资料】 该蛙生
活于海拔 610 m 的竹林中，
白天隐匿在有孔洞的竹节内。

【种群状态】 仅知只有
1 个分布点，其种群数量缺乏

图 413-1　圆疣树蛙 *Rhacophorus tuberculatus*（西藏墨脱南部，Annandale, 1912）

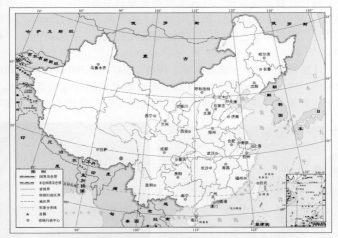

图 413-2　圆疣树蛙 *Rhacophorus tuberculatus* 地理分布

数据。

【濒危等级】 未予评估（NE）。

【地理分布】 西藏（墨脱南部阿波尔的上罗龙）；印度。

峨眉树蛙种组 *Rhacophorus omeimontis* group

414. 缅甸树蛙 *Rhacophorus burmanus* (Andersson, 1938)

【英文名称】 Burman Treefrog , Gongshan Treefrog.

【形态特征】 雄蛙体长 54.0 ～ 72.0 mm，雌蛙体长 66.0 ～ 82.0 mm。头长略大于头宽或几乎相等；鼓膜椭圆、斜置，距眼近，其纵径约为眼径的 1/2；犁骨齿列略倾斜。雄蛙背面有白色角质小颗粒，雌蛙的较稀疏，腹面密布扁平疣，下颌及咽胸部的疣粒较小。前臂及手长超过体长之半；指、趾端有吸盘和边缘沟，背面可见 Y 形迹，指间约 1/3 蹼；后肢前伸贴体时胫跗关节达眼中部或眼前，左右跟部重叠颇多；趾间全蹼；内跖突小，无外跖突。背面为草绿色，其上有稀疏的棕色小斑点；吻棱、上眼睑外缘和颞褶为浅棕色；体侧至胯部、股前后侧有许多乳黄色斑点，多镶以酱色边；指、趾和蹼为暗棕色；腹面浅紫棕色，其上分布有数目不等的深色斑点。雄蛙第 1、2 指有乳白色婚垫；有 1 对咽侧下内声囊。卵径 2.5 mm；卵粒乳黄色。蝌蚪体宽色深；尾末端钝尖略向上翘起；唇齿式为 I ∶ 4+4/1+1 ∶ II。

【生物学资料】 该蛙生活于海拔 1 300 ～ 2 300 m 的河谷和山沟地带，常栖息于阔叶树、竹丛上或水塘及稻田附近的灌丛内。6 月上旬曾见到雌雄抱对。卵产在稻田边的水草上或悬于水面上方叶

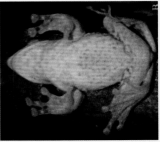

A   B

图 414-1 缅甸树蛙 *Rhacophorus burmanus* 雄蛙

A、背面观 （云南腾冲，李成）   B、腹面观（西藏墨脱，蒋珂等，2016）

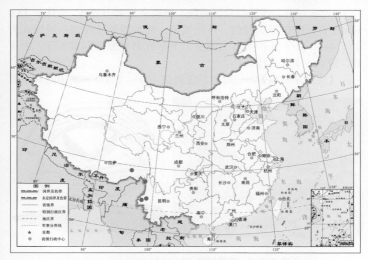

图 414-2 缅甸树蛙 *Rhacophorus burmanus* 地理分布

片上；蝌蚪生活于静水塘内和稻田中。雌蛙腹内有待产卵 530 粒左右。

　　【种群状态】　中国境内的分布点，其种群数量稀少。

　　【濒危等级】　近危（NT）。

　　【地理分布】　云南（贡山、保山市郊区、腾冲）、西藏（墨脱）；缅甸、印度东北部（那加兰）。

415. 峨眉树蛙 *Rhacophorus omeimontis* (Stejneger, 1924)

　　【英文名称】　Omei Treefrog.

　　【形态特征】　雄蛙体长 52.0～66.0 mm，雌蛙体长 70.0～80.0 mm。头宽略大于头长；雄蛙吻端斜尖，雌蛙吻端较圆而高；鼓膜大而圆；犁骨齿粗壮。皮肤粗糙，全身布满小刺疣；腹面和股部下方密布扁平疣。前肢长；指、趾端均有吸盘和边缘沟，背面可见 Y 形迹；外侧 2 指间几乎为半蹼；后肢前伸贴体时胫跗关节达眼部，胫长约为体长之半，左右跟部相重叠；趾间全蹼，仅第 4 趾以缘膜达趾端。背面草绿色与棕色斑纹交织成网状斑，有的呈棕色而斑纹为绿色；从吻棱、上眼睑外缘至颞褶为浅棕色；腹面有黑斑。雄性第 1、2 指基部背面有乳白色婚垫；具单咽下内声囊，有雄性线。卵径 3.3 mm 左右，浅绿色或乳黄色。蝌蚪全长 45.0 mm，头体长 15.0 mm 左右；眼位于头背侧，体尾黑色；尾末端细而钝尖；唇齿式为 Ⅰ : 4+4/1+1 : Ⅱ；上唇无乳突，下唇乳突参差排列成 2 行，中央部位缺乳突 1 ～ 2 枚。

【生物学资料】　该蛙生活于海拔 700 ～ 2 000 m 的山区林木繁

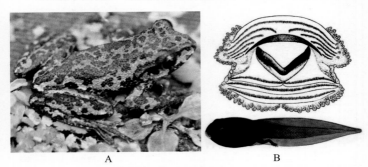

图 415-1　峨眉树蛙 *Rhacophorus omeimontis*

A、雄蛙背面观（四川峨眉山，费梁）

B、蝌蚪（四川峨眉山，王宜生）　上：口部　下：侧面观

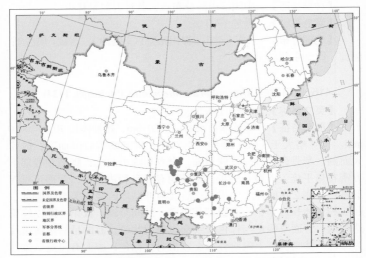

图 415-2　峨眉树蛙 *Rhacophorus omeimontis* 地理分布

茂而潮湿的地带。4～6月繁殖，在水塘上空的叶片间产卵，卵泡呈乳黄色。蝌蚪孵化后随雨水坠入水塘中生活。

【种群状态】　该种分布区较宽，种群数量多。

【濒危等级】　无危（LC）。

【地理分布】　四川（都江堰、彭州、峨眉山、洪雅、天全、宝兴、荥经、合江、屏山、汶川、安县）、贵州（绥阳、印江、荔波）、云南（绿春、屏边）、湖北（利川）、湖南（宜章）、广西（金秀、龙胜、北部）；越南（北部）。

台湾树蛙种组 *Rhacophorus moltrechti* group

416. 诸罗树蛙 *Rhacophorus arvalis* Lue, Lai and Chen, 1995

【英文名称】　Farmland Green Treefrog.

【形态特征】　雄蛙体长 42.0～44.0 mm，雌蛙体长 62.0 mm 左右。头宽等于或略小于头长；吻钝尖，鼓膜近圆形，约为眼径之半；犁骨齿两列，左右接近。皮肤略粗糙，体和股的背、腹面均有痣粒；肛上方有 1 条窄肤褶；前臂外侧至第 4 指外侧及跗部外侧各有 1 条窄的棱状肤褶。前臂粗壮，指、趾端具吸盘和边缘沟，背面可见 Y 形迹；指间几乎近半蹼；后肢前伸贴体时胫跗关节达眼部，胫长约为体长的 42%，趾间具 1/2～2/3 蹼，内跗突卵圆形，无外跗突。背面深绿色、黄绿色；唇缘白色；体侧有 1 条白色线纹，该线纹下方

A   B

图 416-1　诸罗树蛙 *Rhacophorus arvalis*

A、雄蛙背面观（台湾嘉义，向高世等，2014）

B、蝌蚪 （吕光洋等，1999）

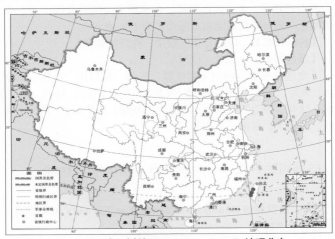

图 416-2　诸罗树蛙 *Rhacophorus arvalis* 地理分布

为深紫色；前臂至第 4 指外缘的肤棱白色，其下方有黑线纹；第 1、2 指和趾的背、腹面为桃红色；股部前、后为深桃红色；有的股部后面有横纹，在肛后尤为明显。体和四肢腹面灰白色或白色。雄蛙第 1 指有婚垫；有单咽下外声囊。卵粒黄白色，卵径 2.5 mm 左右。第 36 期蝌蚪，全长 38.0 mm，头体长 13.0 mm 左右；头体椭圆形深褐色；尾末端钝尖；腹面黄白色，尾鳍透明。唇齿式为 I：3+3/1+1：II；两口角及下唇缘有 1 排乳突，下唇中央缺乳突 1～3 个；口角处有副突；角质颌中等。

　　【生物学资料】　该蛙生活于海拔 50 m 左右的农业区。成蛙捕食蝇类等各类昆虫。4 月中旬至 8 月下旬繁殖，卵泡产在临时静水池或稻田边，卵泡白色，含卵 104～311 粒；从卵至变态约需 40 d。

　　【种群状态】　中国特有种。该种分布区较窄，种群数量很少。

　　【濒危等级】　濒危（EN）；蒋志刚等（2016）列为易危（VU）。

　　【地理分布】　台湾（嘉义、云林、台南）。

417. 橙腹树蛙 *Rhacophorus aurantiventris* Lue, Lai and Chen，1994

　　【英文名称】　Orange-bellied Treefrog.

【形态特征】 雄蛙体长 48.0 ～ 54.0 mm。头宽大于头长；吻端钝圆；鼓膜近圆形，直径约为眼径之半；犁骨齿两列。体背面皮肤光滑，四肢背面有黑色痣粒。体及四肢腹面均光滑；在肛下方和股后面疣粒稀少，跗部外缘具弱肤褶。指、趾端有吸盘和边缘沟，背面可见 Y 形迹，指间具半蹼；后肢前伸贴体时胫跗关节达鼻眼之间，趾间 2/3 蹼或近全蹼，内跖突长为宽的 3 倍，无外跖突。体和四肢背面深绿色，具乳黄色斑点；颌缘、体侧至胯部有 1 条白线纹，肛孔至股后方有 1 条白线纹，其下方有 1 条黑带；四肢外侧白线纹明显；内侧 2 指和内侧 3 趾为红色，蹼背面为黄色，多数吸盘为橙红色；咽胸部、四肢及蹼的腹面多为橙色或橙红色。第 1 指有婚垫；有单咽下内声囊。第 26 ～ 33 期蝌蚪，头体长 18.0 ～ 22.0 mm，头体呈卵圆形，体背面扁平，尾末端尖。头体深褐色，尾部浅褐色。唇齿式为 Ⅰ：4+4（3+3）/1+1：Ⅱ；两口角及下唇乳突交错排成 2 排，两口角处副突较多。

【生物学资料】 该蛙生活于海拔 1 000 m 以下山区阔叶林中。5 ～ 8 月繁殖，雌蛙腹内有卵 91 ～ 102 粒。蝌蚪生活于静水塘内。

【种群状态】 中国特有种。该种各分布区的种群数量均很少。

图 417–1　橙腹树蛙 *Rhacophorus aurantiventris*
（台湾，吕光洋等，1999）

A、雄蛙背面观　B、蝌蚪背面观

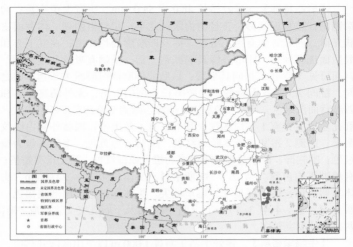

图 417-2　橙腹树蛙 *Rhacophorus aurantiventris* 地理分布

【濒危等级】　濒危（EN）；蒋志刚等（2016）列为易危（VU）。

【地理分布】　台湾（台北、宜兰、台中、高雄、台东、花莲等）。

418. 台湾树蛙 *Rhacophorus moltrechti* Boulenger, 1908

【英文名称】　Taiwan Treefrog.

【形态特征】　雄蛙体长 33.0 ~ 46.0 mm，雌蛙体长 45.0 ~ 54.0 mm。头长大于或略等于头宽；吻端钝圆；鼓膜直径约为眼径之半；犁骨齿两列，呈短棒状，几乎近平置。背面光滑，无疣粒，无背侧褶；腹部布满扁平疣粒。前臂及手长约等于体长的一半，指、趾端有吸盘和边缘沟，背面可见 Y 形迹，指间近半蹼；后肢前伸贴体时胫跗关节达眼部；胫长不及体长之半，外侧跖间蹼弱，内跖突大，无外跖突。背面绿色、浅绿色或蓝绿色；体侧、前肢基部和后肢前后的黑色斑，指、趾蹼为浅红色或黄色；腹面淡红色到鲜橙红色，咽喉部偶有浅色云斑。雄蛙有单咽下外声囊。卵粒乳黄色，直径 2.5 mm 左右。蝌蚪头体长 16.0 mm 左右，尾长约为头体长的 180%。头体卵圆形，尾末端钝圆。全身深褐色，尾鳍灰色。唇齿式为 I 4+4/1+1 : II；两口角及下唇乳突交错成两行，下唇中央缺乳突 4 ~ 5 个。

【生物学资料】　该蛙主要生活于海拔 2 500 m 以下的山区或丘

陵地带树林里。1～8月在静水域繁殖，卵泡产于水边土洞或草丛上，含卵180粒左右。蝌蚪在水塘内生活，常在水面游动。新成蛙体长15.0 mm左右。

　　【种群状态】　该种分布区较宽，种群数量较多。

　　【濒危等级】　无危（LC）。

　　【地理分布】　台湾。

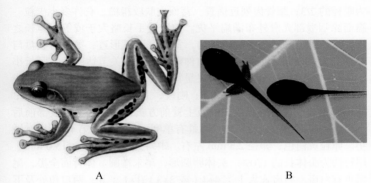

　　　　　　A　　　　　　　　　　　　　　B

图 418-1　台湾树蛙 *Rhacophorus moltrechti*

A、雄蛙背面观（台湾，李健）　B、蝌蚪（台湾，吕光洋等，1999）

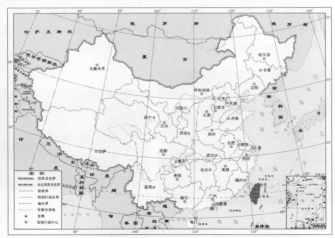

图 418-2　台湾树蛙 *Rhacophorus moltrechti* 地理分布

419. 翡翠树蛙 *Rhacophorus prasinatus* Mou, Risch and Lue, 1983

【英文名称】 Emerald Green Treefrog.

【形态特征】 雄蛙体长 49.0 ～ 56.0 mm，雌蛙体长 53.0 ～ 66.0 mm。头宽略大于头长；雄蛙吻部较尖，略突出于下唇；鼓膜圆，约为眼径的 2/3；犁骨齿列近横置。背面皮肤较粗糙，有许多小疣粒。腹面除咽喉部光滑外布满扁平疣。前臂及手长略大于或等于体长之半，指、趾端均具吸盘和边缘沟，背面可见 Y 形迹，第 3 指吸盘与鼓膜等大，指间为半蹼；后肢前伸贴体时胫跗关节达眼部，胫长小于体长之半，趾间全蹼；内跖突呈肾形，无外跖突。背面纯绿色或黄绿色等，少许有鲜棕色小斑点；吻棱、上眼睑外缘及颞褶黄褐色；体侧有 1 条浅黄色细纵纹；前肢上臂前方黄褐色；胯部、股部前后有黑点；腹面白色或污白色。雄蛙有单咽下外声囊；第 1、2 指有婚垫。卵粒黄白色；卵径 2.3 mm 左右。蝌蚪头体长 13.0 ～ 15.0 mm，尾长约为头体长的 170%。头体卵圆形，尾末端圆。体背面全黑，尾黑色有白斑。唇齿式为 Ⅰ：4+4（或 3+3）/1+1：Ⅱ；两口角处及下唇缘有 1 排乳突，中央缺乳突 3 ～ 4 个；口角处有副突。

【生物学资料】 该蛙生活于海拔 370 ～ 600 m 山区阔叶林、灌丛、草地。雄蛙发出"咯——咯——咯——"的短促叫声。初产的卵泡呈白色或淡黄色，含卵 410 粒左右。蝌蚪在水池内生活，40 ～ 90 d 变态成幼蛙。新成蛙体长 18.0 mm 左右。

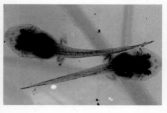

A　　　　　　　　　　　　B

图 419-1　翡翠树蛙 *Rhacophorus prasinatus*

A、雌雄抱对（台湾台北，向高世）　B、蝌蚪（台湾，吕光洋等，1999）

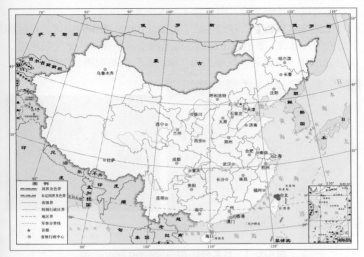

图 419-2 翡翠树蛙 *Rhacophorus prasinatus* 地理分布

【种群状态】 中国特有种。该种分布区内种群数量稀少。

【濒危等级】 近危（NT）。

【地理分布】 台湾（台北、宜兰、桃园）。

420. 台北树蛙 *Rhacophorus taipeianus* Liang and Wang, 1978

【英文名称】 Taipei Treefrog.

【形态特征】 雄蛙体长 31.0～37.0 mm，雌蛙体长 31.0～41.0 mm。头宽大于头长；吻端钝圆；鼓膜不显著或略微显著，约为眼径之半；犁骨齿列细长，近平置。背面布满颗粒状疣粒；腹面布满扁平疣。前臂及手长略大于体长之半；指、趾端有吸盘和边缘沟，背面可见 Y 形迹；指间具微蹼；后肢前伸贴体时胫跗关节几乎达眼后方，胫长小于体长之半；趾间全蹼；内跖突椭圆形，无外跖突。体背面鲜绿色或黄绿色，偶为蓝绿色，少数个体有白点；体侧及股前后具深色细云斑，指、趾及蹼为黄色；腹面为黄色。雄蛙有单咽下外声囊。卵粒乳白色，卵径 3.0 mm 左右。蝌蚪头体长 8.0～14.0 mm，尾长约为体长的 200%；头体卵圆形，尾末端钝圆；背面棕褐色，有深色斑点，尾部有褐色斑；唇齿式为 I ：4+4/1+1 ：II；两口角及下唇

731

缘乳突交错排列成 2 排，中央缺 4 ～ 5 个乳突位置。

【生物学资料】　该蛙生活于海拔 2 000 m 以下的山区、丘陵和平地的阔叶林缘，多栖息于河流、山溪两岸杂草和灌丛繁茂的地带。10 月至翌年 3 月繁殖，雄蛙发出"呱，呱"的鸣叫声，产卵在稻田、

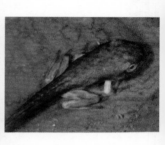

A　　　　　　　　　　　　　　B

图 420-1　台北树蛙 *Rhacophorus taipeianus*

A、雄蛙（台湾，吕光洋等，1999）

B、变态期蝌蚪（台湾台北，向高世，2009）

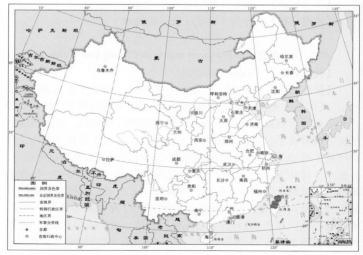

图 420-2　台北树蛙 *Rhacophorus taipeianus* 地理分布

池塘和沼泽边有水的"巢"中。蝌蚪生活于静水域中。新成蛙体长
11.0 mm 左右。

　　【种群状态】　　中国特有种。该种分布区内种群数量稀少。

　　【濒危等级】　　近危（NT）。

　　【地理分布】　　台湾（台北、桃园、新竹、苗栗、宜兰、台中、
彰化、云林、南投、嘉义）。

宝兴树蛙种组 *Rhacophorus dugritei* group

421. 经甫树蛙 *Rhacophorus chenfui* Liu, 1945

　　【英文名称】　　Chenfu's Treefrog.

　　【形态特征】　　雄蛙体长 33.0～41.0 mm，雌蛙体长 46.0～55.0
mm。头的长宽几乎相等；吻端钝尖，鼓膜显著，距眼后角较远；犁
骨齿强。背面布满均匀的细痣粒，不呈刺状；咽胸部有少数扁平疣，
腹部和股部下方密布扁平疣。前臂及手长略超过体长之半，指、趾
端具吸盘和边缘沟，背面均有 Y 形迹，外侧 2 指蹼较发达，内侧 2
指间仅有蹼迹；后肢前伸贴体时胫跗关节达眼后角，趾间半蹼；内
跖突椭圆形，外跖突不显著。背面纯绿色，上下唇缘、体侧、四肢
外侧及肛部上方有 1 条乳黄色细线纹，线纹下方为藕褐色，被遮盖
部位紫肉色；腹面紫肉色或金黄色，咽喉部有褐色斑。雄蛙具单咽

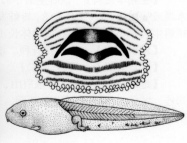

　　　　　A　　　　　　　　　　　　　　　B

图 421-1　经甫树蛙 *Rhacophorus chenfui*

A、雌蛙背面观（四川峨眉山，费梁）

B、蝌蚪（四川峨眉山，王宜生）　上：口部　下：侧面观

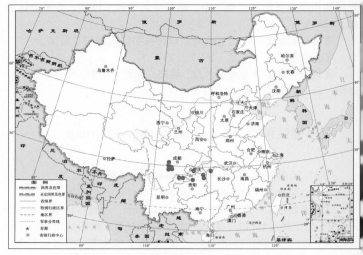

图 421-2　经甫树蛙 *Rhacophorus chenfui* 地理分布

下外声囊，第 1 指基部有婚垫，有雄性线。蝌蚪全长 34.0 mm，头体长 13.0 mm 左右；头体棕黑色，尾部色略浅，尾末端钝圆；吻端圆，唇齿式为 Ⅰ ： 4+4/1+1 ： Ⅱ；口角有 1 排乳突，内侧无副突；下唇乳突参差排列成 2 行，中央缺乳突。

　　【生物学资料】　该蛙生活于海拔 900 ~ 3 000 m 山区的小水沟、水塘或梯田边。5 ~ 7 月繁殖，雄蛙发出"德儿，德儿"清脆的鸣叫声。蝌蚪生活于小水塘内。新成蛙体长 15.0 mm 左右。

　　【种群状态】　中国特有种。该种分布区较宽，种群数量多。

　　【濒危等级】　无危（LC）。

　　【地理分布】　四川（峨眉山、洪雅、荥经、汉源、天全、宝兴、筠连、兴文）、重庆（南川、酉阳、秀山）、湖南（桑植）、贵州（绥阳）。

422. 绿背树蛙 *Rhacophorus dorsoviridis* Bourret, 1937

　　【英文名称】　Green-back Treefrog.

　　【形态特征】　雄蛙体长 35.7 ~ 41.6 mm；头宽大于头长；吻端钝圆；鼓膜明显，距眼后角近；颞褶明显；犁骨齿两小团。皮肤平滑无明显疣粒；头腹面和胸部平滑无疣粒，腹部布满小疣；股后部疣粒较明显，肛上方略显横肤褶。前臂及手长约为体长之半；指端吸盘显著膨大具边缘沟；外侧 3 指间具 1/3 蹼至 1/2 蹼，第 1、2 指间具蹼迹；掌突 2 个。后肢短前伸贴体时胫跗关节仅达肩部；左

A   B

图 422-1   绿背树蛙 *Rhacophorus dorsoviridis* 雄蛙 (云南屏边，侯勉)

A、背面观   B、腹面观

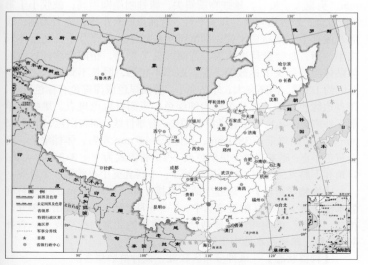

图 422-2   绿背树蛙 *Rhacophorus dorsoviridis* 地理分布

右跟部不相遇；胫长明显小于体长之半，约为体长的40%；趾吸盘略小于指吸盘；趾间半蹼；内跖突卵圆形，无外跖突。体和四肢背面棕绿色、灰绿或翠绿色，有黄绿色小点；体侧灰白色与体背颜色分界明显，近胯部和股外侧有 2～5 个椭圆形黑斑；肛上缘横肤褶白色；腹面灰黄色或黄白色，有的喉部有灰黑色细点。雄性具单咽下内声囊，背侧雄性线不明显。

【生物学资料】　该蛙生活在海拔 2 000 m 左右的山地常绿阔叶林及竹木混交林地带。雄蛙发出"咯——儿，咯——儿"的连续鸣声。在人工饲养条件下该蛙捕食蟋蟀。

【种群状态】　该种分布区较窄，种群数量稀少。

【濒危等级】　蒋志刚等（2016）列为近危（NT）。

【地理分布】　云南（屏边），广西（龙胜）；越南（莱州、老街）。

423. 宝兴树蛙 *Rhacophorus dugritei*（David，1871）

【英文名称】　Baoxing Treefrog.

【形态特征】　雄蛙体长 42.0～45.0 mm，雌蛙体长 58.0～64.0 mm。头宽大于头长，雄蛙吻端斜尖，雌蛙吻端圆而高；鼓膜小于第3指吸盘；犁骨齿列强，几乎平置。背面皮肤有小疣，疣上无刺；腹面及股部下方密布扁平疣，咽喉部疣粒较小。前臂及手长超过体之半，指、趾吸盘具边缘沟，背面可见 Y 形迹，指间半蹼；后肢前伸贴体时胫跗关节达鼓膜，左右跟部不相遇，胫长不到体长之半，趾间约 1/3 蹼，内跖突大，外跖突小。背面绿色或深棕色有棕色斑点，斑点边缘色较深，部分个体为纯绿色；腹面有黑色斑点。雄蛙具单咽下外声囊；第 1、2 指有乳白色婚垫；有雄性线。卵粒白色，卵径 2.5 mm 左右。蝌蚪全长 38.0 mm，头体长 14.0 mm 左右；体棕绿色，有金黄色小点；尾末端钝尖呈黑色或不黑；唇齿式为Ⅰ：3+3/1+1：Ⅱ；口角和下唇乳突乳突 1 排，副突较少；下唇乳突中央约缺 3 个乳突。

【生物学资料】　该蛙生活于海拔 1 400～3 200 m 的山区林间静水池（坑）边及其附近草丛中。5～6 月繁殖，雄蛙发出"德儿，德儿，德儿"的鸣叫声，卵泡产在水池边的泥窝内或草皮下，含卵400 余粒。蝌蚪在水池中生活。

【种群状态】　该种分布区较宽，该种群数量多。

【濒危等级】　无危（LC）；蒋志刚等（2016）列为易危（VU）。

【**地理分布**】　四川（宝兴、都江堰、峨眉山、洪雅、天全、荥经、石棉、昭觉、巴塘等）、云南（保山市郊区、腾冲、永德、龙陵、景东、景洪、绿春）；越南。

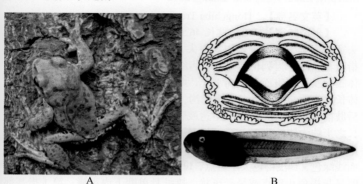

A　　　　　　　　　　　　　B

图 423-1　宝兴树蛙 *Rhacophorus dugritei*

A、雄蛙背面观（四川宝兴，费梁）

B、蝌蚪（四川峨眉，王宜生）　上：口部　下：侧面观

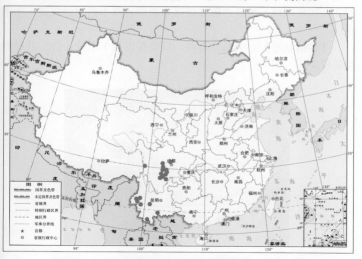

图 423-2　宝兴树蛙 *Rhacophorus dugritei* 地理分布

424. 巫溪树蛙 *Rhacophorus hongchibaensis* Li, Liu, Chen, Wu, Murphy, Zhao, Wang and Zhang, 2012

【英文名称】　Hongchiba Treefrog.

【形态特征】　雄蛙体长 46.5 ～ 49.7 mm，雌蛙体长 55.3 mm。头宽略大于头长，雄蛙吻端斜尖，雌蛙吻端圆而高；鼓膜小于第 3 指吸盘；犁骨齿列由 3 ～ 5 颗齿组成。体和四肢背面皮肤有小疣；体腹面及股部腹面密布扁平疣，咽喉部疣粒较小。前臂及手长近于体长之半，指、趾吸盘具边缘沟，背面可见 Y 形迹；指基部具蹼；后肢前伸贴体时胫跗关节不达鼓膜，左右跟部不相遇，胫长不到体长之半约为体长的 37.2%；趾间约 1/3 蹼，第 4 趾两侧蹼之凹陷位于第 1、2 关节下瘤中部；内跖突卵圆形，外跖突不明显。体和四肢背面浅绿色，具浅褐色大小斑点，斑点的边缘为深褐色；腹面乳白色，略显灰褐色小斑点或呈云斑状。雄蛙具单咽下内声囊；第 1 指基部有婚垫。卵泡白色。

【生物学资料】　该蛙生活于海拔 1 747 m 的山区沼泽静水塘（坑）边及其附近草丛中。3 ～ 6 月繁殖，雄蛙发出"德儿，德儿，德儿"的鸣叫声。雌蛙产卵在沼泽水塘附近草本植物的底部，卵泡白色。

【种群状态】　中国特有种。目前仅发现 1 个分布点，其种群数量较少。

图 424-1　巫溪树蛙 *Rhacophorus hongchibaensis* 雄蛙

（重庆巫溪，李家堂）

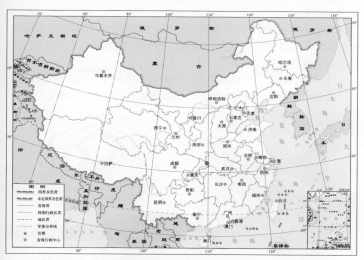

图 424-2　巫溪树蛙 *Rhacophorus hongchibaensis* 地理分布

【濒危等级】　蒋志刚等（2016）列为濒危（EN）。
【地理分布】　重庆（巫溪）。

425. 洪佛树蛙 *Rhacophorus hungfuensis* Liu and Hu, 1961

【英文名称】　Huangfu Treefrog.

【形态特征】　雄蛙体长 31.0～37.0 mm，雌蛙体长 46.0 mm 左右。头宽略大于头长；吻端略钝尖；鼓膜显著，距眼后角很近；犁骨齿两小团。背面布满均匀的小痣粒，不成刺状；咽胸部有少数扁平疣，腹部和股部腹面密布扁平疣。第 3、4 指吸盘与鼓膜等大，指间具 1/3 蹼，指、趾吸盘具边缘沟，背面可见 Y 形迹；后肢前伸贴体时胫跗关节达眼后角，胫长不到体长之半，左右跟部仅相遇，趾间半蹼；背面绿色有稀疏的乳白色小斑点；体侧和隐蔽部位及指、趾吸盘为乳黄色；腹面淡黄色。卵粒小，呈象牙色。雄蛙具单咽下外声囊；第 1、2 指有婚垫，有紫红色雄性线。蝌蚪全长 35.0 mm，头体长 12.0 mm 左右；头体棕绿色，尾部有绿色花斑；头部较窄，体扁宽，尾末端钝尖或钝圆；唇齿式为 Ⅰ：4+4/1+1：Ⅱ；下唇乳突 2 行，参差不齐排列，下唇中央缺 1～3 个乳突；口角部乳突 1 排，副突少或无。

【生物学资料】 该蛙生活于海拔 1 100 m 左右的山区小水塘边。6 月期间在水塘边见到乳白色卵泡。蝌蚪在静水塘内生活，刚完成变态的幼蛙体长 16.0 mm。

【种群状态】 中国特有种。该种分布区狭窄，种群数量较少。

【濒危等级】 易危（VU）；蒋志刚等（2016）列为濒危（EN）。

A   B

图 425-1 洪佛树蛙 *Rhacophorus hungfuensis*

A、雄蛙背面观（四川汶川，费梁）

B、蝌蚪（四川都江堰，王宜生） 上：口部 下：侧面观

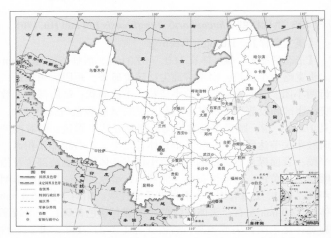

图 425-2 洪佛树蛙 *Rhacophorus hungfuensis* 地理分布

【地理分布】　　四川（都江堰、汶川）。

426. 丽水树蛙 *Rhacophorus lishuiensis* Liu, Wang and Jiang, 2017

【英文名称】　　Lishui Treefrog.

【形态特征】　　雄蛙体长 34.2 ～ 35.8 mm，雌蛙体长 45.9 mm。头长略大于头宽；吻端较钝，鼓膜圆形，直径大于眼径之半；犁骨齿列明显。背部皮肤光滑，布满均匀而细密的小痣粒，不呈刺状；咽喉部有较多的扁平小疣，胸腹部、股基部腹面及肛门周围密布较大扁平疣粒。前肢适中，前臂及手长约为体长之半；指、趾端具吸盘和边缘沟，背面均有 Y 形迹，外侧 3 指间小于 1/3 蹼，第 1、2 指间仅为蹼迹；后肢前伸贴体时胫跗关节达眼后角，胫长大于体长之半，左右跟部不相遇；趾间具 1/3 ～ 1/2 蹼；内跖突长椭圆形，外跖突不显著。背面纯绿色，无斑或散有稀疏的浅蓝绿色细点，前肢、后肢及肛门上方的肤棱形成白色细线；体腹部及四肢腹面为金黄色，咽喉部白色。雄蛙具单咽下内声囊，第 1 指基部有浅黄色婚垫，有雄性线。

【生物学资料】　　该蛙生活于海拔 700 ～ 1 100 m 的山区常绿阔叶林或针阔混交林区湿地水塘边及其附近。4 月上旬繁殖，雄蛙发出"咕咕咕……"7 ～ 8 个音节的连续鸣声。卵群产在穴室内，卵泡直径 8 ～ 10 cm，孵化后的蝌蚪随着溶解的卵泡或雨水进入水

A　　　　　　　　　　　　　　　B

图 426-1　丽水树蛙 *Rhacophorus lishuiensis* 雌蛙

（浙江丽水，刘宝权等，2017）

A、背面观　B、腹面观

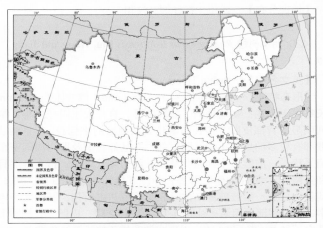

图 426-2　丽水树蛙 *Rhacophorus lishuiensis* 地理分布

中生活。

【种群状态】　中国特有种。目前，本种发现3个分布区，其种群数量较少。

【濒危等级】　建议列为易危（VU）。

【地理分布】　福建（武夷山）、江西（井冈山）、浙江（丽水）。

427. 侏树蛙 *Rhacophorus minimus* Rao, Wilkinson and Liu, 2006

【英文名称】　Minimal Treefrog.

【形态特征】　雄蛙体长 28.0 ～ 33.0 mm，雌蛙体长 32.0 ～ 38.0 mm。头宽略大于头长；雄蛙吻端略钝尖，雌蛙吻部圆；鼓膜圆；犁骨齿列有齿约5枚。皮肤较光滑，上眼睑、颌后部和前臂外侧有小疣，咽胸部有疣小或不明显，腹部和股部腹面布满扁平疣，股后部疣粒较大，肛上方略显肤棱。前肢长度略超过体长，指、趾端具吸盘，有边缘沟，背面可见 Y 形迹，外侧3指具微蹼；后肢前伸贴体时胫跗关节达眼的后方，左右跟部不相遇，胫长不到体长之半，趾间约具 1/3 蹼；内跖突椭圆形，无外跖突。体和四肢背面浅绿色，散有褐色细点；从上唇经体侧至胯部有黄白色带纹；四肢内外侧黄白色，腹面肉红色。第1、2指有婚垫；有单咽下外声囊；有紫红色雄性线。蝌蚪全长 26.0 mm，头体长 9.0 mm 左右；头体卵圆形，尾末端圆；

体尾为黑色；口位于吻腹面，唇齿式为Ⅰ：4+4/2+2：Ⅱ；口角处至下唇缘有唇乳突2排，下唇中央无乳突；无副突。

　　【生物学资料】　该蛙生活于海拔900 m左右的常绿阔叶林山区灌丛内或浅水塘边草丛内。雄蛙在夜晚鸣叫。在水中见到泡沫状卵泡和蝌蚪。

　　【种群状态】　中国特有种。该种分布区狭窄，种群数量较少。

　　【濒危等级】　费梁等（2010）建议列为易危（VU）；蒋志刚

A　　　　　　　　　　　　　　　B

图 427-1　侏树蛙 *Rhacophorus minimus*

A、雄蛙背面观（广西龙胜，江建平）

B、蝌蚪（广西，莫运明等，2014）　上：口部　下：侧面观

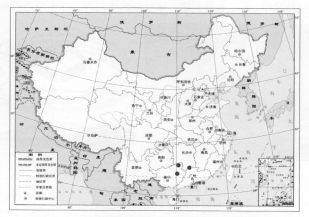

图 427-2　侏树蛙 *Rhacophorus minimus* 地理分布

等（2016）列为濒危（EN）。

【地理分布】　湖南（宜章）、广西（金秀境内的大瑶山、龙胜）。

428. 黑点树蛙 *Rhacophorus nigropunctatus* Liu, Hu and Yang, 1962

【英文名称】　Black-spotted Treefrog.

【形态特征】　雄蛙体长 32.0～37.0 mm，雌蛙体长 44.0～45.0 mm。头的长宽几乎相等；吻端斜尖；鼓膜圆形，小于眼径之半；犁骨齿弱，左右列略斜置。背面光滑；沿肘关节至第 4 指外缘和胫跗关节至第 5 趾外缘以及肛上方有细肤棱。胸、腹、股腹面布满扁平疣。前臂及手长略超过体长之半，指、趾端有吸盘和边缘沟，背面可见 Y 形迹，指间具微蹼；后肢前伸贴体时胫跗关节达鼓膜后缘，左右跟部不相遇，胫长为体长的 40% 左右；趾间 1/3 蹼，内跖突卵圆形，无外跖突。背面鲜绿色；体侧及股前有圆形或条状黑斑；四肢外侧和肛上方呈灰白色；咽喉部沿下唇缘为黑灰色。第 1 指有白色婚垫；有单咽下外声囊；有粉红色雄性线。卵粒浅乳黄色，卵径 1.8 mm。蝌蚪全长 52.0 mm，头体长 18.0 mm 左右。蝌蚪体肥实，尾末端钝尖；头体及尾肌灰绿色，尾鳍有细点；口较小位于吻端腹面，唇齿式为 Ⅰ：3+3/1+1：Ⅱ；下唇乳突参差排列，中央无乳突，口角部副突较多。

【生物学资料】　该蛙生活于海拔 600～2 150 m 的山区潮湿的土洞或草丛中。4～6 月繁殖，雄蛙发出鸣叫声，在水塘边产卵，卵

A　　　　　　　　　　　B

图 428-1　黑点树蛙 *Rhacophorus nigropunctatus*

A、雄蛙背面观（贵州水城，费梁）

B、蝌蚪（贵州威宁，王宜生）上：口部　下：侧面观

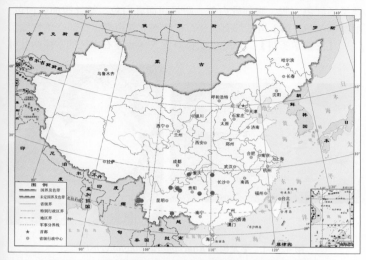

图 428-2   黑点树蛙 *Rhacophorus nigropunctatus* 地理分布

泡白色。

【种群状态】   中国特有种。该种各分布区的种群数量稀少。

【濒危等级】   近危（NT）。

【地理分布】   重庆（江津）、云南（龙陵、陇川、盈江、屏边、巧家）、贵州（威宁、水城、雷山）、湖南（桑植、城步）。

429. 平龙树蛙 *Rhacophorus pinglongensis* Mo, Chen, Liao and Zhou, 2016

【英文名称】   Pinglong Treefrog.

【形态特征】   雄蛙体长 32.0 ～ 38.5 mm。头宽略大于头长；吻端钝尖（雄蛙）；鼓膜小于眼径，略显；犁骨棱呈两斜列。皮肤较光滑；颞褶弱，前臂及跗足外侧有平的肤棱，跟部无皮褶；胸、腹部及股腹面有扁平疣。前肢较粗壮，除第 1 指外，指、趾端均有吸盘和边缘沟，背面可见 Y 形迹，第 3 指吸盘宽度小于鼓膜直径，指间具 1/3 蹼，有内掌突，无外掌突；后肢较长，左右跟部仅相遇，胫长不到体长之半，趾间约 1/2 蹼；内跖突椭圆形，无外跖突。体和四肢背面绿色，腋部、体侧和后肢前后具有黑白相间不规则的花斑，足腹面和

745

蹼呈橘红色。胸、腹部乳白色，跗足腹面乳白色。雄蛙腹面乳白色，咽喉部灰色，第 1 指基部有婚垫；有单咽下外声囊；腹部有雄性线。

【生物学资料】　该蛙生活在海拔 530 m 左右山区的常绿阔叶林

A　　　　　　　　　B

图 429-1　平龙树蛙 *Rhacophorus pinglongensis* 雄蛙

（广西防城，Mo Y M, et al., 2016）

A、背面观　　B、腹面观

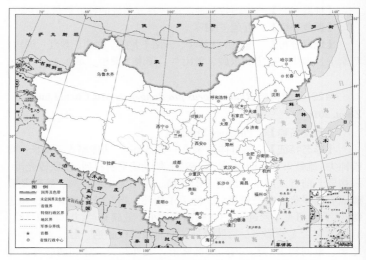

图 429-2　平龙树蛙 *Rhacophorus pinglongensis* 地理分布

地带。

【种群状态】   中国特有种。前目仅发现 1 个分布点，种群数量缺乏数据。

【濒危等级】   未予评估（NE）。

【地理分布】   广西（防城港市十万大山）。

430. 利川树蛙 *Rhacophorus wui* Li, Liu, Chen, Wu, Murphy, Zhao, Wang and Zhang, 2012

【英文名称】   Lichuan Treefrog.

【形态特征】   雄蛙体长 33.1 ～ 40.0 mm，雌蛙体长 47.5 ～ 52.0 mm。头宽大于头长，雄蛙吻端斜尖，雌蛙吻端圆而高；鼓膜约等于第 3 指吸盘；犁骨齿列强，略向后倾斜。体和四肢有小疣，部分个体疣上有刺；腹面及股部下方密布扁平疣，咽喉部疣粒较小。前臂及手长超过体长之半，指、趾吸盘具边缘沟，背面可见 Y 形迹，指间有蹼迹；后肢前伸贴体时胫跗关节达鼓膜，左右跟部不相遇，胫长不到体长之半；趾间约 1/3 蹼，第 4 趾两侧蹼之凹陷位于第 1、2 关节下瘤中部；内跖突大呈卵圆形，外跖突小。体和四肢背面绿色、浅褐色或深褐色，多数个体散有或深或浅的棕色斑点；腹面略显灰褐色小斑点。雄蛙具单咽下内声囊；第 1、2 指有乳白色婚垫；有雄性线。卵粒白色，卵径 2.5 mm 左右。蝌蚪全长 30.7 ～ 34.3 mm，头体长 11.3 ～ 12.5 mm；体背面棕绿色，尾部略显浅褐云斑；尾末端

A   B

图 430-1   利川树蛙 *Rhacophorus wui*（湖北利川，费梁）

A、雄雌抱对   B、雄蛙，色斑变异

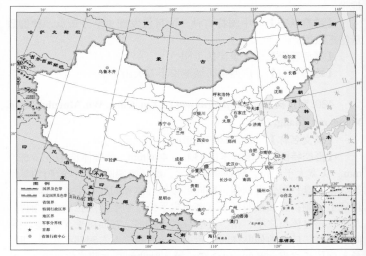

图 430-2　利川树蛙 *Rhacophorus wui* 地理分布

钝尖；唇齿式为Ⅰ：4+4/1+1：Ⅱ；口角乳突1排，副突较少；下唇乳突1排，交错排列，中央部位约缺两个乳突。

【生物学资料】　该蛙生活于海拔1 550～1 840 m的山区静水坑边及其附近草丛中。4～5月繁殖，雄蛙发出"德儿，德儿，德儿"的鸣叫声，卵泡产在水坑边泥窝内或草丛边。蝌蚪静水坑边中，变态幼蛙体长10.0～11.0 mm。

【种群状态】　该种分布区狭窄，种群数量较少。

【濒危等级】　费梁等（2012）建议列为易危（VU）；蒋志刚等（2016）列为近危（NT）。

【地理分布】　湖北（利川）。

431. 瑶山树蛙 *Rhacophorus yaoshanensis* Liu and Hu, 1962

【英文名称】　Yaoshan Treefrog.

【形态特征】　雄蛙体长32.0～33.0 mm，雌蛙体长51.0～53.0 mm左右。头长略小于头宽；吻端钝尖（雄蛙）或钝圆（雌蛙）；鼓膜显著；约为眼径的1/2；犁骨齿强，呈两斜列。皮肤较光滑；雄蛙背面布满小痣粒，雌蛙光滑；沿前臂及跗足外侧有略呈锯齿状的细肤棱；胸、腹部及股腹面有扁平疣。前臂及手长约为体长之半，指、趾端有吸盘和边缘沟，背面可见 Y 形迹，第 3 指吸盘较鼓膜大，指间具半蹼；后肢前伸贴体时胫跗关节达眼后角或肩部，左右跟部仅相遇，胫长不到体长之半，趾间约半蹼；内跖突椭圆形，无外跖突。

A   B

图 431-1 瑶山树蛙 *Rhacophorus yaoshanensis* 雄蛙

(广西金秀，莫运明等，2014)

A、背面观　B、腹面观

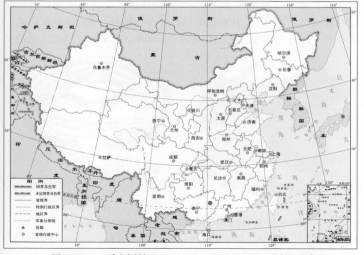

图 431-2 瑶山树蛙 *Rhacophorus yaoshanensis* 地理分布

体和四肢背面绿色，匍匐时前肢被遮蔽部位为乳黄色，而后肢股部至跗部被遮蔽部位为鲜橘红色，趾和蹼为浅黄色。胸、腹部白色，跗足腹面乳白色；背腹面颜色在体侧界线分明，没有浅黄色线纹。雄蛙腹面咽喉部色深，第1指基部有白色婚垫；有单咽下外声囊；有雄性线。

　　【生物学资料】　该蛙生活在海拔1190～1500 m的阔叶林区内，繁殖季节可能在3～5月。

　　【种群状态】　中国特有种。该种分布区狭窄，种群数量很少。

　　【濒危等级】　濒危（EN）。

　　【地理分布】　广西（金秀境内的大瑶山）。

432. 鹦哥岭树蛙 *Rhacophorus yinggelingensis* Chou, Lau and Chan, 2007

　　【英文名称】　Yinggelin Treefrog.

　　【形态特征】　雄蛙体长43.0 mm左右。头长小于头宽；吻钝圆；鼓膜圆形，犁骨棱和犁骨齿明显。皮肤较光滑，无背侧褶；体侧、肛孔下方和股部后方具颗粒疣；肛孔上方有弱的疣状肤棱；胸腹部及股腹面有扁平疣。前臂及手长近于体长之半，指、趾端有吸盘和边缘沟，背面可见Y形迹，指间约具1/3蹼，掌突不突出；后肢胫长约为体长的43%，前伸贴体时胫跗关节达眼后，左右跟部仅相遇，胫长几乎与股部等长，趾间具1/2～2/3蹼，第4趾外侧蹼达远端关

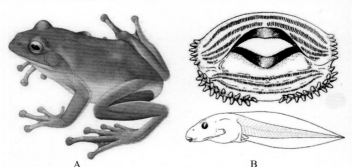

图 432-1　鹦哥岭树蛙 *Rhacophorus yinggelingensis*

A、雄蛙背面观（海南白沙，李健）

B、蝌蚪（海南，Pope, 1931）上：口部　下：侧面观

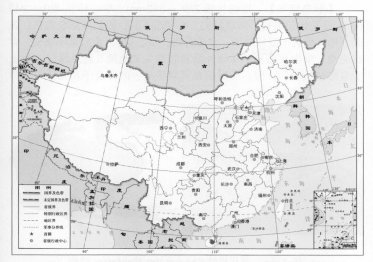

图 432–2 鹦哥岭树蛙 *Rhacophorus yinggelingensis* 地理分布

节下瘤；内蹠突卵圆形，无外蹠突，蹼褶弱。背面绿色，有少许小白点；体侧白色，无白色线纹将体侧分成背腹两部分；第 4 指外侧、前臂、肘部有白线，绿色区达第 4 指；股前部黄色略显红色，股后和胫部内侧红色；内侧 3 指和蹼为黄色；内侧 4 趾和蹼为红色，吸盘为黄色或黄红色。胸、腹部和四肢腹面为黄色。

【生物学资料】　该蛙生活于海拔 1 000 ～ 1 300 m 的原始热带雨林山区。3 ～ 5 月成蛙栖息在森林茂密的积水盆地的溪流旁，隐蔽在高 30 cm 以上的棕榈树和灌木枝叶上。该蛙背面暗绿色，夜间变成浅绿色。

【种群状态】　中国特有种。该种分布区狭窄，种群数量较少。

【濒危等级】　费梁等（2010）建议列为易危（VU）；蒋志刚等（2016）列为无危（LC）。

【地理分布】　海南（白沙境内的鹦哥岭）。

433. 周氏树蛙 *Rhacophorus zhoukaiyae* Pan, Zhang, Wang, Wu, Kang, Qian, Li, Zhang, Chen, Rao, Jiang and Zhang, 2017

【英文名称】　Zhou's Treefrog.

【形态特征】 雄蛙体长 27.9 ～ 37.2 mm，雌蛙体长 42.0 ～ 44.7 mm。头宽大于头长；吻端斜尖，略突出下唇；眼的虹彩金黄色；鼓膜圆形，略大于眼径之半；具犁骨齿，呈 ＼ 形，舌后具小缺刻。背面光滑；沿肘关节至第 4 指外缘和胫跗关节至第 5 趾外缘以及肛上方有细肤棱。胸、腹、股腹面布满扁平疣。前臂及手长几乎等于体

图 433-1 周氏树蛙 *Rhacophorus zhoukaiyae* 雄蛙
（安徽金寨，Pan T, et al., 2017）
A、背面观 B、腹面观

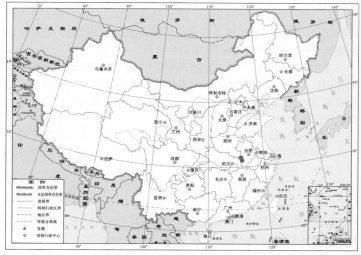

图 433-1 周氏树蛙 *Rhacophorus zhoukaiyae* 地理分布

长之半，指、趾端有吸盘和边缘沟，背面可见 Y 形迹，指间具半蹼；后肢长适中，前伸贴体时胫跗关节达眼，左右跗部几乎相遇，胫长为体长的 48.1% 左右；趾间 1/3 蹼，内跖突明显大于外跖突。背面鲜绿色，无斑点；体侧及股前后浅黄色，有不规的浅灰色小斑点；咽胸腹部黄白色，无斑。第 1 指婚垫不明显；有单咽下外声囊。

【生物学资料】　该蛙生活于海拔 781m 左右，在大别山地区的沼泽地水塘内或灌溉的农田区。

【种群状态】　中国特有种。目前仅发现该种 1 个分布区，种群数量稀少。

【濒危等级】　建议列为近危（NT）。

【地理分布】　安徽（岳西、金寨）。

一三、姬蛙科 Microhylidae Günther, 1858(1843)

小狭口蛙亚科 Calluellinae Fei, Ye and Jiang, 2005

（八二）小狭口蛙属 Calluella Stoliczka, 1872

434. 云南小狭口蛙 Calluella yunnanensis Boulenger, 1919

【英文名称】　Yunnan Small Narrow-mouthed Frog.

【形态特征】　雄蛙体长 30.0 ～ 36.0 mm，雌蛙体长 40.0 ～ 49.0 mm。头小，头宽大于头长；吻短圆；鼓膜不明显；上颌具齿，犁骨齿发达；腭部有 2 列横肤棱，前排短，后排长。背部有细长疣或痣粒，有的断续排列成行，四肢背面有痣粒。第 4 指短小，其余 3 指较宽扁，指侧具缘膜，指末端钝圆，指间无蹼；后肢前伸贴体时胫跗关节达肩部，趾端钝尖，雄蛙趾间全蹼，雌蛙略逊；内跖突大成刃状，外跖突小而圆。背面灰黄色或棕黄色，有镶浅色细边的深棕色对称斑纹；胯部有 1 对醒目的圆斑点，四肢具横纹；腹面具深色云斑。雄蛙第 3 指宽扁而长；指上无婚垫；具单咽下外声囊；胸腹部皮肤腺体发达；无雄性线。卵径 1.5 ～ 2.0 mm，动物极灰褐色，植物极灰白色。蝌蚪全长 40.0 mm，头体长 14.0 mm 左右；头体较宽，尾末端尖细；背面及尾肌色微绿，尾部有 3 条黑色纵纹；口位吻端，无唇齿和角质颌，口缘膜状。

【生物学资料】　该蛙生活于海拔 1 900 ～ 3 100 m 的山区。5 ～ 6 月在大雨后繁殖，雄蛙发出"哇，哇"的鸣声，卵产于水塘边的水草上；解剖雌蛙腹内卵的直径约 1.6 mm，共有卵 1180 粒。蝌蚪集群浮游于水体表层。新成蛙体长 12.0 mm。

【种群状态】　该种分布区较宽，其种群数量甚多。

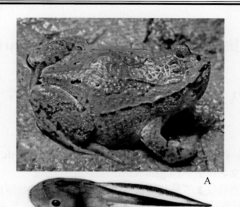

图 434-1 云南小狭口蛙 *Calluella yunnanensis*

A、成蛙 (云南景东，侯勉)   B、蝌蚪 (云南景东，王宜生)

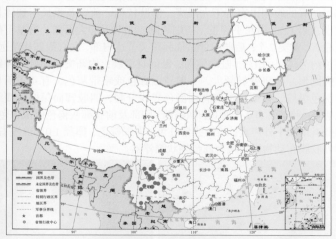

图 434-2 云南小狭口蛙 *Calluella yunnanensis* 地理分布

【濒危等级】   无危（LC）。

【地理分布】   四川（木里、盐源、西昌、米易、会理、会东、昭觉、越西）、云南（昆明、楚雄、景东、景洪勐养、绿春、弥勒、大理、马龙、寻甸）、贵州（威宁、水城、兴义）；越南（北部）。

细狭口蛙亚科 Kalophryninae Mivart, 1869

（八三）细狭口蛙属 *Kalophrynus* Tschudi，1838

435. 花细狭口蛙 *Kalophrynus interlineatus* (Blyth, 1855)

【英文名称】　Piebald Narrow-mouthed Frog.

【形态特征】　雄蛙体长 32.0～38.0 mm，雌蛙体长 40.0 mm 左右。头小而高，头的长宽几乎相等；吻端略尖而斜向下方；鼓膜隐蔽；口小、上、下颌均无齿，有犁骨棱，无犁骨齿；腭部有横置的 2 排锯齿状肤棱，前排短，后排长；舌长卵圆形，后端无缺刻。皮肤粗糙，背面密布扁平疣；腹面有大圆疣，从口角沿胸侧各有 5～7 枚排列成行，有的腹侧也有若干大圆疣。前肢较细，前臂及手长不到体长之半，第 1、2 指几乎等长，指端钝圆，关节下瘤大而圆，指基部瘤很显著，掌突 2 个；后肢前伸贴体胫跗关节达肩部，左右跟部相距远，胫长约为体长的 1/3，趾端钝圆，趾间具微蹼；内跖突小而圆，外跖突椭圆形。色斑变异颇大，一般背面棕色或略带灰色，有 4 条明显的深色纵纹，体侧色深与背面颜色界线分明；四肢背面深棕色横纹很醒目；胯部常有 1 个圆斑；咽喉部、胸部及前腹部灰褐色或黑棕色。雄蛙有单咽下外声囊；雄性线紫红色。卵深棕色，卵径 1.0 mm 左右，卵外胶膜在动物极一端有圆盘帽状漂浮器。

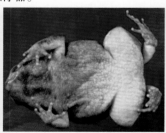

| A | B |

图 435-1　花细狭口蛙 *Kalophrynus interlineatus* 雄蛙（海南万宁，费梁）

A、背面观　B、腹面观

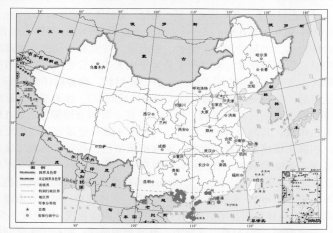

图 435-2　花细狭口蛙 *Kalophrynus interlineatus* 地理分布

【生物学资料】　该蛙生活于海拔 30 ～ 300 m 的平原和丘陵地区。3 ～ 9 月繁殖，雄蛙在夜间发出洪亮的单一鸣叫声；卵产于小水坑内，成片地漂浮于水面。蝌蚪生活于小水坑中。

【种群状态】　该种各分布区的种群数量较少。

【濒危等级】　近危（NT）。

【地理分布】　云南（勐腊）、广东（广州、肇庆、电白、吴川、阳江、徐闻）、海南（白沙、澄迈、儋州、万宁、兴隆、琼中）、广西（靖西、田东、防城、玉林等）、香港；印度、缅甸、泰国、老挝、柬埔寨、越南。

姬蛙亚科　Microhylinae Günther, 1858 (1843)

（八四）狭口蛙属　*Kaloula* Gray, 1831

花狭口蛙种组 *Kaloula pulchra* group

436. 花狭口蛙指名亚种 *Kaloula pulchra pulchra* Gray, 1831

【英文名称】　Piebald Digging Frog.

【形态特征】　体形较大，呈三角形，雄蛙体长 55.0 ～ 77.0 mm，雌蛙体长 56.0 ～ 76.0 mm。头小，头宽大于头长；吻短圆；鼓膜不显著；犁骨棱发达，无犁骨齿；舌宽大，后端圆。背面有小圆疣；枕部肤沟明显；腹面皱纹状。前臂及手长等于或大于体长之半；指末节呈ᐁ形状，掌突 3 个，指间无蹼；后肢短而粗壮，前伸贴体时胫跗关节达肩后，左右跟部相距远，胫长约为体长的 1/3，趾末端圆，趾间基部有蹼；内跖突具游离刃，外跖突平置。背面有镶深色边的∧形棕黄色带纹，其内为褐色三角斑，外侧有 1 条褐色带纹从眼后至腹侧；四肢无横纹，有褐色斑点。咽喉部蓝紫色，其后紫色斑纹显或不显著。雄蛙咽喉部皮肤粗糙，具单咽下外声囊；胸、腹部有厚腺体；雄性线显著。卵径 1.2 ～ 1.4 mm，动物极黑色，植物极乳白色。蝌蚪全长 28.0 mm，头体长 10.0 mm 左右。头体宽扁，尾鳍宽而薄，末端钝尖。头体背面及尾肌深棕色，尾鳍及体腹面色浅，棕色斑点少。口位于吻前端，呈ᴗ形，无唇齿、乳突和角质颌；眼位于头部两极侧；出水孔在腹面后端中线上；肛孔开口于尾基腹面。新成蛙体长 10.5 mm。

【生物学资料】　该蛙生活于海拔 150 m 以下的住宅附近或山边的石洞、土穴中或树洞里，主要以蚁类为食。3 ～ 6 月繁殖，雄蛙发出如牛吼的鸣声，暴雨后产卵于临时积水坑里，卵群成片浮于水面，含卵 4 126 粒左右，经 24 h 即可孵出小蝌蚪，20 d 左右变成幼蛙。

图 436-1　花狭口蛙指名亚种 *Kaloula pulchra pulchra*

A、雄蛙背面观（福建诏安，费梁）

B、蝌蚪（福建诏安，李健）　上：口部　下：侧面观

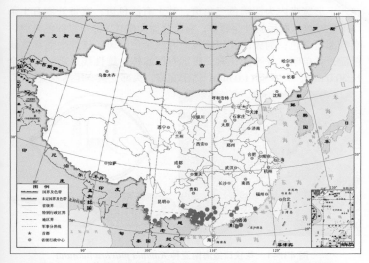

图 436-2 花狭口蛙指名亚种 *Kaloula pulchra pulchra* 地理分布

【种群状态】 该种分布区较宽，其种群数量较多。

【濒危等级】 无危（LC）。

【地理分布】 云南（孟连、景洪、勐腊、沧源、河口）、福建（诏安）、广东（广州、龙门）、香港、澳门、广西；尼泊尔、印度、孟加拉国、新加坡、马来半岛、苏门答腊岛、加里曼丹岛、苏拉威西岛、柬埔寨、老挝、越南。

437. 花狭口蛙海南亚种 *Kaloula pulchra hainana* Gressitt，1938

【英文名称】 Hainan Digging Frog.

【形态特征】 体形较大，呈三角形，雄蛙体长 60.0～70.0 mm，雌蛙体长 77.0 mm 左右。头小，头宽大于头长；吻短，吻端圆；鼓膜不显著；无犁骨齿；舌宽大，后端圆。皮肤厚，较光滑，背面有小圆疣；枕部肤沟明显；腹面皮肤成皱纹状。前臂及手长不及体长之半，指端圆而不呈平切状；掌突 3 个，指间无蹼；后肢短而粗壮，前伸贴体时胫跗关节仅达肩后，左右跟部相距甚远，胫长约为体长的 1/3，趾末端略尖出，趾间仅具蹼迹；内跖突具游离刃，外跖突平置。两眼间和眼睑后至胯部有镶深色边的棕黄色宽带纹，略呈八字形；

在八字形宽带内为深褐色三角斑，其上有浅色斑；宽带外侧有 1 条深褐色宽纹从眼后斜伸至腹侧；四肢背面无横纹，密布深棕色斑点。咽喉部蓝紫色；胸腹部及四肢腹面有浅紫色云斑。雄蛙咽喉部皮肤粗糙，具单咽下外声囊；胸、腹部有厚腺体；雄性线显著。蝌蚪全长 30.0 mm，头体长 11.0 mm；体形宽扁，头部尤甚，尾鳍较宽而薄，

图 437–1　花狭口蛙海南亚种 *Kaloula pulchra hainana*

A、雄蛙背面观（海南海口，费梁）

B、蝌蚪（海南乐东，王宜生）　上：口部　下：侧面观

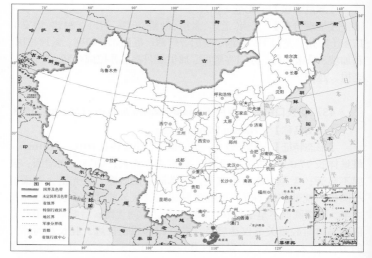

图 437–2　花狭口蛙海南亚种 *Kaloula pulchra hainana* 地理分布

尾末端钝尖；头体背面深棕色，尾鳍及腹部色浅，有棕色小斑点。口位于吻端，无唇齿、乳突和角质颌；眼位于头部两极侧，出水孔在腹面后端中线上；肛孔位于出水孔的后下方。

【生物学资料】 成蛙生活于海拔 10 ～ 30 m 海边平原地区的土穴中；5 ～ 8 月繁殖，雄蛙发出似牛吼的鸣叫声；蝌蚪在静水塘中。新成蛙体长 11.0 mm 左右。

【种群状态】 中国特有种。该种分布区较宽，其种群数量较多。

【濒危等级】 无危（LC）。

【地理分布】 广东（沿海）、海南（三亚、保亭、陵水、万宁、琼海、文昌、海口、临高）。

多疣狭口蛙种组 *Kaloula verrucosa* group

438. 北方狭口蛙 *Kaloula borealis* (Barbour, 1908)

【英文名称】 Boreal Digging Frog.

【形态特征】 雄雌蛙体长 40.0 ～ 46.0 mm。头宽大于头长；吻短而圆；鼓膜隐蔽；无犁骨齿；舌椭圆形，后端无缺刻。皮肤较厚而平滑，背面有少数小疣，枕部有横肤沟；肛周围小疣较多；腹面皮肤光滑。前臂及手长不到体长之半，指、趾端钝圆，关节下瘤显著，无指基下瘤，掌突 3 个；后肢前伸贴体时胫跗关节达肩后部，

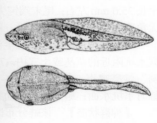

图 438-1 北方狭口蛙 *Kaloula borealis*

A、雄蛙背面观（辽宁旅顺，史静耸）

B、蝌蚪（北京，Pope, 1931）上：侧面观 下：背面观

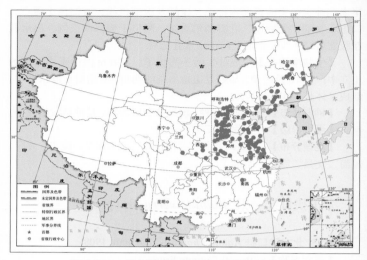

图 438-2　北方狭口蛙 *Kaloula borealis* 地理分布

左右跟部相距较远，胫长不到体长的1/3，趾间半蹼，内、外跖突具强刃。背面浅棕色或橄榄棕色，头后肩前有浅橘红色 W 形宽横纹；背部及四肢有黑色斑点；有的背部黄绿色，其上有褐色斑；体侧、胯部至趾内侧有深浅相间的网状斑；腹部浅紫肉色。雄蛙有单咽下外声囊；咽喉部黑灰色；胸部有厚的皮肤腺；雄性线紫红色。卵径 1.5 mm 左右，动物极黑灰色，植物极灰白色；卵外胶膜有圆盘帽状漂浮器。蝌蚪全长 35.0 mm 左右；尾末端钝尖。背面深棕色；口在头前端，无唇齿，无角质颌，上、下唇呈∨形，眼小位于头两极侧。

　　【生物学资料】　　该蛙生活于海拔 50～1 200 m 地区平原和山区水坑附近的草丛或土穴内。7～8 月繁殖，大暴雨后雄蛙发出"啊，啊"洪亮鸣声。每年产卵 2～3 次，每次 400～800 粒。单粒浮于临时水坑水面；蝌蚪至变成幼蛙需时 14～20 d。

　　【种群状态】　　该蛙分布区广泛，种群数量甚多。

　　【濒危等级】　　无危（LC）。

　　【地理分布】　　黑龙江（哈尔滨、宁安、尚志）、吉林（汪清、吉林市、龙潭山）、辽宁、河北（秦皇岛市山海关、北戴河、青县）、北京、天津、山东、河南（新乡、桐柏、南阳市郊区等）、山西、陕西（岚皋大巴山、南郑米仓山、秦岭南坡和北坡、商南）、甘肃（文县）、湖北（保康、丹江口）、安徽（六安、蚌埠、淮北等）、江苏、浙江（安吉、杭州）；朝鲜、俄罗斯。

439. 弄岗狭口蛙 *Kaloula nonggangensis* Mo, Zhang, Zhou, Chen, Tang, Meng and Chen, 2013

【英文名称】   Nongang Digging Frog, Nongang Narrow-mouthed Frog.

【形态特性】   雄蛙体长 41.4 ～ 52.7 mm，雌蛙体长 52.1 mm；头小；鼓膜隐蔽；无犁骨齿；体背面光滑或略显粗糙；枕部无横肤沟；指端明显扩张和末端平截，雄蛙者其两侧各有 1 个骨质疣突，雌蛙者较小，约为雄蛙的 1/2；后肢前伸贴体时胫跗关节到达肩部；雄蛙趾间全蹼，雌性约 2/3 蹼；内跖突高，呈刃状。活体背面为橄榄绿色，有深浅变异，其上有不规则的褐色大理石花纹或斑点；雄蛙咽胸部有柠檬色小斑点，腹部乳白色或浅肉色。雄性无婚垫，具单咽下外声囊，整个胸部和腹部有明显的皮肤腺。蝌蚪全长 37.5 mm，头体长为尾长的 54%；尾高，尾末端钝尖。头体背面和上尾鳍前半部有淡黄色斑纹，尾肌部位褐黑色；口在头前端，无唇齿，无角质颌；眼小，位于头两极侧。出水孔位于腹后部中线上；肛管位腹部后端，延伸到腹鳍褶前部。

【生物学资料】   该蛙生活在海拔 150 ～ 200 m 的林区。通常

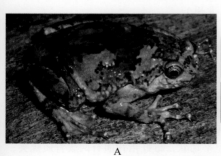
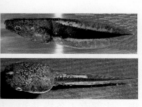

A   B

图 439-1 弄岗狭口蛙 *Kaloula nonggangensis*

（广西龙州，Mo Y M, et al., 2013）

A、雄蛙背面观   B、蝌蚪 上：侧面观 下：背面观

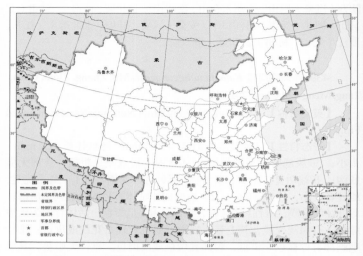

图 439-2　弄岗狭口蛙 *Kaloula nonggangensis* 地理分布

在喀斯特地区常绿阔叶林内及农耕地内。5 ～ 6 月或 8 月繁殖，暴雨后在临时水坑内产卵。

　　【种群状态】　　中国特有种。目前仅在中国发现 1 个分布点，其种群数量不清楚。

　　【濒危等级】　　未予评估（NE）。

　　【地理分布】　　广西（龙州）。

440. 四川狭口蛙 *Kaloula rugifera* Stejneger, 1924

　　【英文名称】　　Sichuan Digging Frog.

　　【形态特征】　　雄蛙体长 36.0 ～ 43.0 mm，雌蛙体长 44.0 ～ 54.0 mm。头小，头宽明显大于头长，吻端圆，鼓膜隐蔽；无犁骨齿；内鼻孔后缘脊棱显著；舌后端无缺刻或略凹陷。背部皮肤厚，上有小疣，枕部有 1 条横肤沟，体腹面平滑。前臂及手长超过或几乎等于体长之半，指末端略膨大呈平切状，雄蛙指背面有两簇骨质疣突；关节下瘤发达；内掌突小、外掌突具纵凹陷；前伸贴体时胫跗关节达肩后，胫长远短于体长之半，左右跟部不相遇；趾端圆，趾蹼发达，第 4、5 趾间蹼缺刻浅，内、外跖突具游离刃。背面棕黄色、橄

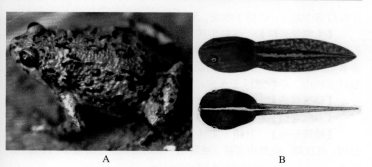

A　　　　　　　　　　　　　　　B

图 440-1　四川狭口蛙 *Kaloula rugifera*

A、雄蛙背面观（四川成都，费梁）

B、蝌蚪（四川成都，王宜生）　上：侧面观　下：背面观

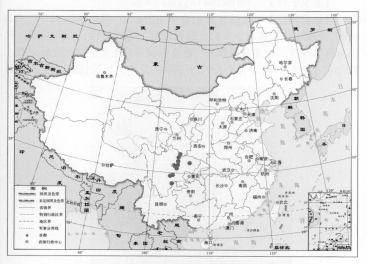

图 440-2　四川狭口蛙 *Kaloula rugifera* 地理分布

榄绿色或草绿色，疣粒周围褐黑色；有的肩部有两条浅色斜行宽带纹；腹部米黄色或深灰色。雄蛙具单咽下外声囊；胸腹部有皮肤腺；雄性线显著。卵径 1.0～1.5 mm，动物极棕黑色，植物极乳白色，卵外胶膜形成圆盘帽状漂浮器。蝌蚪全长 31.0 mm，头体长 11.0 mm 左右；体背面橄榄褐色；头体宽扁，尾末段钝尖或细尖；出水孔位

于腹后部中线上；口位于吻端，无唇齿及角质颌；眼位于头部两极侧。

【生物学资料】　该蛙生活于海拔 500～1 200 m 的平原和山区石块下，土穴内或草丛中，有的隐匿在树洞内。6～8 月繁殖，夏季暴雨后雄蛙发出"姆啊"的低沉鸣叫声。卵产 1 663～3 277 粒在临时水坑内，单粒漂浮于水面；受精卵至变成幼蛙需 20 d 左右。

【种群状态】　中国特有种。该种分布区较宽，种群数量较多。

【濒危等级】　无危（LC）。

【地理分布】　甘肃（文县）、四川（北川、安州、平武、仪陇、彭州、都江堰、成都市郊区、峨眉山、乐山市郊区、雷波）、云南（宣威）。

441. 多疣狭口蛙 *Kaloula verrucosa* (Boulenger, 1904)

【英文名称】　Verrucous Digging Frog.

【形态特征】　雄蛙体长 41.0～46.0 mm，雌蛙体长 46.0～51.0 mm。头较小，头宽大于头长；鼓膜隐蔽；无犁骨齿；舌后端圆。背部有许多小疣，枕部有横肤沟，近背中线常有 1 条细棱；腹面光滑，肛部有小疣粒。前臂及手长约等于体长之半，指端钝圆，雄蛙指端

图 441-1　多疣狭口蛙 *Kaloula verrucosa*

A、雄蛙背面观（云南昆明，费梁）　B、蝌蚪（云南昆明，王宜生）

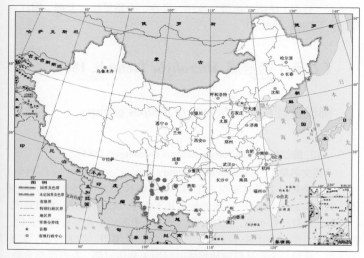

图 441-2 多疣狭口蛙 *Kaloula verrucosa* 地理分布

背面有 4 ～ 6 枚骨质疣突（雌蛙为小白点），有指基下瘤，掌突 2 ～ 3 个；后肢前伸贴体时胫跗关节达腋部，趾端钝圆，雄性趾间蹼较发达，第 4、5 趾间蹼缺刻深，雌蛙约为半蹼，跖突两个，具游离刃。背面橄榄绿或灰棕色，有黑点；咽喉部布满紫灰色和黄绿色斑点；腹部米黄色。雄蛙胸腹部有皮肤腺，有单咽下外声囊，有雄性线。卵径 1.0 ～ 1.5 mm，动物极棕黑色，植物极灰白色，卵外胶膜形成圆盘帽状漂浮器。蝌蚪全长 45.0 mm，头体长 16.0 mm 左右；头体扁宽，尾末段细尖；头体背面灰绿色，吻端至尾基有 1 条乳黄色纵纹，尾部有黑色小点；出水孔位于腹后部中线上；口位于吻端，眼位于头部两极侧；无唇齿及角质颌，上下颌为肉质口缘，呈 ∽ 形。

【生物学资料】 该蛙生活于海拔 1 430 ～ 2 400 m 的山区草地的石块下、土穴内；5 ～ 7 月大雨后繁殖，雄蛙发出"姆啊，姆啊"的连续鸣声，卵产于稻田、水塘及旷野的临时水坑，卵单粒漂浮于水面。

【种群状态】 中国特有种。该蛙分布区较宽，其种群数量甚多。

【濒危等级】 无危（LC）。

【地理分布】 四川（西昌、木里、会理、攀枝花）、贵州（威宁、

兴义）、云南（昆明、沧源、盈江、孟连、香格里拉、大理、丽江、
洱源县邓川镇、河口）。

（八五）姬蛙属 *Microhyla* Tschudi, 1838

饰纹姬蛙种组 *Microhyla fissipes* group

442. 饰纹姬蛙 *Microhyla fissipes* Boulenger, 1884

【英文名称】　Ornamented Pygmy Frog.

【形态特征】　体略呈三角形，雄蛙体长 21.0 ～ 25.0 mm，雌蛙
体长 22.0 ～ 24.0 mm。头小，头的长宽几乎相等; 鼓膜不显著; 无犁骨齿;
舌后端圆。背面有小疣，枕部有肤沟或无，由眼后至胯部有斜行长疣;
腹面光滑。前臂及手长小于体长之半，指、趾端圆，均无吸盘，背面
无纵沟，掌突两个; 后肢前伸贴体时胫跗关节达肩部，左右跟部重叠，
胫长略小于体长之半，趾间仅具蹼迹。背面粉灰色、黄棕色或灰棕色，
有 2 个褐棕色∧形斑前后排列; 咽喉部色深，腹面白色。雄性咽喉部
黑色，具单咽下外声囊; 有雄性线。卵径 0.8 ～ 1.0 mm，动物极棕褐色，
植物极乳白色。蝌蚪全长约 18.0 mm，头体长 7.0 mm 左右; 头体平扁，

图 442-1　饰纹姬蛙 *Microhyla fissipes*

A、雄蛙背面观（云南江城，费梁）

B、蝌蚪（四川成都，王宜生）　上：口部　下：侧面观

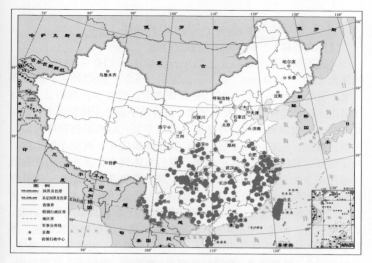

图 442-2　饰纹姬蛙 *Microhyla fissipes* 地理分布

尾末梢丝状。头体背面灰绿色，有深色小斑点；尾肌上、下缘及尾鳍边缘斑点较为密集；尾末端无色；眼位于头两极侧，口位于吻端前上方，无唇齿、角质颌和唇乳突；上唇平直，下唇呈马蹄形。

　　【生物学资料】　该蛙生活于海拔 1 400 m 以下的平原、丘陵和山地的水田、水坑、水沟的泥窝、土穴内或草丛中。雄蛙发出"嘎，嘎"的鸣叫声；主要以蚁类为食；3～8 月繁殖；卵产于静水塘及临时水坑内，雌蛙产卵 243～453 粒，单层浮于水面，在水中生活 20～30 d 完成变态，幼蛙体长 9.5 mm。

　　【种群状态】　该蛙分布区较宽，其种群数量很多。

　　【濒危等级】　无危（LC）。

　　【地理分布】　陕西（宁强、城固、商南等）、河南（信阳）、山西（永济、运城市郊区、闻喜）、甘肃（文县）、四川（东部）、重庆、云南、贵州、湖北、安徽、江苏、浙江、江西、湖南、福建、台湾、广东、香港、澳门、广西、海南；巴基斯坦、印度、斯里兰卡、尼泊尔、马来西亚、缅甸、泰国、柬埔寨、越南、日本以及克什米尔地区。

443. 花姬蛙 *Microhyla pulchra* (Hallowell, 1860)

【英文名称】 Beautiful Pygmy Frog.

【形态特征】 体略呈三角形；雄蛙体长 23.0 ～ 32.0 mm，雌蛙体长 28.0 ～ 37.0 mm。头小，头宽大于头长；吻端钝尖；鼓膜不显著；无犁骨齿；舌后端圆。背面较光滑，疣粒少；两眼后方有 1 条横沟，咽喉部有咽褶；腹面光滑。前臂及手长小于体长之半，指、趾端圆，无吸盘和纵沟；外掌突大于内掌突；后肢前伸贴体时胫跗关节达眼部，左右跟部重叠，胫长大于体长之半，趾间半蹼，内、外跖突强，具游离刃。体色鲜艳，眼后至体侧有棕黑色与粉棕色或浅棕色多条相套的 ∧ 形花纹，体背中部棕黑色花斑不规则；四肢背面有粗细相间的棕黑色横纹；股部前后及胯部为柠檬黄色；腹部黄白色。雄蛙咽喉部密布深色点（雌蛙色较浅）；雄蛙具单咽下外声囊；雄性线显著。卵径 1.1 mm 左右，动物极黑褐色，植物极乳黄色。蝌蚪全长 33.0 mm，头体长 10.0 mm 左右；头体扁平，尾鳍宽向后渐细；背面黄绿色，尾部浅色，有绯红色细点；吻宽圆，眼位于头部两极侧；口部位于吻端前上方，无唇齿和角质颌，上唇缘平滑，下唇缘薄膜状边缘突起少。

【生物学资料】 该蛙生活于海拔 10 ～ 1 350 m 平原、丘陵和山区的水田及水坑边土洞或草丛中。3 ～ 7 月繁殖，雄蛙发出清脆

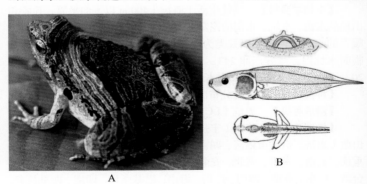

图 443-1 花姬蛙 *Microhyla pulchra*

A、雄蛙背面观（香港，费梁） B、蝌蚪 上：口部 中：侧面观（海南，
Pope, 1931 ） 下：背面观（广州，Wallace, 1937)

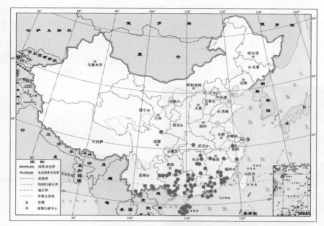

图 443-2 花姬蛙 *Microhyla pulchra* 地理分布

悦耳的"嘎，嘎嘎嘎嘎"鸣声；卵产于水田或静水坑内，单层漂浮于水面，含卵 968 ～ 1 741 粒。雌蛙每年可产卵两次。蝌蚪生活于静水域，常集群浮游于水表层。新成蛙体长 10.5 mm 左右。

【种群状态】　该蛙分布区较宽，其种群数量较多。

【濒危等级】　无危（LC）。

【地理分布】　甘肃（文县）、云南（河口、屏边、景洪、勐腊、绿春）、贵州（兴义、三都、荔波等）、湖北（宜昌）、江西（宜丰、全南、贵溪）、浙江（临安、泰顺）、湖南（宜章、衡阳、江永）、福建（长汀、龙岩市郊区、诏安等）、广东、香港、澳门、海南、广西；泰国、越南、柬埔寨。

粗皮姬蛙种组 *Microhyla butleri* group

444. 粗皮姬蛙 *Microhyla butleri* Boulenger, 1900

【英文名称】　Tubercled Pygmy Frog.

【形态特征】　雄蛙体长 20.0 ～ 25.0 mm，雌蛙体长 21.0 ～ 25.0 mm。头小，头长小于头宽，吻端钝尖；鼓膜不显著；无犁骨齿；舌后端圆。背面布满疣粒，枕部有肤沟或无，眼后至肩前的肤沟与咽后的肤沟相连；背中线长疣常排成纵行，四肢背面有疣粒；腹面光滑。

指间无蹼，第 2、3 指侧有缘膜；掌突 3 个；指、趾端有吸盘，其背面有纵沟；后肢前伸贴体时胫跗关节达眼部，胫长近于体长之半，左右跟部重叠；趾间具微蹼。背面灰色、棕色或灰棕色，疣粒为红色，背部中央有镶黄边的褐色大斑；四肢背面有褐横纹；咽喉、腹侧和

A   B

图 444-1　粗皮姬蛙 *Microhyla butleri*

A、雄蛙背面观（四川合江，费梁）

B、蝌蚪（重庆南川，王宜生）　　上：口部　下：侧面观

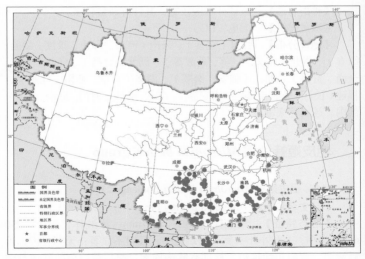

图 444-2　粗皮姬蛙 *Microhyla butleri* 地理分布

四肢腹面肉红色，有棕色细斑点，胸腹部为肉白色，略显棕色云斑。雄蛙具单咽下外声囊；有雄性线。卵径 1.0 mm 左右，动物极黑褐色，植物极乳白色。蝌蚪全长 27.0 mm，头体长 11.0 mm；头体背部扁平，尾末段变窄呈细丝状；背面和尾肌草绿色，尾鳍上有红色小点，后段无斑；眼位于头两极侧，口部在吻前端，无唇乳突，无唇齿和角质颌。

【生物学资料】 该蛙生活于海拔 100 ～ 1 300 m 的山区水田、水塘边土隙或草丛中。5 ～ 6 月繁殖，雄蛙发出"歪，歪，歪"的鸣声，产卵 931 粒左右。蝌蚪生活在静水塘内。

【种群状态】 该蛙分布区较宽，其种群数量很多。

【濒危等级】 无危（LC）。

【地理分布】 四川（屏山、内江、合江等）、重庆（南川、秀山等）、云南、贵州、湖北（利川）、浙江（杭州、龙泉）、江西（井冈山、全南等）、湖南（江永、通道、城步等）、福建、台湾（嘉义）、广东、香港、海南、广西；马来西亚、泰国、缅甸、柬埔寨、老挝、越南。

445. 大姬蛙 *Microhyla berdmorei* (Blyth, 1856)

【英文名称】 Large Pygmy Frog.

【形态特征】 雄蛙体长 30.0 ～ 33.0 mm，雌蛙体长 32.0 ～ 42.0 mm。体略呈三角形；头宽略大于头长；吻端钝尖，突出下唇；鼓膜不显著；无犁骨齿。皮肤较粗糙，头体及四肢背面小疣排列成行，眼后肩部的长疣尤其多，断续达胯部；腹面皮肤光滑。前肢细弱，前臂及手长不到体长之半，指端圆，略膨大；后肢前伸贴体时胫跗关节超过或达吻端，左右跟部重叠较多，胫长超过体长之半，趾端吸盘明显，吸盘背面有宽短纵沟，腹面中央有 1 条纵凹痕；趾间全蹼，趾蹼发达，除第 4 趾外，蹼均达趾端，跗间蹼显著，内跗突大，长椭圆形，外跗突小。背面棕黄色或紫灰色，两眼间和肩后部有▽形或 X 形紫黑色大花斑；自眼后下方至前肢基有 1 条较宽的暗乳黄色斜带；体侧有斜行褐黑斑，前肢上方及后方尤为明显；四肢具紫黑色横纹；咽喉部、肛周围及股后方有很多黑色小斑点；腹部及四肢腹面浅黄色。雄蛙有单咽下内声囊，腹部有紫红色雄性线。雌蛙输卵管内卵粒直径 1.0 mm 左右；动物极深褐色，植物极浅棕褐色。

【生物学资料】 该蛙生活于海拔 600 m 左右的水沟边。

【种群状态】 该蛙分布区较宽，其种群数量稀少。

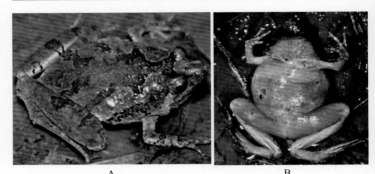

A　　　　　　　　　　　B

图 445-1　大姬蛙 *Microhyla berdmorei* 雌蛙（云南勐仑，侯勉）

A、背面观　　B、腹面观

图 445-2　大姬蛙 *Microhyla berdmorei* 地理分布

【濒危等级】　近危（NT）。

【地理分布】　云南（景洪市郊和勐养镇、勐腊县勐仑镇）；泰国（清迈）。

【附注】　Taylor（1962）和 Mastui, et al.（2011）先后将 *Microhyla foweri* Taylor, 1934 作为 *Microhyla berdmorei*（Blyth, 1856）的

次同物异名。

446. 小弧斑姬蛙 *Microhyla heymonsi* Vogt, 1911

【英文名称】 Arcuate-spotted Pygmy Frog.

【形态特征】 雄蛙体长 18.0 ～ 21.0 mm，雌蛙体长 22.0 ～ 24.0 mm。头小，头的长宽几乎相等，吻端钝尖；鼓膜不显著；无犁骨齿。背面光滑有小痣粒，枕部无肤沟或有肤沟，股基部腹面有较大的痣粒。指、趾端有小吸盘，背面有纵沟，掌突 3 个；后肢前伸贴体时胫跗关节达眼部，胫长超过体长之半，左右跟部相重叠，趾间具蹼迹。背面粉灰色、浅绿色或浅褐色，从吻端至肛部有 1 条黄色细脊线；在背部脊线上有 1 对或 2 对黑色弧形斑；体两侧有纵行深色纹；腹面肉白色，咽部和四肢腹面有褐色斑纹。雄性具单咽下外声囊，有雄性线。卵径 1.2 mm 左右，动物极黑褐色，植物极乳白色。蝌蚪全长 24.0 mm，头体长 8.0 mm 左右；吻部较窄尖，眼位于头两极侧，尾末段成丝状；背面有深色斑点，两眼间及尾中部有银白色横斑；口部无唇齿和角质颌，唇褶宽呈圆形翻领状。

【生物学资料】 该蛙生活于 70 ～ 1 515 m 的山区稻田、水坑、沼泽边土穴或草丛中。雄蛙发出"嘎，嘎"鸣叫声。捕食昆虫和蛛形纲等小动物。5 ～ 6 月繁殖，产卵 106 ～ 459 粒于静水域中，每

图 446-1 小弧斑姬蛙 *Microhyla heymonsi*

A、雄蛙背面观（四川合江，费梁）   B、蝌蚪（云南景洪，王宜生）

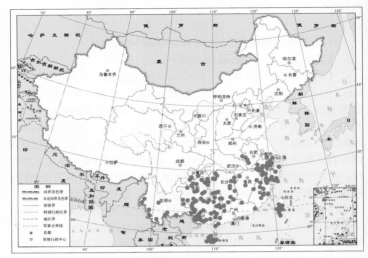

图 446-2　小弧斑姬蛙 *Microhyla heymonsi* 地理分布

年可产卵 2 次。蝌蚪集群浮游于水面。

　　【种群状态】　　该蛙分布区较宽，其种群数量多。

　　【濒危等级】　　无危（LC）。

　　【地理分布】　　四川（合江）、重庆（南川、秀山）、云南（河口、景洪、孟连、盈江、景东等）、贵州、河南（商城）、安徽、江苏（苏州、宜兴）、浙江、江西、湖南、福建、台湾、广东、海南、广西、印度、缅甸、泰国、老挝、越南、柬埔寨、马来西亚、印度尼西亚。

447. 合征姬蛙 *Microhyla mixtura* Liu and Hu, 1966

　　【英文名称】　　Mixtured Pygmy Frog.

　　【形态特征】　　雄蛙体长 21.0 ～ 24.0 mm，雌蛙体长 24.0 ～ 27.0 mm。头小，头宽大于头长，吻端钝尖；鼓膜不显著；无犁骨齿。背面有小疣排成纵行，枕部无肤沟；四肢背面有疣粒，股基部后方有痣粒。前臂及手长不到体长之半，指间无蹼，指端钝圆无吸盘，背面无纵沟，掌突 2 个；后肢前伸贴体时胫跗关节达眼部或眼后缘，胫长超过体长之半，左右跟部相重叠，除第 1 趾外，其余各趾膨大呈吸盘，背面有纵沟；趾间有微蹼。背面灰棕色或棕黄色，两眼间有褐色三角形斑，背部及四肢背面有深浅褐色粗大斑纹，其周围都镶有浅色细边；体侧有黑褐色纵行斑纹；雄蛙咽部褐黑色（雌蛙色略浅），腹部黄白色，有密集小黑点。雄蛙具单咽下外声囊，有雄

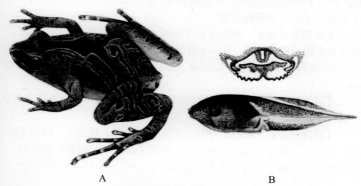

A   B

图 447-1   合征姬蛙 *Microhyla mixtura*

A、雄蛙背面观（四川万源，王宜生）

B、蝌蚪（陕西华阳，王宜生）上：口部 下：侧面观

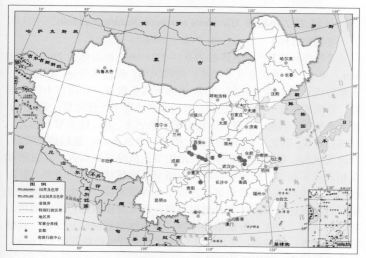

图 447-2   合征姬蛙 *Microhyla mixtura* 地理分布

性线。卵径 1.0 mm，动物极棕褐色，植物极乳黄色。蝌蚪全长 27.0 mm，头体长 10.0 mm 左右。头体扁平，尾末端细尖；背面深褐色；尾肌和尾鳍上、下边缘有深褐色小点密集；吻端圆，眼位于头两极侧；口位于吻端呈 ∽ 形，下唇褶较宽，中部凹陷，两侧缘各有 4 ～ 5 个乳突，无唇齿，无角质颌。

【生物学资料】　该蛙生活于海拔 100 ～ 1 700 m 的山区稻田、水坑及其附近的草丛内。5 ～ 6 月繁殖，产卵 400 ～ 657 粒在稻田或水坑中；蝌蚪群集于水体中层活动。蝌蚪期约 60 d，幼蛙体长 8.0 ～ 10.0 mm。

【种群状态】　中国特有种。该蛙分布区较宽，其种群数量甚多。

【濒危等级】　无危（LC）。

【地理分布】　陕西（洋县、宁强）、河南（商城）、四川（万源、南江）、重庆（城口、巫溪）、贵州（印江）、湖北（丹江口、神农架）、安徽（霍山、金寨、岳西）。

（八六）小姬蛙属 *Micryletta* Dubois, 1987

448. 德力小姬蛙 *Micryletta inornata* (Boulenger, 1890)

【英文名称】　Deli Little Pygmy Frog.

【形态特征】　雄蛙体长 21.0 ～ 23.0 mm，雌蛙体长 22.0 ～ 28.0 mm。头小，头的长宽几乎相等；吻端钝圆；鼓膜多明显，近圆形；无犁骨齿；舌后端无缺刻；口腔顶部有两条肤棱。背面有小疣或痣粒；脊线部位有一行细窄疣棱；股后及肛孔周围大疣密集；无跗褶；腹面平滑，无咽褶。前臂及手长小于体长之半，指、趾关节下瘤大，其间有肤棱；掌突 3 个，指间无蹼，指基下瘤显著，指、趾端圆无吸盘，背面无纵沟；后肢前伸贴体时胫跗关节达鼓膜或眼后方，左右跟部仅相遇或不相遇；趾间具蹼迹，内跖突呈圆球状，无外跖突。背面红褐色或浅褐色，黑褐色斑点连成 2 ～ 4 条纵纹；从吻端经颞褶至腋后有黑褐色带纹；体侧具黑褐色斑；四肢背面浅褐色或红褐色，有深褐色斑点或无；腹面略显深色。雄蛙咽喉部前缘灰黑色，具单咽下外声囊；无婚垫；无雄性线。雌性输卵管内卵粒直径 1.0 mm，动物极灰棕色，植物极乳黄色。

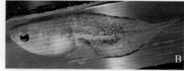

图 448-1 德力小姬蛙 *Micryletta inornata*

A、雄蛙背面观（云南勐腊，胡健生） B、蝌蚪（广西，莫运明，2014）

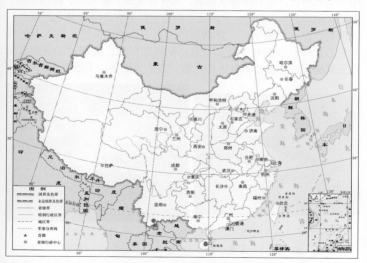

图 448-2 德力小姬蛙 *Micryletta inornata* 地理分布

【生物学资料】　该蛙生活于海拔 550 m 左右地区的水池附近活动。

【种群状态】　该蛙分布区较宽，其种群数量较少。

【濒危等级】　易危（VU）。

【地理分布】　海南（白沙境内的鹦哥岭）、云南（景洪、勐腊县勐仑镇）；马来西亚、印度尼西亚、缅甸、泰国、老挝、柬埔寨、越南。

449. 孟连小姬蛙 *Micryletta menglienicus* (Yang and Su, 1980)

【英文名称】　Menglien Little Pyamy Frog.

【形态特征】　雄蛙体长 20.0 ～ 23.0 mm。头部高而小，略呈三角形，头长大于头宽，吻钝尖；有鼓膜；舌长椭圆形，后端无缺刻；上、下颌均无齿；无犁骨棱，无犁骨齿；上腭后部有 2 排肤棱，前排短于后排。体背、腹面较光滑，背脊中央略显 1 行由疣粒组成的细肤棱；体和四肢背、腹面光滑，肛部周围和股基部后方有疣粒。前臂及手长不到体长之半，第 2 指长于第 1 指，指端钝圆，不膨大，指、趾关节下瘤和指基下瘤均发达，掌突 3 个；后肢前伸贴体时胫跗关节达眼后，左右跟部仅相遇，第 4 趾尤长，趾端圆，趾间无蹼；内跖突圆形，无外跖突。背面呈紫棕色，有少数若隐若现的黑斑点，无深色纵纹，吻棱下方、体侧至胯部有 1 行黑色纵纹，其下方色浅有黑点；四肢背面有少数黑色点；咽喉部褐色，胸部和体两侧有棕色云状斑纹。雄性有单咽下外声囊；指上无婚垫；无雄性线。

A　　　　　　　　　　　B

图 449-1　孟连小姬蛙 *Micryletta menglienicus* 雄蛙

A、背面观（云南孟连，舒国成，张美华）　B、腹面观（云南孟连，费梁）

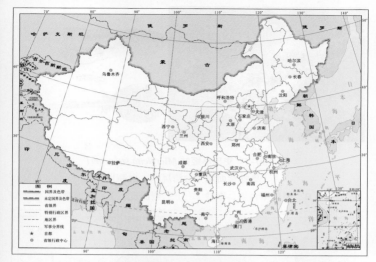

图 449–2   孟连小姬蛙 *Micryletta menglienicus* 地理分布

【生物学资料】   该蛙生活于海拔 1 040 m 左右的地区，成蛙栖息于潮湿的落叶下。解剖该蛙，其胃内有大量的蚁类。此外，该蛙还捕食瓢虫等。

【种群状态】   中国特有种。该种分布区狭窄，种群数量稀少。

【濒危等级】   近危（NT）。

【地理分布】   云南（孟连）。

【附注】   本种原为孟连细狭口蛙 *Kalophrynus menglienicus* Yang and Su, 1980，现经形态学鉴定改订为孟连小姬蛙 *Micryletta menglienicus* (Yang and Su, 1980)。

450. 史氏小姬蛙 *Micryletta steinegeri* (Boulenger, 1909)

【英文名称】   Taiwan Little Pygmy Frog.

【形态特征】   雄蛙体长 20.0 ～ 24.0 mm，雌蛙体长 23.0 ～ 27.0 mm，大者可达 30.0 mm。头小，头长与头宽几乎相等；鼓膜较显著或不显著，其直径小于眼径的 1/2；无犁骨齿；舌后端无缺刻。体背面小疣粒多，背脊中央有小疣粒组成的疣棱；四肢背面光滑；腹面皮肤光滑，但雄蛙腹面有细痣粒。前臂细长，指、趾端无吸盘，其

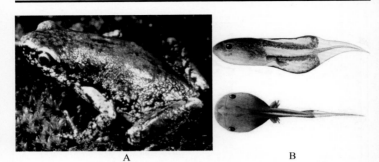

图 450-1 史氏小姬蛙 *Micryletta steinegeri*

A、雄蛙背面观（台湾屏东，向高世）

B、蝌蚪（台湾，李健） 上：侧面观 下：背面观

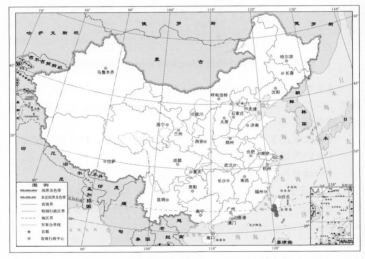

图 450-2 史氏小姬蛙 *Micryletta steinegeri* 地理分布

背面无沟，关节下瘤显著，其间具肤棱，第 2～4 指的指基下瘤大而圆，掌突 3 个，呈品字形排列，指间无蹼；后肢前伸贴体时胫跗关节达鼓膜和眼部，胫长不到体长之半，趾间无蹼，仅基部略具蹼迹，内跖突椭圆形，无外跖突。体背面灰褐色或暗灰色，有条形或点状深色斑；吻至体侧有 1 条黑带纹；四肢具深色斑点；腹面肉色有小斑。

雄蛙具单咽下内声囊；咽喉部色深；无婚垫；无雄性线。卵径约 1.1 mm。蝌蚪暗褐色，尾前半段的尾肌、上下尾鳍各有 1 条黄白色宽纵纹；尾末端成细丝状；出水孔位于肛前方腹中线上；口位于吻端部，无唇齿和角质颌，眼位于头两极侧。

　　【生物学资料】　该蛙生活于海拔 300 ～ 1 000 m 的山区阔叶林中落叶间或洞穴内。夏季繁殖，雨后产卵 200 ～ 350 粒于静水域内，卵群漂浮在水面。蝌蚪生活于静水域中，常浮游于水的中层。

　　【种群状态】　　中国特有种。该蛙分布区的群数量很少。

　　【濒危等级】　　濒危（EN）；蒋志刚等（2016）列为无危（LC）。

　　【地理分布】　　台湾（彰化、云林、南投、嘉义、台南、屏东）。

第五部分　引进蛙类
Part V　Introduction of Frogs

451. 爪蟾 *Xenopus laevis* (Daudin, 1802)

【英文名称】 Common Platanna, African Clawed Frog.

【形态特征】 雄蟾体长 100.0 ～ 130.0 mm，雌蟾体长 100.0 ～ 147.0 mm，一般雌性大于雄性。头小，眼小向外突出，瞳孔圆，无眼睑，位于头的背面；眼下触突短，无鼓膜，无舌。体扁平，腹部后端膨大；前肢小而短，指细、末端尖，指间无蹼；后肢粗壮，趾间满蹼，内侧 3 趾末端有黑色爪，故名"爪蟾"。皮肤光滑，眼周和体背两侧有侧线。体色变异大，背面呈灰色或灰棕色、肉红色，有的体背面有橄榄色、褐黑色或深灰色斑块；腹面乳白色略带黄色。

A

B

图 451–1 爪蟾 *Xenopus laevis* (Hofrichter, et al., 1998)

A、背面观　B、前面观

雄性无声囊，前臂有深色婚垫；雌性肛缘有肤褶和乳突。蝌蚪口角处各有1条触须，出水孔1对，位于体腹部两侧。

【生物学资料】　该蟾一般生活于池塘中，在干旱或半干旱地区也生活于溪流中。几乎全水生。多在降雨期间（冬季或6～7月）产卵；每次产卵280～2 100余粒，蝌蚪在静水中生活，49～64 d可变成蟾。人工饲养下可活30年。

【濒危等级】　无危 (LC)。

【地理分布】　原产于萨哈拉沙漠以南的非洲南部。后被世界许多国家和地区引种驯化作为实验动物。中国于1958年前后引进人工饲养作为实验动物和观赏动物。

452. 牛蛙 *Lithobates catesbeianus* (Shaw, 1802)

【英文名称】　Bull Frog.

【形态特征】　体形大，雄蛙体长151.0 mm，雌蛙160.0 mm左右，大者达200.0 mm左右。头长与头宽几乎相等，吻端钝圆，鼻孔近吻端朝向上方，鼓膜甚大，与眼径等大或略大；犁骨齿分左右两团。背部略显粗糙，有极细的肤棱或疣粒，无背侧褶，颞褶显著。前肢短，指端钝圆，关节下瘤显著，无掌突；后肢前伸贴体时胫跗关节达眼前方，有内跖突，无外跖突，趾间全蹼。雄蛙鼓膜较雌蛙的大，第1指内侧有婚垫，咽喉部黄色，有1对内声囊。背面绿色或绿棕色，带有暗棕色斑纹，头部及口缘鲜绿色，四肢具横纹或点状斑；腹面白色，有暗灰色细纹；雄性咽喉部具深色细纹。卵径1.2～1.3 mm，动物极黑褐色。蝌蚪全长达100.0 mm以上，体背面有深色斑点，尾肌和上尾鳍亦有黑褐色斑点；唇齿式为Ⅰ：2+2（或1+1）/1+1：Ⅱ。

【生物学资料】　牛蛙在中国主要生活于气候温暖地区的沼泽、湖塘、水坑、稻田以及水草繁茂的静水域内。在中国的繁殖期因地而异，如广州在4月、山东在5～8月产卵，卵产在静水边的水草间，雌蛙产卵1万～5万粒。此期雄蛙常发出似母牛的鸣叫声，故称"牛蛙"。蝌蚪在静水塘内生活，76 d左右可变成幼蛙。该蛙体形大，能捕食其他身体较小的蛙类和蝌蚪，已成为当地土著蛙类的天敌。

【濒危等级】　无危（LC）。

【地理分布】　该蛙原产于北美洲落基山脉以东地区；多年来，先后被引种到世界许多地区驯养。中国北京以南地区均有养殖，以

A

B

图 452-1   牛蛙 *Lithobates catesbeianus* 雄蛙（饲养地成都，费梁）

A、背面观   B、腹面观

南方省区成功者居多，有的已放养到自然环境中，在当地自然繁衍至今。

453. 猪蛙 *Lithobates grylio* (Stejneger, 1901)

【英文名称】   Pig Frog.

【形态特征】   成体体长 80.0 ～ 150.0 mm，大者可达 180.0 mm。头窄，吻部短较尖，鼻孔近吻端；鼓膜大而清楚，犁骨齿呈两斜列。

图 453-1　猪蛙 Lithobates grylio 雄蛙（李健）

前肢细，指端钝圆；关节下瘤大而明显；无掌突。后肢前伸贴体时胫跗关节达眼部，第 3 趾为第 4 趾的 4/5；趾端钝圆，趾间具全蹼，关节下瘤显著，有内跖突，无外跖突。背面皮肤较光滑，无背侧褶。体色有变异，多为橄榄色或黑褐色，具有分散的黑色斑点；腹面多有黑色、褐黑色或黄色斑纹。雄蛙的鼓膜大于雌蛙，第 1 指内侧有婚垫，有内声囊，咽喉部黄色。蝌蚪全长可达 100.0 mm，头体长 38.7 mm 左右；唇齿式为 Ⅰ : 2+2/1+1 : Ⅱ 或 Ⅰ : 1+1/1+1 : Ⅱ。

【生物学资料】　该蛙生活于湖岸边或沼泽地草丛中或泥窝内，多在夜间活动，性胆怯，易受惊而逃避。雄蛙常浮于水面，鸣叫声似猪的呼噜声，故称"猪蛙"。中国于 1988 年前后引进人工饲养，有的地区在野外繁衍至今。该蛙体大，能捕食其他身体较小的蛙类和蝌蚪，已成为当地土著蛙类的天敌。

【濒危等级】　无危 (LC)。

【地理分布】　原产于美国的南卡罗来纳州南部至佛罗里达州和得克萨斯州东南部。多年来被许多国家和地区引种，进行人工饲养作为食用蛙类，在中国见于长江以南部分省区。

454. 河蛙 Lithobates heckscheri (Wright, 1924)

【英文名称】　River Frog.

【形态特征】　成体体长，多为 80.0 ～ 127.0 mm，大者可达 180.0 mm。头大，鼓膜大而清楚，犁骨齿呈两斜列，背面皮肤较粗糙，无背侧褶。前肢短,指端钝圆;关节下瘤大而明显,无掌突;后肢适中,向前伸贴体胫跗关节达眼部,第3趾为第4趾的2/3;趾端钝圆,趾间具全蹼,趾下关节下瘤显著,有内跗突,无外跗突。身体背面墨绿色或浅灰橄榄色;上下唇缘有浅色斑;腹面有明显的灰色斑;大腿后方有云斑。雄蛙咽喉部有黄色和灰色相间的花斑。蝌蚪全长

A

B

图 454-1 河蛙 *Lithobates heckscheri* 雄蛙

A、背面观(Rhecksheri) B、变异型(李健)

80.0 ～ 90.0 mm，头体长 41.0 ～ 43.0 mm，尾长与头体长几乎相等，尾末段渐尖；头体黑褐色具浅黄色斑纹，体腹面浅蓝色；唇齿式为 Ⅰ : 2+2/1+1 : Ⅱ 或 Ⅰ : 1+1/1+1 : Ⅱ。

　　【生物学资料】　该蛙常栖息于河岸和塘边及沼泽地内；成蛙性迟钝，不善逃逸。雄蛙鸣叫声洪亮。中国于 1988 年前后引进人工饲养，有的地区在野外繁衍至今。该蛙体大，能捕食其他身体较小的蛙类和蝌蚪，已成为当地土著蛙类的天敌。

　　【濒危等级】　无危（LC）。

　　【地理分布】　原产于美国的南卡罗来纳州至佛罗里达州的北部和中部及密西西比州的南部。多年来被许多国家和地区引种，进行人工饲养作为食用蛙类，在中国见于长江以南部分省区。

参考文献
Main References

蔡红霞，赵尔宓，2008.中国横断山区湍蛙属4个物种有效性的探讨[J].四川动物，27（4）：483-487.

陈坚峰，张家盛，贺贞意，等，2005.蛙蛙世界：香港两栖动物图鉴[M].香港：天地图书.

陈晓虹，周开亚，郑光美，2010a.中国臭蛙类一新种[J].北京师范大学学报（自然科学版），46（5）:605-609.

陈晓虹，周开亚，郑光美，2010b.中国臭蛙类一新种[J].动物分类学报（自然科学版），35（1）:206-211.

费梁，1999.中国两栖动物图鉴[M].郑州：河南科学技术出版社.

费梁，胡淑琴，叶昌媛，等，2006.中国动物志：两栖纲　（上卷）总论　蚓螈目　有尾目[M].北京：科学出版社.

费梁，胡淑琴，叶昌媛，等，2009.中国动物志：两栖纲　（中卷）无尾目[M].北京：科学出版社.

费梁，胡淑琴，叶昌媛，等，2009.中国动物志：两栖纲　（下卷）无尾目　蛙科[M].北京：科学出版社.

费梁，孟宪林，等，2005.常见蛙蛇类识别手册[M].北京：中国林业出版社.

费梁，叶昌媛，2001.四川两栖动物原色图鉴[M].北京：中国林业出版社.

费梁，叶昌媛，黄永昭，1990.中国两栖动物检索[M].重庆：科学技术文献出版社重庆分社.

费梁，叶昌媛，黄永昭，等，2005.中国两栖动物检索及图解[M].成都：四川科学技术出版社.

费梁，叶昌媛，江建平，2010.蛙科Ranidae系统关系研究进展与分类[J].两栖爬行动物学研究，12：1-43.

费梁，叶昌媛，江建平，2010.中国两栖动物彩色图鉴[M].成都：四川科学技术出版社.

费梁，叶昌媛，江建平，2012.中国两栖动物及其分布彩色图鉴[M].成都：四川科学技术出版社.

侯勉，李丕鹏，吕顺清，2012. 疣螈属形态学研究进展及四隐存居群地位的初步确定 [J]. 黄山学院学报，14（3）：61-65.

胡淑琴，赵尔宓，刘承钊，1966. 秦岭及大巴山地区两栖爬行动物调查报告 [J]. 动物学报，18（1）：57-89.

季达明，等，1987. 辽宁动物志：两栖类　爬行类 [M]. 沈阳：辽宁科学技术出版社.

江建平，莫运明，叶昌媛，2008. 掌突蟾属 *Paramegophrys* 一国内新纪录 [J]. 安徽师范大学学报（自然科学版），31（4）：368-370.

江建平，叶昌媛，费梁，2008a. 中国湖南角蟾科一新种：桑植角蟾 [J]. 动物学研究，29（2）：219-222.

江建平，叶昌媛，费梁. 2008b. 掌突蟾属 *Paramegophrys* 的分类 (两栖纲：角蟾科)[J]. 安徽师范大学学报（自然科学版），31（3）：262-264.

蒋志刚，江建平，王跃招，等，2016. 中国脊椎动物红色名录 [J]. 生物多样性，24（5）：531-535.

李松，田应洲，谷晓明，2008. 瘰螈属 (有尾目，蝾螈科) 一新种 [J]. 动物分类学报，33（2）：410-413.

李松，田应洲，谷晓明，等，2008. 瘰螈属一新种：龙里瘰螈 (有尾目，蝾螈科)[J]. 动物学研究，29（3）：313-317.

刘宝权，王聿凡，蒋珂，等，2017. 中国浙江发现树蛙一新种（两栖纲：树蛙科）[J]. 动物学杂志，52（3）：361-372.

刘承钊，胡淑琴，1961. 中国无尾两栖类 [M]. 北京：科学出版社.

刘承钊，胡淑琴，费梁，等，1973. 海南岛两栖动物调查报告 [J]. 动物学报，19（4）：385-404.

刘明玉，张树清，刘敏，1993. 辽宁蛙科一新种 (无尾目)[J]. 动物分类学报，18（4）：493-497.

吕光洋，杜铭章，向高世，1999. 台湾两栖爬行动物图鉴 [M]. 台北：大自然杂志出版社.

陆宇燕，李丕鹏，2002. 山东昆嵛山蛙属林蛙群一新种（两栖纲，无尾目，蛙科）[J]. 动物分类学报，27(1)：162-166.

卢琳琳，吕植桐，王健，等. 2016. 安子山臭蛙（*Odorana yentuensis*）的中国国家新分布纪录及其补充描述 [J]. 野生动物学报，37 (4)：390-394.

莫运明，韦振逸，陈伟才，2014. 广西两栖动物彩色图鉴 [M]. 南宁：

广西科学技术出版社.

沈猷慧, 2014. 湖南动物志: 两栖纲 [M]. 长沙: 湖南科学技术出版社.

沈猷慧, 江建平, 杨道德, 2007. 中国林蛙属 *Rana* (两栖纲, 蛙科) 一新种——寒露林蛙 *Rana hanluica* sp. nov. [J]. 动物学报, 52 (3): 481-488.

松井正文, 疋田努, 太田英利, 2004. 小学馆的图鉴 [M]. 东京: 株式会社小学馆.

汪松, 解焱, 2004. 中国物种红色名录: 第 1 卷 红色名录 [M]. 北京: 高等教育出版社.

汪松, 解焱, 2009. 中国物种红色名录: 第 2 卷 脊椎动物 上册 [M]. 北京: 高等教育出版社.

王超, 田应洲, 谷晓明, 2013. 瘰螈属 (有尾目, 蝾螈科) 一新种 [J]. 动物分类学报, 38 (2): 388-397.

王英永, 杨剑焕, 林石狮, 等, 2009. 江西阳际峰陆生脊椎动物彩色图谱 [M]. 北京: 科学出版社.

王聿凡, 刘宝权, 蒋珂, 等, 2017. 中国浙江省发现异角蟾属一新种 (两栖纲: 角蟾科) [J]. 动物学杂志, 52 (1): 19-29.

向高世, 2007. 雪霸两栖爬行动物志 [M]. 台北: 雪霸国家公园管理处, 1-197.

向高世, 李鹏翔, 杨懿如, 2009. 台湾两栖爬行类图鉴 [M]. 台北: 猫头鹰出版社.

杨大同, 苏承业, 1980. 云南姬蛙一新种 [J]. 动物学研究, 1 (2): 257-260.

杨懿如, 李鹏翔, 2019. 台湾蛙类与蝌蚪图鉴 [M]. 猫头鹰出版社, 1-192.

叶昌媛, 费梁, 胡淑琴, 1993. 中国珍稀及经济两栖动物 [M]. 成都: 四川科学技术出版社.

张超华, 袁思棋, 夏云, 等, 2015. 康定湍蛙物种界定 [J]. 四川动物, 34 (6): 801-809.

赵桃艳, 饶定齐, 刘宁, 等, 2012. 棕黑疣螈种组分子系统发育分析及大围山疣螈新种描述 [J]. 西南林业科学, 41 (5): 85-89.

赵文阁, 等, 2008. 黑龙江省两栖爬行动物志 [M]. 北京: 科学出版社.

中村健儿, 上野俊一, 1963. 原色日本两生爬虫类图鉴 [M]. 东京: 保育社.

周瑜, 杨宝田, 2014. 基于线粒体 Cytb 和 COI 基因的中国林蛙系统发

生关系 [J]. 长春师范大学学报，33（2）：70-76.

周文豪，2002. 腹斑蛙和它的亲戚：一段分类迷思录 [J]. 台湾博物季刊，20（4）：42-61.

ANNANDALE N, 1912. Zoological results of the Abor. Expedition, 1911-1912. I. *Batrachia*. Rec.Indian Mus.[J]. Calcutta, 8: 7-36.

BAIN R H, STUART B L, NGUYEN T Q, et al., 2009. A new *Odorrana* (Amphibia, Ranidae) from Vietnam and China [J]. Copeia, 2009 (2)：348-362.

BAIN R H, LATHROP A, MURPHY R W, et al., 2003. Cryptic species of a cascade frog from Southeast Asia：Taxonomic revisions and descriptions of six new species [J]. Amer. Mus. Novit., 3417: 1-60.

BEHLER J L, KING F W, 1998. Field guide to North American reptiles and amphibians [M]. New York: Alfred A. Knopf.

BIJU S D, SENEVIRATHNE G, GARG S, et al., 2016. *Frankixalus*, a new Rhacophorid genus of tree hole breeding frogs with oophagous tadpoles [J]. PLoS ONE,11 (1)：1-17 [e 145727].

BORAH M M, BORDOLOI S, PURKAYASTHA J, et al., 2013. *Limnonectes (Taylorana) medogensis* (Fei, Ye and Huang, 1997) from Arunachal Pradesh (India) and on the identity of some diminutive ranoid frogs [J]. Herpetozoa, 26 (1/2)：39-48.

BORING A M, LIU C C, CHOW C H, 1932. Handbook of North China: Amphibia and Reptiles (Herpetology of North China) [M]. Peiping: Peking Nat. Hist. Bull, Handbook 3: 1-64.

CHE J, WEN Y, ZHOU W W, et al., 2008. On firmation of *Bufo reddei* in Xinjiang [J]. Sishuan Jour. Zool., 27 (3)：422-423.

CHEN J M, ZHOU W W, POYARKOV N A, et al., 2016. A novel multilocus phylogenetic estimation reveals unrecognized diversity in Asian horned toads, genus *Megophrys* sensu lato (Anura, Megophryidae) [J]. Mol. Phyl. and Evol., 106: 28-43.

CHEN X H, CHEN Z, JIANG J P, et al., 2013. Molecular phylogeny and diversification of the genus *Odorrana* (Amphibia, Anura, Ranidae) inferred from two genes [J]. Mol. Phyl. and Evol., 69, 1196-1202.

CHOU W H, 1999. A new frog of the genus *Rana* (Anura, Ranidae) from China [J]. Herpetologica, 55 (3)：389-400.

CHOU W H, LIN J Y, 1997. Tadpoles of Taiwan. Natn. Mus. Nat. Sci [J].

Special publication N. 7. iv+1–98.

DUELLMAN W E, TRUEB L, 1994. Biology of Amphibians. McGraw-Hill Book Company [M]. New York: St. Louis San Francisco. 1– 670.

FEI L, YE C Y, 2016. Amphibians of China [M]. Beijing: Science Press.

FEI L, YE C Y, WANG Y F, et al., 2017. A new species of the genus *Amolops* (Anura:Ranidae) from high-altitude Sichuan, southwestern China, with a discussion on the taxonomic status of *Amolops kangtingensis*. Zool. Res., 38(3):138–145.

GU X M, CHEN R R, TIAN Y Z, et al., 2012. A new species of Paramesotriton (Caudata, Salamandridae) from Guizhou Province, China [J]. Zootaxa, 3510: 41–52.

GU X M, CHEN R R, TIAN Y Z, et al., 2013. A new species of the genus *Paramesotriton* (Caudata, Salamandridae) [J]. Acta Zootaxon. Sinica, 38 (2): 388–397.

HOFRICHTER R, 1998. Amphibien: Evolution, anatomie, physiologie, okologie und verbreitung,verhalten, bedrohung und gefahrdung [J]. Naturbuch Verlag, Augsburg.

HOU M, WU Y K, YANG K L, et al., 2014. A missing geographic link in the distribution of the genus *Echinotrition* (Caudata, Salamandridae) with description of a new species from southern China [J]. Zootaxa, 3895 (1) : 89–102.

HUANG Y, HU J H, WANG B, et al., 2016. Integrative taxonomy helps to reveal the mask of the genus *Gynandropaa* (Amphibia, Anura, Dicroglossidae) [J]. Integrative Zool., 11: 134–150.

JIANG K, RAO D Q, YUAN S Q, et al., 2012. A new species of the genus *Scutiger* (Anura, Megophryidae) from southeastern Tibet, China[J]. Zootaxa, 3388: 29–40.

JIANG K, WANG K, ZOU D H, et al., 2016. A new species of the genus *Scutiger* (Anura, Megophryidae) from Medog of southeastern Tibet, China [J]. Zool. Res., 37 (1) : 21–30.

JIANG K, WANG K, YAN F, et al., 2016. A new species of the genus *Amolops* (Amphibia, Ranidae) from southeastern Tibet, China [J]. Zool. Res., 37 (1) : 31–40.

JIANG K, YAN F, WANG K, et al., 2016. A new genus and species of treefrog from Medog, southeastern Tibet, China (Anura, Rhacophoridae) [J]. Zool. Res., 37 (1) : 15–20.

JIANG K, WANG K, YANG J X, et al., 2019. Two new records of Amphibia from Tibet, China, with description of *Rhacophorus burmanus*[J]. Sichuan Jour. Zool., 35(2): 210–216.

KAKEGAWA M, IIZUKA K, KUZUMI S, 1989. Morphology of egg sacs and larvae just after hatching in *Hynobius sonani* and *Hynobius formosanus* from Taiwan, with an analysis of skeletal muscle protein compositions. Current Herpetol. East Asia [M]. Herpetol. Soc. Kyoto: 147–155.

KARSEN S J, LAU M W N, BOGADEK A, 1998. Hong Kong amphibians and reptiles [M]. Hong Kong: Urban Council.

KURAMOTO M, WANG C S, 1987. A new rhacophorid treefrog from Taiwan, with comparisons to *Chirixalus eiffingeri* (Anura, Rhacophoridae) [J]. Copeia, 4 : 931–942.

LI J T, LIU J, CHEN Y Y, et al., 2012, Molecular phylogeny of treefrogs in the *Rhacophorus dugritei* species complex (Anura: Rhacophoridae), with descriptions of two new species[J]. Zool. Jour. Linnean Soc. 165: 143–162.

LE D T, PHAM A V, NGUYEN S H L, et al., 2015. First records of *Megophrys daweimontis* Rao and Yang, 1997 and *Amolops vitreus* (Bain, Stuart and Orlov, 2006) (Anura, Megophryidae, Ranidae) from Vietnam [J]. Asian Herpetol. Res., 6 (1) : 66–72.

LI P P, LU Y Y, LI A, 2008. A new species of brown frog from Bohai, China [J]. Asiatic Herpetol. Res., 11: 62–70.

LI Y L, JIN M J, ZHAO J, et al., 2014. Description of two new species of the genus *Megophrys* (Amphibia, Anura, Megophryidae) from Heishiding Nature Reserve, Fengkai, Guangdong, China, based on molecular and morphological data [J]. Zootaxa, 3795 (4) : 449–471.

LIU C C, 1935. "The Linea Masculina", a new secondary sex character in Salientia [M]. Philadelphia (USA) : Jour. Morph., 57 (1) : 131–145.

LIU C C, 1950. Amphibians of western China [M]. Fieldiana: Zool. Mem., Chicago, 2: 1–400.

LIU W Z, YANG D T, FERRARIS C, et al., 2000. *Amolops bellulus*: A new species of stream-breeding frog from western Yunnan, China (Anura, Ranidae) [J]. Copeia, 2 : 536–541.

LU B, BI K, FU J Z, 2014. A phylogeographic evaluation of the *Amolops mantzorum* species group: Cryptic species and plateau uplift [J]. Mol. Phyl. and Evol., 73 (2014): 40–52.

LU Y Y, LI P P, JIANG D B, 2007. A new species of *Rana* (Anura, Ranidae) from China[J]. Acta Zootaxon. Sinica, 32: 792–801.

LUE K Y, LAI J S, CHEN Y S, 1995. A new *Rhacophorus* (Anura, Rhacophoridae) from Taiwan [J]. Jour. Herpetol., 29 (3) : 338–345.

MANTHEY U, GROSSMANN W, 1997. Amphibien und Reptilien Südostasiens [M]. Münster: Natur und Tier-Verlag.

MATSUI M, HAMIDY A, BELABUT M. et al., 2011. Systematic relationships of Oriental tiny frogs of the family Microhylidae (Amphibia, Anura) as revealed by mtDNA genealogy [J]. Mol. Phyl. and Evol., 61: 167–176.

MATSUI M, 2005. *Rana taiwaniana* Otsu, 1973, A junior synonym of *Rana swinhoana* Boulenger, 1903 (Amphibia, Anura, Ranidae) [J], Current Herpetol., 24 (1) : 1–6.

MATSUI M, 2007. Unmasking *Rana okinavana* Boettger, 1896 from the Ryukkyus, Japan (Amphibia, Anura, Ranidae) [J]: Zool. Sci. Tokyo, 24: 199–204.

MO X Y, SHEN Y H, LI H H, et al., 2010. A new species of *Megophrys* (Amphibia: Anura, Megophryidae) from the northwestern Hunan Province, China. Current Zool., 56 (4): 432–436.

MO Y M, CHEN W C, LIAO X W, et al., 2016. A new species of the genus *Rhacophorus* (Anura, Rhacophoridae) [J]. Asian Herpetol. Res., 7 (3) : 139–150.

MO Y M, CHEN W C, WU H Y, et al., 2015. A new species of *Odorrana* inhabiting complete darkness in a rarst cave in Guangxi China [J]. Asian Herpetol. Res., 6 (1) : 11–17.

MO Y M, JIANG J P, XIE F, et al., 2008. A new species of *Rhacophorus* (Anura: Ranidae) from China [J]. Asiatic Herpetol. Res., 11: 85–92.

MO Y M, ZHANG W, ZHOU S C, et al., 2013. A new species of *Kaloula* (Amphibia, Anura, Microhylidae) from southern Guangxi, China [J]. Zootaxa, 3710 (2) : 165–178.

NGUYEN T Q, PHUNG T M, Le M D, et al., 2013. First record of the genus *Oreolalax* (Anura, Megophryidae) from Vietnam with description of a new species[J/OL]. Copeia, 213-222[2013-07-03]. http: //dx. doi. org/ 10.1643/ch-12-021.

NISHIKAWA K, JIANG J P, MATSUI M, 2011a. Two new species of *Pachytriton* from Anhui and Guangxi, China (Amphibia, Urodela, Salamandridae) [J]. Current Herpetol., 30 (1) 15−31.

NISHIKAWA K, JIANG J P, MATSUI M, et al., 2011b. Unmasking *Pachytriton labiatus* (Amphibia, Urodela, Salamandridae) , with description of a new species of *Pachytriton* from Guangxi, China [J]. Zool. Sci., 28:453−461.

NISHIKAWA K, MATSUI M, NGUYEN T T, 2013. A new species of *Tylototriton* from northern Vietnam (Amphibia, Urodela, Salamandridae) [J]. Current Herpetol., 32 (1) : 34−49.

NISHIKAWA K，RAO D Q，MATSUI M，et al., 2015. Taxonomic relationship between *Tylototriton daweishanensis*. Zhao, Rao, Liu, Li and Yuan, 2012 and *Tylototriton yangi* Hou，Li and Lu, 2012. (Amphibia, Urodela, Salamandridae) [J]. Current Herpetol., 34 (1) : 67−74.

NUTPHUND W, 2001. Amphibians of Thailand [M]. Bangkok: Amarin Printing and Publishing Public Co., Thailand.

OHLER A, DUBOIS A, 1992. The holotype of *Megalophrys weigoldi* Vogt, 1924 (Amphibia, Anura, Pelobatidae) [J]. Jour. Herpetol., 26 (3) :245−249.

ORLOV N L, KHALIKOV R G, MURPHY R W, et al., 2000. Atlas of Megophryids of Vietnam (Amphibia, Anura, Megophryidae) of Vietnam [M]. Chengdu: Fouth Asian Herpetol. Conference in Chengdu.

ORLOV N L, RYABOY S A, ANANJEVA N B, et al., 2010. Asian treefrogs genus *Theloderma* Tschudi, 1838 (Amphibia, Anura, Rhacophoridae: Rhacophorinae)[M]. St. Petersburg: Russian Academy of Sciences Zoological Institute.

PAN T, ZHANG Y N, WANG H, et al.,2017. A new species of the genus *Rhacophorus* (Anura，Rhacophoridae) from Dabei Mountains in East China [J].Asian Herpetol.Res.,8(1): 1−13.

PAN S L, DANG N X, WANG S H, et al., 2013. Molecular phylogeny supports the validity of *Polpedates impresus* Yang, 2008 [J]. Asian Herpetol. Res., 4 (2) : 124-133.

PASMANS F, JANSSENS G P J, SPARREBOOM M, et al., 2012. Repro-
duction, development, and growth responseto captive diets in the Shang-
cheng Stout Sslamander, *Pachyhynobius shangchengensis* (Amphibia,
Urodela, Hynobiidae) [J]. Asian Herpetol. Res., 3 (3) : 192-197.

PETERS J A, 1964. Dictionary of herpetology [M]. New York: Hafner Pu-
bl. Co.

POPE C H, 1931. Notes on amphibians from Fukien, Hainan and other parts
of China [J]. Bull. Amer. Mus. Nat. Hist., New York, 61 (8) : 397- 611.

POYARKOV N A(JR), CHE J, MIN M S, et al., 2012. Review of the syste-
matics,morphology and distribution of Asian clawed salamanders genus.
Onychodactylus (Amphibia, Caudata, Hynobiidae), with the description
of four new species [J]. Zootaxa, 3465:1-106.

QIN S B, MO Y M, JIANG K, et al., 2015. Two new species of *Liuixalus*
(Anura: Rhacophoridae) : Evidence from Morpho logical and molecula
analyses [J]. PLoS ONE, 4 (8) 1-17 [e 0136134].

RAFFAËLLI J, 2007. Les Urodeles du monde [M]. Penclen edition, 1-377.

RAO D Q, WILKINSON J A, LIU H N, 2006. A new species of *Rhacop-
horus* (Anura, Rhacophoridae) from Guangxi Province, China [J]. Zoo-
taxa,1258: 17-31.

RAO D Q, WILKINSON J A, ZHANG M W, 2006. A new species of the
genus *Vibrissaphora* (Anura, Megophryidae) from Yunnan Province, Chi-
na [J]. Herpetologica, 62 (1) : 90-95.

RAO D Q, WILKINSON J A, 2007. A new species of *Amolops* (Anura: Ra-
nidae) from Southwest China [J]. Copeia, 4 : 913-919.

STUART S, HOFFMANN M, CHANSON J, et al., 2008.Threatened amp-
hibans of the world [M]. Barcelona: Lynx, Edicions.

SUNG Y H, HU P, WANG J, et al., 2016. A new species of *Amolops*
(Anura, Ranidae) from southern China [J]. Zootaxa, 4170 (3) : 525-538.

SUNG Y H, YANG J H, WANG Y Y, 2014. A new species of *Leptolalax*
(Anura, Megophryidae) from southern China [J]. Asian Herpetol. Res.,
5 (2) : 80-90.

SUN G Z, LUO W X, SUN H Y, et al., 2013. A new species of cascade frog
from Tibet, China—*Amolops chayuensis* (Amphibia, Ranidae) [J]. Fore-

stry Construction, 20 (5)：14–16.

SUWANNAPOOM C, YUAN Z Y, CHEN J M, et al., 2016. Taxonomic revision of the Chinese *Limnonectes* (Anura, Dicroglossidae) with the description of a new species from China and Myanmar [J]. Zootaxa, 4093 (2)：181–200.

TIAN Y Z，SUN A, 1995. A new species of *Megophrys* from China (Amphibia, Pelobatidae) [J]. Jour. of Liupanshui Teachers College, 4, 11–15.

WALLACE F G, 1936. A general study of the breeding habits and life histories of the Amphibia of Canton [J]. Lingnan Sci. Jour., 15 (4)：569–581.

WALLACE F G, 1937. A general study of the breeding habits and life histories of the Amphibia of Canton [J]. Lingnan Sci. Jour., 16 (1)：9–20.

WANG Y Y, LAU M W N, YANG J H, et al., 2015. A new species of the genus *Odorrana* (Amphibia, Ranidae) and the first record of Odorrana bacboensis from China. Zootaxa, (2)：235–254.

WANG Y Y，ZHANG T D，ZHAO J, et al., 2012. Description of a new species of the genus *Xenophrys* Günther, 1864 (Amphibia, Anura, Megophryidae) from Mount Jinggang, China, based on molecular and morphological data [J]. Zootaxa, 3546: 53–67.

WANG Y Y, ZHAO J, YANG J H, et al., 2014. Morphology, molecular genetics, and bioacoustics support two new sympatric *Xenophrys* toads (Amphibia, Anura, Megophryidae) in Southeast China [J]. PLoS ONE, 9 (4)：1–15 [e 93075].

WU S P, HUANG C C, TSAIS C L, et al., 2016. Systematic revision of the Taiwanese genus *Kurixalus* members with a description of two new endemic species (Anura, Rhacophoridae) [J]. ZooKeys, 557: 121–153.

WU Y K, JIANG K, HANKEN J, 2010. A new species of newt of the genus *Paramesontriton* (Salamandridae) from southwestern Guangdong, China, with a new northern record of *Paramesotriton longliensis* from western Hubei [J]. Zootaxa, 2494: 45–58.

WU Y K, ROVITO S M, PPAENFUSS T J, et al., 2009. A new species of the genus Paramesotriton (Caudata, Salamandridae) from Guangxi Zhuang Autonomous Region, southern China. Zootaxa, 2060: 59–68.

WU Y K, WANG Y Z, HANKEN J, 2012. New species of *Pachytriton* (Caudata, Salamandridae) from the Nanling Mountain Range, southeastern China [J]. Zootaxa, 3388: 1–16.

WU Y K, WANG Y Z, JIANG K, et al., 2009. Homoplastic evolution of externalcolouration in Asian stout newts (*Pachytriton*) inferred from molecular phylogeny [J]. Zool. Scripta, 39: 9–22.

WU Y K, WANG Y Z, JIANG K, et al., 2010. A new newt of the genus *Cynops* (Caudata, Salamandridae) from Fujian Province, southeastern China [J]. Zootaxa, 2346: 42–52.

XIONG J L, GU H J, GONG T J, et al., 2011. Redescription of an enigmatic salamander, *Pseudohynobius puxiongensis* (Fei and Ye, 2000) [J]. Zootaxa, 2919: 54–59.

YAN F, JIANG K, CHEN H M, et al., 2011. Matrilineal History of the *Rana longicrus* species group (Anura, Ranidae, *Rana*) and the description of a new species from Hunan，southern China [J]. Asian Herpetol. Res., 2(2) : 61–71.

YAN F, WANG K, JIN J Q, et al., 2016. The Australasian frog family Cerato batrachidae in China, Myanmar and Thailand: discovery of a new Himalayan forest frog clade [J]. Zool. Res., 37 (1) : 7–14.

YANG D D, JIANG J P, SHEN Y H, et al., 2014. A new species of the genus *Tylototrton* (Urodela, Salamandridae)[J] . Asian Herpetol. Res., 5 (1) : 1–11.

YANG J H, RAO D Q, WANG Y Y, 2015. A new species of the genus *Liuixalus* (Anura, Rhacophoridae) from southern China [J]. Zootaxa, 3990 (2) : 247–258.

YANG J H, WANG Y Y, CHEN G L, et al., 2016. A new species of the genus *Leptolalax* (Anura, Megophryidae) from Mt. Gaoligongshan of western Yunnan Province, China [J]. Zootaxa, 4088 (3) : 379–394.

YANG X, WANG B, HU J H, et al., 2011. A new species of the genus *Feirana* (Amphibia, Anura, Dicroglossidae) from the western Qinling Mountains of China [J]. Asian Herpetol. Res., 2 (2) : 72–86.

YUAN Z Y, JIANG K, DING L M, et al., 2013. A new newt of the genus *Cynops* (Caudata, Salamandridae) from Guangdong, China [J]. Asian Herpetol., Res., 4 (2) : 116–123.

YUAN Z Y, ZHANG B N, CHE J, 2016. A new species of the genus *Pachy-*

triton (Caudata, Salamandridae) from Hunan and Guangxi, southeastern China [J]. Zootaxa, 4085 (2) : 219–232.

YUAN Z Y, ZHAO H B, JIANG K, et al., 2014. Phylogenetic relationships of the genus *Paramesotriton* (Caudata, Salamandridae) with the description of a new species from Qixiling Nature Reserve, Jiangxi, southern China and a key to the species [J]. Asian Herpetol. Res., 5 (2) : 67–79.

ZHANG M M, ZHANG H B, WEI G, et al., 2016. Hejiang Spiny-bellied frog (*Quasipaa robertingeri*) discovered in Guizhou Province [J]. Chinese Jour. Zool., 51 (4) : 671–674.

ZHANG Y N, LI G, XIAO N, et al., 2017. A new species of the genus *Xenophrys* (Amphibia, Anura, Megophryidae) from Libo County, Guizhou, China. Asian Herpetol. Res., 8 (2): 75–85.

ZHAO J, YANG J H, CHEN C Q, et al., 2014. Description of a new species of the genus *Brachytarsophrys* Tian and Hu, 1983 (Amphibia, Anura, Megophrylidae) from southeastern China based on molecular and morphological data[J]. Asian Herpetol. Res., 5 (3) : 150–160.

ZHOU Y, YANG B, LI P P, et al., 2015. Molecular and morphological evidence for *Rana kunyuensis* as a junior synonym of *Rana coreana* (Anura, Ranidae) [J]. Jour. Herpetol., 49 (2) : 302–307.

ZHU Y J, CHEN Z, CHANG L M, et al., 2015. Discovery of Yizhang odorous frog (*Odorrana yizhangensis*) in Chongqing, China [J]. Chinese Jour. Zool., 50 (6) : 969–973.

▼▼ 中文名称索引 ▼▼
Chinese Names Index

七　画

中国两栖动物图鉴（野外版）　Atlas of Amphibians in China（Field Edition）

822

Y

英文名称索引
English Names Index

J

K